AIRCRAFT INSTRUMENT  CRAFT ENGINEERS

항공계기시스템

이상종 지음

(주)도서출판 성안당

AIRCRAFT INSTRUMENT SYSTEM FOR AIRCRAFT ENGINEERS

■ 도서 A/S 안내

성안당에서 발행하는 모든 도서는 저자와 출판사, 그리고 독자가 함께 만들어 나갑니다.

좋은 책을 펴내기 위해 많은 노력을 기울이고 있습니다. 혹시라도 내용상의 오류나 오탈자 등이 발견되면 "좋은 책은 나라의 보배"로서 우리 모두가 함께 만들어 간다는 마음으로 연락주시기 바랍니다. 수정 보완하여 더 나은 책이 되도록 최선을 다하겠습니다.

성안당은 늘 독자 여러분들의 소중한 의견을 기다리고 있습니다. 좋은 의견을 보내주시는 분께는 성안당 쇼핑몰의 포인트(3,000포인트)를 적립해 드립니다.

잘못 만들어진 책이나 부록 등이 파손된 경우에는 교환해 드립니다.

저자 문의 e-mail : leesj@inhatc.ac.kr (이상종)

본서 기획자 e-mail : coh@cyber.co.kr (최옥현)

홈페이지 : http://www.cyber.co.kr   전화 : 031) 950-6300

머리말

If YOU CAN MEET WITH TRIUMPH AND DISASTER
AND TREAT THOSE TWO IMPOSTORS JUST THE SAME!

항공기는 다양한 분야의 기술과 지식이 적용되는 첨단 시스템의 집합체입니다. 전통적인 기계, 재료 및 전기·전자 기술뿐 아니라 IT, 통신 및 컴퓨터 분야의 새로운 기술들이 계속적으로 접목되어 사용되므로 체계종합(System Integration) 기술의 정점에 위치합니다. 항공계기시스템은 이처럼 복잡한 항공기에 장착되어 사용되는 다양한 장치와 계통들의 상태와 정보를 종합하여 모니터링하고 각종 장치들을 제어하는 기능을 하므로 인간의 감각 및 인지기관에 해당한다고 할 수 있습니다. 또한 항공기의 안전운항을 위해 통신, 항법, 감시 및 항공교통관제 등 CNS/ATM이라고 부르는 항행지원시설 및 장치를 모두 포함하므로 항공정비사를 준비하는 학생들에게 매우 중요한 분야입니다.

이 책은 항공공학 및 기계, 전기·전자를 전공하는 대학교와 전문대학 학생들을 대상으로 항공계기시스템과 CNS/ATM 기술의 전반을 이해하는 데 필요한 핵심적인 이론과 관련 지식을 담은 개론서입니다. 현장과 강의실에서 얻은 지식과 경험을 바탕으로 누구나 쉽게 원리를 이해할 수 있도록 풍부한 그림과 항공기 매뉴얼을 사용하여 친절한 강의식 설명방식으로 기술하였습니다.

1장부터 7장까지는 항공계기의 일반사항과 피토-정압계기, 전기계기 및 원격지시계기, 압력계기, 온도계기, 액량 및 유량계기, 회전계기, 자기계기, 자이로 계기 등 개별 독립계기에 대한 공학적 원리와 특성을 설명하였고, 8장부터 13장까지는 통신시스템, 항법시스템, 감시시스템, 항행보조장치 및 자동비행조종시스템, 통합전자계기 등 시스템 관점에서의 핵심내용으로 구성하였습니다.

특히 이 책에서 다루는 항공계기시스템 및 CNS/ATM 분야의 내용은 심도 있는 공학적 원리를 통해 탄탄한 전공지식을 갖춤은 물론, 항공기능사, 항공산업기사 및 항공정비사 등 국가자격시험을 준비하는 데 필요한 범위와 내용을 빠짐없이 포함시켜 이 책 한 권으로 부족함이 없도록 하였습니다.

미래의 대한민국 항공분야를 짊어지고 나갈 희망인 여러분들의 여정에 이 책이 조금이나마 도움이 되기를 소망합니다.

2019년 8월
인하공업전문대학 연구실에서   이상종

차례

Aircraft
Instrument
System

AIRCRAFT INSTRUMENT SYSTEM

1.1 들어가며

1.1.1 항공계기시스템의 발전

현대 항공기는 운송능력 향상을 위해 점점 대형화되고 있으며, 높은 성능(performance)과 안전성(stability)을 추구하는 방향으로 개발되어 발전하고 있습니다. 전자, IT, 제어, 통신기술의 발전에 따라 항공계기시스템(aircraft instrument system) 및 항공전자(avionics)[1] 장치의 발전이 가속화되고 있으며, 점차 복잡해지는 항공기시스템의 다양한 정보를 조종사에게 제공하고, 정보 처리의 집중화와 효율성 및 운항 안정성 향상을 위한 전자화 및 통합화가 진행되고 있습니다.

1 'AVIation'과 'electr-ONICS'의 합성어로 항공전자시스템을 가리킴.

[그림 1.1] 항공계기시스템(aircraft instrument system)

특히, 항공계기시스템은 첨단기술이 적용된 전자장치들의 집합체이며, 최신 항공기들은 항공기 개발비용의 1/3 이상이 항공전자 장치에 투자되고 있는 고부가가치 시스템입니다.

초창기의 항공계기는 속도, 고도 등의 기본적인 비행 상태를 알려주는 비행계기부터 시작하여 착륙(landing) 시 엔진의 상태를 관찰하고 문제점을 알려주는 연료(engine) 및 오일(oil) 관련 계기에서 시작되었습니다. 항공계기는 항공기 각 계통(system)의 상태정보를 조종석(cockpit)[2]에 전달하고, 계통의 이상 및 고장 상태를 경고하며, 항공기의 속도, 고도, 자세, 위치 및 항로 등을 지시하여 안전 비행을 위한 정보를 조종사에게 통합하여 제공합니다.

항공기의 안전성, 신뢰성 및 경제성의 충족 여부는 항공계기 자체가 제공하는 이러한 특성뿐 아니라 인적요소(human factor)에 의해서도 이루어집니다. 따라서, 인적요

2 Flight deck, flight compartment라고도 함.

- 항공기 각 계통 상태 정보
- 고장 및 이상상태 경고
- 비행정보 및 항법, 통신 정보

[그림 1.2] 항공계기시스템의 기능

소의 큰 축을 이루는 조종사와 항공정비사 등의 항공종사자는 항공계기 및 항공전자장치에 대한 전반적인 지식을 갖추고 있어야 하며, 특히 항공정비사의 정확한 운용과 정비업무는 필수사항입니다.

항공계기는 근본적으로 측정(measurement)의 과학입니다. 속도, 거리, 자세, 방향, 온도, 압력, RPM 등 다양하고 수많은 물리량들을 측정하여 이 값을 조종실 계기에 도시(display)합니다. 초기에 사용된 독립적인 아날로그(analog) 계기는 항공전자/제어/IT 기술의 발전을 통해 디지털(digital) 계기로 점차 발전하여 정보를 통합하고 보다

[그림 1.3] 항공계기시스템의 발전

효율적으로 조종사에게 정보를 제공하게 됩니다. [그림 1.3]에 나타낸 4인승 항공기의 대명사격인 미국의 세스나(Cessna) 172 항공기는 1950년대 후반에 개발되어 현재까지 약 25만 대 이상이 팔린 베스트셀러로, 초기 조종석은 그림과 같이 개별적인 아날로그 계기들로 구성되었습니다. 미국 Cirrus사의 SR-22 항공기는 2000년대 초반에 개발되어 세스나의 4인승 시장을 잠식하고 있는 항공기로, 디지털 기술이 적용된 전자식 조종석이 적용되고 있으며, Honda Jet는 일본이 2000년도 후반에 개발한 4인승 비즈니스 제트기로 디지털 계기를 기반으로 한 대형 디스플레이를 통해 각종 항공계기를 통합시킨 조종석을 제공하고 있습니다. 현재 민간 항공 분야의 중대형 여객기도 이와 같은 디지털 계기가 발전되어 주 비행표시장치(PFD, Primary Flight Display) 및 다기능시현기(MFD, Multi-Function Display) 등으로 구성되는 통합전자계기가 대부분 적용되고 있습니다.

1.1.2 항공계기시스템의 특성

항공계기의 특징과 주의할 사항을 알아보겠습니다.

① 항공계기는 승객이나 화물, 무기 탑재량 등 항공기의 유효 탑재량을 늘리기 위해 항공계기의 크기(size)와 무게(weight)를 소형화(miniaturization), 경량화(weight reduction)해야 합니다.

② 비행정보 및 각 계통의 정보를 정확하고 정밀하게 표시할 수 있도록 환경에 대한 내구성(durability)을 갖추어야 하고, 이를 정기적으로 점검해야 합니다. 즉, 일정 시간마다 오버홀(overhaul)과 정비(maintenance), 점검(inspection) 작업을 통해 정확도와 신뢰성을 유지해야 합니다. 특히 항공계기 및 전자장치는 다양한 환경조건(environmental condition)[3]을 만족시켜야 합니다. 비행 중에 노출되는 온도, 기압, 습도, 자세, 가속도 및 진동 등의 변화에 영향이 적어야 하고, 이러한 조건하에서도 정확하게 동작하여야 합니다.

　예를 들어, 일반적인 항공전자장치에 적용하는 온도조건은 −65∼70℃까지 견디도록 시험을 통해 성능을 입증합니다. 이러한 환경조건이 일반 산업용 계기 및 전자장치에 비해 엄격하기 때문에 항공용 부품이나 전자장치는 이를 위한 시험과 검증에 비용과 시간이 많이 소요되어 가격이 비싸집니다.

　더불어 비행 중 엔진, 프로펠러의 회전 및 외부 대기의 돌풍(gust)과 난기류(turbulence)를 통해 들어오는 진동(vibration)은 계기오차(instrumental error)를

3 항공기의 환경조건은 미국방성의 MIL-STD-810E(Environmental Test Methods and Engineering Guidelines) 또는 RTCA-DO-160(Environmental Conditions and Test Procedures for Airborne Equipment)을 적용하여 검증함.

발생시키므로, 계기판이나 항공전자장치의 장착 시 방진(anti-vibration)장치를 설치해야 합니다. 예를 들어, 왕복엔진(reciprocal engine) 항공기는 엔진에 의한 진동이 크므로 계기를 지지하는 계기판(instrument panel)과 기체 간에 충격 마운트(shock mount) 및 damper, 방진 패드(anti-vibration pad)를 설치하여 외부에서 들어오는 진동을 감소시킵니다.[4]

③ 대부분 전기·전자 부품으로 이루어진 항공계기와 항공전자장치는 전자기적 내성을 가지고 있어야 합니다. 즉, 주변 전자기파(전자파)에 의해 영향을 받지 않고 다른 전자장치 및 계기에 전자파 영향을 주지 않아야 하므로, 전자(기)파 간섭(EMI, Electromagnetic Interference)[5] 및 전자(기)파 적합성(EMC, Electromagnetic Compatibility)[6] 시험평가를 수행하여 주변 전자파 및 전자장치와의 간섭이 발생하지 않고 동작에 장애를 일으키지 않는다는 점이 입증되어야 합니다.

④ 고도계, 속도계, 승강계 및 엔진압력계기 등은 공기나 오일 등을 연결하여 정보를 얻기 때문에 연결관에서 누설(leakage)이 발생하지 않도록 주의해야 합니다. 또 계기 작동을 위해 기계적 베어링 및 기어를 사용하는 경우는 마찰(friction)에 의한 오차가 존재하므로 주의를 요합니다.

1.1.3 항공계기의 구성

[그림 1.4]는 고전적인 아날로그 계기(analog instrument) 중 항공기 고도계(altimeter)

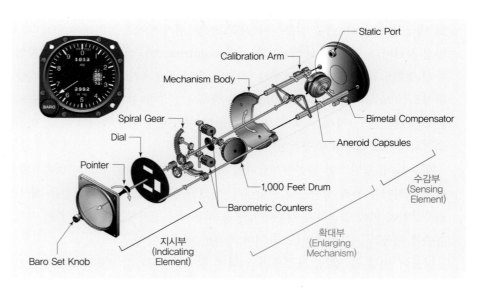

[그림 1.4] 독립된 아날로그 항공계기의 내부 구성요소

4 충격 마운트(shock mount) 등의 완충장치는 저주파의 고진폭 진동을 방지하기 위해 설치함.

5 전자기파 간섭(EMI)은 MIL-STD-462 (Measurement of Electromagnetic Interference Characteristics) 요구조건을 만족시켜야 함.

6 전자기파 적합성(EMC) 시험은 MIL-STD-461(Requirements for the Control of Electromagnetic Interference Characteristics of Subsystems and Equipment)을 요구조건으로 사용하여 검증함.

의 내부 구조를 보여주고 있습니다. 일반적으로 독립된 아날로그 계기들은 그림과 같이 물리량(압력)을 측정하는 수감부(sensing element)와 링키지(linkage) 등을 통해 수감부에서 측정된 미소 변위량을 확대시켜 지시부로 연결시키는 확대부(enlarging mechanism), 지침과 눈금판으로 구성된 지시부(indicating element)로 구성됩니다.[7]

1.2 항공계기의 분류

항공계기는 지시방식, 작동원리, 도시하는 정보에 따라 다음과 같이 분류할 수 있습니다.

(1) 지시방식에 따른 분류

지시방식에 따라서는 [표 1.1]과 같이 표시부에 지시침을 사용하는 아날로그 계기와 표시창에 숫자나 문자를 통해 정보를 도시해주는 디지털 계기로 분류됩니다. 아날로그와 디지털 계기는 지시방식뿐 아니라 물리량을 측정하기 위해 사용하는 센서(sensor)의 종류에 따라서도 분류할 수 있습니다.

[표 1.1] 항공계기의 분류(지시방식에 따른 분류)

지시방식에 따른 분류	
아날로그 계기(Analog Instrument)	디지털 계기(Digital Instrument)

(2) 작동원리에 따른 분류

작동원리에 따른 분류는 계기가 제공하는 정보(물리량)의 측정방법에 따라 구분하는 방식으로, [표 1.2]와 같이 속도계, 고도계, 승강계인 피토-정압계기[8]와 자세계, 기수방위 지시계, 선회 지시계인 자이로계기 및 전기계기, 전자계기, 압력계기, 온도계기, 액량계기, 유량계기 등으로 분류할 수 있습니다.

(3) 정보에 따른 분류

도시하는 정보에 따른 분류는 [표 1.3]에 정리하였는데, 항공계기는 측정하고 제공하는 정보종류에 따라 항공기 비행 상태 정보를 제공하는 비행계기(flight instrument), 항공기 엔진의 작동상태 정보를 제공하는 엔진계기(engine instrument), 항공기의 위치, 방위, 진로 등의 항법 정보를 제공하는 항법계기(navigation instrument)로 나눌 수 있습니다.

[표 1.2] 항공계기의 분류(작동원리에 따른 분류)

작동원리에 따른 분류	해당 계기	작동원리에 따른 분류	해당 계기
피토–정압 (동정압)계기 (Pitot-Static Instrument)	속도계(Air Speed Indicator) 고도계(Altimeter) 승강계 (Vertical Speed Indicator)	유량계기 (Flowmeter)	차압식 유량계(Differential Pressure Flowmeter) 베인식 유량계(Vane-Type Flowmeter) 동기전동기식 유량계(Synchronous Motor Flowmeter)
전기계기 (Electrical Instrument)	가동코일형 계기(Moving-Coil Instrument) 가동철편형 계기(Moving-Iron Vane Instrument) 전류력계형 계기(Electro-Dynamometer Instrument) 자기동조 계기(Self Synchronous Instrument)	회전계기 (Tachometer)	기계식 회전계(Mechanical Tachometer) 전기식 회전계(Electrical Tachometer) 전자식 회전계(Electronic Tachometer) 동기계(Synchroscope)
압력계기 (Pressure Instrument)	오일 압력계(Oil Pressure Indicator) 연료 압력계(Fuel Pressure Indicator) 작동유 압력계(Hydraulic Pressure Indicator) 흡기 압력계(Manifold Pressure Indicator) EPR 계기(Engine Pressure Ratio Indicator) 흡인 압력계(Suction Pressure Indicator) 제빙 압력계(Deicing Pressure Indicator) 객실 압력계(Cabin Pressure Indicator)	자기계기 (Magnetic Instrument)	자기 컴퍼스(Magnetic Compass) 마그네신 컴퍼스(Magnesyn Compass) 자이로신 컴퍼스(Gyrosyn Compass)
온도계기 (Temperature Instrument)	증기압식 온도계(Vapor Pressure Temp. Gauge) 바이메탈식 온도계(Bi-metalic Temp. Gauge) 전기저항식 온도계(Electric Resistance Temp. Gauge) 열전쌍식 온도계(Thermocouple Temp. Gauge)	자이로계기 (Gyroscopic Instrument)	자세계(Attitude Indicator) 기수방위 지시계(Heading Indicator) 선회 지시계(Turn Indicator)
액량계기 (Quantity Instrument)	사이트 게이지식 액량계(Sight Gauge Type Quantity Indicator) 플로트(부자식) 액량계(Float Type Quantity Indicator) 딥 스틱식 액량계(Dip Stick Type Quantity Indicator) 정전용량식 액량계(Capacitance Type Quantity Indicator)		

[표 1.3] 항공계기의 분류(정보에 따른 분류)

정보에 따른 분류	내용	해당 계기
비행계기 (Flight Instrument)	항공기 비행상태 정보 제공	고도계(Altimeter) 속도계(Air Speed Indicator) 승강계(Vertical Speed Indicator) 자세계(Attitude Indicator) 선회 경사계(Turn and Slip Indicator) 실속 탐지기(Stall Detector) 외기 온도계(Outside Air Temperature Indicator) 마하계(Mach Meter)
엔진(기관)계기 (Engine Instrument)	항공기 엔진의 작동상태 정보 제공	엔진 회전수 계기(Tachometer) 동조(동기)계(Synchroscope) 매니폴드 압력계(Manifold Pressure Indicator) 연료 압력계(Fuel Pressure Indicator) 윤활유 압력계(Oil Pressure Indicator) 실린더 헤드 온도계(Cylinder Head Temperature Indicator) 연료량계(Fuel Quantity Indicator) 연료 유량계(Fuel Flowmeter) 압축기 배출 압력계(Compressor Discharge Pressure Indicator) 윤활유 온도계(Oil Temperature Indicator) 배기가스 온도계(Exhaust Gas Temperature Indicator)
항법계기 (Navigation Instrument)	항공기의 위치, 방위, 진로 등의 항법정보 제공	자기 컴퍼스(Magnetic Compass) 기수방위지시계(Heading Indicator) 자동 무선 방향 탐지기(ADF, Automatic Direction Finder) 초단파 전방향 무선표지(VOR, VHF Omnidirectional Radio range) 단거리 항법장치(TACAN, TACtical Air Navigation) 거리측정장치(DME, Distance Measuring Equipment) 관성항법장치(INS, Inertial Navigation System) 위성항법장치(GNSS, Global Navigation Satellite System)

1.3 항공기 계기판의 구성

1.3.1 소형 항공기 계기판의 구성

[그림 1.5]에 4인승 소형 항공기인 Cessna-172의 계기판(instrument panel)을 나타내었습니다. 앞 절의 항공기 분류에서 살펴본 바와 같이 아주 다양하고 많은 계기들이 장착되어 있습니다. 2장부터 하나씩 공부해 나갈 내용들이니 겁먹지 않아도 됩니다.

[그림 1.5] 소형 항공기의 계기판(instrument panel) (Cessna-172)

우선 항공기 계기의 기본 구성과 배치에 대해 알아보겠습니다. 일반적인 아날로그 계기의 배치는 비행에 필수적이고 핵심적인 비행계기와 항법계기를 중심으로 배치하는

> **핵심 Point 항공계기의 배치**
>
> - 미국 연방항공청(FAA)이 권고하는 T형 배열(T arrangement)로 설치한다.
>   ① 중앙에는 자세계(Attitude Indicator), 왼쪽에는 속도계(ASI, Air Speed Indicator), 오른쪽에는 고도계(Altimeter)를 배치한다.
>   ② 자세계 아래쪽에는 기수방위 지시계(Heading Indicator)를 배치한다.
>   ③ 추가로 선회경사계(Turn Coordinator)와 승강계(VSI, Vertical Speed Indicator)를 기수방위 지시계 왼쪽과 오른쪽에 각각 위치시킨다.

속도계
(Air Speed Indicator)

자세계
(Attitude Indicator)

고도계
(Altimeter)

선회경사계
(Turn Coordinator)

기수방위 지시계
(Heading Indicator)

승강계
(Vertical Speed Indicator)

[그림 1.6] 항공계기의 T형 배열(T arrangement)

방식으로, [그림 1.6]과 같이 미국 연방항공청 FAA(Federal Aviation Administration)
가 권고하고 있는 T형 배열이 널리 이용되고 있습니다.

1.3.2 중대형 여객기 계기판의 구성

중대형 여객기의 조종석은 [그림 1.7(a)]와 같이 왼쪽의 주 조종사석(pilot seat)과 오
른쪽의 부조종사석(copilot seat)에 동일한 계기를 배치한 주 계기판(main instrument
panel)이 위치하고, 상부에 각 계통을 제어하기 위한 오버헤드 계기판(overhead
instrument panel)이 설치됩니다. 주 조종사와 부조종사 사이에는 엔진 및 플랩을 조
작하기 위한 센터 페데스탈(center pedestal)이 설치되고, 항법 및 통신 관련 장치와
계기는 항공기관사(flight engineer) 좌석 앞에 설치됩니다.

[그림 1.7(b)]는 최신 항공기인 에어버스사의 A380의 조종석을 보여주고 있는데, 현재
항공기들은 항공계기의 발전에 따라 [그림 1.7(a)]의 항공기관사 계기판이 주 계기판 쪽
으로 통합되어 항공기관사라는 직업이 사라짐에 따라 조종석에 함께 탑승하지 않습니다.

항공계기 외곽의 케이스(case)는 유해한 반사광을 피하기 위해 무광택 소재를 사용
합니다. 또한 진동(vibration)을 제거하기 위해 기체 구조물에 장착 시에 [그림 1.8]과
같이 충격 마운트(shock mount, absorber)나 댐퍼(damper) 등의 완충장치를 사용하

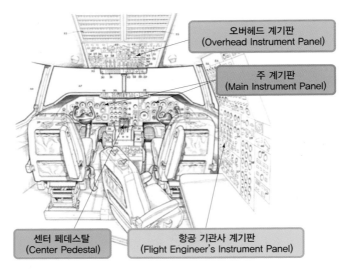

오버헤드 계기판
(Overhead Instrument Panel)

주 계기판
(Main Instrument Panel)

센터 페데스탈
(Center Pedestal)

항공 기관사 계기판
(Flight Engineer's Instrument Panel)

(a) 중대형 여객기의 계기판 구성

(b) Airbus A380 조종석

[그림 1.7] 중대형 여객기의 조종석

Shock Mount

Bonding Jumper

Shock Mount

[그림 1.8] 완충장치

여 장착합니다. 일반적으로 충격 마운트 등의 완충장치는 저주파(low frequency)의 고진폭(high amplitude) 진동을 방지합니다.

항공기 계기판에는 많은 계기가 근접하여 장착되므로 자기적 또는 전기적인 영향을 받기 쉬우므로, 항공계기 케이스의 소재로는 플라스틱이나 비자성 금속재 또는 자성 케이스가 사용되어 이를 차단합니다.

① 플라스틱 케이스(plastic case)는 케이스 내부 또는 외부로부터 전기적 또는 자기적인 영향을 받지 않는 계기에 이용합니다. 제작이 용이하고, 금속 케이스처럼 페인트를 칠할 필요가 없는 장점이 있습니다.

② 비자성 금속재 케이스는 가공성, 기계적 강도, 가격 등에서 유리한 알루미늄 합금(두랄루민)을 이용하는데, 전기적 차단효과도 우수해 널리 이용되고 있습니다.

③ 자성(철재) 케이스는 계기에 미치는 자기적인 영향을 차단하기 위해서 사용합니다. 주로 연철(soft iron)을 사용하는데, 기계적인 강도가 큰 장점이 있는 반면, 중량이 커지는 단점이 있습니다.

1.4 계기오차 및 색표식

1.4.1 계기오차

계기오차(instrumental error)는 누설오차, 마찰오차, 온도오차, 탄성오차, 진동오차, 위치오차, 시차 등 총 7가지로 구분됩니다.

① 누설오차(leakage error)는 계기 케이스나 연결관의 밀폐 불량으로 인한 누설로 발생하며, 외부 대기 및 오일, 연료 등이 연결된 피토-정압(pitot-static)계통 및 압력계기에서 흔히 나타나는 오차입니다.

② 마찰오차(friction error)는 지시부, 가동부 등 계기 내부의 기계적 부품들 간의 마찰 저항에 의해 발생하며, 베어링(bearing)을 사용함으로써 감소시킬 수 있습니다.

③ 온도오차(thermal error)는 계기 주위의 온도가 계기 운용 환경에서 주어진 표준온도와 다르기 때문에 발생하며, 기계적 구성품의 수축, 팽창 또는 스프링의 탄성변화 및 비행 중 대기의 온도가 표준대기와 다르기 때문에 발생합니다.

④ 탄성오차(elastic error)는 재료의 크리프 강도(creep strength)에 의한 것으로 장시간의 하중으로 재료가 서서히 소성변형(plastic deformation)을 일으키기 때문

에 발생하며, 고도계 등에서 주로 나타나는 오차입니다.

⑤ 진동오차(vibration error)는 엔진 및 외부 대기의 돌풍(gust) 및 난기류(turbulence) 등의 진동에 의해 지침이 떨려서 나타나는 오차로, 외부로부터 유입되는 진동을 차단하기 위해 방진장치(anti-vibration)를 사용하여 제거할 수 있습니다.

⑥ 위치오차(position error)는 계기 장착 시의 불균형이나 항공기 자세 변화에 따라 발생하는 오차로, 계기 장착 시 계기의 수평이 맞지 않으면 계기 내 가동부의 기계적 불평형이 발생하여 진동오차로 발전할 수 있습니다.

⑦ 시차(parallax)는 계기표시창에 표시된 지침이나 눈금을 보는 눈의 각도에 의해 발생하며 시선(視線)오차를 말합니다.

1.4.2 계기조명

계기조명(instrument light)은 [그림 1.9]와 같이 integral light와 pillar light 방식이 사용됩니다. 개별 항공계기 내부에 백열전구 또는 LED를 넣어서 조명하는 방법이 integral light 방식이며, 계기 외부에 조명기구를 장치한 간접조명 방식을 pillar light 방식이라 합니다.

(a) Integral light

(b) Pillar light

[그림 1.9] 계기조명 방식

1.4.3 계기의 색표식

마지막으로 항공계기의 눈금 색표식(color-coded marking)에 대해 알아보겠습니다. [그림 1.10]과 같이 항공계기의 눈금은 여러 가지 색으로 표시되는데, 각각의 색이 의미하는 바가 다릅니다.

핵심 Point 계기의 색표식(color-coded marking)

① 녹색 호선(Green Arc)
  - 상용 안전 운용범위 및 연속 운전범위를 의미하며, 정상적인 작동상태(normal operation)를 나타낸다.
② 황색 호선(Yellow Arc)
  - 정상 작동범위에서 벗어나기 시작하는 경계를 표시하며, 주의(caution) 또는 경고(warning) 범위를 나타낸다.
③ 적색 방사선(Red Radial Line)
  - 최소 및 최대 운용한계(operation limitation)를 표시하며, 절대 넘어서는 안 되는 운용 금지한계를 나타낸다.
④ 흰색 호선(White Arc)
  - 속도계에만 사용되는 색표식으로 플랩(flap) 운용속도영역을 표시한다.
  - 하한인 최소속도 V_{SO}는 최대착륙중량에서의 실속속도(stall speed)를 의미한다.
  - 상한인 최대속도 V_{FE}는 최대 플랩 전개속도(flap extended speed)를 의미한다.
⑤ 청색 호선(Blue Arc)
  - 기화기를 장비한 왕복엔진계기에 사용되며, 흡기 압력계, 회전계, 실린더 헤드 온도계 등에 표시된다.
  - 연료와 공기의 혼합비가 오토린(auto-lean)일 때의 상용운전범위를 나타낸다.
⑥ 흰색 방사선(White Radial Line)
  - 계기 유리판과 케이스가 정확히 맞물려 있는가를 표시하는 미끄럼 방지 표시이다.

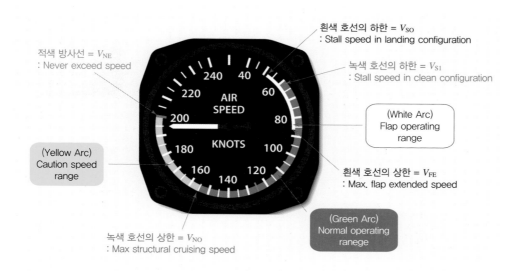

[그림 1.10] 속도계의 색표식 및 속도 종류

9 Pilot Operating Handbook

10 플랩을 내리면 실속 속도가 낮아지므로 $V_{SO} < V_{S1}$이 됨.

11 V_{NO} = Max Structural cruising speed

12 V_{NE} = Never Exceed speed

[그림 1.10]에 나타낸 속도계(ASI, Air Speed Indicator)의 경우는 각각의 색표식의 하한과 상한이 나타내는 속도가 의미를 가지게 되는데, 이 속도들은 항공기 감항기술기준과 매뉴얼 및 조종사 운용핸드북(POH)[9]에 표기되어 사용됩니다.

흰색 호선의 하한(lower limit)은 최소속도인 V_{SO}를 가리키는데 플랩과 랜딩기어를 내린 상태의 착륙형상(landing configuration)에서의 실속속도(stall speed)[10]를 의미하고, 흰색 호선의 상한(upper limit)은 착륙 시 조종사가 플랩(flap)을 내릴 수 있는 최대 플랩 전개속도(flap extended speed)인 V_{FE}를 가리킵니다. 따라서, 흰색 호선 영역은 플랩의 운용 영역을 나타냅니다.

녹색 호선(green arc)의 하한은 플랩과 랜딩기어를 접은 상태(retracted)에서의 실속속도인 V_{S1}을 나타내며, 상한은 최대 순항속도인 V_{NO}[11]를 나타냅니다.

노랑색 호선의 상한인 적색 방사선은 항공기 구조물의 안전을 위해 절대 넘어서는 안 되는 최대운용속도 V_{NE}[12]를 나타냅니다.

CHAPTER SUMMARY

이것만은 꼭 기억하세요!

1.1 항공계기시스템

① 항공기 각 계통(system)의 상태정보를 조종석(cockpit)에 전달하고, 계통의 이상 및 고장 상태를 경고하며, 항공기의 속도, 고도, 자세, 위치 및 진로 등을 지시하여 안전비행을 위한 정보를 조종사에게 통합하여 제공함.

② 아날로그 계기는 수감부(sensing element), 확대부(enlarging mechanism), 지시부(indicating element)로 구성됨.

1.2 항공계기의 분류

① 지시방식에 따른 분류

- 아날로그 계기(analog instrument)와 디지털 계기(digital instrument)

② 작동원리에 따른 분류

- 피토-정압(동정압)계기(pitot-static instrument), 전기계기(electrical instrument), 압력계기(pressure instrument), 온도계기(temperature instrument), 액량계기(quantity instrument), 유량계기(flowmeter), 회전계기(tachometer), 자기계기(magnetic instrument), 자이로계기(gyroscopic instrument)

③ 정보에 따른 분류

- 비행계기(Flight Instrument): 항공기의 속도, 고도, 자세 등 비행상태 정보 제공
- 엔진(기관)계기(Engine Instrument): 항공기 엔진의 작동상태 정보 제공
- 항법계기(Navigation Instrument): 항공기의 위치, 방위, 진로 등의 항법 정보 제공

1.3 항공기 계기판

- 미국 연방항공청(FAA)이 권고하는 T형 배열(T arrangement)이 이용됨.
- 중앙에는 자세계(attitude indicator), 왼쪽에는 속도계(air speed indicator), 오른쪽에는 고도계(altimeter)를 배치하며, 자세계 아래쪽에는 기수방위 지시계(heading indicator)를 배치함.

1.4 계기오차 및 색표식

① 계기조명(instrument light)의 종류

- Integral light: 개별 항공계기 내부에 백열전구 또는 LED를 넣어서 조명하는 방식
- Pillar light: 계기 외부에 조명기구를 장치한 간접조명 방식

② 색표식(color-coded marking)

- 녹색 호선(Green Arc)
  - 상용 안전 운용 범위 및 연속 운전 범위를 의미하며, 정상적인 작동상태(normal operation)를 나타냄.
  - 하한(V_{S1}) = 플랩과 랜딩기어를 접은 상태(retracted)에서의 실속속도(stall speed)를 가리킴.

- 상한(V_{NO}) = 최대 순항속도(max cruise speed)를 가리킴.
• 황색 호선(Yellow Arc)
　- 정상 작동범위에서 벗어나기 시작하는 경계를 표시하며, 주의(caution) 또는 경고(warning) 범위를 나타냄.
• 적색 방사선(Red Radial Line)
　- 최소 및 최대 운용한계(operation limitation)를 표시하며, 절대 넘어서는 안 되는 운용금지한계를 나타냄.
　- 구조안정상 넘지 않아야 할 최대 속도인 V_{NE}를 지칭
• 흰색 호선(White Arc)
　- 속도계에만 사용되는 색표식으로 플랩(flap) 운용속도영역을 표시함.
　- 하한(최소속도 V_{SO}) = 플랩과 랜딩기어를 내린 최대착륙중량에서의 실속속도(stall speed)를 가리킴.
　- 상한(최대속도 V_{FE}) = 플랩 전개속도(flap extended speed)를 가리킴.
• 흰색 방사선(White Radial Line)
　- 계기 유리판과 케이스가 정확히 맞물려 있는가를 표시하는 미끄럼 방지 표시

▶ 기출문제 및 연습문제

01. 항공계기의 구비조건이 아닌 것은?

[항공산업기사 2015년 1회]

① 정확성 ② 대형화
③ 내구성 ④ 경량화

해설 • 항공계기는 승객이나 화물, 무기 탑재량 등 항공기의 유효탑재량을 늘리기 위해 항공계기의 크기와 무게는 소형화, 경량화되어야 한다.
• 고장에 대비하여 내구성이 높고, 환경(온도, 진동, 습도 등)에 영향을 받지 않아야 한다.

02. 항공계기에 대한 설명으로 틀린 것은?

[항공산업기사 2016년 1회]

① 내구성이 높아야 한다.
② 접촉 부분의 마찰력을 줄인다.
③ 온도의 변화에 따른 오차가 적어야 한다.
④ 고주파수 작은 진폭의 충격을 흡수하기 위하여 충격 마운트를 장착한다.

해설 • 항공계기는 고장이 나지 않도록 내구성이 높아야 하며, 비행 중에 노출되는 온도, 기압, 습도, 자세, 가속도 및 진동 등의 환경변화에 영향(오차)이 적어야 한다.
• 진동 방지를 위한 충격 마운트(shock mount) 등의 완충장치는 저주파의 고진폭 진동을 방지하기 위해 설치한다.

03. 항공기 계기의 분류에서 비행계기에 속하지 않는 것은?

[항공산업기사 2015년 1회]

① 고도계
② 회전계
③ 선회경사계
④ 속도계

해설 비행계기(flight instrument)는 항공기 비행상태 정보를 제공하며, 고도계, 속도계, 승강계, 선회경사계, 자세계, 실속 탐지기, 마하계 등의 항공계기가 있다.

04. 엔진계기에 대한 설명으로 맞지 않는 것은?

① 오일 압력계(oil pressure gage)가 해당된다.
② 연료 압력계(fuel pressure gage)가 해당된다.
③ 구조역학적으로 안전한 엔진 조작범위를 제시한 것이다.
④ 하중배수는 정하중을 현재 작용하는 하중으로 나눈 값이다.

해설 • 엔진계기(engine instrument): 항공기에 장착된 엔진 상태정보를 제공하는 계기로, 엔진 운용 시의 정상작동범위, 경고범위 및 운용한계 등을 제공한다.
• 엔진 회전수 계기, 회전 동조계, 매니폴드 압력계, 연료 압력계, 실린더 헤드 온도계(CHT), 연료 유량계, 압축기 배출 압력계, 윤활유(oil) 온도계, 윤활유 압력계, 배기가스 온도계(EGT) 등 왕복엔진과 가스터빈 엔진의 상태정보를 제공하는 각종 계기가 포함된다.

05. 다음 중 일반적인 계기의 구성부가 아닌 것은?

[항공산업기사 2018년 4회]

① 수감부 ② 지시부
③ 확대부 ④ 압력부

해설 독립된 아날로그 계기들은 물리량을 측정하는 수감부(sensing element)와 수감부에서 측정된 미소 변위량을 확대시켜 지시부로 연결시키는 확대부(enlarging mechanism), 지침과 눈금판으로 구성된 지시부(indicating element)로 구성된다.

06. 항공계기나 장치가 주변 전자기파에 영향을 받지 않는 내성을 나타내는 용어는?

① 전력 감도
② 전자기파 적합성(EMC)
③ 주파수 특성
④ 송수신 감도

해설 전자(기)파 적합성(EMC, Electromagnetic Compatibility): 항공계기와 항공전자장치는 주변의 전자(기)파 간섭(EMI, Electromagnetic Interference)에 영향을 받지 않고 오작동하지 않음을 입증하여야 한다.

정답 1. ② 2. ④ 3. ② 4. ④ 5. ④ 6. ②

07. 다음 중 항법계기와 가장 거리가 먼 것은?

① Magnetic Compass ② Synchroscope
③ GPS　　　　　　④ Heading Indicator

해설 • 항법계기(navigation instrument)는 항공기의 위치, 방위, 진로 등의 항법 정보를 제공하는 계기이다.
• 항법계기에는 자기 컴퍼스, 기수방위지시계, 자동 무선방향 탐지기(ADF), 초단파 전방향 무선표지(VOR), 거리측정장치(DME), 관성항법장치(INS), 위성항법장치(GPS)가 포함된다.

08. 미국 연방항공청(FAA)에서 권고하는 T형 계기 배열에서 자세계(attitude indicator) 왼쪽에 위치하는 계기는?

① 속도계(ASI)
② 선회지시계(turn coordinator)
③ 승강계(VSI)
④ 고도계(altitmeter)

해설 항공계기의 T형 배열

속도계 (Air Speed Indicator) / 자세계 (Attitude Indicator) / 고도계 (Altimeter) / 선회경사계 (Turn Coordinator) / 기수방위 지시계 (Heading Indicator) / 승강계 (Vertical Speed Indicator)

09. 항공계기의 색표식(color marking)과 그 의미를 옳게 짝지은 것은? 　　　[항공산업기사 2016년 2회]

① 푸른색 호선(blue arc): 최대 및 최소 운용한계
② 노란색 호선(yellow radiation): 순항 운용 범위
③ 붉은색 호선(red radiation): 경계 및 경고 범위
④ 흰색 호선(white arc): 플랩을 조작할 수 있는 속도 범위 표시

해설 항공계기 색표식
• 녹색 호선(green arc): 안전 운용범위 등 정상(normal) 작동상태
• 황색(노란색) 호선(yellow arc): 주의(경계, caution) 또는 경고(warning) 범위
• 적색(붉은색) 방사선(red radial line): 최소 및 최대 운용한계
• 흰색 호선(white arc): 속도계에만 사용하는 색표식으로 플랩 운용 속도영역(하한 = 플랩과 착륙장치를 내린 상태에서의 실속속도, 상한 = 플랩전개 최대속도)
• 청색(푸른색) 호선(blue arc): 기화기를 장비한 왕복기관에 사용하는 계기로 연료 공기 혼합비가 오토린(auto-lean) 상태의 안전 운용범위
• 흰색 방사선(white radial line): 계기 유리판과 케이스가 정확히 맞물려 있는가를 표시하는 미끄럼 방지 표시

10. 대기 속도계의 색표시에서 플랩을 조작하는 것과 가장 관계가 깊은 색은? [항공산업기사 2010년 2회]

① 녹색　　② 황색　　③ 백색　　④ 적색

해설 항공계기 색표식에서 흰색 호선(white arc)은 속도계에만 사용하는 색표식으로, 플랩 운용 속도영역(하한 = 플랩과 착륙장치를 내린 상태에서의 실속속도, 상한 = 플랩전개 최대속도)을 나타낸다.

11. 항공기 비행상태를 알기 위한 목적으로 고도, 속도, 자세 등을 지시하는 항공계기는?

[항공산업기사 2011년 2회]

① 비행계기　　　　② 기관계기
③ 항법계기　　　　④ 통신계기

해설 비행계기는 항공기 비행상태 정보를 제공하며, 고도계, 속도계, 승강계, 선회경사계, 자이로 수평 지시계, 방향 자이로 지시계, 실속 탐지기, 마하계 등의 항공계기가 포함된다.

12. 항공계기에서 일반적인 사용 범위부터 초과 금지 사이의 경계 범위를 의미하는 것은?

[항공산업기사 2012년 1회]

① 적색 방사선　　　② 황색 호선
③ 녹색 호선　　　　④ 백색 호선

정답 7. ② 8. ① 9. ④ 10. ③ 11. ① 12. ②

해설 항공계기 색표식에서 황색(노란색) 호선(yellow arc)은 정상 작동범위에서 벗어나는 주의(경계, caution) 또는 경고(warning) 범위를 나타낸다.

13. 속도계에만 표시되는 것으로 최대 착륙하중 시의 실속속도에서 플랩(flap)을 내릴 수 있는 속도까지의 범위를 나타내는 색표식은?

① 녹색　② 황색　③ 청색　④ 백색

해설 항공계기 색표식에서 흰색 호선(white arc)은 속도계에만 사용하는 색표식으로 플랩 운용 속도영역(하한=플랩과 착륙장치를 내린 상태에서의 실속속도, 상한=플랩전개 최대속도)을 나타낸다.

14. 항공계기에 요구되는 조건에 대한 설명으로 옳은 것은? [항공산업기사 2014년 4회]

① 기체의 유효탑재량을 크게 하기 위해 경량이어야 한다.
② 계기의 소형화를 위하여 화면은 작게 하고 본체는 장착이 쉽도록 크게 해야 한다.
③ 주위의 기압과 연동이 되도록 승강계, 고도계, 속도계의 수감부와 케이스는 노출이 되도록 해야 한다.
④ 항공기에서 발생하는 진동을 알 수 있도록 계기판에는 방진장치를 설치해서는 안 된다.

해설 항공계기는 기체의 유효 탑재량을 크게 하기 위해 소형, 경량이어야 하며, 외부로부터의 진동을 방지하기 위해 완충장치(방진장치)가 사용된다.

15. 계기의 색표식 중 흰색 방사선이 의미하는 것은? [항공산업기사 2017년 2회]

① 안전 운용범위
② 최대 및 최소 운용한계
③ 플랩 조작에 따른 항공기의 속도범위
④ 유리판과 계기 케이스의 미끄럼 방지 표시

해설 흰색 방사선(white radial line)은 계기 유리판과 케이스가 정확히 맞물려 있는가를 표시하는 미끄럼 방지 표시이다.

16. 다음 중 엔진의 상태를 지시하는 엔진계기의 종류가 아닌 것은?

① RPM 계기　② ADI
③ EGT 계기　④ Fuel flowmeter

해설
- 엔진계기(engine instrument)에는 엔진 회전수 계기(RPM 계기), 회전 동조계, 매니폴드 압력계, 연료 압력계, 실린더 헤드 온도계(CHT), 연료 유량계(fuel flowmeter), 윤활유(oil) 온도계, 윤활유 압력계, 배기가스 온도계(EGT) 등 왕복엔진과 가스터빈 엔진의 상태정보를 제공하는 각종 계기가 포함된다.
- 비행자세지시계(ADI, Attitude Director Indicator)는 자이로계기 중 자세계(attitude indicator)가 발전된 전자계기로 비행계기이다.(13장 통합전자계기 참조)

▶ **필답문제**

17. 계기에서 노란색 호선은 무엇을 의미하는가? [항공산업기사 2015년 2회]

정답 황색 호선(yellow arc): 정상 작동범위에서 벗어나기 시작하는 경계를 표시하며, 주의(caution) 또는 경고(warning) 범위를 나타낸다.

18. 항공기의 색표식 중에서 흰색 호선의 의미는? [항공산업기사 2007년 1회]

정답
- 흰색 호선(white arc): 속도계에만 사용되는 색표식으로 플랩(flap) 운용속도영역을 표시한다.
- 하한은 최소속도 V_{SO}로 최대착륙중량에서의 실속속도(stall speed)를 나타내며, 상한은 최대속도 V_{FE}로 플랩전개속도(flap extended speed)를 나타낸다.

19. 항공기의 색표식 중에서 붉은색 방사선의 의미는? [항공산업기사 2015년 4회]

정답 적색 방사선(red radial line): 최소 및 최대 운용한계(operation limitation)를 표시하며, 절대 넘어서는 안되는 운용금지한계(구조안정상 넘지 않아야 할)인 최대속도 V_{NE}를 나타낸다.

정답 **13.** ④　**14.** ①　**15.** ④　**16.** ②

20. 다음 계기판에 있는 계기 명칭을 서술하시오.

[항공산업기사 2011년 1회]

① ② ③

④ ⑤ ⑥

정답 항공기 계기 배치 시 미국 연방항공청(FAA)이 권고하는
T형 배열(T arrangement)이 이용된다.
① 속도계(ASI, Air Speed Indicator)
② 자세계(Attitude Indicator)
③ 고도계(Altimeter)
④ 선회경사계(Turn Coordinator)
⑤ 기수방위 지시계(Heading Indicator)
⑥ 승강계(VSI, Vertical Speed Indicator)

Aircraft
Instrument
System

AIRCRAFT INSTRUMENT SYSTEM

2장부터 7장까지는 작동원리에 따른 개별 계기에 대해서 설명합니다. 먼저 2장에서 다룰 피토-정압계기(pitot-static instrument)는 항공기 계기 중 항공공학의 특징을 가장 대표하는 계기로, 동정압계기(dynamic and static pressure instrument) 또는 공함계기(pressure capsule instrument)라고도 부릅니다. 피토-정압계기는 항공기 외부 공기 흐름에 따른 압력을 측정하여 항공기의 속도, 고도, 상승률 및 하강률을 측정하여 지시하는 계기로, 속도계, 고도계 및 승강계로 구성됩니다. 외부 공기의 압력을 측정하므로 먼저 이상적인 공기의 상태를 정의하는 표준대기를 설명하고, 항공기 속도의 측정 원리인 베르누이 정리와 피토 튜브에 대해 알아보겠습니다. 그런 다음 속도계와 고도계 및 승강계 각각의 구조 및 특성에 대해 설명하고, 마지막으로 피토-정압계통에 대한 고장탐구에 대해 살펴보겠습니다.

2.1 표준대기

땅에 붙어서 움직이는 자동차는 속도계(speedometer)를 통해 굴러가는 바퀴의 회전속도를 측정하면 비례하는 자동차의 속도를 알아낼 수 있습니다. 이에 비해, 공기(air) 중을 비행하는 항공기에서는 직접 속도(airspeed)와 고도(altitude)를 측정하기 어렵기 때문에 외부 공기의 압력을 측정하여 이를 해당 속도와 고도로 환산하여 알아냅니다. 하지만 여기에는 한 가지 문제점이 있습니다. 공기의 압력은 시간과 장소에 따라 시시각각으로 변화하는 특성을 가지므로 변하지 않는 기준특성을 갖는 표준대기가 요구됩니다. 따라서 항공기에 사용되는 모든 피토-정압계기는 표준대기를 기준으로 압력을 측정하도록 만들어져 항공기에 장착되어 사용됩니다.

2.1.1 표준대기

자 그러면 표준대기(standard atmosphere)에 대해 알아보겠습니다. 모든 물체는 둘러싸인 공기에 의해 수직방향으로 대기압(atmospheric pressure)이란 압력[1]을 받는데, [그림 2.1(a)]와 같이 수은(Hg)을 그릇에 담아 놓으면 대기압에 의해 29.92인치(inch)만큼 올라가는 크기가 됩니다.[2] 공기의 압력(pressure)은 온도(temperature)와 공기밀도(density)[3]에 따라 변하게 되는데, 이 관계는 식 (2.1)의 이상기체 상태방정식(ideal gas equation)으로 정의되며, 시시각각으로 상태와 성질이 변화하는 공기와 같은 유체(fluid)는 식 (2.1)을 만족시키는 어떤 압력(P), 온도(T), 밀도(ρ)의 개별값으로 고정

---

1 압력은 단위면적당 가해지는 힘으로 정의됨.

2 대기압의 여러 단위값 중 29.92 inHg가 사용되는 이유임.

3 밀도는 단위부피당 질량으로 정의됨.

시키면 상태가 변하지 않게 되어 시간과 장소에 상관없이 성질이 같은 유체가 됩니다.

$$P = \rho RT \tag{2.1}$$

$$R = 287.05 \ \text{m}^2/(\text{K·s}^2) = 3{,}089.8136 \ \text{ft}^2/(\text{K·s}^2)$$

여기서, 기체 상수(gas constant) R은 고정된 상수값을 사용하며, 온도는 식 (2.2)로 정의된 절대온도(absolute temperature)를 사용하여야 하므로 °C나 °F를 K(켈빈)[4]이나 R(랭킨)[5]으로 단위를 변환하여 사용해야 합니다.

$$K = 273.15 + \text{°C}, \quad R = 456.69 + \text{°F} \tag{2.2}$$

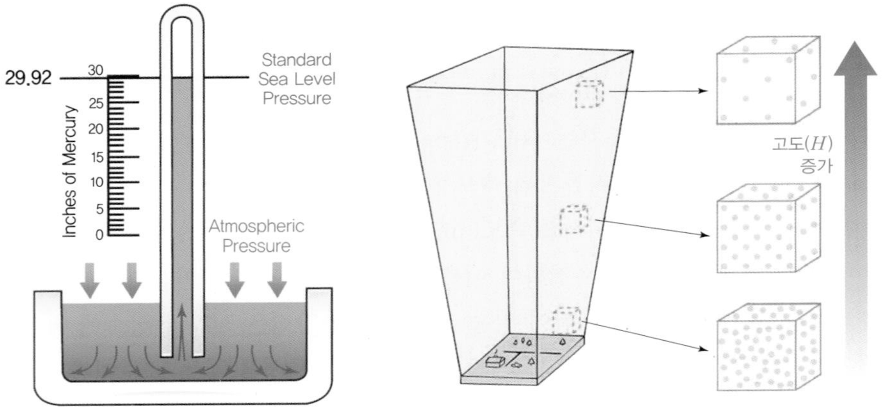

4 켈빈온도(Kelvin temperature)라고도 함.

5 랭킨온도(Rankine temperature)

(a) 대기압   (b) 고도증가에 따른 공기밀도

[그림 2.1] 공기기둥과 대기압

　항공기는 공기 중을 비행하기 때문에 외부 공기의 상태가 매우 중요합니다. 피토-정압계기는 압력을 측정하여 항공기가 비행하는 고도와 속도를 측정하게 되는데, 앞에서 설명한 바와 같이 압력은 시간과 장소에 따라 시시각각으로 상태가 변합니다. 예를 들어, 오늘 아침 9시에 롯데월드 타워 꼭대기에서 압력을 측정하고, 다음날 같은 시간에 압력을 측정하면 두 값이 일치할 확률은 매우 적습니다. 따라서, 시간과 공간에 따라 변하는 공기의 성질을 고정시킬 기준이 필요하게 되었고, 이러한 목적으로 만든 가상대기가 표준대기입니다.

표준대기(standard atmosphere)

- 시간과 공간에 따라 변하는 공기의 성질(압력, 온도, 밀도, 음속 등)을 고도에 따라 고정한 가상대기를 지칭한다.
- 1952년 국제민간항공기구인 ICAO(International Civil Aviation Organization)[6]에서 제정하여 사용하기 시작하였다.
- 국제표준대기(ISA, International Standard Atmosphere)라고도 한다.

6 1947년 4월에 발족한 국제연합(UN) 전문기구로 항공기, 공항시설/운영, 항로/항법 등에 대한 국제표준과 권고사항을 채택하여 세계 항공업계의 정책을 총괄함.

2.1.2 표준대기표

(1) 표준대기표

표준대기는 몇 차례의 수정과정을 거쳐, 1976년에 고도 80 km까지 확장된 표준대기모델이 확정되어 현재까지 사용되고 있는데, 실제의 대기와 비슷한 일종의 가상 대기로 식 (2.1)을 물리적으로 만족시킵니다. 표준대기표(standard atmosphere table)는 [표 2.1]과 같이 지정된 표준대기의 상태를 결정짓는 압력, 온도, 밀도 및 음속(speed of sound) 등을 고도에 따라 정한 값으로 지정한 표입니다. 예를 들어 고도 10,000 ft에서의 공기는 압력이 20.576 inHg, 온도는 −4.8°C, 밀도는 0.0017553 slug/ft³, 음속은 1,077.39 ft/s로 값이 정해집니다.

[표 2.1] 표준대기표(standard atmosphere table)

고도(H) (Altitude)		압력(P) (Pressure)		온도(T) (Temperature)		밀도(ρ) (density)	음속(a) (speed of sound)
(ft)	(m)	(lb/ft²)	(inHg)	(°C)	(K)	(slug/ft³)	(ft/s)
0	0.0	2,116.22	29.920	15.0	288.15	0.0023769	1,116.45
1,000	304.8	2,040.86	28.854	13.0	286.17	0.0023081	1,112.61
2,000	609.6	1,967.68	27.820	11.0	284.19	0.0022409	1,108.75
3,000	914.4	1,896.64	26.816	9.1	282.21	0.0021751	1,104.88
4,000	1,219.2	1,827.70	25.841	7.1	280.23	0.0021109	1,100.99
5,000	1,524.0	1,760.80	24.895	5.1	278.24	0.0020481	1,097.09
6,000	1,828.8	1,695.89	23.977	3.1	276.26	0.0019868	1,093.18
7,000	2,133.6	1,632.94	23.087	1.1	274.28	0.0019268	1,089.25
8,000	2,438.4	1,571.89	22.224	−0.8	272.30	0.0018683	1,085.31
9,000	2,743.2	1,512.70	21.387	−2.8	270.32	0.0018111	1,081.36

[표 2.1] 표준대기표(standard atmosphere table)(계속)

고도(H) (Altitude)		압력(P) (Pressure)		온도(T) (Temperature)		밀도(ρ) (density)	음속(a) (speed of sound)
(ft)	(m)	(lb/ft²)	(inHg)	(°C)	(K)	(slug/ft³)	(ft/s)
10,000	3,048.0	1,455.33	20.576	−4.8	268.34	0.0017553	1,077.39
11,000	3,352.8	1,399.74	19.790	−6.8	266.36	0.0017008	1,073.40
12,000	3,657.6	1,345.87	19.029	−8.8	264.38	0.0016476	1,069.40
13,000	3,962.4	1,293.70	18.291	−10.8	262.39	0.0015957	1,065.39
14,000	4,267.2	1,243.18	17.577	−12.7	260.41	0.0015450	1,061.36
15,000	4,572.0	1,194.27	16.885	−14.7	258.43	0.0014956	1,057.31
16,000	4,876.8	1,146.93	16.216	−16.7	256.45	0.0014474	1,053.25
17,000	5,181.6	1,101.12	15.568	−18.7	254.47	0.0014004	1,049.18
18,000	5,486.4	1,056.80	14.941	−20.7	252.49	0.0013546	1,045.08
19,000	5,791.2	1,013.94	14.335	−22.6	250.51	0.0013100	1,040.97
20,000	6,096.0	972.49	13.749	−24.6	248.53	0.0012664	1,036.85
22,000	6,705.6	893.72	12.636	−28.6	244.56	0.0011827	1,028.55
24,000	7,315.2	820.19	11.596	−32.5	240.60	0.0011033	1,020.19
26,000	7,924.8	751.64	10.627	−36.5	236.64	0.0010280	1,011.75
28,000	8,534.4	687.80	9.724	−40.5	232.68	0.0009567	1,003.24
30,000	9,144.0	628.43	8.885	−44.4	228.71	0.0008893	994.66
32,000	9,753.6	573.28	8.105	−48.4	224.75	0.0008255	986.01
34,000	10,363.2	522.11	7.382	−52.4	220.79	0.0007653	977.28
36,000	10,972.8	474.71	6.712	−56.3	216.83	0.0007086	968.47
38,000	11,582.4	430.85	6.092	−60.3	212.86	0.0006551	959.58
40,000	12,192.0	390.33	5.519	−64.2	208.90	0.0006047	950.61

표준대기에서 공기의 상태를 결정짓는 물리량인 압력, 온도, 밀도를 고도에 따라 그래프로 그려보면 [그림 2.2]와 같이 나타납니다. 그래프에서 공기의 압력, 온도, 밀도는 고도 증가에 따라 값이 모두 감소하게 되는데, 고도 증가에 따라 중력(gravity)이 감소하여 우주로 나가면 무중력이 되는 것과 같습니다. 즉, 고도 증가에 따라 중력이 감소하고, [그림 2.1(b)]와 같이 공기입자 사이의 간격이 멀어지게 되므로 물체를 때리는 공기입자의 수가 적어져 압력이 작아지게 됩니다.

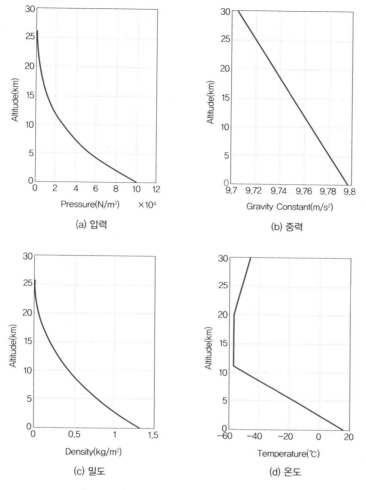

[그림 2.2] 고도증가에 따른 표준대기의 변화

표준대기에서 기준은 고도 0 ft(= 0 m)이며 바다표면(해면)인 Sea Level[7]을 가리킵니다. 표준대기표의 0 ft를 기준으로 측정되는 고도를 해발고도(ASL, Above Sea Level)라 하며, 지도상의 고도는 해발고도가 사용됩니다. 고도 0 ft에서의 압력, 온도, 밀도값은 밑첨자 '0'을 붙여서 P_0, T_0, ρ_0로 표기하며, 특히 압력 P_0를 1기압이라 하고 다음과 같이 지정된 값을 갖습니다.

7 해면(海面)으로 S.L로 표기함.

(2) 기온감소율

고도에 의한 기온감소율(lapse rate)에 대해 알아보겠습니다. 표준대기표에서 온도 프로파일은 [그림 2.2(d)]와 같이 단순히 고도 증가에 따라 선형적으로 감소하는 것이 아니라 어떤 구간에서는 일정하고, 어떤 구간에서는 증가하는 등 복잡하게 나타납니다. 일반 국제선 항공기의 순항고도는 30,000~40,000 ft, 즉 고도 10~12 km 정도인 데[8], 기상현상이 나타나는 고도 11 km(≈ 36,000 ft)까지를 대류권(troposphere)[9]이라고 정의하며, 주로 항공기가 비행하는 영역이므로 우리가 관심을 가지는 부분입니다.

$$T = T_0 + \lambda(H - H_0) \tag{2.3}$$

여기서, $\lambda = \dfrac{dT}{dh} = -0.0065℃/\text{m}$

$\qquad\quad = -\dfrac{1.9812}{1,000}\,\text{K/ft}$

[그림 2.3]과 같이 대류권(고도 11 km)까지는 고도 증가에 따라 공기의 온도가 계속 감소하는 특성을 나타내는데, 고도에 따른 온도변화율을 기온감소율(또는 기온 체감률)이라 하고 그리스문자 λ(람다)로 표기합니다. 기온감소율(λ)은 1 m 고도 증가에 따라 0.0065℃가 감소하며, 절대온도와 피트 단위로 계산하면 1 ft당 −0.0019812 K[10]만큼 감소합니다. 고도 11 km부터 성층권(stratosphere) 영역 중 아래층인 고도 20 km까지는 −56.5℃(−69.7℉)로 일정한 온도가 유지됩니다.[11] 따라서, 초기 고도(H_0)에서 대기의 온도가 T_0라고 가정하면, 고도가 H로 증가할 때 온도(T)는 식 (2.3)을 통해 구할 수 있습니다.

---

[8] 1 ft = 0.3048 m

[9] 대기권의 가장 아래층으로 활발한 공기의 대류작용으로 인해 기상현상이 발생하며, 위도에 따라 높이가 달라짐(일반적으로 10~15 km까지의 고도로 봄).

[10] $-0.0065\dfrac{℃}{\text{m}}$
$\times \dfrac{0.3048\ \text{m}}{1\ \text{ft}}$
$= -0.0019812\dfrac{\text{K}}{\text{ft}}$

[11] 대류권 상부에서 고도 50 km까지의 대기현상이 없는 안정된 대기층으로 자외선을 흡수하는 오존층이 존재하며, 20 km의 아래층에서는 온도가 일정하며 이후부터는 온도가 계속 증가함.

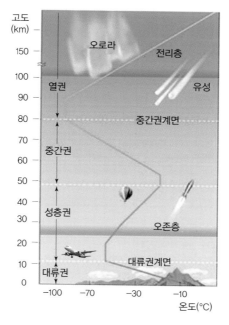

고도
(km)

150 ── 오로라　　전리층

100 ──
90 ── 열권　　유성

80 ── 중간권계면
70 ──
60 ── 중간권
50 ──
40 ──
30 ── 성층권　　오존층
20 ──
10 ── 대류권계면
0 ── 대류권

　　　−100　　−70　　−30　　−10
　　　　　　　　　온도(°C)

[그림 2.3] 고도 증가에 따른 온도의 변화

예제 2.1

현재 고도가 0 ft이고 표준대기표상으로 15°C 상태이다. 에베레스트산의 정상인 8,000 m 고도에서의 온도를 구하시오.

|풀이|　식 (2.3)을 이용하여 계산하면 다음과 같이 −37°C가 된다.

$$T = T_0 + \lambda(H - H_0) = 15°C + \left(-0.0065 \frac{°C}{m}\right) \times (8,000 \text{ m} - 0 \text{ m})$$
$$= 15°C - 52°C = -37°C$$

예제 2.2

표준대기표상에서 고도 10,000 ft에서의 온도는 −4.8°C이고, 밀도는 0.0017553 slug/ft^{3}이다. 압력을 inHg 단위로 계산하고, 표준대기표와 일치함을 보이시오.

|풀이|　① 식 (2.1)의 이상기체 상태방정식을 이용하여 압력을 계산하면 1,455.41 lb/ft^{2}가 된다. [표 2.1]의 표준대기표상의 압력값 1,455.33 lb/ft^{2}와의 차이는 온도와 밀도값에 의한 수치오차로 밀도와 온도값을 보다 정확히 입력하면 표준대기표와 같은 값이 계산된다.[12]

12 '보다 정확히 입력'의 의미는 소숫점 아래 유효 숫자를 좀 더 길게 사용하여 계산한다는 의미임.

$$P = \rho RT = \left(0.0017553 \frac{\text{slug}}{\text{ft}^3}\right) \times \left(3,089.8136 \frac{\text{ft}^2}{\text{K} \cdot \text{s}}\right) \times [273.15 + (-4.8°\text{C})]$$

$$= 1,455.41 \frac{\text{lb}}{\text{ft}^2}$$

② 표준대기표 0 ft에서 압력 2,116.22 lb/ft² = 29.92 inHg의 관계를 이용하여 단위변환을 하면 압력은 20.58 inHg로 표준대기표의 10,000 ft의 값과 일치한다.

$$P = 1,455.41 \text{ lb/ft}^2 \times \frac{29.92 \text{ inHg}}{2,116.22 \text{ lb/ft}^2} = 20.577 \text{ inHg} \approx 20.58 \text{ inHg}$$

2.2 피토-정압계통의 측정원리

2.2.1 표준대기표의 수식 관계

만약 고도 9,253 ft에서의 압력, 밀도, 온도 등의 표준대기값들을 구하기 위해서 [표 2.1]의 표준대기표를 이용한다면, 9,000 ft와 10,000 ft에서 주어진 값들을 기반으로 보간법(interpolation)을 사용하여 구해야 하는 불편함이 따릅니다. 따라서 모든 고도에서의 표준대기값을 바로 계산할 수 있도록 물리법칙을 기반으로 한 수식관계로 유도하여 사용합니다.

표준대기 조건에서 임의 고도(H)에서의 압력(P), 온도(T) 및 밀도(ρ)는 각각 해수면, 즉 고도 0 ft에서의 표준대기압력(P_0), 온도(T_0,) 및 밀도(ρ_0)를 기준으로 다음 식 (2.4)와 같은 무차원 계수를 통해 정의됩니다. 식 (2.4)를 각각 압력비(pressure ratio, δ), 온도비(temperature ratio, θ), 밀도비(density ratio, σ)라 하며, 항공기 고도계 및 속도계가 모두 해수면에서의 표준대기 압력 및 밀도를 기준으로 교정되어 있기 때문에 향후 유도되는 고도 및 속도관계식에서 유용하게 이용됩니다.

$$\delta = \frac{P}{P_0}, \quad \theta = \frac{T}{T_0}, \quad \sigma = \frac{\rho}{\rho_0} = \frac{\delta}{\theta} \tag{2.4}$$

본격적으로 표준대기표 수식을 유도해 보겠습니다. 복잡한 수식이 많아 유도과정이 어려워 보이는데, 핵심적인 과정만 간단히 설명하겠습니다.

[그림 2.4]는 고도변화에 따른 단위 공기입자[13] 1개의 윗면과 아랫면에 작용하는 힘(force)의 관계를 나타낸 것으로, 아랫면에는 공기입자의 중량(W)과 압력(P)이 작용하

13 가로, 세로 길이는 1이고, 높이는 dh인 공기입자로, 윗면과 아랫면의 면적(A)은 1이 됨.

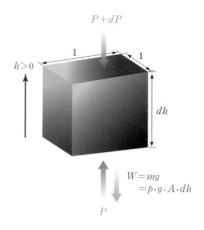

[그림 2.4] 고도증가에 따른 온도의 변화

고, 윗면에는 공기입자의 높이변화(dh)[14]에 따른 압력변화량($P + dP$)[15]이 작용합니다. 압력에 면적을 곱하면 압력에 의해 가해지는 힘을 구할 수 있으므로, 공기입자의 윗면과 아랫면에 작용하는 힘의 평형 관계식은 식 (2.5)와 같이 유도됩니다.

$$(P + dP) \cdot A = P \cdot A - W \qquad (2.5)$$

이때 공기입자의 중량(W)에 의한 힘은 공기입자의 질량(m)과 중력가속도(g)의 곱으로 구할 수 있으며, 질량(m)은 밀도(ρ)에 부피(Vol)를 곱하면 구할 수 있으므로 다음 식 (2.6)으로 유도됩니다.

$$W = m \cdot g = \rho \cdot Vol \cdot g = \rho \cdot (A \cdot dh) \cdot g \qquad (2.6)$$

식 (2.6)을 식 (2.5)에 대입하고, 좌변과 우변에 모두 포함된 면적(A)을 없앤 후, 압력을 포함한 변수들을 좌변에 모으고, 온도에 관련된 변수는 우변으로 이항하면 다음과 같이 정리됩니다.

$$(P + dP) \cdot A = P \cdot A - \rho \cdot (A \cdot dh) \cdot g \quad \Rightarrow \quad dP = -\rho \cdot g \cdot dh \qquad (2.7)$$

식 (2.1)의 이상기체 상태방정식을 밀도(ρ)에 대해 정리[16]하여 대입하고, 식 (2.3)의 기온감소율(λ)을 dh에 대해 정리[17]하여 대입하면 식 (2.8)로 유도됩니다.

$$dP = -\rho \cdot g \cdot dh \quad \Rightarrow \quad dP = -\frac{P}{RT} \cdot g \cdot dh \quad \Rightarrow \quad \frac{dP}{P} = -\frac{g}{\lambda RT} dT \qquad (2.8)$$

식 (2.8)을 시작 고도에서의 압력(P_0)과 온도(T_0)로부터 최종 고도에서의 압력(P)과 온도(T) 구간에 대해 적분하면[18] 다음과 같이 구할 수 있고[19],

$$\int_{P_0}^{P} \frac{dP}{P} = -\frac{g}{\lambda R}\int_{T_0}^{T}\frac{1}{T}dT \quad \Rightarrow \quad \ln\frac{P}{P_0} = -\frac{g}{\lambda R}\ln\frac{T}{T_0}$$

고도 변화에 따른 온도비와 밀도비의 관계는 식 (2.9)로 정리됩니다.

$$\therefore \; \frac{P}{P_0} = \left(\frac{T}{T_0}\right)^{-\frac{g}{\lambda R}} \tag{2.9}$$

우리가 피토-정압계통에서 이용할 관계는 식 (2.9)의 압력비와 온도비의 상호관계보다는 주어진 고도에서의 압력과 온도를 직접 구하는 것이므로, 식 (2.9)를 고도(H)에 대한 식으로 좀 더 정리해보겠습니다. 표준대기표에서 $H_0 = 0$ ft이므로 식 (2.3)을 식 (2.9)에 대입하면 다음과 같이 유도됩니다.

$$\frac{P}{P_0} = \left(\frac{T}{T_0}\right)^{-\frac{g}{\lambda R}} = \left(\frac{T_0 + \lambda(H - H_0)}{T_0}\right)^{-\frac{g}{\lambda R}} = \left(1 + \frac{\lambda}{T_0}H\right)^{-\frac{g}{\lambda R}} \tag{2.10}$$

여기서, 상기 식에 포함된 상수항들은 식 (2.11)과 같이 계산되며, 그 결과를 식 (2.10)에 대입하면,

$$\begin{cases} \dfrac{\lambda}{T_0} = \dfrac{-1.9812\big/1000}{288.15} = -0.00000687559 = -6.87559 \times 10^{-6} \\[3mm] -\dfrac{g}{\lambda R} = -\dfrac{32.17405}{\left(-1.9812\big/1000\right) \times 3089.8136} = 5.2559 \end{cases} \tag{2.11}$$

① 표준대기표에서의 식 (2.9)로 유도된 압력비(δ)는 식 (2.12)와 같이 고도(H)에 대한 함수식으로 정리됩니다.

$$\delta = \frac{P}{P_0} = [1 - 0.00000687559 \times H]^{5.2559} \tag{2.12}$$

② 해당 고도에서의 표준대기의 온도 관계식은 식 (2.4)의 온도비에 식 (2.3)을 대입하여 다음 식 (2.13)으로 유도할 수 있습니다.

$$\theta = \frac{T}{T_0} = \frac{T_0 + \lambda H}{T_0} = 1 + \frac{\lambda}{T_0}H$$

$$\Rightarrow \therefore \theta = \frac{T}{T_0} = [1 - 0.00000687559 \times H] \tag{2.13}$$

[18] 함수 $\frac{1}{x}$을 적분하면 $\int_a^b \frac{dx}{x} = \ln\frac{b}{a}$가 됨.

[19] $\ln A = C \cdot \ln B$ $\rightarrow A = B^c$

③ 마지막으로 표준대기의 밀도 관계식은 식 (2.4)에서 정의한 밀도비에 식 (2.12)와 식 (2.13)에서 유도한 압력비와 온도비를 대입하여 다음 식 (2.14)와 같이 구할 수 있습니다.

$$\sigma = \frac{\delta}{\theta} = \frac{[1 - 0.00000687559 \times H]^{5.2559}}{[1 - 0.00000687559 \times H]}$$

$$\Rightarrow \therefore \ \sigma = \frac{\rho}{\rho_0} = [1 - 0.00000687559 \times H]^{4.2559} \tag{2.14}$$

결론적으로, 고도(H)가 주어진 경우의 표준대기표 해당 고도에서의 압력(P), 온도(T) 및 밀도(ρ)는 식 (2.12), (2.13), (2.14)를 이용하여 해면고도에서의 압력($P_0 = 2,116.22 \ \text{lb/ft}^2$), 온도($T_0 = 288.15 \ \text{K}$) 및 밀도($\rho_0 = 0.0023769 \ \text{slug/ft}^3$)값을 이용하여 바로 구할 수 있게 됩니다.[20] 이와 같이 표준대기의 물리적 수식을 이용하면, 표준대기표를 사용하는 것보다 정확하게 해당 값들을 계산할 수 있으며[21], 특히 항공기 시뮬레이션 등의 컴퓨터를 사용한 수치계산 시에 매우 유용하게 활용할 수 있습니다.

한 가지 유의할 점은, 식 (2.11)에서 계산한 상수값들의 단위가 영국단위계로 유도된 값을 사용하였기 때문에, 식 (2.12), (2.13), (2.14)의 입력값과 결과값 계산 시에 속도(V)는 ft/s, 고도(H)는 ft, 압력(P)은 lb/ft², 온도(T)는 K, 밀도(ρ)는 slug/ft³를 기본 단위로 사용해야 하며, 계산된 결과값을 식 (2.15)에 정리한 단위변환 관계를 사용하여 원하는 단위로 변환합니다.[22]

$$\begin{cases} 1\,\text{ft} = 0.3048\,\text{m} \\ 1\,\text{kts} = 1.852\,\text{kph} = 1.6878\,\text{ft/s} \\ 1\,\text{inHg} = 70.7293\,\text{lb/ft}^2 \left(\Leftarrow \dfrac{2,116.22\,\text{lb/ft}^2}{29.92\,\text{inHg}} \right) \end{cases} \tag{2.15}$$

20 식 (2.12), (2.13), (2.14)에서 [ ] 안의 수식은 같고, 지수값만 서로 다름.

21 고도변화가 0.1 m, 0.00001 m 변하더라도 모든 표준대기표의 상태 값을 바로 구할 수 있게 됨.

22 kts는 속도 단위인 knot를 의미하며, kph는 km/h를 나타냄.

예제 2.3

표준대기의 수식관계를 이용하여 고도 10,000 ft인 경우의 대기의 압력, 온도 및 밀도를 구하고, 표준대기표와 일치함을 보이시오.

| 풀이 | ① 표준대기의 압력비를 나타내는 식 (2.12)에서 압력은 다음과 같이 계산된다.

$$\delta = \frac{P}{P_0} = [1 - 0.00000687559 \times H]^{5.2559} \rightarrow P = P_0[1 - 0.00000687559 \times H]^{5.2559}$$

$$\therefore \ P = 2,116.22\,\text{lb/ft}^2 \times [1 - 0.00000687559 \times 10,000\,\text{ft}]^{5.2559} = 1,455.33\,\text{lb/ft}^2$$

② 표준대기의 온도비를 나타내는 식 (2.13)에서 온도는 다음과 같이 계산된다.

$$\theta = \frac{T}{T_0} = [1 - 0.00000687559 \times H] \rightarrow T = T_0[1 - 0.00000687559 \times H]$$

$$\therefore \ T = 288.15 \ \text{K} \times [1 - 0.00000687559 \times 10,000 \ \text{ft}] = 268.34 \ \text{K} = -4.81\degree\text{C}$$

③ 표준대기의 밀도비를 나타내는 식 (2.14)에서 밀도는 다음과 같이 계산된다.

$$\sigma = \frac{\rho}{\rho_0} = [1 - 0.00000687559 \times H]^{4.2559} \rightarrow \rho = \rho_0[1 - 0.00000687559 \times H]^{4.2559}$$

$$\therefore \ \rho = 0.0023769 \ \text{slug/ft}^3 \times [1 - 0.00000687559 \times 10,000 \ \text{ft}]^{4.2559}$$

$$= 0.0017553 \ \text{slug/ft}^3$$

④ 따라서, [표 2.1]에 나타낸 표준대기표의 10,000 ft의 값과 일치함을 확인할 수 있다.

2.2.2 고도 측정원리

앞에서 항공기에 사용되는 모든 피토-정압계기는 표준대기를 기준으로 압력을 측정하도록 만들어져 항공기에 장착되어 사용된다고 설명하였습니다. 표준대기표와 피토-정압계기의 상호관계의 이해를 위해 먼저 항공기 고도계의 측정원리에 대해 알아보겠습니다.

 고도계의 측정원리

- 항공기 고도계(altimeter)는 비행 중 외부대기의 압력[23]을 측정하여 표준대기표에서 해당되는 고도를 지시하도록 제작한다.

23 여기서 사용되는 압력이란 정압(static pressure)을 의미함.

예를 들어, 항공기 고도계에서 현재 외부 대기압력이 29.92 inHg로 측정되었다면 고도계는 0 ft를 지시하고, 20.58 inHg가 측정되었다면 [표 2.1]의 표준대기표에서 해당 값인 10,000 ft를 지시합니다. 즉, 항공기 고도계는 표준대기표를 기반으로 외부 대기압력을 측정하여 표준대기표상에서 해당하는 고도로 변화하는 장치이므로, 표준대기표의 압력비 관계식 (2.12)를 고도(H)에 대해 정리하면 다음 식 (2.16)으로 변환할 수 있고, 이 식이 바로 항공기의 고도계를 수학적으로 표현하는 고도계의 수식이 됩니다.

$$\frac{P}{P_0} = [1 - 0.00000687559 \times H]^{5.2559} \quad \Rightarrow \quad H = \frac{1 - \left(P \middle/ P_0\right)^{\frac{1}{5.2559}}}{0.00000687559} \quad (2.16)$$

다음 예제를 통해 고도계의 측정원리를 이해해보겠습니다.

예제 2.4

다음 물음에 답하시오.

(1) 고도 3,000 ft에서의 대기의 압력은 표준대기표에서 몇 inHg인가?

(2) 3,000 ft를 지시하는 아래 고도계에서 측정되는 공기의 압력은 몇 inHg인가?

(3) 비행 중 외부 대기의 압력이 26.8155 inHg인 경우에 항공기 고도계에서 지시하는 고도값은 얼마인가?

|풀이| (1) 표준대기표의 압력비 관계식 (2.12)에서 압력은 다음과 같이 계산된다.

$$P = P_0[1 - 0.00000687559 \times H]^{5.2559}$$

$$= 2116.22 \text{ lb/ft}^2 \times [1 - 0.00000687559 \times (3,000 \text{ ft})]^{5.2559} = 1,896.64 \text{ lb/ft}^2$$

$$\therefore \ 1,896.64 \text{ lb/ft}^2 \times \frac{29.92 \text{ inHg}}{2116.22 \text{ lb/ft}^2} = 26.8155 \approx 26.82 \text{ inHg}$$

(2) 고도계는 표준대기표를 기준으로 제작되어 있으므로, 상기 (1)식과 동일한 압력값이 측정된다.

(3) 고도계의 수식 (2.16)을 이용하여 측정된 외부 대기의 압력값을 대입하면 고도계는 다음과 같이 3,000 ft를 지시하게 된다.

$$H = \frac{1 - \left(P / P_0\right)^{\frac{1}{5.2559}}}{0.00000687559} = \frac{1 - \left(26.8155 \text{ inHg} / 29.92 \text{ inHg}\right)^{\frac{1}{5.2559}}}{0.00000687559}$$

$$= 3,000.03 \text{ ft} \approx 3,000 \text{ ft}$$

2.2.3 베르누이 방정식과 속도 측정원리

이번에는 항공기 속도계의 측정원리인 베르누이 정리(Bernoulli's theorem)에 대해 살펴보겠습니다.

베르누이 정리는 [그림 2.5]와 같이 꽃미남처럼 생긴 스위스의 물리학자 다니엘 베르누이(Daniel Bernoulli)가 1738년도에 저서 《유체역학(*Hydrodynamica*)》에서 발표한 이론으로, 유체가 가진 높이, 속도, 압력 에너지의 관계를 나타낸 기본법칙입니다.

24 Daniel Bernoulli 의 아버지로 미분방정식에서 배운 로피탈 정리 (l'Hospital's theorem) 를 발견함. (베르누이 집안은 분명 천재적인 머리를 가진 집안임에 틀림없음 ^^~!)

(a) Daniel Bernoulli
(1700~1782)

(b) Johann Bernoulli[24]
(1667~1748)

(c) Hydrodynamica

[그림 2.5] Daniel Bernoulli와 그의 저서 《유체역학》

에너지 보존법칙(conservation of energy)에 의해 외부에서 에너지가 들어오거나 빠져나가지 않고 손실이 없으면, 어떤 상태의 유체가 가진 압력 에너지는 일정하게 보존되며, 다음 식 (2.17)과 같이 전체 압력 에너지는 머물러 있는 정압(靜壓, static pressure)과 유체가 움직이는 속도(V)에 관계된 동압(動壓, dynamic pressure)의 합인 전압(全壓, total pressure)이 됩니다. 이때 항공기는 일정 고도(H)를 유지하면서 비행한다는 가정을 사용하면 위치에 관계된 압력 에너지 항($\rho g H$)은 변하지 않기 때문에 전체 방정식에서 고려하지 않습니다.

$$P_S + \frac{1}{2}\rho V^2 + \rho g H = \text{const.} \Rightarrow P_S + \frac{1}{2}\rho V^2 = P_T = \text{const.} \quad (2.17)$$

여기서, $\frac{1}{2}\rho V^2$으로 표현된 동압(q)은 일반적으로 항공공학에서 알파벳 소문자 q를 사용하여 표기하고, 식 (2.17)에서 정압(P_S)을 오른쪽으로 이항시켜 전체 압력 에너지인 전압(P_T)에서 빼주면 식 (2.18)과 같이 정리됩니다.

$$q = P_T - P_S = \frac{1}{2}\rho V^2 \quad (2.18)$$

상기 식을 유체(공기)의 속도 V에 대해 정리하면 식 (2.19)와 같이 베르누이 방정식이 정리되고, 항공기 속도계에서 외부 공기의 전압(P_T)과 정압(P_S)을 측정할 수 있다면 베르누이 정리에 의해 속도로 환산할 수 있습니다. 따라서 식 (2.19)는 수학적으로 표현된 항공기의 속도계가 되며, 가장 중요한 수식이니 꼭 기억하기 바랍니다.

$$\therefore \ V = \sqrt{\frac{2q}{\rho}} = \sqrt{\frac{2(P_T - P_S)}{\rho}} \tag{2.19}$$

 속도계의 측정원리

- 항공기 속도계(ASI, Air Speed Indicator)는 베르누이 원리(Bernoulli's principle)를 적용하여 항공기의 속도를 측정한다.
- 외부대기의 전압(P_T, total pressure)과 정압(P_S, static pressure)의 차인 동압(q, dynamic pressure)을 측정하여 해당되는 속도로 환산하여 지시한다.

[그림 2.6]에 나타낸 벤투리 튜브(venturi tube)에 베르누이 정리를 적용해보겠습니다.

① 벤투리 튜브에 유입되는 유체는 입구 A에서 속도가 V_A이고 벽면에서의 정압은 P_A인 상태를 가정합니다.

② 튜브 중앙의 B에서는 튜브의 단면적이 작아지므로 동일 시간에 통과하는 유체의 양이 같아지려면[25] 유체의 속도 V_B는 빨라지게 됩니다. 따라서, 베르누이 정리에 의해 속도 V_B에 관계된 동압이 커지게 되고, 유체가 가진 전체 압력 에너지

25 유체역학의 질량보존의 법칙(conservation of mass)이 적용됨.

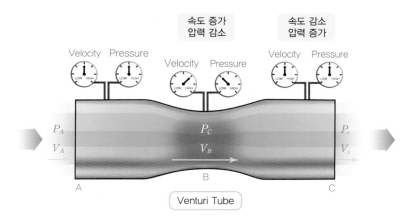

[그림 2.6] 베르누이 정리의 벤투리 튜브 적용 예

는 일정하므로 증가된 동압 에너지만큼 정압 에너지에서 감소하게 되어 정압 P_B 는 작아지게 됩니다.

③ 다시 단면적이 넓어지는 출구 C에서는 속도 V_C가 작아져 동압은 감소하고 동압에서 감소된 에너지는 정압 에너지 쪽으로 이동하여 정압 P_C는 커지게 됩니다.

우리가 멈춰 서 있는 자동차에서 손바닥을 밖으로 내밀면 아무 힘을 느끼지 못하다가[26], 자동차가 속도를 내기 시작하면 손바닥에 밀리는 힘을 느끼는 것도 베르누이 정리에 의한 동압 증가에 따른 예가 됩니다.

다음 예제를 통해 속도계 측정원리를 정리해 보겠습니다.

예제 2.5

항공기의 피토-정압계통의 고도계와 속도계가 5,000 ft, 150 kts를 그림과 같이 지시하고 있다. 다음 물음에 답하시오.

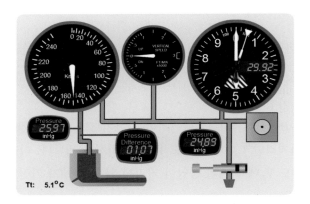

(1) 고도계에 수감되는 대기의 정압(static pressure)을 inHg 단위로 계산하고, 상기 피토-정압계통에서 지시하는 값과 비교하시오.

(2) 속도계에서 측정되는 동압(dynamic pressure)을 inHg 단위로 계산하고, 상기 피토-정압계통의 지시값과 비교하시오.

(3) 피토-정압계통의 전압(total pressure)을 inHg 단위로 계산하고, 상기 피토-정압계통의 지시값과 비교하시오.

|풀이| (1) 표준대기표의 압력비 관계식 (2.12)에서 정압은 다음과 같이 계산된다.

$$P = P_0 [1 - 0.00000687559 \times H]^{5.2559}$$

$$= 2116.22 \text{ lb/ft}^2 \times [1 - 0.00000687559 \times (5,000 \text{ ft})]^{5.2559} = 1{,}760.7952 \text{ lb/ft}^2$$

$$\therefore 1,760.7952 \text{ lb/ft}^2 \times \frac{29.92 \text{ inHg}}{2116.22 \text{ lb/ft}^2} = 24.8948 \text{ inHg} \approx 24.89 \text{ inHg}$$

(2) 베르누이 방정식 (2.18)로부터 동압은 다음과 같이 계산된다. (kts로 주어진 속도는 영국단위계인 fps[27]로 변환하여 식에 대입해야 함을 주의한다.)

$$q = \frac{1}{2}\rho V^2 = \frac{1}{2} \times 0.0023769 \text{ slug/ft}^3 \times \left(150 \text{ kts} \times \frac{1.6878 \text{ fps}}{1 \text{ kts}}\right)^2 = 76.1738 \text{ lb/ft}^2$$

$$\Rightarrow \therefore \ 76.1738 \text{ lb/ft}^2 \times \frac{29.92 \text{ inHg}}{2116.22 \text{ lb/ft}^2} = 1.0769 \text{ inHg} \approx 1.07 \text{ inHg}$$

(3) 전압은 정압과 동압의 합이므로 식 (2.17)에서 다음과 같이 구할 수 있다.

$$P_T = P_S + q = 1,760.7952 \text{ lb/ft}^2 + 76.1738 \text{ lb/ft}^2 = 1,836.969 \text{ lb/ft}^2$$
$$= 24.8948 \text{ inHg} + 1.0769 \text{ inHg} = 25.9717 \text{ inHg} \approx 25.97 \text{ inHg}$$

따라서, 계산된 정압, 동압 및 전압값을 그림의 피토-정압계통의 지시값과 비교해 보면 같은 결과를 얻게 된다.

※ 그림에 제시된 피토-정압계통 시뮬레이션은 독일의 Luizmonteiro.com사의 Online Aviation Instrument Simulator[28]이다. 피토-정압계계통 및 9장에서 공부할 VOR ADF, RMI 등의 항법계기 시뮬레이션을 제공하는 사이트로 관련 내용을 이해하는 데 활용하면 큰 도움이 된다.

[27] fps ≡ ft per second = ft/s

[28] http://www.luizmonteiro.com 접속

2.2.4 피토-정압계통

(1) 피토-정압계기계통의 측정압력 종류

피토-정압계통에서 이용하는 압력 종류에 대해 알아보겠습니다. 앞에서 베르누이 정리에 의해 전압은 정압과 동압의 합이 됩니다. 이 베르누이 정리를 통해 항공기 속도계는 식 (2.19)와 같이 외부 공기의 전압과 정압의 차인 동압을 구하여 항공기 속도를 계산합니다. 이때 측정되는 압력은 2가지로, static pressure라고 불리는 정압(靜壓)과 total pressure라 불리는 전압(全壓)입니다.

① 전압은 P_T로 표기하며, 1728년 프랑스의 헨리 피토(Henri Pitot)가 개발한 유속 측정장치인 [그림 2.7]의 피토 튜브(pitot tube)를 항공기에 장치하여 측정합니다.[29] 정확한 전압을 얻기 위해서는 공기흐름에 평행한 방향으로 측정되어야 하

[29] 전압은 피토 튜브를 통해 측정되므로 pitot pressure라고도 함.

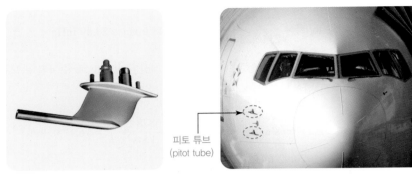

<table>
<tr><td>(a) A330 피토 튜브</td><td>(b) B767 피토 튜브 장착위치</td></tr>
</table>

(c) B737 피토 튜브 장착위치   (d) 소형 항공기의 피토 튜브(Cessna-172)

[그림 2.7] 전압측정을 위한 피토 튜브(pitot tube)

므로, 동체 및 날개 등에 의해 공기의 흐름이 방해 받지 않는 동체 전방이나 기수(nose)에 피토 튜브를 설치합니다. 프로펠러(propeller)가 장착된 소형 항공기의 경우는 기수 부분에 설치가 불가능하므로 날개 앞전(leading edge)이나 날개 아래에 장착합니다.

② 정압은 P_S로 표기하며, 공기흐름의 속도(V)가 0일 때의 압력을 말합니다. 일부 피토 튜브는 정압측정을 위해 피토 튜브 외곽 둘레에 정압 포트(static port)가 설

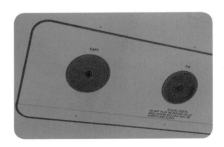

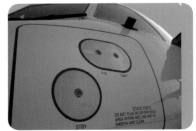

[그림 2.8] 정압측정을 위한 정압 포트(static port)

치되어 있는 것도 있지만 대부분의 항공기는 [그림 2.8]과 같이 동체 표면에 정압 포트[30]를 설치합니다. 정압은 표면에 수직방향으로 작용하기 때문에 정확한 정압을 얻기 위해서는 공기흐름에 수직인 방향에서 압력이 측정되어야 합니다.

③ 동압은 q로 표기하며, 움직이는 공기흐름이 갖는 압력, 즉 공기의 운동에너지에 관련됩니다. 베르누이 방정식에서 설명한 바와 같이 동압은 속도제곱(V^2)에 비례하고, 대기에 노출된 물체에 부딪치는 공기흐름의 단위면적당 힘을 뜻합니다. 자동차를 타고 가면서 차창 밖으로 손을 내밀었을 때, 손이 뒤로 밀리는 경험을 한 적이 있을 겁니다. 이때 공기가 손을 뒤로 미는 힘이 동압입니다.

30 정압홀(static hole)
이라고도 함.

(2) 피토-정압계기 계통의 구성

그럼 피토-정압계기 계통의 구성에 대해 알아보겠습니다. 식 (2.19)의 베르누이 방정식에서 속도는 전압과 정압이 모두 필요하고, 고도는 식 (2.16)에서 정압만 필요하므로 피토-정압계통은 [그림 2.9]와 같이 각 피토-정압계기에 연결됩니다.

> **핵심 Point 피토-정압계기 계통의 구성과 연결**
>
> ① 전압(total pressure): 피토 튜브(pitot tube)에서 측정하며, 속도계(ASI)에만 연결된다.
> ② 정압(static pressure): 정압 포트(static port)에서 측정되며, 속도계(ASI), 고도계(altimeter), 승강계(VSI)에 모두 연결된다.

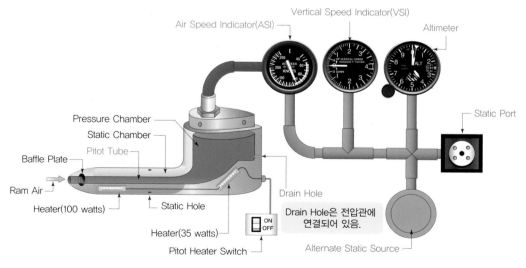

[그림 2.9] 피토-정압계기 계통의 구성과 연결

피토 튜브는 착빙(icing)에 의한 막힘을 방지하기 위해서 히터(heater) 기능을 하는 열선(hot wire)이 설치되어 있고, 구름이 많거나 우천 시에 피토 튜브 내로 흘러들어오는 물방울을 배출하기 위해 피토 튜브 뒷부분의 전압관 쪽에는 드레인 홀(drain hole)이 연결되어 뚫려 있습니다.

(3) 피토-정압계기 계통의 위치오차

[그림 2.10]은 에어버스(Airbus)사의 A330 기종의 피토 튜브와 정압 포트의 위치를 나타내고 있습니다. 일반적으로 여객기의 피토 튜브는 조종석 아래 기수 부분에 설치하고, 정압 포트는 동체 전방과 후방부에 설치합니다. 이러한 이유는 [그림 2.11]과 같이 외부 공기가 항공기의 외형 형상을 따라 흐르면서 흐름이 굴곡되고, 와류(vortex) 및 박리(separation)에 의해 오차가 발생하게 되는데, 피토 튜브나 정압 포트의 설치위치는 이러한 압력오차[31]가 작은 위치로 선정되기 때문입니다.

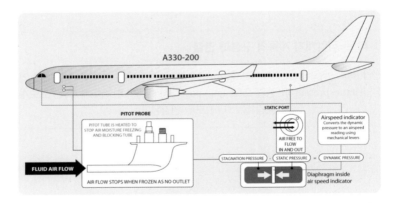

[그림 2.10] Airbus A330의 피토 튜브와 정압 포트 위치

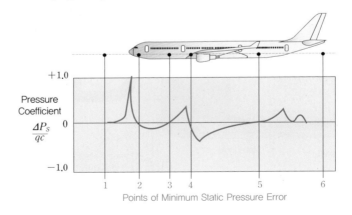

[그림 2.11] 정압 포트의 위치오차

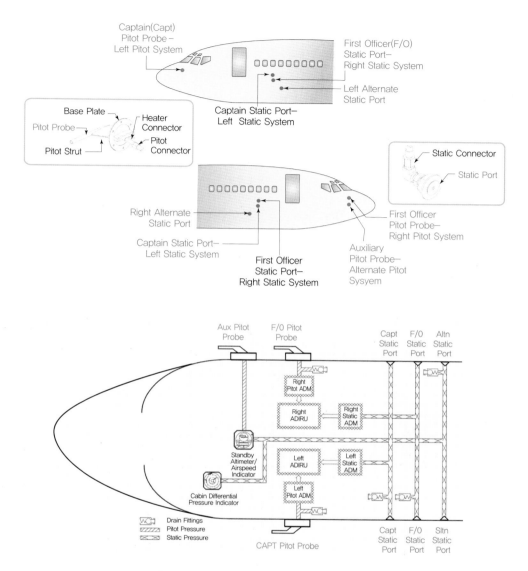

[그림 2.12] B737 항공기의 피토-정압계통

    동체 표면에 설치된 피토 튜브와 정압 포트는 압력관(pressure tube)을 피팅(fitting)
하여 조종석의 피토-정압계기로 연결됩니다. 동체 좌우 여러 위치에 설치된 피토 튜
브에서 측정된 전압은 동체 내부 연결관에서 모두 연결되어 주 조종사(pilot)[32] 및 부
조종사(co-pilot)[33] 계기판의 속도계로 연결되고, 정압 포트도 동일한 방식으로 내부
압력관들이 서로 연결되어 주 조종사 및 부조종사의 고도계 및 승강계로 연결됩니다.

    [그림 2.12]는 보잉(Boeing)사의 B737NG 기종에 설치된 피토-정압계통을 나타내

32 CAPT(CAPTtain)
이라고도 함

33 F/O(First Officer)
라고도 함.

고 있는데, 피토 튜브는 총 3개(좌측 1개, 우측 2개)가, 정압 포트는 좌우측에 각각 3개씩 총 6개의 포트가 설치되어 있습니다. 측정된 압력은 압력관을 통해 ADM(Air Data Module)[34] 장치로 연결되고, ADM은 측정된 압력값을 전기신호(electrical signal)로 변환하여 ADIRU(Air Data Inertial Reference Unit)[35]로 전송합니다. 이처럼 다수의 피토 튜브와 정압 포트를 좌우측에 설치하는 이유는 선회 비행 시의 옆미끄럼각(sideslip angle) 및 측풍(cross wind)에 의한 압력 측정오차를 방지하고[36], 일부 피토 튜브나 정압 포트의 막힘 등에 의한 고장 시 다른 장치가 백업(backup)기능을 수행하기 위해서입니다.

프로펠러 소형 항공기인 Beechcraft사의 T-6 기종에서는 프로펠러로 인해 기수에 피토 튜브를 장착하지 못하므로 [그림 2.13]과 같이 날개 아래에 설치되어 있으며, 정압 포트는 조종석 후방 동체 좌우에 각각 1개씩 설치되어 있습니다. 각 포트는 내부적으로 압력 연결관이 서로 연결되어 전방석과 후방석 계기판의 속도계, 고도계 및 승강계로 연결되어 있음을 확인할 수 있습니다.

34 일반적으로 대기자료컴퓨터(ADC, Air Data Computer)란 용어가 사용됨.

35 일반적으로 대기자료컴퓨터(ADC)에서 속도와 고도를 계산하며, ADIRU는 ADC와 관성항법장치(INS)를 통합한 장치임.

36 여러 개의 압력관을 연결하면 평균을 구하는 방식이 되므로 측정값이 정확해짐.

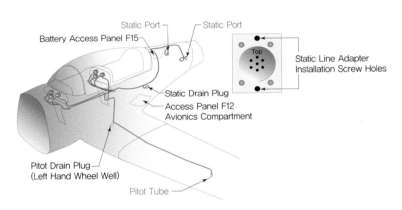

[그림 2.13] B737 항공기의 피토-정압계통

2.3 공함

독립 아날로그 계기는 측정된 압력을 기계적인 변위로 변환시켜 계기 눈금판에 표시하며, [그림 1.4]와 같이 물리량(압력)을 측정하는 수감부(sensing element)와 측정량을 전달하기 위한 확대부(enlarging mechanism) 및 정보 표시를 위한 지시부(indicating element)로 구성됩니다. 피토-정압계기의 수감부로는 압력을 측정하기 위한 공함(pressure capsule)이 장착되는데, 디지털 계기의 센서와 같은 기능을 하는 고전적인 압력측정장치입니다. 공함은 압력을 직접 수감하여 압력에 따른 수축이나 팽창 등을 기계적인 변위로 변환시키고, 변환된 변위에 의해 지시침이 움직여 계기 눈금판의 값을 지시합니다. 공함은 아네로이드(aneroid)와 다이어프램(diaphragm), 벨로즈(bellows), 부르동관(bourdon tube)[37]으로 구분됩니다.

37 '버든 튜브'라고도 함.

① 아네로이드는 [그림 2.14(a)]와 같이 주름이 있는 얇은 금속판 2개를 겹친 후 내부가 완전히 밀폐되도록 만든 공함입니다. 밀폐된 내부는 일반적으로 압력이 0인 진공(vacuum) 상태로 만들며, 표준대기 1기압(29.92 inHg)으로 만들어 봉인하기도 합니다.[38] 따라서, 밀폐 공함인 아네로이드에서는 측정할 압력을 아네로이드 외부에 가해주며, 고도계에 사용됩니다.

38 내부가 0인 진공압이면 측정압력은 절대압(absolute pressure)이 되고, 내부가 1기압이면 게이지압(gauge pressure)이 됨.

② 다이어프램은 [그림 2.14(b)]와 같이 아네로이드와 같은 구조이며, 내부로도 측정압력을 연결하여 내·외부에 모두 측정압력을 가해주는 차이점이 있습니다. 내

(a) 아네로이드(aneroid)

(b) 다이어프램(diaphragm)

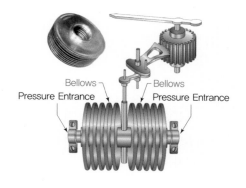

(c) 벨로즈(bellows)

(d) 부르동관(bourdon tube)

[그림 2.14] 공함의 종류

부와 외부에 가해주는 압력차에 의해 수축과 팽창이 발생하게 되는데, 이를 통해 압력의 차, 즉 차압을 측정하므로 속도계에 사용됩니다.

③ [그림 2.14(c)]와 같이 여러 개의 다이어프램을 겹쳐 놓은 형태인 벨로즈는 압력에 따른 수축, 팽창의 변위량 변화가 크기 때문에, 확대부의 크기를 작게 만들 수 있는 장점이 있으며 주로 저압 측정에 사용됩니다. 다이어프램을 여러 개 겹친 구조이므로 차압을 측정하는 데 매우 유용하며, 항공계기 중 연료 압력계에 주로 사용됩니다.

④ [그림 2.14(d)]와 같이 타원형 또는 원형의 C자형 관의 한쪽을 고정시키고, 관 내부로 압력을 가하여 압력에 의한 변위를 측정하는 공함을 부르동관이라고 합니다. 관 외부는 대기압이 작용하여 외부 대기압을 기준으로 압력을 측정하게 되므로 게이지압(gauge pressure)이 측정됩니다. 부르동관은 [그림 2.14(d)]에서 보여지는 것과 같이 매우 튼튼하게 만들기 때문에 압력측정 범위가 넓고 특히 고압측정에 사용되어 항공기의 윤활유 압력계, 작동유 압력계 등에 주로 사용되고 있습니다.

 공함(pressure capsule)

① 아네로이드(aneroid): 밀폐 공함으로 내부를 1기압(29.92 inHg)으로 만들어 밀봉하여 항공기 고도계와 승강계에 사용된다.
② 다이어프램(diaphragm): 차압계기로 피토-정압계기 중 전압과 정압의 차를 필요로 하는 속도계에 사용된다.

2.4 고도계(Altimeter)

2.4.1 고도계의 작동원리와 구조

이제 각각의 피토-정압계기에 대해 자세히 알아보겠습니다. 첫 번째 계기는 고도계(altimeter)입니다. 고도계는 대기의 압력 중 정압을 측정하여 표준대기표를 기준으로 측정된 정압에 해당되는 고도를 ft 단위로 지시합니다.

고도에 따른 정압의 변화를 측정하여야 하므로 아네로이드(aneroid)를 수감부의 공함으로 사용한 일종의 기압계입니다. 아네로이드는 앞에서 설명한 바와 같이 공함 내

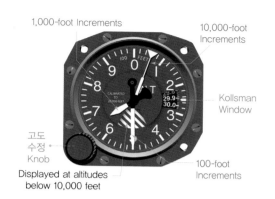

(a) 고도계 지시부

(b) 고도계 내부구조

[그림 2.15] 고도계(altimeter)

부는 밀봉상태이며 일반적으로 압력이 0인 진공상태로 밀봉하나, 고도계에서는 표준대기표를 기준으로 고도를 측정하므로 내부를 표준대기 1기압(29.92 inHg) 상태로 밀봉합니다. 아네로이드 외부에는 항공기 동체의 정압 포트(static port)에서 수감된 정압이 가해지며, 정압에 의한 기계적 변위가 확대부에 전달되어 고도를 지시하는 원리로 동작됩니다. 고도계의 지시부는 [그림 2.15(a)]와 같이 10,000 ft, 1,000 ft, 100 ft의 3가지 지시침(pointer)을 이용하여 고도를 표시합니다.[39]

고도계는 표준대기표를 기준으로 제작되고 교정(calibration)되어 있습니다. 즉, 표준대기표의 15℃, 29.92 inHg인 조건에서 0 ft를 지시하도록 교정되어 있고, 이를 기준으로 고도를 측정합니다. 현재 항공기가 정확히 해발고도 0 ft인 활주로 위에 위치하고 있고, 외부 대기의 압력(대기압)이 표준대기 1기압인 29.92 inHg라면 고도계는 정확히 0 ft를 지시하게 됩니다. 하지만 외부 대기압이 표준대기와 일치하는 날은 극히 드뭅니다. 만약 현재 외부 대기압이 27.82 inHg라면 [표 2.1]의 표준대기표에 의해 고도계는 2,000 ft를 지시하게 됩니다. 따라서, 항공기가 위치한 고도가 동일하여도, 외부 대기압의 상태가 표준대기 상태가 아니라면 고도계의 지시값은 각각 다르게 나타나며, 고도 0 ft의 기준도 변하게 됩니다. 이러한 이유로 고도계는 다음과 같이 0 ft의 기준을 맞추는 고도계 수정을 해주어야 합니다.

39 그림의 고도계는 현재 6,500 ft를 지시하고 있음.

----
40 Pressure window라 고도 함.

앞에서 예를 든 항공기의 경우, 고도계 수정 노브를 돌려서 현재 2,000 ft를 나타내 는 지시침을 0 ft로 맞추면, 고도계 수정창에서 지시하는 값은 29.92 inHg가 아닌 현 재 외부 대기의 압력값인 27.82 inHg를 나타내게 됩니다.

① 상승 비행과 하강 비행 시 고도계의 작동과정을 살펴보겠습니다. 현재 2,000 ft의 고도를 유지하며 등속 수평비행(cruise level flight) 상태에 있는 항공기를 가정 해 보겠습니다. 이때 아네로이드 웨이퍼(wafer)는 [그림 2.16]과 같이 내부와 외 부의 압력이 평형을 이루는 상태가 되며, 2,000 ft를 지시하게 됩니다.

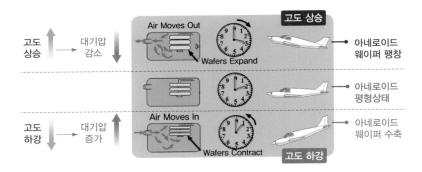

[그림 2.16] 고도계(altimeter)의 동작

----
41 표준대기표에서 고 도가 상승하면, 압력/밀 도/온도는 모두 감소함.

② [그림 2.16]과 같이 조종사가 고도를 높여 항공기를 상승시키면, 아네로이드 외 부에 들어오는 정압이 감소하여[41] 아네로이드 웨이퍼는 팽창하고 지시침은 고도 가 상승하는 방향으로 회전하게 됩니다.

③ 반대로 항공기를 하강시키면, 아네로이드 외부에 들어오는 정압이 증가하여 아 네로이드 웨이퍼는 수축하게 되고 지시침은 고도가 하강하는 방향으로 회전하 게 됩니다.

2.4.2 고도의 종류

항공분야에서 사용되는 고도는 [그림 2.17]과 같이 진고도, 절대고도, 기압고도로 분류됩니다.

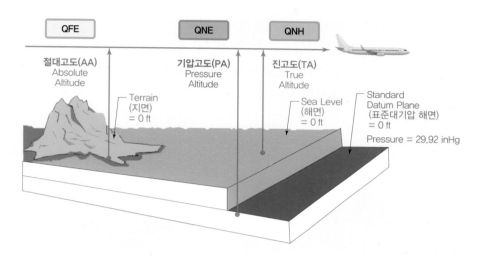

[그림 2.17] 고도(altitude)와 고도계 수정방법의 종류

① 절대고도(AA, Absolute Altitude)는 지표면이나 지형, 지물 등을 고도 0 ft로 정하고, 이로부터 항공기까지의 수직 높이를 나타낸 고도로, AGL(Above Ground Level)이라고도 합니다. 절대고도는 전파 고도계 또는 레이다 고도계(radar altimeter)를 사용하여 측정합니다.

② 기압고도(압력고도)(PA, Pressure Altitude)는 표준대기표 1기압인 29.92 inHg 상태인 가상의 표준해수면을 0 ft로 지정하고, 이로부터 항공기까지의 수직 높이를 표시한 고도입니다.

③ 진고도(TA, True Altitude)는 해발고도(ASL, Above Sea Level)라고도 하며, 바다 표면인 평균 해수면(MSL, Mean Sea Level)[42]을 고도 0 ft로 지정하고, 표준해수면으로부터 항공기까지의 수직높이를 고도로 표시한 것으로 일반 지도 및 항공용 지도상에 표시되는 고도입니다.[43] 따라서, 해수면(SL, Seal Level)을 기준으로 측정하는 기압고도와 진고도는 현재 대기상태가 표준대기표와 같다면, 기압고도와 진고도는 일치하게 됩니다.

[42] 계속 변하는 바다 표면(해면)의 높이를 일정 기간 동안 측정하여 평균한 값으로 해발고도의 0 ft 기준점이 됨. 표준해수면(Standard Sea Level)이라고도 함.

[43] 해발고도(ASL)는 백두산 높이 2,744 m 등 지도상 표기에 사용되는 고도임.

그러면 바다 표면인 해수면(해면)은 어디를 기준으로 할까요? 우리나라의 경우 서해 바다는 조수간만의 차에 의해 하루에도 바다 표면의 높이가 계속 변화하고, 계절에 따라서도 바다 표면이 변경되며, 동해나 남해도 바다 표면의 높이가 서로 다릅니다. 대한민국의 바다 표면은 일제강점기인 1914~1916년까지 3년 동안 인천항에서 조위측정이 이루어졌고 측정된 평균치를 인하공업전문대학 내에 수준원점(水準原點, standard datum of leveling)[44]을 설치하여 표시해 놓았습니다.

[그림 2.18]에 나타낸 인하공업전문대학에 설치된 수준원점은 대한민국 평균 해수면(MSL)보다 26.6871 m 높은 위치가 됩니다. 이 수준원점을 기준으로 전국에 약 7,000여 개의 국토기준점을 설치하여 고도(해발고도) 측정에 이용하고 있습니다.

[44] 최초의 수준원점은 인천항(인천시 중구 항동 1가 2번지)에 설치되었으며, 6.25전쟁으로 유실되어 1963년 인천항 재개발 과정 중 인하공업전문대학 캠퍼스 내의 현재 위치로 옮겨옴. 2006년 문화재청 등록문화재 제247호로 지정됨.

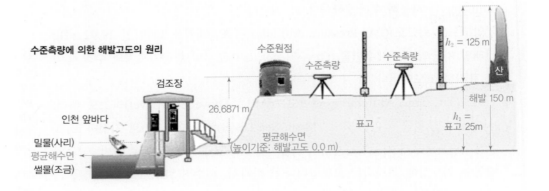

[그림 2.18] 인하공업전문대학 내 대한민국의 수준원점

2.4.3 고도계 수정방법

(1) 고도 수정방법의 종류

변화하는 외부 대기상태에 따라 고도 0 ft를 맞추는 고도계 수정방법에는 [그림 2.17]
과 같이 3가지 방법이 사용됩니다.

① QFE setting

• 고도계의 수정노브를 돌려서 지표면 및 지형·지물 위에서 고도계의 지시값이 0 ft
가 되도록 수정하는 방법입니다.

• 이후 고도계에서 지시하는 고도는 지표면을 0 ft로 맞추었기 때문에[45] 앞에서 배
운 고도의 종류 중 절대고도(AA)를 지시하게 됩니다.

• 비행장 활주로에서 이륙하여 비행하다가 같은 비행장으로 착륙하는 단거리 비행
의 경우에 착륙할 활주로 지점을 0 ft로 고려하는 것이 가장 효과적이므로 이런
단거리 비행 시에 적용합니다.

② QNE setting

• 14,000 ft 이상의 고고도 및 해상 원거리 비행을 할 경우에 항공기 간의 고도분리
를 유지할 때 사용하는 수정방법입니다.

• 고도계 수정창이 표준대기 1기압인 29.92 inHg가 되도록 고도 수정노브를 돌려
세팅합니다.

• 표준대기표를 기반으로 고도를 표시하는 방법[46]이므로 고도계는 기압고도(PA)를
지시하게 됩니다.

③ QNH setting

• 일반적인 고도계 수정은 QNH setting을 말합니다. 주로 14,000 ft 미만 고도 비
행 시에 공항 근처의 terminal area 관제 공역에서 사용됩니다.

• 고도계 수정창을 그 당시 해수면(SL)의 기압으로 맞추게 되므로 고도계에서 지시
하는 고도는 진고도(TA)를 나타냅니다.

• 조종사는 이륙 시에 고도계를 이륙 비행장의 QNH로 setting하여 출발한 후, 비행
중 관제탑 등에서 보내온 해당지역 해수면의 기압 정보에 따라서 QNH setting을
수정하면서 비행합니다. 따라서 항공기는 동일한 기준면에서 지시된 고도를 유지
하며 비행하게 되고 다른 항공기와 고도 분리를 유지할 수 있게 됩니다.

---

[45] 고도계 수정창의 값
을 그 시점의 지표면(활
주로)상의 기압에 맞추
게 되는 것과 같음.

[46] 표준해수면을 고도
0 ft로 사용하는 방법임.

> **핵심 Point** ■ **고도계 수정(altimeter setting)에 따른 고도의 종류**
>
> ① QFE setting: 활주로(지표면)를 0 ft로 수정
>   ➡ 고도계에서 지시하는 고도는 절대고도(AA, Absolute Altitude)를 나타낸다.
> ② QNE setting: 표준대기 29.92 inHg인 가상의 해수면을 0 ft로 수정
>   ➡ 고도계에서 지시하는 고도는 기압고도(PA, Pressure Altitude)를 나타낸다.
> ③ QNH setting: 평균 해수면의 현재 대기압을 0 ft로 수정
>   ➡ 고도계에서 지시하는 고도는 진고도(TA, True Altitude)를 나타낸다.

(2) 고도 수정방법의 원리

고도계 수정 과정과 원리에 대해 살펴보겠습니다.

① [그림 2.19]처럼 현재 A 위치의 항공기는 외부대기가 표준대기표와 일치하는 상태에서 고도계 수정창을 29.92 inHg로 수정하여 비행하므로 QNE setting을 한 경우이고, 현재 비행고도는 5,000 ft라고 가정합니다. 즉, 이륙한 활주로의 A_0 위치에서는 고도계가 0 ft인 경우입니다.

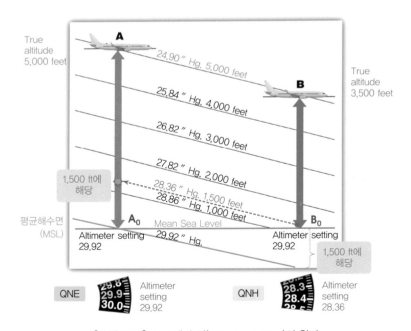

[그림 2.19] 고도계 수정(altimeter setting)의 원리

② 이때 외부 대기의 상태가 갑자기 변화되어 0 ft 고도의 외부 대기압이 28.36 inHg 로 바뀌게 되었다면, 이륙한 A_0 위치에서 고도계는 0 ft가 아닌 1,500 ft를 지시하게 됩니다.[47] 만약 항공기를 착륙시키기 위해 A의 항공기를 활주로의 A_0 위치와 같은 B_0 위치로 내리면 고도계는 1,500 ft를 지시하지만 항공기는 실제로 활주로 0 ft에 위치하게 되므로 지면과 부딪치는 위험한 상황이 초래됩니다.

③ 따라서, 조종사는 A 위치에서 고도계 수정 노브를 돌려 수정창이 28.36 inHg가 되도록 QNH setting을 합니다. 즉, B_0 위치에서 지시되는 1,500 ft를 0 ft로 강제적으로 수정해 주는 것입니다. 이와 같이 고도계를 수정하면 A 위치에서 5,000 ft를 지시하던 고도계는 같은 위치 B에서 1,500 ft가 차감된 3,500 ft를 지시하게 되고, 활주로 B_0 위치에서는 0 ft를 지시하게 됩니다.

④ 만약 B_0 위치에서 외부 대기압이 다시 표준대기조건인 29.92 inHg로 변경된다면, 이 고도계는 −1,500 ft를 지시하게 될 것입니다.

이처럼 고도계를 수정하는 것은 고도 0 ft가 되는 조건을 수정하여 전체적으로 고도계 수치를 위 또는 아래로 이동시키는 것과 같은 의미입니다. 즉, 기울기가 있는 직선의 그래프에서 y축 절편값을 변경하는 것과 같고, 고도계 수정을 하더라도 표준대기표상의 각 고도별 압력차인 기울기는 일정합니다.

[그림 2.19]에서 설명한 비행조건을 다음 예제로 풀어보고 정확한 값을 찾아보겠습니다.

예제 2.6

QNE setting으로 비행 중인 항공기의 고도계가 다음 그림과 같이 5,000 ft를 지시하고 있다. 고도계를 28.36 inHg로 수정하는 경우에 고도계가 지시하는 고도값은 어떻게 되는가?

| **풀이** | ① 표준대기표에서 0 ft는 29.92 inHg이고, 28.36 inHg인 외부 대기압에 해당하는 고도값은 고도계의 수식 (2.16)을 이용하여 계산하면 1,475.25 ft가 된다.

$$H_{Kollsman} = \frac{1 - \left(P \big/ P_0\right)^{\frac{1}{5.2559}}}{0.00000687559} = \frac{1 - \left(28.36\,\text{inHg} \big/ 29.92\,\text{inHg}\right)^{\frac{1}{5.2559}}}{0.00000687559}$$

$$= 1,474.25\,\text{ft} \approx 1,500\,\text{ft}$$

② 따라서, 고도계를 28.36 inHg로 수정하면, 현재 고도계 지시값($H_P = 5,000$ ft)에서 $H_{Kollsman} = 1,474.25$ ft를 빼면 다음 그림과 같이 3,525.75 ft를 지시하게 된다.

$$H = H_P - H_{Kollsman} = 5,000\,\text{ft} - 1,474.25\,\text{ft} = 3,525.75\,\text{ft}$$

(3) 비표준조건에서의 고도 변화

표준대기표 조건에서 벗어난 비표준조건(nonstandard condition)에서의 고도 변화에 대해 알아보겠습니다. 먼저, 기압이 표준대기조건에서 달라지는 비행환경에 대해 살펴보겠습니다.

① 외부 대기가 표준대기표의 표준조건과 일치한 상태에서, [그림 2.20] 중앙의 A 항공기가 29.92 inHg로 고도계를 수정(QNE setting)하고 비행 중입니다. QNE setting을 하였기 때문에 현재 고도계 지시값 1,000 ft는 지시고도이면서 진고도 (TA)입니다.

② 항공기가 이 표준조건보다 기압이 높은 고기압(anticyclone) 지역으로 비행해 들어가면 [그림 2.20]과 같이 고도계의 지시값(지시고도)은 진고도(실제 고도)보다 낮게 가리킵니다.

③ 반대로 저기압(cyclone) 지역으로 비행해 들어간다면 지시고도는 진고도(실제 고도) 1,000 ft보다 높게 가리키게 됩니다.

왜 이런 현상이 발생할까요? 표준대기표에서 고도가 높아지면 압력과 온도는 값이 모두 작아집니다. 따라서 고기압 지역에서는 외부 대기의 압력이 높아지므로, 표준대

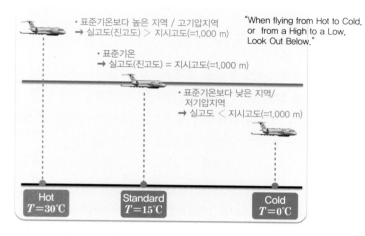

[그림 2.20] 비표준조건에서의 고도 변화

기표상에서 고도는 감소하게 되므로 고도계의 지시고도는 실제 고도(진고도)보다 낮은 값을 가리키게 됩니다.

온도가 변화하는 비표준조건의 비행환경에서의 경우도 알아보겠습니다.

① [그림 2.20]과 같이 외부 대기의 온도가 표준대기표보다 높을 때는 앞의 고기압 지역 비행처럼 진고도가 고도계 지시값(지시고도)보다 높게 됩니다.
② 반대로 표준기온보다 낮을 때는 저기압 영역처럼 지시고도가 진고도(실제 고도)보다 높게 됩니다.

온도변화에 따른 고도계의 지침 변화를 파악하기 위해서는 외부 대기의 압력이 온도변화에 따라 어떻게 변하는지를 알아야 합니다. 식 (2.1)의 이상기체 상태방정식에서 다른 조건이 동일하고 온도(T)가 높아지면 좌변의 압력(P)이 온도에 비례하여 커지므로, 표준대기표상에서 압력이 커지면 고도는 작아져 고도계의 지시값은 실제 고도(진고도)보다 낮아집니다.

이처럼 저기압 지역이나 기온이 낮은 지역을 비행할 때는 지시고도가 실제 고도보다 낮게 지시되므로 지형지물과 충돌할 수 있는 위험성이 높아집니다. 따라서 조종사들 사이에는 "When flying from Hot to Cold, or from a High to a Low, Look out below."라는 말이 잘 알려져 있고, 저기압이나 기온이 낮은 지역을 비행할 때는 실제 고도계 지시고도보다 더 높은 고도를 유지하며 비행한다고 합니다.

2.4.4 고도계 오차

고도계 오차로는 눈금오차, 온도오차, 탄성오차, 기계적 오차가 있습니다.

① 눈금오차(scale error): 균등눈금을 일반적으로 사용하는 계기판의 눈금이 대기압과 고도의 비선형 관계 및 공함과 변위량과의 비선형성으로 인해 발생하는 오차를 말합니다. 물론 이런 비선형성을 링크 기구축에서 최대한 수정하여 눈금판과 일치시키도록 하고 있지만 완전히 수정하는 것은 어렵습니다.

② 온도오차(thermal error): 고도계에 사용되는 부품의 온도 변화에 의한 팽창과 수축에 의해서 발생하는 오차로, 특히 공함의 지지부와 섹터축 베어링(bearing) 사이의 팽창과 수축이 큰 오차를 발생시킵니다. 바이메탈(bimetal)을 사용하여 온도오차를 보정하고 있지만, 완전한 보정은 어렵습니다.

③ 탄성오차(elastic error): 고도계 내부에 사용되는 부품 중 탄성체에서 주로 발생하는 오차로, 장치에 사용되는 재료의 특성으로 인한 탄성체의 특성 변화로 인해 발생하는 오차를 뜻합니다. 여기서 특성 변화는 온도, 압력 변화에 대한 회복 시 지연이 발생하거나, 휘어짐이 증가하는 크리프 효과(creep effect)를 말합니다. 탄성오차는 다시 히스테리시스 오차(hysteresis error), 잔류효과 오차(after effect error) 및 편위오차(drift error)로 구분되는데, 히스테리시스(hysteresis)[48]는 자성체의 히스테리시스 효과처럼 압력의 증가 및 감소에 따른 증감 루프가 일치하지 않아서 발생하게 되며, 잔류효과는 외부에서 걸리는 힘이 사라지더라도 초기치로 돌아가지 않아 발생하는 오차를 말합니다. 편위는 탄성체 크리프 효과에 의해 부품의 탄성이 시간이 지남에 따라 조금씩 변화하여 다른 탄성특성을 가지게 됨으로써 나타나는 오차를 말합니다.

④ 기계적 오차(mechanical error): 고도계의 기계 메커니즘(mechanism)에 의한 오차로, 계기 수감부 및 확대부 등에 사용되는 링키지(linkage), 기어(dear) 및 베어링(bearing) 등의 기구적 오차(마찰 등)에 의해 발생합니다.

2.5 승강계(VSI)

2.5.1 승강계의 구조

두 번째 피토-정압계기인 승강계(VSI, Vertical Speed Indicator)[49]는 수직 속도계라고도 불리며, [그림 2.21(a)]와 같이 항공기의 수직 속도인 상승률(rate of climb)과

48 외부 자극에 대해 선형적인 변화가 발생되지 않고 이동변위가 서로 다르게 비선형으로 나타나는 현상을 말함.

49 Rate-of-climb indicator 또는 VVI (Vertical Velocity Indicator)라고도 함.

Zeroing Adjustment Screw

(a) 승강계

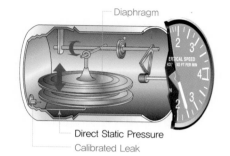

Diaphragm

Direct Static Pressure
Calibrated Leak

(b) 승강계 내부구조

[그림 2.21] 승강계(VSI) 및 순간수직속도계(IVSI)

하강률(rate of descent)을 분당 피트(fpm)[50] 단위로 측정하여 항공기의 상승과 하강 상태를 지시하는 계기입니다.

50 ft/min(feet per minute)

승강계는 일종의 차압계로 차압 공함인 다이어프램이 사용됩니다. 정압 포트에서 입력되는 정압을 계기 케이스 내부 격실(instrument case)로 유입시켜 다이어프램 외부에 압력을 가하고, 동시에 다이어프램 웨이퍼의 내부에도 주입하여 다이어프램 내외부 차압에 따른 수축과 팽창을 이용하여 상승률과 하강률을 지시합니다. 그런데 여기서 한 가지 의문점이 생깁니다. 동일한 정압을 다이어프램 내·외부에 가해주는 데 어떻게 차압이 발생할까요?

승강계는 [그림 2.21(b)]와 같이 케이스 내부 격실로 유입되는 정압이 아주 작은 미세구멍인 핀홀(모세관, pin hole)[51]을 통해 유입되도록 합니다. 따라서, 항공기의 상승 및 하강에 따라 같은 크기의 정압이 다이어프램 내·외부에 입력되더라도 다이어프램 외부로 유입되는 정압은 핀 홀을 거치면서 느리게 반영되므로, 다이어프램 내부로 바로 유입되는 정압과 압력차가 발생하게 됩니다. 따라서 승강계는 이 영향에 의해 7~12초 정도의 지연시간(delay time)이 필수적으로 발생됩니다. 핀 홀의 구멍크기에 따라 승강계의 감도가 결정되는데, 크기가 작은 경우에는 계기의 정확도는 높아지나 지연시간이 크고, 지시속도가 느려집니다. 반대로 핀홀의 구멍 크기가 큰 경우에는, 정확도가 낮아지나 지연시간은 줄어들게 되어, 지시속도는 빨라집니다.

51 Calibrated leak 또는 calibrated orifice라고도 함.

2.5.2 승강계의 작동원리

승강계의 작동원리와 과정에 대해 좀 더 자세히 알아보겠습니다.

① [그림 2.21(b)]와 같이 정압포트의 정압은 승강계 케이스 내부 격실과 다이어프램 내부로 각각 연결되며, 다이어프램 내부로는 정압이 직접 연결됩니다.

② 케이스 내부 격실로 연결된 정압은 누출구(모세관 핀홀)를 통해 압력이 지연되어 천천히 전파되도록 합니다. 내부 격실 압력은 다이어프램 내부 정압보다 늦게 전파되어 반영되므로 고도 상승 전단계의 정압이 유지됩니다.

③ 상승 및 하강 시 횡격막 내 압력과 케이스 내 압력이 일정한 비율이 유지되도록 합니다.

고도가 상승하는 경우에 위의 설명 단계를 적용해보면, 고도 상승에 따라 외부 공기의 대기압(정압)이 감소하면, 다이어프램 내부의 압력은 바로 감소된 정압이 반영되며, 케이스 내부 격실은 핀홀에 의해 대기압 감소가 바로 반영되지 않고 방금 전 고도의 압력을 유지하게 되므로 다이어프램은 수축이 되고, 이에 맞추어 승강계의 기어 및 지시침을 통해 상승률을 지시하게 됩니다.

보통의 승강계는 핀홀에 의한 지시 지연이 발생하여 정확한 승강률이 반영되려면 시간지연이 필수적으로 발생됩니다. 이러한 단점을 극복하기 위해 개발된 순간 수직 속도계(IVISI, Instantaneous VSI)는 핀홀에 의한 지시 지연 시간을 제거하기 위해서 [그림 2.22]와 같이 대시포트 가속펌프(dashpot acceleration pump)를 사용합니다. 가속펌프를 이용하여 순간적으로 압력차를 해소시키게 되므로 지시 지연 현상을 없앨 수 있습니다.

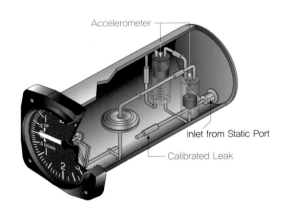

[그림 2.22] 순간 수직 속도계(IVSI)

2.6 속도계(ASI)

2.6.1 속도계의 구조

마지막 피토-정압계기인 속도계(ASI, Air Speed Indicator)는 외부 공기에 대한 항공기의 상대속도, 즉 대기속도를 측정하여 지시하는 계기입니다. 속도계는 [그림 2.9]의 피토-정압계통 구성에서 설명한 바와 같이 전압과 정압의 차압인 동압을 계산해야 하므로, 차압 공함인 다이어프램이 사용되고, [그림 2.23]과 같이 피토 튜브로 유입된 공기의 전압(total pressure)은 속도계 내부 다이어프램으로 연결되고, 정압 포트에서 유입되는 정압(static pressure)은 속도계 케이스 내부 격실로 입력됩니다.

전압과 정압의 차인 동압에 비례하여 다이어프램이 확장 또는 수축되며, 이에 따라 내부 링키지에 의해 지시침이 움직여 해당되는 속도를 지시합니다. 속도계 내부의 기어나 링키지 등의 기구학적 움직임이 결국 식 (2.19)에서 배웠던 베르누이 방정식에 의한 동압(q)을 구하는 관계를 구현하게 됩니다.

(a) 속도계

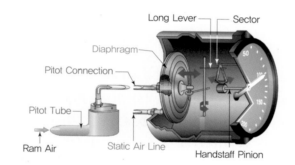

(b) 속도계 내부구조

[그림 2.23] 속도계(ASI)

2.6.2 속도의 종류

항공기 속도는 [그림 2.24]와 같이 지시대기속도, 교정대기속도, 등가대기속도, 진대기속도, 대지속도의 총 5가지로 분류되며, 조종사 운용교범(POH, Pilot Operating Handbook)이나 항공기 비행 매뉴얼(AFM, Aircraft Flight Manual) 등에서 각각의 속도가 의미하는 목적에 따라 사용됩니다.

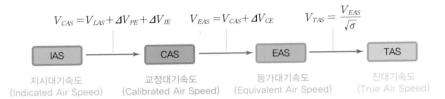

$$V_{CAS} = V_{IAS} + \Delta V_{PE} + \Delta V_{IE} \qquad V_{EAS} = V_{CAS} + \Delta V_{CE} \qquad V_{TAS} = \frac{V_{EAS}}{\sqrt{\sigma}}$$

IAS	CAS	EAS	TAS
지시대기속도 (Indicated Air Speed)	교정대기속도 (Calibrated Air Speed)	등가대기속도 (Equivalent Air Speed)	진대기속도 (True Air Speed)

[그림 2.24] 항공기 속도의 종류

 항공기 속도의 종류

① 지시대기속도(IAS, Indicated Air Speed) : 속도계가 가리키는 속도 자체를 말한다.
② 교정대기속도(수정대기속도)(CAS, Calibrated Air Speed) : 지시대기속도(IAS)에서 피토 튜브나 정압포트의 위치오차 및 계기 자체의 오차를 수정한 속도를 의미한다.
③ 등가대기속도(EAS, Equivalent Air Speed) : 교정대기속도(CAS)에서 압축성 효과 (compressible effect)를 수정한 속도를 의미한다.
④ 진대기속도(TAS, True Air Speed) : 고도에 따른 밀도 감소와 온도 변화를 수정한 항공기의 실제 속도를 의미한다.
⑤ 대지속도(GS, Ground Speed) : 지상 고정위치에서 본 항공기의 실제 이동속도를 말한다.

(1) 지시대기속도(IAS)

속도계는 [그림 2.11]에서 설명한 바와 같이 피토 튜브나 정압 포트의 위치에 따라 오차가 발생하는데, 이 오차를 위치오차(position error) ΔV_{PE}로 정의하고, 위치오차뿐 아니라 대기밀도에 의한 오차, 계기오차, 지연오차 등을 모두 포함하여 ΔV_{IE}로 정의합니다. 제작사에서 만든 속도계는 이런 오차들이 수정되지 않은 속도를 지시하게 되고, 이렇게 속도계에서 지시된 속도를 지시대기속도(IAS, V_{IAS})라고 합니다. 지시대기속도(IAS)는 공기역학적으로 항공기의 성능을 결정하기 위한 기본속도로 사용합니다.

(2) 교정대기속도(CAS)

교정대기속도(CAS, V_{CAS})는 지시대기속도(IAS)에서 피토 튜브나 정압포트의 위치오차 및 계기 자체의 오차를 수정한 속도로, 조종사 운용교범(POH)에 제시된 오차를 명시한 차트나 표를 이용하여 IAS에서 오차를 보정하여 식 (2.20)과 같이 계산합니다.

$$V_{CAS} = V_{IAS} + \Delta V_{PE} + \Delta V_{IE} \qquad\qquad (2.20)$$

예를 들어, 지시대기속도 150 kts가 지시되었을 때, 운용교범에 명시된 속도오차 표에 +2 kts가 오차로 명시되어 있다면, $V_{IAS} = 150$ kts가 되고, $V_{CAS} = 152$ kts가 됩니다.

(3) 등가대기속도(EAS)

항공기의 속도가 200 kts 이상으로 빨라지거나, 비행고도가 20,000 ft 이상이 되면, 공기의 성질이 압축성 효과(compressible effect)에 의해 변하게 되고, 압축성에 의한 속도오차 ΔV_{CE}를 반영해 주어야 합니다. 식 (2.21)과 같이 교정대기속도(CAS)에서 압축성 오차를 수정한 속도를 등가대기속도(EAS, V_{EAS})라고 정의하며, 일반적으로 등가대기속도(EAS)는 교정대기속도(CAS)보다 값이 커지게 되고, 속도가 낮은 아음속 (subsonic speed)[52] 항공기에서는 압축성 효과가 미미하므로 등가대기속도와 교정대기속도는 같다고 가정합니다.

$$V_{EAS} = V_{CAS} + \Delta V_{CE} \tag{2.21}$$

[52] 음속에 대한 항공기 속도비율인 마하수 (Mach Number)가 $M < 1$인 속도영역을 가리킴. 초음속(supersonic speed)은 $M > 1$이고, 천음속(transonic speed)은 $0.8 < M < 1.2$ 영역임.

앞에서 배운 식 (2.19)의 베르누이 방정식도 속도가 낮은 아음속(subsonic) 항공기에 적용되는 형태이며, 속도가 빨라지면 압축성 베르누이 방정식은 음속(a)에 대한 항공기 속도(V)의 비율인 마하수(Mach number, M)와 공기의 비열비(ratio of specific heat)[53] γ를 포함하여 식 (2.19)보다 형태가 좀 더 복잡해진 식 (2.22)와 같이 정의됩니다.

[53] 기체 분자들의 정압비열(C_p)과 정적비열(C_v)의 비를 비열비라 하며, 공기는 $\gamma = 1.4$의 값을 가짐.

$$\frac{1}{2}V^2 + \frac{\gamma}{\gamma - 1}\frac{P}{\rho} = \frac{\gamma}{\gamma - 1}\frac{P_0}{\rho_0} \quad \Leftrightarrow \quad P_0 = P\left(1 + \frac{\gamma - 1}{2}M^2\right)^{\frac{\gamma}{\gamma - 1}}$$

$$\therefore V = \frac{2a^2}{\gamma - 1}\left[\left(\frac{P_0}{P}\right)^{\frac{\gamma - 1}{\lambda}} - 1\right]^{\frac{1}{2}} \tag{2.22}$$

(4) 진대기속도(TAS)

항공기 속도계는 제작 시 표준대기표를 기준으로 교정되어 있다고 앞에서 설명했습니다. 즉, 베르누이 방정식인 식 (2.19)에서 분모의 밀도(ρ)는 현재 비행하고 있는 고도에서의 밀도(ρ)가 아니라 식 (2.23)과 같이 해수면 0 ft에서의 밀도값(ρ_0)을 사용하게 되므로[54], 실제 비행고도에서의 외부 공기의 밀도(ρ)와는 차이가 있습니다.

[54] 결국 항공기 속도계에서 지시하는 속도는 지상 평균해수면 0 ft에서 비행하고 있을 때의 속도를 나타냄.

$$V_{IAS} = \sqrt{\frac{2q}{\rho_0}} = \sqrt{\frac{2(P_T - P_S)}{\rho_0}} \tag{2.23}$$

현재 일정 고도에서 비행하고 있는 항공기의 속도계가 지시하고 있는 지시대기속도 (IAS)에서 위치오차 등을 교정하고, 압축성 효과는 미미하다고 가정하면 등가대기속도(EAS)로 변환이 되고, 이때 항공기 속도계의 동압은 식 (2.24)와 같이 현재 고도에서의 밀도(ρ)를 사용하여 계산한 동압과 같게 됩니다.

$$\frac{1}{2}\rho_0 V_{EAS}^2 = \frac{1}{2}\rho V_{TAS}^2 \tag{2.24}$$

이처럼 현재 비행고도에서의 외부 공기의 밀도를 기준으로 계산한 속도를 진대기속도(TAS, V_{TAS})라 정의하며, 식 (2.24)를 진대기속도에 대해 정리하면 식 (2.25)와 같습니다.

$$V_{TAS} = \frac{V_{EAS}}{\sqrt{\rho / \rho_0}} = \frac{V_{EAS}}{\sqrt{\sigma}} \quad \Rightarrow \quad V_{TAS} > V_{EAS} \tag{2.25}$$

위의 식에서 분모에 밀도비(σ)가 포함되는데, 밀도비는 항상 1보다 작게 되므로 1보다 작은 값으로 분자의 EAS를 나누면, 이 값은 항상 1보다 크게 됩니다. 따라서, 진대기속도(TAS)는 교정대기속도(EAS)보다 항상 크게 됨을 알 수 있고, 고도 증가에 따라 밀도가 감소하거나 OAT[55]가 상승하면 TAS는 증가합니다.

[그림 2.24]에 지시대기속도 IAS부터 진대기속도 TAS까지 순차적으로 속도의 종류를 표기하였으니 잘 기억하기 바랍니다.[56]

55 외부 대기온도(Outside Air Temperature)

56 영문의 앞글자를 따서 "ICE-T(음료 아이스티)"로 기억하면 됨.

예제 2.7

고도 5,000 ft에서 비행하고 있는 항공기의 속도계가 150 kts를 지시하고 있다.
(단, 속도계의 위치오차, 계기오차 및 압축성 효과는 무시)
(1) 해당 고도에서의 밀도비를 구하시오.
(2) 해당 고도에서의 TAS값을 구하시오.

| 풀이 | (1) TAS를 구하기 위해 식 (2.14)를 이용하여 5,000 ft에서의 대기밀도를 계산하고, 밀도비를 구한다.

$$\begin{aligned}\rho &= \rho_0[1 - 0.00000687559 \times H_p]^{4.2559} \\ &= 0.0023769\ \text{slug/ft}^3 \times [1 - 0.00000687559 \times (5{,}000\ \text{ft})]^{4.2559} \\ &= 0.0020481\ \text{slug/ft}^3\end{aligned}$$

$$\therefore\ \sigma = \frac{\rho}{\rho_0} = \frac{0.0020481\ \text{slug/ft}^3}{0.0023769\ \text{slug/ft}^3} = 0.86$$

(2) 속도계의 오차 및 압축성 효과를 무시하므로, 속도계의 지시대기속도(CAS) 150 kts 는 EAS가 되고, 식 (2.25)에서 다음과 같이 진대기속도(TAS)를 계산할 수 있다.

$$\therefore \ V_{TAS} = \frac{V_{EAS}}{\sqrt{\rho / \rho_0}} = \frac{V_{EAS}}{\sqrt{\sigma}} = \frac{150\,\text{kts}}{\sqrt{0.86}} = 161.75 \approx 162\,\text{kts}$$

(5) 바람이 속도에 미치는 영향

항공기가 바람(wind)이 없는 외부 환경조건에서 비행하는 경우와 바람이 존재하는 경우에 비행하는 경우를 비교하면 항공기의 속도에는 어떤 차이가 있을까요? [그림 2.25(a)]와 같이 현재 항공기가 바람이 없는 환경에서 속도(IAS) 120 kts로 비행하고 있다고 가정합니다.

① [그림 2.25(b)]처럼 바람이 생겨 뒤에서 배풍(뒷바람, tailwind)이 $V_W = 20\,\text{kts}$로 불어주면, 지상의 고정된 위치의 관측자가 보는 항공기의 실제 이동속도는 140 kts 로 빨라지지만, 항공기에 장착된 속도계에서의 속도는 120 kts를 가리킵니다.

② 이번에는 반대로 [그림 2.25(c)]처럼 바람이 20 kts로 앞에서 불어오는 정풍(맞바람, headwind) 조건으로 바뀌게 되면, 속도계에서 지시되는 속도는 120 kts로 변화가 없지만 항공기는 20 kts가 줄어든 100 kts의 속도로 이동하게 됩니다.

이처럼 지상 고정위치에서 본 항공기의 실제 이동속도를 대지속도(GS, V_{GS})라고 하며, 식 (2.26)과 같이 진대기속도(TAS, V_{TAS})와 바람속도의 벡터합으로 정의되고, 비행 중에 바람이 없다면 진대기속도와 같게 됩니다. 만약 IAS와 EAS가 같고, 밀도변화(σ)를 무시하면, TAS는 IAS와 같으므로 식 (2.26)은 IAS로도 표현할 수 있습니다.

$$\vec{V}_{GS} = \vec{V}_{TAS} + \vec{V}_W \approx \vec{V}_{IAS}(\approx \vec{V}_{EAS} \approx \vec{V}_{TAS}) + \vec{V}_W \tag{2.26}$$

외국을 여행할 때 비행 중에 영화 등을 볼 수 있도록 앞좌석에 설치된 PES(Passenger Entertainment System) 화면을 본 적이 있을 겁니다. PES 시스템 메뉴에서 운항정보를 선택하면 목적지까지 남은 거리, 도착 예정시간 등의 정보를 확인할 수 있습니다. 대지속도는 실제 이동속도이므로 장거리 항행 시 목적지까지의 이동거리 및 남은 거리 등을 참고하여, 도착 예정시간 계산 등에 사용됩니다.[57] 이러한 대지속도(GS)는 자동

57 이동거리(S) = 속도 (V) × 이동시간(t)의 관계를 통해 도착예정시간을 계산할 수 있음.

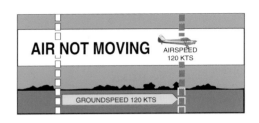 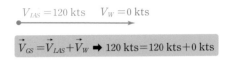

(a) 바람이 없는 경우

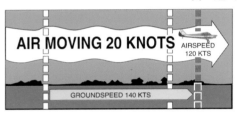 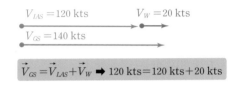

(b) 배풍(tailwind)에 따른 속도의 변화

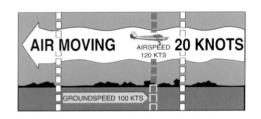 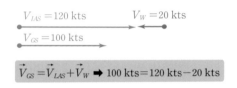

(c) 정풍(headwind)에 따른 속도의 변화

[그림 2.25] 바람에 따른 속도의 변화

차 내비게이션이나 스마트폰 등의 내비게이션 어플 등에서 표시되는 속도로 GPS(위성항법시스템)에서 측정된 속도가 대지속도가 됩니다.

그럼 정풍 및 배풍이 있어도 속도계에서 지시되는 대기속도(V_{IAS})는 왜 일정할까요?

① [그림 2.25(a)]의 바람이 0 kts인 상태에서 전압(P_T)과 정압(P_S)이 각각 15, 10의 값을 가진다고 가정해 보겠습니다.

② 식 (2.23)의 베르누이 방정식에서 정압과 전압의 차인 동압은 $q_1 = (P_T - P_S)$ = 15 − 10 = 5의 값을 가지게 되고, 이때 속도계는 120 kts를 지시하게 됩니다.

③ [그림 2.26(c)]와 같이 바람이 정풍으로 불어오면 외부 공기의 상태는 바람이 없을 때와는 달라지며, 바람이 없을 때보다 에너지가 더 증가된 상태가 되므로 전압과 정압은 바람이 없을 때보다 증가하게 되어 $P_T = 23$, $P_S = 18$의 값으로 변화

게 됩니다. 하지만, 전압에서 정압을 뺀 동압은 $q_2 = (P_T - P_S) = 23 - 18 = 5$로 바람이 0인 경우의 q_1과 값이 같게 되므로, 정풍이나 배풍, 또는 바람이 없는 상태에서도 속도계 지시값은 변하지 않게 됩니다.

바닷가에서 바람이 매우 강한 날에는 하늘에 떠 있는 갈매기가 계속 날개짓을 하며 앞으로 나아가려고 하지만, 그 자리에 그대로 머물러 있는 것을 본 경험이 있을 겁니다. 이러한 경우에 이동속도인 대지속도 $V_{GS} = 0$이지만, 갈매기를 항공기로 생각하면 지시대기속도 V_{IAS}는 0이 아닌 일정 속도값을 가지게 됩니다. 만약 지시대기속도 $V_{IAS} = 0$이 된다면 항공기는 이미 실속 속도(V_S) 이하인 속도가 되므로 날개에서 양력이 사라져 벌써 추락한 상태가 되어 있을 겁니다.

이와 같은 특성은 속도계가 표준대기를 기준으로 절대값이 아닌 상태가 바뀐 외부 공기에 대한 상대값을 반영하는 특성을 나타내는 것으로 꼭 기억하기 바랍니다.

2.7 기타 피토-정압계기

2.7.1 마하계

마하계(Machmeter 또는 Mach indicator)란 [그림 2.26]과 같이 항공기 대기속도(V)를 음속(a, speed of sound)에 대한 비율로 나타낸 마하수(Mach number)를 표시하는 계기입니다. 마하수는 식 (2.27)과 같이 음속(a)[58]에 대한 항공기 대기속도(V)[59]를 무차원비로 나타낸 값으로, 전투기 및 미사일 등의 고속비행체에서 속도를 나타낼 때 주로 사용됩니다. 마하수는 식 (2.27)로 정의되는데, 계산식을 보면 분모에 음속(a)이 포함되고, 음속은 온도에 영향을 받기 때문에 [표 2.1]의 표준대기표와 같이 고도에 따라 값이 변하게 됩니다. 마하계는 속도계에 고도를 수감하여 고도변화에 따른 기압의

58 [표 2.1]의 지상 0 ft에서 $a = 1,116.45$ ft/s = 340 m/s임.

59 마하수 계산 시 대기속도는 진대기속도(TAS)가 사용됨.

[그림 2.26] 마하계(machmeter)

변화를 보상할 수 있는 고도 수정 아네로이드를 추가로 삽입시킨 구조입니다.

$$M = \frac{V}{a} \tag{2.27}$$

여기서, $a = \sqrt{\gamma R T}$

2.7.2 받음각 지시계와 실속 경고장치

60 날개 시위선(chord)에 대해 바람이 들어오는 각도로 정의함.

받음각 지시계(Angle-Of-Attack indicator)는 항공기의 받음각(AOA, Angle-Of-Attack)[60] 측정장치를 항공기 동체 전방 좌우에 장착하여, 항공기의 받음각을 조종석 계기에 [그림 2.27(a)]와 같이 지시합니다. 일반적인 받음각 측정장치는 [그림 2.27(c)]와 같이 조그마한 베인(AOA vane)을 부착하여 공기가 흘러 들어오는 방향으로 베인이 움직여 받음각을 측정하는 방식이 사용되며, [그림 2.27(b)]의 slotted 프로브(probe) 방식은 원뿔 모양의 프로브에 압력을 측정하기 위한 압력홀(air hole)을 설치한 최신의 받음각 측정장치로 받음각 변화에 따른 압력의 변화를 측정하여 받음각을 측정하는 방식입니다.

항공기가 비행을 유지할 수 있는 충분한 양력(lift)을 얻지 못하는 실속(stall) 상태에 도달하는지를 받음각을 측정하여 모니터링하고, 실속 받음각(stall AOA)에 가까워지면 자동적으로 실속 경고신호를 조종사에게 제공하는 실속 경고장치(stall warning system)와 연동됩니다.

받음각 지시계의 AOA vane도 전방 동체에 설치되므로, A380 항공기의 경우는 [그림 2.28(a)]와 같이 피토 튜브(pitot tube)와 AOA vane을 하나의 장치로 제작하여 사용하기도 하며, 대한민국에 세계 12번째 초음속 항공기 개발국의 명예를 안겨준 T-50[61]

61 KAI(한국항공우주산업)이 1997년부터 8년 동안 개발한 한국 최초의 초음속기로 Golden Eagle(검독수리)로 불림. FA-50 등의 경전투기로도 개발되어 인도네시아, 태국 등에 수출되고 있음.

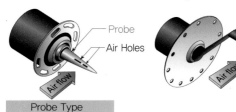

(a) 받음각 지시계   (b) Slotted AOA probe   (c) AOA vane

[그림 2.27] 받음각 지시계(angle-of-attack indicator)와 AOA probe

(a) A380의 피토 튜브와 AOA 센서   (b) T-50 초음속훈련기의 AOA probe

[그림 2.28] 받음각 측정장치(AOA probe)

초음속 훈련기(Golden Eagle)의 경우는 받음각 측정장치로 [그림 2.28(b)]와 같이 최신 기술이 적용된 프로브 방식이 장착되어 사용되고 있습니다.

2.8 피토-정압계통의 점검 및 고장탐구

2.8.1 피토-정압계통 시험장비

피토-정압계통 및 계기는 주기적으로 점검해야 하며, 이때 사용하는 [그림 2.29(a)]의 정밀 점검장비를 ADTS(Air Data Test System)[62]라고 합니다.

62 Pitot-static tester라고도 함.

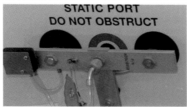

(a) GE사의 ADTS 405   (b) Pitot-static test adapter

[그림 2.29] 피토-정압계통 시험장비(Air Data Test System)

ADTS 장비에서 키패드(keypad)를 통해 고도와 속도값을 입력하면 표준대기표를 기반으로 매우 정확한 전압과 정압이 출력됩니다. 이 출력되는 압력을 피토 튜브와 정압 포트에 [그림 2.29(b)]와 같은 pitot-static adapter를 통해 연결하여 공급한 후, 조종석 계기판의 속도계, 고도계 및 승강계가 입력된 속도와 고도를 지시하는지를 확인합니다. 피토-정압계통의 점검에서는 계기가 정확한 값을 지시하는지에 대한 점검과 함께 압력 연결관에서의 누설(leakage) 여부도 점검해야 하는데, 지시된 속도와 고도값이 일정 시간 후에도 값이 감소하지 않고 계속 유지되는지 확인하면 됩니다.

2.8.2 피토-정압계통 고장탐구

지금까지 공부한 내용을 기반으로 [표 2.2]에 정리한 피토-정압계통의 고장형태에 따른 속도계, 고도계, 승강계의 고장에 대해 살펴보겠습니다.

① 첫 번째 고장형태는 피토 튜브의 전압관이 막히고, 드레인 홀과 정압 포트는 정상인 경우입니다.

앞의 [그림 2.9]에서 피토 튜브의 드레인 홀과 전압관은 연결이 되어 있다고 하

[표 2.2] 피토-정압계통의 고장유형

고장유형	속도계(ASI)		고도계 (Altimeter)	승강계 (VSI)
피토관(전압) 막힘 + Drain hole 정상 [정압포트 정상]	0 지시		정상	정상
피토관(전압)과 Drain hole 막힘 [정압포트 정상]	수평비행(추력 일정) 시	정상속도 지시	정상	정상
	수평비행(추력 변화) 시	속도 일정		
	상승 시	정상속도보다 높게 지시		
	하강 시	정상속도보다 낮게 지시		
정압포트 막힘 [피토관(전압) 정상]	상승 시	정상속도보다 낮게 지시	지시침 고정	지시침 고정
	하강 시	정상속도보다 높게 지시		

였습니다. 따라서 앞쪽 전압관이 막히면 전압은 측정되지 않지만, 뒤쪽의 드레인 홀에서는 정압이 측정되므로 전압은 정압과 같게 되어, 식 (2.23)의 베르누이 방정식에서 $(P_T - P_S) = 0$이 되므로 속도계는 0을 가리키게 되고, 정압만 연결된 고도계와 승강계는 모두 정상값을 가리키게 됩니다.

② 두 번째 고장형태는 피토 튜브의 전압과 드레인 홀이 모두 막히고 정압 포트는 정상인 경우로, 이 경우에 전압은 막히기 바로 전의 전압값으로 고정이 됩니다.

등속 수평 비행 상태에서 조종사가 엔진 추력(engine thrust)을 조절하여 속도 변화를 주지 않으면 속도계는 같은 값을 지시하므로 조종사는 계기의 이상을 감지할 수 없습니다. 반면에 조종사가 추력을 증가시키거나 감소시킨 경우에는 속도계의 지시침이 고정되므로 고장이 발생함을 감지할 수 있게 됩니다. 또한 상승 비행 시에는 정상속도보다 속도값이 높게 지시되는데, 예를 들어 정상 비행 상태에서 피토 튜브가 막혀 전압(P_T)이 20이란 수치로 고정되었고 현재 고도에서 정압(P_S)이 10이라고 가정하면, 동압은 $q_1 = (P_T - P_S) = 20 - 10 = 10$이 됩니다. 따라서 고도 상승 시에는 전압($P_T$)은 20으로 같은 값을 가지고 정압($P_S$)은 고도상승에 따라 값이 작아져 5로 값이 낮아지므로, 동압은 $q_2 = (P_T - P_S) = 20 - 5 = 15$가 되어 정상상태 q_1보다 동압이 커져 속도가 더 높게 지시됩니다. 하강 비행 시에는 이와 반대 현상을 나타내게 됩니다. 고도계와 승강계는 정압포트가 정상이므로 두 번째 고장상황에서도 정상치를 지시합니다.

③ 마지막 고장형태는 피토 튜브는 정상이고, 정압 포트가 막힌 경우입니다.

정압 포트가 막혀 정압(P_S)이 일정값으로 고정되므로 정압 포트가 연결된 고도계와 승강계는 이제 고도변화에 상관없이 지시침이 고정됩니다. 속도계는 상승 비행 시에는 정상 속도보다 낮게 지시하게 되는데, 예를 들어 정상 상태에서 전압(P_T)이 20이고 현재 고도에서 정압(P_S)이 10으로 고정되었다면, 동압은 $q_1 = (P_T - P_S) = 20 - 10 = 10$이 됩니다. 정상적인 경우에 고도상승을 하면 고도 증가에 따라 정압이 작아져 5로 값이 변하게 되어 동압은 $q_2 = (P_T - P_S) = 20 - 5 = 15$가 됩니다. 하지만 정압 포트가 막혔기 때문에 고도 상승 중에도 정압값이 일정하므로, 동압은 동일하게 고도 상승 중에도 10이 되어 정상 속도보다 낮게 지시하게 됩니다. 하강 비행 시에는 반대현상이 나타납니다.

2.1 표준대기(standard atmosphere)

① 시간과 공간에 따라 변하는 공기의 성질(압력, 온도, 밀도, 음속 등)을 고도에 따라 고정한 가상대기를 말함.

② 1952년 국제민간항공기구(ICAO)에서 제정하여 사용하기 시작함.

- 공기의 상태를 결정짓는 압력, 온도, 밀도는 고도 증가에 따라 값이 모두 감소함.
- 해면(Sea Level, SL) (고도 0 ft)에서의 표준대기값
  - 1기압(P_0) = (수은주) 29.92 inHg = 2,116.22 lb/ft^2, 온도(기온, T_0) = 15 °C = 288.15 K
  - 중력가속도(g_0) = 9.80662($\approx$ 9.81) m/s^2 = 32.17405($\approx$ 32.2) ft/s^2
  - 공기밀도(ρ_0) = 1.225 kg/m^3 = 0.0023769 slug/ft^3

2.2 피토-정압계통의 측정원리

① 해당 고도(H)에서의 압력비(δ), 온도비(θ), 밀도비(σ)를 통해 압력(P), 온도(T), 밀도(ρ)를 구할 수 있음.

$$\delta = \frac{P}{P_0} = [1 - 0.00000687559 \times H]^{5.2559}, \quad \theta = \frac{T}{T_0} = [1 - 0.00000687559 \times H]$$

$$\sigma = \frac{\rho}{\rho_0} = [1 - 0.00000687559 \times H]^{4.2559}$$

② 항공기 고도계(altimeter)는 비행 중 외부 대기의 공기 압력을 측정하여 표준대기표에서 해당되는 고도를 지시하도록 제작함.

③ 베르누이 방정식(Bernoulli's equation)과 속도 측정원리

- 전체 압력 에너지는 머물러 있는 정압(static pressure)과 유체가 움직이는 속도(V)에 관계된 동압(dynamic pressure)의 합인 전압(total pressure)이 됨.
- 항공기 속도계(ASI, Air Speed Indicator)는 베르누이 원리(Bernoulli's principle)를 적용하여 항공기의 속도를 측정함.

$$P_S + \frac{1}{2}\rho V^2 = P_T = \text{const.} \quad \Rightarrow \quad \therefore V = \sqrt{\frac{2q}{\rho}} = \sqrt{\frac{2(P_T - P_S)}{\rho}}$$

④ 정압계기 계통의 구성

- 전압(P_T): 피토 튜브(pitot tube)에서 측정하며, 속도계(ASI)에만 연결됨.
- 정압(P_S): 정압 포트(static port)에서 측정되며, 속도계(ASI), 고도계(altimeter), 승강계(VSI)에 모두 연결됨.

2.3 공함(pressure capsule)

① 압력을 측정하기 위한 장치로 아네로이드(aneroid)와 다이어프램(diaphragm), 벨로즈(bellows), 부르동관(bourdon tube)으로 구분

- 아네로이드(aneroid): 밀폐 공함으로 내부를 1기압(29.92 inHg)으로 밀봉하여 항공기 고도계와 승강계에 사용됨.
- 다이어프램(diaphragm): 차압계기로 피토-정압계기 중 전압과 정압의 차를 필요로 하는 속도계에 사용됨.

2.4 고도계(Altimeter)

① 고도계는 대기의 압력 중 정압을 측정하여 표준대기표를 기준으로 측정된 정압에 해당되는 고도를 ft 단위로 지시

- 표준대기표의 15℃, 29.92 inHg인 조건에서 0 ft가 지시되도록 교정되어 있음.

② 고도에 따른 정압의 변화를 측정하여야 하므로 아네로이드(aneroid)가 수감부의 공함으로 사용됨.

③ 고도계 수정(altimeter setting)

- 변하는 외부 대기의 상태에 따라 고도계의 기준인 0 ft를 변경할 수 있도록 고도계 수정 노브(knob)를 돌려 수정하는 것을 고도계 수정(altimeter setting)이라고 함.
- 고도계 수정 노브를 좌우로 돌리면, 고도계 수정창(Kollsman window)의 수치가 29.92 inHg를 기준으로 연동되어 변화됨.

④ 고도의 종류와 고도계 수정의 관계

- 항공에서 사용되는 고도의 종류는 진고도, 절대고도, 기압고도로 분류됨.
- 절대고도(AA, Absolute Altitude): 지표면이나 지형, 지물 등을 고도 0 ft로 정하고, 이로부터 항공기까지의 수직 높이를 나타낸 고도로 AGL(Above Ground Level) 단위로 표시
- 기압고도(압력고도, PA, Pressure Altitude): 표준대기표 1기압인 29.92 inHg 상태인 가상의 표준해수면을 0 ft로 지정하고, 이로부터 항공기까지의 수직 높이를 표시한 고도
- 진고도(TA, True Altitude): 바다 표면인 평균해수면(MSL, Mean Sea Level)을 고도 0 ft로 지정하고, 표준해수면으로부터 항공기까지의 수직높이를 고도로 표시
- 현재 대기상태가 표준대기표와 같다면, 기압고도와 진고도는 일치함.

⑤ 고도계 수정 종류

- QFE setting: 활주로(지표면)를 0 ft로 수정 → 고도계는 절대고도(AA)를 나타냄.
- QNE setting: 표준대기 29.92 inHg인 가상의 해수면을 0 ft로 수정 → 고도계는 기압고도(PA)를 나타냄.
- QNH setting: 해면(평균 해수면, 표준 해수면)의 현재 대기압을 0 ft로 수정 → 고도계는 진고도(TA)를 나타냄.

2.5 승강계(VSI, Vertical Speed Indicator)

① 항공기의 수직 속도인 상승률(rate of climb)과 하강률(rate of descent)을 분당 피트(fpm) 단위로 측정하여 항공기의 상승과 하강상태를 지시하는 계기

- 차압 공함인 다이어프램이 사용되며, 정압을 다이어프램 내외부로 유입시킴.
- 상승 및 하강에 따라 다이어프램 외부에 유입되는 정압은 핀홀을 거치면서 느리게 반영됨(지연시간 발생).

2.6 속도계(ASI, Air Speed Indicator)

① 전압과 정압의 차압인 동압을 통해 항공기의 속도를 지시하는 계기로, 차압공함인 다이어프램이 사용됨.

② 속도의 종류

- 지시대기속도(IAS, Indicated Air Speed): 속도계가 지시하는 속도 자체를 말하며, 표준대기표 0 ft에서의 밀도가 사용됨.

$$V_{IAS} = \sqrt{\frac{2q}{\rho_0}} = \sqrt{\frac{2(P_T - P_S)}{\rho_0}}$$

- 교정대기속도(CAS, Calibrated Air Speed): 지시대기속도(IAS)에서 피토 튜브나 정압포트의 위치오차 및 계기 자체의 오차를 수정한 속도
- 등가대기속도(EAS, Equivalent Air Speed): 교정대기속도(CAS)에서 압축성 효과를 수정한 속도
- 진대기속도(TAS, True Air Speed): 고도에 따른 밀도 감소와 온도 변화를 수정한 항공기의 실제 속도

$$V_{TAS} = \frac{V_{EAS}}{\sqrt{\rho/\rho_0}} = \frac{V_{EAS}}{\sqrt{\sigma}} \quad \Rightarrow \quad V_{TAS} > V_{EAS}$$

- 대지속도(GS, Ground Speed): 지상 고정위치에서 본 항공기의 실제 이동속도
- 대지속도(GS)는 진대기속도(TAS)와 바람속도의 벡터합이며, 만약 IAS와 EAS가 같고, 밀도변화를 무시하면 IAS ≈ EAS ≈ TAS가 되므로 대지속도(GS)는 지시대기속도(IAS)와 바람속도의 합이 됨.

$$\vec{V}_{GS} = \vec{V}_{TAS} + \vec{V}_W \approx \vec{V}_{IAS}(\approx \vec{V}_{EAS} \approx \vec{V}_{TAS}) + \vec{V}_W$$

2.7 기타 피토-정압계기

① 마하계(Machmeter 또는 Mach indicator)
- 항공기 대기속도(V)를 음속(speed of sound)에 대한 비율로 표시한 마하수(Mach number)를 표시하는 계기
② 받음각 지시계(Angle-Of-Attack indicator)
- 항공기의 받음각(AOA, Angle-Of-Attack) 측정장치를 항공기 동체 전방 좌우에 장착하여, 항공기의 받음각을 조종석 계기에 지시하며, 실속 경고장치로 연계됨.

▶ 기출문제 및 연습문제

01. ICAO에서 정한 표준대기에 대한 설명으로 옳은 것은? [항공산업기사 2011년 2회]

① 일반적으로 기상현상이 발생되는 곳은 성층권이다.

② 대류권의 경우 고도가 증가하여도 온도가 일정하다.

③ 표준대기의 값으로 대류권의 최대 높이는 약 36,000 ft이다.

④ 성층권에서는 고도변화에 관계없이 압력과 밀도가 일정하다.

해설 • 기상현상은 고도 11 km($\approx$ 36,000 ft)까지의 대류권에서 일어나며, 성층권은 대류권 상부에서 고도 50 km까지의 대기현상이 없는 대기층이다.
• 성층권의 아래층인 11~20 km까지의 고도에서는 온도가 일정하며 이후부터는 온도가 계속 증가함.

02. 표준대기의 기온, 압력, 밀도, 음속을 옳게 나열한 것은? [항공산업기사 2015년 1회]

① 15°C, 750 mmHg, 1.5 kg/m³, 330 m/s

② 15°C, 760 mmHg, 1.2 kg/m³, 340 m/s

③ 18°C, 750 mmHg, 1.5 kg/m³, 340 m/s

④ 18°C, 760 mmHg, 1.2 kg/m³, 330 m/s

해설 • 표준대기는 시간과 공간에 따라 변하는 공기의 성질 (압력, 온도, 밀도, 음속 등)을 고도에 따라 고정한 가상대기를 말한다.
• 해면(sea level)(해면고도 = 0 ft)에서의 표준대기값
 − 온도(T_0) = 15°C = 288.15 K = 59°F = 518.69 R
 − 압력(P_0) = 760 mmHg = 29.92 inHg
  = 1,013.25 mbar = 2,116.22 psf
 − 밀도(ρ_0) = 1.225 kg/m³ = 0.0023769 slug/ft³
 − 음속(a_0) = 340 m/s = 1,224 km/h = 1,116.45 ft/s
 − 중력가속도(g_0) = 9.81 m/s² = 32.2 ft/s²

03. 해면상 표준대기에서 정압(static pressure)의 값으로 틀린 것은? [항공산업기사 2017년 1회]

① 0 kg/m² ② 2,116.2 lb/ft²

③ 29.92 inHg ④ 1,013.25 mbar

해설 • 표준대기의 압력은 정압(static pressure)을 말한다.
• 해면에서의 압력(P_0) = 760 mmHg = 29.92 inHg
  = 1,013.25 mbar = 2,116.22 psf

04. 대류권에서는 지표에서 복사되는 열로 인하여 1 km 올라갈 때마다 기온이 어떻게 변하는가? [항공산업기사 2010년 4회]

① 6.5°C씩 증가한다. ② 6.5°C씩 감소한다.

③ 4.5°C씩 증가한다. ④ 4.5°C씩 감소한다.

해설 대류권에서의 기온감소율(lapse rate)은 −0.0065 °C/m로 1 km 상승 시 6.5°C씩 하강한다.

05. 고도 10 km 상공에서의 대기온도는 몇 °C인가?

① −35 ② −40 ③ −45 ④ −50

해설 대류권의 기온감소율은 −0.0065 °C/m이고, 해면고도에서 온도는 15°C이므로

$$T = T_0 + \lambda(H - H_0)$$
$$= 15°C + \left(-0.0065 \frac{°C}{m}\right) \times (10,000 \text{ m} - 0 \text{ m})$$
$$= -50°C$$

06. 공함에 대한 설명으로 틀린 것은? [항공산업기사 2013년 1회]

① 승강계, 속도계에도 이용된다.

② 밀폐식 공함을 아네로이드라고 한다.

③ 공함은 기계적 변위를 압력으로 바꾸어 주는 장치이다.

④ 공함재료는 탄성한계 내에서 외력과 변위가 직선적으로 비례한다.

해설 • 공함(pressure capsule)은 압력을 기계적 변위로 변환하는 수감장치로 다이어프램(diaphragm), 아네로이드 (aneroid), 벨로즈(bellows), 부르동관(bourdon tube)이 있다.

정답 1. ③ 2. ② 3. ① 4. ② 5. ④ 6. ③

• 속도계와 승강계는 차압공함인 다이어프램이, 고도계에는 밀폐공함인 아네로이드가 사용된다.

07. 압력을 기계적 변위로 변환하는 것이 아닌 것은?
[항공산업기사 2010년 4회]

① 벨로즈
② 다이어프램
③ 부르동 튜브
④ 차동 싱크로

해설 • 차동 싱크로(synchro)는 전기계기의 일종인 원격지시계기에 속한다. (3장 원격지시계기 참고)
• 원격지시계기란 측정부(수감부)와 지시부의 거리가 멀어 전기신호를 이용하여 각도 변위를 전달하여 지시하는 계기를 말한다.

08. 공함(pressure capsule)을 응용한 계기가 아닌 것은? [항공산업기사 2014년 4회, 2018년 1회]

① 선회계
② 고도계
③ 속도계
④ 승강계

해설 선회계는 자이로의 섭동성(precession)을 이용하여 선회방향과 선회율을 지시하는 자이로(gyro) 계기에 속한다. (7장 자이로 계기 참고)

09. 항공계기와 그 계기에 사용되는 공함이 옳게 짝지어진 것은? [항공산업기사 2016년 1회]

① 고도계−차압공함, 속도계−진공공함
② 고도계−진공공함, 속도계−진공공함
③ 속도계−차압공함, 승강계−진공공함
④ 속도계−차압공함, 승강계−차압공함

해설 • 속도계와 승강계는 차압공함인 다이어프램이, 고도계에는 밀폐공함인 아네로이드가 사용된다.
• 밀폐공함인 아네로이드는 일반적으로 산업용 압력계에 사용 시에는 내부를 진공(0)으로 만들지만 항공기의 고도계에 사용 시는 내부를 1기압(29.92 inHg)으로 만들어 밀폐시킨다.

10. 다음 중 고도계에 사용되는 공함은?

① aneroid
② bellows
③ diaphragm
④ bourdon tube

해설 속도계와 승강계는 차압공함인 다이어프램이, 고도계에는 밀폐공함인 아네로이드가 사용된다.

11. 항공기에서 피토관(pitot tube)을 이용하여 속도 측정을 할 때 이용되는 공기압은?
[항공산업기사 2012년 2회]

① 정압, 전압
② 대기압, 정압
③ 정압, 동압
④ 동압, 대기압

해설 베르누이 정리를 이용하여 피토관은 정압과 전압을 측정하여 동압을 계산하고 그 동압에서 속도를 계산해 낼 수 있다.

12. 피토-정압계기의 위치오차(position error)는 무엇의 영향으로 발생하는가?

① 계기 패널에 장착되는 비행계기의 위치
② 조종사 시각이 닿는 위치
③ 피토 튜브 및 정압홀의 위치
④ 항공기 계기의 결함

해설 외부 공기가 항공기의 외형을 따라 흐르면서 흐름이 굴곡되고, 와류(vortex) 및 박리(separation)에 의해 압력오차가 발생하게 되는데, 피토 튜브나 정압 포트의 설치위치는 이러한 위치오차를 최소화하는 위치에 선정된다.

13. 다음 중 피토압의 영향을 받지 않는 계기는?
[항공산업기사 2010년 2회, 2014년 2회]

① 속도계
② 고도계
③ 승강계
④ 선회경사계

해설 • 피토압(pitot pressure)이란 피토 튜브(pitot tube)에서 측정되는 전압을 말하며, 피토 튜브는 종류에 따라 전압과 정압을 모두 측정하는 타입과 전압만을 측정하는 타입이 있다.
• 속도계, 고도계, 승강계가 피토-정압계기에 해당된다.
• 선회경사계(turn and bank indicator)는 항공기의 선회방향과, 선회율 및 선회상태(균형선회, 내활선회, 외활선회)를 지시하는 계기로 자이로계기에 속한다. (7장 자이로 계기 참고)

정답 7. ④ 8. ① 9. ④ 10. ① 11. ① 12. ③ 13. ④

14. 항공기의 비행 중 피토 튜브(pitot tube)로부터 얻은 정보에 의해 작동되지 않는 계기는?

[항공산업기사 2015년 4회]

① 대기속도계(air speed indicator)

② 승강계(vertical speed indicator)

③ 기압고도계(baro altitude indicator)

④ 지상속도계(ground speed indicator)

해설 • 항공기의 속도계는 외부 공기에 대한 상대적인 항공기 속도를 측정하며, 지상속도(대지속도, ground speed)란 지상 고정위치에서 본 항공기의 실제 이동속도로 대기속도에 바람속도를 벡터(vector)적으로 합하면 대지속도가 된다.

• 항공계기 중 지상속도계(ground speed indicator)라는 계기는 존재하지 않으며, GPS 등의 위성항법시스템(GNSS)에서 측정되는 속도가 대지속도이므로 이를 이용하여 항공계기상에 표시한다.

15. 동압(dynamic pressure)에 의해서 작동되는 계기가 아닌 것은?

[항공산업기사 2015년 2회]

① 고도계

② 대기속도계

③ 마하계

④ 진대기속도계

해설 고도계는 외부 공기의 압력인 정압(static pressure)만을 측정하여 표준대기표에 해당되는 고도로 환산하여 이를 지시부에 표기한다.

16. 정상흐름의 베르누이방정식에 대한 설명으로 옳은 것은?

[항공산업기사 2016년 1회]

① 동압은 속도에 반비례한다.

② 정압과 동압의 합은 일정하지 않다.

③ 유체의 속도가 커지면 정압은 감소한다.

④ 정압은 유체가 갖는 속도로 인해 속도의 방향으로 나타나는 압력이다.

해설 • 베르누이 정리(Bernoulli's theorem): 정압(P_S)과 동압(q)의 합인 전압(P_T)은 항상 일정하다.

$$P_S + \frac{1}{2}\rho V^2 = P_S + q = P_T = \text{const.}$$

• 베르누이 정리에 의해 정압과 동압의 합인 전압은 항상 일정하므로 속도(동압)가 커지면 정압은 그만큼 감소한다.

17. 밀도가 $0.1\ kgf \cdot s^2/m^4$인 대기를 120 m/s의 속도로 비행할 때 동압은 몇 kg/m^2 인가?

[항공산업기사 2014년 2회]

① 520

② 720

③ 1,020

④ 1,220

해설 • 공기밀도의 단위는 $kgf \cdot s^2/m^4$ 또는 kg/m^3

$$\rho = 0.1\ kgf \cdot s^2/m^4 = 0.1\ kg\frac{m}{s^2} \cdot \frac{s^2}{m^4} = 0.1\ kg/m^3$$

• 따라서,

$$q = \frac{1}{2}\rho V^2 = \frac{1}{2} \times (0.1\ kg/m^3) \times (120\ m/s)^2$$
$$= 720\ kg/m^2$$

18. 공기가 아음속으로 관내를 흐를 때 관의 단면적이 점차로 증가한다면 이때 전압(total pressure)은?

[항공산업기사 2012년 4회]

① 일정하다.

② 점차 증가한다.

③ 감소하다가 증가한다.

④ 점차 감소한다.

해설 베르누이의 정리에 의해 단면적이 증가하면 유체 흐름의 속도 감소로 동압은 감소하지만 정압은 그 감소한 만큼 상승하여 전압은 항상 일정하다(단, 비점성, 비압축성일 때만 성립한다).

19. 360 km/h의 속도로 표준 해면고도 위를 비행하고 있는 항공기 날개상의 한 점에서 압력이 100 kPa일 때 이 점에서의 유속은 약 몇 m/s인가? (단, 표준 해면고도에서 공기의 밀도는 $1.23\ kg/m^3$이며, 압력은 $1.01 \times 10^5\ N/m^2$이다.)

① 105.82

② 107.82

③ 109.82

④ 111.82

해설 (1) 압력 Pa의 단위는 N/m^2이고, 속도의 단위 km/h를 m/s로 환산하면

$$360\frac{km}{h} \times \frac{1,000\ m}{1\ km} \times \frac{1\ h}{3,600\ sec} = 100\ m/s$$

정답 **14.** ④ **15.** ① **16.** ③ **17.** ② **18.** ① **19.** ②

(2) 베르누이 정리를 적용하면

$$P_1 + \frac{1}{2}\rho V_1^2 = P_2 + \frac{1}{2}\rho V_2^2 = \text{const.}$$

$$\Rightarrow 1.01 \times 10^5 \text{ N/m}^2 + \frac{1}{2}(1.23 \text{ kg/m}^3)(100 \text{ m/s})^2$$

$$= 100 \times 10^3 \text{ N/m}^2 + \frac{1}{2}(1.23 \text{ kg/m}^3)V_2^2$$

$$\Rightarrow \therefore V_2 = \sqrt{11,626.02} = 107.82 \text{ m/s}$$

20. 해발 500 m인 지형 위를 비행하고 있는 항공기의 절대고도가 1,000 m라면 이 항공기의 진고도는 몇 m인가? [항공산업기사 2012년 2회, 2015년 2회]

① 500　　　　　　② 1,000

③ 1,500　　　　　④ 2,000

해설 고도의 종류는 다음과 같이 3가지로 구분된다.

- 절대고도(absolute altitude) : 지표면으로부터의 고도
- 기압고도(= 압력고도, pressure altitude) : 표준대기압 해면으로부터의 고도[표준대기표 1기압(29.92 inHg) 상태인 가상의 표준 해수면을 0 ft로 지정]
- 진고도(true altitude) : 해발고도(ASL)라고 하며, 평균해수면(MSL, Mean Sea Level)으로부터의 고도(평균해수면을 고도 0 ft로 지정)
- 따라서, 진고도 = 절대고도 + 지형의 해발고도
  = 1,000 m + 500 m = 1,500 m

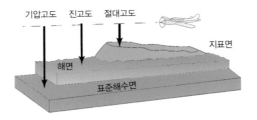

21. 조종사가 고도계의 보정(setting)을 QNH 방식으로 보정하기 위하여 고도계의 기압 눈금판을 관제탑에서 불러주는 해면기압으로 맞춰 놓았을 경우 그 고도계가 나타내는 고도는?

[항공산업기사 2012년 4회]

① 압력고도　　　　② 진고도

③ 절대고도　　　　④ 밀도고도

해설
- 해면기압이 29.92 inHg인 표준대기와 실제대기의 기압이 다른 경우에 고도 0 ft의 기준을 맞추기 위해 조종사가 수행하는 고도계의 보정(수정)방법은 QFE, QNE, QNH 보정으로 구분된다.
- QNH 보정 : 일반적인 고도계의 보정방법으로 고도계 수정창을 그 당시의 해면(표준해수면, MSL) 기압에 맞추는 방법이다. 진고도(TA)를 지시하며 14,000 ft 미만의 고도의 공항 근처의 terminal area 관제 공역에서 사용한다.

22. 항공기의 기압식 고도계를 QNE 방식에 맞춘다면 어떤 고도를 지시하는가?

[항공산업기사 2014년 2회]

① 기압고도　　　　② 진고도

③ 절대고도　　　　④ 밀도고도

해설
- QNE 보정 : 고도계 수정창의 값을 표준대기압인 29.92 inHg로 맞추어 표준해수면을 0 ft로 지정하여 고도를 지시하는 방법이다.
- 14,000 ft 이상의 고고도 및 해상 원거리 비행 시에 사용하며 기압고도(PA)를 지시한다.

23. 비행장 활주로 위에서 현재 대기 압력을 나타내는 고도계 수정방법은?

① QFE 수정　　　　② QFD 수정

③ QNH 수정　　　　④ QNE 수정

해설 QFE 보정 : 고도계 수정노브를 돌려 고도계 수정창의 값을 그 시점의 지표면(활주로)상의 기압에 맞추는 방법으로 활주로상에 있을 때 고도계는 0 ft를 지시한다. 절대고도(AA)를 지시하며 단거리 비행 시 사용한다.

24. 고도계에서 발생되는 오차와 발생 요인 중 틀리게 짝지어진 것은? [항공산업기사 2016년 2회]

① 탄성오차 : 케이스의 누출

② 온도오차 : 온도 변화에 의한 팽창과 수축

③ 눈금오차 : 섹터 기어와 피니언 기어의 불균일

④ 기계적 오차 : 확대 장치의 가동 부분, 연결, 백래시, 마찰

정답 20. ③　21. ②　22. ①　23. ①　24. ①

해설 고도계의 오차는 다음과 같이 4가지로 구분된다.
- 눈금오차(scale error): 공함과 변위량과의 비선형성으로 인해 계기판 눈금에서 발생하며, 링크 기구축에서 수정한다.
- 온도오차(thermal error): 온도 변화에 의한 팽창과 수축에 의해서 발생하는 오차로, 바이메탈(bimetal)을 사용하여 온도오차를 보정한다.
- 탄성오차(elastic error): 고도계 내부의 탄성체 특성 변화로 인해 발생하며, 여기서 특성 변화는 온도, 압력 변화에 대한 회복 시 지연이 발생하거나, 휘어짐이 증가하는 크리프 효과(creep effect)를 말한다.
- 기계적 오차(mechanical error): 고도계 수감부 및 확대부 등에 사용되는 링키지, 기어 및 베어링 등의 기구적 오차에 의해 발생하며 백래시(backlash) 현상에 의한 오차가 대표적이다.

25. 고도계에서 발생되는 오차가 아닌 것은?

[항공산업기사 2015년 1회]

① 북선오차 ② 기계오차
③ 온도오차 ④ 탄성오차

해설 북선오차(선회오차)는 복각으로 인한 지자기의 수직 성분과 선회할 때의 원심력으로 발생하는 자기계기(magnetic instrument)의 동적 오차이다. (6장 자기계기 참고)

26. 고도계의 오차 중 탄성오차에 대한 설명으로 틀린 것은?

[항공산업기사 2018년 2회]

① 재료의 피로 현상에 의한 오차이다.
② 온도 변화에 의해서 탄성계수가 바뀔 때의 오차이다.
③ 확대장치의 가동 부분, 연결 등에 의해 생기는 오차이다.
④ 압력 변화에 대응한 휘어짐이 회복되기까지의 시간적인 지연에 따른 지연 효과에 의한 오차이다.

해설
- 고도계 오차 중 탄성오차는 고도계 내부 부품의 탄성체 특성 변화로 인해 발생하며, 여기서 특성 변화는 온도, 압력 변화에 대한 회복 시 지연이 발생하거나, 휘어짐이 증가하는 크리프 효과(creep effect)를 말한다.
- 확대장치의 가동 부분, 연결 등에 의해 생기는 오차는 기계적 오차이다.

27. 고도계의 오차 중 탄성오차에 대한 설명으로 틀린 것은?

[항공산업기사 2011년 2회]

① 재료의 피로현상에 의한 오차이다.
② 백래시(backlash)에 의한 오차이다.
③ 크리프(creep)현상에 의한 오차이다.
④ 온도변화에 의해서 탄성계수가 바뀔 때의 오차이다.

해설
- 고도계 오차 중 탄성오차는 고도계 내부 부품의 탄성체 특성 변화로 인해 발생하며, 여기서 특성 변화는 온도, 압력 변화에 대한 회복 시 지연이 발생하거나, 휘어짐이 증가하는 크리프 효과(creep effect)를 말한다.
- 백래시(backlash) 현상에 의한 오차는 기계적 오차이다.

28. 고도계에서 압력에 따른 탄성체의 휘어짐 양이 압력 증가 때와 압력 감소 때가 일치하지 않는 현상의 오차는?

[항공산업기사 2017년 1회]

① 눈금오차 ② 온도오차
③ 히스테리시스 오차 ④ 밀도오차

해설
- 고도계의 오차는 눈금오차, 탄성오차, 온도오차, 기계적 오차로 구분된다.
- 탄성오차는 다시 히스테리시스 오차(hysteresis error), 잔류효과 오차(after effect error) 및 편위오차(drift error)로 구분된다.

29. 항공기의 수직방향 속도를 분당 피트(feet)로 지시하는 계기는?

[항공산업기사 2015년 2회]

① 승강계 ② 마하계
③ 속도계 ④ 고도계

해설 승강계(VSI, Vertical Speed Indicator)는 항공기의 수직방향 속도를 분당 피트(ft/min=fpm)로 지시한다.

30. 승강계의 모세관 저항이 커짐에 따라 계기의 감도와 지시지연은 어떻게 변화하는가?

[항공산업기사 2010년 4회]

① 감도는 증가하고 계기의 지시지연도 커진다.
② 감도는 증가하고 계기의 지시지연은 작아진다.
③ 감도는 감소하고 계기의 지시지연은 커진다.
④ 감도는 감소하고 계기의 지시지연도 작아진다.

정답 25. ① 26. ③ 27. ② 28. ③ 29. ① 30. ①

해설 • 모세관 핀홀(pin hole)의 구멍크기가 작으면 정밀하게 지시할 수 있어 감도는 좋아지나, 변화된 공기의 전파가 느려져 지시지연은 커진다.
• 반대로 구멍크기가 커지면 정밀도가(감도가) 낮아지나 지시지연은 작아진다.

31. 다음 중 항공기에서 이론상 가장 먼저 측정하게 되는 속도는? [항공산업기사 2015년 4회]

① CAS ② IAS
③ EAS ④ TAS

해설 항공기 속도는 다음과 같이 구분된다.
• 지시대기속도(IAS, Indicated Air Speed): 베르누이 정리에 의해 동압을 속도로 환산하여 속도계가 지시하는 속도 자체를 지칭
• 교정(수정)대기속도(CAS, Calibrated Air Speed): IAS에서 피토 튜브나 정압포트의 위치오차 및 계기 자체의 오차를 수정한 속도
• 등가대기속도(EAS, Equivalent Air Speed): CAS에서 공기의 압축성 효과를 고려한(수정한) 속도
• 진대기속도(TAS, True Air Speed): EAS에서 밀도 감소와 온도 변화를 수정한 항공기의 실제 속도

32. 조종실의 온도 변화에 따른 속도계 지시 보상방법으로 옳은 것은? [항공산업기사 2017년 1회]

① 진대기속도를 이용한다.
② 등가대기속도를 이용한다.
③ 장착된 바이메탈(bimetal)을 이용한다.
④ 서멀스위치에 의해서 전기적으로 실시된다.

해설 온도오차는 바이메탈(bimetal)을 사용하여 오차를 보정한다.

33. 항공기 속도의 등가대기속도에서 대기밀도를 보정한 속도는? [항공산업기사 2017년 4회]

① IAS ② CAS
③ TAS ④ EAS

해설 진대기속도(TAS)는 등가대기속도(EAS)에서 밀도 감소와 온도 변화를 수정한 항공기의 실제 속도를 의미한다.

34. 피토관 및 정압공에서 받은 공기압의 차압으로 속도계가 지시하는 속도를 무엇이라고 하는가? [항공산업기사 2018년 2회]

① 지시대기속도(IAS)
② 진대기속도(TAS)
③ 등가대기속도(EAS)
④ 수정대기속도(CAS)

해설 지시대기속도(IAS, Indicated Air Speed)는 베르누이 정리에 의해 동압을 속도로 환산하여 속도계가 지시하는 속도 자체를 말한다.

35. 계기의 지시속도가 일정할 때 기압이 낮아지면 진대기속도의 변화는? [항공산업기사 2013년 4회, 2018년 4회]

① 감소한다.
② 증가한다.
③ 변화가 없다.
④ 변화는 일정하지 않다.

해설 • 항공기 속도는 베르누이 정리에 의해 측정된 전압과 정압의 차인 동압에 의해 계산되며, 외부 공기에 대한 상대속도를 나타낸다.
• 따라서, 외부 공기의 상태가 바뀌어 압력이 낮아지면 측정 전압과 정압 자체가 변화되나 바뀐 전압과 정압의 차인 동압 차이는 변화가 없어 속도의 변화가 발생하지 않는다.

36. 속도를 지시하는 방법으로 전압(total pressure)과 정압(static pressure) 차를 감지하여 해면고도에서의 밀도를 도입하여 계기에 지시하는 속도는? [항공산업기사 2014년 1회]

① 등가대기속도(EAS)
② 진대기속도(TAS)
③ 지시대기속도(IAS)
④ 수정대기속도(CAS)

해설 지시대기속도(IAS) 계산 시에 베르누이 방정식에서 사용되는 밀도는 표준대기표 0 ft에서의 밀도(ρ_0)가 사용된다.

정답 31. ② 32. ③ 33. ③ 34. ① 35. ③ 36. ③

37. 등가대기속도(V_e)와 진대기속도(V)에 대한 설명으로 옳은 것은? (단, 밀도비 $\sigma = \dfrac{\rho}{\rho_0}$, P_t: 전압, P_S: 정압, ρ_0: 해면고도 밀도, ρ: 현재고도 밀도이다.) [항공산업기사 2011년 4회, 2017년 4회]

① 표준대기의 대류권에서 고도가 증가할수록 진대기속도가 등가대기속도보다 빠르다.

② 등가대기속도는 고도에 따른 온도 변화를 고려한 속도이다.

③ 등가대기속도와 진대기속도의 관계는 $V_e = \sqrt{\dfrac{V}{\sigma}}$ 이다.

④ 베르누이의 정리를 이용하여 등가대기속도를 나타내면 $V_e = \sqrt{\dfrac{(P_t - P_S)}{\rho_0}}$ 이다.

해설 • 진대기속도는 고도 증가에 따른 밀도 감소와 온도 변화를 수정한 항공기의 실제 속도를 나타낸다.
• 진대기속도(TAS)와 지시대기속도(IAS)는 밀도비에 의해 다음과 같은 관계를 가지므로, TAS는 항상 EAS보다 크다.

$$V_{TAS} = \frac{V_{EAS}}{\sqrt{\rho / \rho_0}} = \frac{V_{EAS}}{\sqrt{\sigma}} \Rightarrow V_{TAS} > V_{EAS}$$

38. 20 kph의 바람이 배풍으로 부는 항공기가 80 kph를 지시한다면 그 항공기의 대기속도는?

① 60 kph   ② 80 kph
③ 100 kph   ④ 120 kph

해설 • 대지속도(GS, Ground Speed)는 고정된 지표면에 대한 항공기의 실제 이동속도로, 속도계에서 측정되는 대기속도와는 전혀 다르다.
• 그 이유는 비행 중인 항공기를 지나가는 공기가 머물러 있지 않고 움직이는 속도를 가지면, 대기는 바람이 되고, 기류가 되어 지표면에 대해서 비행기처럼 움직이기 때문이다.
• 따라서, 속도계 오차와 압축성 효과 및 밀도변화를 무시하면 진대기속도(TAS)는 지시대기속도(IAS)와 같기 때문에 대지속도(GS)는 공기에 대한 상대속도인 지시대기속도에 바람속도를 벡터합으로 더하면 구할 수 있다.

$$\vec{V}_{GS} = \vec{V}_{TAS} + \vec{V}_W \approx \vec{V}_{IAS} + \vec{V}_W$$

• 배풍(뒷바람, tailwind)이 20 kph인 경우에 대지속도(GS)는 $80 + 20 = 100$ kph가 되며, 속도계의 대기속도는 바람에 관계없이 80 kph가 된다.

39. 라이트형제는 인류 최초의 유인동력비행에 성공한 날 최고기록으로 59초 동안 이륙지점에서 260 m 지점까지 비행하였다. 당시 측정된 43 km/h의 정풍을 고려한다면 대기속도는 약 몇 km/h인가? [항공산업기사 2016년 1회]

① 27   ② 40   ③ 60   ④ 80

해설 (1) 대지속도(GS, Ground Speed)는 지상 고정위치에서 본 항공기의 실제 이동속도를 말하며, 공기에 대한 상대속도인 지시대기속도(IAS)에 바람속도를 벡터합으로 더하면 구할 수 있다. (38번 문제 해설 참조)

$$\vec{V}_{GS} = \vec{V}_{TAS} + \vec{V}_W \approx \vec{V}_{IAS} + \vec{V}_W$$

(2) 실제 이동속도인 대지속도는 일정 시간(t) 동안 이동한 거리(S)이므로 다음과 같이 구할 수 있다.

$$V_{GS} = \frac{S}{t} = \frac{260 \text{ m}}{59 \text{ sec}} = 4.41 \text{ m/s}$$

(3) 단위를 km/h로 변경하면

$$V_{GS} = 4.41 \frac{\text{m}}{\text{s}} \times \frac{1 \text{ km}}{1,000 \text{ m}} \times \frac{3,600 \text{ s}}{1 \text{ h}}$$
$$= 15.88 \text{ km/h}$$

(4) 측정된 바람속도가 정풍으로 43 km/h이므로 속도계에서 측정된 대기속도는

$$\vec{V}_{GS} = \vec{V}_{IAS} + \vec{V}_W \Rightarrow V_{GS} = V_{IAS} - V_W$$
$$\therefore V_{IAS} = V_{GS} + V_W = 15.88 \text{ km/h} + 43 \text{ km/h}$$
$$= 58.88 \text{ km/h} \approx 60 \text{ km/h}$$

40. 다음 중 Ground Speed를 만들어 내는 시스템은? [항공산업기사 2013년 1회]

① air data system
② yaw damper system
③ global positioning system
④ inertial navigation system

해설 ※ 기출문제에서는 "만들어 내는 시스템"이라고 출제되었지만 "측정하는 시스템"으로 이해해야 한다.

정답 **37.** ① **38.** ② **39.** ③ **40.** ③

- 항공기의 속도계는 외부 공기에 대한 상대적인 항공기 속도를 측정하며, ADS(Air Data System)을 통해 측정된다.
- 항공계기 중 지상속도계(ground speed indicator)라는 계기는 존재하지 않으며, GPS 등의 위성항법시스템(GNSS)에서 측정되는 속도가 대지속도이므로 이를 이용하여 항공계기상에 표시한다.

41. 제트 비행기가 240 m/s의 속도로 비행할 때 마하수는 얼마인가? (단, 기온 20℃, 기체상수: 287 m²/s² · K, 비열비: 1.4이다.)

[항공산업기사 2015년 4회]

① 0.699   ② 0.785

③ 0.894   ④ 0.926

해설 (1) 절대온도(T)는 캘빈온도(K)로 ℃ + 273.15이므로,

$$T = 20℃ + 273.15 = 293.15\,K$$

(2) 음속(a)은

$$a = \sqrt{\gamma RT} = \sqrt{1.4 \times 287 \times 293.15} = 343.2\,m/s$$

(3) 마하수(M)는 음속(a)에 대한 항공기 대기속도(V)를 비율로 나타낸 값으로

$$M = \frac{V}{a} = \frac{240\,m/s}{343.2\,m/s} = 0.699$$

42. 비행기가 1,000 km/h의 속도로 10,000 m 상공을 비행하고 있을 때 마하수는 약 얼마인가? (단, 고도 1,500 m에서 음속은 335 m/s이며, 고도 12,000 m에서 음속은 295 m/s이다.)

[항공산업기사 2015년 2회, 2016년 4회]

① 0.50   ② 0.93

③ 1.20   ④ 3.33

해설 (1) 비행속도 1,000 km/h의 단위를 m/s로 변환하면

$$1,000\,\frac{km}{h} \times \frac{1,000\,m}{1\,km} \times \frac{1\,h}{3,600\,s} = 277.78\,m/s$$

(2) 이 비행속도는 고도 1,500 m에서 마하수로는

$$M_{1500} = \frac{V}{a} = \frac{277.78\,m/s}{335\,m/s} = 0.83$$

(3) 고도 12,000 m에서 마하수로는

$$M_{12000} = \frac{V}{a} = \frac{277.78\,m/s}{295\,m/s} = 0.94$$

(4) 따라서, 1,500 m와 12,000 m 사이의 10,000 m에서 마하수도 사이값이 되어야 한다.

$$(M_{1500} = 0.83) < M_{10000} < (M_{12000} = 0.94)$$

43. 고도 1,500 m에서 마하수 0.7로 비행하는 항공기가 있다. 고도 12,000 m에서 같은 속도로 비행할 때 마하수는? (단, 고도 1,500 m에서 음속은 335 m/s이며, 고도 12,000 m에서 음속은 295 m/s이다.)

[항공산업기사 2010년 4회]

① 약 0.3   ② 약 0.5

③ 약 0.8   ④ 약 1.0

해설 (1) 고도 1,500 m에서 주어진 마하수의 비행속도를 구하면

$$M_{1500} = 0.7 = \frac{V}{a} = \frac{V}{335\,m/s} \Rightarrow V = 234.5\,m/s$$

(2) 이 비행속도는 고도 12,000 m에서 마하수로는

$$M_{12000} = \frac{V}{a} = \frac{234.5\,m/s}{295\,m/s} = 0.79 \approx 0.8$$

▶ 필답문제

44. 피토정압을 사용하는 피토정압계통 계기 3가지를 쓰시오.

정답 ① 고도계(ASI, Air Speed Indicator)
② 속도계(Altimeter)
③ 승강계(VSI, Vertical Speed Indicator)

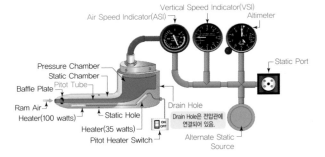

정답 **41.** ①   **42.** ②   **43.** ③

45. 항공기 기압 고도계 오차의 종류 4가지를 기술하시오. [항공산업기사 2010년 2회, 2014년 2회]

정답 고도계의 오차는 다음과 같이 4가지로 구분된다.
① 눈금오차(scale error): 공함과 변위량과의 비선형성으로 인해 계기판 눈금에서 발생하는 오차
② 온도오차(thermal error): 온도 변화에 의한 팽창과 수축에 의해서 발생하는 오차
③ 탄성오차(elastic error): 고도계 내부 탄성체 특성 변화[크리프 효과(creep effect)]로 인해 발생하는 오차
④ 기계적 오차(mechanical error): 고도계 수감부 및 확대부 등에 사용되는 링키지, 기어 등의 기구적 오차에 의해 발생하는 오차

46. 항공기용 기압식 고도계의 오차 중 탄성오차의 종류 3가지를 기술하시오.
[항공산업기사 2008년 4회, 2015년 4회]

정답 ① 히스테리시스 오차(hysteresis error): 압력의 증가 및 감소에 따른 증감 루프가 일치하지 않아서 발생하는 오차
② 편위오차(drift error): 외부에서 걸리는 힘이 사라지더라도 초기치로 돌아가지 않아 발생하는 오차
③ 잔류효과 오차(after effect error): 부품의 탄성이 시간이 지남에 따라 조금씩 변화하여 나타나는 오차

47. Airspeed에서 가리키는 적색과 흰색 사선으로 된 바늘의 역할과 명칭에 대하여 기술하시오.
[항공산업기사 2009년 2회]

정답 ① 명칭: 마하계(Machmeter)
② 역할: 항공기의 마하수를 지시한다.

48. 다음 그림에서 나타내고 있는 고도의 종류를 각각 기술하시오. [항공산업기사 2012년 4회, 2015년 2회]

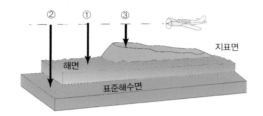

정답 ① 진고도(TA, True Altitude): 해발고도(ASL)라고도 하며, 평균 해수면(MSL, Mean Sea Level)으로부터의 고도(평균 해수면을 고도 0 ft로 지정)
② 기압고도(PA, Pressure Altitude): 압력고도라고도 하며 표준대기압 해면으로부터의 고도[표준대기표 1기압(29.92 inHg) 상태인 가상의 표준해수면을 0 ft로 지정]
③ 절대고도(AA, Absolute Altitude): 지표면으로부터의 고도

49. 항공기 기압고도계의 보정방법 3가지를 기술하시오. [항공산업기사 2009년 2회, 2013년 1회, 2018년 1회]

정답 ① QFE 보정: 고도계 수정창의 값을 그 시점의 지표면(활주로)상의 기압에 맞추는 방법으로(활주로상에 있을 때 고도계는 0 ft를 지시), 절대고도(AA)를 지시하며 단거리 비행 시 사용한다.
② QNE 보정: 고도계 수정창의 값을 표준대기압인 29.92 inHg로 맞추는 방법(표준해수면을 0 ft로 지시), 14,000 ft 이상의 고고도 및 해상 원거리 비행 시에 사용하며 기압고도(PA)를 지시한다.
③ QNH 보정: 일반적인 고도계의 보정방법으로 고도계 수정창을 그 당시의 해면(표준 해수면, MSL) 기압에 맞추는 방법, 14,000 ft 미만의 고도의 공항 근처의 terminal area 관제 공역에서 사용하며 진고도(TA)를 지시한다.

50. 항공기 대기속도의 종류 4가지에 대하여 기술하시오. [항공산업기사 2016년 1회]

정답 ① 지시대기속도(IAS, Indicated Air Speed): 베르누이 정리에 의해 동압을 속도로 환산하여 속도계가 지시하는 속도 자체를 지칭

$$V_{IAS} = \sqrt{\frac{2q}{\rho_0}} = \sqrt{\frac{2(P_T - P_S)}{\rho_0}}$$

② 교정(수정)대기속도(CAS, Calibrated Air Speed): IAS에서 피토 튜브나 정압포트의 위치오차 및 계기 자체의 오차를 수정한 속도

③ 등가대기속도(EAS, Equivalent Air Speed): CAS에서 공기의 압축성 효과를 고려한(수정한) 속도

④ 진대기속도(TAS, True Air Speed): EAS에서 밀도 감소와 온도 변화를 수정한 항공기의 실제 속도

$$V_{TAS} = \frac{V_{EAS}}{\sqrt{\rho/\rho_0}} = \frac{V_{EAS}}{\sqrt{\sigma}}$$

Aircraft
Instrument
System

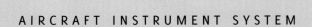

AIRCRAFT INSTRUMENT SYSTEM

3장에서는 전압, 전류, 전력 및 저항 측정에 사용하는 전기계기(electrical instrument)와 측정부와 지시부가 멀리 떨어져 있을 때 유용한 원격측정계기(remote sensing and indicating instrument)에 대해서 살펴보겠습니다.

3.1 전기계기의 분류

전기계기(electrical instrument)란 전류(current), 전압(voltage), 전력(power) 및 저항(resistance) 등 전기량을 측정할 수 있는 계기를 말합니다. [그림 3.1]에 나타낸 바와 같이, 일반 산업용으로 많이 사용하는 멀티미터(multimeter)가 가장 대표적인 전기계기이며, 이 밖에 각각의 전기량을 측정하여 정보를 제공하는 전류계(ammeter)[1], 전압계(voltmeter), 전력계(wattmeter), 주파수계(frequency meter) 등이 있습니다. 전기가 통하지 않는 절연(insulation)[2] 상태는 메가옴(MΩ) 단위의 저항을 측정하여 판단하는데 이때 사용하는 계기를 메거(megger) 또는 절연저항계(insulation resistance tester)라 하며 이 절연저항계도 전기계기의 일종입니다.

[1] 검류계(galvanometer)라고도 함.

[2] 굉장히 큰 저항값(수 MΩ~수천 MΩ)을 가지면 전기가 통하지 않는 상태가 되므로 저항을 측정하여 판단함.

(a) 아날로그 멀티미터

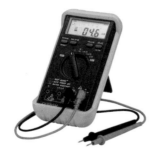
(b) 디지털 멀티미터

(c) 전류계(ammeter)

(d) 전압계(voltmeter)

(e) 절연저항계(megger)

[그림 3.1] 전기계기(electrical instrument)

전기계기는 동작원리에 따라 분류할 수도 있고, 측정 전원에 따라 분류할 수도 있습니다. 동작원리에 따라 전기계기를 분류하면, 가동코일형 계기, 가동철편형 계기, 전류력계형 계기로 나뉘고, 측정전원에 따라 분류하면 직류(DC)[3]를 측정하는 직류 측정 계기와 교류(AC)[4]를 측정하는 교류 측정 계기로 나뉩니다. 전류계, 전압계는 직류와 교류 측정에 모두 사용되고, 전력계와 주파수계는 교류 측정 계기로 사용됩니다.

3.1.1 가동코일형 계기(다르송발 계기)

그럼 먼저 전기계기 동작원리에 의한 분류 중 가동코일형 계기에 대해 알아보겠습니다.

① 가동코일형 계기(moving-coil type instrument)는 [그림 3.2]와 같이 외각에 영구자석(permanent magnet)을 설치하여 자기장(magnetic field)을 형성시키고, 안쪽은 원통형 철심(iron core)에 코일(coil)을 감아 놓고 여기에 지침을 부착하는 구조로 되어 있습니다.

② 이 가동코일(moving coil)에 측정하고자 하는 전류를 흘리면, 자기장 내에 위치한 코일에는 힘(토크)이 발생됩니다. 즉, 플레밍의 왼손법칙(Fleming's left-hand rule)[5]에 의해 전자력이 발생하는 원리를 이용합니다.

③ 이 전자력이 구동 토크가 되어, 스프링(spring)과 힘의 평형을 이루며 전류 크기에 비례하여 지침(pointer)을 움직여 해당되는 전류값을 지시합니다. 코일 내에 전류가 흐르지 않으면, 코일에는 구동 토크가 발생되지 않으므로 스프링의 복원력에 의해 원점으로 돌아오게 됩니다.

3 시간에 대해 전류/전압의 크기와 극성이 일정한 전기로 Direct Current의 약자임.

4 시간에 대해 전류/전압의 크기와 극성이 변화되는 전기로 Alternating Current의 약자임.

5 자기장 내 도체에 전류가 흐르면 힘이 발생한다는 법칙

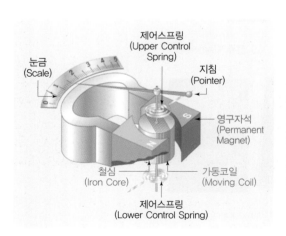
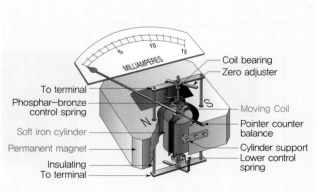

[그림 3.2] 가동코일형 계기(moving-coil type instrument)

가동코일형 계기는 직류(DC) 전류와 전압을 측정하는 데 사용합니다. 1882년에 프랑스의 다르송발(d'Arsonval)이 그 원리를 발견하여 다르송발 계기(d'Arsonval instrument)라고도 하며, 미국의 웨스턴(E. Weston)이 제품화하였기 때문에 웨스턴 계기라고도 합니다.

① 기본적으로 가동코일에 흐르는 전류크기에 비례하는 토크가 발생하여 지침을 돌리게 되는데, 전류계에서 전류 측정 시에는 이 방법을 사용합니다.

② 전압을 측정하기 위한 전압계는 크기를 알고 있는 저항을 가동코일에 직렬로 연결하여, 그 저항에 흐르는 전류를 측정하여 옴의 법칙(Ohm's law)[6]에 의해 해당 전압을 지시하도록 합니다.

가동코일형 계기 내부의 영구자석과 원통형 철심은 가동부의 역할을 수행하며, 위아래에 설치된 제어스프링(control spring)은 가동부(가동코일)가 움직이는 각변위를 제어하여 0(원점)의 위치로 되돌려 보내려는 제어 토크를 발생시키고, 가동부에 적당한 제동 토크를 가해 지침의 진동을 빨리 멈추게 하여 판독을 쉽게 해줍니다.

6 측정전압(V)이 바뀌면 $I = V/R$에 의해 저항(R)에 흐르는 전류크기가 변경되므로 비례한 전압이 지시되도록 함.

3.1.2 가동철편형 계기

가동철편형 계기(moving-iron type instrument)는 철편을 구성하는 방식에 따라 반발력을 이용하는 방식과 흡인력을 이용하는 방식으로 나누어집니다.

① 철편의 반발력을 이용하는 방식은 [그림 3.3(a)]와 같이 외각에 고정된 원통형 코

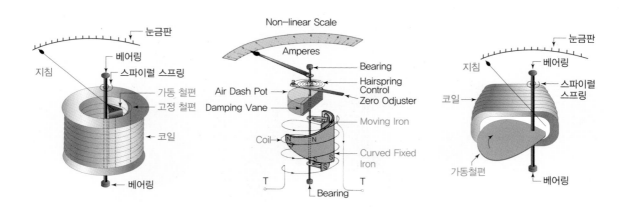

(a) 고정철편과 가동철편의 반발력을 이용한 방식   (b) 코일에 가동철편이 흡인되는 방식

[그림 3.3] 가동철편형 계기(moving-iron type instrument)

일(coil)이 위치하고, 코일 안쪽에 고정철편(stationary iron segment)과 가동철편(moving iron vane)을 넣고, 가동철편에 지침(pointer)을 연결시킨 구조입니다. 고정된 원통형 코일에 측정하고자 하는 교류(AC) 전류를 흘리면, 코일 내부에 자기장이 발생하여 고정철편이 자화(magnetization)되고 가동철편이 자계(자기장)가 강한 곳으로부터 반발하여 지침을 움직여 해당 측정값을 가리키게 됩니다.

② 이에 반해 [그림 3.3(b)]와 같은 구조의 흡인력 방식은 가동철편만을 사용하여 코일에 생긴 자기장에 의해 가동철편이 자기장이 강한 쪽으로 이끌려 움직이는 방식을 사용합니다.

7 교류가 가진 에너지를 동일한 에너지를 가진 직류로 변환한 값으로 최대값의 0.707배가 됨 $\left(V_{\text{rms}} = \dfrac{V_m}{\sqrt{2}}\right)$.

가동철편형 계기는 교류(AC)의 실효값(rms, root mean square)[7]을 정확히 측정할 수 있기 때문에 주로 교류전원의 전류와 전압 측정에 사용되며, 직류에서는 철편의 잔류자기(殘留磁氣, residual magnetism)와 히스테리시스에 의한 오차가 크기 때문에 잘 사용되지 않습니다. 고주파 교류에서는 철편 속의 와전류(渦電流, eddy current) 등에 의한 오차가 생기므로, 보통 주파수가 50~400 Hz의 저주파 교류용으로 사용됩니다.

3.1.3 전류력계형 계기

마지막으로 전류력계형 계기(電流力計形 計器, electro-dynamometer instrument)인 전력계(wattmeter)에 대해 알아보겠습니다.

① 전류력계형 계기는 가동코일형 계기에서 외곽의 영구자석을 고정코일로 대체한 것이라고 생각하면 됩니다. [그림 3.4]와 같이 고정 부분이나 가동 부분이 모두

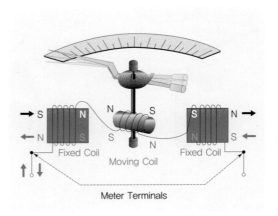 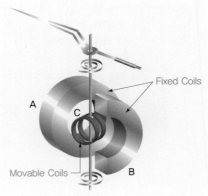

[그림 3.4] **전류력계형 계기**(electro-dynamometer instrument)

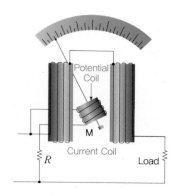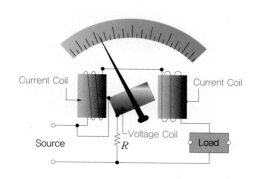

[그림 3.5] 전류력계형 타입의 전력계(wattmeter)

코일로 구성되어 있어 측정 전류를 양쪽 코일에 흘려줄 수 있습니다.

② 계기 지침이 부착되어 있는 가동코일(movable coil)은 2개의 고정코일(fixed coil) 사이에 위치하고 양쪽 고정코일과 직렬로 연결됩니다. 고정코일과 가동코일 모두에 측정 전류를 흘리면, 고정코일과 가동코일이 모두 전자석이 되어 자기장을 형성합니다.

③ 따라서 흘려준 전류에 따라 생성된 자기장들 사이에 작용하는 전자력에 의해 가동코일의 지침이 움직이게 됩니다. 전류계, 전압계, 전력계로 사용이 가능하며 코일을 사용하므로 정밀도가 높습니다.

전류력계형 계기는 전류가 역방향으로 흘러도 가동코일의 회전방향은 바뀌지 않기 때문에 직류(DC), 교류(AC)의 전류와 전압 측정에 모두 사용할 수 있습니다.[8] 또한, [그림 3.5]와 같이 가동코일 쪽에 값을 알고 있는 저항을 직렬로 연결하면 가동코일은 전압에 비례하고, 고정코일은 전류에 비례하는 관계가 됩니다. 이때 두 코일의 전류와 부하전력(power)[9]에 상당하는 구동 토크가 생겨 지침이 전력을 지시하게 되므로 전력계(wattmeter)는 보통 전류력계형 계기를 사용하며, 교류와 직류의 전력을 모두 측정할 수 있습니다.

전기계기인 가동코일형 계기, 가동철편형 계기, 전류력계형 계기의 적용기기 및 특징을 정리해 보겠습니다.

8 전류 방향이 바뀌면 고정코일과 가동코일의 자기장 방향이 모두 반대방향으로 바뀌므로 지침의 회전방향은 바뀌지 않게 됨.

9 전력(power)은 전기에너지의 양을 나타내며, 전압과 전류의 곱으로 정의됨($P = V \times I$).

① 가동코일형 계기(moving-coil type instrument)
　– 직류(DC) 전류와 전압 측정에 사용하므로 직류 전류계, 전압계에 이용한다.
　– 감도가 좋다.
② 가동철편형 계기(moving-iron type instrument)
　– 교류(DC) 실효값(RMS)을 측정하므로 교류 전류계, 전압계에 이용한다.
　– 구조가 단순하고 견고하다.
③ 전류력계형 계기(electro-dynamometer instrument)
　– 직류(DC), 교류(AC) 모두 측정이 가능하다.
　– 전류계, 전압계로 이용 가능하며, 특히 전력계에 사용한다.
　– 정밀도가 높고 오차가 작다.

3.2 직류(DC) 측정 계기(가동코일형 계기)

직류 전류계와 전압계로 주로 사용되는 직류 측정계기인 다르송발 계기, 즉 가동코일형 계기는 가동코일에 흐를 수 있는 기본적인 측정 전류의 크기가 작습니다. 측정 전류의 크기가 작다는 것은 그만큼 정밀하게 작은 값들을 측정할 수 있는 계기의 감도(sensitivity)[10]가 좋다는 의미가 되지만, 상대적으로 큰 전류의 측정이 불가능합니다. 따라서 가동코일형 계기는 전류나 전압 측정 시 측정 범위의 확대를 위해 특별한 방법이 필요합니다.

10 측정 물리량의 변화와 계기의 지침(指針)이 가리키는 지시량의 변화와의 관계를 의미함.

3.2.1 전류계의 측정범위 확대-분류기

가동코일형 계기는 기본적으로 가동코일에 흐를 수 있는 전류가 수십 mA로 매우 작기 때문에 크기가 큰 전류를 측정하는 데 한계가 있습니다. 따라서 하나의 계측기(전류계)로 측정범위를 변화시켜 값이 큰 전류를 측정하기 위해서는 [그림 3.6]과 같이 표준 전류계(가동코일)와 병렬로 분류저항(션트 저항, shunt resistance) R_S를 접속시켜 사용하는데 이를 분류기(分流器, shunt)라고 합니다. 분류기의 작동원리를 이해하기 위해 [그림 3.6]과 같이 기본적으로 장착된 다르송발 계기의 가동코일이 기본 전류(10 mA)를 측정할 수 있고 내부저항은 5 Ω이라고 가정합니다.[11]

11 이를 표준전류계라고 함.

이때 그림과 같이 기본 전류값보다 큰 200 A의 전류를 측정하려면 전류 대부분을

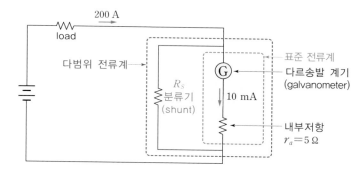

[그림 3.6] 분류기(shunt)와 분류저항(shunt resistance)

분류저항 쪽으로 흐르게 하고, 측정할 수 있는 10 mA만 가동코일로 흘려보내면 됩니다.[12] 그러면 몇 Ω의 분류저항을 병렬로 붙이느냐 하는 문제가 남습니다.

가동코일의 내부저항(r_a)은 5 Ω이고, 측정할 수 있는 기본 전류값은 10 mA(= 0.01 A)입니다. 이를 계기감도 또는 전류계 감도(sensitivity) I_a라고 정의하며, 측정 전류(I_m) 200 A 중 기본전류를 제외한 나머지 전류 199.99 A(= 200 A − 0.01 A)가 분류저항 쪽으로 흐르게 됩니다. 이를 션트 전류(shunt current) I_S라고 합니다. 그림을 자세히 보면 분류저항은 병렬로 연결되어 있어서 분류저항(R_S) 쪽에 걸리는 전압과 기본 가동코일 쪽에 걸리는 전압은 같게 되므로 옴의 법칙을 적용하면 식 (3.1)을 유도할 수 있습니다.

$$0.01\,\text{A} \times 5\,\Omega = (200\,\text{A} - 0.01\,\text{A}) \times R_S \tag{3.1}$$

따라서 식 (3.1)을 정리하면 분류저항(R_S)은 다음과 같이 0.00025 Ω이 계산되는데, 내부저항 5 Ω보다 크기가 아주 작은 분류저항이 병렬로 연결되었기 때문에 200 A 전류는 대부분 분류 저항 쪽으로 흐르게 됩니다.

$$R_S = \frac{0.01\,\text{A} \times 5\,\Omega}{(200\,\text{A} - 0.01\,\text{A})} = 0.00025\,\Omega \tag{3.2}$$

위의 식 (3.2)는 식 (3.3)과 같이 공식으로 만들 수 있습니다.

$$R_S = \frac{\text{계기감도}(I_a) \times \text{계기 내부저항}(r_a)}{\text{션트 전류}(I_S)} \tag{3.3}$$

또한, 식 (3.2)의 분모와 분자를 0.01 A로 나누고 정리하면, 식 (3.4)와 같이 정의되는

12 분류기(shunt)라고 명칭을 정의한 이유임.

분류저항을 구하는 또 하나의 공식을 얻을 수 있습니다. 식 (3.4)에서 n은 측정전류(I_m)를 계기감도(I_a)로 나눈 값이 되며, 이를 분류기 배율이라 정의합니다.

$$R_S = \frac{5\,\Omega}{\left(\dfrac{200\,\text{A}}{0.01\,\text{A}} - 1\right)} \quad \Rightarrow \quad \begin{cases} \therefore\ R_S = \dfrac{r_a}{n-1} \\[2mm] \text{여기서},\ n = \dfrac{I_m}{I_a} = \dfrac{\text{측정전류}}{\text{계기감도}} \end{cases} \tag{3.4}$$

정리하면, 분류저항(R_S)은 식 (3.3)이나 (3.4)의 공식을 통해 구할 수도 있으나, 식 (3.3)과 (3.4)를 암기하기보다는 병렬회로의 특성과 옴의 법칙을 이용하여 식 (3.1)로 유도하여 푸는 것이 가장 좋은 방법입니다. (외울 내용을 되도록 줄여야 되겠죠~~!)

다음 예제를 통해 분류저항을 구해보겠습니다.

예제 3.1

직류 전류계 감도가 10 mA, 내부저항이 5 kΩ인 전류계로 10 A의 부하전류를 측정하고자 할 때 션트저항의 크기는 얼마인가?

| **풀이** | 우선 주어진 전류계의 계기감도 $I_a = 10\,\text{mA} = 0.01\,\text{A}$이고, 션트 전류는 $10\,\text{A} - 0.01\,\text{A} = 9.99\,\text{A}$가 된다.

| **풀이 1** | 병렬회로에서 전압은 같다라는 특성을 이용하여 분류저항(R_S) 쪽에 걸리는 전압과 기본 가동코일 쪽에 걸리는 전압은 같게 되므로 식 (3.1)과 같이 옴의 법칙을 적용하면 5 Ω이 구해진다.

$$0.01\,\text{A} \times 5{,}000\,\Omega = (10\,\text{A} - 0.01\,\text{A}) \times R_S \quad \Rightarrow \quad \therefore\ R_S = 5\,\Omega$$

| **풀이 2** | 식 (3.3)의 공식을 이용하여 분류저항을 구하면 5 Ω이 구해진다.

$$R_S = \frac{\text{계기감도}(I_a) \times \text{계기 내부저항}(r_a)}{\text{션트 전류}(I_S)} = \frac{0.01\,\text{A} \times 5{,}000\,\Omega}{10\,\text{A} - 0.01\,\text{A}} = 5\,\Omega$$

| **풀이 3** | 분류기 배율(n)을 이용한 식 (3.4)를 적용하면, $n = I_m / I_a = 10\,\text{A} / 0.01\,\text{A} = 1{,}000$이 되므로 분류저항은 역시 5 Ω이 된다.

$$R_S = \frac{r_a}{n-1} = \frac{5{,}000\,\Omega}{(1{,}000 - 1)} = 5\,\Omega$$

3.2.2 전압계의 측정범위 확대-배율기

다르송발 계기가 적용된 전압계도 비슷한 방식을 적용하여 측정전압(V_m)의 범위를 확장할 수 있습니다. 전압계에서는 측정할 수 있는 기본 전압보다 큰 전압을 측정하기 위하여 표준전압계(가동코일)와 직렬로 배율기(multiplier)를 접속합니다. 이때 접속하는 저항을 배율저항(multiplier resistance) R_M이라고 하며, 직렬로 접속되기 때문에 측정하려는 전압 대부분을 배율저항에서 강하시키고 측정할 수 있는 전압만을 가동코일에 걸리게 만듭니다.

앞의 분류기에서 설명한 전류계 감도의 역수를 전압계 감도라고 합니다. [그림 3.7]과 같이 다르송발 계기의 전류계 감도가 $I_a = 10\,\text{mA}$로 주어졌으므로 전압계 감도 V_a는 다음과 같이 계산됩니다.

$$I_a = 10\,\text{mA} = \frac{1}{100}\,\text{A} = \frac{1}{100}\left[\frac{\text{V}}{\Omega}\right] \quad \Rightarrow \quad V_a = \frac{1}{I_a} = \frac{1}{\frac{1}{100}\left[\frac{\text{V}}{\Omega}\right]} = 100\left[\frac{\Omega}{\text{V}}\right] \quad (3.5)$$

전압계의 내부저항이(r_a)이 5 Ω으로 주어졌으므로, 식 (3.5)의 전압계 감도로 계산해보면 기본적으로 측정 가능한 전압은 다음과 같이 0.05 V가 됨을 알 수 있습니다.

$$\frac{1}{100}\left[\frac{\text{V}}{\Omega}\right] \times 5\,\Omega = 0.05\,\text{V}$$

이제 0.05 V보다 큰 전압 110 V를 측정하기 위한 배율저항 R_M을 구해보겠습니다. 목표는 배율저항에서 대부분의 전압을 강하시키고, 측정 가능한 0.05 V만 가동코일 내부저항에 걸리도록 배율저항의 크기를 구하는 것입니다.

배율저항 R_M(배율기)과 내부저항 r_a가 직렬로 연결되어 있으므로 저항의 직렬연결 특성에서 배운 바와 같이 두 저항에 흐르는 전류는 동일합니다. 따라서 전체 저항은

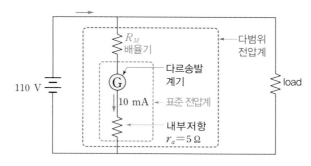

[그림 3.7] 배율기(multiplier)와 배율저항(multiple resistance)

$(R_M + r_a) = (R_M + 5\ \Omega)$이 되므로 옴의 법칙을 적용하면,

$$110\ \text{V} = 0.01\ \text{A} \times (R_M + 5\ \Omega) \tag{3.6}$$

이 되고 배율저항 R_M은 다음과 같이 내부저항 5 Ω보다 굉장히 큰 값인 10,995 Ω을 구할 수 있습니다.

$$R_M = \frac{110\ \text{V}}{0.01\ \text{A}} - 5\ \Omega = 10{,}995\ \Omega \tag{3.7}$$

위의 식 (3.7)도 앞에서 정의한 변수들을 사용하면 식 (3.8)과 같이 공식으로 나타 낼 수 있습니다.

$$
\begin{aligned}
R_M &= \frac{\text{측정전압}\,(V_m)}{\text{전류계감도}\,(I_a)} - \text{계기 내부저항}\,(r_a) \\[2mm]
&= \frac{\text{측정전압}\,(V_m)}{\left[\dfrac{1}{\text{전압계감도}\,(V_a)}\right]} - \text{계기 내부저항}\,(r_a)
\end{aligned}
\tag{3.8}
$$

배율저항을 구하는 또 다른 방법은 배율기 배율(m)을 이용하는 것입니다. 배율기 배 율(m)은 내부전압(V_V) 분의 측정전압(V_m)으로 정의되는데,

$$m = \frac{V_m}{V_V} \tag{3.9}$$

내부전압은 다음 식과 같이 표준전압계에 옴의 법칙을 적용하여 전류계 감도(I_a)와 내 부저항(r_a)의 곱으로 구할 수 있습니다.

$$V_V = I_a r_a \quad \Rightarrow \quad I_a = \frac{V_V}{r_a} \tag{3.10}$$

[그림 3.7]에서 배율저항(R_M)과 내부저항(r_a)이 직렬로 연결되어 있으므로 전체 저 항은 $(R_M + r_a)$가 되고, 두 저항에 흐르는 전류는 전류계 감도(I_a)로 같으므로 옴의 법 칙을 적용하면 전체 전압(= 측정전압, V_m)은 다음 식 (3.11)로 유도됩니다.

$$V_m = (R_M + r_a)I_a \quad \Rightarrow \quad I_a = \frac{V_m}{(R_M + r_a)} \tag{3.11}$$

식 (3.10)을 식 (3.11)에 대입하고, 배율기 배율(m)에 대해 정리하면 최종적으로 식

(3.12)가 유도됩니다.

$$\frac{V_V}{r_a} = \frac{V_m}{(R_M + r_a)} \quad \Rightarrow \quad \frac{V_m}{V_V} = \frac{(R_M + r_a)}{r_a} \quad \Rightarrow \quad m = 1 + \frac{R_M}{r_a}$$

$$\therefore \ R_M = (m-1)r_a \tag{3.12}$$

앞의 문제에 식 (3.12)를 적용하여 배율저항을 구해보겠습니다. 배율기 배율(m)은 측정전압 $V_m = 110$ V 나누기 표준 전압계의 내부전압 $V_V = I_a \times r_a = 0.01$ A $\times$ 5 Ω = 0.05 V가 되므로, $m = 110$ V/0.05 V = 2,200이 되고, 식 (3.12)를 적용하여 계산해보면 배율저항(R_M)은 동일하게 10,995 Ω이 계산됨을 확인할 수 있습니다.

마찬가지로 식 (3.8)이나 식 (3.12)의 공식을 암기하는 것보다는 옴의 법칙을 적용한 식 (3.6)으로 이해하고 문제를 푸는 것이 현명한 방법입니다.

분류저항과 배율저항의 특성을 정리하면 다음과 같습니다.

 분류저항과 배율저항

① 분류저항(shunt resistance)
  – 병렬로 접속되어 전류를 담당하므로 크기가 내부저항보다 매우 작아야 한다.
  ➡ 측정전류가 대부분 분류 저항 쪽으로 흐르게 된다.
② 배율저항(multiplier resistance)
  – 직렬로 접속되어 전압을 담당하므로 크기가 내부저항값보다 굉장히 커야 한다.
  ➡ 측정전압 대부분이 배율저항에서 강하된다.

3.2.3 저항계 및 절연저항계

저항계는 저항값을 측정하는 전기계기로, 회로나 케이블의 연결 검사(continuity check)를 통해 이상유무 판별과 단선(open)[13]된 곳을 찾아내는 데 활용할 수 있습니다. 특히 전기장치나 전기시설은 사람의 손이 닿는 부분에 전기가 흐르지 않아야 하는 절연(insulation) 상태를 유지하여야 하는데, 절연 상태를 검사하거나 측정하기 위해서는 수십~수천 $M\Omega$의 크기를 갖는 매우 큰 절연저항(insulation resistance)을 측정해야 합니다.[14]

이러한 절연저항과 같이 매우 큰 저항은 일반적인 멀티미터의 저항계를 이용하여 측정할 수 없기 때문에 메가옴미터(mega ohmmeter), 또는 메거(megger)라고 부르는 절연저항계(insulation resistance tester)를 사용합니다. 절연저항계는 전기가 잘 흐르

[13] 단선이 되면 전류가 흐르지 않으므로 옴의 법칙에 의해 저항값이 매우 큰 상태가 됨($R = \infty$).

[14] 절연저항이 저하되면 감전이나 과열에 의한 화재 및 쇼크 등의 사고가 발생함.

지 않는 절연체에 직류 고전압 500 V, 1000 V, 2000 V를 가해 절연물에 흐르는 미소 전류를 이용하여 절연저항을 측정할 수 있습니다. 메거는 주로 전기장치의 절연 상태, 전기장치의 금속 프레임과 코일 및 배선 사이의 절연저항, 또는 피복전선의 절연 상태 등을 측정하는 데 사용됩니다.

3.2.4 휘트스톤 브리지 회로

휘트스톤 브리지 회로(Wheatstone bridge circuit)는 저항값을 보다 정밀하게 측정하기 위해서 사용하는 회로로, 이미 알고 있는 저항값을 이용하여 모르는 저항값을 측정하는 장치입니다. [그림 3.8]과 같이 마름모 모양으로 연결한 4개의 저항 중에서 값을 알고 있는 저항은 R_1, R_2, R_3이고, R_x는 값을 모르는 저항이라고 가정합니다. c와 d점 사이에는 전류를 측정하는 전류계(검류계, galvanometer)를 연결시켜 놓았고, R_2 저항은 가변저항(variable resistor)이므로 c와 d점 사이에 전류가 흐르지 않도록 가변저항(R_2)을 조절하여 검류계의 지시치가 0이 되도록 조절합니다.

검류계(G) 수치가 0이 되어 전류가 흐르지 않는 상태는 결국 c와 d 사이의 전압차가 없기 때문에 c점과 d점의 전압은 크기가 같게 되고 다음 조건을 만족시킵니다.

$$V_c = V_d \quad \Rightarrow \quad \begin{cases} V_{ac} = V_{ad} \\ V_{cb} = V_{db} \end{cases} \tag{3.13}$$

회로 상단 a-c-b 사이의 저항 R_1과 R_x는 직렬로 연결되어 있으므로 각 저항에 흐르는 전류값은 I_1으로 같고 옴의 법칙을 적용하여 I_1에 대해 정리하면 다음과 같습니다.

$$V_{ac} = V_{ad} \;\rightarrow\; I_1 R_1 = I_2 R_2 \;\rightarrow\; I_1 = \frac{I_2 R_2}{R_1} \tag{3.14}$$

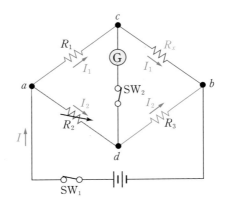

[그림 3.8] 휘트스톤 브리지 회로(Wheatstone bridge circuit)

마찬가지로 하단 회로의 (a-d-b) 사이 저항 R_2와 R_3도 직렬로 연결되어 있으므로 각 저항에 흐르는 전류값은 I_2로 같게 되며 I_1에 대해 정리하면 다음과 같습니다.

$$V_{cb} = V_{db} \; \rightarrow \; I_1 R_x = I_2 R_3 \; \rightarrow \; I_1 = \frac{I_2 R_3}{R_x} \tag{3.15}$$

식 (3.14)와 (3.15)는 같은 값이므로 다음과 같이 정리되며,

$$\frac{I_2 R_2}{R_1} = \frac{I_2 R_3}{R_x} \;\;\; \Rightarrow \;\;\; R_x R_2 = R_1 R_3 \tag{3.16}$$

최종적으로 저항값 R_x를 계산할 수 있게 됩니다.[15]

$$\therefore \; R_x = \frac{R_1 R_3}{R_2} \tag{3.17}$$

15 실제로 R_x 계산 시에 식 (3.17)보다는 식 (3.16)을 사용함. 즉, 대각선 방향으로 마주보는 저항값의 곱은 같다는 개념으로 기억함.

휘트스톤 브리지 회로는 아주 다양하게 응용하여 활용됩니다. 한 예로 항공계기에서 사용하는 온도 측정센서 중 3장에서 공부할 전기저항식 온도계(electric resistance temperature gauge)는 온도에 따른 저항값을 측정하여 회로에 흐르는 전류량을 구해 온도를 측정하게 되며, 이때 온도에 따라 변화하는 저항값을 정확히 알아내기 위해 휘트스톤 브리지 회로를 구성하여 활용합니다.

예제 3.2

다음 휘트스톤 브리지 회로가 평형이 되기 위한 저항 R_4의 값을 구하시오.

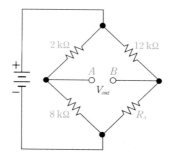

|**풀이**| 휘트스톤 브리지 회로는 대각선으로 마주보는 저항의 곱이 같으므로 식 (3.16)을 이용하여 계산하면

$$2\,\text{k}\Omega \times R_4 = 8\,\text{k}\Omega \times 12\,\text{k}\Omega$$

$$\therefore \; R_4 = \frac{96}{2} = 48\,\text{k}\Omega$$

3.3 원격지시계기

원격지시계기(remote sensing and indicating instrument)는 물리량을 측정하는 수감부와 측정된 물리량을 도시할 지시부가 멀리 떨어져 있는 경우에 사용되는 전기계기입니다. 예를 들어 [그림 3.9]와 같이 항공기 엔진의 각종 상태를 측정하여 정보를 도시하는 계기 중 연료 압력계(fuel pressure indicator), 윤활유 압력계(oil pressure indicator), 엔진 압력비 계기(EPR[16] indicator) 등은 날개에 장착된 항공기 엔진부터 조종석 지시부까지 정보가 전송되어야 하며, 플랩(flap), 엘리베이터(elevator), 에일러론(aileron), 러더(rudder) 등의 현재 작동 변위각도를 제공하기 위해서는 플랩이나 조종면으로부터 변위각도가 측정되어 항공기 조종석 지시부까지 정보가 전송되어야 합니다. [그림 3.10]은 B737 항공기의 에일러론 변위각도를 측정하기 위해 장착되어 사용되는 싱크로[17]를 보여주고 있습니다.

원격지시계기는 [그림 3.11]과 같이 수감부인 발신기(transmitter)와 지시부인 지시계(indicator)로 구성되며, 주로 기계적인 각도 변위(angle displacement)를 측정하여 이에 대응되는 전기신호를 원거리에 위치한 지시계에 전달하여 동일한 각도 변위를 지시하게 됩니다.

원격지시계기의 발신기와 지시계는 같은 구조를 가지고 있으며, 내부는 전동기나 발전기와 같이 고정자(stator)와 회전자(rotor)로 구성됩니다. 수감부인 발신기 회전자에 측정할 각도 변위축을 연결하면 각도 변위의 회전에 따라 전기신호가 발생되며, 이 전기신호를 지시계 고정자에 공급하면 지시계의 회전자는 전기신호에 따라 다시 동일한 각도로 회전하게 되는 원리가 적용됩니다. 이처럼 원격지시계기는 발신기와 지시계가 동기화되어 작동되므로 자기동조(self synchronous) 계기라는 명칭으로 불리고 있으며, 약어로 셀신(selsyn)[18] 또는 싱크로(synchro) 계기라고도 합니다. 원격지시계기의

16 엔진 압력비(Engine Pressure Ratio)는 가스 터빈엔진의 압축기 입구의 압력과 터빈 출구 압력의 비율로 추력을 나타냄.

17 교류 14 V, 1,800 Hz를 입력전원으로 사용하는 오토신 종류임.

18 self-synchronization의 약자.

(a) Fuel quantity indicator

(b) Fuel flow indicator

(c) Flap position indicator

[그림 3.9] 원격지시계기(synchro)가 적용된 항공계기

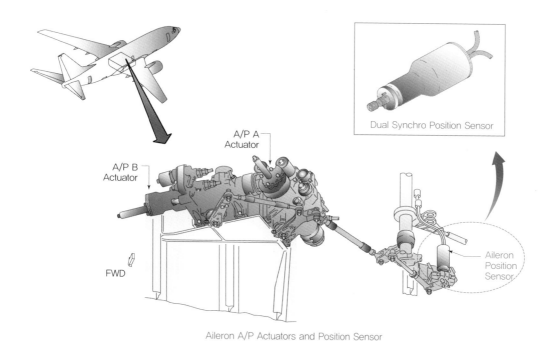

[그림 3.10] B737 항공기의 에일러론 변위측정 싱크로

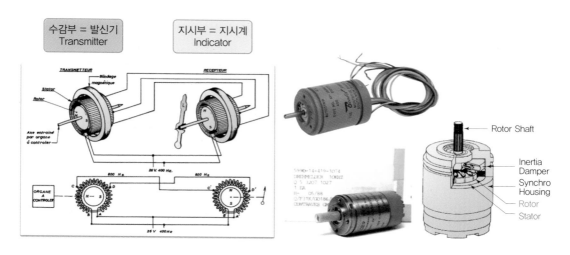

[그림 3.11] 원격지시계기(synchro)

종류로는 직류 셀신인 데신(DC selsyn)과 교류 셀신(AC selsyn)이 있으며, 교류 셀신
은 오토신(autosyn)과 마그네신(magnesyn)으로 분류됩니다.

3.3.1 직류 셀신

원격지시계기 중 직류 셀신(DC selsyn)은 작동전원으로 직류를 사용하는 싱크로 계기로, 직류 수감부 각변위를 전기신호로 전송하여 원격지시를 하는 장치입니다. 직류 셀신의 동작과정과 원리는 다음과 같습니다.

① 발신기는 [그림 3.12]와 같이 가변저항(variable resistance)으로 이루어져 있으며 직류 전원을 공급합니다.
② 발신기의 회전축(rotor shaft)이 측정하고자 하는 각도 변위에 따라 회전하면 가변저항이 변하게 되므로 A, B, C점에 흐르는 전류가 바뀌게 되고, 전선을 이용하여 지시계의 외각 고정자 코일(전자석)에 연결하면 변화된 전류가 3개의 고정자 코일에 각각 공급됩니다.
③ 지시계의 고정자 코일에 흐르는 전류 변화는 각각의 코일을 전자석으로 만들어 전류에 비례하는 자기장을 생성하게 되고, 3개 코일(전자석)에서 만들어진 자기장이 합쳐진 합성 자기장의 방향으로 지시계 축에 연결된 영구자석(permanent magnet)이 회전하게 됩니다.
④ 지침은 지시계의 영구자석 회전축에 함께 연결되어 있기 때문에 영구자석의 회전에 따라 발신기에서 측정되는 동일한 각도 변위를 가리키게 됩니다.

직류 셀신의 경우, 발신기에 공급해주는 직류전압이 어떤 원인에 의해서 변동하더라도 지시계 내에 만들어지는 합성 자기장은 크기만 변하고 방향은 변하지 않게 되므로 지침은 동일한 값을 가리키는 특성이 나타납니다. 즉, 싱크로 계기는 지시계 코일 3개에 흐르는 전류의 상대적인 비율이 일정한 비율작동형 계기로 발신부의 전원 전압

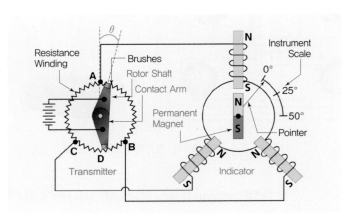

[그림 3.12] 직류 셀신(DC selsyn)

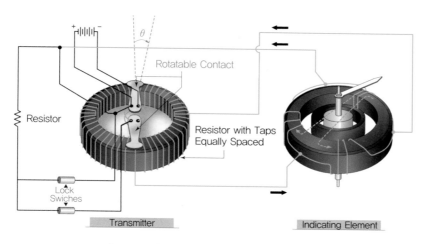

[그림 3.13] 착륙장치용 직류 셀신(DC selsyn)

이 변동해도 지시부는 큰 오차 없이 동일한 측정 각도를 지시하는 특성이 있습니다.

직류 셀신은 착륙장치(landing gear), 플랩(flap) 및 객실 출입문(cabin door)의 개폐 위치 정보를 나타내거나 플로트식 액량계(float-type quantity indicator) 등에 사용되고 있습니다. 특히 착륙장치의 경우는 착륙장치가 완전히 전개된 up-lock 위치와 접어들여진 dwon-lock 위치를 조종석 계기에 지시하기 위해, [그림 3.13]과 같이 기본 직류 셀신 구조에 추가 저항을 연결하여 사용합니다. 추가 저항은 lock 스위치에 의해 회로에 연결되는데, 착륙장치의 locking 장치와 연동됩니다. 추가 저항이 연결되면 lock 스위치의 개폐 여부에 따라 직류 셀신 지시계 3개 코일 중 특정 1개 코일에 흐르는 전류량이 변화되고 이때의 합성 자기장이 lock 위치를 지시하게 됩니다.

3.3.2 오토신

오토신은 교류로 작동하는 교류 셀신(AC selsyn)의 한 종류입니다. [그림 3.14]와 같이 발신기와 지시계는 동일한 구조로 이루어져 있으며, 회전자의 전자석 코일에는 26 V, 400 Hz의 단상교류(single phase AC)를 공급하고, 외각의 고정자 코일 3개는 3상 결선방식을 사용하여 Y 또는 델타(Δ) 결선으로 연결합니다. 지침은 지시계의 회전자축에 함께 연결되어 있습니다. 오토신의 동작과정과 원리는 다음과 같습니다.

① 발신기와 지시계의 회전자(전자석)에 단상 교류를 공급하면 회전자가 여자(excitation)됩니다.

② 측정하고자 하는 기계 회전축에 연결된 발신기 회전자의 회전각도 변위에 따라

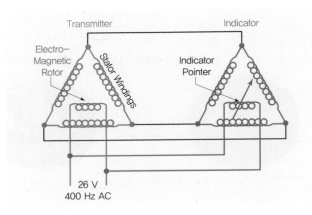

[그림 3.14] 오토신(autosyn)

각도변위에 비례하는 유도 전압이 고정자의 코일 3개에 각기 다른 전압으로 유도되며, 이렇게 생성된 발신기의 전압, 전류는 지시계 고정자 코일에 전달됩니다.

③ 지시계 고정자의 3개 코일에 각각 다른 전류가 흘러 자기장이 서로 다르게 생성되므로[19], 이들 3개 자기장의 합성 방향으로 지시계의 회전자(전자석)가 발신기에서 측정된 회전각도와 동일한 방향과 각도로 회전되어 값을 지시하게 됩니다.

오토신의 발신기와 지시계는 모두 교류 전자석을 사용하므로 영구자석을 사용하는 방식보다 정밀측정이 가능합니다.

[그림 3.15]는 오토신이 적용된 가스터빈 엔진의 윤활유 압력계의 연결도를 나타내고 있습니다. 그림과 같이 수감부에는 압력을 측정하기 위한 부르동관이 사용되지만,

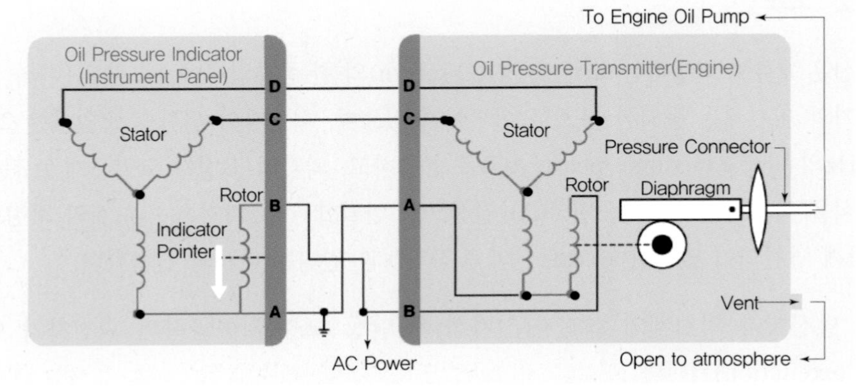

19 발신기와 지시계의 구조가 동일하므로 발신기 고정자에 생성된 합성자기장이 지시계 고정자 코일에도 동일하게 생성됨.

[그림 3.15] 윤활유 압력계에 적용된 오토신(autosyn)

압력 변화에 따른 부르동관의 수축과 팽창의 직선 변위를 기계 링키지를 통해 회전 변위로 변환하여 발신기 회전자축에 연결하면, 각도 변화에 따른 압력측정값을 조종석에 위치한 지시계로 전송할 수 있습니다.

3.3.3 마그네신

마그네신(magnesyn)은 [그림 3.16]과 같이 오토신의 회전자(전자석)를 강력한 영구자석으로 바꾼 형태입니다. 고정자는 고리형 연철코어에 코일을 감은 구조이며, 교류 단상 26 V, 400 Hz를 가해 여자시킵니다. 오토신은 단상 교류 전압이 회전자에 가해졌지만, 마그네신은 고정자에 가해진다는 차이점이 있습니다.

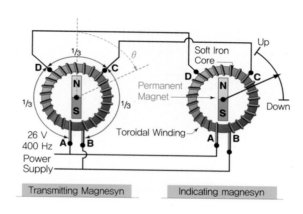

[그림 3.16] 마그네신(magnesyn)

① 발신기 고정자 코일에 단상 교류가 공급되면 고정자 코일에는 회전자장[20]이 발생하며, 측정 각도 변화에 의해 회전하는 영구자석의 위치에 따라 자기장의 가감이 발생됩니다.

② 회전자의 위치에 따라 해당되는 유도 전압이 발생하며, 이 전압은 지시계의 고정자 코일에 전달됩니다.

③ 지시계의 외곽 코일에는 발신기에서 생성된 자기장과 동일한 자기장이 형성되므로 지시계의 회전자축은 발신기의 측정각도와 동일한 크기와 방향으로 회전하여 연결된 지침을 통해 측정각도를 지시합니다.

일반적으로 마그네신은 오토신보다 작고 가벼우며, 영구자석을 사용하므로 교류 전자석을 회전자로 사용하는 오토신보다 토크가 약하고 정밀도가 떨어집니다.

20 교류의 크기와 극성이 변하므로 자기장의 크기와 자극(N/S)도 동일하게 변하며, 일정 주기로 360°를 회전하는 자기장이 생성됨.

항공계기시스템

3.3 원격지시계기 · 105

핵심 Point 원격지시계기

① 직류셀신(DC Selsyn)
　　– 발신기는 가변저항 구조이며, 작동전원으로 직류를 공급한다.
② 오토신(autosyn)
　　– 교류로 작동하며, 발신기와 지시계는 동일 구조이다.
　　– 발신기의 회전자는 전자석이다. 외각 고정자 코일은 3상 결선법칙을 사용한다.
③ 마그네신(magnesyn)
　　– 오토신의 회전자(전자석)를 영구자석으로 바꾼 구조이다.
　　– 오토신보다 작고 경량이며, 영구자석을 사용하므로 토크가 약하고 정밀도가 떨어진다.

CHAPTER SUMMARY

이것만은 꼭 기억하세요!

3.1 전기계기의 분류

① 전기계기(electrical instrument)란 전류(current), 전압(voltage), 전력(power) 및 저항(resistance) 등 전기량을 측정할 수 있는 계기를 말함.
- 전류계(ammeter), 전압계(voltmeter), 전력계(wattmeter), 절연저항계(insulation resistance tester), 주파수계(frequency meter) 등이 있음.

② 동작원리에 따른 전기계기의 분류
- 가동코일형 계기, 가동철편형 계기, 전류력계형 계기로 분류함.

③ 가동코일형 계기(moving-coil type instrument)
- 다르송발 계기(d'Arsonval instrument), 웨스턴(Weston) 계기라고도 함.
- 외각에 영구자석을 설치하고, 원통형 철심(iron core)에 코일을 감아 놓은 구조임.
- 전류 크기에 비례하는 토크가 지침을 돌려 전류량을 지시함 → 전류계(galvanometer)라고 함.
- 전압을 측정하기 위한 전압계는 크기를 알고 있는 저항을 가동코일에 직렬로 연결함.
- 직류(DC)전류와 전압을 측정하는 데 사용하며, 감도(sensitivity)가 좋음.

④ 가동철편형 계기(moving-iron type instrument)
- 코일 안쪽에 고정철편(stationary iron segment)과 가동철편(moving iron vane)을 넣고, 가동철편에 지침을 연결시킨 구조임.
- 교류(AC)의 실효값(rms, root mean square)을 정확히 측정할 수 있기 때문에 주로 교류전원의 전류와 전압 측정에 사용함.

⑤ 전류력계형 계기(電流力計形 計器, electro-dynamometer instrument)
- 가동코일형 계기에서 외각의 영구자석을 고정코일로 대체한 가동코일이 2개의 고정코일 사이에 위치함.
- 전류계, 전압계, 전력계로 사용이 가능하며, 코일을 사용하므로 정밀도가 높음.

3.2 직류(DC) 측정 계기(가동코일형 계기)

① 가동코일형 계기(다르송발 계기)는 가동코일에 흐를 수 있는 전류가 수십 mA로 매우 작기 때문에 크기가 큰 전류와 전압을 측정하기 위해 저항을 추가적으로 연결함.

② 전류계의 측정범위 확대
- 표준전류계(가동코일)와 병렬로 분류 저항(shunt resistance, R_S)을 접속시키며, 이를 분류기(shunt)라고 함.

③ 전압계의 측정범위 확대
- 표준전압계(가동코일)와 직렬로 배율저항(multiplier resistance, R_M)을 접속시키며, 이를 배율기(multiplier)라고 함.

④ 절연저항계(insulation resistance tester)
- 메가옴미터(mega ohmmeter) 또는 메거(megger)라고 함.

- 전기가 흐르지 않아야 하는 절연(insulation) 상태를 검사하기 위해, 수십~수천 MΩ 크기의 저항을 측정하는 전기계기임.

⑤ 휘트스톤 브리지 회로(Wheatstone bridge circuit)
- 저항값을 정밀하게 측정하기 위해서 사용하는 회로로, 이미 알고 있는 저항값 3개를 이용하여 모르는 저항값을 측정하는 장치임.

$$R_X R_2 = R_1 R_3$$

3.3 원격지시계기

① 원격지시계기(remote sensing and indicating instrument)는 물리량을 측정하는 수감부와 측정된 물리량을 도시할 지시부가 멀리 떨어져 있는 경우에 사용되는 전기계기임.
- 수감부인 발신기(transmitter)와 지시부인 지시계(indicator)로 구성됨.
- 주로 기계적인 각도 변위(angle displacement)를 측정하여 이에 대응되는 전기신호를 원거리에 위치한 지시계에 전달하여 동일한 각도 변위를 지시함.
- 자기동조(self synchronous)계라 불리며, 약어로 셀신(selsyn) 또는 싱크로(synchro) 계기라고 함.

② 원격지시계기의 종류
- 직류 셀신인 데신(DC selsyn)과 교류 셀신(AC selsyn)인 오토신(autosyn)과 마그네신(magnesyn)이 있음.

③ 직류 셀신-데신(DC selsyn)
- 발신기는 가변저항 구조이며 작동전원으로 직류를 공급함.
- 지시계의 외각 고정자 코일(전자석)에 발신기에서 유도된 전압을 공급하여 동일한 각도 변위를 지시하게 됨.

④ 교류 셀신(AC selsyn)-오토신(autosyn)
- 발신기의 회전자 전자석 코일에는 26 V, 400 Hz의 단상교류(single phase AC)를 공급함.
- 외각의 3개 고정자 코일은 3상 결선방식을 사용하여 발신기의 동일한 각도 변위를 지시계에 표시함.

⑤ 교류 셀신(AC selsyn)-마그네신(magnesyn)
- 오토신의 회전자(전자석)를 강력한 영구자석으로 바꾼 형태
- 고정자는 고리형 연철코어에 코일을 감은 구조이며, 교류 단상 26 V, 400 Hz를 가해 여자시킴.
- 마그네신은 오토신보다 작고 가벼우며, 영구자석을 사용하므로 오토신보다 토크가 약하고 정밀도가 떨어짐.

기출문제 및 연습문제

01. 직류전류와 전압 측정에 사용되는 전기계기는?

① 가동코일형 계기　　② 전류력계형 계기
③ 가동철편형 계기　　④ 유도전압형 계기

해설 ・가동코일형 계기(moving-coil type instrument)는 직류(DC)전류와 전압을 측정하는 데 사용하며, 다르송발 계기(d'Arsonval instrument)라고도 한다.
・가동코일에 측정하고자 하는 전류를 흘리면, 자기장 내에 위치한 가동코일에는 전류에 비례하는 힘(토크)이 발생하여 지침을 돌려 값을 지시하는 원리로 동작한다.

02. 고정코일에 전류가 흐르면 2개의 철편이 자화되어 2개 철편의 반발력으로 움직이는 계기는?

① 정류형 계기　　② 전류력계형 계기
③ 가동철편형 계기　　④ 가동코일형 계기

해설 ・가동철편형 계기(moving-iron type instrument)는 철편을 구성하는 방식에 따라 반발력을 이용하는 방식과 흡인력을 이용하는 방식으로 나누어진다.
・교류(AC)의 실효값(rms, root mean square)을 정확히 측정할 수 있기 때문에 주로 교류전원의 전류와 전압 측정에 사용된다.

03. 직류(DC)와 교류(AC)를 모두 측정할 수 있는 계기는?

① 정류형 계기　　② 전류력계형 계기
③ 가동철편형 계기　　④ 가동코일형 계기

해설 전류력계형 계기(electro-dynamometer instrument)는 직류(DC), 교류(AC)의 전류와 전압 측정에 모두 사용할 수 있으므로 전력계로 주로 활용된다.

04. 내부저항이 5 Ω인 배율기를 이용한 전압계에서 50 V의 전압을 5 V로 지시하려면 배율기 저항은 몇 Ω이어야 하는가?　[항공산업기사 2015년 4회]

① 10　　② 25　　③ 45　　④ 50

해설 [풀이 1]
(1) 기본 다르송발 계기(표준전압계)의 전류계 감도(I_a)

값이 주어지지 않았으므로 먼저 전류계 감도를 구해야 한다. 표준전압계의 전압 $V_V = 5$ V이고 내부저항은 $r_a = 5$ Ω이므로

$$V_V = I_a r_a \quad \Rightarrow \quad I_a = \frac{V_V}{r_a} = \frac{5\,\text{V}}{5\,\Omega} = 1\,\text{A}$$

(2) 배율기(multiplier)는 배율저항(R_M)이 표준전압계의 내부저항(r_a)과 직렬로 연결되어 있으므로, 전체 합성저항은 ($R_M + 5$ Ω)이고 전류계 감도 1 A가 흐르므로 옴의 법칙에서

$$50\,\text{V} = 1\,\text{A} \times (R_M + 5\,\Omega)$$

$$\Rightarrow \therefore R_M = \frac{50\,\text{V}}{1\,\text{A}} - 5\,\Omega = 45\,\Omega$$

[풀이 2] 식 (3.12)를 이용한다.
・전압계의 배율(m)은

$$m = \frac{V}{V_V} = \frac{50\,\text{V}}{5\,\text{V}} = 10$$

・식 (3.12)에서

$$R_M = (m-1)r_a = (10-1) \times 5\,\Omega = 45\,\Omega$$

05. 감도가 10 mA이고 내부저항이 2 Ω인 계기로 50 V까지 측정할 수 있는 전압계를 만들기 위해서 배율기는 몇 Ω으로 해야 하는가?
[항공산업기사 2011년 1회]

① 4.998　　② 49.98
③ 499.8　　④ 4,998

해설 배율기(multiplier)는 배율저항(R_M)이 표준전압계의 내부저항(r_a)과 직렬로 연결되어 있으므로, 전체 합성저항은 ($R_M + 2$ Ω)이고 전류계 감도 0.01 A(= 10 mA)가 흐르므로 옴의 법칙에서

$$50\,\text{V} = 0.01\,\text{A} \times (R_M + 2\,\Omega)$$

$$\Rightarrow \therefore R_M = \frac{50\,\text{V}}{0.01\,\text{A}} - 2\,\Omega = 4,998\,\Omega$$

06. 항공기의 대형화에 따라 지시부와 수감부 간의 거리가 멀어져 원격지시계기의 일종으로 발전하게 된 것으로 기계적인 직선 또는 변위를 수감하여 전기적인 양으로 변환한 다음 조종석에서 기계적인 변위로 재현시키는 계기는?
[항공산업기사 2011년 4회]

정답 1. ①　2. ③　3. ②　4. ③　5. ④　6. ②

① 자기계기   ② 싱크로 계기
③ 회전계기   ④ 자이로 계기

[해설] 싱크로(synchro) 계기는 기계적인 각도 변위(angle displacement)를 측정하여 이에 대응되는 전기신호를 원거리에 위치한 지시계에 전달하여 동일한 각도 변위를 지시하는 원격지시계기이다.

07. 싱크로 전기기기에 대한 설명으로 틀린 것은?

[항공산업기사 2013년 2회]

① 회전축의 위치를 측정 또는 제어하기 위해 사용되는 특수한 회전기이다.
② 각도 검출 및 지시용으로는 2개의 싱크로 전기기기를 1조로 사용한다.
③ 구조는 고정자측에 1차권선, 회전자측에 2차권선을 갖는 회전변압기이고, 2차측에는 정현파 교류가 발생하도록 되어 있다.
④ 항공기에서는 컴퍼스 계기상에 VOR국이나 ADF국 방위를 지시하는 지시계기로 사용되고 있다.

[해설]
• 싱크로(synchro)는 기계적인 각도 변위(angle displace-ment)를 측정하여 이에 대응되는 전기신호를 원거리에 위치한 지시계에 전달하여 동일한 각도 변위를 지시하는 원격지시계기이다.
• 수감부인 발신기(transmitter)와 지시부인 지시계(indicator)로 구성되며, 발전기와 모터의 원리가 적용된다.
• 동기화되어 작동하므로 자기 동조(self synchronous) 계기(셀신, selsyn)라고도 부른다.
• 항공계기 중 VOR 계기나 NDB국의 방위를 지시하는 ADF 계기에 대표적으로 사용되고 있다(9장 항법시스템 참고).

08. 싱크로 계기의 종류 중 마그네신(magnesyn)에 대한 설명으로 틀린 것은? [항공산업기사 2016년 2회]

① 교류전압이 회전자에 가해진다.
② 오토신(autosyn)보다 작고 가볍다.
③ 오토신(autosyn)의 회전자를 영구자석으로 바꾼 것이다.
④ 오토신(autosyn)보다 토크가 약하고 정밀도가 떨어진다.

[해설]
• 원격지시계기인 자기 동조(self synchronous)계기는 싱크로(synchro) 계기 또는 약어로 셀신(selsyn)이라 한다.
• 마그네신과 오토신의 가장 큰 차이점은, 오토신이 회전자(rotor)로 전자석을 사용하는 대신 마그네신은 강력한 영구자석을 사용한다는 것이다.
• 따라서, 오토신에서는 교류전압이 회전자에 가해지지만 마그네신은 고정자(stator)에 가해진다.
• 일반적으로 마그네신은 오토신보다 작고 가볍기는 하지만 토크가 약하고 정밀도가 다소 떨어진다.

09. 원격지시계기에 대한 설명 중 틀린 것은?

① 직류 셀신(DC selsyn), 오토신(autosyn), 마그네신(magnesyn) 등이 있다.
② 직류 셀신은 착륙장치나 플랩 등의 위치지시계기나 연료의 용량을 측정하는 액량계기로 주로 쓰인다.
③ 마그네신은 오토신보다 크고 무겁기는 하나 토크가 크고 정밀도가 높다.
④ 마그네신은 교류 26 V, 400 Hz를 전원으로 한다.

[해설]
• 원격지시계기는 직류 셀신인 데신(DC selsyn)과 교류 셀신(AC selsyn)인 오토신(autosyn)과 마그네신(magnesyn)이 있다.
• 일반적으로 마그네신은 오토신보다 작고 가볍지만 영구자석을 사용하므로 토크가 약하고 정밀도가 다소 떨어진다.

10. Transmitter와 Indicator 양쪽 모두 △결선 또는 Y결선의 스테이터(stator)와 교류 전자석의 로터(rotor) 사이에 발생되는 전류와 자장 발생에 의해 동조되는 방식의 계기는?

[항공산업기사 2016년 2회]

① 데신(desyn)
② 오토신(autosyn)
③ 마그네신(magnesyn)
④ 일렉트로신(electrosyn)

[해설]
• 교류를 사용하므로 직류를 사용하는 데신(desyn)은 제외되며, 마그네신과 오토신의 가장 큰 차이점은 구조상 오토신이 회전자로 전자석을 사용하는 대신 마그네신은 회전자로 강력한 영구자석을 사용한다.

정답   **7.** ③   **8.** ①   **9.** ③   **10.** ②

- 오토신(autosyn): 26 V, 400 Hz의 단상 교류전원이 회전자에 연결되고, 고정자는 3상(델타) 또는 Y결선이 사용된다.
- 마그네신(magnesyn): 오토신의 회전자(전자석)를 강력한 영구자석으로 바꾼 형태로, 오토신은 단상교류 전압이 회전자에 가해졌지만, 마그네신은 고정자에 가해진다는 차이점이 있다.

11. 다음 중 3상 교류를 사용하는 항공용 계기는?

[항공산업기사 2018년 4회]

① 데신(desyn)
② 오토신(autosyn)
③ 전기용량식 연료계
④ 전자식 타코미터(tachometer)

해설 • 오토신은 외각 고정자에 3상 (델타) 또는 Y결선이 사용되며, 발신기의 회전자의 회전에 따른 3상 유도 교류가 지시계의 고정자에 전달되어, 지시계의 회전자를 회전시킨다.
- 전기용량식 연료계와 회전계(tachometer)는 단상 교류를 사용한다(오토신도 회전자에 공급되는 전원은 단상 교류이다).

12. 싱크로 계기에 속하지 않는 것은?

① 직류 셀신(DC selsyn)
② 마그네신(magnesyn)
③ 동기계(synchroscope)
④ 오토신(autosyn)

해설 • 원격지시계기는 직류 셀신인 데신(DC selsyn)과 교류 셀신(AC selsyn)이 있으며, 교류 셀신은 오토신(autosyn)과 마그네신(magnesyn)으로 분류된다.
- 동기계(동조계, synchroscope)는 쌍발 이상의 다발 왕복엔진(다발 프로펠러) 항공기에 장착된 각 엔진의 회전속도가 서로 같은지, 차이가 나는지를 표시해 주는 계기이다. (5장 회전계기 참고)

▶ **필답문제**

13. 항공기 전기계통에서 배율기와 분류기의 기능과 연결방법에 대하여 기술하시오.

[항공산업기사 2008년 1회]

정답 ① 배율기(multiplier): 감도보다 큰 전압을 측정하기 위해 표준전압계와 직렬로 연결한다.
② 분류기(shunt): 감도보다 큰 전류를 측정하기 위해 표준전류계와 병렬로 연결한다.

14. 다음과 같은 전류계의 션트저항을 구하시오.

[항공산업기사 2012년 2회]

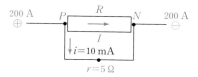

정답 • 가동코일의 내부저항(r_a)은 5 Ω이고, 측정할 수 있는 기본 전류값은 10 mA(= 0.01 A)이다.
- 분류저항(R) 쪽에 걸리는 전압과 기본 가동코일 쪽에 걸리는 전압은 같으므로 옴의 법칙을 적용하면 다음과 같이 분류저항을 구할 수 있다.

$$0.01 \text{ A} \times 5 \text{ Ω} = (200 \text{ A} - 0.01 \text{ A}) \times R_S$$
$$\Rightarrow \therefore R_S = 0.00025 \text{ Ω}$$

정답 **11.** ② **12.** ③

Aircraft
Instrument
System

AIRCRAFT INSTRUMENT SYSTEM

4장에서는 항공기에 사용되는 압력계기(pressure instrument)와 온도계기(temperature instrument)에 대해 공부합니다. 압력의 정의와 종류에 대해 알아보고 윤활유 압력계, 연료압력계 등 주로 엔진의 상태를 측정하는 항공기용 압력계기들의 종류와 개별 계기들의 구성과 특성을 설명하겠습니다. 이어서 온도측정 방식에 따른 기본 온도계기들의 동작원리를 알아본 후 항공기용 온도계기들의 종류와 개별 계기들의 특성에 대해 설명합니다.

4.1 압력계기-압력의 종류

4.1.1 압력의 정의

압력(壓力, pressure)(P)은 단위면적(A)당 작용하는 힘(F)으로 식 (4.1)과 같이 정의되며, 단면에 수직방향으로 작용합니다. 또한 밀폐된 용기 내의 압력은 모든 방향에 대해 동일하며, 소멸되지 않고 전달되므로 한 부분의 압력값은 전체 압력을 대표할 수 있습니다.

$$P = \frac{F}{A} \tag{4.1}$$

압력의 단위는 다음 표준대기 1기압을 나타낸 것과 같이 아주 다양한 종류가 사용됩니다. MKS 단위계에서는 N/m² = Pa(파스칼)이, 영국단위계에서는 lb/ft²가 기본 단위로 사용되며, 기상학에서는 mb(밀리바), hPa(헥토파스칼) 등이 이용되며, 공업 분야에서는 kg/cm²가 많이 사용됩니다.

1기압 = 101,325 Pa = 101,325 N/m² = 1,013.25 mb = 2,116.22 lb/ft²

= 수은주 29.92 inHg = 760 mmHg = 14.7 psi

항공계기에서는 고도계와 왕복엔진(reciprocal engine)의 흡기 압력계(manifold pressure gage)에서 주로 사용하는 inHg와 윤활유 및 연료압력계 등 기타 압력계기에서는 psi[1]가 주로 사용됩니다.

---

1 psi = lb/in²(pound per square inch)

4.1.2 압력의 종류

압력은 절대압력(절대압, absolute pressure)과 게이지압력(게이지압, gage pressure)

으로 분류됩니다. [그림 4.1]과 같이 절대압력은 절대진공[2]을 기준으로 측정하는 압력이며, 게이지압력은 외부 대기압을 기준으로 측정하는 압력입니다. 따라서, 절대압력은 식 (4.2)와 같이 대기압 및 게이지압과 관계를 맺습니다. 게이지압력이 대기압보다 높으면 정압(正壓, positive pressure)[3]이라 하고, 낮으면 부압(負壓, negative pressure)[4]이라고 합니다.

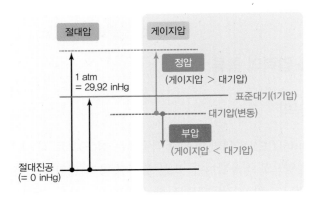

[그림 4.1] 절대압력과 게이지압력의 관계

$$절대압력 = 대기압 \pm 게이지압력 \tag{4.2}$$

 압력의 종류

① 절대압력(absolute pressure)
  – 절대진공(압력 = 0)을 기준으로 측정하는 압력을 의미한다.
② 게이지압력(gauge pressure)
  – 외부 대기압을 기준으로 측정하는 압력을 의미한다.

다음 예제를 통해 절대압과 게이지압을 비교해보겠습니다.

예제 4.1

압축 공기 탱크 내의 압력을 측정하기 위해 외부 대기압을 기준으로 압력을 측정하는 공함인 부르동관(bourdon tube)을 사용한 압력계를 탱크에 연결하여 압력을 측정하였다. 현재 외부 대기압은 $1\,kg/cm^2$이고, 부르동관 압력계는 $5\,kg/cm^2$의 압력을 지시하고 있다. 압축 공기 탱크의 내부 압력은 절대압으로 몇 kg/cm^2가 되는가?

| 풀이 | ① 압력측정 공함인 부르동관(bourdon tube)은 외부 대기압을 기준으로 압력을 측정하므로 측정값 5 kg/cm²는 게이지압이 된다.

② 따라서, 탱크 내부의 압력은 외부 대기압보다 5 kg/cm² 높은 정압(게이지압)이 되므로 탱크 내부의 절대압력은 식 (4.2)를 이용하여 대기압과 게이지압을 더한 6 kg/cm² (= 1 kg/cm² + 5 kg/cm²)가 된다.

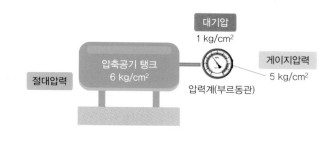

4.1.3 압력측정용 공함

압력계기는 측정하는 압력에 의해 발생되는 수축, 팽창의 변위를 기계적 링키지를 통해 변환시켜 계기에 표시하며, 2.3절에서 공부한 압력 수감장치인 아네로이드, 다이어프램, 벨로즈, 부르동관 등의 공함(pressure capsule)이 동일하게 이용됩니다. 압력계기도 계기의 수감부와 지시부가 멀리 떨어져 있는 경우에는 직류 셀신이나 오토신 등의 원격지시계기를 사용하여 지시부 계기에 전달하여 표시할 수 있습니다.

① 아네로이드(aneroid)는 일반적으로 내부를 압력이 0인 진공상태로 만들어 봉인한 밀폐형 공함으로 측정압력을 아네로이드 외부에 가해주어 측정하므로 절대압력이 측정됩니다. 항공계기 중 고도계에 주로 사용되며, 고도계는 표준대기압 1기압(29.9 inHg)을 0 ft의 기준으로 사용하므로 고도계의 아네로이드 내부는 표준대기압 1기압으로 만들고 밀폐시켜 사용합니다. ([그림 2.14] 참고)

② 다이어프램은 아네로이드와 구조가 같으며, 내부로도 측정압력을 연결하여 내·외부의 압력차인 차압(differential pressure)을 측정합니다. 항공계기 중 연료압력계, 속도계 등에 사용합니다. ([그림 2.14] 참고)

③ [그림 4.2(a)]와 같이 여러 개의 다이어프램을 겹쳐 놓은 형태인 벨로즈는 압력에 따른 수축 및 팽창의 변위량이 크기 때문에 기계적 링키지로 이루어진 확대부의 크기를 작게 제작할 수 있으므로 저압 측정에 많이 사용되며, 차압을 측정하는 데 매우 유용합니다. 항공계기 중 연료압력계에 주로 사용됩니다.

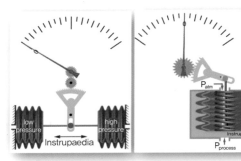

(a) 벨로즈(bellows) 압력계

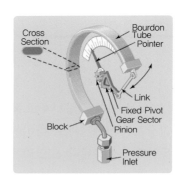
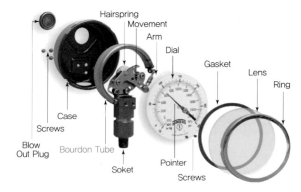

(b) 부르동관(bourdon tube) 압력계

[그림 4.2] 압력계기의 공함

④ [그림 4.2(b)]와 같이 타원형 또는 원형의 C자형 관의 한쪽을 고정시키고 달팽
이관처럼 생긴 관 내부로 측정 압력을 가하여 압력에 의한 변위를 측정하는 부
르동관은 외부 대기압을 기준으로 압력을 측정하게 되므로 게이지압력이 측정됩
니다. 부르동관은 그림과 같이 튼튼하게 만들기 때문에 압력측정 범위가 넓고 특
히 고압측정에 사용되어 항공기의 윤활유 압력계, 작동유 압력계 등에 주로 사
용되고 있습니다.

4.2 압력계기-항공기용 압력계기

항공기 조종석 계기판에 장착되는 항공기용 압력계기에 대해 하나씩 살펴보겠습니다.

4.2.1 오일 압력계

항공기의 오일(윤활유) 압력계(oil pressure indicator)는 오일 압력 지시계(oil pressure indicator)라고도 합니다. 항공기 엔진은 베어링 등 기계적 운동부위의 마찰력을 줄이고 마찰열을 분산시켜 접촉된 기구가 원활하게 작동되도록 펌프로 가압한 윤활유를 공급해주어야 하는데, 윤활유 펌프에서 엔진 각 부분으로 공급되는 윤활유 압력을 측정하여 psi 단위로 지시하는 계기입니다.

[그림 4.3]에서 확인할 수 있는 것처럼 윤활유 압력은 100 psi 전후의 고압이므로 주로 부르동관을 사용하여 윤활유의 압력과 대기 압력의 차인 게이지압력을 측정하고, 수감부와 지시부가 먼 경우에는 3.3절에서 살펴본 원격지시계기인 오토신이나 마그네신을 사용합니다.

[그림 4.3] 오일 압력계(oil pressure indicator)

4.2.2 연료압력계

연료압력계(fuel pressure indicator)는 왕복엔진의 경우에 연료탱크(fuel tank)에서 기화기(carburetor)[5]까지 공급되는 연료의 압력을 측정하여 나타내며, 제트엔진의 경우는 연료탱크에서 연료조절장치인 FCU(Fuel Control Unit)까지 공급되는 연료의 압력을 측정하여 나타냅니다.

연료압은 비교적 저압으로 다이어프램 또는 벨로즈를 공함으로 사용합니다. 연료압력의 범위는 [그림 4.4]와 같이 부자식 기화기는 0~10 psi, 압력분사식 기화기는 0~25 psi 정도의 크기를 가지며, 연료압은 연료의 절대압과 대기압의 차압인 게이지압으로 지시됩니다.

5 액체연료를 기화시켜 공기와 적당한 비율로 혼합시켜 실린더로 보내는 장치

[그림 4.4] 연료압력계(fuel pressure indicator)

4.2.3 작동유 압력계

작동유 압력계(hydraulic pressure indicator)는 착륙장치, 플랩, 스포일러, 브레이크 등 유압 작동장치의 작동유 압력을 측정하여 지시합니다. 지시범위는 0~4,000 psi 범위의 고압이므로 부르동관을 이용하며, 전자식 압력계기는 [그림 4.5]와 같이 디지털 압력 트랜스듀서(transducer)[6]를 통해 압력을 전기신호로 변환하여 지시합니다.

6 측정하고자 하는 물리량을 아날로그 또는 디지털 전기신호로 변환하는 장치임.

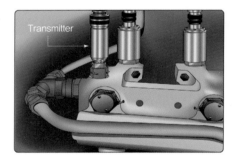

[그림 4.5] 작동유 압력계(hydraulic pressure indicator)

4.2.4 흡기 압력계

흡기 압력계는 매니폴드 압력계(MAP, MAnifold Pressure indicator)라고도 합니다. 매니폴드는 기화기에서 만들어진 공기와 연료의 혼합가스를 각 실린더에 일정하게 분배, 운반하는 통로를 말하며 왕복엔진에만 있는 장치입니다. 따라서 흡기 압력계는 왕복엔진 항공기에만 사용되는 계기이며, 왕복엔진의 출력을 산출하거나 조절하려 할 때 회전계기(rpm 계기)와 더불어 가장 중요한 정보를 조종사에게 제공하는 계기입니다. 또한 흡입가스를 압축시켜 많은 양의 혼합가스 또는 공기를 실린더로 밀어 넣어 큰 출력을 내도록 하는 장치인 과급기(turbocharger)[7]의 작동 시기를 결정할 때도 중요한 정보를 제공합니다. 왕복엔진의 경우 실린더에 흡입되는 흡기압(manifold pressure)[8]을 inHg 단위로 측정하여 외부 대기압에 대한 게이지압으로 지시합니다.

흡기 압력계는 내부구조를 나타낸 [그림 4.6]과 같이 진공공함인 아네로이드와 차압공함인 다이어프램이 각각 1개씩 사용됩니다. 다이어프램 내부로 매니폴드 흡입공기를 유입시키고, 다이어프램 외부는 외부 대기압이나 객실 내 여압을 연결하여 흡기압을 대기압에 대한 차압(게이지압)을 측정하도록 합니다. 이때 아네로이드는 고도와 여압에 따른 대기압 변동을 보상하여 지시오차를 제거하는 기능을 합니다. 만약 고도가 증가하면 외부 대기압이 감소하고, 계기 케이스 내부압력이 감소함에 따라 아네로이드와 다이어프램이 서로 반대방향으로 변위가 발생하므로 고도변화와 여압에 따른 지시오차를 제거할 수 있습니다.

7 Supercharger라고도 함.

8 과급기가 없는 흡입엔진(aspirated engine)에서는 최대값이 외부 대기압이 되며, 과급기가 있으면 대기압보다 큼.

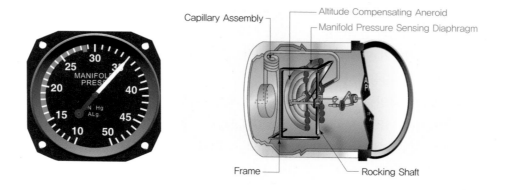

[그림 4.6] 흡기 압력계(manifold pressure indicator)

지상에서 항공기 엔진을 정지한 상태라면, 흡기압력은 0 inHg이지만 흡기압력계는 0을 지시하지 않고, 고도 보상 아네로이드에서 측정되는 외부 대기압을 지시하게 됨을 주의하기 바랍니다. 따라서, 비행 중 엔진이 가동하고 있을 때 지시되는 흡기압은 대기압에 따른 매니폴드의 압력(게이지압)에 대기압이 더해져 표시되므로 절대압이 됩니다.

4.2.5 엔진 압력비 계기

엔진 압력비 계기(Engine Pressure Ratio indicator)는 EPR 계기라고도 합니다. 엔진 압력비(EPR)는 [그림 4.7]의 가스터빈 엔진 출구의 전압(total pressure) P_{t7}과 압

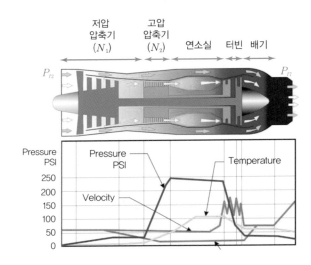

[그림 4.7] 엔진 압력비(EPR) 계기

축기 입구 전압 P_{t2}의 압력비를 나타내며, 이륙 또는 비행 중 제트엔진을 가장 알맞은 추력으로 작동시키기 위한 출력을 지시합니다. 공함으로 벨로즈를 사용하며, 원격지시는 주로 오토신을 사용합니다.

[그림 4.8(a)]는 4인승 소형 항공기의 전자식 계기로 유명한 미국 Garmin사의 G-1000 다기능 시현장치(MFD, Multi-Function Display)[9]의 조종석 엔진계기 화면으로, 엔진 압력비를 비롯하여 rpm, 엔진 배기가스 온도(EGT) 등을 나타내고 있습니다. 이러한 전자계기에 측정값을 지시하기 위해서는 가스터빈 엔진의 압력비를 [그림 4.8(b)]와 같은 디지털 압력센서나 트랜스듀서를 활용하여 전기신호를 생성해 주어야 합니다.

9 MFD라고 함.

(a) 가스터빈 엔진의 디지털계기 화면

(b) 압력 트랜스듀서

[그림 4.8] 전자식 엔진 압력비(EPR) 계기(Garmin-1000)

4.2.6 자이로 구동 압력계

7장에서 공부할 자이로 계기는 항공기의 롤(roll) · 피치(pitch) 자세와 기수방위각 (heading angle) 및 선회율(rate of turn)을 지시하기 위한 계기로 자이로스코프(자이로, gyroscope)를 이용합니다. 자이로 내부에는 빠른 속도로 회전하는 로터(rotor)가 장치 되어 있는데, 이 로터를 고속으로 회전시키기 위한 구동장치가 부가적으로 설치됩니다.

공기구동 방식을 사용하는 자이로 계기를 장착한 항공기는 자이로스코프의 로터를 회전시키기 위해서 [그림 4.9]와 같이 고속의 공기를 기수방위 지시계[10], 자세계[11], 선회 경사계[12] 등에 공급해 주어야 합니다. 이때 공기 순환을 위해 진공펌프(vacuum pump) 가 사용되는데, 정상적인 작동상태를 모니터링하기 위해 진공펌프에서 공급되는 진공 압을 inHg 단위로 측정하여 흡인압력계(suction pressure indicator)를 통해 조종사에 게 제공합니다. 자이로를 구동하는 공기의 유입 · 유출 부분의 압력차를 지시하도록 접 속하고, 다이어프램 또는 벨로즈를 공함으로 사용합니다.

10 Heading Indicator

11 Attitude Indicator

12 Turn Coordinator

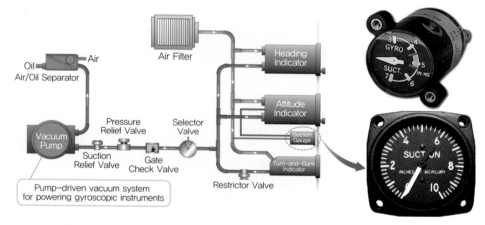

[그림 4.9] 공기구동식 자이로계통의 흡인압력계(suction pressure indicator)

4.2.7 제빙 압력계

항공기 날개 앞전(leading edge)에는 비행 중 아이싱 조건(icing condition)[13]에서 얼 음이 달라붙는 경우에 대비하여 제빙(de-icing)을 위한 열선(hot wire)이 설치되거나 고무 부트(boot)가 설치되어 있습니다. 이를 제빙장치라고 하는데, 고무 부트 제빙장 치는 [그림 4.10]과 같이 고압의 공기를 불어넣어 얼음 알갱이를 떼어내는 방식으로

13 한랭다습한 조건에 서 얼음이 항공기 표면 에 달라붙는 현상

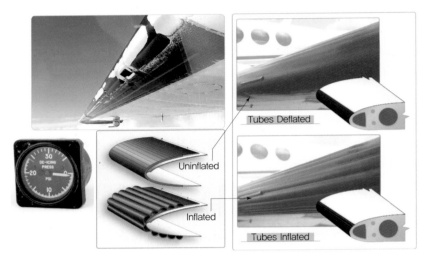

[그림 4.10] 제빙장치(deicing boots)와 제빙압력계

제빙 압력계는 항공기 날개에 설치된 제빙장치에 공급되는 공기압력을 psi 단위로 측정하여 지시하며, 공함으로 부르동관을 이용합니다.

지금까지 다양한 항공용 압력계기들을 알아보았는데, 각종 압렵계기에 사용되는 공함의 종류는 다음과 같이 정리할 수 있습니다.

 항공용 압력계기에 사용되는 공함

- 고압을 측정하는 부르동관: 오일 압력계, 작동유 압력계 및 제빙 압력계에 사용된다.
- 나머지 압력계기에는 다이어프램이나 벨로즈가 사용된다.
- 흡기 압력계는 다이어프램과 아네로이드가 함께 사용된다.

4.2.8 압력계기의 점검

압력계기는 [그림 4.11]과 같은 데드 웨이트 시험기(dead weight tester)를 통해 작동을 점검하며, 무게추를 이용하여 내부 파이프에 채워진 작동유에 압력을 가하고 스크류 펌프(screw pump)나 피스톤을 통해 압력을 조절합니다. 일반적으로 최대 압력범위가 다른 4종류(160 psi, 600 psi, 5,000 psi, 10,000 psi)의 압력시험이 가능합니다.

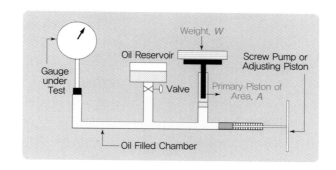

[그림 4.11] 데드 웨이트 시험기

4.3 온도계기-측정방식에 따른 분류

온도계기는 측정방식에 따라 증기압식, 바이메탈식, 전기저항식 및 열전쌍 등으로 분류됩니다. 먼저 각 온도계기의 측정원리를 알아보겠습니다.

4.3.1 증기압식 온도계

액체는 열을 받으면 증발하여 기체가 되는데, 밀폐된 용기 내에 증발성이 강한 액체인 염화메틸(methyl chloride)을 채워 넣고 증기압을 측정하면, 그 증기압과 일정한 함수관계에 있는 온도를 측정할 수 있습니다.

증기압식 온도계(vapor pressure type temperature gauge)는 이처럼 압력을 측정하여 온도를 구하므로 일종의 압력계라 할 수 있으며, 압력측정 공함인 부르동관이 사용됩니다. 증기압식 온도계에서는 증발성이 강한 액체인 염화메틸을 계기 내에서 사용하므로 누설에 주의하여야 하고, [그림 4.12]와 같이 왕복엔진 항공기의 윤활유 온도계 및 기화기의 흡입공기 온도계 등에 사용됩니다.

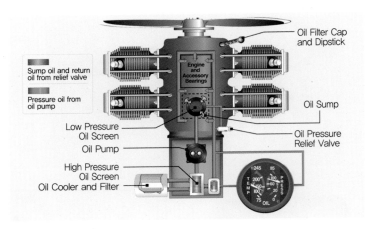

[그림 4.12] 증기압식 온도계

4.3.2 바이메탈식 온도계

바이메탈(bimetal)은 [그림 4.13]에 나타낸 것과 같이 열팽창계수(coefficient of expansion)가 서로 다른 2개의 이질 금속을 맞붙여 놓은 금속으로, 온도 변화에 따라 이질 금속의 팽창률이 서로 다르게 되어 변위가 발생합니다. 바이메탈식 온도계(bimetalic temperature gauge)는 온도에 따른 바이메탈의 변위량을 측정하여 관계된 온도를 지시하는 방식입니다.

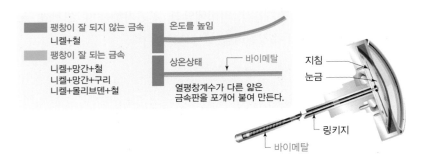

[그림 4.13] 바이메탈(bimetal)식 온도계

[그림 4.14]는 소형기 날개 외각에 설치된 외부 온도계를 보여주고 있습니다. 조종석에서 조종사가 눈금을 볼 수 있는 위치에 장착하게 되는데, 고전적인 방식이긴 하지만 간단히 외부 대기온도(OAT, Outside Air Temperature)를 측정할 수 있습니다. 일반적으로 바이메탈을 나선형으로 감은 나선형 바이메탈을 사용하고, 나선형 바이메탈의 중앙부에 지침을 연결하여 온도를 지시하도록 합니다.

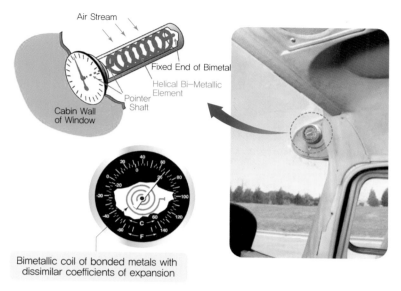

Air Stream

Fixed End of Bimetal

Helical Bi-Metallic Element

Pointer Shaft

Cabin Wall of Window

Bimetallic coil of bonded metals with dissimilar coefficients of expansion

[그림 4.14] 외부대기온도계(바이메탈식)

항공계기 중 주로 외부대기온도를 측정하는 외기온도계에 바이메탈식 온도계가 사용되며, 온도 지시범위는 −60~50 °C입니다. 항공계기에 주로 사용되는 바이메탈의 이질 재료로는 한쪽은 철 또는 철-니켈의 합금을 이용하고, 반대편은 니켈-코발트의 합금인 인바(invar)[14]나 황동(brass)[15]이 사용됩니다.

4.3.3 전기저항식 온도계

전기저항식 온도계(electric resistance temperature gauge)는 온도가 변화하면 도체의 전기저항이 변하는 원리를 이용하는 온도계로, 금속의 경우에는 온도가 높아지면 전기저항은 비례하여 커지지만, 반도체의 경우에는 반비례하여 작아지게 됩니다. 반도체가 가진 이 성질을 부성저항(負性抵抗, negative resistance)이라고 하며, 이 특성을 이용하여 온도측정용으로 특수하게 제작된 반도체를 서미스터(thermistor)라고 합니다.

전기저항식 온도계는 온도에 따라 저항값이 변하므로, 온도계가 연결된 회로에 일정 전압의 직류(DC)전원을 연결하여 공급하면 온도 변화에 따라 온도계의 저항이 변하고 옴의 법칙에 의해 흐르는 전류값도 변하므로 회로에 흐르는 전류량을 측정하여 온도를 구합니다.

전기저항식 온도계는 외부 대기온도, 기화기의 공기온도, 윤활유 온도 및 실린더 헤드 온도인 CHT(Cylinder Head Temperature) 측정에 많이 사용되며, 회로에 공급되

14 철 63.5%에 니켈 36.5%를 첨가한 합금으로 열팽창계수가 매우 작음.

15 구리에 아연을 첨가하여 만든 합금으로 놋쇠라고도 함.

는 전원의 전압 변동에 의한 지시오차를 줄이기 위해 휘트스톤 브리지(Wheatstone bridge) 방식과 비율형 방식이 주로 사용됩니다.

(1) 휘트스톤 브리지 방식의 전기저항식 온도계

3.2.4절에서 공부한 휘트스톤 브리지 회로는 저항값을 알고 있는 3개의 저항을 이용하여 값을 모르는 1개의 미지 저항값을 측정하는 회로입니다.

[그림 4.15(a)]와 같이 전기저항식 온도계의 측정 저항 R_B[16]를 포함한 4개의 저항으로 휘트스톤 브리지 회로를 형성합니다. 그림에서 측정 저항 R_B가 온도계의 수감부가 되는데, 온도 변화에 따라 R_B의 저항값이 변하고, 이에 따른 전류가 a에서 b 또는 b에서 a로 흐르게 되므로 단자 a, b 사이에 접속된 전류계를 통해 전류값을 측정하여 온도를 계산합니다.

16 측정저항 R_B가 휘트스톤 브리지의 미지 저항이 됨.

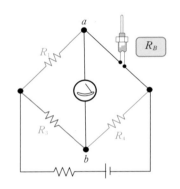
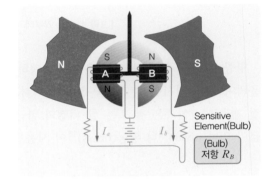

(a) 휘트스톤 브리지 방식의 전기저항식 온도계   (b) 비율형 전기저항식 온도계

[그림 4.15] 전기저항식 온도계

(2) 비율형 전기저항식 온도계

이번에는 비율형(ratiometer-type) 방식이 적용된 전기저항식 온도계의 구조 및 작동방식을 살펴보겠습니다.

① [그림 4.15(b)]와 같이 외각에 영구자석을 설치하고, 영구자석에 의해 생성되는 균일 자기장 속에 일정한 각도로 교차하는 2개의 코일을 원형 철심에 설치한 후, 좌측 코일에는 값을 알고 있는 저항 R을 연결하고, 우측 코일에는 온도계[17](저항 R_B)를 직렬로 연결합니다.

② 설치된 코일에 직류전원을 공급하면 전류가 좌·우측 코일을 통하여 흐르게 되

17 온도계의 저항을 bulb 저항이라고 함.

는데, 좌·우측 저항 R과 R_B의 값이 같으면 전류 I_A와 I_B는 값이 같게 되고, 흐르는 전류의 방향이 반대이므로 코일에 생성되는 자기장은 상쇄됩니다. 따라서 그림과 같이 코일이 감긴 원형 철심의 회전축에 연결된 지침은 평형상태가 되어 움직임이 없습니다.

③ 만일 온도가 변화하여 우측 코일에 연결된 온도계의 저항값 R_B가 변화되면, 온도 증가나 감소에 따라 전류 크기가 증가하거나 감소하게 되어 회로의 평형이 깨집니다. 이 전류의 차이에 의하여 좌우측 코일에 생성되는 자기장의 크기가 변화하고 지침이 오른쪽 또는 왼쪽으로 움직이게 되므로 온도를 지시할 수 있습니다.

전기저항식 온도계의 특성을 살펴보겠습니다.

① 비율형 전기저항식 온도계의 가장 큰 특징은 전류의 절대치나 전원 전압 변화에 영향을 받지 않는다는 것입니다. 왜냐하면, [그림 4.15(b)]에서 코일에 입력되는 전압이 높거나 낮아지면 회로에 흐르는 전류값이 바뀌게 되고 각 코일에 생성되는 자기장의 크기가 바뀌게 되지만, 합성 자기장의 방향은 동일하므로 외각 자기장에 따라 움직이는 방향과 크기는 동일하기 때문입니다.

② 전기저항식 온도계의 온도 수감부는 벌브(bulb)라고 불리는 금속선(lead-line) 형태의 저항체를 달아 온도를 측정하는 구조입니다. 따라서, 연결된 전선의 길이도 벌브 저항값에 부가되어 저항값을 변화시키므로 온도측정 저항체와 지시계 간의 거리를 변경하지 말아야 합니다.

③ 또한 온도계 장착 전에 지시침이 자유롭게 움직이는지 확인이 필요하며, 온도측정 저항체인 벌브에는 300 °C 이상의 열을 오래 가하지 않도록 주의해야 합니다.

예제 4.2

전기저항식 온도계를 사용하여 온도를 측정하고 있다. 다음 물음에 답하시오.
(1) 수감부인 벌브의 금속선이 단선된 경우에 온도계 지시값은 어떻게 되는가?
(2) 수감부인 벌브의 금속선이 합선된 경우에 온도계 지시값은 어떻게 되는가?

|**풀이**| (1) 온도 수감부인 벌브 저항은 온도에 비례하여 증가되므로 벌브저항이 커지면 온도는 높게 지시된다. 따라서, 벌브의 리드 라인(lead-line)이 단선(open)되면 벌브 저항값이 무한대($R_B = \infty$)가 되므로 온도계는 최대값을 가리키게 된다.
(2) 벌브의 리드 라인이 합선(단락, short)되면 벌브 저항값 $R_B = 0$이 되어 온도계는 최소값을 가리키게 된다.

4.3.4 열전쌍식 온도계

18 열전대라고도 함.

열전쌍[18] 온도계는 [그림 4.16]과 같이 2개의 서로 다른 재질의 금속선의 양 끝을 맞붙여서 온도를 측정하는 장치로, 서모커플(thermocouple)이라는 용어로 많이 알려져 있습니다.

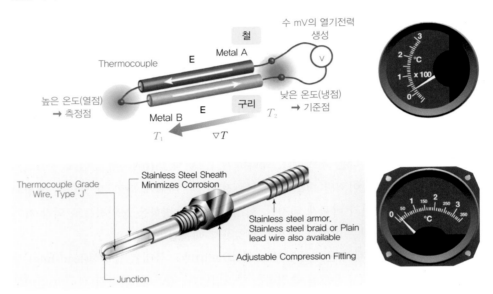

[그림 4.16] 열전쌍(thermocouple)

열전쌍 온도계의 한쪽은 높은 온도인 열점(hot point)에 노출시키고, 반대편은 낮은 온도인 냉점(cold point)에 노출시켜 온도를 측정하게 되는데, 열점과 냉점의 온도차에 의하여 열기전력(熱起電力, thermoelectromotive force)이 발생하여, 금속선에 열전류가 흐르게 되는 원리인 제백[19] 효과(Seebeck effect)를 이용하여 온도를 측정합니다. 따라서, 열전쌍식 온도계는 외부에서 전원을 공급할 필요가 없는 특징을 가지며, $-200 \sim 1,700\,°C$까지 넓은 범위의 온도를 $0.1 \sim 1\%$의 오차로 정밀하게 측정이 가능하고, 정밀도에 비해 가격이 저렴하고 내구성이 좋아 가장 많이 이용되고 있는 온도측정장치입니다.

19 독일의 물리학자인 토마스 요한 제백(Thomas Johann Seebeck)이 1821년에 발견함.

만약 냉점의 온도가 일정하다고 하면, 금속선에 유도되는 열기전력은 다른 한쪽인 열점의 온도에 의해 결정되므로, 측정점은 열점이 됩니다. 즉, 지시 온도는 냉점온도에 열점과 냉점의 온도차를 더해주면 구할 수 있고, 이 온도차는 금속선에 생성되는 열기전력이나 열전류를 측정하여 구하게 됩니다.[20] 따라서, 온도 측정 기준점인 냉점의 온도는 일정하게 유지되어야 하므로 온도보상장치를 필요로 하는데, 비행 중 고도변화

20 온도와 전류는 비례관계이므로 전류값이 커질수록 온도가 높게 지시됨.

등에 의해 변동되는 냉점의 온도변화는 조종석 지시계기 내부에 바이메탈 스프링을 설치하여 냉점의 온도 변화를 보상하게 됩니다.

 열전쌍(서모커플) 온도계

- 냉점과 열점의 온도차에 의해 열기전력이 발생하는 제백효과(Seebeck effect)를 이용하여 온도를 측정한다.
- 온도기준점은 냉점이 되고, 측정점은 열점이 된다.
  – 냉점과 열점의 온도차를 냉점온도에 더하여 온도를 계산한다.
- 냉점의 온도변화를 보상하는 온도보상장치가 필요하다.

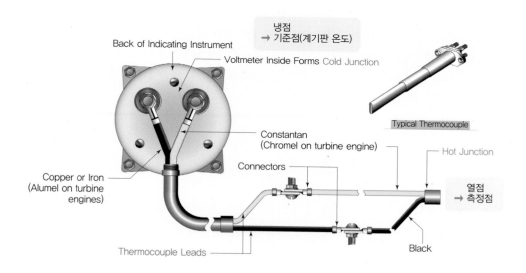

[그림 4.17] 항공용 열전쌍(thermocouple) 온도계기의 구조

[그림 4.17]은 항공용 열전쌍식 온도계기의 구조를 나타내고 있는데, 서모커플의 냉점이 조종석 온도계기 내부에 연결되므로 온도기준점인 냉점은 조종석 계기 부근의 온도가 됨을 기억하기 바랍니다.

① 항공기에 사용되는 구리-콘스탄탄[21](copper-constantan) 서모커플은 최고 300°C까지 온도측정이 가능합니다.

② 철-콘스탄탄(iron-constantan) 서모커플은 800°C까지 측정이 가능하여 왕복엔진의 실린더 헤드 온도계(CHT)로 주로 사용됩니다.

③ 가장 높은 온도를 측정할 수 있는 크로멜-알루멜(cromel-alumel)[22] 서모커플

21 콘스탄탄은 구리와 니켈의 합금임.

22 크로멜은 니켈, 크롬, 망간의 합금이며, 알루멜은 니켈, 알루미늄, 망간, 규소, 철의 합금임.

은 1,000°C 이상의 고온을 측정할 수 있으므로 가스터빈 엔진의 배기가스 온도(EGT) 측정에 사용됩니다.

예제 4.3

왕복엔진의 실린더 헤드 온도 측정을 위해 열전쌍식 온도계를 사용하고 있다. 현재 실린더 헤드 온도가 700°C이고 외부 대기온도는 13°C이며 조종석 내부의 온도는 16°C인 경우에 다음 물음에 답하시오.
(1) 열전쌍에서 측정되는 온도차는 몇 °C인가?
(2) 열전쌍의 금속선이 끊어진 경우에 온도계가 지시하는 온도는 몇 °C인가?

|**풀이**| (1) 서모커플은 온도 기준점인 냉점의 온도(= 16°C)에 열점(측정점)인 실린더 헤드온도의 차인 684°C(= 700°C − 16°C)의 온도차가 발생한다.
(2) 열전쌍의 금속선이 끊어지거나 접속점이 풀어지면 냉점과 열점의 온도차가 발생하더라도 열기전력이 발생하지 않고 열전류가 흐르지 않으므로 온도차를 구할 수 없다. 따라서, 온도계는 냉점의 온도만을 지시하게 되므로 냉점이 설치된 조종석 내부의 온도인 16°C를 지시한다.

4.4 온도계기-항공기용 온도계기

항공기에 사용되는 온도측정 항공계기는 배기가스 온도(EGT), 오일 온도, 실린더 헤드 온도(CHT), 외기 온도(OAT) 등의 측정에 이용됩니다.

4.4.1 배기가스(EGT) 온도계

배기가스 온도계(Exhaust Gas Temperature indicator)는 가스터빈 엔진(gas turbine engine)의 배기가스 온도(EGT)를 측정하여 지시하는 계기로 가스터빈 엔진의 성능 및 상태 감시를 위해 필수적인 계기입니다.

배기가스의 온도는 굉장히 고온이므로 크로멜-알루멜 열전쌍(서모커플)을 사용하며, [그림 4.18]과 같이 연소가스의 흐름단면은 도너츠 형상이 되므로 배기관 주위에 원형으로 배열합니다. 이렇게 여러 개의 열전쌍을 병렬로 연결하여 구성하면 각 서모커플에서 측정된 배기가스 온도의 평균값을 구할 수 있기 때문에, 몇 개의 서모커플이 끊어지는 고장이 발생해도 나머지 온도측정치가 지시되어 고장에 대비할 수 있는 장점이 있습니다.

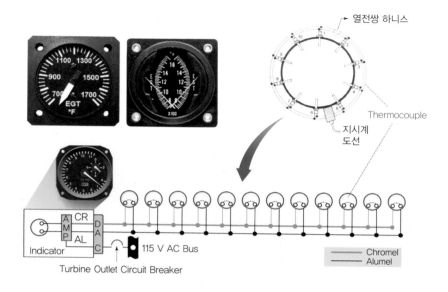

[그림 4.18] 배기가스(EGT) 온도계기의 구조

병렬로 연결된 EGT 온도계에서 몇 개의 서모커플이 끊어진 경우에 계기에서 지시되는 온도는 정상치보다 낮아지게 되는데, 그 이유를 살펴보겠습니다.

현재 온도에서 설치된 서모커플 1개의 저항이 720 Ω이라고 가정합니다. [그림 4.18]과 같이 총 12개의 서모커플이 병렬로 연결된 경우의 전체 합성저항은 식 (4.3)과 같이 60 Ω이 되므로, 공급된 전원이 115 V라면 이때 회로에 흐르는 열전류는 옴의 법칙에 의해 1.917 A가 계산됩니다.

$$\frac{1}{R} = \frac{1}{R_1} + \cdots + \frac{1}{R_{12}} = \frac{1}{720 \ \Omega} + \cdots + \frac{1}{720 \ \Omega} = \frac{12}{720 \ \Omega}$$

$$\Rightarrow \ R = \frac{720 \ \Omega}{12} = 60 \ \Omega \tag{4.3}$$

$$\Rightarrow \ \therefore \ I = \frac{V}{R} = \frac{115 \ \text{V}}{60 \ \Omega} = 1.917 \ \text{A}$$

만약 2개의 서모커플이 끊어진 경우에 대해 동일하게 계산하면 식 (4.4)와 같이 회로에 흐르는 열전류는 1.597 A로 낮아지게 되므로 EGT 온도계기에서 지시하는 온도도 낮아지게 됩니다.

$$\frac{1}{R'} = \frac{1}{R_1} + \cdots + \frac{1}{R_{10}} = \frac{1}{720\ \Omega} + \cdots + \frac{1}{720\ \Omega} = \frac{10}{720\ \Omega}$$

$$\Rightarrow \quad R = \frac{720\ \Omega}{10} = 72\ \Omega \tag{4.4}$$

$$\Rightarrow \quad \therefore \quad I' = \frac{V}{R'} = \frac{115\ \text{V}}{72\ \Omega} = 1.597\ \text{A}$$

4.4.2 윤활유 온도계

[그림 4.19]에 나타낸 윤활유 온도계(oil temperature indicator)는 윤활유의 온도를 측정하여 지시하는 계기로 전원전압의 변동에 영향을 받지 않도록 증기압식 온도계 또는 전기저항식 온도계 방식이 사용됩니다.

[그림 4.19] 윤활유 온도계(oil temperature indicator)

4.4.3 실린더 헤드 온도계

실린더 헤드 온도는 영어약자로 **CHT**로 표시합니다. 왕복엔진에만 실린더 헤드가 장착되므로 CHT 온도계(Cylinder Head Temperature indicator)는 왕복엔진 항공기에만 사용되고, 엔진이 적정한 온도에서 작동되고 있는지 엔진의 상태를 감시하는 계기로 사용됩니다.

　다수의 실린더 중에서 가장 온도가 높은 1개의 CHT를 측정하며, 열기전력이 큰 철-콘스탄탄 서모커플이 주로 이용됩니다. 서모커플은 [그림 4.20]과 같이 점화 플러그(spark plug) 아래쪽에 설치하는 개스킷 방식(gasket type)과 실린더벽에 설치하는 베요넷 방식(bayonet type)이 있습니다.

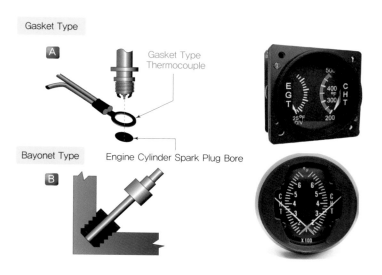

[그림 4.20] 실린더 헤드 온도계(CHT indicator)

4.4.4 외기 온도계(OAT indicator)

외부 대기온도(외기 온도, Outside Air Temperature)는 OAT라고 하며, 항공기를 둘러싸고 있는 외부 대기의 온도로, 외기 온도계를 통해 측정합니다. OAT 정보는 엔진의 출력 설정, 결빙 방지, 연료 내 수분 동결 방지 등의 목적으로 조종사가 참조하는 정보입니다. 특히 항공기의 이륙성능(take-off performance) 및 순항성능(cruise performance) 해석에 사용되며 마하수 계산 및 진대기 속도계산에 활용됩니다.

[그림 4.21] 외기 온도계(OAT indicator)

앞의 [그림 4.14]와 같이 바이메탈식 온도계의 수감부를 외기에 노출시켜 측정하는 방법은 저속 소형 항공기에 이용되는 방법입니다. 전기저항식 온도계의 수감부를 외기에 노출시켜 지시값을 직접 측정할 수도 있는데, 저속 항공기에서 원격 지시가 필요한 경우에 사용합니다. 속도가 빠른 고속 항공기의 경우 외기 온도계에서 측정된 외기 온도(OAT)는 오차를 포함하기 때문에 측정값을 그대로 사용할 수 없고, 전온도(TAT, Total Air Temperature)를 측정하여 외기 온도를 계산하는데, 다음 절에서 그 관계를 설명하겠습니다.

4.4.5 고속항공기의 TAT와 SAT의 관계

외부 대기온도(OAT)는 원칙적으로 항공기를 둘러싼 공기의 속도가 0인 상태에서의 온도이기 때문에 SAT(Static Air Temperature) 또는 진대기 온도(true air temperature)라고 합니다. 항공기의 속도가 점점 빨라지면 베르누이 방정식에서 압축성 효과 등에 의해 공기의 성질이 바뀌어 복잡해지는 것처럼[23], 단열 압축(adiabatic compression)[24]에 의한 온도 상승이 발생하여 외부 공기 온도값이 달라지게 됩니다. 즉, 외부 대기온도(OAT)가 같더라도 항공기의 속도가 증가하면 온도계 수감부에 충돌하는 공기가 단열 압축되어 온도가 상승하게 되고, 대기의 실제 온도보다 높게 측정되는데 이처럼 속도가 빨라진 공기의 온도를 전온도(Total Air Temperature)라고 정의하며 TAT로 표시합니다. 따라서, 속도가 빠른 고속 항공기들은 [그림 4.22]와 같은 TAT probe를 전방 동체의 피토 튜브 위치 근처에 설치하여 전온도(TAT)를 먼저 측정하게 되며, TAT로부터 실제 외부 대기온도인 OAT(= SAT)를 계산해냅니다.

23 식 (2.22) 참조

24 공기입자가 외부와의 열교환 없이 부피가 줄어들고 온도가 상승하는 현상임.

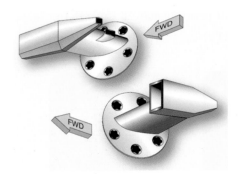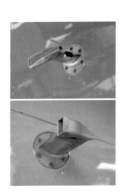

[그림 4.22] TAT probe

TAT와 OAT(= SAT)의 물리적 관계는 식 (4.5)로 정의됩니다.

$$\frac{T_{TAT}}{T_{SAT}} = 1 + \frac{\gamma - 1}{2}M^2 \tag{4.5}$$

M은 마하수, γ는 공기의 비열비(ratio of specific heat)로 1.4의 값을 가지므로, 이를 대입하여 진대기 온도 SAT에 대해 정리하면 식 (4.6)으로 유도됩니다.

$$T_{SAT} = \frac{T_{TAT}}{1 + 0.2 \cdot K \cdot M^2} \tag{4.6}$$

여기서, 수감부의 특성계수(recovery factor) K가 추가되는데 물리법칙을 통해 이상적으로 유도한 식 (4.6)과 실제 측정되는 값의 오차를 수정하는 계수로 0.75~0.9의 값을 갖습니다. 결론적으로 TAT prove를 통해 측정된 TAT값을 이용하여 식 (4.6)을 통해 계산된 SAT가 실제 외부대기 온도 OAT가 됩니다.

이것만은 꼭 기억하세요!

4.1 압력계기–압력의 종류

① 절대압력(절대압, absolute pressure): 절대진공(압력 = 0)을 기준으로 측정하는 압력을 말함.

② 게이지압력(gauge pressure): 외부 대기압을 기준으로 측정하는 압력을 말함.

· 게이지압력이 대기압보다 높으면 정압(正壓, positive pressure)

· 게이지압력이 대기압보다 낮으면 부압(負壓, negative pressure)

③ 압력측정용 공함

· 아네로이드(aneroid), 다이어프램(diaphragm), 벨로즈(bellows), 부르동관(bourdon tube) 등이 사용됨.

4.2 압력계기–항공기용 압력계기

① 오일(윤활유) 압력계(oil pressure gauge)

· 윤활유 펌프에서 엔진 각 부분으로 공급되는 윤활유 압력을 측정하여 psi 단위로 지시하는 계기

· 윤활유 압력은 고압이므로 주로 부르동관을 사용하며, 윤활유의 압력과 대기압력의 차인 게이지압력을 측정함.

② 연료압력계(fuel pressure gauge)

· 연료탱크(fuel tank)에서 공급되는 연료의 압력을 측정하여 지시함.

· 연료압은 비교적 저압으로 다이어프램 또는 벨로즈를 공함으로 사용하여, 게이지압으로 지시함.

③ 작동유 압력계(hydraulic pressure gauge)

· 착륙장치, 플랩, 스포일러, 브레이크 등 유압 작동장치의 작동유 압력을 측정하여 지시함.

· 지시범위는 0~4,000 psi 정도로 고압이므로, 부르동관을 이용함.

④ 흡기 압력계 = 매니폴드 압력계(MAP, MAnifold Pressure gauge)

· 왕복엔진 항공기에만 있는 계기

· 실린더에 흡입되는 흡기압(manifold pressure)을 inHg 단위로 측정하여 외부 대기압에 대한 게이지압으로 지시함.

· 아네로이드(고도에 따른 대기압 변동을 보상)와 다이어프램(흡기압을 측정)이 각각 1개씩 사용됨.

· 지시되는 흡기압은 절대압력으로 지시됨.

⑤ 엔진 압력비 계기(Engine Pressure Ratio indicator) = EPR 계기

· 가스터빈 엔진 출구의 전압(total pressure)과 압축기 입구 전압의 압력비를 지시함.

· 공함으로 벨로즈를 사용함.

⑥ 자이로 구동 압력계

· 공기구동식 자이로스코프(gyroscope)의 로터(rotor)를 장치한 자이로계기에 공급되는 진공펌프의 압력을 지시함.

· 다이어프램 또는 벨로즈를 공함으로 사용함.

⑦ 제빙 압력계

· 항공기 날개에 설치된 제빙 장치에 공급되는 공기압력을 psi 단위로 측정하여 지시함.

· 공함으로 부르동관을 이용함.

4.3 온도계기-측정방식에 따른 분류

① 증기압식 온도계(vapor pressure type temperature gauge)

- 온도에 따른 액체의 증기압을 측정하여 온도를 측정하며, 압력측정 공함인 부르동관을 사용함.
- 왕복엔진 항공기의 윤활유 온도계 및 기화기의 흡입공기 온도계 등에 사용함.

② 바이메탈식 온도계(bimetalic temperature gauge)

- 온도에 따라 열팽창이 다른 2개의 이질 금속의 변형을 통해 온도를 측정하는 계기
- 외부 대기온도(OAT)를 측정하는 외기 온도계에 사용함.

③ 전기저항식 온도계(electric resistance temperature gauge)

- 온도가 변화하면 도체의 전기저항이 증가하는 원리를 이용한 온도계
- 외부 대기온도, 기화기의 공기온도, 윤활유 온도 및 실린더 헤드 온도 측정에 사용함.
- 휘트스톤 브리지(Wheatstone bridge) 방식과 비율형 방식이 주로 사용됨.

④ 열전쌍(연전대) 온도계

- 2개의 서로 다른 재질의 금속선의 양 끝을 맞붙여서 온도를 측정하는 서머커플(thermocouple)을 사용함.
- 냉점과 열점의 온도차에 의한 열기전력을 이용하여 온도를 측정함 → 제백 효과(Seebeck effect)
- 온도기준점은 냉점, 측정점은 열점이 됨(냉점과 열점의 온도차를 냉점온도에 더하여 온도를 계산).
- 냉점의 온도변화를 보상하는 온도보상장치가 필요함.

4.4 온도계기-항공기용 온도계기

① 배기가스 온도계(exhaust gas temperature indicator)

- 가스터빈 엔진의 배기가스온도(EGT)를 측정하여 지시하는 계기
- 배기가스의 온도는 굉장히 고온이므로 크로멜-알루멜 열전쌍(서모커플)을 사용함.

② 윤활유 온도계(oil temperature indicator)

- 윤활유의 온도를 측정하여 지시하는 계기
- 전원전압 변동에 영향을 받지 않는 증기압식 온도계 또는 전기저항식 온도계 방식이 사용됨.

③ 실린더 헤드 온도계(cylinder head temperature indicator)

- 왕복엔진 항공기에만 사용되는 온도계로 실린더 헤드 온도(CHT)를 측정하여 지시함.

④ 외기 온도계(OAT indicator)

- 외부 대기온도(OAT)를 측정하여 지시함.
- 저속 항공기는 바이메탈식 온도계나 전기저항식 온도계를 사용함.

⑤ 고속항공기의 TAT와 SAT의 관계

- 속도가 빠른 공기는 단열압축에 의해 외부 대기온도가 상승함.
- 속도가 빠른 고속 항공기들은 TAT probe를 통해 전온도(TAT)를 측정하고, TAT로부터 실제 외부 대기온도인 OAT(= SAT)를 계산함.

▶ 기출문제 및 연습문제

01. 다음 중 압력측정에 사용하지 않는 것은?

[항공산업기사 2011년 4회, 2016년 1회]

① 벨로즈(bellows)
② 바이메탈(bimetal)
③ 아네로이드(aneroid)
④ 버든 튜브(bourden tube)

해설 압력측정에는 수감장치인 공함(pressure capsule)이 사용되며, 아네로이드(aneroid), 다이어프램(diaphragm), 벨로즈(bellows), 부르동관(버든 튜브, bourdon tube) 등이 있다.

02. 다음 중 외부압력을 절대압력으로 측정하는 데 사용되는 것은?   [항공산업기사 2012년 4회, 2016년 1회]

① Bellows
② Diaphragm
③ Aneroid
④ Bourdon Tube

해설 • 절대압력(absolute pressure)은 절대진공(압력 = 0)을 기준으로 측정하는 압력을 의미한다.
• 아네로이드(aneroid)는 밀폐형 공함으로 내부를 진공으로 만들고 외부에 측정압력을 가해주므로 절대압력을 측정하는 데 사용된다.

03. 부압 4 inHg는 절대압력으로 얼마인가?

① 29.92 inHg
② 33.92 inHg
③ 25.92 inHg
④ 14.7 inHg

해설 • 게이지압력(게이지압, gage pressure)은 외부 대기압을 기준으로 측정하는 압력으로 대기압보다 높으면 정압(positive pressure, 正壓)이라 하고, 낮으면 부압(negative pressure, 負壓)이라고 한다.
• 따라서, 절대압력 = 대기압 ± 게이지압
= 29.92 inHg − 4 inHg = 25.92 inHg

04. 탄성압력계의 수감부 형태에 해당되지 않는 것은?   [항공산업기사 2010년 1회, 2012년 2회]

① 흡입형 압력계
② 부르동형 압력계
③ 다이어프램형 압력계
④ 벨로즈형 압력계

해설 • 압력계기의 수감부로 사용되는 공함은 압력에 의해 수축하거나 팽창되는 기계변위를 통해 해당되는 압력을 지시하는 탄성 압력계이다.
• 흡입형 압력계는 엔진계기 중 매니폴드 압력계(MAP, Manifold Pressure Gauge)라고 불리는 흡기 압력계를 말하며, 수감부로 다이어프램이 사용된다.

05. 버든 튜브식 오일 압력계가 지시하는 압력은?

[항공산업기사 2018년 1회]

① 동압
② 대기압
③ 게이지압
④ 절대압

해설 • 버든 튜브(부르동관, Bourdon tube)은 가장 많이 사용되는 공함으로 타원형 또는 원형의 C자형 관의 한쪽을 고정시키고 달팽이관처럼 생긴 관 내부로 측정 압력을 가하여 압력에 의한 변위를 측정한다.
• 부르동관은 외부 대기압을 기준으로 압력을 측정하게 되므로 게이지압력이 측정된다.

06. 다음 계기 중 aneroid나 aneroid식 bellows를 사용할 수 없는 계기는?

① 기압식 고도계
② 오일 압력계
③ 연료압력계
④ 흡기 압력계

해설 오일(윤활유) 압력계(oil pressure gauge)는 윤활유 압력을 측정하여 psi 단위로 지시하는 계기이며, 윤활유 압력은 100 psi 전후의 고압이므로 부르동관을 사용한다.

07. Fuel Pressure Gage가 지시하는 연료압은?

① 고도 상승에 따라 증가
② 고도에 따라 감소
③ 고도 상승에 따라 변하지 않음
④ 비행속도에 따라 증가

해설 연료 압력은 게이지압으로 외부대기압보다 큰 정압을 나타낸다. 따라서, 고도 상승 시 외부 대기압이 감소하므로 연료압은 증가된다.

정답 1. ② 2. ③ 3. ③ 4. ① 5. ③ 6. ② 7. ①

08. 왕복엔진의 실린더에 흡입되는 공기압을 아네로이드와 다이어프램을 사용하여 절대압력으로 측정하는 계기는? [항공산업기사 2017년 4회]

① 윤활유 압력계
② 제빙 압력계
③ 증기압식 압력계
④ 흡입 압력계

해설 • 흡기 압력계(흡입 압력계, MAP, MAnifold Pressure indicator)는 왕복엔진에서 흡입 공기의 압력(흡기압, manifold pressure)을 측정하는 계기이다.
• 아네로이드와 다이어프램을 사용하여 절대압력을 측정한다.

09. 항공기가 지상에서 작동 시 흡기 압력계(manifold pressure gage)에서 지시하는 것은? [항공산업기사 2012년 2회]

① 0(Zero)
② 29.92 inHg
③ 그 당시 지형의 기압
④ 30.00 inHg

해설 • 흡기 압력계(MAP)는 왕복엔진에서의 흡기압(manifold pressure)을 측정하는 계기로 아네로이드와 다이어프램이 수감부의 공함으로 사용된다.
• 다이어프램 내부로 흡입공기를 연결하고 외부는 외부 대기압이나 객실 내 여압을 연결하여 게이지압을 측정하며, 아네로이드를 통해 고도 변화에 따른 대기압 변동을 보정하여 최종적으로 절대압력을 측정한다.
• 따라서 지상에서 엔진을 정지한 상태라면 흡기압력은 0 inHg이지만 고도 보상 아네로이드에서 측정되는 외부 대기압을 지시하게 됨을 주의한다.

10. 서로 다른 종류의 금속을 접합하여 온도계기로 사용하는 열전대(thermocouple)에 대한 설명으로 옳은 것은? [항공산업기사 2014년 1회]

① 사용하는 금속은 동과 철이다.
② 브리지 회로를 만들어 전압을 공급한다.
③ 출력에 나타나는 전압은 온도에 반비례한다.
④ 지시계 접합부의 온도를 바이메탈로 냉점보정한다.

해설 • 열전쌍식 온도계(thermocouple)는 서로 다른 종류의 금속을 접합하여 온도차(냉점과 열점)에 의해 발생하는 열기전력에 의해 열전류가 흐르는 제백효과(Seebeck effect)를 이용하여 온도를 측정한다.
• 한쪽은 측정점인 열점(hot point)이고, 반대편은 온도 기준점인 냉점(cold point)이 되며, 냉점은 온도가 일정해야 하므로 바이메탈을 이용하여 온도변화를 보상시켜야 한다.

11. thermo-couple식 기통두 온도계에서 기통이 300°C이고 조종실 내가 20°C라면 그때 계기의 지시값은?

① 300°C
② 280°C
③ 320°C
④ 20°C

해설 • 서모커플의 한쪽은 측정점인 열점(300°C)이고, 반대편은 온도 기준점인 냉점(20°C)이 되며, 서머커플 자체는 온도차를 측정하므로 기준점인 냉점온도를 더해 주어야 한다.
• 따라서, 지시온도 = 냉점온도 + 온도차
= 20 + (300 − 20) = 300°C

12. 항공기 가스터빈 기관의 온도를 측정하기 위해 1개의 저항값이 0.79 Ω인 열전쌍이 병렬로 6개가 연결되어 있다. 기관의 온도가 500°C일 때 1개의 열전쌍에서 출력되는 기전력이 20.64 mV라면 이 회로에 흐르는 전체 전류는 약 몇 mA인가? (단, 전선의 저항 24.87 Ω, 계기 내부 저항 23 Ω이다.) [항공산업기사 2015년 2회]

① 0.163
② 0.392
③ 0.430
④ 0.526

해설 • 같은 값을 갖는 열전쌍 6개 병렬회로의 합성저항은

$$R_{EQ} = \cfrac{1}{\cfrac{1}{R_1} + \cdots + \cfrac{1}{R_6}} = \cfrac{1}{\cfrac{1}{0.79} \times 6} = \cfrac{0.79}{6}$$
$$= 0.132 \ \Omega$$

• 회로에 포함된 열전쌍병렬회로와 직렬로 연결된 전선 및 계기 내부저항을 모두 합하면 전체 회로의 저항값을 구할 수 있으며, 전체 저항 $R_T = 0.132 + 24.87 + 23$
= 48 Ω이 된다.

정답 8. ④ 9. ③ 10. ④ 11. ① 12. ③

- 열전쌍이 병렬회로이므로 1개 열전쌍에서 출력되는 기전력(전압)이 전체 회로의 전압과 동일하므로 옴의 법칙을 적용하면

$$I = \frac{V}{R_T} = \frac{20.64 \times 10^{-3}\ \text{V}}{48\ \Omega} = 0.00043\ \text{A}$$
$$= 0.43\ \text{mA}$$

13. 서모커플형(thermocouple type) 화재탐지장치에 관한 설명으로 옳은 것은? [항공산업기사 2018년 2회]

① 연기 감지에 의해 작동한다.

② 빛의 세기에 의해 작동한다.

③ 급격한 움직임에 의해 작동한다.

④ 온도상승에 의한 기전력 발생으로 작동한다.

해설 열전쌍(열전대, thermocouple)은 서로 다른 종류의 금속을 접합하여 온도차(냉점과 열점)에 의해 발생하는 열기전력에 의해 열전류가 흐르는 제백효과(Seebeck effect)를 이용하여 온도를 측정한다.

14. 그림과 같이 브리지(bridge)회로가 평형이 되었을 때 R의 값은? (단, 저항의 단위는 모두 Ω이다.)

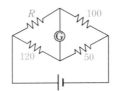

① 60
② 80
③ 120
④ 240

해설 휘트스톤 브리지 회로에서

$$R_x \times R_2 = R_1 \times R_3 \rightarrow R \times 50\ \Omega = 100\ \Omega \times 120\ \Omega$$
$$\therefore R = 240\ \Omega$$

15. 전기저항식 온도계의 온도수감부가 단선되었을 때 지시값의 변화로 옳은 것은?

[항공산업기사 2010년 2회]

① 단선 직전의 값을 지시한다.

② 지시계의 지침은 0값을 지시한다.

③ 지시계의 지침은 저온 측의 최소값을 지시한다.

④ 지시계의 지침은 고온 측의 최대값을 지시한다.

해설 • 전기저항식 온도계는 온도 변화에 따른 금속의 저항 변화를 이용해 금속에 흐르는 전류를 측정하여 온도로 환산한다.

• 온도 수감부인 벌브(bulb) 저항은 온도에 비례하여 증가되므로 벌브저항이 커지면 온도는 높게 지시된다.

• 따라서, 벌브의 리드 라인(lead-line)이 단선(open)되면 벌브 저항값이 무한대($R_B = \infty$)가 되므로 온도계는 최대값을 지시하게 된다.

※ 문제 지문에서 '저온 측', '고온 측'은 온도계기 눈금판에 표시된 범위를 말한다.

16. 적절한 기관 추력 세팅을 위한 온도에 대한 정보를 조종사에게 제공하는 계기는?

[항공산업기사 2010년 4회]

① TAT
② VSI
③ LRRA
④ DME

해설 • 전온도(TAT, Total Air Temperature)는 항공기에 장착된 TAT probe를 통해 고속 항공기에서 외부 대기 온도(OAT)를 측정하기 위해 사용된다.

• 보기에서 제시된 나머지 계기들은 온도측정과 관계가 없으며, LRRA(Low Range Radio Altimeter)는 전파고도계를 말한다. (10장 항행보조장치 참고)

17. 온도의 증가에 따라 저항이 감소하는 성질을 갖고 있는 온도계의 재료는? [항공산업기사 2012년 4회]

① 망간

② 크로멜–알루멜

③ 서미스터(thermistor)

④ 서모커플(thermocouple)

해설 • 금속의 경우에는 온도가 높아지면 전기저항은 비례하여 커지게 되지만, 반도체의 경우에는 반비례하여 전기저항은 작아지게 되며, 이를 부성저항(negative resistance)이라 한다.

• 이 특성을 이용하여 온도측정에 특수하게 제작된 반도체를 서미스터(thermistor)라 한다.

정답 13. ④ 14. ④ 15. ④ 16. ① 17. ③

18. 배기가스 온도계에 대한 설명으로 틀린 것은?

[항공산업기사 2013년 2회]

① 알루멜-크로멜 열전쌍을 사용한다.

② 제트기관의 배기가스 온도를 측정, 지시하는 계기이다.

③ 열전쌍의 열기전력은 두 접합점 사이의 온도 차에 비례한다.

④ 열전쌍은 서로 직렬로 연결되어 배기가스의 평균온도를 얻는다.

해설
- 배기가스 온도계(EGT Indicator)는 가스터빈 엔진의 배기가스온도(EGT)를 측정하며, 굉장히 고온이므로 크로멜-알루멜(cromel-alumel) 서모커플을 사용한다.
- 엔진 배기관 주위에 여러 개의 열전쌍을 병렬로 연결하여 측정된 배기가스 온도의 평균값을 얻는다.

19. CHT 온도측정에 전기저항식 온도계가 사용되고 있을 때 항공기 전기계통이 고장이면 실린더 온도 계기의 지시에 어떤 영향을 미치는가?

① 계기가 높게 지시한다.

② 계기 지시에 영향이 없다.

③ 계기가 낮게 지시한다.

④ 계기가 떨린다.

해설
- 전기저항식 온도계는 회로에 공급되는 전원의 전압 변동에 의한 지시오차를 줄이기 위해 휘트스톤 브리지 (Wheatstone bridge) 방식과 비율형 방식이 주로 사용된다.
- 따라서, 2가지 방식 모두 온도계 공급전원에 문제가 생겨도 계기 지시값에는 영향이 없다.

▶ **필답문제**

20. 다음 그림의 계기 형식과 역할은 무엇인가?

[항공산업기사 2010년 4회]

정답
① 형식: 부르동관(버든 튜브), 아네로이드
② 역할: 압력 측정에 사용되는 공함(pressure capsule)으로 압력에 의한 팽창과 수축 등을 기계적 변위로 변환하는 수감장치이다.

21. 항공기 왕복기관의 압력계기에 사용하는 수감부의 종류 3가지를 기술하시오.

[항공산업기사 2015년 2회]

정답 (다음 중 3개를 기술)
① 아네로이드(aneroid): 저압을 측정하는 데 사용되는 밀폐공함으로, 내부가 진공이어서 측정압력을 절대압으로 지시한다.
② 다이어프램(diaphragm): 내부와 외부에 가하는 압력의 차를 측정하는 차압 수감장치이다.
③ 부르동관(버든 튜브, bourdon tube): 고압을 측정할 수 있는 장치로 압력계기의 수감부로 가장 많이 사용한다. 외부 대기압을 기준으로 게이지압을 측정한다.
④ 벨로즈(bellows): 여러 개의 다이어프램을 겹쳐 놓은 형태로, 압력에 따른 수축, 팽창의 변위량 변화가 크기 때문에 확대부 없이 직접 지시부에 연결하여 차압을 지시할 수 있다.

22. 전기저항식 온도계의 지시기에는 비율형이 사용되고 있는데 그 이유를 간단히 쓰시오.

정답
- 금속은 온도가 증가하면 저항이 증가하는데 온도 측정부의 벌브 저항(R_B)은 온도 변화에 따라 저항이 변화하고 이 저항 변화에 따른 전류의 변화를 측정함으로써 온도를 알 수 있다.

정답 **18.** ④ **19.** ②

• 비율형을 사용하면, 지침의 움직임은 두 개의 저항 R과 벌브 저항(R_B)에 의해 흐르는 전류의 비에 따라서 코일 A와 B에 생성되는 자기장이 변화하므로 전류의 절대 치에 관계되지 않고 전원 전압의 영향도 받지 않는다.

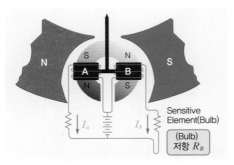

23. EGT 온도계의 수감부에 사용되는 일반적인 열전대 조합을 쓰시오.   [항공산업기사 2008년 2회]

정답 • 크로멜-알루멜
• 배기가스온도(EGT, Exhaust Gas Temperature)는 굉장히 고온이므로 크로멜-알루멜 열전쌍(서모커플)을 사용한다.

Quantity Indicator, Flowmeter and Tachometer
액량계기, 유량계기 및 회전계기

Aircraft
Instrument
System

AIRCRAFT INSTRUMENT SYSTEM

5장에서는 항공기에 탑재되어 사용되는 연료 및 오일 등의 양을 측정하여 지시하는 액량계기(quantity indicator)와 엔진에 공급되는 연료의 유량률(rate of flow)을 지시하는 유량계기(flowmeter) 및 엔진의 회전수를 측정하는 회전계기(tachometer)의 종류와 특성에 대해 알아보겠습니다.

5.1 액량계기

액량계기는 [그림 5.1]과 같이 연료(fuel), 윤활유(oil), 작동유(hydraulic oil), 방빙액(anti-icing fluid) 등 항공기에 탑재되어 사용되는 액체의 양[1]을 부피나 무게로 측정하여 지시하는 계기입니다.

1 액량(quantity, 液量)

소형 항공기에서는 직접 눈으로 확인할 수 있는 직독식(direct-reading type) 방법을 사용하기도 하며, 중대형 항공기에서는 수감부와 지시부가 떨어져 있기 때문에 주로 원격지시(remote sensing and indicating) 방식을 사용합니다.

항공계기에서 액량(quantity)은 체적의 단위인 갤런(gallon)을 사용하여 표시하며, 고고도 비행을 하는 항공기에서는 고도와 대기온도에 따라 액체의 부피 변화가 심하므로 무게 단위인 파운드(pound)로 측정하여 표시합니다.

(a) 아날로그 액량계기

(b) 디지털 액량계기

[그림 5.1] 액량계기(quantity indicator)

액량계기는 다음과 같이 측정원리와 방식에 따라 분류할 수 있습니다.

> **핵심 Point 액량계기(quantity indicator)의 분류**
>
> ① 사이트 게이지식 액량계(sight gauge type quantity indicator)
> ② 플로트(부자식) 액량계(float type quantity indicator)
> ③ 딥 스틱식 액량계(dip stick type quantity indicator)
> ④ 정전용량식 액량계(capacitance type quantity indicator)

5.1.1 사이트 게이지식 액량계

사이트 게이지식 액량계(sight gauge type quantity indicator)는 레벨 지시기(level indicator)라고도 하며, [그림 5.2(a)]와 같이 투명한 사이트 글라스 게이지(sight glass

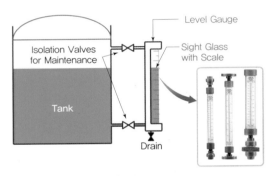

(a) level indicator

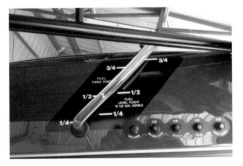

(b) 항공기에 장착된 사이트 게이지

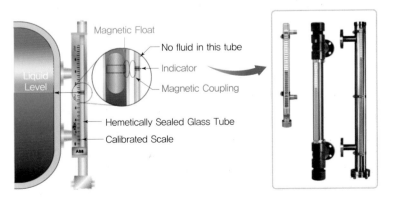

(c) 부자식 사이트 게이지

[그림 5.2] 사이트 게이지식 액량계(sight gauge type quantity indicator)

gauge)에 측정하고자 하는 액체를 채워 넣고 사이트 글라스에 표시된 눈금을 통해 액면을 읽는 직독식 액량계입니다. 항공기 연료탱크(fuel tank)로부터 근거리에 설치되기 때문에 주로 연료탱크와 조종석이 가까운 소형 항공기에 사용되며, 지상에서의 정비작업 및 연료보급의 편의성을 위해 조종석 계기와는 별도로 [그림 5.2(b)]와 같이 연료탱크 근처에 추가로 장착하기도 합니다.

사이트 게이지식 액량계는 액체의 표면장력(surface tension) 및 연료 유동에 의한 오차가 크게 발생할 수 있는 단점이 있습니다. 따라서 사이트 게이지 방식 중 가장 많이 사용되는 마그네틱 타입은 [그림 5.2(c)]와 같이 사이트 글라스 내에 일정 무게를 가진 마그네틱 부자(magnetic float)를 이용하여 액량을 따라 움직이게 하고, 눈금 지시는 마그네틱 부자의 자기장에 따라 움직이는 지시계로 액량을 나타내는 방식으로 부자의 무게를 조절하여 표면 유동에 따른 오차를 줄일 수 있습니다.

5.1.2 딥 스틱식 액량계

딥 스틱식(dip stick) 액량계는 점도가 높은 유체의 액량을 알아내는 방식으로, 자동차 오일 교환 시에 많이 보았을 것입니다. [그림 5.3]과 같이 길고 얇은 강철 와이어를 오일탱크에 삽입하여 와이어 유면 지시 눈금에 유체가 묻어나오는 높이를 읽어 액량을 측정하는 직독식으로 소형 항공기의 오일량계(oil quantity indicator)로 주로 사용됩니다.

[그림 5.3] 딥 스틱식 액량계(dip stick type quantity indicator)

5.1.3 플로트식 액량계

플로트식 액량계는 액체 표면 위에 플로트(부자, float)를 띄워 액량에 따라 움직이는 변위를 부피로 변환하여 측정하는 방식입니다. 항공용 액량계기에 주로 적용되는 방식으로 액량에 따른 플로트의 변위를 지시부로 전달하여 변환하는 방식에 따라 기계식과 전기저항식으로 구분합니다.

(1) 기계식 플로트 액량계기

기계식 플로트 액량계기는 [그림 5.4]와 같이 플로트에 레버를 장착하고 크랭크(crank)[2]와 피니언 기어(pinion gear)[3]를 통해 계기의 지침을 구동시켜 액량을 표시하는 방식입니다. 구조가 단순하고 신뢰성이 높아 소형 항공기의 연료량계(fuel quantity indicator) 및 오일량계로 이용됩니다.

2 직선변위와 회전변위
를 상호 변환시켜 주는
기계장치

3 큰 기어와 맞물리는
작은 기어

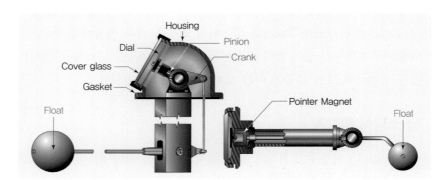

[그림 5.4] 기계식 플로트 액량계기 구조

(2) 전기저항식 플로트 액량계기

플로트식 액량계기 중 전기저항식 플로트 액량계기 방식은 [그림 5.5]와 같이 측정부 액면의 변화에 따라 플로트가 탱크 내에서 상하운동을 하게 되면, 상하운동이 일어나는 포인트에 가변저항기를 연결시켜 저항을 변화시킵니다.

가변저항에 입력되는 직류(DC)전원에 의해 변화되는 전류값이 지시부 코일에 생성되는 합성 자기장을 변화시키므로 지침의 회전축에 연결된 영구자석이 움직여 액량을 지

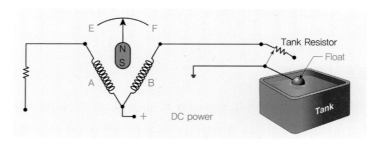

[그림 5.5] 전기저항식 플로트 액량계기 구조

시하게 됩니다. 플로트가 설치된 연료탱크 측정부가 조종석 액량계기로부터 멀리 떨어져 있는 경우에는 플로트 운동에 의한 변위를 데신(Desyn)[4] 또는 전위차계 등을 이용하여 전기신호로 변경하여 조종석 액량계기에 정보를 전송하는 원격지시방식을 적용합니다.

전기저항식 플로트 액량계기 방식은 공급되는 직류전원의 전압값 변동에 상관없이 A, B 코일에 흐르는 전류량의 비율에 의해 액량이 지시되는 비율형 계기(ratiometer-type)입니다.[5] 플로트식 액량계기는 왕복엔진 항공기에 많이 사용되며, 단점으로는 연료 유동에 의한 오차가 발생할 수 있고, 온도 증가 시 부피가 팽창하므로 이에 따른 오차가 발생할 수 있습니다.

4 DC self-synchroni-zation

5 가동코일형 계기에서 설명한 바와 같이 비율형 계기는 공급전원의 전압변동에 영향을 받지 않음.

5.1.4 정전용량식 액량계

(1) 중대형 항공기의 연료량 측정방식

비행고도의 변화가 심한 중대형 여객기 및 전투기와 같은 고성능 항공기들은 연료량을 나타내는 연료체적(부피)이 고도와 대기온도에 따라 심하게 변하므로, 정전용량식(capacitance-type) 액량계를 이용하여 측정된 연료의 부피에 밀도(density)를 곱하여 무게 단위인 파운드(pound)로 연료량을 표시합니다.[6] 이러한 정전용량식 액량계기

6 밀도(ρ = m/Vol)는 단위부피(Vol)당 질량(m)으로 정의되므로 밀도(ρ)에 부피(Vol)를 곱하면 질량(m)이 구해지고, 중력가속도(g)를 추가로 곱하면 무게를 구할 수 있음.

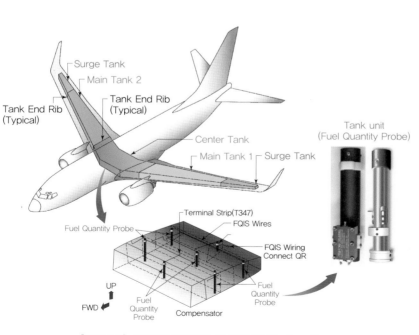

[그림 5.6] B737의 연료탱크 및 탱크 유닛(tank unit)

는 가스터빈 엔진 및 고고도 항공기에 대부분 적용하는 방식으로 고도 및 온도변화의 영향을 제거할 수 있는 장점이 있습니다.

중대형 항공기의 연료는 [그림 5.6]과 같이 주 날개(main wing) 중앙의 중앙 연료 탱크(center tank) 및 좌우측 날개의 주 연료탱크(main tank) 1, 2에 적재되며, 각 연료탱크는 격벽으로 분리되어 있습니다. 연료량을 측정하기 위한 정전용량 프로브는 탱크 유닛(tank unit)이라고 하며, 그림과 같이 연료탱크 내에 수직으로 설치하여 연료량을 측정합니다.

(2) 정전용량식 액량계기의 측정원리

정전용량식 액량계기는 명칭에서 의미하는 바와 같이 연료의 체적(부피)을 측정하기 위해 커패시터(capacitor)[7]를 이용합니다. [그림 5.7(a)]와 같이 전기를 축적할 수 있는 커패시터의 정전용량(capacitance[8], C)은 서로 마주보고 있는 극판의 넓이(A)와 극판 사이의 거리(d) 및 극판 사이에 들어 있는 물질의 유전율(dielectric constant, ε)에 관계되며, 식 (5.1)로 정의됩니다.

7 콘덴서(condenser)라고도 하며, 전기를 축적하는 전기장치임.

8 단위는 패럿(F, Farad)을 사용함.

$$C = \varepsilon \frac{A}{d} \text{ [F]} \tag{5.1}$$

탱크 유닛의 내부는 [그림 5.7(a)]와 같이 원통형 극판인 inner plate와 outer plate로 이루어져 있고, 두 원통형 극판 사이에 연료가 채워지는 콘덴서의 구조를 가집니다. 따라서 원통형 극판 사이에 차 있는 연료의 양에 따른 연료 유전율과 비워져 있는 공간의 공기 유전율의 차이를 이용하여 정전용량을 측정하여 연료의 부피를 계산해 내는 방식이 적용됩니다.

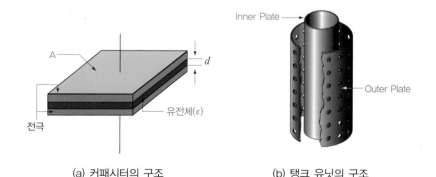

(a) 커패시터의 구조   (b) 탱크 유닛의 구조

[그림 5.7] 탱크 유닛(tank unit)의 구조

연료탱크 안에 설치되어 있는 탱크 유닛인 콘덴서는 탱크의 크기와 모양에 따라 크기가 정해집니다. 따라서, 크기가 고정된 탱크 유닛의 원통형 극판의 넓이와 극판 사이의 거리(d)도 일정값으로 고정되므로 전기용량은 극판 사이에 채워져 있는 물질(연료)의 유전율(ε)에만 비례하게 됩니다. 다음 예제를 통해 정전용량식 액량계기의 동작원리를 이해해 보도록 하겠습니다.

예제 5.1

항공기 연료탱크 내의 탱크 유닛을 통해 연료량을 측정한다. 다음 그림과 같이 연료탱크가 완전히 비게 되어 공기로 가득 차면 공기의 정전용량은 100 pF이 되고, 연료가 가득 차면 200 pF이 된다고 가정한다. 연료가 50% 채워지는 경우의 정전용량은 얼마인가?
(실제 연료의 유전율은 공기의 2배 이상이지만, 본 예제에서는 2배라고 가정함)

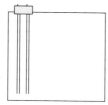

Tank Empty – 100 pF   Tank Full – 200 pF

|풀이| ① 연료의 정전용량과 공기의 정전용량을 측정한다. 빈 연료탱크의 경우에는 공기만 차 있으므로 측정되는 정전용량은 100 pF이 되고, 연료가 100% 차 있는 경우에는 연료의 정전용량인 200 pF이 측정된다.

  • 연료탱크가 비었을 경우: 정전용량 = 100 pF × 1 = 100 pF(air only)
  • 연료가 100%일 경우: 정전용량 = 200 pF × 1 = 200 pF(fuel only)

② 만약 연료가 50%만 차 있으면 공기와 연료의 정전용량의 50%값들이 합해져 다음과 같이 150 pF이 측정된다. 따라서, 이러한 정전용량과 연료량의 상관관계를 탱크 유닛을 통해 정전용량을 측정하면 연료량을 측정할 수 있다.

  • 연료가 50%일 경우: 정전용량 = 100 pF(공기) × 0.5 + 200 pF(연료) × 0.5 = 150 pF

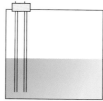

Tank Half Full – 150 pF

중대형 항공기와 같이 연료탱크가 여러 개로 분리되어 있고, 동일 탱크 내에서도 격벽에 의해 연료가 채워지는 경우에는 액량계를 1~2개 정도 설치하여 국부적으로 연료량을 측정하면 오차가 크게 발생하며, 더불어 선회비행 등 항공기 자세변화(롤과 피치 자세각)에 의한 연료유동 현상에 의한 오차도 발생합니다.

이러한 오차를 저감시키기 위해서는 다수의 연료탱크에서 연료량을 측정하여 전체 연료량을 산출해야 하며, 이를 위해 복수의 탱크 유닛을 병렬로 연결하여 정확한 연료량을 측정합니다. 이러한 방식은 항공기의 자세나 연료의 국부적인 서지(surge) 현상과 무관하게 정확히 연료량을 측정하여 정보를 제공할 수 있으며, 특히 정전용량식 액량계의 경우는 기계적 가동부분이 없기 때문에 정비작업 시에도 업무량을 줄일 수 있어 효율적입니다.

(3) 정전용량식 액량계기의 구성

9 보상 유닛은 항상 연료 내에 100% 잠기도록 설치함.

정전용량식 액량계기는 [그림 5.8(a)]와 같이 연료탱크 내에 탱크 유닛과 더불어 연료탱크 밑바닥에 보상 유닛(compensator unit)[9]을 함께 설치합니다. 보상 유닛 안에는 보상 커패시터(또는 기준 커패시터)가 설치되어 있는데 다음과 같은 2가지 기능을 수행합니다.

핵심 Point 보상 유닛(compensator unit)의 기능

① 연료의 유전율은 비행 고도와 온도에 따라 변하기 때문에, 보상 유닛 내의 보상 커패시터 (또는 기준 커패시터)는 연료의 유전율 변화에 의한 정전용량 변화를 보상한다.
② 보상 유닛은 항상 연료에 잠겨 있으므로 일정한 정전용량값(기준값)을 가지게 되며, 연료량에 따른 탱크 유닛의 정전용량과의 차이를 통해 연료량을 측정할 수 있는 기준값을 제공한다.

10 커패시터에 교류(AC)를 공급하였을 때 커패시터가 가지는 저항값

[그림 5.8(b)]와 같이 탱크 유닛과 보상 유닛을 연결한 브리지 회로(bridge circuit)에 전압을 공급하면, 연료량에 따른 탱크 유닛과 보상 유닛의 정전용량의 차이를 통해 용량성 리액턴스(capacitive reactance)[10]를 측정할 수 있습니다. 만약 연료가 100% 채워져 있다면 탱크 유닛의 정전용량값과 보상 유닛의 정전용량값이 같아지고, 연료량이 줄어듦에 따라 일정한 관계의 리액턴스값을 측정해 낼 수 있습니다.

각 탱크 유닛에서 측정된 정전용량의 차이(리액턴스의 차이)는 [그림 5.9]의 FQPU (Fuel Quantity Processor Unit)로 전송되어 전체 연료량이 계산됩니다. FQPU는 각 연료탱크에서 측정된 리액턴스를 통해 연료량을 부피로 환산한 후 최종적으로 해당 고

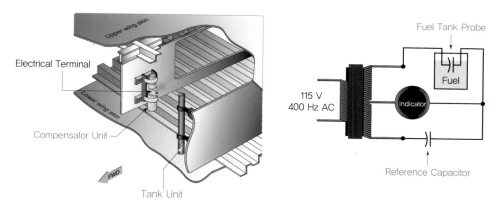

(a) 탱크 유닛과 보상 유닛　　　　　　(b) 정전용량 측정회로

[그림 5.8] 정전용량식 액량계기의 구성

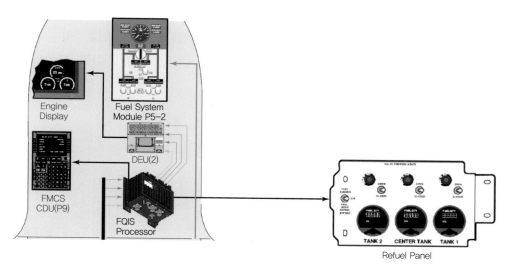

[그림 5.9] FQPU(Fuel Quantity Processor Unit)의 구성

도의 밀도를 곱하여 무게 단위의 전체 연료량을 계산한 후, 조종석의 연료량계에 전기 신호로 정보를 전송하게 됩니다. 연료량의 최종단위는 파운드(lb)로 표시됩니다.

(4) 중대형 항공기의 연료량 측정시스템(FQIS)의 구성

　B737 항공기의 연료량 측정시스템은 앞 절에서 설명한 FQPU 등을 포함하여 FQIS (Fuel Quantity Indicating System)라고 하며, 다음과 같은 장치들로 구성됩니다.

핵심 Point **연료량 측정시스템(FQIS)의 구성장치**

① 탱크 유닛(Tank Unit): 연료의 유전율을 통해 연료량을 측정한다.
② 보상 유닛(Compensator Unit): 보상 커패시터를 통해 고도변화에 따른 연료의 유전율 변화를 보상하며, 연료량 측정을 위한 기준 정전용량값을 제공한다.
③ 농도계(Densitometer): 비행고도 변화에 따른 연료의 밀도를 측정한다.
④ FQPU(Fuel Quantity Processor Unit): 연료량 계산 및 신호정보의 취합 및 전송을 수행한다.
⑤ Fuel Drip Stick[11]: Stick에 눈금을 매겨 놓은 직독식 연료량 측정장치로 날개 아래쪽에서 지상정비 시 연료량을 측정할 수 있다.

11 Fuel measuring stick이라고도 함.

B737 항공기의 연료량 측정장치는 [그림 5.10]과 같이 연료탱크에 설치됩니다. 구성장치 중 농도계(densitometer)는 각 연료탱크별로 하나씩 장착되며 특별한 주파수를 연료 내에 방사하고, 공진주파수(resonance frequency)를 이용하여 연료의 밀도를 측정하는 장치입니다. 따라서, 앞에서 설명한 바와 같이 탱크 유닛에서 측정된 연료 부피에 농도계에서 측정된 연료의 밀도를 곱하여 연료량을 무게단위로 표시할 수 있게 됩니다. B737 항공기의 경우에는 그림과 같이 탱크 유닛은 중앙 연료탱크에 8개, 윈

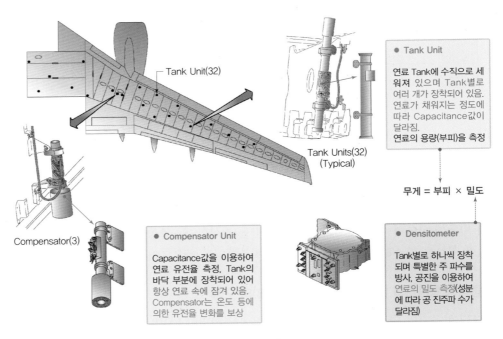

[그림 5.10] FQIS(Fuel Quantity Indicating System)의 구성(B737 항공기)

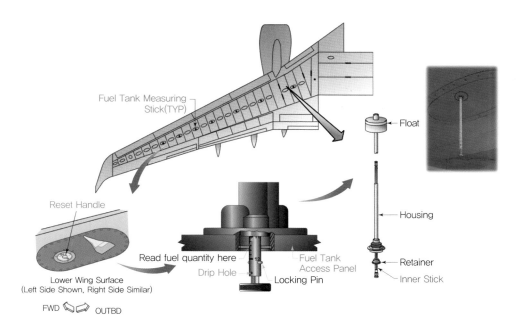

[그림 5.11] fuel drip stick(B737 항공기)

쪽 및 오른쪽 날개의 주 연료탱크 1, 2에 각각 12개가 설치되어 총 32개가 설치되며, 보상 유닛은 각 탱크에 1개씩 총 3개가 설치됩니다.

　구성요소 중 Fuel drip stick은 직독식 연료량계로 각 연료탱크에 1개씩 설치되어 있습니다. [그림 5.11]과 같이 날개 아래의 access panel을 통해 접근이 가능하며, 항공기에 전력이 공급되지 않아 조종석의 연료량계가 작동하지 않는 경우에 연료량 측정을 수행할 수 있는 장치입니다. 그림과 같이 날개 아래 reset handel 손잡이를 돌려서 열게 되는데, drip hole을 통해 연료가 새어나오기 시작하는 위치에서 눈금을 읽고, 눈금과 연료량의 관계를 나타낸 표를 통해 연료량으로 환산합니다.

5.2 유량계기

유량계기(flowmeter)는 엔진이 1시간 동안 소모하는 연료의 양, 즉 엔진에 공급되는 연료의 유량률(flow rate)을 측정하여 지시하는 계기입니다.

　[그림 5.12]와 같이 연료탱크에서 엔진으로 흐르는 연료의 유량을 시간당 부피 단위인 GPH(Gallon Per Hour) 또는 무게 단위인 PPH(Pound Per Hour)로 지시하는

[그림 5.12] 유량계기(flowmeter)

데, 유량계기도 엔진이 조종석으로부터 원거리에 위치하므로 원격지시계기인 오토신
이나 마그네신을 이용하여 조종석에 설치된 유량계기에 신호를 전송하여 지시합니다.

> **유량계기(flowmeter)의 분류**
>
> ① 차압식 유량계(differential pressure type flowmeter)
>   – 연료분사식의 소형 왕복엔진 항공기에 이용한다.
> ② 베인식 유량계기(vane-type flowmeter)
>   – 대형 왕복엔진 항공기에 이용한다.
> ③ 동기 전동기식 유량계기(synchronous motor type flowmeter)
>   – 가스터빈 엔진 항공기에 이용한다.

유량계기의 종류는 다음과 같이 차압식 유량계, 베인식 유량계, 동기 전동기식 유량
계로 분류됩니다.

5.2.1 차압식 유량계

차압식 유량계는 [그림 5.13]과 같이 오리피스(orifice) 전후방의 압력차(pressure
difference)를 측정하여 유량(flow rate)을 지시합니다. 그림에서 현재 파이프를 흐르
는 액체의 유량(Q)은 파이프 내의 단면적(A)과 유량의 속도(V)의 곱이 되는데, 유량
의 속도(V)는 식 (5.2)와 같이 압력차와 일정한 관계를 가지게 되므로, 오리피스를 통
해 이 압력차(차압)를 측정하여 유량을 산출합니다.

$$Q = AV = CA\sqrt{\frac{2g(P_1 - P_2)}{\gamma}} \tag{5.2}$$

여기서, γ는 유체의 비중량(specific weight)[12]을, C는 유량계수(flow coefficient)[13]를
나타냅니다. 유량계수(C)는 유량 측정 시에 유량의 이론값에 곱하는 보정계수로 유로

---

12 물체의 단위 체적당
중량을 의미하며, 단위로
kgf/m³, kgf/L 등이
사용됨.

13 유출계수(coefficient
of discharge)라고도 함.

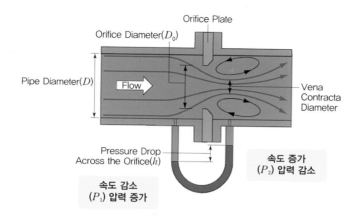

[그림 5.13] 오리피스(orifice)

의 형상, 레이놀즈수 등에 따라 값이 변화하는 실험적 계수입니다. 식 (5.2)는 2장 피
토-정압계기에서 식 (2.19)로 정의된 베르누이 방정식의 다른 형태라고 생각하면 이
해하기 쉽습니다. [그림 2.6]의 벤투리 튜브에서 설명한 내용과 마찬가지로 유체가 가
진 전체 압력 에너지는 일정하므로 속도가 증가하면 압력이 감소하고, 속도가 감소하
면 압력은 증가하는 원리가 적용됩니다.

이러한 원리를 적용하여 왕복엔진(reciprocating engine)에 사용하는 차압식 연료
유량계(fuel flowmeter)의 구성도를 [그림 5.14]에 나타내었습니다. 엔진에 공급되는
연료는 각 실린더로 연료를 분배하여 분사하는 연료분사장치(fuel injectors)를 거치면
서 압력이 크게 떨어지게 되는데, 연료분사장치 입구와 출구 관로에 오리피스를 설치
하여 압력을 측정하면 연료의 유량을 계산할 수 있으며, 조종석의 연료유량계기로 전

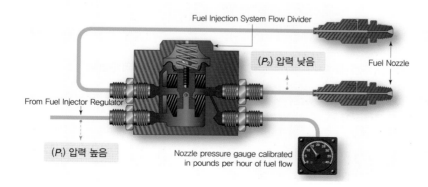

[그림 5.14] 차압식 유량계(differential pressure type flowmeter)의 구성도

기신호를 전송하여 해당 값을 지시하게 됩니다.

차압식 유량계의 단점은 연료가 흐르는 파이프나 노즐 등이 막히게 되면, 유속이 작아져 압력이 정상치보다 높게 측정되므로 실제 연료 유량값보다 높은 값을 지시하게 된다는 것으로 가장 유의하여야 할 사항입니다.

5.2.2 베인식 유량계기

베인식 유량계기(vane-type flowmeter)는 [그림 5.15]와 같이 연료 유량에 비례하여 베인(vane)이 돌아가는 회전 각변위(rotation angle)를 측정하여 유량을 측정하는 방식입니다. 싱크로 계기인 오토신(autosyn) 등의 발신기 로터 회전축에 베인을 연결하여 회전 각변위를 측정하고, 각변위에 해당하는 유량 측정값을 지시계로 전달하여 유량을 지시하도록 합니다. 왕복엔진을 사용하는 대형 항공기에 주로 사용하는 방식으로 베인 챔버는 연료펌프(fuel pump)와 기화기(carburetor) 사이에 설치됩니다.

베인은 360°를 계속해서 회전하는 방식이 아니라 그림과 같이 회전축에 반력을 제공하는 헤어 스프링(hair spring)[14]을 설치하여, 유량 증가에 따른 베인의 각변위가 스프링의 반력과 평형을 이루어 베인이 일정 각도로 회전한 후 멈추도록 만듭니다. 따라서 유량이 증가하면 회전력이 커져 베인의 회전각도는 증가하게 됩니다.

14 나선 스프링(spiral spring)

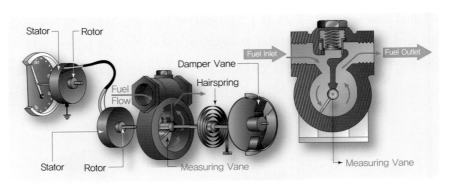

[그림 5.15] 베인식 유량계(vane-type flowmeter)의 구성도

5.2.3 동기 전동기식 유량계기

동기 전동기식 유량계기(synchronous motor flowmeter)는 연료의 유량이 많고, 비행고도 변화에 따른 연료의 밀도 및 온도변화가 큰 가스터빈 엔진에 사용되는 방식으로 무게 단위의 연료유량인 PPH 단위로 연료유량을 지시합니다. 연료흐름에 일정한 회

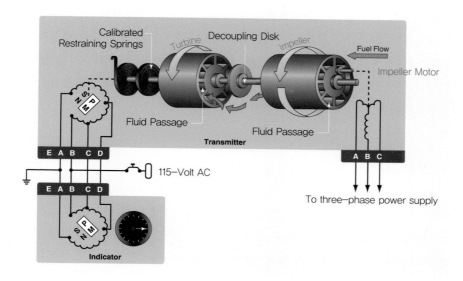

[그림 5.16] 동기 전동기식 유량계(synchronous motor flowmeter)의 구성도

전 각속도를 부가하여 유량에 비례하는 각운동량(angular momentum)을 측정하는 방식으로, 부가된 각운동량에 의해 연료유량에 영향을 미치는 온도 및 밀도변화가 제거되므로 각운동량은 연료유량과 점성(viscosity)에만 비례하게 됩니다.

구조는 [그림 5.16]과 같이 연료흐름의 상류 쪽에는 임펠러(impeller)를, 하류 쪽에는 터빈(turbine)을 설치하는데, 양쪽 모두 회전축에 평행하게 같은 개수의 구멍이 설치되어 있어 이 구멍을 통과하여 연료가 흐르게 됩니다.

① 임펠러(impeller)에 교류(AC) 동기 전동기(synchronous motor)를 연결시켜 일정한 속도로 회전시키면, 연료는 임펠러를 지나면서 일정한 각속도로 회전하게 됩니다.

② 임펠러 출구를 빠져 나온 연료흐름은 임펠러 후방의 터빈을 통과하면서 터빈에 회전력을 가하게 됩니다.

③ 이때 연료흐름이 임펠러를 지나면서 각속도가 일정한 상태가 되므로, 터빈에 가해지는 회전력(연료의 각운동량)은 연료유량에만 직접적으로 비례하게 됩니다.

④ 터빈에 의한 회전력과 터빈 출구 후방에 설치한 반력 스프링(헤어 스프링)의 힘이 평행이 되면서 터빈의 회전각도가 정해지고, 이 회전각도를 교류셀신(AC selsyn)인 오토신이나 마그네신의 발신부를 이용하여 조종석 연료유량계에 전달하여 값이 지시되도록 합니다.

동기 전동기식 유량계는 연료흐름에 일정한 각속도를 부가하기 위해 임펠러를 일정한 속도로 회전시켜야 하므로, 임펠러를 회전시키는 동기 전동기의 회전속도가 일정해야 합니다. 만약 동기 전동기를 구동시키는 교류 전원의 주파수가 변동하면 동기 전동기의 회전속도가 변하여 유량의 지시 오차가 발생하기 때문에 정밀한 전원공급이 필요합니다.

5.3 회전계기

타코미터(tachometer)로 불리는 회전계기는 항공기 엔진의 회전수를 측정하여 회전속도 정보를 제공하는 계기입니다. 왕복엔진 항공기는 회전속도를 1분당 회전수인 rpm(revolution per minute)으로 표시하며, 실린더의 직선운동을 왕복운동으로 변환하는 크랭크축(crank shaft)에서 측정합니다. 가스터빈 엔진에서는 압축기의 회전수를 최대출력(정격출력) 회전수에 대한 백분율(%)로 표시합니다.

[그림 5.17] 회전계기(tachometer)

회전계기는 다음과 같이 기계식 회전계, 전기식 회전계, 전자식 회전계와 동기계로 분류됩니다.

> **핵심 Point 회전계기(tachometer)의 분류**
>
> ① 기계식 회전계(mechanical tachometer)
> ② 전기식 회전계(electrical tachometer)
> ③ 전자식 회전계(electronic tachometer)
> ④ 동기계(synchroscope)

5.3.1 기계식 회전계

기계식 회전계(mechanical tachometer)는 회전계기의 회전축을 엔진 회전축에 연결시키고, 기어 및 링키지 등의 기구학적인 연결을 통해 회전속도를 직접 측정하여 표시하는 방식으로 원심력을 이용하는 방식과 와전류를 이용하는 방식으로 구분됩니다.

(1) 원심력식 회전계

① 원심력식 회전계(centrifugal-type tachometer)는 [그림 5.18]에 나타낸 구조와 같이 엔진 회전축에 연결된 계기 구동축(drive shaft)이 회전하면서 구동축에 연결된 기어가 회전하게 되고, 이때 플라이웨이트(flyweight)도 함께 회전합니다.

② 회전속도에 비례하는 원심력에 의해 플라이웨이트가 벌어지는 힘과 내부에 설치한 코일스프링(coil spring)의 장력이 평형을 이루게 되면서 회전속도에 비례한 플라이웨이트의 수직변위가 발생합니다.

③ 플라이웨이트의 수직변위는 코일스프링에 의해 직선변위로 변환되어, 락킹 샤프트(rocking shaft)에 연결된 섹터기어(sector gear)와 피니언 기어(pinion gear)를 움직여 계기의 지시침을 구동합니다.

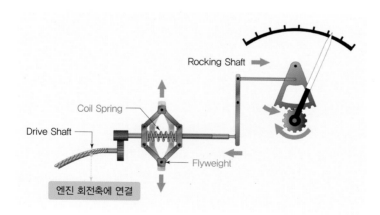

[그림 5.18] 기계식 회전계기(mechanical tachometer)의 구조

원심력식 회전계는 엔진과 조종석 계기판이 가까운 소형 항공기에 주로 사용됩니다.

(2) 와전류식 회전계

와전류식 회전계(eddy-current type tachometer)는 와전류(eddy-current)[15]를 이용

15 맴돌이 전류라고도 하며, 도체에 생기는 기전력에 의해 소용돌이 모양으로 흐르는 전류를 말함.

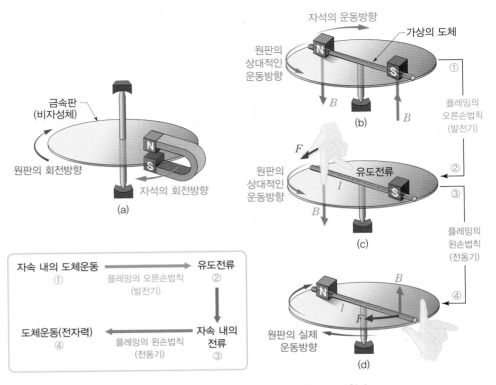

[그림 5.19] 아라고의 원판(Arago's disk)과 동작원리

한 회전계기로, 교류 유도 전동기와 같이 아라고 원판의 원리가 적용되는 계기입니다.

[그림 5.19(a)]와 같이 금속판이 회전할 수 있도록 중앙에 회전축을 설치하고, 금속판 주위에서 영구자석을 회전시키면 금속판은 영구자석과 같은 방향으로 회전하게 되는데, 이러한 원판을 아라고의 원판(Arago's disk)이라고 합니다. 여기서 사용된 금속판은 알루미늄과 같이 자석에는 달라붙지 않는 비자성체(non-magnetic material)이고 전기만 흐를 수 있는 도체 재질을 사용하므로 금속판의 회전은 자석(자기장)에 이끌려 회전하는 것이 아닙니다. 그럼 어떤 원리에 의해 회전하는 것인지 알아보겠습니다.

① [그림 5.19(a)]와 같이 비자성체인 금속원판 주위에 자석을 설치하고, 시계방향으로 회전시킵니다.[16]

② 이제 [그림 5.19(b)]와 같이 자기장 내에서 도체가 움직인 상태가 되므로, 플레밍의 오른손 법칙에 의해 도체에는 유도기전력이 생성되고 유도전류가 흐르게 됩니다.

③ 이렇게 도체에 흐르는 유도전류는 자기장 내에서 생성되었기 때문에 이번에는 플

[16] 상대적 운동관점에서 자석을 정지시키고, 원판이 반대방향인 반시계방향으로 회전하는 것과 같음.

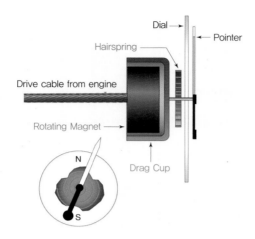

[그림 5.20] 와전류식 회전계기(eddy-current type tachometer)의 구조

레밍의 왼손법칙이 적용되어 도체는 힘(전기력)을 받고 움직이게 됩니다.

④ 플레밍 왼손법칙으로 방향을 찾아내면 [그림 5.19(c)]와 같이 금속판은 자석의 회전방향과 같은 시계방향으로 움직이게 됩니다.

⑤ 이때 영구자석의 회전에 의해 자기장도 계속 회전하게 되는데, 이를 회전자기장 또는 회전자장이라고 합니다.

이러한 아라고 원판의 원리를 [그림 5.20]과 같은 구조를 만들어 와전류식 회전계기에 적용하면 다음과 같은 과정을 통해 회전속도를 측정할 수 있습니다.

① 그림과 같이 알루미늄 등 비자성 양도체로 만든 드래그 컵(drag cup)을 외각에 놓고, 컵 안쪽에 회전축이 연결된 영구자석을 설치합니다.

② 이 회전축을 엔진 회전축에 연결하면 영구자석이 엔진 회전속도에 맞추어 회전하게 되고, 회전자기장이 생성됩니다.

③ 이때 생성된 회전자기장에 의해 드래그 컵에는 와전류(맴돌이 전류)가 유도되는데, 회전자기장과 와전류의 상호작용(플레밍의 법칙)에 의해 드래그 컵은 회전력(토크)을 받아 영구자석의 회전방향과 같은 방향으로 회전하게 됩니다.

④ 엔진 회전속도에 비례한 회전력은 지침이 연결된 회전축에 설치된 나선형의 반력 스프링(hair spring)과 힘의 평형을 이루게 되고, 지침을 움직여 엔진 회전수를 조종석 계기에 표시합니다.

5.3.2 전기식 회전계

전기식 회전계(electrical tachometer)는 엔진 회전속도를 전기신호로 변환하여 조종석에 설치된 지시계기에 전달하는 방식으로, 동기 회전자식 회전계(synchronous-rotor tachometer)가 대표적입니다.

구조는 회전계 수감부인 발전기(tacho-generator)와 지시기인 동기 전동기(synchronous motor)로 이루어지는데, 두 장치는 같은 구조를 가지며 3상 교류를 사용합니다.

① [그림 5.21]과 같이 엔진 회전축에는 전기식 회전계의 발전기 로터 회전축을 연결하고, 조종석의 계기 지시부에는 동기 전동기(synchronous motor)에 지침을 연결하여 설치합니다.

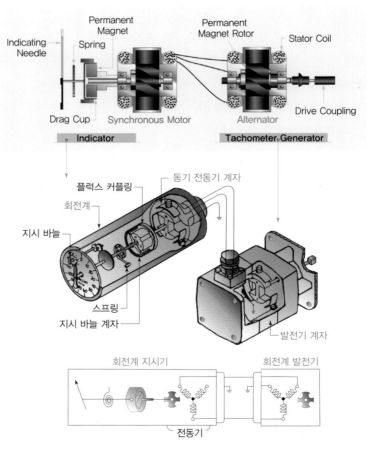

[그림 5.21] 전기식 회전계기(electrical tachometer)의 구조

② 회전계의 발전기는 엔진 회전속도에 따라 3상 교류 전기신호(3-phase AC signal)를 발전하게 되고, 회전계 지시계로 전송된 3상 교류신호는 다시 3상 동기 전동기에 입력되어 동일한 자기장을 형성하므로 해당되는 회전속도를 표시하도록 지침을 움직이게 됩니다.

전기식 회전계는 3상 동기 발전기의 출력이 3상 동기 전동기를 회전시키기 때문에 발전기 회전속도와 전동기 회전속도는 일치합니다.

참고로 동기 전동기는 외각에 설치된 3상 코일을 통해 회전자장을 생성해 주면, 내부의 영구자석이 회전자장 방향에 따라 회전하는 원리가 적용됩니다.

5.3.3 전자식 회전계

전자식 회전계는 펄스 계수식 센서(pulse counting-type sensor)로 모터나 엔진의 회전속도에 따라 일정 관계를 가진 펄스의 개수를 카운트하여 회전속도를 측정하는 비접촉방식의 회전계입니다. 펄스 계수식 회전계는 종류가 다양한데, 크게 빛을 이용하는 광전식(photoelectric)과 홀 효과(Hall effect)를 이용하는 홀 센서(Hall sensor) 방식이 있습니다.

(1) 광전식 회전계

광전식 회전계는 [그림 5.22(a)]와 같이 모터나 엔진 회전축에 조밀한 구멍이 뚫린 원형의 counting disk를 설치하고, 디스크 한쪽에는 발광 다이오드인 LED(Light Emitting Diode)를 설치하여 빛을 발광시킵니다. 반대편에는 구멍을 통해 들어오는 빛을 감지하는 포토 센서(photo sensor)[17]를 설치하여 회전수에 비례하는 펄스의 개수를 세어 회전수를 측정해내는 방식입니다.

그림과 같이 LED와 포토센서가 일체형으로 된 포토 커플러(photo coupler)를 많이 사용하며, 원형 디스크의 구멍 개수와 위치에 따라 출력되는 펄스는 [그림 5.22(b)]와 같이 개수와 위상(phase)이 변하게 되므로 이를 통해 회전수(rpm)뿐만 아니라 정밀한 회전각도 및 위치도 검출해 낼 수 있습니다.

(2) 홀 센서 회전계

홀 센서는 미국의 물리학자인 홀(Edwin. H. Hall, 1855~1938)이 존스 홉킨스 대학의 박사과정시절이던 1879년에 발견한 홀 효과(Hall effect)를 이용한 회전수 측정 센서입니다. 홀 효과란 [그림 5.23(a)]와 같이 자기장 내에 위치한 어떤 도체에 그 자

17 주로 포토 다이오드(photo diode)나 포토 트랜지스터(photo transistor)를 사용함.

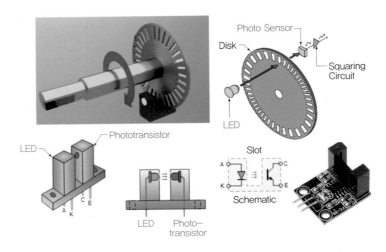

(a) 포토 커플러(photo coupler)

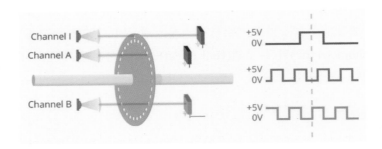

(b) 회전수에 따른 펄스형태

[그림 5.22] 광전식 회전계기(photoelectric tachometer)의 구조

기장에 직각방향으로 전류를 흘려주면 자기장과 전류 모두에 수직인 방향으로 기전력이 발생하는 현상으로, 이 기전력을 홀 전압(Hall voltage)이라고 합니다.

홀 센서를 이용한 전자식 회전계(electric tachometer)를 사용하면 엔진 내부에서 회전수를 셀 수 있는 부품인 기어(gear)나 가스터빈 엔진의 블레이드(blade) 개수를 카운트하여 [그림 5.23(b)]와 같이 출력되는 해당 펄스 신호의 개수를 통해 비접촉 방식으로 회전속도를 구할 수 있습니다.

① [그림 5.23(c)]와 같이 전자식 홀 센서 프로브에는 영구자석이 설치되어 있어 프로브 앞단에 위치한 기어나 블레이드에 자기장(자기력선)을 내보내며, 다시 돌아들어오는 자기력선을 감지할 수 있도록 홀 센서가 장치되어 있습니다.

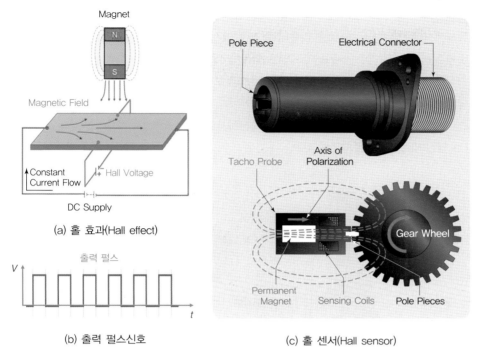

[그림 5.23] 홀 센서 회전계기(Hall sensor tachometer)의 구조

② 회전하는 기어나 블레이드 한 곳에 자성을 가진 마커(marker)[18]를 붙여 놓으면 기어나 블레이드의 1회전에 따라 마커가 홀 센서를 가장 가깝게 지나갈 때 자기장(자속밀도)의 변화가 가장 크므로, 홀 효과에 의한 기전력은 [그림 5.23(b)]와 같이 최대 펄스값이 출력됩니다.

③ 따라서 일정 시간 동안 기어 또는 블레이드가 통과한 개수(펄스 수)를 카운트하면 rpm 단위로 변환된 회전속도(회전수)를 측정할 수 있습니다.

가스터빈 엔진의 저압 압축기와 저압 터빈을 연결한 축의 회전속도를 측정하는 N_1 회전계와 왕복엔진의 캠축기어(cam gear)에서 회전속도를 측정할 때 전자식 홀 센서 회전계를 이용합니다.

다음 예제를 통해 홀 센서 회전계가 적용된 엔진의 회전수를 구해보겠습니다.

18 그림에서는 pole pieces로 표시되어 있음.

예제 5.2

왕복엔진의 캠축(cam shaft)은 다음 그림과 같이 실린더의 회전운동을 직선 왕복운동으로 바꿔주는 기구로, 캠축을 구동하고 있는 캠축기어의 기어 수(number of gear)가 50개라고 가정한다. 기어 근처에 설치된 전자식 홀 센서 회전계로 통과하는 기어의 수를 센 결과, 1초 간 1,000개가 측정된 경우, 다음 물음에 답하시오.

(1) 캠축기어의 회전속도를 rpm 단위로 계산하시오.
(2) 엔진의 회전속도를 계산하시오.

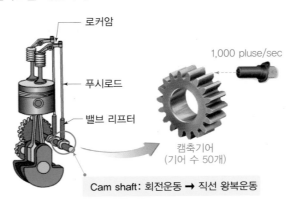

로커암

1,000 pluse/sec

푸시로드

밸브 리프터

캠축기어
(기어 수 50개)

Cam shaft: 회전운동 ➡ 직선 왕복운동

¹⁹ 1회전은 1 revolution 이라고 하며, rpm의 *r*에 해당됨.

| **풀이** | (1) 캠축기어는 50개이므로 1회전[19]에 50개의 캠축기어가 지나가며, 1분은 60초 이므로, 회전속도의 단위인 **rpm**으로 단위변환을 하면, 왕복엔진의 캠축기어의 회전 수(회진속도, N_{gear})는 다음 식과 같이 계산되어 1,200 rpm이 된다.

$$N_{CAM} = 1,000 \frac{개}{sec} \times \frac{1 \text{ rev.}}{50개} \times \frac{60 \text{ sec}}{1 \text{ min}} = 1,200 \text{ rpm}$$

(2) 왕복엔진의 회전수는 크랭크축(crank shaft)의 회전속도로 표시하는데, 기구학적으 로 크랭크축 1회전에 캠축은 2회전하므로 엔진 회전속도는 캠축 회전속도의 2배가 되어 2,400 rpm이 된다.

$$N_{ENG} = 2N_{CAM} = 2 \times 1,200 \text{ rpm} = 2,400 \text{ rpm}$$

예제 5.3

가스터빈 엔진의 N_1 회전수(회전속도)는 저압압축기(LPC, Low Pressure Compressor)와 저압터빈(LPT, Low Pressure Turbine) 사이의 회전속도를 말하며, 다음 그림과 같이 저 압터빈 블레이드에 설치된 전자식 홀 센서 회전계로 통과하는 블레이드의 수를 센 결과, 1초간 2,400개가 측정되었다. 엔진의 N_1 회전수는 얼마인가?
(저압터빈의 블레이드 개수는 48개라고 가정한다.)

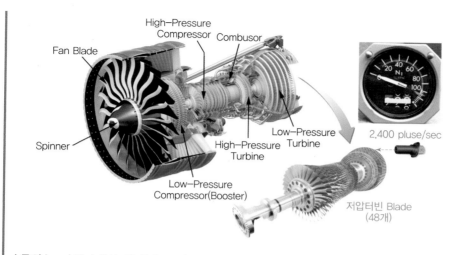

|풀이| 저압터빈의 블레이드 개수가 48개이므로 1회전에 48개의 블레이드가 지나가며, 1분은 60초이므로, 회전속도의 단위인 rpm으로 단위변환을 하면 된다. 왕복엔진의 캠축기어와 동일하게 계산하면 N_1 회전수는 다음 식과 같이 3,000 rpm이 된다.

$$N_1 = 2,400 \frac{개}{\text{sec}} \times \frac{1 \text{ rev.}}{48개} \times \frac{60 \text{ sec}}{1 \text{ min}} = 3,000 \text{ rpm}$$

5.3.4 동조계(동기계)

마지막으로 설명하는 회전계기는 동조계(synchroscope)입니다. 동조계는 동기계라고도 하며, 쌍발 이상의 다발 왕복엔진(다발 프로펠러) 항공기에 장착되어 각 엔진의 회전속도가 서로 같은지, 아니면 차이가 나는지를 표시해 주는 계기입니다.

쌍발 엔진 항공기는 2개의 엔진 중 왼쪽 엔진을 마스터(master) 엔진, 오른쪽 엔진은 슬레이브(slave) 엔진으로 지정합니다. 각 엔진의 회전속도를 동기화시켜야 프로펠러(propeller)에 의한 진동과 소음이 감소되며, 엔진의 비대칭 추력에 의한 항공기의 요잉 모멘트(yawing moment)도 상쇄되어 조종사의 부가적인 러더(rudder) 조작입력이 불필요하게 됩니다.

① 동조계는 마스터 엔진을 기준으로 슬레이브 엔진의 회전속도가 빠르고 느림을 표시하는데, 마스터 엔진에서 출력되는 3상 교류를 동조계 외각의 고정자 코일(stator coil)에 인가하고, 슬레이브 엔진에서 출력되는 단상교류를 지침이 달린 동조계 회전자 코일(field coil)에 인가합니다.

(a) 동조계(synchroscope)

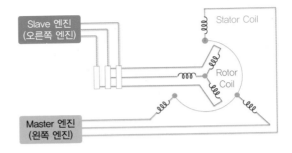

(b) 동조계 내부 구조

[그림 5.24] 동조계(동기계, synchroscope)

② 양쪽 엔진의 회전속도가 같을 때는 고정자 코일과 회전자 코일에서 생성되는 회전자기장은 같은 속도로 회전하므로, 동조계의 지침은 정지한 상태가 됩니다.

③ 만약 양쪽 엔진의 회전속도에 차이가 생기면 각 코일에 생성되는 회전자기장이 달라져 지침이 회전하여 한쪽으로 움직이게 됩니다.

CHAPTER SUMMARY

이것만은 꼭 기억하세요!

5.1 액량계기

① 연료(fuel), 윤활유(oil), 작동유(hydraulic oil), 방빙액(anti-icing fluid) 등 항공기에 탑재되어 사용되는 액체의 양을 부피나 무게로 측정하여 지시하는 계기

② 체적의 단위인 갤런(gallon)을 사용, 고고도 항공기에서는 고도와 대기온도에 따라 액체의 부피 변화가 심하므로 무게 단위인 파운드(pound)로 표시함.

③ 사이트 게이지식 액량계(sight gauge type quantity indicator) = 레벨 지시기(level indicator)
 • 투명한 사이트 글라스에 연료를 채워 넣고 표시된 눈금을 통해 액면을 읽는 직독식 액량계

④ 딥 스틱식(dip stick type) 액량계
 • 강철 와이어에 묻어나오는 액체의 높이를 읽는 직독식으로 소형 항공기의 오일량계(oil quantity indicator)로 사용함.

⑤ 플로트식(float-type) 액량계
 • 액체 표면 위에 플로트(부자)를 띄워 액량에 따라 움직이는 변위를 부피로 변환하여 측정하는 방식임.
 • 기계식 플로트 액량계기
  − 구조가 단순하고 신뢰성이 높아 소형 항공기의 연료량계(fuel quantity indicator) 및 오일량계로 이용함.
 • 전기저항식 플로트 액량계기
  − 플로트의 변위를 가변저항기에 연동시켜 직류(DC) 전원에 따라 변화하는 전류값을 측정하여 액량을 지시함.
  − 직류전원의 전압값 변동에 상관없이 값이 지시되는 비율형 계기(ratiometer-type)

⑥ 정전용량식(capacitance-type) 액량계
 • 비행고도의 변화가 심한 중대형 여객기 및 고성능 항공기에 적용하는 방식으로 측정된 연료의 부피에 밀도(density)를 곱하여 무게 단위인 파운드(pound)로 연료량을 표시함.
 • 탱크 유닛(tank unit): 연료탱크 내에 수직으로 설치하여 공기와 연료의 유전율을 통해 연료량을 측정
 • 보상 유닛(compensator unit): 보상 커패시터를 통해 고도변화에 따른 연료의 유전율 변화를 보상하며, 연료량 측정을 위한 기준 정전용량값을 제공
 • 농도계(densitometer): 비행고도 변화에 따른 연료의 밀도를 측정
 • FQPU(fuel quantity processor unit): 연료량 계산 및 신호정보의 취합 및 전송 기능을 수행
 • Fuel drip stick(fuel measuring stick): Stick에 눈금을 매겨 놓은 직독식 연료량 측정장치로 날개 아래쪽에서 지상정비 시 연료량을 측정

5.2. 유량계기

① 엔진이 1시간 동안 소모하는 연료의 양, 즉 엔진에 공급되는 연료의 유량률(flow rate)을 측정하여 지시하는 계기

② 연료의 유량을 시간당 부피 단위인 GPH(Gallon Per Hour), 또는 무게 단위인 PPH(Pound Per Hour)로 지시함.

③ 차압식 유량계(differential pressure type flowmeter)
 • 연료분사장치(fuel injectors) 입구와 출구에 설치된 오리피스(orifice)의 압력차를 측정하여 해당되는 연료유량을 지시하는 방식으로 연료 분사식의 소형 왕복엔진 항공기에 이용함.

④ 베인식 유량계기(vane-type flowmeter)
- 연료유량에 비례하여 베인(vane)이 돌아가는 회전 각변위를 싱크로 계기로 측정하여 지시하는 방식임.
- 왕복엔진 대형 항공기에 주로 사용하는 방식임.
⑤ 동기 전동기식 유량계기(synchronous motor type flowmeter)
- 연료의 유량이 많고, 비행고도 변화에 따른 연료의 밀도 및 온도변화가 큰 가스터빈 엔진에 사용되는 방식임.
- 교류 동기 전동기로 임펠러(impeller)를 회전시켜 연료흐름에 일정한 회전 각속도를 부가하고, 후방에 설치된 터빈(turbine)의 회전각도를 측정하여 교류셀신으로 지시함.

5.3 회전계기

① 타코미터(tachometer)라고 불리며, 엔진의 회전수를 측정하여 회전속도 정보를 제공하는 계기
② 왕복엔진 항공기는 회전속도를 1분당 회전수인 rpm(revolution per minute)으로, 가스터빈 엔진은 압축기의 회전수를 최대출력(정격출력) 회전수에 대한 백분율(%)로 표시함.
③ 기계식 회전계(mechanical tachometer)
- 회전계기의 회전축을 엔진 회전축에 연결시키고 기어 및 링키지 등의 기구학적인 연결을 통해 회전속도를 직접 측정하여 표시하는 방식으로 원심력식 회전계와 와전류식 회전계로 구분됨.
- 와전류식 회전계는 아라고 원판의 원리가 적용되는 드래그 캡을 사용하는 방식임.
④ 전기식 회전계(electrical tachometer)
- 엔진 회전속도를 전기신호로 변환하여 조종석에 설치된 지시계기에 전달하는 방식으로, 동기 회전자식 회전계(synchronous-rotor tachometer)가 대표적임.
- 회전계 수감부인 발전기(tacho-generator)와 지시기인 동기 전동기(synchronous motor)로 이루어지며, 동일한 구조를 가지며 3상 교류를 사용함.
  - 회전계의 발전기는 엔진 회전속도에 따라 3상 교류 전기신호를 발전하고, 회전계 지시계로 전송된 3상 교류 신호는 다시 3상 동기 전동기에 입력되어 동일한 자기장을 형성하므로 해당되는 회전속도를 표시함.
⑤ 전자식 회전계(electronic tachometer)
- 펄스 계수식 센서(pulse counting-type sensor)로 모터나 엔진의 회전속도에 따라 일정 관계를 가진 펄스의 개수를 카운트하여 회전속도를 측정하는 비접촉방식의 회전계
- 광전식 회전계: 회전면 한쪽에서 LED로 빛을 발광시키고 반대편에서 포토센서로 빛을 감지하여 회전수에 비례하는 펄스의 개수를 세어 회전수를 측정하는 방식임.
- 홀 센서 회전계
  - 홀 효과(Hall effect)를 이용하여 기어(gear)나 가스터빈 엔진의 블레이드(blade) 개수를 카운트하여 출력되는 해당 펄스 신호의 개수를 통해 회전속도를 구하는 방식임.
⑥ 동기계(synchroscope) = 동조계(synchroscope)
- 쌍발 이상의 다발 왕복엔진(다발 프로펠러) 항공기에 장착된 각 엔진의 회전속도가 서로 같은지, 차이가 나는지를 표시하는 계기

기출문제 및 연습문제

01. 정전 용량식 액량계에서 사용되는 콘덴서의 용량과 가장 관계가 먼 것은?　[항공산업기사 2010년 4회]

① 극판의 넓이
② 중간 매개체의 유전율
③ 극판 간의 거리
④ 중간 매개체의 절연율

해설 정전용량식 액량계는 연료의 체적(부피)을 측정하기 위해 커패시터(콘덴서, capacitor)를 이용하며, 커패시터의 정전용량(capacitance, C)은 극판의 넓이(A)와 극판 사이의 거리(d) 및 극판 사이에 들어 있는 물질의 유전율(dielectric constant, ε)에 의하여 결정된다.

02. 연료량을 중량 단위로 나타내는 연료량계에서 실제는 그렇지 않은데 full tank를 지시한다면 예상되는 결함은?

① 탱크 유닛의 단락
② 탱크 유닛의 절단
③ 보상 유닛의 단락
④ 시험 스위치의 단락

해설 • 중량단위로 연료량을 나타내는 액량계의 종류는 정전용량식 액량계이며, 커패시터(capacitor)를 이용하여 연료의 유전율을 통해 정전용량값에 비례하는 연료량을 측정한다.
• 따라서, 정전용량은 측정회로에서 저항 요소인 용량성 리액턴스(capacitive reactance)값이 되며, 연료의 유전율을 측정하는 탱크 유닛(tank unit)이 단락(합선, short)되면 저항값이 최대가 되어 지시계는 full을 지시한다.

03. 중대형 항공기의 연료량 측정시스템에서 고도 변화에 따른 연료의 밀도변화를 보상하는 장치는?

① 탱크 유닛(tank unit)
② 농도계(densitometer)
③ 보상 유닛(compensator unit)
④ 딥 스틱(dip stick)

해설 • 중대형 항공기의 연료량 측정시스템(FQIS, Fuel Quantity Indicating System)은 정전용량식 액량계를 이용하며 다음과 같은 구성요소를 가진다.
• 탱크 유닛(tank unit): 연료의 유전율을 통해 연료량을 측정한다.
• 보상 유닛(compensator unit): 보상 커패시터를 통해 고도변화에 따른 연료의 유전율 변화를 보상한다.
• 농도계(densitometer): 비행고도 변화에 따른 연료의 밀도를 측정한다.
• FQPU(fuel quantity processor unit): 연료량 계산 및 신호정보의 취합 및 전송을 한다.

04. 항공기의 연료탱크에 150 lb의 연료가 있고 유량계기의 지시가 75 PPH로 일정하다면 연료가 모두 소비되는 시간은?　[항공산업기사 2014년 2회]

① 30분　　　　　② 1시간 30분
③ 2시간　　　　　④ 2시간 30분

해설 • 유량계기(flowmeter)는 엔진이 1시간 동안 소모하는 연료의 양인 연료유량률(flow rate)을 측정하여 지시하는 계기로, 시간당 부피 단위인 GPH(Gallon Per Hour), 또는 무게 단위인 PPH(Pound Per Hour)를 사용한다.
• 연료유량이 주어졌으므로

$$\text{연료유량} = \frac{\text{무게(lb)}}{\text{시간}(t)} \Rightarrow$$

$$\text{시간}(t) = \frac{\text{무게(lb)}}{\text{연료유량}} = \frac{150 \text{ lb}}{75\dfrac{\text{lb}}{\text{h}}} = 2 \text{ h}$$

05. 다음 중 연료유량계의 종류가 아닌 것은?
　　　　　　　　　　　　　[항공산업기사 2014년 4회]

① 차압식 유량계
② 부자식 유량계
③ 베인식 유량계
④ 동기 전동기식 유량계

해설 • 유량계(flowmeter)는 연료탱크에서 엔진으로 흐르는 연료의 유량률(flow rate)을 지시한다.
• 유량계기의 종류에는 차압식, 베인식 및 동기 전동기식이 있다. 부자식은 액량계에 사용되는 방식이다.

정답 1. ④　2. ①　3. ②　4. ③　5. ②

06. 액량계기와 유량계기에 관한 설명으로 옳은 것은?

[항공산업기사 2016년 4회]

① 액량계기는 대형기와 소형기가 차이 없이 대부분 동압식 계기이다.

② 액량계기는 연료탱크에서 기관으로 흐르는 연료의 유량을 지시한다.

③ 유량계기는 연료탱크에서 기관으로 흐르는 연료의 유량을 시간당 부피 또는 무게단위로 나타낸다.

④ 유량계기는 직독식, 플로트식, 액압식 등이 있다.

해설 • 액량계(quantity indicator)는 항공기에 사용되는 연료, 윤활유, 작동유 등의 양을 지시하며, 소형기는 플로트식(float-type)이, 중대형 항공기는 정전용량식(capacitance- type)이 주로 사용된다.

• 유량계(flowmeter)는 연료탱크에서 기관으로 흐르는 연료의 유량률을 지시하며, 시간당 부피 단위인 GPH(Gallon Per Hour), 또는 무게 단위인 PPH(Pound Per Hour)를 사용한다.

07. 회전계기에 대한 설명 중 틀린 것은?

① 회전계기는 기관의 분당 회전수를 지시하는 계기인데 왕복기관에서는 프로펠러의 회전수를 rpm으로 나타낸다.

② 가스터빈 기관에서는 압축기의 회전수를 최대 회전수의 백분율(%)로 나타낸다.

③ 회전계기에는 전기식과 기계식이 있으며, 소형기를 제외하고 모두 전기식이다.

④ 다발 항공기에서 기관들의 회전이 서로 동기되었는가를 알기 위하여 사용하는 계기가 동기계이다.

해설 • 타코미터(tachometer)로 불리는 회전계기는 항공기 엔진의 회전수를 측정하여 회전속도 정보를 제공하는 계기이다.

• 왕복엔진에서는 크랭크축의 회전수를 측정하며, 크랭크축에 프로펠러가 연결되므로 프로펠러의 회전수를 rpm으로 지시한다.

• 기계식, 와전류식, 전기식, 전자식 회전계로 구분되며, 중대형 항공기에는 전자식이 주로 사용된다.

08. 전기식 회전계에 사용되는 지시계는?

① 유도 모터   ② 동기 모터

③ BLDC 모터   ④ split motor

해설 • 전기식 회전계(electrical tachometer)는 엔진 회전 속도를 전기신호로 변환하여 조종석에 설치된 지시계기에 전달하는 방식으로, 동기 회전자식 회전계(synchronous-rotor tachometer)가 대표적이다.

• 회전계 수감부인 발전기(tacho-generator)와 지시기인 동기 전동기(synchronous motor)로 이루어지고 동일한 구조를 가지며 3상 교류를 사용한다.

09. 다음의 회전계기 중 회전방향을 고려하지 않아도 되는 것은?

① 전기식 회전계

② 와전류식 회전계

③ 시계식 회전계

④ 원심력식 회전계

해설 원심력식 회전계(centrifugal-type tachometer)는 기계식으로 엔진 회전축에 연결된 플라이웨이트(flyweight)의 기계적 변위를 통해 지시침을 움직이므로 회전방향과 관계가 없다.

10. 그림과 같은 회로의 회전계는?

[항공산업기사 2013년 4회]

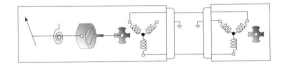

① 기계식 회전계

② 전기식 회전계

③ 전자식 회전계

④ 맴돌이 전류식 회전계

해설 그림은 전기식 회전계(electrical tachometer)로, 엔진 회전축에는 전기식 회전계 발전기의 로터 회전축을 연결하고, 조종석의 계기 지시부는 동기 전동기(synchronous motor)를 사용하는 원격지시 방식이다.

정답 6. ③ 7. ③ 8. ② 9. ④ 10. ②

필답문제

11. 항공기에 사용되는 액량계기의 종류 2가지를 쓰고, 액량계에서 사용하는 부피(체적) 단위와 무게 단위를 각각 기술하시오. [항공산업기사 2015년 1회]

정답 ① 종류 (다음 중 2개를 기술)
- 사이트 게이지식 액량계(sight gauge type quantity indicator): 투명한 사이트 글라스에 연료를 채워 넣고 표시된 눈금을 통해 액면을 읽는 직독식 액량계
- 딥 스틱식(dip stick type) 액량계: 강철 와이어에 묻어나오는 액체의 높이를 읽는 직독식 액량계
- 플로트식(float-type) 액량계: 플로트(부자)를 띄워 액량에 따라 움직이는 변위를 부피로 변환하여 측정하는 방식
- 정전용량식(capacitance-type) 액량계: 커패시터(콘덴서)를 통해 측정된 연료부피에 밀도를 곱하여 무게 단위인 파운드(pound)로 연료량을 표시하는 방식

② 부피 단위: 갤런(Gallon)
③ 무게 단위: 파운드(Pound)

Aircraft
Instrument
System

AIRCRAFT INSTRUMENT SYSTEM

우리가 방향을 정하고 목적지로 이동하기 위해서는 가장 먼저 지구 북극에 대해서 현재 어느 방향을 향하고 있는지를 알아야 합니다. 그러면 동서남북을 기준으로 얼마만큼 방향을 틀어야 하는지를 알 수 있게 됩니다. 이때 가장 간단하게 사용할 수 있는 장치가 나침반(compass)이며, 항공기에서도 자기 컴퍼스(magnetic compass)라는 항공계기로 응용됩니다. 6장에서는 이러한 자기계기(magnetic instrument)에 대해 알아봅니다. 지구자기장을 측정하는 방식이므로 먼저 지구자기장의 특성과 여러 가지 필요한 요소들을 먼저 알아보고, 자기 컴퍼스 및 원격 자기 컴퍼스의 구조와 특성에 대해 공부하도록 하겠습니다.

6.1 지구자기장

6.1.1 지자기 및 진북

지구자기장(지자기, earth magnetic field)의 특성에 대해 알아보겠습니다. 지구 근처에서 나침반이 [그림 6.1]과 같이 자기장의 방향에 따라 북쪽 방향을 가리키게 되는 것은 지구가 하나의 커다란 자석과 같이 지구표면과 공간에서 고유한 자기력을 가지고 있기 때문입니다.

　북반구에서 지구자기장은 캐나다 북쪽 허드슨만(Hudson bay) 부근에 위치한 천연자력 지대로 모여들게 되는데, 이 지구자기장의 북쪽 방향 지점을 자북(magnetic pole)

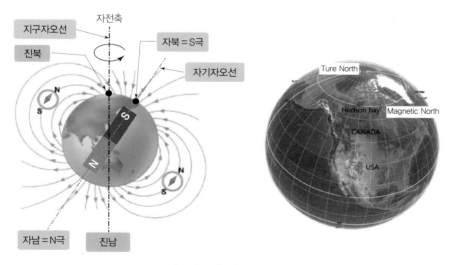

[그림 6.1] 지구자기장

이라고 하며, 지구의 자기력선은 자북을 향하게 됩니다. 나침반의 N극이 지구 북쪽 방향을 가리키기 때문에 자북은 자기장의 S극이 되고, 자남(magnetic south)은 반대로 N극이 되며, 지구자기장은 고정되어 있지 않고 매년 주기적으로 동서로 약간씩 이동하고 있습니다.

우리가 보통 말하는 북극과 남극은 지리학적으로 북쪽과 남쪽방향인 진북(north pole)[1]과 진남(south pole)을 가리키며, 지구자전축(지축)이 지구 표면과 만나는 두 점을 나타냅니다.

1 True north

여기서 주의할 사항은 지구자기장의 북극인 자북과 지구자전축의 북극인 진북은 일치하지 않는다는 것입니다. 자북은 북극인 진북과 2,100 km 떨어진 곳에 위치하며, 지자기의 남극인 자남은 진남(남극)과 1,800 km 떨어진 곳에 위치하기 때문에 [그림 6.1]과 같이 지구자기장의 자북과 자남을 연결한 자기자오선(magnetic meridian)은 진북과 진남을 연결한 지구자오선(meridian)과 11.5° 정도 차이가 납니다. 따라서, 지자기를 이용하여 북쪽 방위를 탐지하는 자기계기가 지시하는 값[2]은 진북과 항상 오차가 존재하게 됩니다.

2 결국 현재 항공기의 기수가 향하는 방위를 나타내는 값이며, 방위각(heading angle)이라고 함.

> **핵심 Point 진북과 자북**
>
> ① 진북(North Pole, NP): 지축(지구자전축)의 북극
> ② 자북(Magnetic Pole, MP): 지구자기장(지자기)의 북극
> ➡ 진북과 자북은 일치하지 않는다.

6.1.2 지자기의 3요소

일반적으로 지자기는 편각, 복각, 수평분력의 3요소로 구분하는데, 이에 대해 알아보겠습니다.

(1) 편각(편차)

편각(variation)은 편차(declination)라고도 하며, 수평면에서 지자기 방향이 진북과 이루는 각도를 나타내고 그리스문자 δ(델타)로 표기합니다.[3] [그림 6.2(a)]와 같이 나침반의 자침이 가리키는 방향은 지구자기장의 자북을 가리키게 되며, 앞에서 설명한 바와 같이 진북과 자북은 일치하지 않으므로 그림과 같이 각도차(편각)가 발생합니다.[4]

즉, 진북과 자북이 이루는 각을 편각이라 하며, 지구상의 위치에 따라 값이 달라

3 지구의 자전축인 지축(지구자오선)과 지자기축(자기자오선) 간에 이루는 각을 의미함.

4 우리나라의 경우는 서쪽으로 5~6° 정도 편각이 나타남.

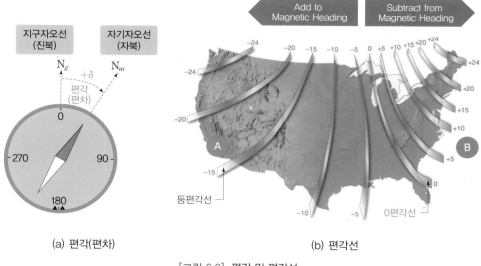

| (a) 편각(편차) | (b) 편각선 |

[그림 6.2] 편각 및 편각선

지고 위치에 따라 동쪽 또는 서쪽으로 발생합니다. 이 편각을 교정하기 위해 [그림 6.2(b)]와 같이 항공차트에는 편각선을 표시하는데, 같은 편각을 연결한 선을 등편각선(isogonic line)이라 하고, 편각이 0이 되는 지점을 연결한 선을 0편각선(agonic line)이라고 합니다.

[그림 6.3]과 같이 항공기의 기수방향이 정확히 진북을 가리키고 있는 경우에도 항공기의 비행위치에 따라 편각이 발생할 수 있습니다.

① 예를 들어 [그림 6.2(b)]의 A지역에서 비행하는 항공기는 편각이 서쪽으로 나타

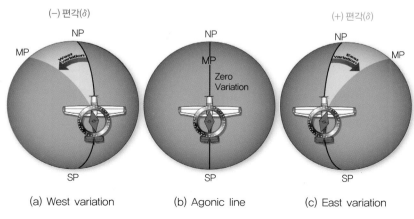

| (a) West variation | (b) Agonic line | (c) East variation |

[그림 6.3] 편각선 위치에 따른 방위각

5 편각은 진북을 기준으로 자북이 이루는 각도이므로, 편각이 동쪽으로 나타나면 (+)가 되고, 서쪽으로 나타나면 (−)가 됨.

나게 되므로 [그림 6.3(a)]와 같이 자북을 나타내는 자기계기에서 지시하는 방위각에 편각을 더해주어야[5] 진북을 향할 수 있습니다.

② [그림 6.2(b)]의 B지역에서 비행하는 항공기는 편각이 동쪽으로 나타나게 되므로 [그림 6.3(c)]와 같이 자기계기에서 지시하는 방위각에서 편각을 빼주어야 진북을 향할 수 있습니다.

③ [그림 6.2(b)]의 0편각선에 위치한 항공기에서는 [그림 6.3(b)]와 같이 자기계기의 자북과 진북이 일치하게 됩니다.

(2) 복각

6 Magnetic dip(또는 dip)이라고 함.

지자기의 두 번째 요소인 복각(inclination)[6]은 지자기 방향이 수평면과 이루는 각을 말하며 그리스 문자 θ(세타)로 표기합니다. [그림 6.4]와 같이 적도(equator) 위의 자기력선은 지구표면과 수평(지구중력에 수직)이기 때문에 나침반의 자침은 수평이 되고 복각은 0°가 됩니다. 남극이나 북극에 가까워지면 나침반의 자침은 아래로 기울게[7]

7 북반구에서는 N극이 아래로, 남반구에서는 S극이 아래로 기울어짐.

되어 복각은 점점 커지게 되므로 자북과 자남에서 복각은 90°가 됩니다.

수평면과 이루는 복각은 자침의 N극이 수평에서 아래로 향하면 양(+), 위로 향하면 음(−)이라고 정의하므로, 북반구에서는 양(+)의 값을, 남반구에서는 음(−)의 값을 취하게 됩니다. 따라서 복각이 0°인 지점을 자기적도라 하며, 복각이 +90°인 곳이 자북이 되고, −90°인 곳이 자남이 됩니다.

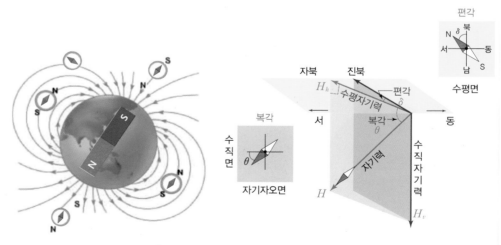

[그림 6.4] 복각(declination) 및 수평분력

(3) 수평분력

지자기의 마지막 요소인 수평분력(horizontal intensity)[8]에 대해 알아보겠습니다. [그림 6.4]에서 나침반의 자침은 해당 위치에서 지구자기장의 방향(자기력선)을 가리키게 되며, 이때 지구자기장의 크기인 전체 지자력(H)의 벡터(vector) 방향과 일치하게 됩니다. 따라서, 전체 지자력은 그림과 같이 수평분력(H_h, 수평자기력)과 수직분력(H_v, 수직자기력)의 두 성분으로 나눌 수 있는데, 식 (6.1)과 같이 복각(θ)에 의해 sine과 cosine 성분으로 분리됩니다.

8 Horizontal component of earth magnetic field

$$\begin{cases} H_h = H \cdot \cos \theta \\ H_v = H \cdot \sin \theta \end{cases} \tag{6.1}$$

결국 앞에서 정의한 편각(δ)은 전체 지자력(H)의 수평성분(H_h)이 진북과 이루는 각이며, 복각은 수직성분(H_v)이, 수평성분(H_h)이 포함된 수평면과 이루는 각을 나타냅니다.

6.1.3 방위각

방위각(heading angle)[9]은 북쪽을 기준으로 시계방향으로 측정한 각도를 의미하며, 0°에서 360°로 표현하여 동서남북을 표시합니다. 즉, 0°는 북쪽을, 90°는 동쪽을, 270°는 서쪽을 가리키고 360°는 0°와 같이 다시 북쪽을 가리킵니다. [그림 6.5]와 같이 비행

9 줄여서 방위(heading) 라고도 하며, 그리스문 자 ψ(프사이)로 표기함.

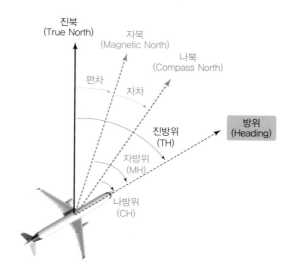

[그림 6.5] 방위(heading)의 정의

중인 항공기의 기수가 지구의 북쪽을 기준으로 어느 방향을 가리키고 있는지를 알 수 있는 각도가 되므로, 항로를 정하고 목표점으로 이동하기 위해 진로(course)를 수정하는 등 항법시스템에서 핵심적인 비행정보로 활용됩니다.

방위(heading)는 다음과 같이 진방위, 자방위, 나방위로 구분됩니다.

 방위(heading)의 구분

① 진방위(TH, True Heading): 지구의 진북을 기준으로 측정한 방위각
② 자방위(MH, Magnetic Heading): 지구자기장의 자북을 기준으로 측정한 방위각
③ 나방위(CH, Compass Heading): 나침반상의 북쪽인 나북을 기준으로 측정한 방위각
➡ 나북은 이상적인 경우에 자북과 일치하나, 나침반 자체 오차가 포함되어 있기 때문에 자방위와 일치하지 않게 된다.

진방위와 자방위의 차이는 진북과 자북의 차이가 되므로 앞에서 설명한 편각이 됩니다. 자차(deviation)는 자북과 나북의 차이를 지칭하는데, 나침반은 지자력 외에 수감부 주위에 위치한 자성체의 자기장과 전기 및 전자장치에 흐르는 전류에 의해 생기는 자기장에 영향을 받아 자북을 정확히 지시하지 못하고 오차를 포함하게 됩니다. 나침반이 가진 이러한 오차를 자차라고 정의합니다. 따라서, 식 (6.2)와 같이 진방위는 자방위와 편차의 합으로 표현할 수 있고, 자방위는 나방위와 자차의 합이 되므로 최종적으로 진방위는 나방위와 자차, 편차의 합으로 정의됩니다.

$$
\begin{cases}
진방위(TH) = 자방위(MH) + 편차 \\
자방위(MH) = 나방위(CH) + 자차
\end{cases}
$$

➡ 진방위(TH) = $\underbrace{나방위(CH) + 자차}_{자방위(TH)}$ + 편차 (6.2)

다음 예제를 통해 방위각의 관계를 이해해보겠습니다.

예제 6.1

현재 항공기가 다음 그림과 같이 비행하고 있는 상태이다. 장착된 자기 컴퍼스의 자차와 편차를 구하시오.

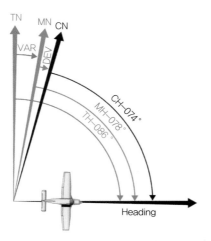

│**풀이**│ 현재 항공기의 나방위(CH)는 74°, 자방위(MH)는 78°이며 진방위(TH)는 88°를 가리키고 있으므로, 식 (6.2)에서

① 자방위(MH) = 나방위(CH) + 자차 ➡ 78° = 74° + 자차

따라서, 자차는 4°이다.

② 진방위(TH) = 자방위(MH) + 편차 ➡ 88° = 78° + 편차

따라서, 편차는 10°이다.

6.2 자기 컴퍼스

자기 컴퍼스는 마그네틱 컴퍼스(magnetic compass)라고도 하며, 항공기의 방위(방위각)를 알아내기 위해 장착한 항공기용 나침반이라고 생각하면 됩니다. 항공기의 기수방위를 자방위로 측정하여 표시하는 가장 기본적이고 중요한 계기이며, [그림 6.6]과 같은 계기형태로 일반적으로 항공기 조종석 계기패널의 중앙 상단에 장착합니다. 계기판의 눈금은 30° 간격으로 표시되어 있으며, 눈금판에서 '3'은 30°를 나타내고 '21'은 210°를 나타냅니다. [그림 6.7]에서 항공기 B의 기수방위는 자북에 대해 65°를 가리키고 있으므로 북동(north-east) 방향으로 비행 중이며, 항공기 A는 245°의 방위각을 나타내고 있으므로 남서(south-west) 방향으로 비행하고 있음을 알 수 있습니다.

(a) Magnetic compass

(b) Vertical magnetic compass

[그림 6.6] 자기 계기

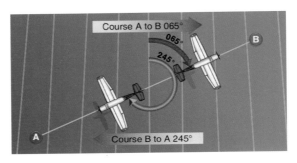

[그림 6.7] 항공기의 방위각

6.2.1 자기 컴퍼스의 구조

자기 컴퍼스는 [그림 6.8]과 같이 영구자석 외각에 컴퍼스 카드(compass card)[10]가 표시된 플로트(float)에 둘러싸여 피벗(pivot)에 의하여 지지됩니다. 즉, 플로트 내에 붙

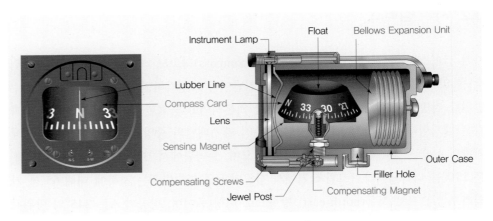

[그림 6.8] 자기 컴퍼스(magnetic compass) 구조

어 있는 영구자석은 피벗에 의해 지지되어 자유롭게 회전할 수 있기 때문에 나침반과 같이 자북방향을 가리키게 되고, 영구자석에 고정된 컴퍼스 카드도 함께 회전하므로 조종사는 유리면에 표시된 루버선(lubber's line)으로 방위를 판독합니다. 자기 컴퍼스의 구조를 좀 더 자세히 설명하면 다음과 같습니다.

① 영구자석, 플로트, 피벗으로 구성된 가동부분은 알루미늄 케이스 내부에 들어 있으며, 케이스 내부는 컴퍼스액으로 채워져 있습니다. 컴퍼스액은 액체인 케로신[11] (kerosine)이 사용되는데, 가동 부분의 원활한 움직임과 불필요한 요동을 방지하는 댐퍼기능을 합니다.

② 또한, 컴퍼스 카드가 표시된 플로트는 컴퍼스액의 부력을 이용하므로 피벗에 작용하는 중량을 경감시켜 피벗의 마모 및 마찰을 방지하는 기능을 합니다.

③ 비행고도 변화에 따른 온도 변화에 의해 발생할 수 있는 컴퍼스액의 팽창과 수축은 계기 내부에 압력변화를 발생시켜 가동부분의 오차와 심한 경우 계기의 파손을 일으킵니다. 이러한 파손을 막기 위하여 내부에 팽창실이 설치되어 있으며, 압력 공함인 벨로즈(bellows)가 설치되어 고도 변화에 의한 팽창과 수축 영향을 상쇄시킵니다.

④ 컴퍼스 케이스 하부에는 자차 보정장치[12]가 설치되어 있으며, 2개의 조정나사(N-S 노브, E-W 노브)로 자차를 수정할 수 있습니다.

⑤ 정면 상부에는 내부 조명구가 장치되는데, 조명장치 점등 시 전류에 의한 자기장의 영향이 생기지 않도록 연결된 배선은 차폐도선을 사용해야 합니다.

자기 컴퍼스는 플로트가 피벗에 지지되어 회전하므로 여러 가지 오차들이 많이 생기는 단점이 있습니다. 특히 컴퍼스 카드 눈금판 뒤편 방향으로 영구자석의 N극 자침이 향하게 되므로, 조종사가 바라보는 컴퍼스 카드 눈금판은 항공기의 기수방향 회전과 반대방향으로[13] 회전하게 됩니다. 따라서 항공기가 시계방향(오른쪽)으로 선회하여 방위각이 (+)방향으로 증가하더라도 자기 컴퍼스의 방위눈금은 반대방향인 반시계 방향으로 증가하므로 조종사에게 혼동을 가져올 수 있습니다. 이와 같은 여러 단점들을 보완하여 플로트 대신에 마그네틱 축(magnetic shaft) 방식[14]을 적용한 [그림 6.6(b)]의 수직 자기 컴퍼스(vertical magnetic compass)[15]가 주로 사용됩니다.

---

11 등유(燈油)로 점성이 있어 댐퍼 기능을 함.

12 보정자석(compensating magnet)이 설치되어 있어, 자기 컴퍼스의 오차를 보정할 수 있음.

13 [그림 6.6(a)] 컴퍼스 카드의 방위숫자가 왼쪽 편으로 3(30°)이 표시되는 이유임.

14 플로트(컴퍼스 카드)의 수직 회전축을 수평으로 바꾸면 기수 회전 방향과 컴퍼스 카드 회전이 같은 방향이 됨.

15 수직 자기 컴퍼스의 컴퍼스 카드 모양은 기수방위지시계(heading indicator)와 거의 같으며, 보정노브가 없는 것이 다름.

6.2.2 자기 컴퍼스의 정적 오차

자기 컴퍼스의 오차는 정적 오차(static error)와 동적 오차(dynamic error)로 나눌 수 있는데, 정적 오차는 앞에서 설명한 계기의 자체오차인 자차(e)를 의미하며 방위각(ϕ)에 대해 다음 식 (6.3)과 같이 표현할 수 있습니다.

$$e = \underbrace{A}_{\text{불이차}} + \underbrace{B\sin\phi + C\cos\phi}_{\text{반원차}} + \underbrace{D\sin 2\phi + E\cos 2\phi}_{\text{사분원차}} \qquad (6.3)$$

 자기 컴퍼스의 정적 오차(static error)

① 불이차(constant deviation)
  − 제작/장착 등에 의해 일정한 크기로 나타나는 오차를 말한다.
② 반원차(semicircular deviation)
  − 자화된 기체 구조물이나 전선 등에 의해 생기는 자기장이 지구자기장을 왜곡시켜 나타나는 오차를 말한다.
③ 사분원차(quadrant deviation)
  − 자기 컴퍼스 주변 연철 구조물에 의해 지구자기장이 흩어져 나타나는 오차를 말한다.

(1) 불이차

자기 컴퍼스의 정적 오차 중 불이차(constant deviation)는 자기 컴퍼스의 모든 자 방위에서 일정한 크기로 나타나는 오차를 말하며, 크기가 일정하므로 식 (6.3)에서 A로 표현됩니다. 자기 컴퍼스 제작 시 영구자석과 컴퍼스 카드의 중심축이 일치하지 않거나, 항공기에 장착 시 기울어짐 등에 의한 장착오차 등에 의해 발생합니다. 불이차는 자기 컴퍼스의 장착 상태를 수정하고 개선함으로써 수정이 비교적 용이합니다.

(2) 반원차

반원차(semicircular deviation)는 항공기에 장착되어 사용되고 있는 여러 장치들에 포함된 자성체 및 항공기 전선[16] 등에 의한 외부 자기장에 의해 자기 컴퍼스에서 측정하는 지구자기장이 왜곡되어 생기는 오차를 의미합니다. 여기에는 기체 구조물 중 자화된 강재(steel part)도 포함되며, 항공기 내 전선 등에 흐르는 전류에 의한 자기장들도 포함됩니다.

예를 들어 [그림 6.9]와 같이 항공기의 우측 랜딩기어에 사용하고 있는 강재가 영구

16 전류가 흐르면 그 주위에는 자기장이 생성됨.

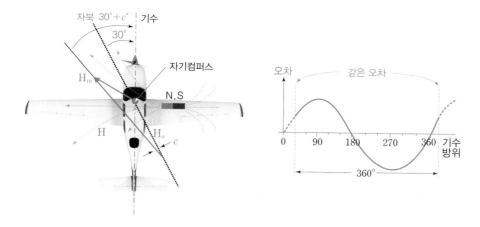

[그림 6.9] 반원차(semicircular deviation)

자석처럼 자성을 띠고 있으면 조종석 계기에 장착된 자기 컴퍼스에 영향을 미치게 됩니다. 이때 항공기에는 우측 랜딩기어에 의해서 생긴 자기장(H_m)이 지구자기장(H_e)에 가해져 합성자장은 H로 변경됩니다. 따라서 자기 컴퍼스는 원래 지구자기장에 의한 자방위 30°를 측정하여야 하지만 랜딩기어에 의한 자장에 의해서 오차($e°$)만큼 벗어난 자방위(30°+$e°$)를 지시하게 됩니다. 항공기가 기수방향을 바꾸면 오차는 그림의 그래프처럼 360°마다 같은 값이 나타나며, 180°마다 부호가 바뀌는 특성으로 나타나게 되므로, 식 (6.3)에서 $\sin \phi$와 $\cos \phi$로 표현됩니다.[17]

반원차는 지구자기장을 왜곡시키는 H_m을 상쇄하는 자장을 인위적으로 추가하여 수정할 수 있습니다.

(3) 사분원차

정적 오차의 마지막 요소인 사분원차(quadrant deviation)는 항공기에 사용되고 있는 연철재료에 의해서 지구자기의 자기장이 흩어져서 발생하는 오차를 말합니다.

[그림 6.10]과 같이 항공기는 연철재료 P에 의해서 자기 컴퍼스가 장치된 위치의 지구자기장이 흩어지게 됩니다. 연철의 일시 자화로 자장이 흩어지며, 연철재료가 지구자기장 방향에 대해 180° 회전하면 역방향으로 일시 자화되고 같은 영향이 나타납니다. 따라서 그래프에서 보여지는 바와 같이 이 오차는 180°마다 같은 값이 나타나고, 90°마다 부호가 바뀌므로 사분원차라고 합니다. 사분원차는 식 (6.3)에서 $\sin 2\phi$와 $\cos 2\phi$로 표현할 수 있으며[18], 연철판, 봉, 구 등을 이용하여 수정이 가능합니다. 항공기 제작 후에 큰 수리나 개조작업을 한 경우에 사분원차 수정을 수행합니다.

17 $\sin \phi$와 $\cos \phi$의 주기는 2π(360°)이므로, π(180°)마다 부호가 바뀜.

18 $\sin 2\phi$와 $\cos 2\phi$의 주기는 π(180°)이므로, $\pi/2$(90°)마다 부호가 바뀜.

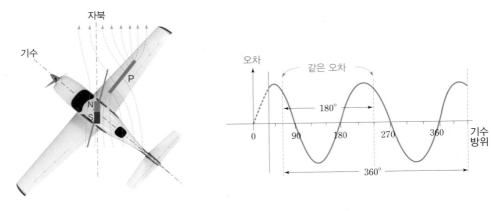

[그림 6.10] 사분원차(quadrant deviation)

6.2.3 자기 컴퍼스의 동적 오차

다음으로 자기 컴퍼스의 동적 오차에 대해 알아보겠습니다. 자기 컴퍼스의 동적 오차는 북선 오차, 가속도 오차, 와동 오차로 구분됩니다.

> **핵심 Point 자기 컴퍼스의 동적 오차(dynamic error)**
>
> ① 북선 오차(선회 오차, northerly turning error)
>   – 남북방향 비행 시 선회로 인해 나타나는 오차를 말한다.
> ② 동서 오차(가속도 오차, acceleration error)
>   – 동서방향 비행 시 가속 및 감속으로 인해 나타나는 오차를 말한다.
> ③ 와동 오차(oscillation error): 컴퍼스액의 와동에 의해 발생하는 오차를 말한다.

(1) 북선 오차(선회 오차)

북선 오차(northerly turning error)는 항공기가 경사각(뱅크각, bank angle)을 갖는 선회비행 시에 나타나므로 선회 오차라고도 합니다. [그림 6.11(a)]의 왼쪽편 항공기가 자북방향(방위각 0°)으로 비행 중에 오른쪽 날개가 내려가는 (+)경사각을 주고 우선회를 시작하면, 지자기의 수직성분과 선회에 의한 원심력에 의해 컴퍼스 내 플로트(float)의 영구자석봉이 기울어지고 선회 반대방향(서쪽방향)으로 컴퍼스 카드가 돌아가 방위각으로 33(330°)을 지시하는 오차[19]가 발생합니다.[20] 북선 오차는 북쪽 또는 남쪽으로 기수가 향하고 있을 때 가장 크게 나타나며, 동쪽 또는 서쪽을 향하고 있을 때는 나타나지 않습니다.

19 컴퍼스 카드가 자북 0(0°)을 지시하지 않고 33(330°)을 지시하므로 −3(−30°)만큼의 오차가 발생한 것임.

20 [그림 6.11(a)]의 오른편 항공기처럼 자남(방위각 180°)으로 비행 중에는 좌선회 방향과 반대로 오차가 발생하여 방위각은 15(150°)를 가리키게 됨.

192 · Chapter 06 자기계기

(a) 북선 오차의 발생

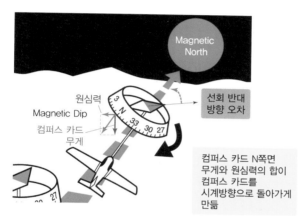

(b) 북선 오차의 발생과정

[그림 6.11] 북선 오차(northerly turning error)

북반구에서 비행하는 항공기의 북선 오차 발생과정을 보다 상세히 알아보겠습니다.

① [그림 6.11(b)]와 같이 북반구에서 자기 컴퍼스의 플로트는 복각에 의해 영구자석봉의 N극 쪽(컴퍼스 카드 눈금판의 S쪽 면)이 지구자기장을 따라 아래로 기울어집니다. 따라서 플로트 내 반대편 영구자석봉의 S극 쪽(컴퍼스 카드 눈금판의 N쪽 면)을 조금 더 무겁게 만들어 컴퍼스 카드가 수평이 되도록 제작됩니다.[21]

② 우선회 경사각에 의해 자기 컴퍼스의 플로트는 그림과 같이 오른쪽으로 기울어지고 선회에 의한 원심력은 왼쪽으로 작용하게 되므로, 영구자석봉의 S극 쪽(컴퍼스 카드의 N쪽 면)의 무게와 합성된 전체 힘은 중심축에 대해 컴퍼스 카드를 시계방향으로 돌리는 힘을 발생시키게 됩니다.

21 영구자석의 N극은 컴퍼스 카드 눈금판의 'S'가 되고, S극은 컴퍼스 카드 눈금판의 'N'이 됨.

③ 따라서, 컴퍼스 카드는 'N'이 아닌 '33'을 가리키게 되어 서쪽방향으로 오차가 발생하게 됩니다.

④ 반대로 남쪽 방향으로 비행하고 있는 [그림 6.11(a)]의 오른쪽 항공기의 경우는 그림과 같이 선회방향과 같은 방향의 오차가 나타나게 되므로, 이를 'North Opposite South Same'이라고 하며, 줄여서 노스(NOSS)[22]라고 합니다.

남반구에서 비행하는 경우에는 위에서 설명한 북반구와 정반대 방향으로 오차가 발생합니다. 즉, 북쪽으로 비행할 때 북선 오차는 선회방향과 같은 방향으로 나타나고, 남쪽으로 비행할 때는 선회방향과 반대방향으로 발생하므로 'NSSO'(North Same South Opposite)라고 합니다.

(2) 동서 오차(가속도 오차)

두 번째 동적 오차인 가속도 오차(acceleration error)는 항공기가 동쪽과 서쪽 방향으로 기수를 향하고 비행하는 경우에, 항공기의 가속과 감속 비행에 의해 나타나기 때문에 동서 오차라고도 하며, 마찬가지로 지자기의 복각에 의해 발생하는 오차입니다.

[그림 6.12(a)]와 같이 북반구에서 동쪽(E, 90°)을 향하여 비행하고 있는 항공기가 가속을 하게 되면, 가속도 오차에 의해 자기 컴퍼스는 자방위 6(60°)을 가리키게 됩니다. 항공기의 기수방향은 계속 동쪽을 향하고 있으므로 자기 컴퍼스는 동쪽(E, 90°)을 가리켜야 하지만, 북쪽방향으로 더 가까운 방위가 나오게 되어 +3(30°)의 오차가 발생합니다. 즉, 북반구에서 비행 시 항공기가 가속하게 되면 북쪽으로 더 가까운 방위가 나오는 가속도 오차가 발생하여 자기 컴퍼스의 지시 방위값은 원래값보다 감소하게 되고, 감속을 하게 되면 남쪽으로 더 가까운 방위가 나오는 가속도 오차가 발생하여 지시 방위값은 원래값보다 크게 나타납니다.

가속도 오차의 발생과정과 원인을 보다 상세히 알아보겠습니다.

① [그림 6.12(a)]와 같이 영구자석, 컴퍼스 카드 등을 포함하는 가동 부분의 무게중심은 지지점인 피벗 포인트보다 아래에 위치하고 있기 때문에, 그림과 같이 항공기가 가속 시에는 가속도가 항공기의 꼬리날개 방향으로 작용하므로 피벗 포인트에서는 앞으로 숙이는 모멘트가 작용하여 컴퍼스 카드면은 앞으로 기울게 되며, 감속 시에는 반대로 뒤로 기울어지게 됩니다.

② 컴퍼스 카드의 N쪽면(영구자석봉의 S극)이 조금 더 무겁게 만들어져 있기 때문에 가속도에 의해 항공기 꼬리날개 방향으로 힘이 작용하게 되고[23], 컴퍼스 카드

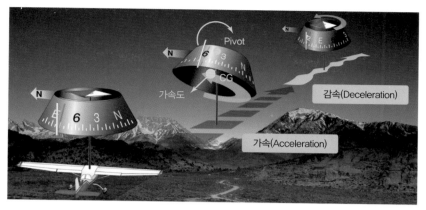

(a) 가속도 오차의 발생

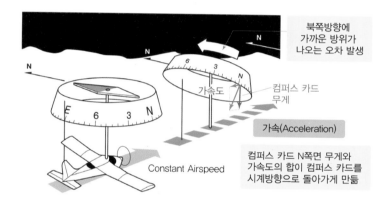

(b) 가속도 오차의 발생과정

[그림 6.12] 가속도 오차(acceleration error)

N쪽면의 무게와 합성이 되어 중심축에 대해 컴퍼스 카드를 시계방향으로 돌리
는 힘을 발생시키게 됩니다.

③ 따라서, 컴퍼스 카드는 원래 지시해야 할 동쪽(E, 90°)보다 방위가 감소하여
6(60°)을 지시하게 됩니다.

④ 이 현상을 'Acceleration North Deceleration South'라고 하며, 줄여서 'ANDS'[24]
라고 합니다.

가속도 오차는 항공기가 동쪽 또는 서쪽으로 향하고 있는 경우에 가장 현저하게 나
타나고, 북쪽 또는 남쪽으로 향하고 있는 경우에는 나타나지 않기 때문에 동서 오차
라고도 합니다.

[24] 안데스(ANDES) 산
맥을 연상하여 기억함.

(3) 와동 오차

동적 오차 중 마지막인 와동 오차(oscillation error 또는 turbulence error)는 자기 컴퍼스 내부 컴퍼스액의 와동에 의해 발생하는 오차입니다. 비행 중 조우하는 난기류나 악기류, 장시간의 선회 등에 의한 항공기 자세변화나 동적인 움직임은 컴퍼스액에 와동을 발생시키게 되며, 컴퍼스 카드를 불규칙적으로 움직이게 만듭니다. 와동 오차는 지시오차와 함께 지시지연 현상도 발생시킵니다.

6.2.4 자기 컴퍼스의 자차 수정

자기 컴퍼스의 정적 오차인 자차의 수정방법에 대해 알아보겠습니다.

① 불이차는 자기 컴퍼스를 항공기에 장착 시에 주로 나타나는 오차이므로, 불이차의 수정은 장착나사와 와셔(washer) 등을 이용하여 항공기 기축선과 자기 컴퍼스의 중심축이 일치하도록 수정합니다.

② 반원차의 수정은 자기 컴퍼스에 있는 자기 보정 나사인 N-S 나사와 E-W 나사를 돌려서 수정합니다.

③ 마지막으로 사분원차의 수정은 연철판, 봉, 구 등을 이용하여 수정할 수 있지만 항공기를 제작한 후 특별한 개조를 하지 않는 한 수행하지 않습니다.

공항에서 [그림 6.13(a)]와 같은 표시를 본 적이 있을 겁니다. 동(E)-서(W)-남(S)-북(N) 방위를 정확히 표시해 놓은 것으로, 방위표시판(compass rose)이라고 합니다. 자차 수정 후에도 자기 컴퍼스에는 일정 오차가 존재하므로, [그림 6.13(b)]처럼 컴퍼스 로즈 위에 항공기를 위치시키고, 일정 각도 간격으로 항공기를 360° 회전시키면서 컴퍼스 로즈의 정확한 방위각과 자기 컴퍼스의 지시값을 비교하여 오차를 기록합니다. 이러한 오차수정 방식을 컴퍼스 스윙(compass swing)이라고 하는데, 기록된 자차는 [그림 6.13(c)]와 같이 자기 컴퍼스에 오차표를 붙여서 조종사가 비행 중 참조하도록 합니다. 예를 들어, 비행 중인 항공기의 자기 컴퍼스의 현재 지시값이 270°인 경우에는 [그림 6.13(c)]의 오차표에서 무선통신장치(radio)가 켜진 상태라면 271°가 정확한 방위값이 되며(오차 = +1°), 무선통신장치가 꺼진 상태에서는 273°가 정확한 자방위임을 알 수 있습니다(오차 = +3°).

지상에서 자차 수정을 할 경우에는 비행 상태와 가장 가까운 상태를 유지하기 위해 다음과 같은 조건을 고려해야 합니다.

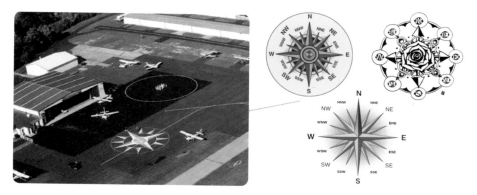

(a) 컴퍼스 로즈(Compass rose)

(b) Compass swing 장면

FOR	000	030	060	090	120	150
STEER						
RDO. ON	001	032	062	095	123	155
RDO. OFF	002	031	064	094	125	157

FOR	180	210	240	270	300	330
STEER						
RDO. ON	176	210	243	271	296	325
RDO. OFF	174	210	240	273	298	327

(c) Compass correction card

[그림 6.13] 자차 수정

> **핵심 Point 자차 수정 시(deviation correction) 조건**
>
> ① 항공기는 수평상태를 유지해야 하며, 이를 위해 조종계통은 중립에 위치시킨다.
> ② 엔진을 가동하고, 전기장치 및 기기 등도 전원을 공급하여 비행 시와 같은 작동 환경에서 수행한다.
> ③ 자차는 법적 규정에 의해 ±10° 이하여야 하며, 자차 수정의 주기점검은 100시간마다 수행한다.

6.3 원격지시 컴퍼스

마지막으로 원격지시 컴퍼스(remote indicating compass)에 대해 설명하고 6장을 마치겠습니다. 앞 절에서 설명한 자기 컴퍼스는 직독식으로 계기 내에 지자기를 수감하는 영구자석봉이 플로트에 의해 움직이므로 동적 오차가 크고, 지구자기장에 영향을 줄 수 있는 기체 구조물과 철재 및 전기기기 등에 의해 자차가 크게 발생합니다. 이 오차를 줄이기 위해 원격지시 컴퍼스는 자기장의 영향이 적은 날개 끝이나 후방 동체에 수감부를 장치하여 자방위를 검출하고, 전기신호를 통해 조종석에 설치된 지시부로 정보를 전송하는 원격지시 방식의 자기계기입니다.

6.3.1 마그네신 컴퍼스

마그네신 컴퍼스(magnesyn compass)는 [그림 6.14]와 같이 3장의 전기계기 중 원격지시 계기에서 배웠던 마그네신(magnesyn)을 사용합니다.[25] 마그네신의 발신기

25 [그림 3.14]의 마그네신과 동일 구조임.

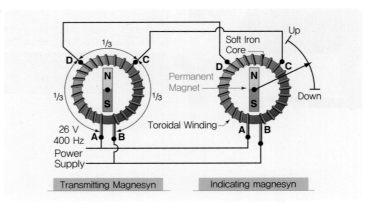

[그림 6.14] 마그네신 컴퍼스(magnesyn compass)

(transmitter) 회전자는 강력한 영구자석을 사용하므로 자연스럽게 지자기의 방향에 따라 자북을 가리키게 됩니다. 이 발신기(수감부)를 항공기의 자기장 발생이 가장 적은 날개 끝이나 동체 후미부 등에 설치한 후, 지자기 수감부에서 발생된 방위에 따른 회전각도를 마그네신 발신기 회전자에 연결하여 해당 전기신호가 지시계로 전달되어 표시되도록 합니다.

6.3.2 자이로신 컴퍼스

자이로신 컴퍼스(gyrosyn compass)는 대형 항공기에서 주로 사용하고 있는 정밀한 원격지시 컴퍼스로 내부에 플럭스 밸브(flux valve)와 방향 자이로(directional gyro)를 함께 사용합니다. 지자기 측정을 위해 플럭스 밸브를 사용하므로 플럭스 게이트 컴퍼스(flux gate compass)라고도 합니다.

플럭스 밸브는 [그림 6.15(a)]와 같이 지구자기장을 감지하여 전기신호로 변환하는

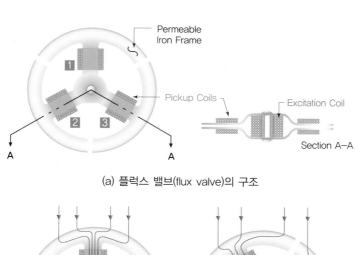

(a) 플럭스 밸브(flux valve)의 구조

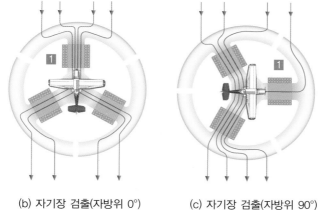

(b) 자기장 검출(자방위 0°)   (c) 자기장 검출(자방위 90°)

[그림 6.15] 플럭스 밸브(flux valve)

대표적인 장치입니다. 구조는 Y자형 철심에 코일을 감아놓은 형태로, Y자형 철심은 고투자율 합금인 연철을 사용하여 지구자기장이 잘 통과하도록 합니다. 중앙부에 감긴 코일은 여자코일(excitation coil)이라고 하며 교류전원에 접속되어 철심을 여자시켜 자기장을 생성합니다.

Y자형 철심 3개의 다리에는 픽업 코일(pickup coil)이 각각 감겨 있는데, 항공기 기수 방향이 바뀌면 지자기의 방향에 따라 3개의 픽업 코일에서 유도되는 전압크기 및 위상이 바뀌게 됩니다. 예를 들어, 1번 픽업 코일은 [그림 6.15(b)]와 같이 항공기의 기수가 북쪽을 향할 때 가장 많은 지구자기장이 통과하므로 최대값을 출력하지만, [그림 6.15(c)]와 같이 항공기의 기수가 동쪽을 향하게 되면 지자기에 직교하게 되므로 출력전압이 0이 됩니다. 이러한 관계를 이용하면 항공기의 기수방위에 따라 픽업 코일 3개에서 출력되는 전압값이 변화되므로 이를 통해 지구자기장의 방향을 정밀하게 검출해 낼 수 있습니다.

자이로신 컴퍼스는 [그림 6.16(a)]의 구조도에서 나타낸 바와 같이 자기 컴퍼스의 자기 탐지능력과 방향 자이로의 방위각 탐지능력을 전기적으로 조합한 계기로, 앞에서 알아본 직독식 자기 컴퍼스에서 나타나는 자차가 거의 없고, 북선 오차와 같은 동적 오차도 제거할 수 있습니다.

방향 자이로는 7장에서 공부할 자이로 계기의 일종으로, 기수방위 지시계(heading indicator)로 사용되어 정밀한 방위각의 변화값을 측정할 수 있는 장점이 있지만 초기 방위각을 알아낼 수 없는 단점이 있습니다. 또한 자이로 계기의 최대 단점은 지구 자전 등의 영향에 의해 시간에 따라 편위(drift)가 발생하는 것으로, 방위각 변화가 없는 경우에도 시간이 지나면 방위각이 계속 증가하는 현상이 발생하게 됩니다.

자이로신 컴퍼스의 동작과정을 간략히 정리하면 다음과 같습니다.

① [그림 6.16(b)]와 같이 지자기를 정밀하게 측정하는 플럭스 밸브의 각 픽업코일에서 출력된 전기신호(현재 방위각 정보)를 오토신(autosyn)의 외부 고정자 코일(stator coil)에 인가해주면, 내부 회전자(rotor)가 회전하여 방향 자이로에 초기 방위각 정보를 제공할 수 있습니다.[26]

② 이렇게 구해진 초기 방위각으로부터 항공기 기수 변화에 따라 발생하는 방위각 변화량은 방향 자이로에서 정밀하게 측정되므로, 연결된 오토신을 통해 계기로 전송되어 컴퍼스 카드를 회전시켜 조종사에게 방위각 정보를 제공합니다.

③ 이처럼 방향 자이로에서 출력되는 방위각 정보는 다시 플럭스 밸브에서 측정된 방위각 정보와 비교되어 차이값을 출력하게 되는데, 만약 방향 자이로가 지구 자

26 방향 자이로를 측정된 지구자기장 방향으로 돌려주게 됨.

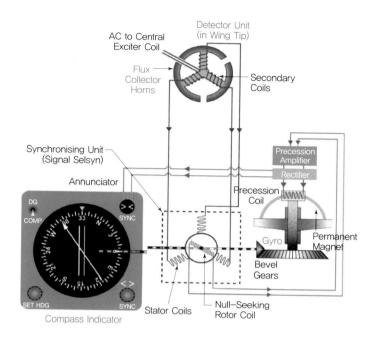

(a) 자이로신 컴퍼스의 구조

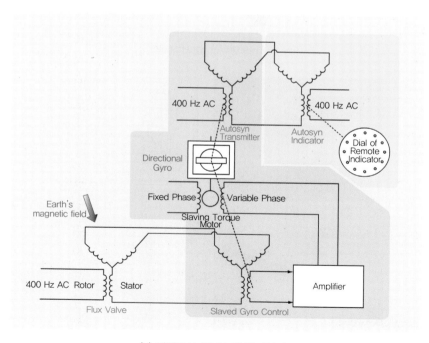

(b) 자이로신 컴퍼스의 전기연결도

[그림 6.16] 자이로신 컴퍼스(gyrosyn compass)

전 효과 등에 의한 편위(drift)가 발생하는 경우에는 이 차이값이 slave 모터로 전송되어 보정 토크를 발생시키므로 방향 자이로의 편위를 반대로 돌려서 제거하게 됩니다.

예를 들어 초기 방위각이 40°이고 현재 항공기의 기수 방위가 40°로 유지된 상태인 경우에 방향 자이로에서 측정된 방위각 변화가 43°가 측정된다면, 3°의 차이를 slave 모터로 전송하여 보정 토크를 발생시켜 방향 자이로를 −3° 반대방향으로 돌려줍니다.

자이로신 컴퍼스는 자차 및 동적 오차가 거의 없지만 계기를 구동하는 전원고장에 대비하여 별도의 예비 컴퍼스를 장치하여 함께 사용해야 하고, 작동전원은 115 V 400 Hz의 3상 교류를 공급합니다.

(a) 마그네토미터(magnetometer)

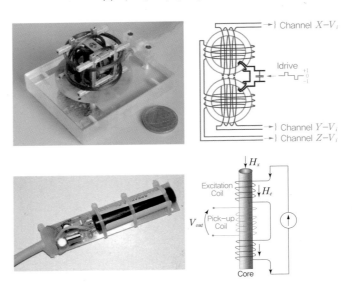

(b) 마그네토미터(magnetometer) 내부의 플럭스 게이트

[그림 6.17] 마그네토미터(magnetometer)

6.3.3 마그네토미터

현대 항공기는 [그림 6.17(a)]에 나타낸 마그네토미터(magnetometer)라고 불리는 지자기계(또는 자력계)가 지자기를 측정하기 위한 전자센서로 가장 많이 사용되고 있습니다. 마그네토미터 내부에는 [그림 6.17(b)]와 같이 플럭스 게이트(flux gate)를 설치하여 지구자기장을 3축 방향으로 측정하여, 자기장의 세기를 나타내는 자속밀도의 단위인 가우스(gauss)[G] 또는 테슬라(tesla)[T]로 지자기값을 출력합니다.

    지자기계는 3축 방향으로 측정된 지구자기장 벡터(m_x, m_y, m_z)를 통해 항공기의 방위각을 구할 수 있습니다. 마그네토미터가 항공기에 장착되어 고정되므로 3축 자기장 벡터는 항공기 동체 좌표계(body frame)[27]와 일치하게 되고 식 (6.4)를 통해 방위각을 구할 수 있습니다.

27 항공기 무게중심에 원점을 두고, 기수방향을 x축, 오른쪽 날개 방향을 y축, 지구중력 방향을 z축으로 사용하는 좌표계로 항공기의 동적 운동을 표현하기 위해 사용함.

$$\begin{cases} m = \sqrt{(m_x)^2 + (m_y)^2} \\ \phi = \tan^{-1}\left(\dfrac{m_y}{m_x}\right) \end{cases} \tag{6.4}$$

    [그림 6.18(a)]와 같이 만약 항공기의 기수방향이 자북과 일치하는 경우에 x축에서 측정된 자기장 $m_x = 50$ T이고 $m_y = 0$ T라면, 방위각 $\phi = \tan^{-1}(0/50) = 0°$를 바로 구할 수 있으며, [그림 6.18(b)]와 같이 항공기의 기수방향이 자북과 30°를 이루는 경우는 $m_x = 43.3$ T, $m_y = -25$ T가 측정되므로, $\theta = \tan^{-1}(-25/43.3) = -30°$를 계산한 후, 그림에서의 기하학적 관계를 통해 방위각 $\phi = -\theta = -(-30°) = 30°$를 구할 수 있습니다.

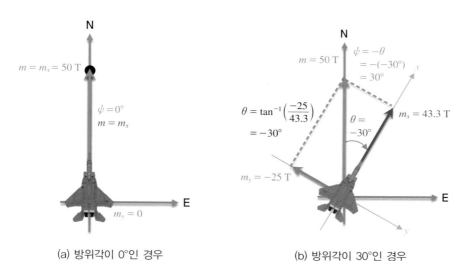

(a) 방위각이 0°인 경우   (b) 방위각이 30°인 경우

[그림 6.18] 마그네토미터(magnetometer)를 이용한 방위각 측정

이것만은 꼭 기억하세요!

6.1 지구자기장(지자기)

① 진북(North Pole, NP): 지축(지구 자전축)의 북극

② 자북(Magnetic Pole, MP): 지구자기장(지자기)의 북극

③ 진북과 자북은 일치하지 않음 ➡ 항상 편각(편차)이 존재함.

④ 지자기의 3요소

- 편각(variation) = 편차(declination): 진북과 자북이 이루는 각도
- 복각(inclination): 지자기 방향이 수평면과 이루는 각도, 적도(equator)에서는 0°, 자북에서는 +90°
- 수평분력(horizontal intensity): 지구자기장의 크기인 전체 지자력(H) 중 수평면의 성분

⑤ 방위각(heading angle)

- 북쪽을 기준으로 시계방향으로 측정한 각도로, 0°에서 360°로 표현하여 동서남북의 방향을 표시함.
- 진방위(TH, True Heading): 지구의 진북을 기준으로 측정한 방위각
- 자방위(MH, Magnetic Heading): 지구자기장의 자북을 기준으로 측정한 방위각
- 나방위(CH, Compass Heading): 나침반상의 북쪽인 나북을 기준으로 측정한 방위각
- 진방위(TH) = 자방위(MH) + 편차, 자방위(MH) = 나방위(CH) + 자차
  - ➡ 진방위(TH) = 나방위(CH) + 자차 + 편차

6.2 자기 컴퍼스

① 마그네틱 컴퍼스(magnetic compass)라고도 하며, 항공기의 자방위를 알아내기 위해 장착한 항공기용 나침반

② 자기 컴퍼스의 구조

- 방위의 눈금을 표시한 컴퍼스 카드(compass card)가 표시된 플로트(float)에 둘러싸여 피벗(pivot)에 의하여 지지됨.
- 플로트 내에는 영구자석봉이 달려 있어 나침반과 같이 자북방향을 가리킴.
- 계기 내부는 컴퍼스액(케로신)으로 채워져 있음.

③ 자기 컴퍼스의 정적 오차 = 자차(deviation)

- 불이차(constant deviation): 제작/장착 등에 의해 일정한 크기로 나타나는 오차
- 반원차(semicircular deviation): 계기 주위의 자기장 왜곡에 의해 나타나는 오차로 180°마다 오차의 부호가 변경됨.
- 사분원차(quadrant deviation): 자기 컴퍼스 주변 연철 구조물에 의해 지구자기장이 흩어져 나타나는 오차로 90°마다 오차의 부호가 변경됨.

④ 자기 컴퍼스의 동적 오차

- 북선 오차(선회 오차, northern turning error)
  - 남북방향 비행 시 선회로 인해 나타나는 오차
  - 북반구에서 북쪽 방향 비행 시 선회방향과 반대방향으로, 남쪽 방향 비행 시는 선회방향과 같은 방향으로 발생(NOSS, North Opposite South Same)함.

- 동서 오차(가속도 오차, acceleration error)
  - 동서방향 비행 시 가속 및 감속으로 인해 나타나는 오차
  - 북반구에서 비행 시 항공기를 가속하면 북쪽으로 더 가까운 방위가 나오는 가속도 오차가 발생, 감속을 하게 되면 남쪽으로 더 가까운 방위가 나오는 가속도 오차가 발생(ANDS, Acceleration North Deceleration South)함.
- 와동 오차(oscillation error): 컴퍼스액의 와동에 의해 발생하는 오차
⑤ 자기 컴퍼스의 자차 수정
- 불이차 수정은 장착나사와 와셔 등을 이용하여 항공기 기축선과 자기 컴퍼스의 중심축이 일치하도록 수정함.
- 반원차는 자기 보정나사인 N-S 나사와 E-W 나사를 돌려서 수정함.
- 사분원차는 연철판, 봉, 구 등을 이용하여 수정함.
- 자차는 ±10° 이하여야 하며, 비행 상태와 가장 가까운 상태를 유지(엔진 및 전기장치 가동)하면서 수행함.
- 자차 수정의 주기점검은 100시간마다 수행함.

6.3 원격지시 컴퍼스

① 마그네신 컴퍼스(magnesyn compass)
- 원격지시 계기인 마그네신(magnesyn)을 사용(발신기의 회전자가 영구자석임)함.
- 발신기(수감부)를 항공기의 자기장 발생이 가장 적은 날개 끝이나 동체 후미부 등에 설치함.
② 자이로신 컴퍼스(gyrosyn compass) = 플럭스 게이트 컴퍼스(flux gate compass)
- 대형 항공기에서 주로 사용하고 있는 정밀한 원격지시 컴퍼스 방식임.
- 내부에 플럭스 밸브(flux valve)와 방향 자이로(directional gyro)를 함께 사용함.
- 플럭스 밸브의 자기 탐지능력과 방향 자이로의 방위각 탐지능력을 전기적으로 조합한 계기임.
- 자기 컴퍼스에서 나타나는 자차가 거의 없고, 북선 오차와 같은 동적 오차도 제거할 수 있음.
③ 마그네토미터(magnetometer) = 자력계 = 지자기계
- 현대 항공기에 가장 많이 사용되는 전자센서로 내부에 설치된 플럭스 게이트(flux gate)를 통해 지구자기장을 3축으로 측정함.

기출문제 및 연습문제

01. 지자기의 3요소가 아닌 것은?

[항공산업기사 2018년 4회]

① 복각(dip)
② 편차(variation)
③ 자차(deviation)
④ 수평분력(horizontal component)

해설 지자기 3요소는 다음과 같다.
- 편각(variation) 또는 편차(declination): 지구의 자전축인 지축(진북)과 지자기 방향(지자기축) 간에 이루는 각도
- 복각(inclination): 지자기 방향이 수평면과 이루는 각
- 수평분력(horizontal intensity): 전체 지자력을 지구 수평면 방향과 수직 방향의 성분으로 나누었을 때 지구 수평면 방향 쪽의 분력

02. 자기 컴퍼스의 자침이 수평면과 이루는 각을 무엇이라고 하는가? [항공산업기사 2017년 1회]

① 지자기의 복각
② 지자기의 수평각
③ 지자기의 편각
④ 지자기의 수직각

해설 복각(inclination)은 지자기 방향이 수평면과 이루는 각도로, 결국 전체 지자력의 수직성분(H_v)이, 수평성분이 포함된 수평면과 이루는 각도가 된다.

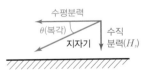

03. 지자기의 3요소 중 복각에 대한 설명으로 옳은 것은? [항공산업기사 2011년 4회]

① 지자력의 지구 수평에 대한 분력을 의미한다.
② 지자기 자력선의 방향과 수평선 간의 각을 말하며, 양극으로 갈수록 90°에 가까워진다.
③ 지축과 지자기축이 서로 일치하지 않음으로써 발생되는 진방위와 자방위의 차이를 말한다.

④ 지자력의 지구 수평에 대한 분력을 말하며 적도 부근에서는 최대이고 양극에서는 0°에 가깝다.

해설
- 복각(inclination)은 지자기 방향이 수평면과 이루는 각도로 적도에서는 0°이고, 북극이나 남극에서는 최댓값(+90° 또는 −90°)이 된다.
- ①번 지문은 수평분력, ③번 지문은 편각(variation)을 나타낸다.

04. 항공기의 자기 컴퍼스가 270° W를 가리키고 있고, 편각은 6° 40′, 복각은 48° 50′인 경우 항공기가 비행하는 실제 방향은? [항공산업기사 2018년 2회]

① 221° 10′
② 263° 20′
③ 276° 40′
④ 318° 50′

해설
- 자기 컴퍼스가 가리키는 270°는 나방위(Compass Heading)이고, 편각은 6° 40′이다.
- 진방위(TH) = 나방위(CH) + 자차 + 편차
  = 270° + 6° 40′ = 276° 40′

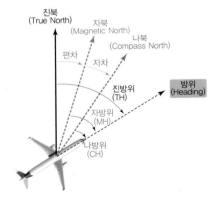

05. 270° 방위를 가리키고 있는 자기 컴퍼스에서 편각이 5° W, 자차가 +3°라면 진방위는 얼마인가?

① 278°
② 272°
③ 268°
④ 262°

해설
- 자기 컴퍼스가 가리키는 방위는 나방위이고, 자차는 +3°, 편각(편차)은 5° W(서쪽)이므로 −5°가 되어 진방위는 268°이다.
- 진방위(TH) = 나방위(CH) + 자차 + 편차
  = 270° + 3° + (−5°) = 268°

정답 1. ③ 2. ① 3. ② 4. ③ 5. ③

06. 자기 컴퍼스의 구조에 대한 설명으로 틀린 것은?

[항공산업기사 2012년 2회]

① 컴퍼스액은 케로신을 사용한다.

② 컴퍼스 카드에는 플로트가 설치되어 있다.

③ 외부의 진동, 충격을 줄이기 위해 케이스와 베어링 사이에 피벗이 들어 있다.

④ 케이스, 자기보상장치, 컴퍼스 카드 및 확장실 등으로 구성되어 있다.

해설 • 자기 컴퍼스는 영구자석 외부에 방위의 눈금을 표시한 컴퍼스 카드(compass card)가 표시된 플로트(float)에 둘러싸여 피벗(pivot)에 의하여 지지된다.

• 플로트 내에는 영구자석봉이 달려 있어 나침반과 같이 자북방향을 가리키게 되고, 계기 내부는 컴퍼스액(케로신)으로 채워져 있어 가동 부분의 원활한 움직임과 불필요한 요동을 방지하는 기능을 한다.

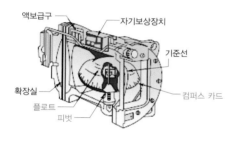

07. 자석 나침반(magnetic compass)은 무엇을 지시하는 데 사용하는가?

① true heading   ② magnetic heading

③ aircraft yaw angle   ④ true north

해설 자기 컴퍼스는 자북(magnetic north)에 대한 자방위(magnetic heading)를 지시한다.

08. 자기 컴퍼스의 정적 오차에 속하지 않는 것은?

[항공산업기사 2014년 4회]

① 자차   ② 불이차

③ 북선 오차   ④ 반원차

해설 • 자기 컴퍼스의 오차는 정적 오차(static error)와 동적 오차(dynamic error)로 구분되며, 정적 오차는 계기의 자체 오차인 자차를 말한다.

• 자기 컴퍼스의 정적 오차는 불이차(constant deviation), 반원차(semicircular deviation), 사분원차(quadrant deviation)이다.

09. 자기 컴퍼스의 조명을 위한 배선 시 지시오차를 줄여주기 위한 효율적인 배선방법으로 옳은 것은?

[항공산업기사 2011년 4회]

① (−)선을 가능한 자기 컴퍼스 가까이에 접지시킨다.

② (+)선과 (−)선은 가능한 충분한 간격을 두고 (−)선에는 실드선을 사용한다.

③ 모든 전선은 실드선을 사용하여 오차의 원인을 제거한다.

④ (+)선과 (−)선을 꼬아서 합치고 접지점을 자기 컴퍼스에서 충분히 멀리 뗀다.

해설 • 전기장(electric field)과 자기장(magnetic field)은 서로 상호작용을 하므로, 전기장이 변화하면 그 주변에는 자기장이 생성되어 자기 컴퍼스에 영향을 미친다.

• 따라서, 전기장의 변화를 최대한 방지하기 위해서는 실드선(shield wire)을 사용하고, (+)선과 (−)선을 꼬아서(twist) 잡음을 없애고, 접지점(ground)을 자기 컴퍼스에서 최대한 먼 곳에 위치시킨다.

10. 그림에서 편차(variation)를 옳게 나타낸 것은?

[항공산업기사 2016년 4회]

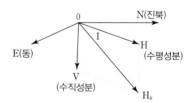

① N-0-H   ② N-0-H₀

③ N-0-V   ④ E-0-V

해설 편각(variation) 또는 편차(declination)는 지구의 자전축인 지축(진북)과 지자기 방향(지자기축) 간에 이루는 각도이므로 N-0-H가 된다.

정답 6. ③   7. ②   8. ③   9. ④   10. ①

11. 항공기에 사용되는 수평철재 구조재에 의해 지자기의 자장이 흩어져 생기는 오차는?

[항공산업기사 2017년 2회]

① 반원차　　　　② 와동 오차
③ 불이차　　　　④ 사분원차

해설 사분원차(quadrant deviation)는 기체 구조물 중 수평철재에 의한 오차와 연철재료에 의해 지자기가 흩어지기 때문에 발생하는 오차를 말한다.

12. 자기 컴퍼스의 오차에서 동적 오차에 해당하는 것은?　　　　[항공산업기사 2013년 1회]

① 와동 오차　　　　② 불이차
③ 사분원오차　　　　④ 반원오차

해설 자기 컴퍼스의 동적 오차(dynamic error)는 북선 오차(선회 오차, northern turning error), 동서 오차(가속도 오차, acceleration error) 및 와동 오차(oscillation error)가 있다.

13. 자기 컴퍼스(magnetic compass)의 북선 오차에 대한 설명으로 틀린 것은?[항공산업기사 2018년 2회]

① 항공기가 선회할 때 발생하는 오차이다.
② 항공기가 북극지방을 비행할 때 컴퍼스 회전부가 기울어져 발생하는 오차이다.
③ 항공기가 북진하다 선회할 때 실제 선회각보다 작은 각이 지시된다.
④ 컴퍼스 회전부의 중심과 지지점이 일치하지 않기 때문에 발생한다.

해설 • 북선 오차(northerly turning error)는 항공기가 경사각(bank angle)을 주고 선회 시에 나타나므로 선회 오차라고도 한다.
　• 항공기 경사각에 의해 자기 컴퍼스가 기울어지면 복각으로 인한 지자기의 수직 성분과 선회할 때의 원심력으로 인해 발생한다. 따라서, ②번 지문처럼 단순히 회전부가 기울어져 발생하지 않는다.
　• 북반구에서 북쪽방향 비행 시에는 선회방향의 반대방향으로 오차가 나타나므로 실제 방위각보다 작은 각이 지시되며, 남쪽방향 비행 시에는 선회방향과 같은 방향으로 오차가 발생한다. ➡ 'North Opposite South Same'

14. 자기나침반(magnetic compass)의 자차수정시기가 아닌 것은?　　　　[항공산업기사 2017년 4회]

① 엔진교환 작업 후 수행한다.
② 지시에 이상이 있다고 의심이 갈 때 수행한다.
③ 철재 기체 구조재의 대수리 작업 후 수행한다.
④ 기체의 구조부분을 검사할 때 항상 수행한다.

해설 자차(deviation)는 자기 컴퍼스 주위에 있는 전기기기 및 전선에 의한 자기장 왜곡, 자기 컴퍼스 제작상 또는 설치상의 잘못으로 인한 오차 및 기체 구조부 내의 자성체 등의 영향으로 생기는 지시오차이므로 구조물의 특별한 개조가 아닌 구조물 검사 시는 항상 수행하지 않아도 된다.

15. compass swing이란?

① 편차 수정
② 자차 수정
③ 북선 오차 수정
④ 컴퍼스축을 기축에 맞추는 행위

해설 공항에 표시된 방위표시판(compass rose)은 동(E)-서(W)-남(S)-북(N) 방위를 정확히 표시해 놓은 것으로 항공기를 방위에 맞추어 돌려가며 자기 컴퍼스의 지시값과의 차인 자차를 수정한다. 이러한 자차 수정을 compass swing이라 한다.

16. 비행장에 설치된 컴퍼스 로즈(compass rose)의 주 용도는?　　　　[항공산업기사 2015년 2회]

① 지역의 지자기의 세기 표시
② 활주로의 방향을 표시하는 방위도 지시
③ 기내에 설치된 자기 컴퍼스의 자차 수정
④ 지역의 편각을 알려주기 위한 기준방향 표시

해설 방위표시판(compass rose)은 동(E)-서(W)-남(S)-북(N) 방위를 정확히 표시해 놓은 것으로, 공항에서 지상에 표시되어 있어 항공기를 방위에 정확히 맞추고 자기 컴퍼스의 자차 수정에 사용된다.

정답 **11.** ④　**12.** ①　**13.** ②　**14.** ④　**15.** ②　**16.** ③

17. 항공기를 지상에서 자차수정 할 때의 주의사항으로 틀린 것은? [항공산업기사 2010년 2회]

① 조종계통을 중립 위치로 할 것

② 항공기를 수평 상태로 유지할 것

③ 기관계통은 작동 상태로 놓을 것

④ 전기계통은 OFF 위치에 놓을 것

해설 지상에서 자차 수정 시에는 가능한 비행 상태와 가장 가까운 상태를 유지하기 위해, 항공기는 수평상태를 유지시키고 이를 위해 조종계통은 중립에 위치시키며, 엔진을 가동하고 전기장치 및 기기 등도 작동하면서 수행해야 한다.

18. 다음 중 원격지시 컴퍼스(compass)의 종류가 아닌 것은? [항공산업기사 2013년 2회]

① 자이로신 컴퍼스(gyrosyn compass)

② 마그네신 컴퍼스(magnesyn compass)

③ 스탠드–바이 컴퍼스(stand-by compass)

④ 자이로 플럭스 게이트 컴퍼스(gyro flux gate compass)

해설 • 원격지시 컴퍼스(remote indicating compass)는 지자기 수감부를 기기의 영향이 작은 날개 끝이나 꼬리 부분에 장착하고, 지시부만을 조종석에 둔 방식으로, 마그네신 컴퍼스(magnesyn compass), 자이로신 컴퍼스(gyrosyn compass)가 있다.

• 자이로신 컴퍼스는 지자기 측정을 위해 플럭스 밸브를 사용하므로 플럭스 게이트 컴퍼스(flux gate compass)라고도 한다.

19. 자이로신 컴퍼스의 자방위판(컴퍼스 카드)은 어떤 신호에 의해 구동되는가? [항공산업기사 2014년 1회]

① 플럭스 밸브의 전기신호

② 방향자이로 지시계(정침의)의 신호

③ 자이로수평 지시계(수평의)의 신호

④ 초단파 전방위 무선표시장치(VOR)의 신호

해설 • 자이로신 컴퍼스는 대형 항공기에서 주로 사용하고 있는 정밀한 원격지시 컴퍼스로 내부에 플럭스 밸브(flux valve)와 방향 자이로(directional gyro)를 함께 사용한다.

• 지자기 측정은 플럭스 밸브에서 수행되며, 자차와 동적 오차가 없다.

20. 자이로신 컴퍼스의 플럭스 밸브를 장·탈착 시 설명으로 옳은 것은? [항공산업기사 2015년 2회]

① 장착용 나사와 사용공구 모두 자성체인 것을 사용해야 한다.

② 장착용 나사와 사용공구 모두 비자성체인 것을 사용해야 한다.

③ 장착용 나사는 비자성체인 것을 사용해야 하며 사용공구는 보통의 것이 좋다.

④ 장착용 나사와 사용공구에 대한 특별한 사용 제한이 없으므로 일반공구를 사용해도 된다.

해설 지구자기장을 측정하는 자이로신 컴퍼스의 플럭스 밸브(flux valve)를 장착하거나 탈착 시에는 장착용 나사와 사용공구 모두 비자성체를 사용해야 혹시 모를 자화에 의한 오차를 방지할 수 있다.

▶ 필답문제

21. 항공기 자기계기의 정적 오차 3가지를 기술하시오. [항공산업기사 2014년 4회]

정답 ① 불이차(constant deviation) : 제작/장착 등에 의해 발생하는 오차로, 일정한 크기로 나타나는 오차

② 반원차(semicircular deviation) : 항공기 내에서 생성되는 자기장에 의해 지구자기장이 왜곡되어 발생하는 오차로, 180° 간격으로 부호가 바뀐다.

③ 사분원차(quadrant deviation) : 항공기에 사용하고 있는 연철재료에 의해서 지구자기의 자기장이 흩어지기 때문에 발생하는 오차로 90° 간격으로 부호가 바뀐다.

정답 17. ④ 18. ③ 19. ① 20. ②

Aircraft
Instrument
System

AIRCRAFT INSTRUMENT SYSTEM

항공계기 중 피토-정압계기와 더불어 비행에 가장 핵심적이고 중요한 계기가 자이로 계기입니다. 자이로 계기(gyroscopic instrument)란 자이로스코프의 고유 특성을 이용하여 각속도 및 각도를 측정하는 계기로, 항공기의 롤, 피치 등의 자세각과 기수 방위각을 측정하는 데 사용되며, 선회비행에서의 선회방향과 선회율을 나타내는 계기에 사용됩니다. 먼저 자이로의 고유특성인 강직성과 섭동성 및 편위에 대해 알아보고, 이를 이용한 기계식 자이로 방식이 적용된 자세계, 기수방위 지시계 및 선회경사계의 구조와 작동원리에 대해 살펴보겠습니다.

최신 자이로는 기계식 자이로에서 레이저 자이로, 광섬유 자이로 등과 같은 광학식 자이로 및 반도체 기반의 전자식 자이로로 발전하였으며, 현재는 대부분 광학식 자이로가 항공기에 적용됩니다. 자이로는 일반적으로 각속도를 측정하는 센서로 사용되며, 가속도계와 더불어 항법시스템 중 관성항법장치(INS)[1]의 핵심 구성 센서로 사용됩니다.

1 Inertial Navigation System(9.4절 참고)

7.1 자이로의 원리 및 특성

7.1.1 자이로스코프

자이로(gyro)는 자이로스코프(gyroscope)의 줄인 말로서 고속으로 회전하는 로터(rotor) 라는 뜻입니다. 자이로는 [그림 7.1]과 같이 스핀축(spin axis)[2]을 중심으로 질량이 큰 금속의 회전자가 고속으로 회전하며, 로터가 3축에 대해 자유롭게 회전할 수 있도록 짐벌(gimbal)을 외각에 장치합니다. 자이로는 회전하는 물체의 각속도(angular speed 또는 angular rate) 및 각도 측정에 가장 많이 사용되는 센서로 활용됩니다.

2 회전축 또는 로터축이라고도 함.

[그림 7.1] 자이로스코프

7.1.2 짐벌과 자유도

짐벌은 수평유지장치라고도 하며, 고속으로 회전하는 자이로의 로터가 외부의 움직임이나 기울어짐에 영향을 받지 않고 수평이나 직립상태를 유지하도록 베어링을 끼워서 자유롭게 회전할 수 있도록 만든 장치입니다. 먼저 짐벌과 자이로의 관계에 대해 알아보겠습니다.

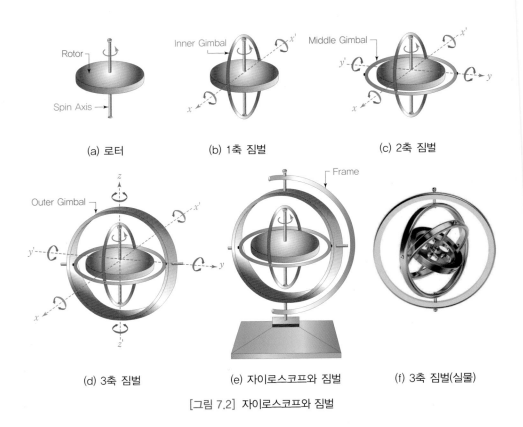

(a) 로터 (b) 1축 짐벌 (c) 2축 짐벌

(d) 3축 짐벌 (e) 자이로스코프와 짐벌 (f) 3축 짐벌(실물)

[그림 7.2] 자이로스코프와 짐벌

3 공간에서 물체의 운동을 기술하기 위해 필요한 독립변수의 개수를 의미함. 즉, 물체가 직선이나 회전운동을 할 수 있는 개수이며, inner gimbal은 직선운동이 없고 x-x'축으로만 회전운동을 하므로 1자유도(1-DOF)가 됨.

① [그림 7.2(a)]와 같이 스핀축에서 회전하고 있는 로터를 가정해보겠습니다. 회전축인 스핀축은 [그림 7.2(b)]처럼 1개의 내부 짐벌(inner gimbal)에 의해 지지되며, 회전하는 로터와 내부 짐벌은 짐벌축인 x-x'축을 기준으로 회전이 가능합니다. 따라서 1개의 자유도(DOF, Degree Of Freedom)[3]를 갖는 1축 짐벌이 되며, 외부에서 x-x'축을 기준으로 가해지는 토크(torque)는 회전하고 있는 로터에 영향을 주지 않습니다.

② 2축 짐벌은 [그림 7.2(c)]처럼 내부 짐벌을 지지하는 중간 짐벌(middle gimbal)
　이 짐벌축 y-y'축을 기준으로 회전이 가능하므로, 회전하는 로터는 x-x'축과 y-y'
　축을 기준으로 2개의 자유도를 가지며 회전하게 됩니다.

③ 3축 짐벌은 [그림 7.2(d)]와 같이 중간 짐벌(middle gimbal)을 지지하는 외부 짐
　벌(outer gimbal)이 짐벌축 z-z'축을 기준으로 회전이 가능하므로 3개의 자유도
　를 가지며, 최종적으로 외부 짐벌(outer gimbal)은 외각 프레임에 의해 지지되
　어 고정됩니다. 실물 3축 짐벌을 [그림 7.2(f)]에 나타내었으니 함께 비교해 보면
　서 이해하기 바랍니다.

　짐벌은 다양하게 응용되어 사용되고 있습니다. 특히 3축 짐벌(3-자유도 짐벌)은 x-x'
축, y-y'축, z-z'축의 3개 짐벌축이 고정되어 서로 직각으로 교차되므로, 짐벌의 3축을
항공기나 미사일의 롤(roll), 피치(pitch), 요(yaw)축이 되도록 맞추어 장착하고, 가장
안쪽의 내부 짐벌의 로터 대신에 플랫폼(platform) 평판을 설치하면 항공기의 3축 회
전운동으로부터 플랫폼이 영향을 받지 않도록 할 수 있습니다.

　[그림 7.3]은 짐벌방식의 관성항법시스템을 나타냅니다. 외부로부터 가해지는 회전

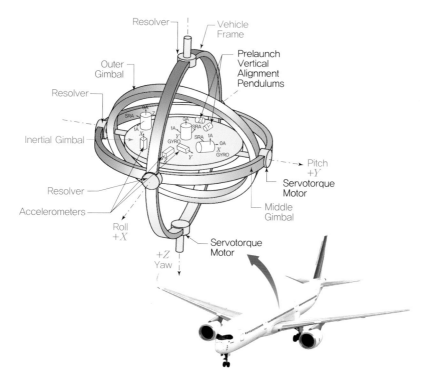

[그림 7.3] 짐벌방식의 관성항법시스템

[그림 7.4] 영상카메라용 3축 짐벌

(토크)으로부터 전혀 영향을 받지 않도록 플랫폼을 항상 지구표면에 수평이 되도록 유지시킬 수 있습니다. 이런 이유로 3축 짐벌은 안정화 플랫폼(stable platform)이라고도 하며, 항법시스템에서 배울 짐벌방식의 관성항법장치에 3축 짐벌을 장치하고 짐벌 내 플랫폼 위에 3축 자이로와 가속도계를 장착하여 사용합니다.[4]

4 9.4.4절에서 자세히 설명함.

5 광학/적외선 카메라: EO(Electro-Optic)/ IR(Infra-Red) camera

또한 최근에 많이 운용되고 있는 무인기(UAV)나 드론(drone)에도 짐벌이 유용하게 사용되고 있습니다. [그림 7.4]와 같이 정찰이나 감시용 무인기들은 광학 카메라 및 적외선 카메라[5]를 장착하고 임무를 수행하게 되는데, 이때 무인기의 비행방향이나 자세와 상관없이 원하는 방향으로 카메라를 회전시킬 때 짐벌이 사용됩니다.

7.1.3 강직성

자이로는 강직성(rigidity)과 섭동성(precession)이라는 특수한 성질을 가지고 있습니다. 먼저 공간 강성인 강직성에 대해 알아보겠습니다. [그림 7.5]와 같이 고속으로 회전하는 자이로는 서커스의 외줄타기 묘기처럼 줄 위에 서 있을 수도 있으며, 팽이와 같이 비스듬한 자세로 서 있는 등 회전하지 않을 때는 불가능한 모습을 연출할 수 있습니다. 또한 3축 짐벌 자이로의 로터를 지면과 수평이 되도록 고속으로 회전시킨 후에 그림과 같이 자유롭게 외부 짐벌을 회전시켜도 회전하는 로터는 초기의 수평 자세를 유지합니다. 이러한 현상은 자이로의 강직성에 의해 나타나는데, 강직성은 다음과 같이 정리됩니다.

[그림 7.5] 자이로스코프의 강직성

 핵심 Point 자이로의 강직성(rigidity)

- 강직성은 자이로의 회전자(로터)가 고속으로 회전하고 있는 동안, 회전축을 관성 공간(inertial space)에 대하여 일정하게 유지하려는 성질이다.
- 즉, 고속으로 회전하는 로터가 스핀축의 방향을 변경하려는 외부 힘이나 토크(회전)에 대해 원래 회전하던 고유의 회전성과 회전방향을 유지하려는 성질을 나타낸다.
- 로터가 고속으로 회전하고(각속도가 크고), 질량이 클수록(관성모멘트가 클수록) 강직성은 커진다.

뉴턴 역학(Newtonian mechanics)에서 물체의 동적 운동은 직선(병진)운동과 회전 운동으로 구분되며, 직선운동을 하는 물체는 계속 그 운동상태를 유지하려고 하는 관성의 법칙과 선운동량[6] 보존의 법칙(law of linear momentum conservation)이 적용됩니다. 이와 마찬가지로 [그림 7.6]과 같이 회전하고 있는 물체에서는 회전하고 있는 상태를 유지하려는 각운동량(angular momentum)이 보존됩니다.

6 선운동량(linear momentum) = F(힘) $\times v$(속도)

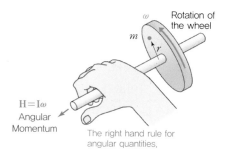

[그림 7.6] (+)회전방향과 각운동량

7 식을 볼드체로 나타
낸 것은 각운동량이 크
기와 방향까지 고려해야
하는 벡터(vector)량이
기 때문임.

$$\mathbf{H} = \mathbf{I}\boldsymbol{\omega} \qquad (7.1)^7$$

$$\mathbf{I} = \int_0^R (m \cdot r^2) dr \qquad (7.2)$$

각운동량은 식 (7.1)과 같이 회전하는 물체의 관성모멘트(I)와 회전속도(ω)에 비례하기 때문에 자이로 로터의 질량이 크고, 회전속도가 빠를수록 각운동량은 커지게 되고 이에 비례하여 현재 회전상태를 유지하려는 강직성이 커지게 됩니다. 식 (7.1)에서 관성모멘트(moment of inertia)는 회전운동에서 관성의 양을 나타내는 개념으로 직선운동하는 물체의 질량과 비슷한 역할을 합니다. [그림 7.6]에서 반지름이 R인 로터의 회전축으로부터 일정 거리 r만큼 떨어져 있는 로터의 단위 질량을 m이라고 하면, 관성모멘트는 식 (7.2)와 같이 거리의 제곱에 비례한 질량의 분포를 나타냅니다.[8]

8 질량(m)이 커지거나
질량이 분포된 거리(r)
가 커지면 관성모멘트
도 커지게 됨.

[그림 7.6]에서 한 가지 더 기억할 중요한 사항은 회전방향에 대한 회전축의 (+)방향축을 찾아내는 오른손 법칙으로, 그림과 같이 회전방향으로 네 손가락을 감을 때 엄지손가락이 가리키는 방향이 (+)회전축이 됩니다.

7.1.4 편위

다음으로 강직성과 편위(drift)의 관계에 대해 알아보겠습니다. 자이로의 회전축인 로터축은 공간에 대하여 일정한 방향을 유지하는 강직성을 가지고 있습니다. 이때 일정한 방향을 유지하는 로터 회전축은 지구 중력방향에 대해 고정된 것이 아니라, 관성좌표계(inertial coordinate system)[9]라고 부르는 거시적 좌표계에서 회전축과 회전방향을 유지하게 됩니다.

9 우주공간에서 고정되
어 움직이지 않거나 등
속운동을 하는 좌표계
를 나타내며 뉴턴의 제1
운동법칙이 성립하므로,
물체의 운동을 기술하
고 운동방정식을 유도할
수 있음.

예를 들어 [그림 7.7(a)]와 같이 지구 중심에 좌표 원점을 갖는 기준 좌표계[10]를 선정하면 지구상의 물체의 움직임을 관찰하고 표현할 수 있습니다. 시작위치인 A1에서 자이로 로터축이 북극을 가리키도록 한 자이로는 지구상에서 A2, A3, A4 등 위치가 다른 곳으로 이동되어도 회전축의 위치와 방향이 바뀌지 않습니다.

10 지구중심 관성 좌
표계(Earth Centered
Inertial coordinate
system)라고 하며, 항
공기나 미사일의 운동
방정식을 나타내기 위
해 사용하는 대표적인
관성 좌표계임.

[그림 7.7(b)]의 경우는 적도상의 한 지점(ⓐ)에서 로터가 수직이 되도록 자이로를 회전시키고, 그 옆에서 관찰자가 자이로 회전축을 24시간 동안 관찰하는 과정을 나타낸 그림입니다. 처음에는 수직이었던 자이로가 시간이 지나면서 자이로의 회전축이 시계 방향으로 조금씩 기울어지는 것으로 관찰되며, 6시간 후에는 90°가(ⓑ), 12시간 후에는 180° 반대로 뒤집히는 것으로(ⓒ), 24시간 후에는 한 바퀴를 돌아 원위치로 돌아오게 됩니다. 이러한 현상을 자이로의 편위라 합니다. 즉, 자이로의 회전축은 관성 좌

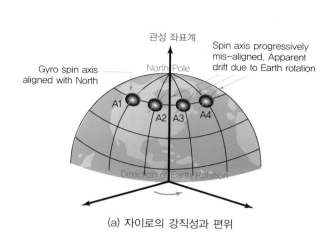

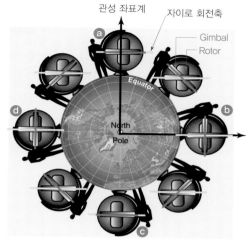

(a) 자이로의 강직성과 편위

(b) 지구자전에 의한 편위

[그림 7.7] 자이로의 강직성과 편위

표계에서 고정되어 변하지 않지만, 지구자전에 의해 함께 자전하고 있는 관찰자에게는 자이로의 회전축이 시간에 따라 기울어지는 것으로 보이게 됩니다. 이 편위를 지구자전에 의한 외견상 편위라고도 합니다.

 자이로의 편위(drift)

- 편위는 지구 중력에 관계없이 관성 좌표계에서 자세를 유지하는 강직성 때문에 발생하며, 지구자전에 의해 지구와 함께 움직이는 기준 좌표계에서 발생하는 각변위를 말한다.
- 이론적으로는 지구자전속도와 같게 되는데, 24시간 동안 지구가 1바퀴(360°) 회전하므로, 1시간에 15°씩 기울어진다.[11]

로터가 고속으로 회전하는 기계식 자이로는 시간이 지남에 따라 지구자전에 의해 편위가 반드시 발생하고, 이 편위는 자이로 오차의 주원인으로 일정 시간마다 수정해 주어야 합니다.[12] 편위는 랜덤 편위, 지구자전에 의한 외견상 편위, 이동에 의한 외견상 편위로 분류됩니다.

① 랜덤 편위(random drift)는 짐벌에 사용되는 베어링 및 짐벌의 중량적 불평형과 회전자 로터의 불평형에 의해 발생합니다. 또한 각도 정보를 감지하기 위한 싱크로의 전자적 결함 등에 의해서 생기는 기구적인 마찰 토크에 의해 회전축(로터

11 $360°/24h = 15°/h$
$= 0.004167°/sec$

12 관성항법장치는 자이로의 편위에 의해 실제 움직이지 않아도 시간이 지나면 위치가 점차 증가하여 발산하는 현상이 나타나게 됨.

축)이 시간의 경과와 함께 기울어지는 편위를 말합니다.

② 지구자전에 의한 외견상 편위는 [그림 7.7(b)]에서 설명한 내용입니다.

③ 마지막으로 이동에 의한 외견상 편위입니다. [그림 7.8]과 같이 지구 북극 상공 A에 위치한 피치각이 0°인 항공기에 장착된 자이로는 지표면과 수평을 유지하고 있습니다. 이 항공기가 피치각의 변화 없이 위도가 35°인 B위치로 이동하였다면, 자이로의 로터축이 55°(= 90° − 35°) 뒤로 기울어지게 됩니다. 이처럼 위치 이동에 따른 편위를 이동에 의한 편위라 하며 외견상 편위와 같은 현상입니다.

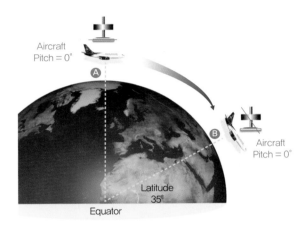

[그림 7.8] 위치 이동에 따른 편위

7.1.5 세차성(섭동성)

자이로 특성 중 세차성(precession)에 대해 알아보겠습니다.

[그림 7.9(a)]와 같이 처음에는 똑바로 서서 회전하던 팽이가 시간이 지나면서 회전속도가 작아지면 한쪽으로 기울어져 원을 그리며 회전하는 것을 본 적이 있을 겁니다. 이와 같이 회전하는 물체의 회전축(스핀축)이 어떤 고정된 축[13]을 기준으로 원을 그리며 움직이는 현상을 세차운동(歲差運動)이라 하고, 이러한 운동특성을 세차성 또는 섭동성이라고 합니다.

(1) 세차운동의 원리

섭동성은 회전하는 물체에 외력을 가하였을 때 발생하는데, 작용된 외력은 로터의 회전방향으로 90° 나아간 위치에서 같은 크기의 힘으로 작용하게 되므로 이로 인해 발

13 [그림 7.9(a)]의 *P-P'*축이며 세차축이라고 함.

생하는 토크에 의해 세차운동이 나타납니다. 기울어진 팽이의 세차운동이 어떻게 일어나는지 알아보겠습니다.

① [그림 7.9(a)]에서 회전속도가 작아진 팽이는 왼쪽으로 기울어지며, 기울어진 ① 번 위치에는 팽이의 질량에 작용하는 중력에 의해 외력 F가 작용합니다.

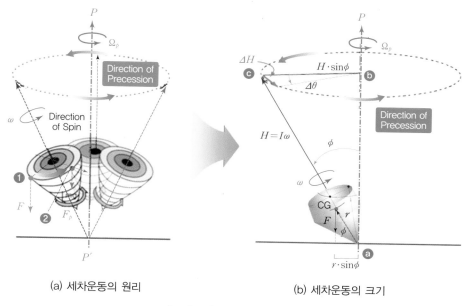

(a) 세차운동의 원리　　　　　(b) 세차운동의 크기

[그림 7.9] 세차운동과 크기

② 외력 F에 의한 영향은 세차성에 의해서 회전방향으로 90° 나아간 위치 ②번 위치에서 같은 크기의 힘 F_P가 작용합니다.
③ 회전하지 않는 팽이라면 외력 F에 의해서 왼쪽으로만 넘어지겠지만, 이 세차성 때문에 팽이는 넘어지는 힘(F)과 90° 앞에서 작용한 힘(F_P)의 합성방향으로 넘어지면서 앞으로 이동합니다.
④ 따라서, 팽이는 계속 기울어진 상태로 그림의 P-P'축을 중심으로 원주를 따라 세차 각속도(Ω_p)로 회전하는 세차운동을 일으키게 됩니다.

(2) 세차운동의 방향

그럼 어떤 방향으로 세차운동이 발생하는지 알아보겠습니다.

[그림 7.10(a)]와 같이 회전하는 로터를 자전거의 앞바퀴라고 생각해보겠습니다. 자

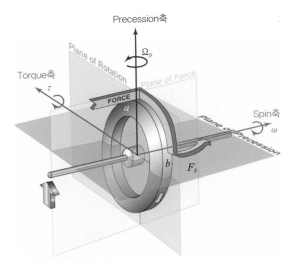

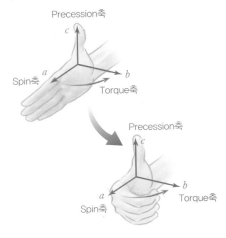

(a) 세차운동의 방향

(b) 오른손 법칙

[그림 7.10] 세차운동의 방향

자전거를 타면서 방향을 바꿀 때 자전거 핸들을 움직이지 않고, 몸을 옆으로 기울이면 기울인 방향으로 자전거가 방향을 바꾸는 것을 경험해 본 적이 있을 겁니다.

① 현재 자전거 앞바퀴는 그림과 같이 전진하는 방향으로 회전하고 있으므로, [그림 7.6]에서 설명한 회전방향과 회전축 관계에 의해 앞바퀴의 중심점을 기준으로 생각하면 오른쪽으로 스핀축의 (+)방향이 정해집니다.

② 이제 몸을 왼쪽으로 기울이면 앞바퀴 윗면 ⓐ점에 몸무게에 의한 힘(F)이 가해지게 되고, 이 힘에 의해 바퀴를 땅으로 넘어지게 하는 토크(torque)가 발생합니다. 따라서, 토크축의 (+)방향은 뒤쪽으로 향하게 됩니다.

③ 작용한 힘에 의해 세차운동은 바퀴 회전방향의 90° 앞선 ⓑ점에서 힘(F_p)으로 작용하여 바퀴를 왼쪽으로 회전시키게 되며, 세차축의 (+)방향은 중심에서 위쪽방향이 됩니다.

정리하면 세차운동의 회전축 방향을 결정할 때는 [그림 7.10(b)]와 같이 오른손 법칙(right hand rule)을 적용합니다. 즉, (+)스핀축과 (+)토크축을 먼저 결정한 후, 스핀축에서 토크축 방향으로 오른손 검지부터 새끼손가락까지를 감아버리면, 엄지손가락이 가리키는 방향이 세차축의 (+)방향이 됩니다.

세차축의 (+)방향 결정

[방법 1] 회전하는 로터에 작용하는 외부 힘(F)을 로터의 회전방향으로 90° 앞선 점에 작용시켜 이때 발생하는 토크에 의해 물체가 회전하는 (+)방향을 찾는다.
[방법 2]
① 로터의 회전방향으로 (+)스핀축을 찾는다.
② 외부에서 가해지는 힘(F)에 의해 회전하는 (+)토크축을 찾는다.
③ 스핀축에서 토크축으로 오른손 법칙을 적용하여 (+)세차축을 찾는다.

(3) 세차운동의 크기

마지막으로 섭동성의 크기와 강직성의 관계를 알아보겠습니다. [그림 7.9(b)]에서 섭동성의 크기는 세차각속도 Ω_p 크기로 나타낼 수 있으며, 매우 짧은 시간 Δt초 동안 팽이의 로터축이 이동한 각도는 $\Delta \theta$가 되므로 식 (7.3)과 같이 표시됩니다.

$$\Omega_p = \frac{\Delta \theta}{\Delta t} \tag{7.3}$$

여기서, $\Delta \theta$는 각운동량 H의 ⓑ-ⓒ 성분($H \cdot \sin \theta$)과 Δt초 동안의 각운동량 변위량(ΔH) 사이의 기하학적 관계를 통해 식 (7.4)로 나타낼 수 있습니다.

$$\Delta H = (H \cdot \sin \phi) \cdot \Delta \theta \quad \Rightarrow \quad \Delta \theta = \frac{\Delta H}{H \cdot \sin \phi} \tag{7.4}$$

기울어진 팽이의 무게중심에 가해지는 힘 $F(= mg)$에 의해 ⓐ점에 가해지는 토크 τ는 거리 $r \cdot \sin \phi$를 곱해서 계산하며, 토크는 단위시간 동안의 각운동량의 변화량으로 정의되므로 식 (7.5)와 같이 유도됩니다.

$$F \cdot (r \cdot \sin \phi) = mg \cdot (r \cdot \sin \phi) = \tau \triangleq \frac{\Delta H}{\Delta t} \tag{7.5}$$

식 (7.4)를 식 (7.3)에 대입하고, 식 (7.5)의 관계를 이용하면 최종적으로 세차 각속도의 크기는 식 (7.6)으로 구할 수 있습니다.

$$\begin{aligned} \Omega_p &= \frac{\Delta \theta}{\Delta t} = \frac{1}{\Delta t} \cdot \frac{\Delta H}{H \cdot \sin \phi} = \frac{\Delta H}{\Delta t} \cdot \frac{1}{H \cdot \sin \phi} = \frac{\tau}{H \cdot \sin \phi} \\ &= \frac{mg \cdot (r \cdot \sin \phi)}{H \cdot \sin \phi} = \frac{mg \cdot r}{H} \end{aligned} \tag{7.6}$$

따라서 세차 각속도는 식 (7.7)과 같이 토크(τ)에 비례하고 각운동량(H)에는 반비례하는 관계가 성립됩니다. 외부에서 가해준 토크를 자이로가 가진 각운동량으로 나눠주는 관계로 정의되므로, 세차성은 각운동량에 비례하는 강직성과는 반비례하는 관계가 성립됩니다.

$$\Omega_p \propto \frac{\tau}{H} \propto \frac{\tau}{I\omega} \tag{7.7}$$

 세차성(섭동성, precession)

- 섭동성은 회전하는 물체에 외력을 가하였을 때 발생하며, 작용한 외력은 로터의 회전방향으로 90° 나아간 위치에서 같은 크기의 힘으로 작용한다.
- 토크(τ)에 비례하고 각운동량(H)에는 반비례하며, 항공기의 안정성과 조종성처럼 자이로의 섭동성과 강직성은 서로 상충되는 성질을 가진다.
  - 강직성이 커지도록 자이로 로터를 크고 무겁게 만들거나 고속으로 회전시키면, 외부 토크에 대해 반응하는 세차성은 작아지게 된다.

예제 7.1

질량(m)이 150 kg인 자이로 로터를 각속도(ω) 5,400 rpm으로 회전시켜 그림과 같이 회전축 A점 위에 놓았다. A점과 로터의 중심 B점 사이의 거리(R)는 0.2 m이다. 다음 물음에 답하시오. [단, 지구 중력가속도(g)는 9.81 m/s²이고, 로터의 관성모멘트(I)는 0.25 kg·m²이다.]

(1) A점에서 측정되는 로터 자중에 의한 토크의 크기는 몇 kg·m인가?

(2) A점을 중심으로 회전하는 세차 각속도는 몇 deg/s인가?

(3) 세차운동에 의해 자이로가 회전하는 방향을 선택하고(① 또는 ②), 스핀축, 토크축 및 세차축을 그려서 표기하시오.

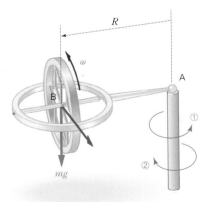

┃풀이┃ (1) 자이로 로터 자중은 거리 R만큼 떨어져 있는 A점에서 다음과 같은 크기의 토크로 작용한다.

$$\tau = (mg) \cdot R = (150 \text{ kg} \times 9.81 \text{ m/s}^2) \times 0.2 \text{ m} = 294.3 \text{ kg} \cdot \text{m}^2/\text{s}^2 = 294.3 \text{ N} \cdot \text{m}$$

(2) 주어진 문제와 같이 로터가 수직으로 서 있는 경우는 [그림 7.9(b)]에서 $\phi = 90°$인 경우이므로 세차 각속도를 구하는 식 (7.6)은 다음과 같다.

$$\Omega_p = \frac{\tau}{H \cdot \sin\phi} = \frac{\tau}{H \cdot (\sin 90°)} = \frac{\tau}{H} = \frac{\tau}{I\omega} \quad \cdots\cdots\cdots\cdots\cdots\cdots (1)$$

위의 식에서 로터의 회전 각속도는 rad/s 단위의 값으로 대입하여야 하므로, 다음과 같이 단위를 변환한다.

$$5,000 \text{ rpm} = 5,000 \frac{\text{revolution}}{\text{min}} \times \frac{2\pi}{1 \text{ revolution}} \times \frac{1 \text{ min}}{60 \text{ sec}} = 523.6 \text{ rad/s}$$

식 (1)에 대입하여 계산하면 세차 각속도는 다음과 같다.

$$\Omega_p = \frac{\tau}{I\omega} = \frac{294.3 \text{ kg} \cdot \text{m}^2/\text{s}^2}{0.25 \text{ kg} \cdot \text{m}^2 \times 523.6 \text{ rad/s}} = 2.248 \text{ rad/s} = 128.8 \text{ deg/s}^{14}$$

(3) 주어진 조건에서 (+)스핀축, (+)토크축은 아래 그림과 같은 방향으로 정해지므로, [그림 7.10(b)]의 오른손법칙을 적용하여 세차축을 구하면 된다. 따라서 자이로 로터는 ①번 방향으로 회전하게 된다.

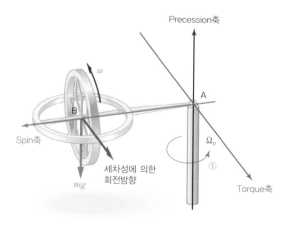

14 라디안(radian)은 원호를 반지름으로 나누어 각도를 표시한 값으로 무차원(non-dimensional) 단위임. 따라서 rad으로 어떤 수를 나누거나 다른 단위와 곱할 때는 생략하고 단위에 포함시키지 않음.

7.2 자이로의 구동방식

기계식 자이로는 회전자인 로터를 고속으로 회전시켜야 하므로, 구동 동력원이 필요합니다. 동력원으로는 크게 공기를 이용하는 방식과 전기를 이용하는 방식이 사용되며, 공기를 이용하는 방식은 진공계통 방식과, 공기압 구동방식으로 구분됩니다.

(1) 진공계통-벤투리관 구동방식

진공계통(vacuum system) 방식은 벤투리관 구동식(venturi tube system)과 진공 펌프 구동식(vacuum pump system)으로 나눌 수 있는데, 벤투리관 구동식은 [그림 7.11(a)]와 같은 벤투리관을 항공기 외부에 설치하고, [그림 7.11(b)]처럼 목부분에서 각 자이로 계기 내부로 연결관을 설치합니다. 베르누이 정리에 의해 벤투리관 목부분에서는 공기 속도가 빨라지므로 대기압보다 낮은 압력[15]에 의해 공기가 자이로에서 배출됩니다. 이 배출되는 공기흐름을 이용하여 각 계기 내부의 자이로 로터를 회전시킵니다. 벤투리관 구동식은 동력이 별도로 필요하지 않다는 장점이 있지만, 벤투리관이 직접 외부 공기와 닿기 때문에 결빙의 우려가 있고 비행속도에 따른 외부 공기흐름의 변동으로 인해 로터 회전속도를 일정하게 유지하기가 어렵습니다. 주로 글라이더나 구식 소형기에 사용되는 방식입니다.

15 부압(negative pressure)

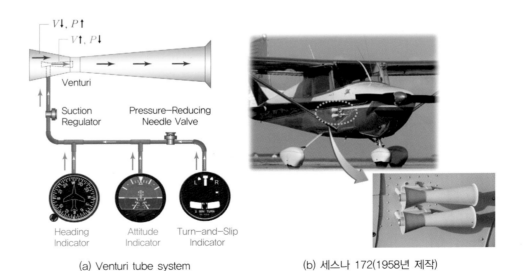

(a) Venturi tube system

(b) 세스나 172(1958년 제작)

[그림 7.11] 자이로 구동방식(venturi tube system)

(2) 진공계통 – 진공펌프 구동방식

진공펌프 구동식(vacuum pump system)은 [그림 7.12]와 같이 엔진에 의해 작동하는 진공펌프를 설치하고, 진공펌프와 자이로 계기를 연결하여 공기가 순환하도록 합니다. 진공펌프에서 공기를 빨아들여 배출하므로, 이 공기의 흐름을 이용하여 자이로 계기 내의 로터를 회전시킵니다. 소형기나 중형기에 사용되는 방식입니다.

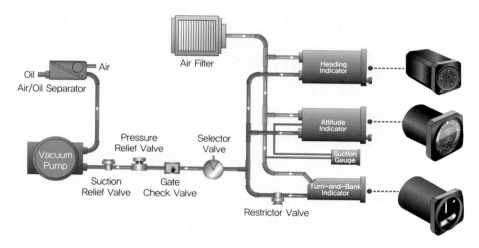

[그림 7.12] 자이로 구동방식(vacuum pump system)

(3) 공기압 구동방식

앞에서 설명한 진공계통 방식은 18,000 ft 이상의 고공에서는 공기가 희박해지기 때문에 자이로 회전자를 회전시킬 수 있는 충분한 공기의 양을 공급하기 어려운 단점이 있습니다. 따라서, 공기압 구동방식(air pump system)은 [그림 7.13]과 같이 공기압 펌프를 사용하여 대기압보다 높은 압력[16]으로 가압시킨 공기를 자이로 내부로 순환시켜 이 단점을 제거합니다. 자이로의 회전자를 고속으로 회전시킬 수 있고[17], 진공계통 보다 효율적으로 운용할 수 있습니다.

16 정압(positive pressure)

17 10,000~18,000 rpm 으로 회전시킴.

(4) 전기 구동방식

전기 구동방식(electrically-driven system)은 [그림 7.14]와 같이 교류나 직류 모터를 이용하여 자이로의 로터를 직접 회전시키는 방식입니다. 따라서, 비행속도, 고도 등과 같은 환경조건과 무관하게 사용할 수 있으며, 직립 특성이 좋고 자이로 회전속도를 일정하게 유지할 수 있기 때문에 계기의 오차도 적습니다. 공기가 희박한 높은 고도에

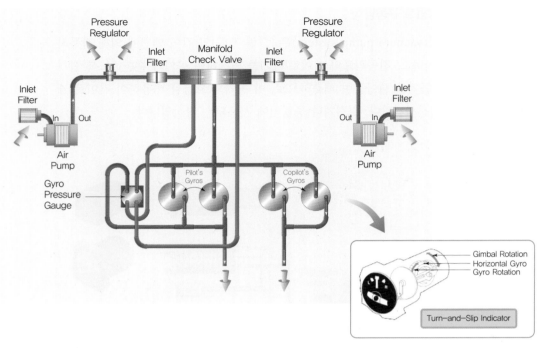

[그림 7.13] 공기압 구동방식(air pump system)

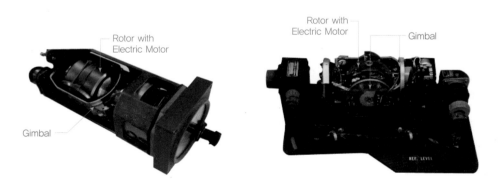

[그림 7.14] 전기 구동방식(electrical-driven system)

서도 자이로가 안정적으로 작동되므로 현재 대부분의 자이로 계기는 전기 구동방식을 채용하고 있습니다. 전기 구동을 통한 로터의 빠른 회전속도는 자이로의 강직성을 높이고, 엔진회전수(rpm)와 상관없이 일정한 회전속도를 유지시킬 수 있으므로 자이로 계기의 정확도가 높아지는 장점이 있습니다.

7.3 자이로 계기

자이로 계기(gyroscopic instrument)는 자이로스코프의 강직성과 섭동성을 이용하는 비행계기입니다. [그림 7.15]와 같이 항공기의 롤각, 피치각 등의 자세각을 나타내는 자세계(attitude indicator)와 기수 방위각을 표시하는 기수방위 지시계(heading indicator) 및 선회비행 시에 선회방향과 분당 선회율을 표시하는 선회경사계(turn coordinator)[18] 가 자이로 계기에 해당됩니다.

18 Turn and bank indicator라고도 함.

(a) 자세계

(b) 기수방위 지시계

(c) 선회경사계

[그림 7.15] 자이로 계기

7.3.1 항공기의 운동 및 자세

항공기의 비행운동을 표현하기 위해서 사용되는 항공기의 3축 운동 좌표계에 대해 먼저 알아보겠습니다. 운동 좌표계의 원점은 [그림 7.16]과 같이 항공기의 무게중심(CG, Center of Gravity)에 위치하고, x축은 항공기 기수방향으로, y축은 우측 날개방향으로 잡으면, z축은 오른손 법칙에 의해 아랫방향으로 정해집니다.[19] 이 3축을 기준으로 항공기는 직선병진운동과 회전운동을 하게 되며, x축을 중심으로 회전하는 운동을 롤운동(옆놀이, rolling motion)이라 하고, y축을 기준으로 회전하는 운동은 피치운동(키놀이, pitching motion), z축을 기준으로 회전하는 운동은 요운동(빗놀이, yawing motion)이라고 합니다.

항공기의 자세각도 마찬가지로 정의하는데, x축을 중심으로 회전하는 각도를 피치각(pitch angle, θ)이라 하고, y축을 기준으로 회전하는 각도는 롤각(roll angle, ϕ), z축을 기준으로 회전하는 각도는 요각(yaw angle, ψ)이라고 정의합니다.[20] 따라서, 피치각의 경우는 오른쪽 날개로 향하는 y축이 양(+)의 방향이므로, [그림 7.6]의 오른손 법칙을 적용하면 기수를 들어올리는 피치각이 (+)자세가 되고, 기수를 내리는 피치각

19 동체 좌표계(기체 좌표계, body coordinate)라고 함.

20 항공기의 자세각을 표현하는 롤각, 피치각 및 요각을 오일러 각(Euler angle)이라고 함.

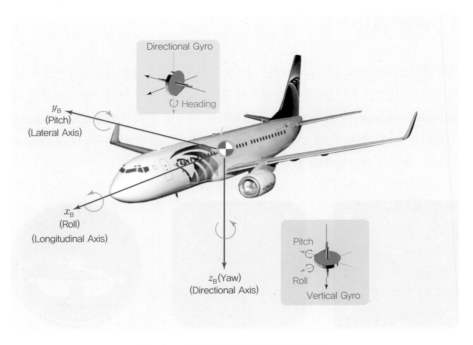

[그림 7.16] 항공기 동체좌표계와 자이로

이 (−)가 됩니다.

[그림 7.17]은 항공기용 자이로 계기의 예를 보여주고 있습니다. [그림 7.16]에서 나타낸 바와 같이 자이로 로터축(회전축)을 기준으로 2가지 방식으로 구분되며, 주요 특징은 다음과 같습니다.

(a) 방향 자이로　　　　　　　　(b) 수직 자이로

[그림 7.17] 방향 자이로와 수직 자이로

방향 자이로(directional gyro)와 수직 자이로(vertical gyro)

① 방향 자이로
 – 로터의 회전축을 항공기 동체좌표계의 x축이나 y축에 평행하게 맞추어 로터 회전면이 수직이 된다.
 – 기수방위 지시계와 선회경사계에 적용되는 방식으로 기수방위각 측정에 사용된다.
② 수직 자이로[21]
 – 로터의 회전축을 항공기 동체 좌표계의 z축에 평행하게 맞추어 로터 회전면이 수평이 된다.
 – 자세계에 적용되어 항공기의 롤각과 피치각 측정에 사용된다.

21 로터의 회전축(스핀축)을 기준으로 명칭이 구분되므로, 로터 회전축은 수직이지만 자이로 로터 회전면은 수평이 되므로 수평의(水平儀)라고도 함.

7.3.2 기수방위 지시계

항공기의 방위각(heading angle) 측정은 기본적으로 자기계기인 자기 컴퍼스가 사용됩니다. 6장에서 공부한 바와 같이 자기 컴퍼스는 지구의 지자기를 측정하여 방위각을 구하는 방식이므로, 자차, 가속도 오차, 북선 오차 등의 오차가 포함됩니다. 따라서 방위각 정보를 자기 컴퍼스보다 정확하고 신뢰성 있게 측정할 목적으로 방향 자이로를 사용합니다. 방향 자이로(directional gyro)는 항공기의 z축에 수직으로 자이로 회전축이 놓이는 방식으로, 약자를 사용하여 DG라고 하며, 정침의(定針儀), 방향 자이로 지시계(directional gyro indicator)라고도 합니다.

① 방향 자이로는 [그림 7.18]과 같이 기수방위를 측정하기 위한 기수방위 지시계 (heading indicator) 내부에 장착되며 자이로의 특성 중 강직성을 이용하여 항공기의 방위각을 측정합니다.

② 그림과 같이 방향 자이로의 로터 회전축은 항공기 동체 좌표계의 z축에 수직방향이므로 항공기의 요운동에 의해 기수방위가 돌아가더라도[22] 방향 자이로의 로터 회전면은 강직성에 의해 현재 회전방향과 상태를 유지하려고 합니다.

③ 따라서 기수방위 지시계는 항공기와 함께 회전하고 내부 자이로 로터는 강직성에 의해 현재 자세를 유지하므로, 항공기 요운동에 의해 발생하는 회전변위(방위각 변화)는 짐벌을 회전시키게 됩니다. 짐벌의 회전은 계기 내부 상단에 설치된 기어를 통해 지시침을 움직이므로 변화된 방위각을 지시할 수 있습니다.

22 계기가 항공기에 장착되어 있으므로 계기는 요운동에 의해 함께 회전하게 됨.

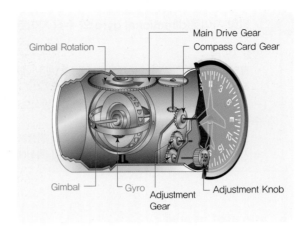

[그림 7.18] 항공기 기수방위 지시계 내부구조

방향 자이로는 자기 컴퍼스와는 달리 자차 및 동적 오차가 없는 것이 장점이지만, 자체적으로 북쪽을 찾아내는 능력이 없기 때문에 자기 컴퍼스를 참조하여 초기 방위각을 설정해 주어야 합니다. 또한 자이로를 사용하므로 시간에 따른 편위가 발생하고 로터 회전면이 수직으로 서 있으므로 비행 중 항공기 자세변화에 따른 섭동성의 영향으로 짐벌이 틀어지는 오차가 발생할 수 있어 주기적으로 이를 보정해 주어야 합니다.

계기판 왼쪽 하단에 장착된 보정 노브(adjustment knob)[23]를 누르고 돌리면, 계기판의 컴퍼스 카드가 돌아가게 되므로 자기 컴퍼스에서 지시하는 방위값으로 조종사는 비행 중 15분마다 보정을 수행합니다.

방향 자이로는 짐벌에 의해 지지되고 회전하므로 일반적으로 $50\sim85°$ 이상의 과도한 피치나 롤 자세각이 발생하면, 방향 자이로 내의 로터는 강직성을 유지하지 못하고 요동치는 텀블링(tumbling) 현상이 나타나거나 심한 경우에는 짐벌 락(gimbal lock)[24] 현상이 발생하게 됩니다. 이러한 현상이 발생하면 조종사는 항공기를 등속 수평 상태로 유지하고 보정 노브를 눌러서 자이로의 짐벌을 원위치로 돌아오도록 만듭니다.

 핵심 Point **기수방위 지시계(heading indicator)[25]**

• 항공기의 방위각(heading angle) 측정을 위한 계기로 자기 컴퍼스보다 정확하다.
• 방향 자이로(directional gyro)가 사용되며 자이로의 강직성을 이용한다.

7.3.3 자세계

(1) 수직 자이로

수직 자이로(vertical gyro)는 항공기의 롤 및 피치 자세각을 지시하는 자세계(attitude indicator)에 사용되며, 자이로의 로터 회전축이 항공기 동체 좌표계의 x-y축에 수직(z축에 평행)으로 놓입니다. 따라서 [그림 7.19]와 같이 외부 짐벌축을 항공기의 롤축인 x축에, 내부 짐벌축은 피치축인 y축과 평형이 되도록 설치하면 수직 자이로는 항공기의 롤과 피치운동에 대해 강직성을 유지하게 됩니다.

수직 자이로도 방향 자이로와 동일하게 자이로의 특성 중 강직성을 이용하며, 50~85° 이상의 과도한 피치나 롤 자세각이 발생하면 수직 자이로 내의 로터는 강직성을 유지하지 못하고 요동치는 텀블링 현상과 심한 경우에는 짐벌 락 현상이 발생하게 되어 자세측정이 불가능하게 됩니다. 자세계의 경우도 [그림 7.19]와 같이 계기 앞쪽 우측 하부에 보정 노브(caging knob)[26]가 설치되어 있어 텀블링과 짐벌 락 현상이 발생하면 보정 노브를 잡아당겨 자이로를 정상적인 원위치로 이동시킵니다. 중앙에 노브가 하나 더 설치되어 있는데, 받음각 조정 노브(AOA[27] adjustment knob)라고 하며, 조종사가 받음각이나 비행상태에 따라 인공수평의(artificial horizon)[28]를 상하로 이동시킬 수 있는 노브입니다.

26 일반적으로 "PULL TO CAGE"라고 적혀 있음.

27 AOA(Angle Of Attack)는 받음각으로 날개시위선에 대해서 바람(비행속도) 방향이 이루는 각도를 나타냄.

28 항공기 심벌(aircraft symbol)이라고도 하며, 항공기 날개를 나타내므로 조종사가 직관적으로 자세값을 인지할 수 있음.

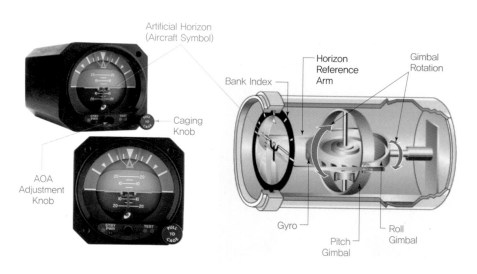

[그림 7.19] 항공기 자세계

29 수평면에 대해 기울어지는 항공기의 롤 및 피치각을 나타내므로 자이로 수평 지시계(gyro horizon indicator), 자이로 수평의(gyro horizon), 인공수평의(artificial horizon) 등의 명칭도 사용됨.

핵심 Point 자세계(attitude indicator)[29]

- 항공기의 롤각(roll angle) 및 피치 자세각(pitch angle)을 지시하는 비행계기이다.
- 수직 자이로(vertical gyro)가 사용되며 자이로의 강직성을 이용한다.

(2) 자세계 구조와 측정원리

자세계에서 피치각과 롤각을 측정하는 원리는 다음과 같습니다.

① 자이로의 로터 회전면이 수평을 유지하고 있으므로, 항공기의 기수가 들리거나 내리는 피치운동이 발생하거나 롤링 운동이 일어나면 항공기에 고정되어 장착된 자세계는 같은 방향으로 회전하게 됩니다.

② 이때 피치 짐벌과 롤 짐벌에 의해 자이로 로터는 자세계가 들리거나 좌우로 돌아가도 강건성에 의해 수평을 유지하게 되므로, 이 변위각도를 수평기준선 링키지(horizon reference arm)에 연결된 인공수평의와 뱅크지침(bank index)[30]을 통해 해당 피치각과 롤각 눈금을 가리키도록 합니다.

30 롤(roll)을 뱅크(bank)라고도 함.

③ 이러한 원리를 구현하기 위해 [그림 7.20]과 같이 자세계기판의 인공수평의와 뱅크지침은 자세계 외각케이스에 고정시켜 항공기와 함께 회전하도록 합니다.

④ 뱅크 눈금(bank scale) 및 피치 눈금(pitch scale)은 하늘과 땅을 나타내는 뒷면 배경판에 표시하여 수평기준선 링키지를 beam bar 링키지에 고정시킵니다.

⑤ 항공기의 롤운동에 따라 beam bar 링키지가 회전하고, 피치운동에 따라 피치 짐벌에 연결된 가이드 핀에 의해 beam bar가 상하로 움직이게 되므로 해당 피치각과 롤각을 지시할 수 있는 구조가 됩니다.

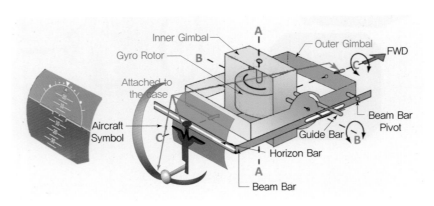

[그림 7.20] 항공기 자세계 내부구조

(3) 항공기 비행상태와 자세계 계기판

조종사는 자세계 계기판의 인공수평의(항공기 심벌)를 기준으로 비행상태를 판단하게 되며, 동시에 피치각은 인공수평의가 가리키는 피치눈금을 통해서 읽고, 롤각은 뱅크지침이 가리키는 뱅크눈금을 읽습니다. 뱅크눈금은 [그림 7.21(a)]와 같이 계기판 상단에 표기되어 있으며, 작은 눈금부터 $10°$, $20°$, $30°$, $45°$, $60°$, $90°$로 표시됩니다.

예를 들어 [그림 7.21(a)]와 같이 항공기의 피치각이 증가하면 기수가 들려 하늘이 보이므로 자세계에서도 하늘색 뒷배경이 더 많이 보이게 되고, 피치각이 음(−)이 되면 땅쪽 뒷배경이 더 많이 보이게 됩니다. [그림 7.21(a)] 자세계에서 피치각은 $+10°$이고, 롤각은 $0°$이므로 항공기는 현재 수평 상승비행상태(straight climb)가 됩니다.

[그림 7.21(b)]의 자세계는 피치각 $+10°$, 롤각 $+10°$를 나타내고 있으므로 우선회 (right turn)하면서 상승(climb)하고 있는 비행상태를 나타냅니다. 우선회 시에는 그림과 같이 오른쪽 지면이 더 높이 올라오게 되는 상태로 계기판이 보이게 됨을 유의하기 바랍니다.[31]

[그림 7.22]는 항공기의 수평비행(level flight), 상승(climb) 및 하강(descent) 비행상태와 좌선회(left turn) 및 우선회(right turn) 비행상태 조합에 따른 자세계의 지시상태를 보여주고 있으니 위의 설명 내용을 바탕으로 이해하기 바랍니다.

[31] 오른쪽 날개가 내려가는 (+)롤링상태이므로 조종사가 느끼기에 땅이 상대적으로 올라오는 것으로 보이게 됨.

(a) 수평 상승비행 상태   (b) 우선회 상승비행 상태

[그림 7.21] 항공기 자세계 지시눈금

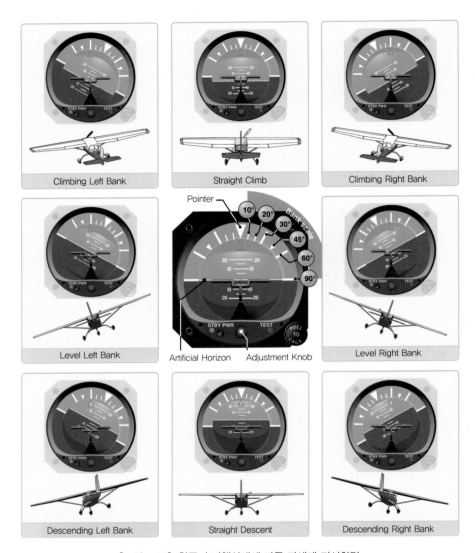

[그림 7.22] 항공기 비행상태에 따른 자세계 지시화면

(4) 공기구동식 수직 자이로의 직립장치

수직 자이로는 회전축이 항상 지구의 중력방향과 일치되도록[32] 유지하기 위해 직립장치(erecting mechanism)를 사용합니다. 진공계통 방식이나 공기압 구동방식으로 로터를 회전시키는 자이로는 [그림 7.23]과 같이 자이로 로터 아래쪽에 4개의 진자식 베인(pendulum vane)을 통해 자이로를 직립시키는 방식이 적용되며, 단계별 동작순서는 다음과 같습니다.

32 자이로 로터 회전면이 지구표면과 수평이 되는 자세임.

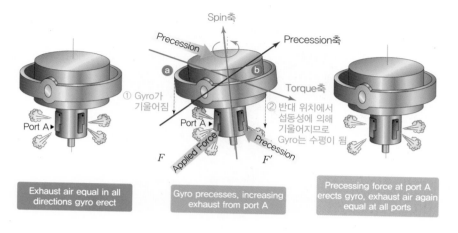

[그림 7.23] 공기구동식 자이로의 직립장치

① 자이로 회전축이 수직인 상태에서는 자이로 로터를 통과한 공기가 4개의 베인에서 같은 양으로 배출되므로 평형을 이루게 됩니다.

② 만약 자이로가 ⓐ점에서 기울어지면 회전방향으로 90° 돌아간 위치의 베인이 조금 더 열려 공기배출량이 증가합니다.

③ 이때 공기배출에 의한 반작용력(외력) F가 작용하게 되고, 외부 토크가 발생합니다.

④ (+)방향의 로터 스핀축과 토크축을 찾아내면 [그림 7.23]에 표시한 바와 같으며, 스핀축에서 토크축으로 [그림 7.10(b)]의 오른손 법칙을 적용하면 (+)세차축을 찾아낼 수 있습니다.

⑤ 세차성에 의해 ⓑ점이 아래로 기울어지는 힘 F'이 작용하므로 자이로는 복원 토크가 발생하여 다시 직립하게 됩니다. 또는 외력 F가 작용한 지점에서 로터 회전방향으로 90° 앞선 위치에서 섭동(세차)에 의한 힘 F'을 찾아낼 수도 있습니다.

(5) 전기구동식 수직 자이로의 직립장치

전기구동식 자이로의 직립장치도 공기구동식 직립장치와 유사하게 자이로의 세차성을 이용하여 복원 토크를 발생시키는 방식을 사용합니다.

[그림 7.24]와 같이 자이로의 로터는 115 V 400 Hz 전기모터에 의해 약 21,000 rpm으로 고속 회전하고 있습니다. 로터 회전축 외각은 영구자석에 의해 둘러싸여 있으며, 이 자석 상단부에 모자모양의 슬리브(sleeve)를 설치합니다. 슬리브와 자석 사이에는 자유로운 회전을 위해 베어링이 장착되어 있고, 슬리브는 로터축과 함께 회전하는 영

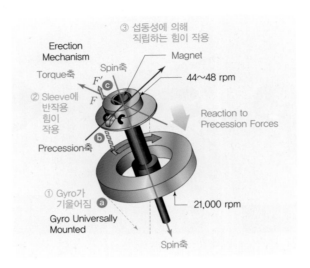

[그림 7.24] 전기구동식 자이로의 직립장치

33 아라고 원판(Arago's disk)의 원리가 적용되어 회전자기장에 의해 슬리브에는 유도전류가 생성되고, 생성된 유도전류는 회전자기장 내에서 힘을 발생시므로 로터축과 같은 방향으로 회전하게 됨(교류 유도 전동기의 원리와 같음).

구자석의 자기장에 의해 약 44~48 rpm으로 천천히 회전하게 됩니다.[33] 전기구동식 자이로 직립장치의 동작원리와 과정은 다음과 같습니다.

① ⓐ점에서 자이로 회전축이 기울어지면 슬리브 ⓑ점에는 베어링에 의해 기울어진 반대방향으로 반력(외력) F가 작용하게 됩니다.

② 이 반력에 의해 슬리브와 로터에는 토크가 발생하고, (+)방향의 로터 스핀축과 토크축은 [그림 7.24]에 표시한 방향이 됩니다.

③ 스핀축에서 토크축으로 [그림 7.10(b)]의 오른손 법칙을 적용하면 (+)세차축을 찾아낼 수 있습니다.

④ 세차성에 의해 ⓒ점에는 복원력 힘 F'이 작용하므로 자이로는 복원 토크가 발생하여 다시 직립하게 됩니다. 또는 외력 F가 작용한 지점에서 로터 회전방향으로 90° 앞선 위치에서 섭동(세차)에 의한 힘 F'을 찾아낼 수도 있습니다.

7.3.4 선회경사계

34 Turn and bank indicator, turn and slip indicator라고도 함.

선회경사계(turn coordinator)[34]는 선회계와 경사계가 조합되어 있는 계기로, 항공기의 선회방향과 선회율 및 선회상태 정보를 조종사에게 제공합니다. [그림 7.25]와 같이 선회계(turn indicator)는 지시침이나 항공기 심벌로 항공기의 선회방향과 분당 선회율(rate of turn)을 지시하고, 경사계(inclinometer)는 구부러진 투명 유리관 내부의 볼(ball)을 통해 정상선회, 내활선회, 외활선회 등 선회상태에 대한 정보를 제공합니다.

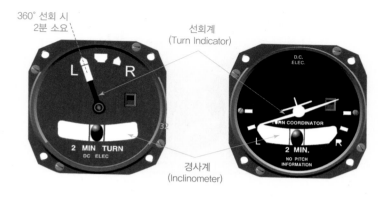

(a) Turn and slip indicator   (b) Turn coordinator

[그림 7.25] 선회경사계

선회경사계는 [그림 7.25]와 같이 두 종류가 있는데, 지시침을 사용하는 방식의 계기가 turn and slip indicator이며, 항공기 심벌로 된 것은 turn coordinator라고 합니다.

(1) 선회계 지시

선회계는 자이로의 섭동성을 이용한 자이로 계기로, 내부에 방향 자이로를 장치하고 1축 짐벌[35]을 사용하여 선회방향과 선회율을 지시합니다.

선회율 지시방법에 따라 2분계와 4분계로 나뉘며, 2분계는 360° 선회 시에 2분이 소요됨을 나타내며, 이 선회율을 표준선회율(standard rate of turn)이라고 합니다. 따라서 [그림 7.25]와 같이 2분계의 선회눈금은 180°/min이 됩니다. 4분계는 360° 선회 시 4분이 소요되므로, 4분계의 선회눈금은 90°/min이 되고, 가스터빈 엔진 항공기 등 고속 항공기에 4분계가 사용되기도 합니다.

선회계 내부에는 [그림 7.26]과 같이 방향 자이로의 로터 회전면이 수직으로 세워져 회전하고 있으며, 항공기의 선회 시 발생하는 요운동에 의해서 선회계에는 오른쪽이나 왼쪽으로 회전하는 외부토크가 가해지게 됩니다. 따라서, 선회계 내부의 방향 자이로에도 같은 크기와 방향의 외부토크가 가해지므로 자이로는 세차운동을 일으키게 되고, 이 세차운동 변위를 링키지로 연결시켜 선회 지시침이나 항공기 심벌의 날개를 선회방향으로 돌아가도록 합니다.

[그림 7.26]과 같이 현재 항공기가 우선회를 위해 (+)뱅크각을 넣고 (+)요잉운동(기수가 우측으로 회전)을 하고 있는 경우를 가정하고 선회경사계의 작동원리와 과정을 살펴보겠습니다.

35 1축 짐벌의 회전축이 세차축이 됨.

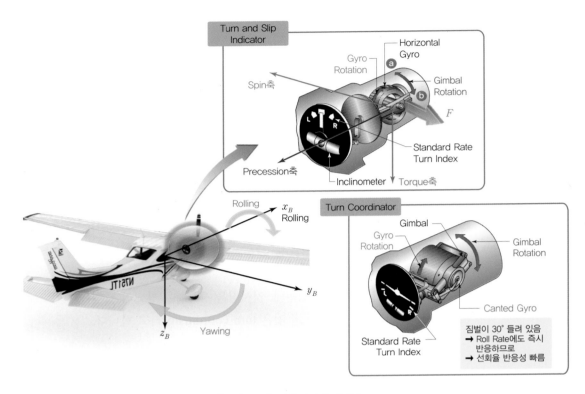

[그림 7.26] 선회경사계 내부구조

① 선회경사계의 내부 자이로의 로터는 그림에 표시된 것처럼 시계방향으로 회전하고 있으므로 스핀축을 찾아내면 [그림 7.26]에 표시한 것과 같습니다.

② 현재 항공기가 (+)요잉운동을 하고 있으므로, 조종석에 설치된 선회경사계의 내부 방향 자이로에는 그림과 같이 외력 F가 작용하게 되므로, 이를 통해 토크축을 찾아내면 그림에 표시한 방향이 됩니다.

③ (+)스핀축에서 (+)토크축으로 [그림 7.10(b)]의 오른손 법칙을 적용하여 세차축을 찾아낼 수 있으며, 세차운동에 의해 방향 자이로의 로터는 ⓐ 방향으로 회전하는 토크를 받게 됩니다.

④ 연결된 링키지를 통해서 계기판의 지시침은 'R' 쪽으로 움직여 우선회 방향을 지시합니다. 항공기가 빠르게 우선회할수록 자이로가 넘어가는 변위가 커지므로 지시침은 더 많이 움직여 큰 선회율을 지시하게 됩니다.

⑤ 외력 F가 작용한 지점에서 로터 회전방향으로 90° 앞선 위치에서 섭동(세차)에 의한 힘 F'을 적용해도 같은 방향으로 로터가 회전함을 알 수 있습니다.

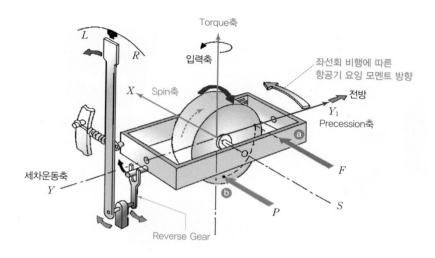

[그림 7.27] 선회경사계 작동원리(좌선회 비행상태)

좌선회 비행 시의 상태는 [그림 7.27]에 나타내었으니, 위의 과정을 동일하게 적용하여 이해해 보기 바랍니다. 한 가지 주의할 점은 세차성에 의해 로터가 넘어지는 방향과 선회계의 지시침이 움직이는 방향이 반대가 되는데, [그림 7.27]과 같이 reverse gear가 링키지 중간에 장치되어 지시침이 반대방향으로 움직이도록 합니다.[36]

항공기는 선회비행을 위해 롤운동을 먼저 일으킨 후 요운동이 일어나며, 두 가지 운동이 융합되어 선회하게 됩니다. 앞에서 선회경사계를 turn and bank indicator (turn and slip indicator) 또는 trun coordinator라고 하였는데, 다음과 같이 특성을 구별할 수 있습니다.

Turn and bank indicator는 요운동만을 감지하여 선회율과 선회방향을 지시하는 방식이고, trun coordinator는 선회경사계가 발전한 계기로 [그림 7.26]과 같이 내부 자이로 짐벌축이 피치방향으로 30° 정도 들려 있습니다. 이 때문에 항공기가 선회를 하면 먼저 발생하는 롤운동을 감지하게 되어, 선회율 반응성이 빨라지게 됩니다.

[그림 7.25]의 선회경사계와 turn coordinator는 좌선회를 나타내고 있음을 알 수 있으며, 특히 turn coordinator의 항공기 심벌의 왼쪽 날개가 내려가므로 항공기 심벌은 꼬리 쪽에서 기수방향을 바라보는 조종사의 시점으로 표시되어 있음을 알 수 있습니다.

(2) 경사계 지시

경사계의 구부러진 유리관에는 볼(ball)이 들어 있으며, 내부는 자기계기와 같이 액체인 케로신(kerosene)이 채워져 있습니다. 케로신은 점성이 있기 때문에 볼의 요동을

36 방향 자이로 로터가 반대방향으로 돌게 해주면, 세차성에 의해 로터가 넘어지는 토크가 반대가 되므로 reverse gear가 필요없게 됨.

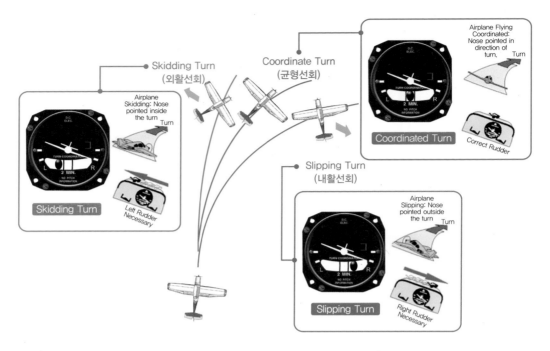

[그림 7.28] 선회비행상태에 따른 선회경사계 지시

방지하는 댐핑(damping) 기능을 하며, 유리관은 수평위치에서 가장 낮은 지점이 중앙에 오도록 구부러져 있습니다.

경사계는 항공기에 작용하는 원심력과 중력에 따라 움직이는 볼의 위치로 항공기의 비행상태를 지시하게 됩니다.

① 비행 중에 볼이 중앙에 있으면 항공기는 수평비행 상태이며, 항공기가 기울어져 경사지게 되면 경사진 쪽으로 볼이 이동하여 날개의 기울어짐을 지시합니다.
② 선회비행 시에는 [그림 7.28]과 같이 정상선회, 내활선회, 외활선회를 지시합니다.

(3) 선회상태에 따른 경사계 지시

특히 선회비행상태에서는 볼의 위치에 따라 다음과 같이 3가지 선회상태를 판별할 수 있습니다.

① 균형선회(coordinate turn)는 정상선회라고도 하며, 선회 시 경사계의 볼은 중앙에 위치하며, 선회궤적이 정확히 원을 그리게 되는 선회상태입니다.
② 내활선회(slipping turn)는 선회방향의 안쪽으로 미끄러지며 선회하고 있는 상태로 경사계 볼은 선회계 지시바늘과 같은 방향(오른쪽)으로 치우쳐 이동합니다.

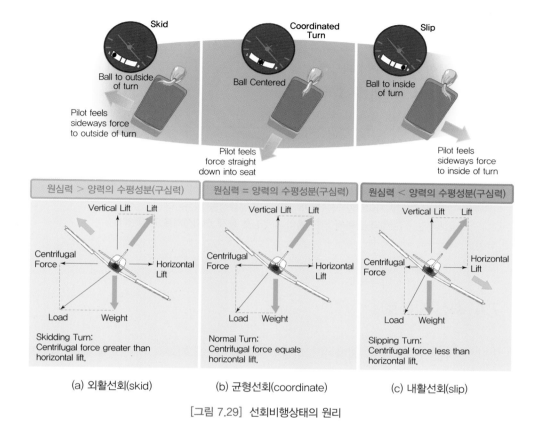

[그림 7.29] 선회비행상태의 원리

③ 외활선회(skidding turn)는 선회방향의 바깥쪽으로 밀리며 선회하는 비행상태로 경사계 볼은 선회계 바늘과 반대방향(왼쪽)으로 치우쳐 이동합니다.

우선회 비행 시 위의 3가지 선회상태에서 힘의 평형관계를 비교해 보겠습니다.

① 외활선회에서는 [그림 7.29(a)]와 같이 양력(lift)의 수평성분보다 원심력 (centrifugal force)이 커서 항공기가 선회방향 바깥쪽으로 미끄러지게 되며 경사 계의 볼은 바깥쪽으로 쏠리게 됩니다.
② [그림 7.29(b)]의 균형선회상태에서는 양력의 수평성분과 원심력이 평형을 이루 기 때문에 경사계의 볼은 중앙에 머물며, 원궤적을 그리는 선회가 가능합니다.
③ 마지막으로 [그림 7.29(c)]의 내활선회는 양력의 수평성분보다 원심력이 작기 때 문에 경사계의 볼은 선회방향 안쪽으로 쏠리게 되고, 항공기는 선회방향 안쪽으 로 미끄러지게 됩니다.

자동차 운전 중에도 우회전을 하고 있는 경우라면 운전자의 몸도 우측으로 향하는 것이 가장 안정적이고 편안함을 느끼게 됩니다. 외활 및 내활선회상태는 선회방향과 조종사의 몸이 반대방향이 되므로 항공기 조종사는 러더 조작을 통해 어긋난 기수방향을 선회방향으로 맞추어 주게 됩니다.[37]

37 "Step on the ball" 이라고 부르는데, 왼쪽으로 볼이 이동하면 왼쪽 rudder를 차주고, 볼이 오른쪽이면 오른쪽 rudder를 밟아서 균형선회를 만듦.

핵심 Point 선회경사계(turn and slip indicator)

- 항공기의 선회방향과 선회율을 나타내는 선회계(turn indicator)와 선회상태(균형선회, 내활선회, 외활선회)를 나타내는 경사계(inclinometer)가 조합된 비행계기이다.
- 선회계는 방향 자이로가 사용되며, 자이로의 섭동성을 이용한다.
- 경사계는 원심력과 중력에 의한 볼의 치우침을 통해 선회상태를 판별한다.

7.4 최신 자이로

7.3절까지는 고속으로 회전하는 로터를 가진 고전적인 기계식 자이로에 대해 알아보았습니다. 현재 대부분의 항공기들에 사용되고 있는 자이로는 전자기술의 발전에 따라 광학식 자이로나 반도체 기반의 자이로가 사용되고 있으며, 본 절에서는 최신 자이로의 종류와 특성에 대해 살펴보도록 하겠습니다.

7.4.1 광학식 자이로

광학식 자이로는 각속도를 측정하기 위하여 빛이나 레이저 빔(laser beam) 등의 광원(光源, light source)을 사용합니다. [그림 7.30(a)]와 같이 스플리터(splitter)를 통해 같은 주파수의 광원을 2개로 나누어 하나는 시계방향 경로로 쏴주고(Beam 1), 다른 하나는 반시계 방향 경로로 쏴줍니다(Beam 2). 만약 각속도(ω)가 0인 경우라면 2개의 빛이 한 바퀴 광로를 돌아서 스플리터로 도달하는 시간은 동일하지만, [그림 7.30(b)]와 같이 각속도가 존재하는 경우는 도달시간의 차이[38]가 발생합니다. 이것을 사냑 효과(Sagnac effect)[39]라고 하며, 각속도에 따른 도달시간의 차이를 이용하여 각속도의 방향과 크기를 측정해냅니다.

38 도달시간의 차이는 2개 광원의 주파수의 차이가 되며, 파장의 차이와도 같음.

39 1913년 프랑스의 물리학자인 Georges Sagnac이 발견함.

광학식 자이로는 링 레이저 자이로와 광섬유 자이로로 크게 구분됩니다.

 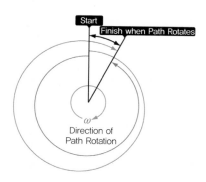

(a) 각속도가 0인 경우   (b) 각속도가 있는 경우

[그림 7.30] 사냑 효과(Sagnac effect)

(1) 링 레이저 자이로(RLG)

링 레이저 자이로(Ring Laser Gyro)는 RLG라고 부르며 [그림 7.31]과 같은 내부 구조를 통해 다음과 같이 작동합니다.

① 레이저(laser)[40]가 통과하는 삼각형 캐비티(cavity) 내부는 헬륨과 네온가스로 채워져 있습니다.

② 레이저 빔을 시계방향과 반시계방향으로 발사하면, 2개의 반사경에 반사된 후 광원으로 되돌아옵니다.

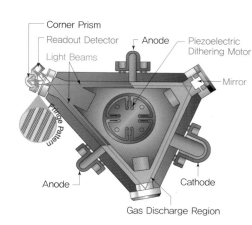

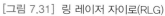

[그림 7.31] 링 레이저 자이로(RLG)

[40] 'light amplification by stimulated emission of radiation'의 머리글자를 딴 합성어로, 우리말로 하면 '유도 방출 과정에 의한 빛의 증폭'이란 뜻이 됨. 1개의 파장으로 된 단색성의 빛이며, 광원으로부터 거리가 멀어져도 빛의 세기가 거의 줄어들지 않는 특성을 가짐.

③ 링 레이저 자이로가 장착된 물체의 각속도가 없을 때는 2개의 레이저 빔의 주파수는 같지만, 각속도가 있을 때는 사냑 효과에 의해 하나의 레이저 빔은 평균 이동거리가 길어지고, 다른 하나의 레이저 빔은 평균 이동거리가 짧아지게 됩니다.

④ 링 레이저 자이로는 각속도에 따른 이동거리의 차이(결국 도달시간의 차이와 같음)를 주파수 차이로 측정하여 각속도를 측정해 냅니다.

RLG는 기계식 자이로와 같이 회전하는 로터가 없고 짐벌이나 베어링 등의 기계요소가 없기 때문에 기계적 편위(drift)가 없으며, 60,000시간 정도의 MTBF[41]를 가지므로 고장이 날 확률이 낮으며, 크기를 줄이고 무게를 경감시킬 수 있습니다. 또한 $0.01°/h$의 매우 낮은 바이어스(bias) 특성을 가지며, 각속도 측정범위가 넓고, 정밀하게 각속도를 측정할 수 있으며 선형성(linearity)[42]이 좋습니다. 1963년도에 미국에서 개발한 이래 현재 장거리항법장치인 스트랩다운 관성항법장치(Strapdown INS)에 사용되는 고정밀 자이로이며, 현대 항공기, 선박 등에 사용되는 관성항법장치는 모두 링 레이저 자이로를 사용하고 있습니다.

링 레이저 자이로의 단점은 내부에 레이저를 사용하므로 큰 전력이 필요하고, 레이저 반사경 등을 정밀하게 제작해야 하므로 가격이 매우 비싸집니다. 무엇보다 각속도

41 평균고장 시간간격 (Mean Time Between Failure)으로, 장치가 고장날 때까지 걸리는 평균시간을 의미함. MTBF가 클수록 신뢰성이 높음.

42 각속도에 대한 전압이나 디지털 출력의 값이 선형적 비례관계가 되므로 정확한 값을 측정할 수 있음.

H-764 ACE

DESIGNED TO MEET THE EVOLVING TRI-SERVICE REQUIREMENTS OF CNS/ATM AND JPALS WHILE SUPPORTING PLATFORM MISSIONIZATION INCLUDING EXPANSION SLOTS FOR FUTURE GROWTH

System Features

- Meets DoD Tri-Service GPS/INS requirements
- Uses Honeywell's Digital Laser Gyro (DLG)
- Two expansion slots to meet a wide variety of applications
- SAASM-based, all-in-view GPS Receiver with FDE/RAIM per RTCA/DO-229 and a C/A-P(Y) switch to support civil interoperability
- Flexible hardware and software system architecture for ease of missionization
- Reliable BIT isolation reduces and simplifies maintenance
- Power PC-based microprocessor, 1553 Bus and RS-422 buses on one card
- Triple nav solutions (Pure Inertial, GPS-only, and blended GPS/INS)

System Characteristics

Blended GPS/INS Performance
- Position Accuracy (SEP): <10 m
- Velocity Accuracy (rms): <0.05 m/s

Pure INS Performance
- Position Accuracy (CEP): <0.8 nmi/hr
- Velocity Accuracy (rms): < 1.0 m/s

Alignment Time
- Gyrocompass: 4 minutes
- Stored Heading: 30 seconds
- In Air Align: <10 minutes

Operating Ranges
- Attitude: Unlimited
- Angular Rate: ±420 deg/sec
- Acceleration: ±21g's (all axis)
- Angular Accel: +1,500 deg/sec/sec

MTBF
- >6,500 hours

Weight**
- 18.5 lbs. (23.5 lbs. with MMR)

Installation***
- Choice of rack-mounted (additional 2 lbs.) or hard-mounted (bolted to vehicle)

Multi-Mode Receiver Option
- Replaces top cover of current configuration
- Protected Instrument Landing System

[그림 7.32] Honeywell사의 H-764 링 레이저 자이로

가 작아지면 2개 레이저 빔의 주파수 차이를 찾아낼 수 없어서 각속도를 측정할 수 없는 'Lock-In' 효과가 나타나는 것이 최대 단점입니다. 일반적으로는 $100°/h(0.02778°/sec)$보다 작은 각속도에서 Lock-In 효과가 나타납니다. 이를 방지하기 위해서 [그림 7.31]과 같이 레이저 자이로 중앙에 압전 디더링 모터(piezoelectric dithering motor)를 설치하여 레이저 빔이 통과하는 삼각형 캐비티(cavity)를 400 Hz의 주파수로 진동시킵니다. 이러한 진동을 통해 각속도가 거의 0인 경우에만 2개의 레이저 빔의 주파수가 일치하며, 나머지 각속도에서는 주파수 차이를 찾아낼 수 있습니다.

[그림 7.32]는 미국의 대표적인 항공전자회사인 허니웰(Honeywell)사에서 제작하여 판매하고 있는 H-764 스트랩다운 관성항법장치와 주요 성능수치를 보여주고 있습니다. 군용 수송기에 장착되는 관성항법장치이며, 1대의 가격이 5억 원 정도 합니다.

(2) 광섬유 자이로(FOG)

광섬유[43] 자이로(Fiber Optic Gyro)는 FOG라고 부르며, 광섬유 코일(optical fiber coil)로 빛을 쏴서 돌아오는 빛을 광검출기(photo detector)로 수신하여 간섭계(interferometer)[44]에서 검출한 파장(wavelength)의 차이로 각속도를 측정합니다.

[그림 7.33]과 같이 광섬유를 나선형 코일 모양으로 말아놓고, 광섬유 관 사이로 빛을 쏜 후 돌아오는 빛의 파장을 측정합니다. 사냑 효과에 의해 각속도에 따른 파장의 길이가 변화하므로 이를 통해 각속도를 측정해 내는 방식입니다. 링 레이저 자이로보다는 정밀도가 떨어지지만 Lock-In 효과가 없고, 정밀 제작 공정이 필요 없으므로 가격이 상대적으로 저렴하여 [그림 7.34]와 같이 소형 항공기 및 무인기 등에 많이 사용되고 있습니다.

43 1970년 미국 코닝사에서 개발한 빛 신호를 전달하는 가느다란 유리 또는 플라스틱 섬유. 빛의 속도(3×10^8 m/s)를 이용하므로 고속 정보 송신이 가능하며, 전기적 장해에 영향을 받지 않으므로 정확한 정보를 보낼 수 있음.

44 동일한 광원에서 나오는 빛을 두 갈래 이상으로 나누어 진행경로에 차이가 생기도록 한 후 빛이 다시 만났을 때 일어나는 간섭현상을 관찰하는 측정기임.

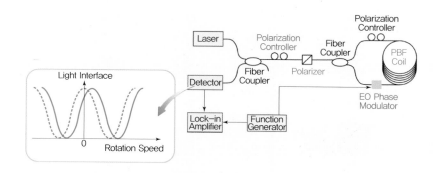

[그림 7.33] 광섬유 자이로(FOG)의 구성

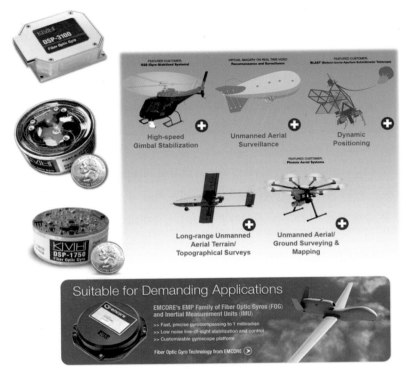

[그림 7.34] 광섬유 자이로(FOG)의 활용

7.4.2 MEMS 자이로

MEMS 자이로는 미세전자기계시스템, 미세전자제어 등으로 불리는 MEMS(Micro Electro-Mechanical Systems) 기술을 사용한 반도체형 자이로입니다. 반도체 공정기

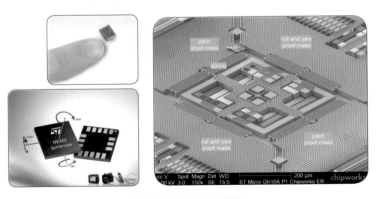

[그림 7.35] MEMS 자이로

술을 기반으로 마이크론(μm)이나 밀리미터(mm) 크기의 초소형 정밀기계 제작기술로 제작한 반도체 타입의 초소형 자이로로, 스마트폰, 디지털카메라 등에 장착되어 사용되고 있습니다. 광학식 자이로에 비해 정밀도 및 정확도가 낮으므로 항공분야에서는 드론(drone)과 같은 소형 무인기의 각속도, 자세 측정 및 GPS와 연동한 하이브리드 관성항법시스템에 주로 사용되고 있습니다.

7.4.3 자세 및 방위각 기준장치(AHRS)

AHRS(Attitude Heading Reference System)로 불리는 자세 및 방위각 기준장치는 자이로와 가속도계(accelerometer)[45]를 함께 이용하여 항공기의 자세각(attitude)과 방위각(heading)을 측정하는 장치(센서)입니다. 기계식 자이로보다는 광학식 및 MEMS 등 최신 자이로가 사용되며, 방위각(요각)까지 측정하기 위해서는 초기값 및 보정을 위해 지자기계(magnetometer)가 필수적으로 함께 사용됩니다.

 자이로에서 측정된 각속도를 적분하여 자세값(roll과 pitch)을 구하고, 가속도계의 지구중력가속도 측정값을 이용하여 계산한 자세값을 융합하므로 각각의 센서로 자세각을 구하는 것보다 정확하고 보다 신뢰성 높은 정보를 얻을 수 있습니다. 이러한 목

[45] 가속도를 측정하는 센서로 자이로와 함께 관성항법시스템의 필수적인 핵심 센서로 사용됨.

(a) 소형 항공기용 (b) 중대형 항공기용 (c) 무인기용

[그림 7.36] 자세 및 방위각 기준장치(AHRS)

적으로 자이로, 가속도계, 지자기계 등의 여러 센서의 정보를 융합하는 알고리즘을 구현하기 위해 소프트웨어적으로 필터(filter)가 사용됩니다. 보다 자세한 내용은 9장 항법시스템의 관성항법장치를 설명하면서 알아보겠습니다.

AHRS에서 사용하는 자세각 계산 이론과 알고리즘은 결국 관성항법장치에서 위치계산과 좌표변환을 위한 일부 루틴으로 사용되기 때문에 고가의 관성항법장치를 장착하지 않는 이동체에서 위치정보를 제외하고 자세각 정보만을 얻는 센서로 효과적으로 이용되고 있습니다. AHRS는 각속도계인 자이로와 가속도계가 장치되어 있으므로 출력정보에는 피치 각속도, 롤 각속도, 요 각속도의 항공기 3축 각속도와 3축 선형 가속도 정보가 함께 포함되어 출력됩니다.

7.4.4 자이로의 오차 보정

자이로의 오차 보정 시험은 3축 모션 테이블(3-axis motion table)을 이용하는데, 7.1.2절의 3축 짐벌과 같은 구조입니다. [그림 7.37]에 나타낸 3축 모션 테이블은 대전의 한국항공우주연구원(KARI)에 설치되어 있는 것으로, 좌측은 우주로켓 나로호에 장착되는 자이로를 개발하거나 시험할 때 사용하고 있고, 우측장치는 항공분야에서 무인기 개발이나 항공기 개발 시에 사용하고 있습니다. 제일 안쪽에 자이로를 장착하고, 3축으로 매우 정확한 각속도를 입력하여 자이로에서 측정되는 각속도값을 비교한 후 자이로를 보정하게 됩니다.

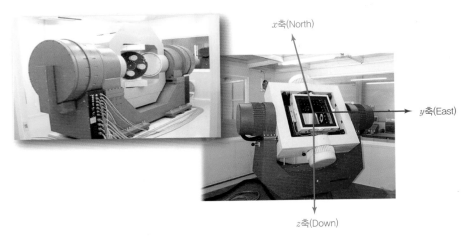

[그림 7.37] 자이로 시험장치(3축 모션 테이블, 한국항공우주연구원)

CHAPTER SUMMARY

이것만은 꼭 기억하세요!

7.1 자이로의 원리 및 특성

① 자이로(gyro) = 자이로스코프(gyroscope)의 줄인 말로서 고속으로 회전하는 로터(rotor)를 말함.

② 회전하는 물체의 각속도(angular rate) 및 각도(angle) 측정에 사용됨.

③ 강직성(rigidity)

- 고속으로 회전하는 로터가 스핀축의 방향을 변경하려는 외부 힘이나 토크(회전)에 대해 원래 회전하던 고유의 회전성과 회전방향을 유지하려는 성질을 말함.
- 로터가 고속으로 회전하고, 질량이 클수록 강직성은 커짐.

④ 편위(drift)

- 지구 중력에 관계없이 관성 좌표계에서 자세를 유지하는 강직성 때문에 발생하며, 지구자전에 의해 지구와 함께 움직이는 기준 좌표계에서 발생하는 각 변위를 가리킴. (자이로 회전축이 1시간에 15°씩 기울어짐)

⑤ 세차성(섭동성, precession)

- 회전하는 물체에 외력을 가하였을 때 발생하며, 작용한 외력은 로터의 회전방향으로 90° 나아간 위치에서 같은 크기의 힘으로 작용하여 물체가 회전하는 토크를 발생시킴.
  ➡ 외부에서 가해진 힘에 의한 토크(τ)에 비례하고 로터의 각운동량($H=I\omega$)에는 반비례함.
- 강직성이 커지도록 자이로 로터를 크고 무겁게 만들거나 고속으로 회전시키면, 외부 토크에 대해 반응하는 세차성은 작아지게 됨.

7.2 자이로의 구동방식

① 진공계통(vacuum system) 방식

- 벤투리관 구동식(venturi tube system): 항공기 외부에 벤투리관을 설치하고 부압을 이용하여 자이로를 구동시킴.
- 진공펌프 구동식(vacuum pump system): 진공펌프에서 공기를 빨아들여 자이로를 구동시킴.

② 공기압 구동방식(air pump system)

- 공기압 펌프를 사용하여 대기압보다 높은 압력으로 공기를 가압시켜 자이로를 구동시킴.

③ 전기 구동방식(electrically-driven system)

- 교류나 직류 모터를 이용하여 자이로의 로터를 직접 회전시키는 방식
- 고속으로 자이로 로터를 회전시키며 일정한 회전속도를 유지할 수 있어 자이로 계기의 정확도가 높아짐.

7.3 자이로 계기

① 방향 자이로(directional gyro)

- 로터의 회전축이 항공기 동체좌표계의 x축이나 y축과 평행한 자이로 ➡ 로터 회전면이 수직이 됨.
- 기수방위 지시계와 선회경사계에 사용됨.

② 수직 자이로(vertical gyro)

- 로터의 회전축이 항공기 동체 좌표계의 z축과 평행한 자이로 ➡ 로터 회전면이 수평이 됨.

• 자세계에 사용됨.

③ 기수방위 지시계(heading indicator)

• 방향 자이로(directional gyro)가 사용되며, 자이로의 특성 중 강직성을 이용하여 항공기의 방위각을 측정함.

• 자기 컴퍼스와는 달리 자차 및 동적 오차가 없는 장점이 있지만, 자체적으로 북쪽을 찾아내는 능력이 없기 때문에 자기 컴퍼스를 참조하여 초기 방위각을 설정해야 하고, 일정 주기(15분)마다 보정해야 함.

④ 자세계(attitude indicator)

• 수직 자이로(vertical gyro)가 사용되며 자이로의 강직성을 이용하여 항공기의 롤각(roll angle) 및 피치 자세각(pitch angle)을 지시하는 비행계기임.

⑤ 선회경사계(turn and slip indicator)

• 선회계와 경사계가 조합되어 있는 계기로 방향 자이로의 섭동성을 이용함.

• 선회계(turn indicator): 항공기의 선회방향과 분당 선회율(rate of turn)을 지시함.

• 경사계(inclinometer): 내부의 볼(ball)을 통해 정상선회, 내활선회, 외활선회 등 선회상태를 지시함.

⑥ turn coordinator

• 선회경사계가 발전한 계기로 내부 자이로 짐벌축이 피치방향으로 30° 정도 들려 있음.

• 항공기가 선회하면 먼저 발생하는 롤운동을 감지하게 되어 선회율 반응성이 빨라짐.

7.4 최신 자이로

① 광학식 자이로: 각속도가 존재하는 경우에 경로가 다른 2개 광원의 도달시간의 차이가 발생하는 사냑효과(Sagnac effect)를 이용하여 각속도를 측정하는 자이로

② 링 레이저 자이로(RLG, Ring Laser Gyro)

• 기계식 자이로의 로터 및 짐벌이나 베어링 등의 기계요소가 없으므로 편위(drift)가 없음.

• 긴 MTBF로 고장이 날 확률이 낮으며, 각속도 측정범위가 넓고, 정밀하게 각속도를 측정할 수 있음.

• 현재 장거리항법장치인 스트랩다운 관성항법장치(strapdown INS)에 사용되는 고정밀 자이로임.

• 낮은 각속도를 측정할 수 없는 'Lock-In' 효과가 단점임.

③ 광섬유 자이로(FOG, Fiber Optic Gyro)

• 광섬유 코일에 빛을 쏴서 돌아오는 빛을 수신하여 간섭계(interferometer)에서 검출한 파장(wavelength)의 차이로 각속도를 측정함.

• RLG보다 가격이 저렴하여, 소형기 및 무인기용으로 주로 사용됨.

④ MEMS 자이로

• 미세전자기계시스템(MEMS, Micro Electro-Mechanical Systems) 기술을 사용한 반도체형 자이로

• 성능은 제일 떨어지나 초소형, 경량으로 제작이 가능하여 스마트폰 등 모바일 장치에 사용됨.

⑤ 자세 및 방위각 기준장치

• AHRS(Attitude Heading Reference System)로 불리며, 자이로와 가속도계를 함께 이용하여 항공기의 자세각(attitude)과 방위각(heading)을 측정하는 장치(센서)

▶ 기출문제 및 연습문제

01. 외력을 가하지 않는 한 자이로가 우주 공간에 대하여 그 자세를 계속적으로 유지하려는 성질은?

[항공산업기사 2015년 1회]

① 방향성　　　　② 강직성
③ 지시성　　　　④ 섭동성

해설 강직성(rigidity)은 자이로의 회전자(로터)가 고속으로 회전하고 있는 동안, 회전축을 관성 공간(inertial space)에 대하여 일정하게 유지하려는 성질이다.

02. 자이로의 강직성에 대한 설명으로 옳은 것은?

[항공산업기사 2015년 4회]

① 회전자의 질량이 클수록 약하다.
② 회전자의 회전속도가 클수록 강하다.
③ 회전자의 질량 관성모멘트가 클수록 약하다.
④ 회전자의 질량이 회전축에 가까이 분포할수록 강하다.

해설
- 강직성(rigidity)은 자이로의 회전자(로터)가 고속으로 회전하고 있는 동안, 회전축을 관성 공간(inertial space)에 대하여 일정하게 유지하려는 성질이다.
- 로터가 고속으로 회전하고, 관성모멘트가 클수록 강직성은 커진다. → 관성모멘트가 크기 위해서는 질량이 크고, 질량이 회전중심에서 멀리 분포해야 한다.

$$\mathbf{H} = \mathbf{I}\boldsymbol{\omega}, \ \mathbf{I} = \int_0^R (m \cdot r^2)\, dr$$

03. 자이로스코프(gyroscope)의 섭동성에 대한 설명으로 옳은 것은?　[항공산업기사 2017년 1회]

① 피치축에서의 자세 변화가 롤(roll) 및 요(yaw)축을 변화시키는 현상
② 극지역에서 자이로가 극방향으로 기우는 현상
③ 외부에서 가해진 힘의 방향과 자이로축의 방향에 직각인 방향으로 회전하려는 현상
④ 외력이 가해지지 않는 한 일정 방향을 유지하려는 현상

해설
- 섭동성(세차성, precession)은 회전하는 물체에 외력을 가하였을 때 발생하며, 작용한 외력은 로터의 회전 방향으로 90° 나아간 위치에서 같은 크기의 힘으로 작용하여 물체를 회전시키는 토크를 발생시킨다.
- 지문 ①은 비행운동의 커플링(coupling) 효과를, 지문 ②는 자기 컴퍼스의 복각(inclination)을, 지문 ④는 자이로의 강직성(rigidity)을 나타낸다.

04. 자이로에 대한 다음 기술 중 맞는 것은?

① 동일한 moment에 대하여 각운동량이 클수록 강직성이 작다.
② 세차운동 각속도는 각운동량이 클수록 크다.
③ 동일한 moment에 대하여 각운동량이 클수록 강직성이 크고 세차성은 쉽게 일어나지 않는다.
④ 강직성과 세차성은 비례 관계에 있다.

해설
- 자이로스코프(자이로)의 강직성(rigidity)은 로터가 고속으로 회전하고, 관성모멘트가 클수록 강직성은 커진다. → 각운동량이 클수록 강직성은 커진다.

$$\mathbf{H} = \mathbf{I}\boldsymbol{\omega}, \ \mathbf{I} = \int_0^R (m \cdot r^2)\, dr$$

- 섭동성과 강직성은 서로 상충관계로, 섭동성이 커지면 강직성은 작아진다. 따라서 섭동성은 각운동량(강직성)에 반비례한다.

$$\Omega_p \propto \frac{\tau}{H} \propto \frac{\tau}{I\omega}$$

05. 자이로의 섭동 각속도를 옳게 나타낸 것은? (단, M: 외부력에 의한 모멘트, L: 자이로 로터의 관성 모멘트이다.)　[항공산업기사 2013년 4회, 2017년 4회]

① $\dfrac{M}{L}$　　　　　② $\dfrac{L}{M}$
③ $L - M$　　　　　④ $M \times L$

해설 섭동(세차) 각속도는 가해준 외력에 의한 토크(τ)에 비례하고 각운동량(H)에는 반비례하는 관계가 성립한다.

$$\Omega_p = \frac{\tau}{H} = \frac{\tau}{I \times \omega} \Rightarrow \Omega_p = \frac{M}{L \times \omega}$$

※ 정확한 섭동 각속도는 위의 식과 같다. 지문 ①에 각속도(ω)가 빠져 있으므로, 문제에서 "옳게 나타낸 것은"의 의미는 "비례하는 것은"의 의미로 받아들이면 된다.

정답 1. ②　2. ②　3. ③　4. ③　5. ①

06. 자이로(gyro)에 관한 설명으로 틀린 것은?

[항공산업기사 2014년 4회]

① 강직성은 자이로 로터의 질량이 커질수록 강하다.

② 강직성은 자이로 로터의 회전이 빠를수록 강하다.

③ 섭동성은 가해진 힘의 크기에 반비례하고 로터의 회전속도에 비례한다.

④ 자이로를 이용한 계기로는 선회경사계, 방향 자이로 지시계, 자이로 수평지시계가 있다.

해설 • 자이로스코프의 강직성(rigidity)은 로터가 고속으로 회전하고, 관성모멘트가 클수록(로터의 질량이 클수록) 커진다.
• 섭동성(세차성, precession)
  – 회전하는 물체에 외력을 가하였을 때 발생하며, 작용한 외력은 로터의 회전방향으로 90° 나아간 위치에서 같은 크기의 힘으로 작용하여 물체를 회전시킨다. 따라서 섭동성은 외력에 비례한다.
  – 섭동성과 강직성은 서로 상충관계로, 섭동성이 커지면 강직성은 작아진다. 따라서 섭동성은 로터 회전속도에 반비례한다.

$$\Omega_p \propto \frac{\tau}{H} \propto \frac{\tau}{I\omega}$$

• 자이로 계기는 강직성과 섭동성을 이용한 계기로, 자세계(자이로 수평지시계, attitude indicator), 기수방위지시계(방향자이로 지시계, heading indicator) 및 선회경사계(turn and bank indicator)가 있다.

07. 방향 자이로는 보통 15분간에 몇 도 정도의 오차를 갖는가?

① ±15° ② ±10°

③ ±4° ④ ±0°

해설 • 자이로의 편위(drift)는 지구 중력에 관계없이 관성 좌표계에서 자세를 유지하는 강직성 때문에 발생하며, 지구자전에 의해 지구와 함께 움직이는 기준좌표계에서 발생하는 각변위를 말한다.
• 이론적으로는 지구자전속도와 같게 되는데, 24시간 동안 지구가 1바퀴(360°) 회전하므로, 1시간에 15°씩 기울어진다.
• 따라서, 15°/60 min × 15 min = 3.75° ≈ 4°

08. 방향 자이로 지시계에서 실제 비행 방향을 변화하지 않더라도 그 방위가 변하는 조건이 될 수 없는 것은?

① 지구의 자전

② 베어링의 마찰력

③ 자이로 로터에 가해지는 마찰력

④ 로터의 회전수

해설 • 편위(drift)는 자이로 오차의 주원인으로 랜덤 편위, 지구자전에 의한 외견상 편위, 이동에 의한 외견상 편위로 구분된다.
• 랜덤편위(random drift)는 짐벌에 사용되는 베어링 및 짐벌의 중량적 불평형과 회전자 로터의 불평형 및 각도 정보를 감지하기 위한 싱크로에 의한 전자적 결합 등에 의해서 발생한다.
• 지구자전에 의한 외견상 편위는 지구 중력에 관계없이 관성 좌표계에서 자세를 유지하는 강직성 때문에 발생하며, 지구자전에 의해 지구와 함께 움직이는 기준좌표계에서 발생하는 각변위를 말하며, 1시간에 15°씩 회전축이 기울어지는 편위가 발생한다.

09. 자이로 로터축(rotor shaft)에서 나타나는 편위(drift)의 원인으로 옳은 것은?

[항공산업기사 2017년 1회]

① 각도 정보를 감지하기 위한 싱크로에 의한 전자적 결합

② 균형 잡힌 짐벌의 중량

③ 균형 잡힌 짐벌 베어링

④ 지구의 이동과 공전

해설 • 랜덤편위(random drift)는 짐벌에 사용되는 베어링 및 짐벌의 중량적 불평형과 회전자 로터의 불평형 및 각도 정보를 감지하기 위한 싱크로에 의한 전자적 결합 등에 의해서 발생한다.
• 지구자전에 의한 외견상 편위는 지구 중력에 관계없이 관성 좌표계에서 자세를 유지하는 강직성 때문에 발생하며, 지구자전에 의해 지구와 함께 움직이는 기준 좌표계에서 발생하는 각변위를 말하며, 1시간에 15°씩 회전축이 기울어지는 편위가 발생한다.

정답 6. ③ 7. ③ 8. ④ 9. ①

10. 진공 pump가 없는 소형 항공기에 따로 벤투리관이 장착되어 있는 목적은?

① 벤투리관에서 발생되는 부압으로 실내 공기를 환기시킨다.

② 승강기에 연결된다.

③ 벤투리관에서 발생하는 부압으로 선회계를 작동시킨다.

④ 발동기의 냉각을 돕는다.

해설 • 기계식 자이로(mechanical gyro)는 회전자인 로터를 고속으로 회전시켜야 하므로, 구동 동력원이 필요하다.
• 벤투리관(venturi tube) 구동식은 진공계통 방식 중 하나이다.

11. 자이로를 이용한 계기가 아닌 것은?

[항공산업기사 2017년 1회]

① 수평지시계　　　② 방향지시계

③ 선회경사계　　　④ 제빙압력계

해설 자이로 계기는 강직성과 섭동성을 이용한 계기로, 자세계(자이로 수평지시계, attitude indicator), 기수방위 지시계(방향자이로 지시계, heading indicator) 및 선회경사계(turn and bank indicator)가 있다.

12. 자이로의 섭동성을 나타낸 그림에서 자이로가 굵은 화살표 방향으로 회전하고 있을 때, 힘을 F점에 가하면 실제로 힘을 받는 부분은?

[항공산업기사 2016년 4회]

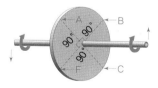

①　F　　　②　A　　　③　B　　　④　C

해설 [풀이 1]

자이로 Spin축과 가해진 외력(F)에 의한 Torque축은 아래 그림과 같으며, Spin축에서 Torque축으로 오른손 법칙을 적용하면 Precession축을 구할 수 있다. 따라서 A점에 섭동성이 가해진다.

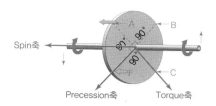

[풀이 2]

섭동성에 의하여 F점에 가해진 외력은 회전방향으로 90° 진행하여 A점에 가해진다.

13. 자이로스코프의 섭동성을 이용한 계기는?

[항공산업기사 2017년 2회]

① 경사계　　　　② 선회계

③ 정침의　　　　④ 인공 수평의

해설 • 자이로의 섭동성을 이용한 계기는 선회경사계(turn and slip indicator) 중 선회계(turn indicator)이며, 경사계(inclinometer)는 원심력과 중력을 이용한다.
• 특히 자세계는 수직 자이로를 이용하므로 로터 회전면이 항상 수평면에 대해 직립상태를 유지해야 한다.
• 따라서, 섭동성을 이용한 직립장치(erecting mechanism)가 사용되므로 강직성과 섭동성을 함께 이용하는 계기로 분류할 수 있다.

14. 수평의는 자이로의 어떤 특성을 이용한 것인가?

[항공산업기사 2010년 1회]

① 강직성과 관성　　② 섭동성과 직립성

③ 강직성과 직립성　　④ 강직성과 섭동성

해설 수평의(자세계)는 수직 자이로를 이용하여 항상 수평면에 대해 직립상태를 유지해야 한다. 따라서, 섭동성을 이용한 직립장치(erecting mechanism)가 사용되므로 강직성과 섭동성을 함께 이용하는 계기로 분류할 수 있다.

15. 수평의(vertical gyro)는 항공기에서 어떤 축의 자세를 감지하는가? [항공산업기사 2017년 4회]

① 기수방위　　　　② 롤 및 피치

③ 롤 및 기수방위　　④ 피치 및 기수방위

해설 수직 자이로(또는 수평의, Vertical Gyro)는 자이로의 강직성을 이용하여 항공기의 롤(roll)과 피치(pitch) 자세각을 측정한다.

정답 **10.** ③　**11.** ④　**12.** ②　**13.** ②　**14.** ④　**15.** ②

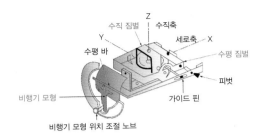

수직 짐벌　　Z　　수직축
Y　　　세로축　X
수평 바　　　　　　수평 짐벌
비행기 모형　　　　피벗
　　　　　　가이드 핀
비행기 모형 위치 조절 노브

16. 정침의(DG)의 자이로축에 대한 설명으로 옳은 것은? [항공산업기사 2012년 2회]
① 지구의 중력방향을 향하도록 되어 있다.
② 지표에 대하여 수평이 되도록 되어 있다.
③ 기축에 평행 또는 수평이 되도록 되어 있다.
④ 기축에 직각 또는 수직이 되도록 되어 있다.

해설 • 방향 자이로(정침의, directional gyro)는 자이로의 강직성을 이용하며 기수방위지시계(heading indicator)에 사용되어 항공기 기수방위를 지시한다.
• 자이로 회전축(자이로축)은 지표면에 수평이고 로터 회전면은 지표면에 수직이다.

17. 선회경사계가 그림과 같이 나타났다면 현재 항공기 비행 상태는? [항공산업기사 2017년 2회]

① 좌선회 균형　　　② 좌선회 내활
③ 좌선회 외활　　　④ 우선회 외활

해설 그림에서 선회계의 지침이 'L'쪽을 가리키므로 좌선회 비행상태이며, 아래부분의 경사계의 볼(ball)은 중앙에 위치하므로 원심력과 양력의 수평성분이 균형을 이루는 균형선회(정상선회, coordinate turn) 상태이다.

18. 선회경사계가 그림과 같이 나타났다면, 현재 이 항공기는 어떤 비행상태인가?
[항공산업기사 2012년 4회]

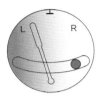

① 좌선회 내활　　　② 좌선회 외활
③ 우선회 내활　　　④ 우선회 외활

해설 그림에서 선회계의 지침이 'L'쪽을 가리키므로 좌선회 비행상태이며, 아래부분의 경사계의 볼(ball)이 선회 반대방향으로 치우쳐 있으므로 바깥쪽으로 미끄러지는 외활선회(skidding turn) 상태이다.

19. 선회비행 시 외측으로 슬립(slip)하는 가장 큰 이유는? [항공산업기사 2012년 1회]
① 경사각이 작고 구심력이 원심력보다 클 때
② 경사각이 크고 구심력이 원심력보다 작을 때
③ 경사각이 크고 원심력이 구심력보다 작을 때
④ 경사각이 작고 원심력이 구심력보다 클 때

해설 • 아래 그림과 같이 원심력이 양력의 수평성분인 구심력보다 크면 바깥쪽으로 미끄러지므로 외활선회(skidding turn) 상태가 된다.

원심력 > 양력의 수평성분(구심력)

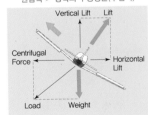

Vertical Lift　　Lift
Centrifugal Force　　Horizontal Lift
Load　　Weight

• 양력을 L, 뱅크각(경사각)을 ϕ라 하면 구심력은 $L \cdot \sin \phi$가 되므로 경사각이 작을수록 구심력은 작아져 더 많은 외활이 일어난다.

정답 **16.** ②　**17.** ①　**18.** ②　**19.** ④

20. 정상수평선회하는 항공기에 작용하는 원심력과 구심력에 대한 설명으로 옳은 것은?

[항공산업기사 2015년 2회]

① 원심력은 추력의 수평성분이며 구심력과 방향이 반대다.

② 원심력은 중력의 수직성분이며 구심력과 방향이 반대다.

③ 구심력은 중력의 수평성분이며 원심력과 방향이 같다.

④ 구심력은 양력이 수평성분이며 원심력과 방향이 반대다.

해설 아래 그림은 균형선회 중인 항공기를 나타내고 있으며, 선회 중인 항공기는 양력의 수평성분이 구심력이 되고, 원심력과 방향이 반대가 된다.

원심력 > 양력의 수평성분(구심력)

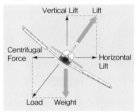

21. 자이로를 이용하는 계기 중 자이로의 각속도 성분만을 검출, 측정하여 사용하는 계기는?

[항공산업기사 2012년 1회]

① 수평의 　　　　② 선회계

③ 정침의 　　　　④ 자이로 컴퍼스

해설
• 선회계는 항공기의 분당 선회율을 지시하므로 선회각속도를 지시한다.
• 선회율(rate of turn) 지시방법으로는 2분계와 4분계가 있으며, 2분계는 360° 선회 시에 2분이 소요됨을 나타낸다.

22. 선회계가 지시하는 것은?

① 선회각가속도 　　② 선회각도

③ 선회각속도 　　　④ 선회속도

해설 선회계는 항공기의 분당 선회율을 지시하므로 선회각속도를 지시한다.

23. 다음 중 선회비행성능에 대한 설명 중 옳지 않은 것은?

[항공산업기사 2014년 4회]

① 정상선회를 하려면 원심력과 양력의 수평성분이 같아야 한다.

② 원심력이 양력의 수평성분인 구심력보다 더 크면 스키드(skid)가 나타난다.

③ 선회반경을 최소로 하기 위해서는 비행속도를 최소로 하고, 경사각 또한 최소로 하는 것이 좋다.

④ 슬립(slip)은 경사각이 너무 크거나 러더의 조작량이 부족할 경우 일어나기 쉽다.

해설
• 균형선회(정상선회, coordinate turn)를 위해서는 원심력과 양력의 수평성분(구심력)이 같아야 하며, 원심력이 구심력보다 크면 바깥쪽으로 미끄러지므로 외활선회(skidding turn) 상태가 된다.
• 선회반경을 작게 하려면 속도를 줄이고 경사각을 크게 해야 한다.
• 내활선회(slipping turn)는 원심력이 구심력보다 작은 상태에서 일어난다. 양력을 L, 뱅크각(경사각)을 ϕ라 하면 구심력은 $L \cdot \sin\phi$가 되므로 경사각이 클수록 구심력은 커져 원심력보다 커지게 된다.

24. 각속도에 따른 빔(beam)의 도달시간 차이를 통해 물체의 각속도를 측정해내는 자이로는?

① 수직 자이로 　　　② RLG

③ MEMS 자이로 　　④ 기계식 자이로

해설
• 광학식 자이로는 각속도를 측정하기 위하여 빛이나 레이저 빔 등의 광원을 사용하며, 링 레이저 자이로(RLG, Ring Laser Gyro)와 광섬유 자이로(FOG, Fiber Optic Gyro)가 대표적이다.
• 광학식 자이로는 모두 각속도에 따른 빔의 도달시간 차이가 발생하는 사냑 효과(Sagnac effect)를 이용하며, 도달시간의 차이에 의한 주파수나 파장 차이를 검출하여 각속도를 측정한다.

정답 20. ④ 21. ② 22. ③ 23. ③ 24. ②

25. 자이로와 가속도계를 함께 이용하여 항공기의 자세각(attitude)과 방위각(heading)을 측정하는 장치(센서)를 무엇이라 하는가?

① RLG   ② LRRA
③ ADI   ④ AHRS

해설 • AHRS(Attitude Heading Reference System)로 불리는 자세 및 방위각 기준장치는 자이로와 가속도계(accelerometer)를 함께 이용하여 항공기의 자세각(attitude)과 방위각(heading)을 측정하는 장치(센서)이다.
• 자이로의 각속도를 적분하여 자세각(roll과 pitch)을 구하고, 가속도계의 지구중력가속도 측정값을 이용하여 계산한 자세각값을 융합하여, 단독으로 자세각을 구하는 것보다 정확하고 보다 신뢰성 높은 정보를 얻을 수 있다.

▶ **필답문제**

26. 항공기 자이로 계기(Gyroinstrument)에 사용되는 자이로의 2가지 특성을 기술하시오.

[항공산업기사 2015년 4회]

정답 ① 강직성(rigidity): 자이로의 회전자(로터)가 고속으로 회전하고 있는 동안, 회전축을 관성공간(inertial space)에 대하여 일정하게 유지하려는 성질이다.
② 섭동성(세차성, precession): 회전하는 물체에 외력을 가하였을 때 발생하며, 작용한 외력은 로터의 회전방향으로 90° 나아간 위치에서 같은 크기의 힘으로 작용하여 물체를 회전시키는 토크를 발생시킨다. 따라서 섭동성은 외력에 비례한다.

27. 다음 그림을 보고 각 물음에 대해 기술하시오.

[항공산업기사 2014년 4회]

(가)   (나)   (다)

① 그림에서 제시된 계기의 명칭은?
② 다음과 같은 상태일 때의 비행상태를 기술하시오.

정답 ① 선회경사계(Turn Coordinator)
② (가): 우선회 및 균형선회(coordinated turn) 상태
(나): 우선회 및 외활선회(skidding turn) 상태
(다): 우선회 및 내활선회(slipping turn) 상태

정답 25. ④

Aircraft
Instrument
System

AIRCRAFT INSTRUMENT SYSTEM

8장부터는 개별 기능의 독립장치가 아닌 시스템(system) 레벨에서 사용되는 항공계기 및 전자시스템에 대해 알아봅니다. 항공기가 안전하게 운항하기 위해서는 7장까지 알아본 각종 항공계기뿐 아니라 지상에서 지원하는 시설이나 장치 및 여러 가지 탑재시스템이 필요합니다. 주로 통신(Communication), 항법(Navigation), 감시(Surveillance) 시스템들인데 이를 CNS/ATM[1]이라 합니다.

1 Air Traffic Management(항공교통관제)

8장에서는 CNS/ATM 중 'C'에 해당하는 통신시스템을 먼저 알아보겠습니다. 항공기는 현재까지 단파와 초단파 대역의 음성통신을 중심으로 운용되고 있는데, 먼저 통신의 개념과 전파 및 안테나의 종류와 특성을 살펴보고, 항공기에 사용되는 각종 항공무선장치와 기내 통신장치의 종류와 기능 및 특성을 알아보겠습니다.

8.1 전파

8.1.1 전파의 특성

연못에 돌을 던지면 수면에 파동이 일면서 동심원 모양으로 퍼져 나가는 것을 본 적이 있을 겁니다. 이처럼 전파도 공기 중을 파동의 형태로 퍼져 나가며, 전기에너지를 공간상에서 전달하는 매체가 됩니다.

> **전파(electric wave)**
>
> • 전자기파 또는 전자파(electromagnetic wave)라고도 한다.
> • 전자기 유도현상에 의해 전기장과 자기장이 90°를 이루며 사인파 형태로 퍼져 나간다.

어떤 도체에 전류가 흐르면 자기장이 생기고, 이 자기장에 의해 전기장이 다시 생성되는데 이 전자기 유도(electromagnetic induction) 과정이 반복되면서 전파는 공간으로 퍼져 나가게 됩니다. 즉, [그림 8.1]과 같이 공기 중으로 전기에너지를 방사(radiation)시키면 시간에 따라 변화하는 전기장은 전자기 유도현상을 통해 자기장을 생성하고, 생성되어 변화하는 자기장은 다시 전기장을 유도하면서 공기 중으로 전파되어 진행합니다.[2]

2 전자기 복사(electromagnetic radiation)라고 함.

1864년에 영국의 물리학자인 맥스웰(James Clerk Maxwell)은 빛도 전파의 일종으로 전파의 속도가 빛의 속도와 같다는 것을 발견하였고, 1887년에 독일의 헤르츠(Heinrich Rudolf Hertz)가 이를 입증하였는데, 전파는 식 (8.1)과 같이 초당 30만 km

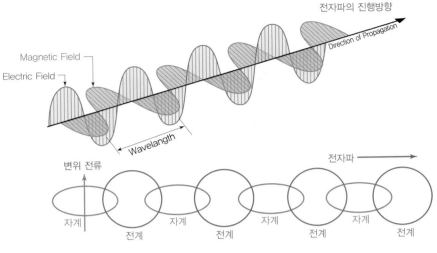

[그림 8.1] 전파의 이동

3 1초에 지구를 7바퀴 반을 돌 수 있는 속도임.

의 속도로 진행하게 됩니다.[3]

$$c = 300,000,000 \text{ m/s} = 3 \times 10^8 \text{ m/s} \tag{8.1}$$

전파도 사인파의 형태를 취하게 되므로, [그림 8.2]와 같이 주기함수가 가진 여러 가지 특성이 정의됩니다.

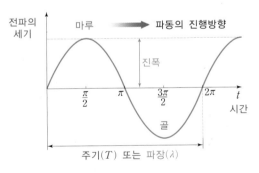

[그림 8.2] 파동의 진폭과 파장

① 파장(wave length)은 전파가 한 번 진동하는 길이를 말하고, 그림과 같이 최대 진폭을 갖는 하나의 마루에서 이웃 마루까지, 또는 최소 진폭을 갖는 한 골에서 이웃 골까지의 거리로 정의합니다.

② 주기(period)는 파동이 일으키는 한 파장의 진동시간을 말하며, 대문자 T로 표기하고 시간의 단위인 초(second)를 단위로 사용합니다.

③ 주파수(frequency)는 1초 동안 1주기의 전파가 반복되는 횟수를 나타내며, f로 표기하고 단위는 헤르츠(Hz)를 사용합니다. 예를 들어, 1초에 1회 진동하면 1 Hz가 되며, 1초에 1,000회 진동하면 1,000 Hz가 됩니다. 주파수와 주기는 식 (8.2)와 같이 서로의 역수가 되어 반비례관계가 성립합니다.

$$f \,[\text{Hz}] = \frac{1}{T\,[\text{sec}]} \tag{8.2}$$

④ 전파의 파장은 전파의 길이를 가리키며, λ로 표기하고 길이를 지칭하므로 단위는 m(미터)를 사용합니다. 속도와 시간을 곱하면 이동거리를 구할 수 있으므로, 식 (8.1)의 전파속도(c)와 시간인 주기(T)를 곱하면 식 (8.3)으로 파장을 구할 수 있습니다. 이때 주기는 주파수의 역수이므로 파장은 주파수(f)를 사용하여 계산할 수도 있습니다.

$$\lambda\,[\text{m}] = c \cdot T = \frac{c}{f} \tag{8.3}$$

전파의 파장은 길이의 개념이고, 주기는 시간의 개념이며, 주파수는 개수의 개념을 나타냄을 이해하기 바랍니다.

8.1.2 전파의 분류 및 기본 성질

(1) 주파수 대역

전파는 [표 8.1]과 같이 주파수 대역(band)에 따라 분류합니다. 식 (8.3)에서 주파수가 높아지면 파장은 점점 짧아지게 되는데, 낮은 주파수부터 초장파(VLF, Very Low Frequency), 장파(LF, Low Frequency), 중파(MF, Medium Frequency), 단파(HF, High Frequency), 초단파(VHF, Very High Frequency), 극초단파(UHF, Ultra High Frequency), 센티미터파(SHF, Super High Frequency), 밀리미터파(EHF, Extremely High Frequency)로 명칭을 정의합니다.[4] [그림 8.3]과 같이 각 주파수의 특성에 따라 항공용 장치 및 시설에서 사용하는 전파의 종류가 달라지는데, 주파수가 매우 낮은 장파(LF)와 중파(MF)는 선박용 해상 항법장치인 로란이나 오메가 항법에 사용되고, 항

4 국제전기통신연합 (ITU, International Telecommunication Union)에서 분류하는 방식임.

[표 8.1] 주파수 대역별 전파의 분류(ITU 분류)

전파의 분류	주파수 범위	파장 범위	용도
초장파 (VLF, Very Low Frequency)	3~30 kHz	10,000~100,000 m	Omega 항법
장파(LF, Low Frequency)	30~300 kHz	1,000~10,000 m	LORAN, ADF
중파(MF, Medium Frequency)	300~3,000 kHz	100~1,000 m	ADF
단파(HF, High Frequency)	3~30 MHz	10~100 m	HF 통신
초단파 (VHF, Very High Frequency)	30~300 MHz	1~10 m	VHF 통신, VOR, ILS
극초단파 (UHF, Ultra High Frequency)	300~3,000 MHz	0.1~1 m	ATC, DME, TACAN
센티미터파 (SHF, Super High Frequency)	3~30 GHz	1~10 cm	위성통신, 전파고도계
밀리미터파 (EHF, Extremely High Frequency)	30~300 GHz	0.1~1 cm (1~10 mm)	레이다
데시밀리미터파 (THF, Tremendously High Frequency)	300~3,000 GHz	0.1~1 mm	

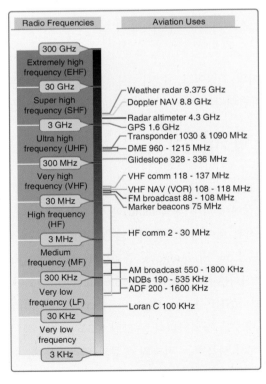

[그림 8.3] 항공용 장치의 주파수 대역

공용 음성통신에는 단파(HF)와 초단파(VHF)가 사용됩니다. 극초단파(UHF) 이상의 고주파 대역은 군용 통신용으로 주로 사용되고, 주파수가 굉장히 높은 센티미터파(SHF)와 밀리미터파(EHF)는 위성통신과 레이다(radar) 등에 활용됩니다.

위에서 설명한 방식은 미국 ITU의 주파수분류 방식이며, 미국 전기전자학회(IEEE)에서 분류하는 또 다른 방식은 알파벳 대문자와 band를 사용하여 [표 8.2]와 같이 전파를 분류합니다.

[표 8.2] 주파수 대역별 전파의 분류(IEEE 분류)

전파의 분류 (band)	주파수 범위	파장 범위	용도
L-band	1~2 GHz	30~15 cm	Long의 약자, GPS, ATC 레이다에 사용
S-band	2~4 GHz	15~7.5 cm	Short의 약자, 장거리(~100 km) 강수 관측
C[5]-band	4~8 GHz	7.5~3.8 cm	기상레이다의 중거리(~60 km) 강수 관측용 INMARSAT(국제해상통신)에 사용
X[6]-band	8~12 GHz	3.8~2.5 cm	기상레이다의 단거리(~30 km) 구름, 강수 관측
Ku-band	12~18 GHz	2.5~1.7 cm	K-under, 민간통신 혹은 위성방송이 주로 사용 (Skylife도 Ku Band 이용)
K[7]-band	18~27 GHz	1.7~1.1 cm	
Ka-band	27~40 GHz	1.1~0.75 cm	K-above, 구름, 강수 관측
V-band	40~75 GHz	7.5~4 mm	Very High의 약자
W-band	75~100 GHz	4~2.7 mm	V 다음 문자, 구름, 강수 관측
M-band	100~300 GHz	2.7~1 mm	

5 Compromise(S와 X 사이라는 의미)의 약자

6 군용 사격통제장치에 많이 쓰여 십자조준기를 본땀.

7 Kurz의 약어로 독일어로 '짧다'는 의미임.

(2) 전파의 특성

전파는 굴절(refraction)[8]과 반사(reflection)를 통해 직선상으로 도달할 수 있는 거리보다 더 먼거리를 진행해 나갈 수 있습니다. 또한 전파의 핵심 성질 중의 하나인 회절성(diffraction)은 전파가 어떤 장애물의 끝을 통과할 때 그 뒤쪽까지 도달하는 성질을 말하며, 건물이나 장애물 뒤에서도 반대편에 있는 상대방과 무선통화가 가능한 것도 전파의 회절성 때문입니다. 즉, 건물 등과 같은 장애물 후방지역까지 전파가 도달하여 음영지역을 제거할 수 있게 해주는 특성이 됩니다.

전자파가 도달하는 영역을 커버리지(coverage)라고 하는데, 전자파는 진행거리의 제곱에 반비례하여 출력이 감쇄합니다.[9] 여기서 감쇄(attenuation)란 파동이나 입자가 물질을 통과하는 사이에 흡수나 산란이 일어나 에너지나 입자의 수가 줄어드는 현상

8 파동이 서로 다른 매질의 경계면을 지나면서 진행방향이 바뀌는 현상을 말함.

9 역제곱법칙(inverse square law)이라고 하며, 자연계의 에너지(빛, 소리, 전기, 방사선 등)의 크기는 거리의 제곱에 반비례한다는 법칙임.

을 말하는데, 거리가 멀어지면 신호세기가 점차 감쇠하여 특정거리 이상이 되면 신호 수신이 어려워지게 됩니다. 일반적으로 도심지역은 장애물이 많아 전파의 커버리지가 작아지게 됩니다.

주파수에 따른 대표적인 전파의 특성은 다음과 같이 정리할 수 있습니다.

 전파의 특성

- 주파수가 낮을수록 회절성이 강해지고 감쇠(attenuation)는 작아지므로, 전파는 주파수가 낮으면 멀리 진행하는 특성이 있다.
- 반면에 주파수가 높으면 전파는 곧게 진행하려는 직진성이 강해지며, 감쇠가 심해진다.

낮은 주파수의 전파는 신호크기의 감쇠가 작기 때문에 멀리 진행하므로 해상 및 항공통신 등 장거리 통신에 적합하고, 주파수가 높은 전파는 감쇠가 심하여 먼 거리까지 전파가 도달하기 어려우므로 근거리 통신에 적합합니다. 또한 전파는 주파수가 높을수록 많은 정보를 담을 수 있으며, 대량의 정보 전송이 가능해져 고정통신이나 초고속통신 등에 적합합니다.

(3) 신호 대 잡음비(SNR)와 데시벨(dB)

[그림 8.4]와 같이 송출된 전파의 신호크기(세기)인 전력(power) P_{signal}(또는 S)은 잡음(noise) 전력의 세기 P_{noise}(또는 N)에 따라 영향을 받게 되므로, 신호에 비해 잡음이 일정 크기 이상으로 커지면 통신거리가 아무리 짧아도 수신기에서는 정보를 정상

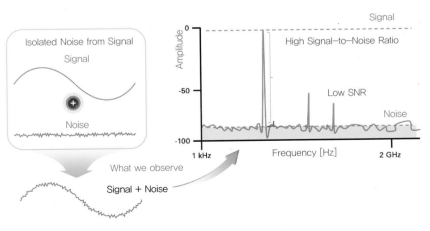

[그림 8.4] 신호 대 잡음비(SNR)

적으로 복원해낼 수 없습니다. 이러한 통신시스템의 중요한 성능지표로 사용하는 것이 SNR(Signal-to-Noise Ratio)[10]이라고 하는 신호 대 잡음비이며, 식 (8.4)로 정의됩니다.

10 S/N으로 나타내기도 함.

$$\text{SNR} = \frac{P_{signal}}{P_{noise}} = \frac{S}{N} \quad \Leftrightarrow \quad \text{SNR}_{dB}\,[\text{dB}] = 10\,\log_{10}\left(\frac{S}{N}\right) \qquad (8.4)$$

신호 대 잡음비는 신호의 크기를 잡음의 크기로 나눈 것으로, 값이 클수록 잡음에 비해 신호의 에너지가 크기 때문에 통신시스템의 성능은 좋아집니다. SNR은 무차원비(ratio)로 나타내기도 하지만, 식 (8.4)와 같이 대수를 취하여 데시벨(dB, decibel)[11]의 단위로 많이 사용합니다.

11 전화기를 발명한 벨 (Alexander Graham Bell)의 이름을 따서 벨(B)이라는 단위를 만들었고, 그 10분의 1을 데시벨(dB)이라고 함.

데시벨은 비율을 나타내는 값으로 전기·전자 분야에서 전압, 전류, 전력 및 소리(음량) 등의 어떤 기준값에 대한 상대적인 크기를 비교하기 위해, 식 (8.4)와 같이 비율값에 대수를 취하고 10을 곱하여 나타냅니다. 예를 들어 어떤 크기의 2배는 $10 \cdot \log_{10} 2 = 3\,\text{dB}$, 5배는 $10 \cdot \log_{10} 5 = 7\,\text{dB}$, 10배는 $10 \cdot \log_{10} 10 = 10\,\text{dB}$, 100배는 $10 \cdot \log_{10} 100 = 20\,\text{dB}$이 됩니다. 1보다 작은 비율값은, 1/2배는 $10 \cdot \log_{10}(0.5) = -3\,\text{dB}$[12], 1/100배는 $10 \cdot \log_{10}(0.01) = -20\,\text{dB}$로 (−)가 붙습니다.

12 $\log_{10}(A^b) = b \times \log_{10}(A)$이므로, $10 \cdot \log_{10}\left(\frac{1}{2}\right)$ $= 10 \cdot \log_{10}(2^{-1})$ $= (-1) \times 10 \cdot \log_{10}(2)$ $= -3$이 됨.

데시벨(dB)은 소리의 세기를 사람이 인지하는 방식으로 표현한 단위로, [그림 8.5]와 같이 소리의 세기가 10^6에서 1,000배가 커져 10^9이 되면, 사람은 1,000배 커진 소리로 인식하는 것이 아니라, 60 dB에서 90 dB로 현재 소리 크기의 1.5배가 커졌다고 인지합니다.

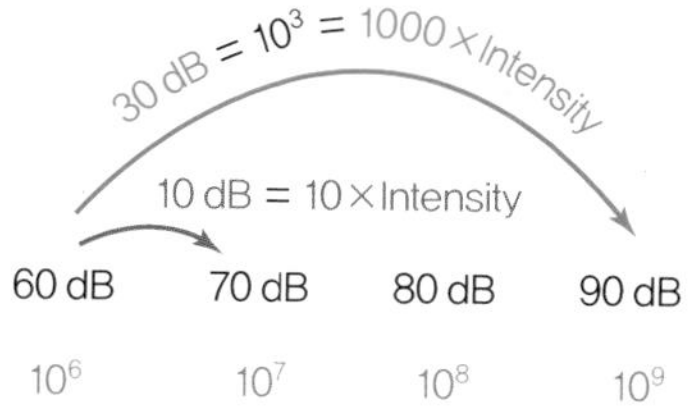

[그림 8.5] 데시벨(dB)

참고로 전기의 전력(power)[13]도 데시벨 단위를 사용하여 많이 표현하는데, 전력은 전압이나 전류로 표현할 때 제곱항이 되어, 식 (8.5)와 같이 전력의 비는 전압의 제곱의 비에 비례하므로, 전압의 비는 대수를 취한 값에 20이 곱해지게 됩니다.[14] 따라서, 전력이나 소리(음량)의 비를 나타낼 때는 식 (8.4)와 같이 상용로그에 10을 곱하고, 전압이나 전류의 비를 나타낼 때는 식 (8.5)와 같이 20을 곱합니다.

13 전력(power)은 전기에너지의 크기를 나타내며, $P = VI = I^2R$ $= V^2/R$가 됨.

14 $10 \log_{10}(A^2) = 2 \times 10 \log_{10}(A)$이 됨.

$$dB = 10 \log_{10} \left(\frac{P_S}{P_N} \right) \quad \Rightarrow \quad dB = 10 \log_{10} \left(\frac{V_S^2}{V_N^2} \right) = 20 \log_{10} \left(\frac{V_S}{V_N} \right) \tag{8.5}$$

(4) 대역폭과 통신속도

대역폭(B, bandwidth)이란 [그림 8.6]과 같이 통신에 사용되는 최대 주파수(f_H)와 최소 주파수(f_L)의 차이인 주파수 폭(범위)을 말하며, 결국 통신에서 이용 가능한 최대 전송속도를 나타냅니다. 대역폭의 단위로는 Hz나 bps[15]가 사용됩니다.

15 bit per second = bit/s

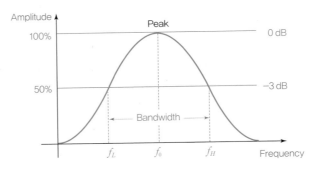

[그림 8.6] 대역폭(bandwidth)

통신에서 사용할 수 있는 최대전송속도(peak data rate) C[bps]는 섀넌-하틀리 정리(Shannon-Hartley theorem)를 통해서 식 (8.6)과 같이 대역폭 B[Hz]와 신호 대 잡음비(S/N)가 주어지면 구할 수 있습니다.

$$C = B \log_2 \left(1 + \frac{S}{N} \right) \tag{8.6}$$

최대전송속도는 결국 통신을 통해 전달할 수 있는 정보량이 되므로 채널용량(channel capacity)이라고도 합니다. 따라서 대역폭과 신호 대 잡음비가 높을수록 채널용량은 더 커지고, 반대로 잡음의 세기가 커지면 채널용량은 작아집니다. 섀넌-하틀리의 정리는 이론적인 최대 채널용량이며, 실제로는 계산치보다 훨씬 낮은 채널용량이 사용됩니다.

예제 8.1

어떤 통신장치의 신호 대 잡음비가 30 dB이고, 대역폭은 2.6 kHz이다. 다음 물음에 답하시오.

(1) 통신장치의 잡음전력이 0.1 mW이면, 이때 신호전력은 몇 mW인가?

(2) 통신장치의 전송용량은 몇 kbps인가?

| 풀이 | (1) 식 (8.4)에서 신호 대 잡음비 30 dB은 비율로 1,000이 되므로, 잡음전력이 0.1 mW인 경우에 신호전력은 100 mW가 된다.

$$30 \text{ dB} = 10 \log_{10}\left(\frac{S}{N}\right) \Rightarrow \frac{S}{N} = 10^{\left(\frac{30}{10}\right)} = 1,000^{16} \Rightarrow \frac{S}{0.1 \text{ mW}} = 1,000$$

$$\therefore \ S = 1,000 \times 0.1 \text{ mW} = 100 \text{ mW}$$

(2) 식 (8.6)을 통해 계산하면 전송용량은 25.9 kbps가 된다.

$$C = (2.6 \times 10^3 \text{ Hz}) \times \log_2(1 + 1,000) = 25,914.8 \text{ bps} \approx 25.9 \text{ kbps}$$

$$\overline{16 \ \log_{10}A = B \Rightarrow}$$
$$A = 10^B$$
$$\log_2 A = B \Rightarrow$$
$$A = 2^B$$

8.1.3 송수신과 변조

전파에 정보를 싣는 과정에 대해 알아보겠습니다. 통신장치를 이용하는 주된 목적은 정보의 전달에 있으며, 정보는 음성, 데이터, 영상 등으로 구분됩니다. 사람이 들을 수 있는 가청주파수의 범위는 20~20,000 Hz로 음성은 수 kHz, 영상이나 데이터는 수 MHz 범위로 주파수가 매우 낮은 저주파 신호입니다. 따라서, 주파수가 매우 낮은 음성이나 데이터 신호를 원본 주파수 상태 그대로 전송하게 되면, 주변에 존재하는 같은 크기의 주파수와 서로 겹치는 현상이 발생하여 통신이 불가능하며, 많은 정보를 실어 보낼 수 없고, 안테나의 길이가 길어지며, 전파를 송수신하기에도 너무 약해서 공중으로 퍼져 나가지 못하여 통신거리가 짧아집니다. 200 m 떨어진 거리 양쪽에 두 사람이 서서 이야기를 하는 경우에 얼마나 큰 소리를 질러야 할지 상상해보시면 이해가 될 겁니다.

일반적으로 주파수 중첩 문제 때문에 1개의 주파수에는 1개의 신호만이 존재해야 통신이 가능하며, 주파수가 낮은 음성이나 데이터 신호를 먼 거리까지 전송하고 많은 정보를 보내기 위해서는 원본 신호를 고주파 신호에 실어서 보내는 방법을 사용합니다. 이러한 과정을 변조(modulation)라고 하며, 반대로 고주파 신호에서 원본 신호를 복원해내는 반대과정을 복조(demodulation)라고 합니다. 이때 정보를 실어 나르는 고주파

 변조(modulation)와 복조(demodulation)

- 변조(modulation)
  - 음성이나 데이터 및 화상 정보 등의 정보신호를 반송파에 싣는 과정을 말하며, 변조기능을 하는 회로나 장치를 변조기(modulator)라 한다.
- 복조(demodulation)
  - 수신된 전파에서 반송파를 제거하여 원본 정보신호를 복원하는 과정을 말하며, 복조기능을 하는 회로나 장치를 복조기(또는 검파기, demodulator)라 한다.

신호를 반송파(carrier wave)라고 하며 사인파(sine wave)나 펄스파(pulse wave)를 사용하고, 반송파의 주파수를 캐리어 주파수(carrier frequency)라고 합니다.

(1) 아날로그 변조방식

변조방식은 크게 아날로그 변조와 디지털 변조로 분류되는데, 신호정보를 크기(진폭)나 주파수 또는 위상 변화를 통해 변경하는 방식이 사용됩니다.

 변조방식

- 아날로그 변조(analog modulation)
  ① 진폭 변조(AM, Amplitude Modulation)
  ② 주파수 변조(FM, Frequency Modulation)
  ③ 위상변조(PM, Phase Modulation)
- 디지털 변조(digital modulation)
  ① 진폭 편이 변조(ASK, Amplitude Shift Keying)
  ② 주파수 편이 변조(FSK, Frequency Shift Keying)
  ③ 위상 편이 변조(PSK, Phase Shift Keying)
  ④ 직교 진폭 변조(QAM, Quadrature Amplitude Modulation)

---

① 아날로그 변조방식의 첫 번째는 진폭 변조(AM, Amplitude Modulation) 방식입니다. 반송파의 진폭을 정보신호의 크기에 따라 변화시키는 변조방식으로, 주파수는 거의 변하지 않고 진폭이 정보신호와 비슷한 파형으로 변합니다. [그림 8.7(a)]와 같이 주파수가 높은 반송파에 정보신호를 중첩시키게 되므로, 외부의 잡음(noise)이나 간섭(interference)에 따라 진폭의 크기가 영향을 많이 받게 됩니다. 중파(MF)를 사용하는 AM 라디오 방송, 무선전화, 텔레비전 영상신호 등에 사용합니다.

② 주파수 변조(FM, Frequency Modulation)는 반송파의 주파수를 정보신호의 크기에 따라 변화시키는 변조방식입니다. [그림 8.7(b)]와 같이 주파수가 높은 반송파에 주파수가 낮은 정보신호를 주파수로 중첩시켜 정보를 싣는 방식이며, 초단파인 VHF 주파수를 사용하는 FM 방송 등에 사용합니다. 주파수 변조방식은 진폭 변조방식에 비해 전파의 도달거리가 짧고 송수신기 구조가 복잡해지지만, 잡음과 혼신이 적고 음질이 좋습니다. 라디오 방송을 들으면 일반적으로 음악채널 방송이 주로 FM 방송으로 이루어지며, AM 방송을 들으면 FM보다 혼신과 잡음이 많아 음질이 떨어지는 것을 경험으로 알고 있습니다.

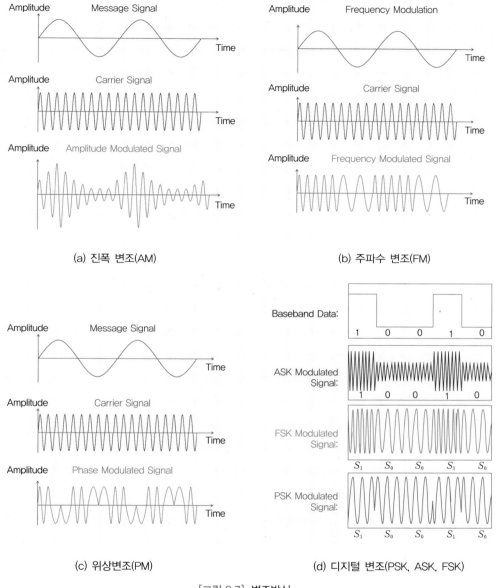

(a) 진폭 변조(AM)

(b) 주파수 변조(FM)

(c) 위상변조(PM)

(d) 디지털 변조(PSK, ASK, FSK)

[그림 8.7] 변조방식

③ 마지막 아날로그 변조방식인 위상변조(PM, Phase Modulation)는 [그림 8.7(c)] 와 같이 정보신호의 크기를 반송파의 위상에 대응시키는 방식으로, 사용되는 장 비가 복잡하여 독립적으로는 사용되지 않고 주파수 변조 전에 신호를 증폭하는 과정에서 주로 이용됩니다.

(2) 디지털 변조방식

디지털 변조는 디지털 정보(2진수 0과 1)를 변조하는 방식으로 아날로그 변조와 마찬가지로 신호정보의 크기를 반송파의 크기, 주파수 또는 위상 변화에 대응시켜 변경하는 방식입니다. [그림 8.7(d)]에 디지털 변조방식을 나타내었는데, 각각의 변조방식은 다음과 같습니다.

① 진폭 편이 변조(ASK, Amplitude Shift Keying)는 [그림 8.7(d)]의 첫 번째 그림과 같이 디지털 신호를 진폭크기에 대응시키는 방식으로, 디지털 신호 '1'은 신호 '0'의 2배 크기를 갖도록 변조합니다.

② 주파수 편이 변조(FSK, Frequency Shift Keying)는 신호파의 크기를 주파수에 대응시킨 방식입니다. 디지털 신호 '0'을 전송할 때는 주파수 f_1을 사용하고, 신호 '1'을 전송할 때는 다른 주파수 f_2를 사용합니다.

③ 위상 편이 변조(PSK, Phase Shift Keying) 방식은 디지털 신호 '0'과 '1'을 2개의 반송파 위상에 대응시켜 변조하는 방식으로, Wi-Fi나 블루투스(Bluetooth) 및 스마트폰 통신 등에 가장 많이 사용되는 디지털 변조방식입니다.

④ 직교 진폭 변조(QAM, Quadrature Amplitude Modulation)는 진폭과 위상을 동시에 변화시키는 방식으로, 서로 90° 위상차가 나는 2개의 반송파를 사용하며 고속 데이터 통신에 유리한 변조방식입니다.[17]

(3) 무선통신장치의 구성

무선통신장치는 [그림 8.8]과 같이 송신기(transmitter)와 수신기(receiver)로 구성되며, 송신기는 발진기(frequency oscillator)[18], 변조기(modulator), 증폭기(power

17 ASK와 PSK를 혼합시킨 변조방식으로 2개의 반송파가 90° 위상차가 나므로 '직교'라는 명칭이 사용됨.

18 Radio frequency generator라고도 함.

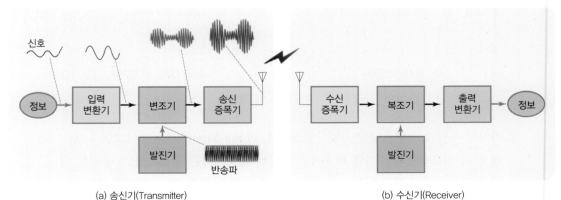

(a) 송신기(Transmitter) (b) 수신기(Receiver)

[그림 8.8] 송신기와 수신기 구성

amplifier) 및 안테나(antenna)로 구성됩니다.

발진기를 이용하여 정해진 주파수를 발진시켜 반송파를 발생시키고, 변조기에서는 이 반송파에 송신할 원본 신호를 싣는 기능을 합니다. 이후 증폭기를 통해 변조된 신호의 에너지를 증폭시킨 후 안테나를 통해 전파를 공중으로 방사하여 송출합니다.

무선통신장치의 수신기는 송신기와 반대로 구성되어 있습니다. 송출된 전파를 안테나를 통해 수신하며, 수신된 미약한 전파를 증폭하는 증폭기를 거치게 됩니다. 송신기와 동일하게 발진기를 통해 정해진 주파수의 반송파를 발진시켜, 수신된 변조신호에서 반송파를 제거하고 복조기에서 본래의 신호를 검출해냅니다.

8.1.4 전파의 전달경로

[그림 8.9]와 같이 전파는 전파 경로에 따라 크게 지상파, 공중파, 공간파로 구분됩니다.

(1) 지상파(ground wave)

지표면 근처 공간을 통해 이동하는 전파를 말하며, 장파(LF) 대역에서는 1,000 km 까지도 통신이 가능합니다. 주파수를 높일수록 지표면을 따라 가며 손실이 증가하여 단파(HF) 대역에서는 약 100 km 정도의 통신거리를 가집니다. 주로 10 km 이내의 근거리 통신에 이용되며, [그림 8.10(a)]와 같이 직접파, 대지 반사파, 지표파, 회절파로 다시 구분됩니다.

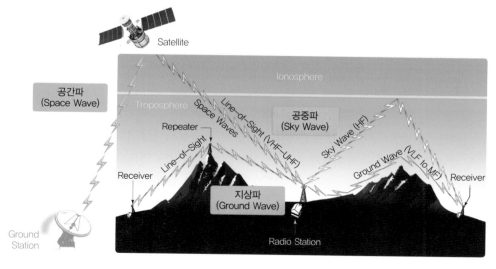

[그림 8.9] 전파 경로에 따른 전파의 분류

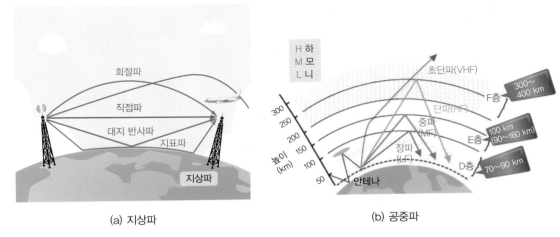

(a) 지상파   (b) 공중파

[그림 8.10] 지상파와 공중파의 분류

① 직접파(direct wave)는 지표면에 접촉되지 않고 송신안테나에서 수신안테나로 직접 도달되는 전파를 말하며, 송·수신 안테나의 높이가 높을수록 도달거리가 길어집니다.

② 대지 반사파(reflected wave)는 대지에 반사되어 도달되는 전파를 말합니다.

③ 지표파(surface wave)는 지표면에 반사되지 않고 지표면을 따라 도달되는 전파를 말합니다.

④ 회절파(diffracted wave)는 산이나 건물 등의 방해물 뒤편으로 회절되어 도달하는 전파로, 앞의 전파의 성질에서 설명한 것처럼 주파수가 작을수록 회절성이 커집니다.

(2) 공중파(sky wave)

공중으로 발사되어 전리층(ionosphere)이나 대류권(troposphere)에서 반사, 굴절되어 이동하는 전파를 말하며, 대류권파와 전리층파로 구분됩니다. [그림 8.10(b)]에 나타낸 바와 같이 특정 주파수대의 전파는 전리층에 의해 지표면으로 반사되고 지면에서 다시 반사되므로 통신거리를 확장시켜 장거리 통신에 활용합니다.

① 대류권파(tropospheric wave)는 대류권 내에서 불규칙한 기단에 의해 전파가 굴절, 반사되거나 산란되어 이동하는 전파를 말합니다.

② 전리층파(ionospheric wave)는 전리층에서 굴절, 반사되거나 산란되어 이동하는 전파를 말합니다.

(3) 공간파(space wave)

초단파(VHF) 대역 이상의 고주파로 전리층을 관통하여 우주공간으로 나가는 전파로, 인공위성이나 우주 비행체와의 통신에 사용됩니다.

전리층에서의 전파특성에 대해 좀 더 알아보겠습니다. 전리층이란 태양의 자외선에 의해 공기분자가 이온화되어 자유전자가 밀집된 구역으로, 고도 70~400 km(열권, thermosphere)에 위치하며, 고도에 따라 D층, E층, F층으로 구분됩니다. D층에서 F층으로 고도가 높아질수록 태양에 가까워지므로 이온화된 공기의 자유전자 밀도는 높아집니다. 전리층은 계절이나 밤낮에 따라 각 층의 폭이 달라지며, 전파를 반사하거나 산란시키는 역할을 합니다. 각 전리층별 전파특성은 다음과 같이 정리됩니다.

 핵심 Point 전리층(ionosphere)의 전파 특성

① D층(고도 70~90 km에 분포)
- 전자밀도가 제일 낮은 전리층으로 주간에만 존재하다가 야간에는 존재하지 않는다.
- [그림 8.10(b)]처럼 장파(LF)대의 전파는 반사하며, 장파보다 주파수가 높은 전파는 통과시키거나 흡수해 버리는 특성을 가진다.
② E층(고도 90~160 km에 분포)
- 중파(MF) 대역의 전파를 반사하고, 중파보다 주파수가 높은 전파는 통과시킨다.
③ F층(고도 300~400 km에 분포)
- F층은 300 km의 F_1층과 350 km의 F_2층으로 구성된다.
- 단파(HF) 대역의 전파를 반사하고, 단파보다 주파수가 높은 전파는 통과시킨다.

지상에서 수직으로 전파를 발사했을 경우, 전리층은 초단파(VHF)대 이상의 전파는 모두 통과시키고, 앞에서 설명한 것과 같이 어떤 주파수보다 낮으면 반사되고, 그 주파수보다 높으면 전리층을 투과하게 되는데 이 경계의 주파수를 임계 주파수(critical frequency)라고 합니다. 즉, F층에서는 단파(HF)대가 반사되고, E층에서는 중파(MF)대가 반사되며, D층에서는 장파(LF)대가 반사됩니다.[19]

19 [그림 8.10(b)]에 나타낸 것과 같이 앞의 영문자를 따서 "하모니 (HML)"로 기억함.

8.1.5 전파의 여러 현상

전파는 다음과 같은 여러 가지 현상을 나타냅니다.

① 페이딩(fading) 현상은 전파를 수신하는 동안, 수신파의 세기가 변화하여 수신 전계강도가 커지거나 작아지거나 찌그러지는 현상을 말합니다. 따라서, 전파의 수신 상태가 시간에 따라 변동하고, 수신음이 불규칙적으로 변동함으로써 수신

장애가 발생합니다.

② 에코(echo) 현상은 임의 시간 t초에 송신 안테나에서 발사된 1개의 전파가 다양한 경로를 거쳐서 수신 안테나에 도달하게 되므로, 같은 전파가 도달하는 시간에도 약간씩 차이(Δt)가 생기게 됩니다. 이처럼 같은 신호가 시간지연을 갖고 도착하므로 여러 번 반복되어 수신되는 현상을 에코현상이라 말합니다. 산에 올라가서 함성을 지를 때 메아리를 통해 에코현상을 한 번쯤은 경험해 본 적이 있을 겁니다.

③ 다중신호(multiple signal)는 송신점에서 하나의 수신점에 도달하는 전파가 여러 개가 있는 경우, 각 전파의 도래 시각이나 도래 방향이 다른 경우를 말합니다. 앞의 에코현상과 비슷하지만, 에코현상은 같은 시간에 1개의 같은 신호가 수신단에서 시간 차에 의해 발생하는 현상이고, 다중신호는 송신단에서 전송하는 신호 자체가 여러 개입니다. 다중신호를 피하기 위해서는 적정 주파수를 선택하거나 지향성 안테나를 사용하면 됩니다.

④ 전리층의 상태는 태양과 밀접한 관계를 갖습니다. 태양의 흑점(sunspot)이 증가[20]하면 자외선이 증가되고, 전리층 내의 전자밀도가 갑자기 증가하여 F_2층의 임계주파수가 높아져, 높은 주파수의 전파가 잘 반사되는 현상이 나타나게 됩니다.

⑤ 델린저(dellinger) 현상은 태양표면 흑점의 폭발에 의해서 방출된 대전 입자군[21]이 지구로 날아와서 지구 자기장을 변화시키는 현상을 말하며, 이 현상이 발생하면 단파(HF)대 통신이 두절되는 증상이 나타납니다.

[20] 11.2년의 주기로 증가함.

[21] 플라스마(plasma) 입자로 강력한 X선이 됨.

8.2 안테나

8.2.1 안테나의 동작원리

안테나(antenna)는 통신시스템에서 전파를 공간으로 방사하거나 흡수하기 위해 공간과 송·수신기 간에 설치하는 장치입니다. 전기신호(교류)를 고주파 신호인 전자기파(전파)로 변환하여 공간으로 내보내거나, 그 반대로 전자기파를 받아들여 전기신호로 변환하는 신호변환장치로 도체(conductor)가 주로 이용됩니다. 안테나의 동작과정은 다음과 같습니다.

① 도체인 안테나 중앙에 교류(AC) 발생기를 위치시키고, 안테나 중앙과 끝단 사이에 [그림 8.11(a)]와 같이 전압을 주기적으로 걸어줍니다.

② 전압이 상승하거나 하강하면서 안테나에는 교류전류가 흐르게 됩니다.

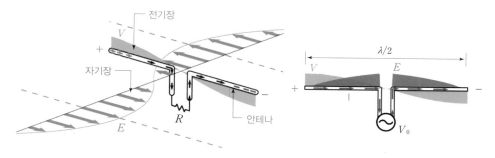

(a) 양(+)의 반주기 교류가 입력되는 경우

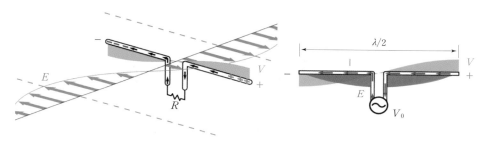

(b) 음(−)의 반주기 교류가 입력되는 경우

[그림 8.11] 안테나의 동작원리

③ 이때 전압이 최대이면 전류는 최소가 되고, 전압이 최소이면 전류는 최대가 되면서 전압은 전기장을 생성시키고, 전류는 안테나에 자기장을 생성시킵니다.

④ 이와 같은 과정을 통해 전기장과 자기장은 [그림 8.1]에서 설명한 바와 같이 서로 90°를 이루며 공기 중으로 전자파를 방사하게 됩니다.

8.2.2 안테나 길이

안테나의 길이(length)는 반드시 전파(반송파)의 파장(λ)에 동조되어야 합니다. [그림 8.11]에 나타낸 안테나의 길이는 1/2 파장($= \lambda/2$)인 안테나로, 양의 반주기와 음의 반주기가 입력되었을 때 전압과 전류의 파형을 일렬로 연결하면 1주기의 전체 파장(λ)이 됩니다. 이처럼 안테나를 따라서 전파가 지나갈 때 한 파장의 전체 전파를 안테나에서 수신하기 위해서는 파장의 1/2 또는 1/4 길이가 되어야 하므로, 일반적으로 안테나의 길이는 반파장(half-wave) 또는 1/4 파장(quater-wave)이 됩니다.

> ### 핵심 Point 안테나(antenna)의 길이
>
> • 안테나의 길이는 사용하는 통신전파의 파장(λ)에 비례하여 결정된다.
> • 주파수(f)가 높아지면 파장이 짧아지므로 안테나의 길이는 짧아지게 된다.

식 (8.3)에서 파장은 주파수에 따라 변하므로 안테나의 길이도 사용하는 전파의 주파수 대역에 따라 달라집니다. 따라서 1/2 파장 안테나의 길이는 식 (8.7)과 같이 구할 수 있으며, 여기서 κ는 공기의 유전율에 따른 전파보정계수로 0.951을 사용합니다.

$$\lambda_A[\mathrm{m}] = \frac{c}{f} \quad \Rightarrow \quad L_A[\mathrm{m}] = \kappa \times \frac{c/f}{2} \tag{8.7}$$

만약 $F[\mathrm{MHz}]$ 주파수를 갖는 전파의 $\lambda/2$ 안테나의 길이를 구한다면, 식 (8.7)에 주파수 F를 대입한 후 2로 나누고, MHz를 Hz 단위로 변환하면 식 (8.8)과 같이 구할 수 있습니다.

$$L_A[\mathrm{m}] = \kappa \times \frac{c/F[\mathrm{MHz}]}{2} = 0.951 \times \frac{3 \times 10^8\,[\mathrm{m/s}]}{2 \times (F \times 10^6\,\mathrm{Hz})}$$
$$\Rightarrow \quad \therefore\ L_A[\mathrm{m}] = \frac{142.65}{F[\mathrm{MHz}]} \tag{8.8}$$

예제 8.2

항공기의 초단파(VHF) 통신장치는 118~136.975 MHz 주파수를 사용한다. 통신장치에 사용되는 반파장 안테나의 길이는 몇 m인가? (전파보정계수는 0.951을 사용한다.)

|풀이 1| 식 (8.7)에서 반파장 안테나의 길이는 최소 주파수에서 1.21 m이고, 최대 주파수에서는 1.04 m가 되며, 안테나의 길이가 길기 때문에 항공기에서는 1/4 파장의 VHF 안테나를 사용한다.

$$L_{\min} = 0.951 \times \frac{3 \times 10^8\,\mathrm{m/s}/118 \times 10^6\,\mathrm{Hz}}{2} = 1.21\,\mathrm{m}$$

$$L_{\max} = 0.951 \times \frac{3 \times 10^8\,\mathrm{m/s}/136.975 \times 10^6\,\mathrm{Hz}}{2} = 1.04\,\mathrm{m}$$

| **풀이 2** | 식 (8.8)을 이용하면 같은 결과를 얻는다.

$$L_{\min} = \frac{142.65 \text{ m/s}}{118 \text{ MHz}} = 1.21 \text{ m}, \quad L_{\max} = \frac{142.65 \text{ m/s}}{136.975 \text{ MHz}} = 1.04 \text{ m}$$

8.2.3 안테나 지향성

일반적으로 수직으로 세워진 안테나는 안테나의 길이를 따라 만들어지는 전기장이 지면에 수직이 되므로 [그림 8.12(a)]와 같이 수직방향으로 도넛(donut) 모양의 전파를 만들어내며 이를 수직 편파(vertical polarization)라 합니다. 반대로 [그림 8.12(b)]와 같이 안테나가 수평으로 위치하는 경우는 지면과 수평으로 전파가 퍼져 나가므로 이를 수평 편파(horizontal polarization)라 합니다. 예를 들어 라디오의 안테나는 수직으로 세우는 경우가 많으므로 수직 편파를 주로 이용합니다.

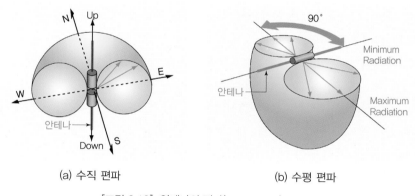

(a) 수직 편파　　　　　　　(b) 수평 편파

[그림 8.12] 안테나의 편파(polarization)

이처럼 전파가 안테나로부터 공간으로 방사되어 진행하는 방향에 대한 특성을 지향성(directivity)이라고 하며, 목적에 따라 특정한 방향으로 전력을 집중시켜 전파의 지향성을 만들어낼 수 있습니다.[22]

① 전방향 안테나(omni-directional antenna)는 [그림 8.13(a)]와 같이 모든 방향으로 전파를 방사하여 동일하게 에너지가 퍼져 나가도록 하는 안테나이며, 무지향성 안테나라고도 합니다.
② 지향성 안테나(directional antenna)는 특정 방향으로 에너지를 방사하여 전파를 쏘거나 받는 안테나를 말합니다.

22 급전되는 안테나 방사체 주위에 전도체나 코일을 적절히 배열하여 특정 방향으로 지향성을 만들어 냄.

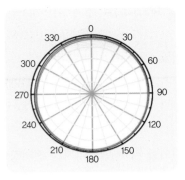
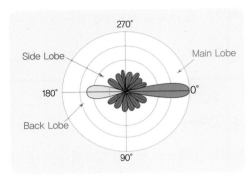

(a) 무지향성 안테나   (b) 지향성 안테나

[그림 8.13] 안테나의 지향성(directivity)

[그림 8.13(b)]에 나타낸 지향성 안테나는 0° 방향으로 가장 큰 전력의 전파를 방사하고 있으며 이를 주 로브(또는 주극, main lobe)라고 하며, 주 로브 주변에는 부로브(또는 부극, side lobe)가 존재하며, 주 로브와 180° 반대 방향의 부로브를 백 로브(back lobe)라고 합니다.

[그림 8.14]는 안테나의 종류별 지향특성을 보여주고 있습니다. 다이폴 안테나는 180° 간격의 대칭형 8자 형상 전파를 지향시키는 특성이 있으며, 휩(whip) 안테나는 전방향으로 전파를 방사시킵니다. 야기(Yagi) 안테나는 어느 한쪽 방향으로 지향된 전파를 방사시키고, 파라볼라(parabola) 안테나는 야기 안테나와 비슷한 지향특성이 있지만 빔폭(beam width)이 매우 작고 날카로운[23] 지향성을 갖습니다.

23 이러한 전파를 pencil beam이라고 함.

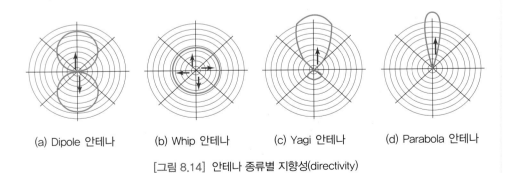

(a) Dipole 안테나   (b) Whip 안테나   (c) Yagi 안테나   (d) Parabola 안테나

[그림 8.14] 안테나 종류별 지향성(directivity)

8.2.4 안테나의 종류

(1) 다이폴 안테나

다이폴 안테나(dipole antenna)는 가장 기본이 되는 안테나로, 형상적으로 가장 단순하고 부피가 작습니다. 안테나 중심점에 고주파 전력을 공급하며, 안테나의 길이는 [그림 8.15]와 같이 전파의 반파장($\lambda/2$) 길이와 같습니다.

주로 수직으로 설치하여 사용하므로 지향특성은 안테나 중심을 기준으로 무지향성 방사특성, 즉 [그림 8.15(b)]와 같이 수평면에서는 원형이고, 수직면에서는 8자 형상을 나타냅니다. 주로 단파(HF) 및 초단파(VHF)용으로 사용됩니다. 다이폴 안테나 길이의 절반만 사용하는 안테나를 모노폴 안테나(monopole antenna)라고 하며, 길이는 다이폴 안테나 길이의 1/2로 전파의 $\lambda/4$ 파장이 됩니다.

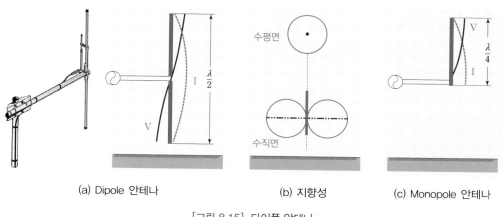

(a) Dipole 안테나   (b) 지향성   (c) Monopole 안테나

[그림 8.15] 다이폴 안테나

(2) 루프 안테나

루프 안테나(loop antenna)는 다이폴 안테나를 감아서 원형이나 사각형 또는 삼각형 형태로 만들며, 전체 길이는 전파의 $\lambda/4$ 파장이 됩니다. 능률이 좋은 안테나는 아니지만 지향성이 있어서 주로 장파(LF)나 단파(HF)의 수신용으로 사용됩니다.

루프 안테나의 지향특성은 수평면상으로는 전파의 진행방향으로 가장 강한 지향특성을 낼 수 있고, 수직면상으로는 전압을 유기하지 않아 방향탐지용으로 사용됩니다. [그림 8.16]과 같이 루프 안테나는 수평면상에서 8자 형태의 지향특성을 갖게 되는데, 이 지향특성을 이용하면 수신되는 전파의 방향을 찾을 수 있습니다. 이 원리를 이용하

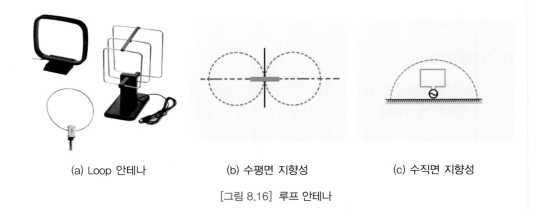

(a) Loop 안테나   (b) 수평면 지향성   (c) 수직면 지향성

[그림 8.16] 루프 안테나

는 항법장치가 바로 자동방향탐지기(ADF, Automatic Direction Finder)로 9.2.1절의 항법시스템에서 자세히 알아보겠습니다.

(3) 야기 안테나

야기 안테나(Yagi antenna)는 [그림 8.17]과 같이 오래 전부터 건물 옥상에 많이 설치하여 사용하였기 때문에 주변에서 자주 볼 수 있었던 안테나입니다. 1926년에 일본의 야기(Hidetsugu Yagi)와 그의 동료인 우다(Shintaro Uda)가 고안한 지향성이 날카로운 안테나로 야기-우다[24] 안테나로도 불립니다.

안테나 한쪽 방향으로의 지향 특성을 강하게 만들기 위해서 $\lambda/2$ 파장 다이폴 안테

24 실제로는 우다가 만들었으나 일본 내 특허 등록 시에 야기가 우다의 이름을 빼고 등록하여 야기 안테나로 알려지게 됨.

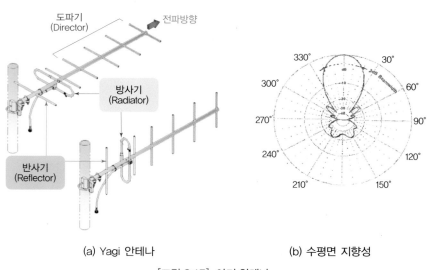

(a) Yagi 안테나   (b) 수평면 지향성

[그림 8.17] 야기 안테나

나의 방사기(radiator) 앞에 도파기(director)[25]를 여러 개 배열하고, 방사기 뒤에는 반 파장보다 조금 긴 도체인 반사기(reflector)를 배열하여 단방향으로 날카로운 지향성을 갖도록 구성합니다. 도파기와 방사기의 간격은 $0.1\lambda \sim 0.25\lambda(\lambda/10 \sim \lambda/4)$ 파장 정도이 며, 간격을 조정하여 최대 이득이 얻어지도록 합니다.

도파기의 수를 늘릴수록 이득이 높아지나, 개수가 너무 많아지면 이득의 증가는 도 리어 작아지는 특성을 가지며, 도파기를 여러 개 사용할 때는 선단 쪽 도파기일수록 길 이를 짧게 합니다. 야기 안테나의 지향특성은 방사기와 수직 방향으로 전방을 향하게 되며, 초단파(VHF), 극초단파(UHF) 주파수 대역에서 많이 사용됩니다.

(4) 파라볼라 안테나

파라볼라 안테나(parabolic antenna)는 포물선형 안테나라고도 하며, 주파수가 높은 마이크로파대 영역에서 사용합니다. 지향성이 강한 전파를 사용하는 위성통신용이나 레이다(radar)용으로 주로 사용됩니다.

포물면 주반사기의 중앙 초점에 방사기를 놓으면, 포물면에 의하여 반사파는 평형이 되어 [그림 8.18(b)]와 같이 정면으로 폭이 작은 전파가 강하게 방사됩니다. 그림에 나

25 방사기 전방에 둔 반 파장보다 약간 짧은 도 체 또는 도체군을 말하 며, 지향성이나 이득을 증가시킬 목적으로 사 용됨.

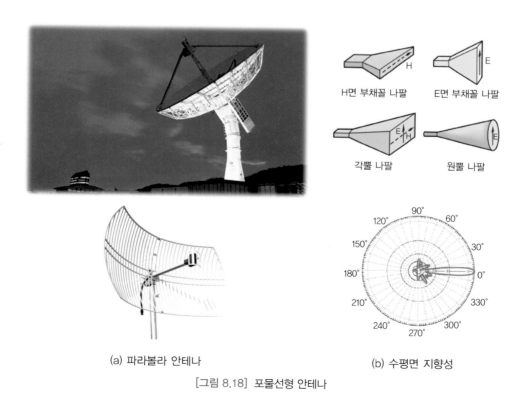

H면 부채꼴 나팔   E면 부채꼴 나팔

각뿔 나팔   원뿔 나팔

(a) 파라볼라 안테나   (b) 수평면 지향성

[그림 8.18] 포물선형 안테나

타낸 파라볼라 안테나는 대전에 소재한 한국항공우주연구원(KARI)에 설치되어 운용되는 직경이 약 10 m 정도의 포물선형 안테나로, 우리나라에서 개발하여 운용하고 있는 아리랑 및 천리안 위성 등과의 통신관제용으로 사용되고 있습니다.

주반사기의 중앙 초점에 놓이는 방사기로 사용되는 전자기 나팔(horn)은 전파에너지가 공간으로 전달되어 방사되도록 만든 것으로, 한쪽 끝의 개방단에서 전파가 공간으로 방사되며, 도파관의 축 방향으로 예리한 지향성을 가지게 됩니다. 전자기 나팔에는 [그림 8.18]과 같이 여러 가지 형태가 있습니다.

8.3 항공용 무선통신시스템

이제 본격적으로 항공기에 사용되는 항공통신장치 및 시스템에 대해 알아보겠습니다. 항공통신(aeronautical communication)이란 항공기 운항에 필요한 관제업무, 비행정보업무 등을 수행하기 위한 항공기와 지상국(관제소), 또는 항공기와 항공기 상호 간의 무선통신업무를 총칭하며, 현재 항공통신은 음성통신을 기반으로 다음과 같은 용도에 따라 주파수 대역을 사용하고 있습니다.

 항공 무선통신시스템

- 국제 항공로의 해상 장거리 통신에는 단파(HF) 통신이 사용된다.
- 접근관제 등 근거리 통신에는 초단파(VHF) 통신이 사용된다.
- 근거리 통신 중 군용으로는 극초단파(UHF) 통신대역이 전용으로 할당되므로 민간에서는 사용할 수가 없다.

[그림 8.19]와 [그림 8.20]은 보잉사의 B737 및 B777 항공기의 안테나 배치를 나타내고 있습니다. 이처럼 항공기에는 각종 통신장치, 계기착륙장치(ILS)[26] 및 항법장치용 송·수신 안테나가 동체 위아래에 설치되어 있습니다. 항공통신용 안테나인 VHF 안테나는 동체 윗면과 아랫면에 3개가 설치되어 있고, HF 안테나는 길이가 길어 수직꼬리날개 앞전(leading edge)에 설치됩니다. 계기착륙장치를 위한 글라이드 슬로프(glide slope) 및 로컬라이저(localizer) 안테나는 기수(nose) 앞부분 기상레이다가 장착되는 레이돔(radome) 내에 주로 설치됩니다. 위성으로부터 신호를 송·수신하는 GPS 및 위성통신시스템(SATCOM) 안테나는 항공기 순항고도[27]보다 높게 떠 있는 위성과의

26 Instrument Landing System

27 일반적으로 30,000 ~40,000 ft 고도임.

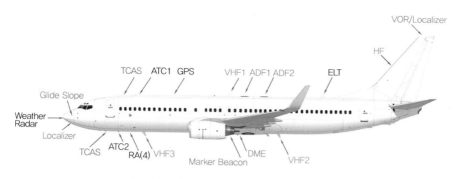

[그림 8.19] B737-NG 항공기의 안테나 위치

[그림 8.20] B777 항공기의 안테나 위치

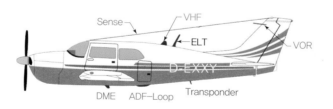

[그림 8.21] 소형 항공기의 안테나 위치

송수신을 위해 동체 상단부에만 설치됩니다. [그림 8.21]은 GA[28]급 소형 항공기의 안테나 위치를 나타낸 것으로, 상대적으로 중대형 항공기에 비해 탑재 통신장치의 개수가 적음을 알 수 있습니다.

28 9인승 이하로 총무게가 12,500 lb 이하인 소형 항공기를 General Aviation으로 분류함.

8.3.1 단파(HF) 통신

단파 통신시스템(HF communication system)은 단파가 전리층(F층)에서 반사되는 특성을 이용하여 국제 해상 장거리 통신(long-distance communication)에 사용합니다.

장거리 통신용이기 때문에 100~400 W의 고출력을 사용하며 신호 대 잡음비(SNR)는 20 dB 정도입니다. [그림 8.22]와 같이 전리층에서 반사된 단파가 지표면에서 반사되고, 지표면에서 반사된 전파는 전리층에서 다시 반사되기 때문에 이 과정을 반복하며 지구 반대쪽까지의 장거리 통신을 할 수 있습니다. 사용 주파수 대역은 2~30 MHz이며 지역별로 할당된 주파수를 사용합니다.

아마추어 통신 및 어업용 통신 등 사용량이 많은 주파수대역으로 예전에는 각 통신 주파수 간격을 1 kHz로 나누어 28,000[29]개의 채널을 사용하였으며, 최근에는 항공교통량 증가에 따른 무선통신량 증가로 인해 100 Hz 간격으로 280,000개의 채널을 사용할 수 있습니다.

B737 항공기의 단파(HF) 통신시스템은 다음과 같이 구성됩니다.

① [그림 8.23]과 같이 단파 송수신기(HF transceiver[30])를 중심으로 단파 안테나(HF antenna), 단파 안테나 커플러(HF antenna coupler) 및 무선통신 패널(RCP, Radio Communication Panel)로 구성되어 있습니다.

② 단파 송수신기는 EE(Electronic Equipment) compartment[31]의 랙(rack)에 2개가 장착되며, 단파 통신 안테나는 수직꼬리날개 앞전에 설치되어 안테나 커플러를 통해 단파 송수신기에 연결됩니다.

③ 단파 송수신기는 셀콜 해독장치(SELCAL decoder unit) 및 비행자료획득장

[29] (30 MHz – 2 MHz) /1 kHz = 28,000

[30] 송신기와 수신기를 1개로 합친 장치로 'transmitter'와 'receiver'의 합성어임.

[31] 주요 항공전자장치 및 전기장치들이 설치되는 조종석 하부 공간을 말함.

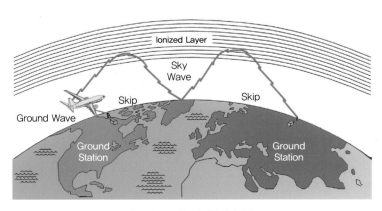

[그림 8.22] 단파(HF) 통신

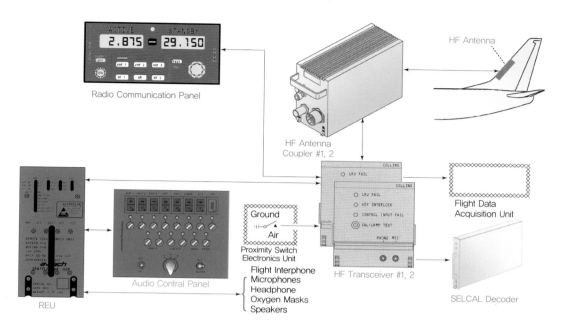

[그림 8.23] 단파(HF) 통신시스템 구성(B737)

치(FDAU, Flight Data Acquisition Unit) 등과 같은 외부장치와 연결되며, REU(Remote Electronics Unit)를 통해 마이크로폰(microphone), 헤드폰(headphone), 산소마스크(oxygen mask) 및 스피커 등의 음성입력장치의 음성신호를 입력받으며, 입력된 음성정보를 부호화(coding)하여 반송파에 실어 변조시키는 기능을 합니다.

④ 오디오 제어 패널(ACP, Audio Control Panel)은 음성입력장치들을 선택하고 통신음량을 조절합니다.

⑤ 무선통신패널(RCP)과 오디오 제어 패널(ACP)은 조종석과 부조종석 사이에 위치한 Aft Electronic Panel에 설치되며, 무선통신패널을 통해 단파 및 초단파 통신장치 중 작동시킬 통신장치를 선택하고 송수신기의 전원을 제어하며, 각각의 작동 주파수(active frequency)와 대기 주파수(standby frequency)를 설정할 수 있습니다.

단파 통신 안테나는 단파 주파수 범위 내에서 무선 주파수 신호를 송수신하며, 단파(HF)는 전파의 파장이 길기 때문에 요구되는 안테나의 길이가 길어집니다.[32] B737 항공기에 장착되는 단파 안테나는 약 9 ft(3 m) 정도의 길이가 요구되는데, 빠른 비행속도로 인한 구조적 문제로 긴 안테나를 장착하지 못하고 이보다 길이가 짧은 안테나가

[32] 안테나의 길이는 식 (8.7)에서 $\lambda/4$로 계산하면 2 MHz에서 35.7 m $\left(= 0.951 \times \dfrac{3 \times 10^8/2 \times 10^6}{4} \right)$, 30 MHz에서 2.4 m $\left(= 0.951 \times \dfrac{3 \times 10^8/30 \times 10^6}{4} \right)$ 가 됨.

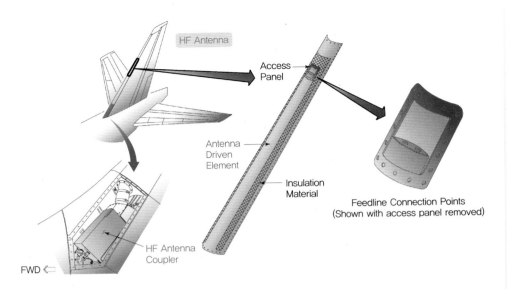

HF Antenna

Access Panel

Antenna Driven Element

Insulation Material

Feedline Connection Points
(Shown with access panel removed)

FWD

HF Antenna Coupler

[그림 8.24] 단파(HF) 통신 안테나와 안테나 커플러(B737)

사용됩니다. 따라서, [그림 8.24]와 같이 슬롯(slot) 형태의 테일 캡(tail cap) 안테나를 사용하고, 수직꼬리날개 앞전에 설치하여 U자 모양의 절연물질로 안테나를 감쌉니다. 단파 통신 안테나는 수직꼬리날개(vertical tail) 앞전(leading edge)의 일부분이 됩니다.

단파 통신시스템은 사용 주파수 선택에 따라 파장의 실제적인 길이 변화도 크므로 길이가 지정된 1개의 HF 안테나를 사용하기 위해서는 주파수의 적정한 정합(matching)이 이루어지도록 자동으로 작동하는 안테나 커플러가 장착되어 사용됩니다. 안테나 커플러는 선택한 주파수에서 안테나 임피던스(impedance)와 송수신기의 출력 임피던스를 자동으로 정합시키는 기능을 수행합니다.

> **핵심 Point 단파(HF) 통신시스템**
>
> - 단파의 전리층 반사특성을 이용하여 국제해상 장거리(long-distance) 통신에 사용된다.
> - 잡음과 페이딩 현상이 많이 발생하므로 통화 음질이 낮고 혼신도 많이 발생한다.
> - 전리층 상태변화에 따라 통신품질이 영향을 받으며, 전리층 산란 시 통신이 불안정해질 수 있다.
> - 항공 교통량 증가 및 주파수 한계로 인해 사용량이 한계점에 도달한 상태이다.

8.3.2 초단파(VHF) 통신

초단파 통신시스템(VHF communication system)은 직진특성이 강한 초단파(VHF)가 전리층을 모두 통과하여 단파대와 같은 반사파를 이용하지 못하므로 단거리 통신용으로 사용됩니다. 즉, 지상파의 직접파 또는 지표 반사파를 이용하여 200 NM[33] 내의 눈에 보이는 가시거리(LOS, Line-Of-Sight) 통신에 주로 이용하므로, [그림 8.25]와 같이 항공교통관제(ATC, Air Traffic Control) 및 운항관리통신(AOC, Aeronautical Operational Communication)에서 항공기와 지상, 항공기와 타 항공기 상호 간의 각종 허가, 승낙, 지시, 응답 등 가장 많이 이용되는 단거리 음성통신입니다 .

초단파 통신시스템의 사용 주파수대는 118~136.975 MHz이며, 채널 간격은 25 kHz로 분할하여 총 760채널을 사용하는데, 최근에는 25 kHz를 3등분한 8.33 kHz로 세밀하게 분할하여 총 2,280개 채널의 사용이 가능합니다.[34] 반사파를 이용하지 않고 직접파를 이용하기 때문에 잡음이 없고 깨끗한 통신 음질을 제공합니다.

B737 항공기의 초단파(VHF) 통신시스템은 다음과 같이 구성됩니다.

① [그림 8.26]과 같이 EE compartment rack에 설치된 3개의 초단파 송수신기 (VHF transceiver)를 중심으로 초단파 안테나(VHF antenna)와 무선통신패널 (RCP)로 구성되어 있습니다.

② 초단파 송수신기도 단파 통신시스템과 같이 REU, 오디오 제어 패널(ACP), 셀콜 해독장치(SELCAL decoder unit) 및 비행자료획득장치(FDAU) 등과 같은 외부 장치와 연결됩니다.

③ VHF 안테나는 [그림 8.27]과 같이 $\lambda/4$ 접지 안테나가 사용되며, 항공기 동체 윗면에 VHF 1 안테나가 1개 설치되고, 아랫면에 VHF 2 및 VHF 3 안테나가 각각 1개씩 설치됩니다. 안테나는 3개의 초단파 송수신기와 각각 연결됩니다.

[그림 8.25] 초단파(HF) 통신

33 '해리(Nautical Mile)' 라고도 하며, 지구둘레를 360등분하고 그것을 다시 60등분한 거리로 1 NM = 1.852 km임. 육상마일(land mile) 1 mi = 1.609 km와 달리 선박 및 항공분야에서 사용되는 속도 1노트(knot) = 1 NM/h임.

34 통신채널이 가장 부족한 유럽지역에서 1998년 1월부터 ICAO의 승인을 받고 사용함.

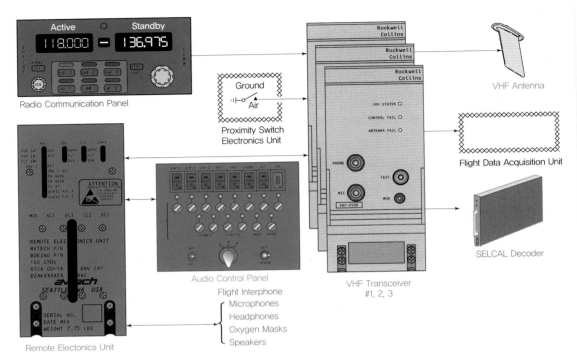

[그림 8.26] 초단파(VHF) 통신시스템 구성(B737)

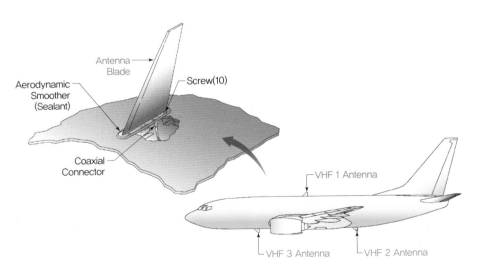

[그림 8.27] 초단파(VHF) 안테나(B737)

8.3.3 극초단파(UHF) 통신

극초단파 통신시스템(UHF communication system)은 직진특성이 강한 UHF 대역을 이용하는 통신장치로 근거리 가시거리 통신에 이용됩니다. 양호한 통신 특성으로 [그림 8.28]과 같이 군용통신으로 이용되며, 최근에는 정찰 및 감시용으로 활용도가 높아진 군용 무인 항공기의 제어 및 상태감시를 위한 통신주파수로 많이 이용되고 있습니다.

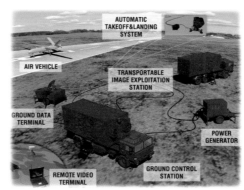

[그림 8.28] 극초단파(UHF) 통신시스템

8.3.4 선택호출장치(SELCAL)

선택호출장치는 SELCAL(SELective CALling System)이라고 부르며, 항공회사나 지상 관제국에서 항공기와 교신하기 위해 특정 항공기를 호출하는 시스템입니다.

각 항공기는 [그림 8.29(a)]와 같이 4개의 문자로 이루어진 고유의 코드(code)가 부

(a) 조종석 내 셀콜 코드 표시   (b) 셀콜 호출표시 장치

[그림 8.29] SELCAL 코드 및 표시장치

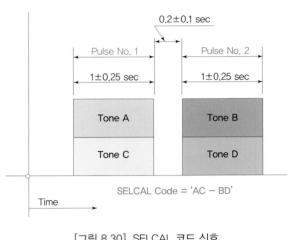

[표 8.3] SELCAL 코드별 주파수

코드	주파수(frequency)
A	312.6 Hz
B	346.7 Hz
C	384.6 Hz
D	426.6 Hz
E	473.2 Hz
F	524.8 Hz
G	582.1 Hz
H	645.7 Hz
J	716.1 Hz
K	794.3 Hz
L	881.0 Hz
M	977.2 Hz
P	1,083.9 Hz
Q	1,202.3 Hz
R	1,333.5 Hz
S	1,479.1 Hz

[그림 8.30] SELCAL 코드 신호

35 예를 들어, 'AC-BD', 'EF-GH' 등이 됨.

36 총조합의 수는 $16^4 =$ 65,636개이지만, 각 문자는 중복되지 않고 알파벳 순서로 배열된다는 조건을 적용하면 10,920개가 됨.

37 특정 호출음(tone) 소리가 됨.

여되어 있는데[35], 이를 셀콜 코드(SELCAL code)라고 합니다. 셀콜 코드는 알파벳 A에서 S 중 I, N, O를 제외한 16개 문자 중 4개의 문자를 조합하여 구성하며, 총 10,920종류[36]의 코드가 만들어지고 ICAO 가맹국의 국제선 항공기에 할당됩니다. 16개의 문자는 [표 8.3]과 같이 각각 특정 주파수가 할당되며[37], 만약 셀콜 코드가 'AC-BD'라면, [그림 8.30]과 같이 코드의 첫 번째 문자(A)와 두 번째 문자(C)를 합쳐서 첫 번째 호출음 펄스(tone pulse)를 만들고, 세 번째 문자(B)와 네 번째 문자(D)를 합쳐서 두 번째 호출음 펄스를 만듭니다. 첫 번째 펄스는 1초 동안 송신되며, 0.2초 후에 두 번째 펄스가 1초 동안 송신됩니다.

① 이렇게 구성된 셀콜 코드는 지상 송신기의 인코더(encoder)를 통해 변환되어 지상국에서 항공기를 호출하는 경우에 HF 및 VHF 통신 전파로 송출됩니다.

② 항공기의 VHF 및 HF 안테나를 통하여 지상국의 셀콜 송출신호가 수신되면, [그림 8.31]의 셀콜 해독장치(SELCAL decoder)가 자동으로 신호에 포함된 셀콜 코드를 분리하여 항공기에 부여된 셀콜 코드와의 일치 여부를 판단합니다.

③ 셀콜 코드가 일치하면 조종석에 설치된 오디오 제어 패널(ACP)의 해당 통신버튼 램프에 call light가 점등되고, REU와 연결된 오디오 경보모듈(Aural Warning

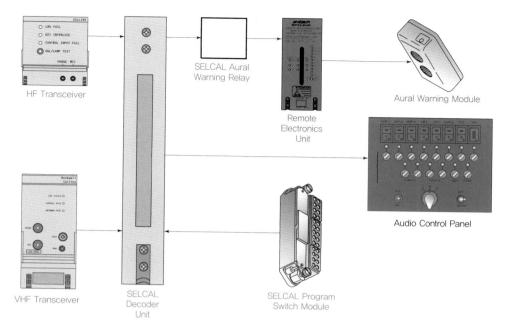

[그림 8.31] 셀콜(SELCAL) 구성(B737)

Module)을 통해 조종사에게 지상국의 호출을 차임벨 경보음(chime)으로 알려
줍니다.

④ 이후 조종사는 호출된 통신 채널을 선택하여 지상국과 교신을 수행합니다.

 선택호출장치(SELCAL)

- 지상국에서 비행 중인 특정 항공기를 호출하는 통신시스템이다.
- 16개의 알파벳 문자 중 4개로 구성되며, HF 및 VHF 통신시스템을 이용한다.
- 조종사는 비행 중 지상에서 항공기를 호출하는지 확인하기 위해 항상 HF 또는 VHF의 무
  선채널을 켜 놓고 감시할 필요가 없으며, 조종업무에 집중할 수 있다.

B737 항공기의 셀콜 해독장치(SELCAL decoder)와 셀콜 스위치 모듈(SELCAL
program switch module)은 EE Compartment Rack에 장착되며, [그림 8.32]와 같이
셀콜 스위치 모듈의 16개 딥 스위치(dip switch)를 통해 항공기의 셀콜 코드를 설정합
니다. 딥 스위치는 1개 그룹에 4개씩, 모두 16개의 스위치가 설치되어 있으며, 각 그
룹의 딥 스위치 4개는 셀콜(SELCAL) 코드문자 1개에 해당됩니다.

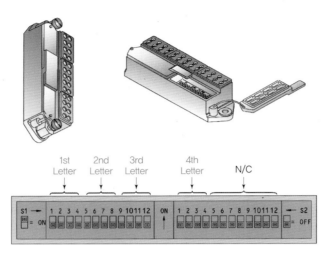

1st Letter | 2nd Letter | 3rd Letter | 4th Letter | N/C

[그림 8.32] 셀콜(SELCAL) 스위치 모듈(B737)

8.3.5 위성통신시스템(SATCOM)

위성통신시스템은 SATCOM(SATellite COMmunication System)이라고 부르며, 3~30 GHz 주파수 대역의 초고주파(SHF)를 이용합니다. 위성통신시스템은 통신 중계위성(COMSAT, COMmunication SATellite)[38]을 이용하여 항공기 기내의 공중전화 네트워크(public telephone networks)를 통한 승객들의 전화사용 및 FAX 서비스를 제공하고, 운항관리통신(AOC)의 데이터 통신시스템인 항공무선통신접속보고

38 36,000km의 정지 궤도에 위치하여 지구의 자전주기와 동일하게 움직이므로 지구상에서 볼 때 정지한 것처럼 보임.

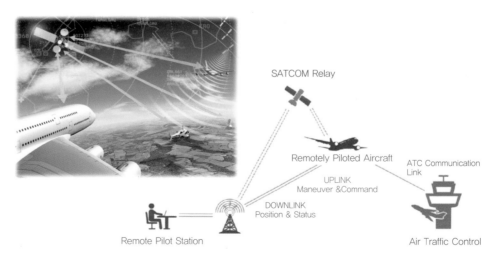

[그림 8.33] 위성통신시스템(SATCOM)

장치(ACARS, ARINC Communications Addressing and Reporting System)[39]를 SATCOM에 연결하여 장거리 데이터 전송 서비스를 제공할 수 있습니다.

위성통신을 위해서는 우주공간에 통신위성이 발사되어 운용되어야 하며, 지상에는 위성지구국(ground station)이 설치되어 위성 추적, 명령전송 및 제어 등 위성관제를 수행해야 합니다. 전 세계적 위성통신시스템 서비스로는 인텔샛(INTELSAT, 국제전기통신위성기구), 인마르샛(INMARSAT, 국제해사위성기구)가 대표적인 시스템입니다.

B737 항공기의 SATCOM용 안테나는 [그림 8.20]과 같이 항공기 중앙 동체 윗부분에 2개가 장착되며, 1개는 저이득 안테나(low-gain antenna)로 저속통신용[40]으로 사용되고, 나머지 1개는 고이득 안테나(high-gain anrenna)로 고속 통신용[41]으로 사용됩니다.[42]

 위성통신시스템(SATCOM)

- 위성통신시스템은 위성을 사용하므로 장거리 광역통신에 적합하며, 통신거리 및 지형지물의 영향이 없는 것이 장점이다.
- 통신품질이 우수하고 대용량 통신이 가능하며 신뢰성 또한 높으므로 단파(HF)통신을 대체할 수 있다.
- 통신거리가 멀기 때문에 신호지연(time delay)이 발생하는 단점이 있다.

8.4 기내 통신시스템

항공기와 항공기의 공중통신(air-to-air communication) 및 항공기와 지상 간의 공지통신(air-to-ground communication)뿐 아니라 항공기 내에서 조종사와 승무원 사이 및 기내 승객들을 위한 여러 오디오 및 통신시스템이 사용됩니다. B737 항공기를 기준으로 이러한 기내 통신시스템에 대해 알아보겠습니다.

8.4.1 플라이트 인터폰 시스템(FIS)

기내 통신시스템 중 첫 번째 시스템은 '운항 승무원 상호 간 통신장치'로 불리는 플라이트 인터폰 시스템(FIS, Flight Interphone System)입니다. 플라이트 인터폰 시스템은 조종실(flight compartment)[43] 내에서 운항 승무원(flight crew)인 조종사들과 항공기관사(FE, Flight Engineer)[44] 상호 간의 통화 연락을 위해 각종 통신이나 음성신호를 각 운항 승무원석에 배분하는 통신장치를 말합니다.

[그림 8.34]에 나타낸 B737 항공기의 시스템 구성도와 같이 운항 승무원석의 헤드폰

[39] VHF 데이터 통신시스템으로 항공기와 지상국 간의 데이터 통신을 제공하며, 미국 ARINC사가 운영하는 통신시스템임.

[40] 300~600 bps의 통신속도를 제공함.

[41] 9,600 bps의 통신속도를 제공함.

[42] [그림 8.19]와 같이 B737 항공기에는 SATCOM이 장착되지 않고, B777에는 사용됨.

[43] Flight deck이라고도 함.

[44] 예전에는 조종실에 3명이 탑승하였는데, FE는 엔진, 전기, 공·유압 계통 등을 모니터링하고 조정하는 운항 승무원으로 현재는 전자 조종석의 발전으로 사라진 직업이 되었음.

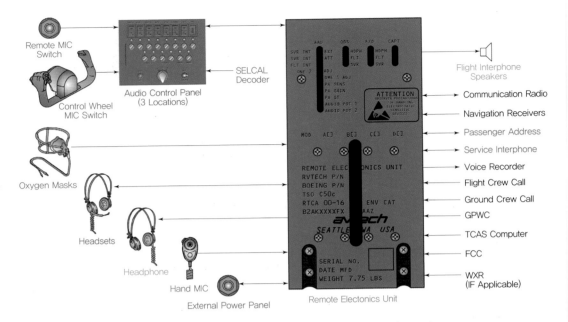

[그림 8.34] Flight Interphone System 구성(B737)

(headphone)은 통신 출력장치로만 사용되고, 통신 입력장치로는 산소 마스크(oxygen mask), 헤드셋(headset)의 마이크로폰(microphone) 장치와 핸드 마이크(hand mic.) 등이 사용되며 송신자는 PTT(Push-To-Talk) 스위치를 누르고 통신을 합니다. 플라이트 인터폰 시스템은 REU(Remote Electronic Unit)를 통해 서비스 인터폰 시스템(SIS) 및 객실방송 시스템(PAS), HF/VHF 통신시스템 등의 외부 시스템과 연결됩니다.

8.4.2 서비스 인터폰 시스템(SIS)

서비스 인터폰 시스템(SIS, Service Interphone System)은 비행 중에는 조종실과 객실 승무원석 사이의 연락 및 객실 승무원(flight attendant)[45] 상호 간 연락이나 갤리(galley) 간의 통화연락을 위한 '승무원 상호 간 통신장치'입니다. 통화 입·출력장치로 [그림 8.35]와 같이 조종사는 플라이트 인터폰 시스템의 헤드셋과 핸드마이크를 이용하며, 객실 승무원은 핸드셋(handset)을 이용합니다.

특히 서비스 인터폰 시스템은 [그림 8.36]과 같이 지상에서 정비, 점검 작업 시 기체 외부의 지상요원(ground crew)과 조종실 간의 통신장치로도 이용됩니다. 즉, 지상요원과 다른 지상요원 사이의 연락이나 조종사와 지상요원 사이의 연락에 이용되는 통신시스템입니다.

45 Cabin crew라고 도함.

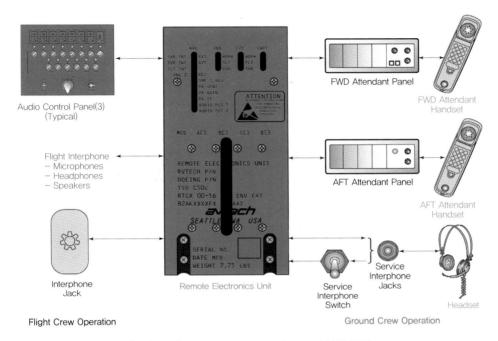

[그림 8.35] Service Interphone System 구성(B737)

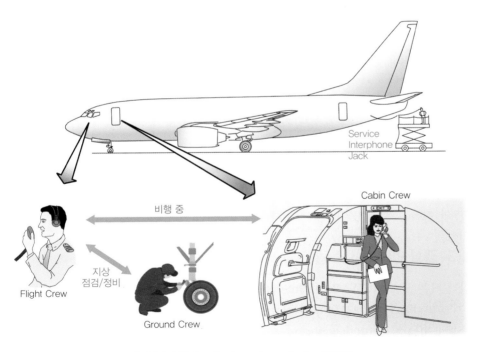

[그림 8.36] Service Interphone System(B737)

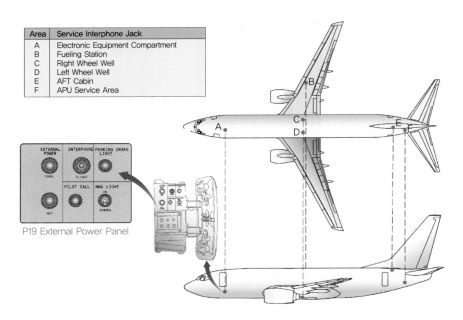

Area	Service Interphone Jack
A	Electronic Equipment Compartment
B	Fueling Station
C	Right Wheel Well
D	Left Wheel Well
E	AFT Cabin
F	APU Service Area

P19 External Power Panel

[그림 8.37] Service Interphone System의 외부 Jack 위치(B737)

 Point **서비스 인터폰 시스템(SIS, Service Interphone System)**

- 비행 중에는 조종실과 객실 승무원석 및 객실 승무원(flight attendant) 상호 간이나 갤리 (galley) 간의 통화연락을 위한 기내 통신시스템이다.
- 지상 정비, 점검 작업 시 기체 외부의 지상요원(ground crew)과 조종실 간의 통신장치로 도 이용된다.

지상요원과의 통신을 위해 항공기의 EE compartment, 날개 연료 주입구 근처, 좌 측과 우측 랜딩기어, 후방 객실 출입구 및 APU 부근의 항공기 외부에는 통신을 위한 서비스 인터폰 잭(jack)이 설치된 External Power Panel이 위치합니다.

B737 항공기의 서비스 인터폰 잭(jack)은 [그림 8.37]과 같이 총 6곳에 위치하며, B777의 경우는 총 14곳에 위치합니다.

8.4.3 객실 인터폰 시스템(CIS)

객실 인터폰 시스템(CIS, Cabin Interphone System)은 조종실과 객실 승무원석 및 각 자 근무 위치에 있는 객실 승무원 상호 간에 통화 연락을 위한 전화(인터폰) 장치입니 다. 객실 인터폰 장치는 [그림 8.38]과 같이 조종석에서도 핸드셋(handset)을 사용하 며, 승무원 상호 간 통신장치(SIS)의 일부라고 생각하면 됩니다.[46]

---

46 B737 항공기에서는 CIS로 구분되지 않고 SIS에 포함되며, B777 항공기에서는 독립시스 템(CIS)으로 구분됨.

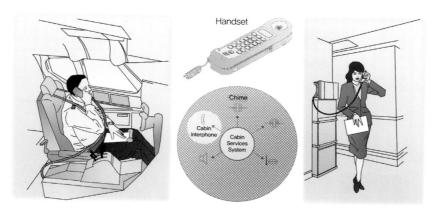

[그림 8.38] Cabin Interphone System(B737)

8.4.4 호출시스템

(1) 승무원 상호 호출장치(FCCS)

승무원 상호 호출시스템(FCCS, Flight Crew Call System)[47]은 조종사와 객실 승무원 상호 간 또는 객실과 객실 사이의 호출시스템입니다.

① 조종석에서 객실 승무원 호출 시

[그림 8.39]와 같이 조종석 Overhead Panel 장치 중 하나인 Passenger Sign Panel 의 'ATTEND' 스위치를 누르면 객실의 'EXIT' 사인 밑의 램프가 분홍색으로 점등되며, 객실방송 시스템(PAS)의 객실 스피커(cabin speaker)에서 고음과 저음의 차임(HI/LO chime)이 울립니다.

② 객실에서 조종석의 조종사 호출 시

[그림 8.39]와 같이 객실 핸드셋에서 조종석이 지정된 번호버튼을 누르면 조종석의 ACP에 'Cabin Call' 램프가 점등되고, 조종석 내 오디오 경보모듈(Aural Warning Module)에 고음의 차임(HI chime)이 울립니다.[48]

③ 객실과 객실 사이의 호출 시

[그림 8.39]와 같이 객실 핸드셋에서 다른 객실이 지정된 번호 버튼을 누르면 해당 객실의 'EXIT' 사인 밑의 램프가 분홍색으로 점등되며, 객실방송 시스템(PAS)의 객실 스피커에서 고음과 저음의 차임(HI/LO chime)이 울립니다.

47 B777 항공기에서는 Crew Call System으로 통합됨.

48 기종에 따라서는 Passenger Sign Panel 의 'CALL' 램프가 점등 되기도 함.

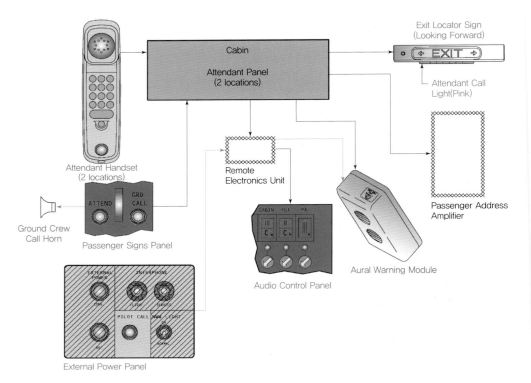

[그림 8.39] Flight Crew Call System and Ground Call System(B737)

(2) 지상요원 호출장치(GCCS)

　지상요원 호출시스템(GCCS, Ground Crew Call System)은 조종석 내부와 항공기 외부에 위치하는 지상요원 사이의 상호 호출시스템입니다.

① 조종석에서 지상요원 호출 시

　[그림 8.39]와 같이 조종석에서 Passenger Sign Panel의 'GRD CALL' 스위치를 누르면 전방 동체 하부의 노즈 랜딩기어(nose landing gear) wheel well 내에 장치된 혼(horn)이 울려 호출을 알려줍니다.

② 외부 지상요원이 조종석 호출 시

　[그림 8.37]의 SIS의 External Power Panel에서 'PILOT CALL' 스위치를 누르면 [그림 8.39]와 같이 조종석의 ACP에 'INT Call' 램프가 점등되고, 조종석 내 오디오 경보모듈(Aural Warning Module)에 고음의 차임(HI chime)이 울립니다.[49]

49 기종에 따라서는 Passenger Sign Panel 의 'CALL' 램프가 점등 되기도 함.

8.4.5 객실방송 시스템(PAS)

객실방송 시스템(PAS, Passenger Address System)은 [그림 8.40]과 같이 조종사 및 객실 승무원이 승객에게 필요한 정보를 방송하기 위한 기내 통신장치입니다. 조종사의 객실 안내방송, 객실 승무원의 안내방송 및 이착륙 시 주로 듣게 되는 녹음된 안내 및 비디오 시스템 안내방송 등과 기내 음악(boarding music)을 방송합니다.

객실방송 시스템의 우선순위는 FIS를 이용한 조종사의 안내방송이 최우선이며, 그 다음 순위는 CIS를 이용한 객실 승무원의 안내방송이고, 그 다음 순위는 녹음된 안내방송이나 비디오 시스템 음성 안내방송이며, 기내 음악은 우선순위가 가장 낮습니다.

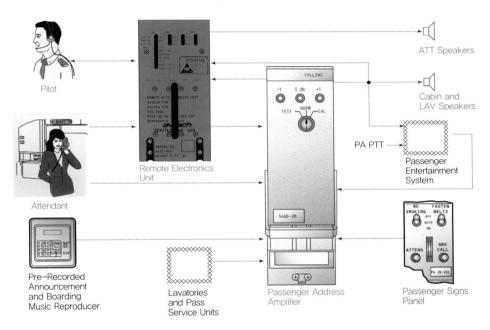

[그림 8.40] Passenger Address System 구성(B737)

8.4.6 승객 서비스 시스템(PSS)

승객 서비스 시스템(PSS, Passenger Service System)은 [그림 8.41]처럼 승객이 객실 서비스를 받기 위해 승무원을 호출(attendant call)하거나 좌석의 독서등(reading light)을 제어하며, 금연, 안전벨트 착용(No Smoking/Fasten Seat Belts) 및 화장실(lavatory) 사용 등의 객실 사인(sign)을 통해 승객에게 정보를 제공하는 기능을 합니다.

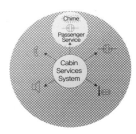

[그림 8.41] Passenger Service System(B777)

8.4.7 오락 프로그램 제공 시스템(PES)

마지막 기내통신장치는 오락 프로그램 제공 시스템(PES, Passenger Entertainment System)입니다. 장거리 비행 시에 가장 많이 이용하고 즐기는 시스템으로, [그림 8.42]와 같이 영화, 방송, 음악, 게임 등 다양한 오락 프로그램[50]을 좌석 앞에 설치된 디스플레이 스크린을 통해 승객에게 제공하는 장치입니다.

PES는 메뉴 선택에 따라 비행경로, 목적지까지의 거리 및 잔여 비행시간, 현재 속도, 고도 및 위치 등의 비행정보와 운항정보도 함께 제공합니다.

50 주문형 오디오/비디오(AVOD, Audio and Video On Demand) 시스템이 적용되어, 개인좌석별로 원하는 프로그램이 제공됨.

(a) Economy class · · · (b) Prestige class[51](A380)

[그림 8.42] Passenger Entertainment System

51 1인용 코스모 스위트(Kosmo Suites) 좌석의 가격이 2억 5천 만원 정도라고 함.

CHAPTER SUMMARY

이것만은 꼭 기억하세요!

8.1 통신시스템-전파

① 전파(electric wave) = 전자기파 = 전자파(electromagnetic wave)

- 공기 중으로 전기에너지를 방사(radiation)시키면 전자기 유도현상에 의해 전기장과 자기장이 90°를 이루며 사인파 형태로 퍼져 나감.

② 전파도 사인파의 형태이므로 주기함수의 특성을 가짐.

- 파장(wave length): 전파가 한 번 진동하는 길이를 말하며, λ로 표기하고 단위는 m(미터)를 사용함.

$$\lambda\,[\mathrm{m}] = c \cdot T = \frac{c}{f}$$

③ 주파수 대역(band)에 따른 전파의 분류

- 낮은 주파수부터 초장파(VLF, Very Low Frequency), 장파(LF, Low Frequency), 중파(MF, Medium Frequency), 단파(HF, High Frequency), 초단파(VHF, Very High Frequency), 극초단파(UHF, Ultra High Frequency), 센티미터파(SHF, Super High Frequency), 밀리미터파(EHF, Extremely High Frequency)로 분류

④ 전파의 특성

- 주파수가 낮을수록 회절성이 강해지고 감쇠(attenuation)는 작아지므로, 멀리 진행하는 특성을 가짐.
- 주파수가 높은 전파는 감쇠가 심하여 먼 거리까지 전파가 도달하기 어려우므로 근거리 통신에 적합함.
- 신호 대 잡음비(SNR, Signal-to-Noise Ratio): 전파의 신호 전력(power)과 잡음(noise) 전력의 비율

$$\mathrm{SNR} = \frac{P_{signal}}{P_{noise}} = \frac{S}{N} \quad \Leftrightarrow \quad \mathrm{SNR}_{\mathrm{dB}}\,[\mathrm{dB}] = 10 \log_{10}\left(\frac{S}{N}\right)$$

- 데시벨(dB, decibel): 전압, 전류, 전력 및 소리(음량) 등의 어떤 기준값에 대한 상대적인 크기를 비교하기 위해 비율값에 대수를 취하고 10을 곱하여 나타낸 비율값

$$\mathrm{dB} = 10 \log_{10}\left(\frac{P_S}{P_N}\right) \quad \Rightarrow \quad \mathrm{dB} = 10 \log_{10}\left(\frac{V_S^2}{V_N^2}\right) = 20 \log_{10}\left(\frac{V_S}{V_N}\right)$$

- 대역폭(B, bandwidth): 통신 전파에 사용되는 최대 주파수(f_H)와 최소 주파수(f_L)의 차이

⑤ 반송파(carrier wave): 정보를 실어 나르는 고주파 신호, 반송파 주파수를 캐리어 주파수(carrier frequency)라고 함.

⑥ 변조(modulation): 음성이나 데이터 및 화상 정보 등의 정보신호를 고주파 신호에 싣는 과정을 말함.

⑦ 복조(demodulation): 수신된 전파에서 반송파를 제거하여 원본 정보신호를 복원하는 과정을 말함.

⑧ 전파의 전달경로: 지상파(ground wave), 공중파(sky wave), 공간파(space wave)

⑨ 전리층(ionosphere)의 전파 특성

- D층(고도 70~90 km에 분포): 장파(LF)는 반사하며, 장파보다 주파수가 높은 전파는 통과시키거나 흡수함.
- E층(고도 90~160 km에 분포): 중파(MF)는 반사하고, 중파보다 주파수가 높은 전파는 통과시킴.
- F층(고도 300~400 km에 분포): 단파(HF)는 반사하고, 단파보다 주파수가 높은 전파는 통과시킴.

8.2 통신시스템-안테나

① 전기신호(교류)를 고주파 신호인 전자기파(전파)로 변환하여 공간으로 내보내거나 그 반대로 전자기파를 받아들여 전기신호로 변환하는 신호변환장치
② 안테나(antenna)의 길이: 주파수가 높아지면 파장이 짧아지므로 안테나의 길이는 짧아지게 됨.
③ 안테나 지향성(directivity): 안테나로부터 전파가 공간으로 방사되어 진행하는 방향에 대한 특성
  • 무지향성(전방향) 안테나(omni-directional antenna): 모든 방향으로 전파를 방사하여 같은 에너지가 퍼져 나감.
  • 지향성 안테나(directional antenna): 특정 방향으로 에너지를 집중하여 방사하는 안테나

8.3 항공용 무선통신시스템

① 단파(HF) 통신시스템(HF communication system)
  • 전리층(F층)에서 반사된 단파가 지표면에서 반사되고, 이 과정이 반복되므로 국제 해상 장거리 통신(long-distance communication)에 사용함.
  • 사용 주파수 대역은 2~30 MHz이며 지역별로 할당된 주파수를 사용함.
  • 단파 통신 안테나는 길이가 길어서 수직꼬리날개(vertical tail) 앞전(leading edge)에 설치함.
② 초단파 통신시스템(VHF communication system)
  • 직진특성이 강한 초단파(VHF)를 이용하여 단거리 통신용으로 사용함.
  • 사용 주파수대는 118~136.975 MHz이며, 직접파를 이용하기 때문에 잡음이 없고 깨끗한 통신 음질을 제공함.
③ 극초단파 통신시스템(UHF communication system)
  • 직진특성이 강한 극초단파인 UHF 대역을 이용하는 통신장치로 군전용의 근거리 가시거리 통신에 이용됨.
④ 선택호출장치(SELCAL, SELective CAlling System)
  • 항공회사나 지상 관제국에서 항공기와 교신하기 위해 특정 항공기를 호출하는 시스템
  • 항공기마다 4개의 문자로 이루어진 고유의 셀콜 코드(SELCAL Code)가 부여됨.
⑤ 위성통신시스템(SATCOM, SATellite COMmunication System)
  • 위성을 중계소로 이용하는 통신시스템으로 3~30 GHz 주파수 대역의 초고주파(SHF)를 이용함.

8.4 기내 통신시스템

① 플라이트 인터폰 시스템(FIS, Flight Interphone System)
  • 조종실(flight compartment) 내 운항 승무원(flight crew)인 조종사들 상호 간의 통화 연락을 위해 각종 통신이나 음성신호를 각 운항 승무원석에 배분하는 통신장치
② 서비스 인터폰 시스템(SIS, Service Interphone System)
  • 조종실과 객실 승무원석 및 객실 승무원(flight attendant) 상호 간이나 갤리(galley) 간의 통화연락을 위한 통신시스템
  • 지상 정비, 점검 작업 시 기체 외부의 지상요원(ground crew)과 조종실 간의 통신장치로도 이용됨.

③ 객실 인터폰 시스템(CIS, Cabin Interphone System)
- 조종실과 객실 승무원석 및 각자 근무 위치에 있는 객실 승무원 상호 간에 통화 연락을 위한 전화(인터폰) 장치
- 통화 입출력 장치로 핸드셋(handset)을 사용하는 SIS의 일부 통신시스템

④ 승무원 상호 호출장치(FCCS, Flight Crew Call System)
- 조종사와 객실 승무원 상호 간 또는 객실과 객실 사이의 호출시스템

⑤ 지상요원 호출장치(GCCS, Ground Crew Call System)
- 조종석 내부와 항공기 외부에 위치하는 지상요원 사이의 상호 호출을 위한 시스템

⑥ 객실방송 시스템(PAS, Passenger Address System)
- 조종사의 객실 안내방송, 객실 승무원의 안내방송 및 녹음된 안내 및 비디오 시스템 안내방송 등과 기내 음악 (boarding music)을 방송하는 시스템

⑦ 승객 서비스 시스템(PSS, Passenger Service System)
- 승객이 승무원을 호출하거나 좌석의 독서등을 제어하며, 금연, 안전벨트 착용 등의 객실 사인(sign)을 통해 승객 에게 정보를 제공하는 시스템

⑧ 오락 프로그램 제공 시스템(PES, Passenger Entertainment System)
- 영화, 방송, 음악, 게임 등의 오락 프로그램을 승객에게 제공하고, 비행속도, 고도 등의 비행정보를 제공하는 시스템

기출문제 및 연습문제

01. 항공기에 사용되는 통신장치(HF, VHF)에 대한 설명으로 맞는 것은?

① VHF는 단거리용이며, HF는 원거리용이다.
② VHF는 원거리에, HF는 단거리에 사용된다.
③ 두 장치 모두 원거리에 사용된다.
④ 두 장치 모두 거리에 관계없이 사용할 수 있다.

해설 • 주파수가 낮을수록 회절성이 강해지고 감쇠(attenuation)는 작아지므로 멀리 진행하며, 주파수가 높으면 전파는 곧게 진행하려는 직진성은 강해지지만 감쇠가 심해지므로 통신거리가 짧아진다.
• 따라서, 주파수가 높은 초단파(VHF) 통신은 가시거리(LOS, Line Of Sight) 내의 단거리 통신에 적합하며, 상대적으로 주파수가 낮은 단파(HF) 통신은 원거리 통신으로 사용된다.

02. 다음 중 가시거리 통신에 사용되는 전파는?
[항공산업기사 2015년 2회]

① VHF   ② VLF
③ HF   ④ MF

해설 주파수가 낮은 단파(HF) 통신은 단파가 전리층(F층)에서 반사되는 특성을 이용하여 국제 해상 장거리 통신에 사용되며, 주파수가 높은 초단파(VHF) 통신은 단거리 통신(가시거리 통신)용으로 사용된다.

03. 지상파(ground wave)가 가장 잘 전파되는 것은?
[항공산업기사 2015년 1회]

① LF   ② UHF
③ HF   ④ VHF

해설 지상파(ground wave)는 지표면 근처 공간을 통해 이동하는 전파를 말하며, 장파(LF)대역에서는 1,000 km까지도 통신이 가능하지만 주파수가 높을수록 지표면을 따라 가며 손실이 증가하므로 지상파에 가장 적합한 전파는 주파수가 낮아야 한다.

04. 전파의 전달방법 중 직접파에 대한 설명으로 틀린 것은?
[항공산업기사 2010년 1회]

① 직접파의 도달거리는 가시거리 이내이다.
② 송수신 안테나를 높이면 도달거리가 길어진다.
③ 송신 안테나로부터 직접 수신안테나에 도달되는 전파이다.
④ 송신출력을 2배 높이면 도달거리는 가시거리보다 2배 길어진다.

해설 • 지상파는 직접파, 대지 반사파, 회절파로 구분되며, 직접파는 지표면에 닿지 않고 송신안테나에서 수신안테나로 직접 도달되는 전파를 말한다.
• 송·수신 안테나의 높이가 높을수록 도달거리가 길어지며, 도달거리는 가시거리 이내이다.
• 송신출력과 도달거리는 비례하지 않는다.

05. 전자기파 60 MHz 주파수의 파장은 몇 m인가?
[항공산업기사 2014년 1회]

① 5   ② 10   ③ 15   ④ 20

해설 전파의 파장(λ)은 전파의 길이를 가리킨다.

$$\lambda[m] = cT = \frac{c}{f} = \frac{3 \times 10^8 \text{ m/s}}{60 \times 10^6 \text{ Hz}} = 5 \text{ m}$$

06. 신호파(신호의 크기)에 따라 반송파의 주파수를 변화시키는 변조방식은?
[항공산업기사 2015년 2회, 2017년 1회]

① AM   ② FM
③ PM   ④ PCM

해설 • 변조(modulation)는 음성이나 데이터 및 화상정보 등의 정보신호(신호파)를 반송파에 싣는 과정을 말한다.
• 주파수 변조(FM, Frequency Modulation)는 반송파의 주파수를 정보신호의 크기에 따라 변화시키는 변조방식이다.

07. 신호에 따라 반송파의 진폭을 변화시키는 변조방식은?
[항공산업기사 2015년 2회]

① FM 방식   ② AM 방식
③ PCM 방식   ④ PM 방식

정답   1. ①   2. ①   3. ①   4. ④   5. ①   6. ②   7. ②

해설 진폭변조(AM, Amplitude Modulation)는 음성, 영상 등을 전기신호를 전송할 때 전송되는 반송파의 진폭을 전달하고자 하는 신호의 진폭에 따라 변화시키는 변조방식이다.

08. 다음 변조방식 중 디지털 변조방식이 아닌 것은?

① PM
② QAM
③ ASK
④ FSK

해설
• 아날로그 변조방식은 진폭 변조(AM, Amplitude Modulation), 주파수 변조(FM, Frequency Modulation), 위상변조(PM, Phase Modulation)가 있다.
• 디지털 변조방식은 진폭 편이 변조(ASK, Amplitude Shift Keying), 주파수 편이 변조(FSK, Frequency Shift Keying), 위상 편이 편조(PSK, Phase Shift Keying), 직교 진폭 변조(QAM, Quadrature Amplitude Modulation) 방식이 있다.

09. 전리층이 존재하기 때문에 전파를 흡수, 반사하는 작용을 하여 통신에 영향을 주는 대기층은?
[항공산업기사 2011년 2회, 2017년 1회]

① 대류권
② 열권
③ 중간권
④ 성층권

해설
• 대기권은 아래로부터 대류권-성층권-중간권-열권으로 구분된다.
• 열권(thermosphere, 80~500 km)은 태양이 방출하는 자외선에 의하여 대기가 전리되어 자유전자의 밀도가 커지는 전리층이 존재하며, 전파를 흡수, 반사하는 작용을 하고 통신에 영향을 미친다.

10. 다음 중 HF 주파수대를 반사시키는 대기의 전리층은?
[항공산업기사 2012년 1회]

① D층
② E층
③ F층
④ G층

해설
• 전리층이란 태양의 자외선에 의해 공기분자가 이온화되어 자유전자가 밀집된 구역으로, 고도 70~400 km(열권, thermosphere)에 위치하며, 고도에 따라 D, E, F층으로 구분된다
• F층에서는 HF대가 반사되고, E층에서는 MF대가 반사되며, D층에서는 LF대가 반사된다.

11. 전파(radio wave)가 공중으로 발사되어 전리층에 의해서 반사되는데, 이 전리층을 설명한 내용으로 틀린 것은?
[항공산업기사 2016년 1회]

① 전리층이 전파에 미치는 영향은 그 안의 전자밀도와는 관계가 없다.
② 전리층의 높이나 전리의 정도는 시각, 계절에 따라 변한다.
③ 태양에서 발사된 복사선 및 복사 미립자에 의해 대기가 전리된 영역이다.
④ 주간에만 나타나 단파대에 영향이 나타나며 D층에서는 전파가 흡수된다.

해설
• 전리층이란 태양의 자외선에 의해 공기분자가 이온화되어 자유전자가 밀집된 구역으로, 고도 70~400 km에 위치하며, 고도에 따라 D, E, F층으로 구분된다
• F층에서는 HF대가 반사되고, E층에서는 MF대가 반사되며, D층에서는 LF대가 반사된다.

12. 태양의 표면에서 폭발이 일어날 때 방출되는 강한 전자기파들이 D층을 두껍게 하여 국제통신의 파동이 약해져 통신이 두절되는 전파상의 이상현상은?
[항공산업기사 2010년 1회]

① 페이딩 현상
② 공전 현상
③ 델린저 현상
④ 자기폭풍 현상

해설
• 페이딩(fading) 현상은 전파를 수신하는 동안, 수신파의 세기가 변화하여 수신 전계강도가 커지거나 작아지거나 찌그러지는 현상을 말한다.
• 델린저(dellinger) 현상은 태양표면 흑점의 폭발에 의해서 방출된 대전 입자군이 지구로 날아와서 지구 자기장을 변화시키는 현상을 말한다. 이 현상이 발생하면 단파(HF)대 통신이 두절된다.
• 자기폭풍은 지구자기장이 비정상적으로 변동하는 현상으로, 주야 구분 없이 불규칙적으로 발생한다.

정답 8. ① 9. ② 10. ③ 11. ① 12. ③

13. 다음 중 인천공항에서 출발한 항공기가 태평양을 지나면서 통신할 때 사용하는 적합한 장치는?

[항공산업기사 2014년 4회]

① MF 통신장치   ② LF 통신장치
③ VHF 통신장치   ④ HF 통신장치

해설 주파수가 낮은 단파(HF) 통신은 단파가 전리층(F층)에서 반사되는 특성을 이용하여 국제 해상 장거리 통신에 사용되며, 주파수가 높은 초단파(VHF) 통신은 단거리 통신(가시거리 통신)용으로 사용된다.

14. 무선통신장치에서 송신기(transmitter)의 기능에 대한 설명으로 틀린 것은?

[항공산업기사 2015년 4회, 2018년 1회]

① 신호를 증폭한다.
② 교류 반송파 주파수를 발생시킨다.
③ 입력정보신호를 반송파에 적재한다.
④ 가청신호를 음성신호로 변환시킨다.

해설 • 무선통신장치는 송신기(transmitter)와 수신기(receiver)가 한 쌍으로 구성되며, 송신기는 발진기(frequency oscillator), 변조기(modulator), 증폭기(power amplifier) 및 안테나(antenna)로 구성된다.
• 발진기에서 반송파 주파수를 발생시키고, 변조기에서 입력신호를 반송파에 적재한다.

15. 항공기 안테나에 대한 설명으로 옳은 것은?

[항공산업기사 2013년 4회, 2018년 2회]

① 첨단 항공기는 안테나가 필요 없다.
② 일반적으로 주파수가 높을수록 안테나의 길이가 짧아진다.
③ ADF는 주로 다이폴 안테나가 사용된다.
④ HF 통신용은 전리층 반사파를 이용하기 때문에 안테나가 필요 없다.

해설 • 항공기는 통신 및 항법, 항행보조장치를 위한 다양한 안테나가 사용된다(기상레이다, 로컬라이저, 글라이드 슬로프, ATC 트랜스폰더, DME, 전파 고도계, VHF 통신, HF 통신, SATCOM, TCAS 송수신용, GPS 등).
• 모든 항공기에는 안테나가 필요하며, 일반적으로 주파수가 높을수록 안테나의 길이는 짧아진다.

• 자동방향탐지기(ADF)는 루프(loop) 안테나와 센스(sense) 안테나가 함께 사용된다.

16. 다음 중 지향성 전파를 수신할 수 있는 안테나는?

[항공산업기사 2013년 1회, 2016년 4회]

① loop   ② sense
③ dipole   ④ prove

해설 • 다이폴 안테나(dipole antenna)는 안테나 종류 중 기하학적으로 가장 단순하고 부피가 작은 안테나이며 무지향성 특성이 있다.
• 루프 안테나(loop antenna)는 다이폴 안테나를 원형 또는 사각형 및 삼각형 형태로 감은 안테나로 지향성이 있어서 주로 장파(LF)나 단파(HF)의 수신용으로 사용된다.
• 센스 안테나(sense antenna)는 무지향성의 안테나이다.

17. [보기]와 같은 특징을 갖는 안테나는?

[항공산업기사 2015년 4회]

> **보기**
> • 가장 기본적이며, 반파장 안테나
> • 수평 길이가 파장의 약 반 정도
> • 중심에 고주파 전력을 공급

① 다이폴 안테나   ② 루프 안테나
③ 마르코니 안테나   ④ 야기 안테나

해설 다이폴 안테나(dipole antenna)는 안테나 종류 중 기하학적으로 가장 단순하고 부피가 작은 안테나이며, 안테나의 길이는 전파의 반파장($\lambda/2$) 길이와 같고 무지향성 특성을 갖는다.

18. HF 통신의 용도로 가장 옳은 것은?

[항공산업기사 2016년 2회]

① 항공기 상호 간 단거리 통신
② 항공기와 지상 간의 단거리 통신
③ 항공기 상호 간 및 항공기와 지상 간의 장거리 통신
④ 항공기 상호 간 및 항공기와 지상 간의 단거리 통신

정답 13. ④   14. ④   15. ②   16. ①   17. ①   18. ③

해설 주파수가 낮은 단파(HF) 통신은 단파가 전리층(F층)에서 반사되는 특성을 이용하여 국제 해상 장거리 통신에 사용되며, 주파수가 높은 초단파(VHF) 통신은 단거리 통신용으로 사용된다.

19. 단파(HF) 통신에서 안테나 커플러(antenna coupler) 의 주된 목적은? [항공산업기사 2012년 4회]

① 송수신장치와 안테나를 접속시키기 위하여

② 송수신장치와 안테나의 전기적인 매칭(matching)을 위하여

③ 송수신장치에서 주파수 선택을 용이하게 하기 위해

④ 송수신장치의 안테나를 항공기 기체에 장착하기 위해

해설 HF 전파를 송·수신하기 위해서는 안테나의 길이가 아주 길어야 하기 때문에 그만큼 공간 차지와 무게가 나간다. 그렇기 때문에 안테나 커플러를 설치하여 주파수를 전기적으로 매칭(matching)해 주어 안테나의 길이를 짧게 할 수 있다.

20. 항공기 VHF 통신장치에 관한 설명으로 틀린 것은? [항공산업기사 2010년 4회, 2018년 4회]

① 근거리 통신에 이용된다.

② VHF 통신 채널 간격은 30 kHz이다.

③ 수신기에는 잡음을 없애는 스퀠치 회로를 사용하기도 한다.

④ 국제적으로 규정된 항공 초단파 통신주파수 대역은 118~136 MHz이다.

해설 • 초단파(VHF) 통신은 단거리 통신용으로 사용되는 30~300 MHz 주파수대역으로, 항공기에서는 118~136.975 MHz 주파수를 사용한다.
• 통신 채널 간격은 25 kHz 또는 8.3 kHz이다.
• 스퀠치(SQL, Squelch) 회로는 수신단에 입력신호가 없을 때 잡음을 제거하기 위해 증폭회로를 동작하지 않도록 하는 회로이다.

21. VHF 무전기의 교신가능 거리에 대한 설명으로 옳은 것은? [항공산업기사 2017년 4회]

① 장애물이 있을 때에는 100 km 이내로 제한된다.

② 송신 출력은 높여도 가시거리 이내로 제한된다.

③ 항공기 운항속도를 늦추면 더 먼 거리까지 교신이 가능하다.

④ 안테나 성능향상으로 장애물과 상관없이 100 km 이상 교신이 가능하다.

해설 • 초단파(VHF) 통신은 주파수가 높아 직진성이 강하고 단파(HF)처럼 전리층에서 반사되지 않고 통과해 버리므로 가시거리 통신에 적합하다.
• 지상파의 직접파를 이용하는 경우에 통신거리는 단파(HF)의 경우 10~50 km 이내이므로 초단파의 경우는 통신거리가 더 짧다.

22. SELCAL(selective calling)은 무엇을 호출하기 위한 장치인가? [항공산업기사 2016년 4회]

① 항공기   ② 정비타워

③ 항공회사   ④ 관제기관

해설 선택호출장치(SELCAL)는 항공회사나 지상 관제국에서 항공기와 교신하기 위해 특정 항공기를 호출하는 시스템이다.

23. SELCAL System에 대한 설명 중 가장 관계가 먼 내용은? [항공산업기사 2012년 4회]

① HF, VHF 시스템으로 송·수신된다.

② 지상에서 항공기를 호출하기 위한 장치이다.

③ 일반적으로 코드는 4개의 문자로 만들어져 있다.

④ 항공기 위험 사항을 알리기 위한 비상호출장치이다.

해설 • 선택호출장치(SELCAL)는 항공회사나 지상 관제국에서 항공기와 교신하기 위해 특정 항공기를 호출하는 시스템이다.
• 각 항공기는 4개의 문자로 이루어진 고유의 코드(셀콜 코드)가 부여되며, 지상국에서 항공기를 호출하는 경우에 HF 및 VHF 통신을 이용한다.

정답 19. ②   **20.** ②   **21.** ②   **22.** ①   **23.** ④

24. 위성통신에 관한 설명으로 틀린 것은?

[항공산업기사 2014년 1회]

① 지상에 위성 지구국과 우주에 위성이 필요하다.
② 통신의 정확성을 높이기 위하여 전파의 상향과 하향링크 주파수는 같다.
③ 장거리 광역통신에 적합하고 통신거리 및 지형에 관계없이 전송 품질이 우수하다.
④ 위성통신은 지상의 지구국과 지구국 또는 이동국 사이의 정보를 중계하는 무선통신 방식이다.

해설 • 위성통신을 위해서는 우주공간에 통신중계위성이 발사되어 운용되어야 하며, 지상에는 위성 지구국(ground station)이 설치되어 위성 추적, 명령전송 및 제어 등 위성관제를 수행해야 한다.
• 장거리 광역통신에 적합하고 통신거리 및 지형에 관계없이 전송 품질이 우수하다.
• 일반적으로 위성통신은 상향과 하향 주파수가 다르다.

25. 통신위성시스템에서 지구국의 일반적인 구성이 아닌 것은?

[항공산업기사 2014년 1회]

① 송 · 수신계　　② 감쇠계
③ 변 · 복조계　　④ 안테나계

해설 • 위성통신시스템도 일반적인 통신시스템과 같은 구성을 가지며, 송신기(transmitter)와 수신기(receiver)가 한 쌍으로 구성된다.
• 송신기는 발진기(frequency oscillator), 변조기(modulator), 증폭기(power amplifier) 및 안테나(antenna)로 구성된다.

26. Service Interphone System에 관한 설명으로 옳은 것은?

[항공산업기사 2016년 1회]

① 정비용으로 사용된다.
② 운항 승무원 상호 간 통신장치이다.
③ 객실 승무원 상호 간 통신장치이다.
④ 고장수리를 위해 서비스센터에 맡겨둔 인터폰이다.

해설 • 서비스 인터폰 시스템(SIS, Service Interphone System)은 비행 중에는 조종실과 객실 승무원석 사이의 연락 및 객실 승무원(flight attendant) 상호 간 연

락이나 갤리(galley) 간의 통화 연락을 위한 승무원 상호 간 통신장치이다.
• 지상에서 정비, 점검 작업 시 기체 외부의 지상요원(ground crew)과 조종실 간의 통신장치로도 이용된다.
※ 엄밀하게는 ③번도 답이 될 수 있으나 문제 출제 의도는 정답으로 ①번을 생각한 문제임.

27. 객실의 개별 승객에게 영화, 음악 등 오락 프로그램을 제공하는 장치는? [항공산업기사 2016년 2회]

① Cabin Interphone System
② Passenger Address System
③ Service Interphone System
④ Passenger Entertainment System

해설 • 객실 인터폰 시스템(CIS, Cabin Interphone System): 승무원 상호 간 통신장치(SIS)의 일부로 조종실과 객실 승무원석 및 각자 근무 위치에 있는 객실 승무원 상호 간에 통화 연락을 위한 전화(인터폰) 장치이다.
• 객실방송 시스템(PAS, Passenger Address System): 조종사 및 객실 승무원이 승객에게 필요한 정보를 방송하기 위한 기내방송장치이다.
• 서비스 인터폰 시스템(SIS, Service Interphone System): 비행 중 조종실과 객실 승무원석 간의 통화, 조종실과 정비, 점검상 필요한 기체 외부와의 통신장치이다.
• 오락 프로그램 제공시스템(PES, Passenger Entertainment System): 객실 개별 승객에게 영화, 음악, 오락 프로그램을 제공하는 장치이다.

28. 항공기 내 승객 안내 시스템(passenger address system)에서 방송의 제1순위부터 순서대로 옳게 나열한 것은? [항공산업기사 2016년 2회]

① Cabin 방송, Cockpit 방송, Music 방송
② Cabin 방송, Music 방송, Cockpit 방송
③ Cockpit 방송, Cabin 방송, Music 방송
④ Cockpit 방송, Music 방송, Cabin 방송

해설 객실방송 시스템(PAS)의 우선순위는 FIS를 이용한 조종사의 안내방송이 최우선이며, 그 다음 순위는 CIS를 이용한 객실 승무원의 안내방송이고, 그 다음 순위는 녹음된 안내방송이나 비디오 시스템 음성 안내방송이며, 기내 음악은 우선순위가 가장 낮다.

정답 **24.** ② **25.** ② **26.** ① **27.** ④ **28.** ③

29. 지상 근무자가 다른 지상 근무자 또는 조종사와 통화할 수 있는 장치는? [항공산업기사 2015년 1회, 2018년 2회]

① 객실(cabin) 인터폰
② 화물(freight) 인터폰
③ 서비스(service) 인터폰
④ 플라이트(flight) 인터폰

해설 • 서비스 인터폰 시스템(SIS, Service Interphone System): 비행 중에는 조종실과 객실 승무원석 간의 통화 및 객실 승무원 상호 간의 통신장치이다.
• 지상 정비 · 점검 시는 지상요원과 조종실 간의 통신장치로도 사용된다.

30. 조종실에서 산소마스크를 착용하고 통신을 할 때 다음 중 어느 계통이 작동해야 하는가? [항공산업기사 2012년 4회]

① Public Address
② Flight Interphone
③ Tape Reproducer
④ Service Interphone

해설 • 플라이트 인터폰 시스템(FIS, Flight Interphone System): 운항 승무원 상호 통화와 각종 통신이나 음성신호를 각 운항 승무원석에 배분하는 통신장치이다.
• 운항 승무원석의 헤드폰은 통신 입력장치로만 사용되고, 통신 출력장치로는 산소 마스크(oxygen mask), 헤드셋(headset)의 마이크로폰(mocrophone) 장치와 핸드 마이크(hand mic.) 등이 사용되며 송신자는 PTT(Push-To-Talk) 스위치를 누르고 통신을 한다.

31. 항공기의 기내 방송(passenger address) 중 제1순위에 해당되는 것은? [항공산업기사 2010년 1회]

① 기내 음악 방송
② 조종실에서의 방송
③ 개별 좌석 방송
④ 객실 승무원의 방송

해설 객실방송 시스템(PAS)의 우선순위는 FIS를 이용한 조종사의 안내방송이 최우선이며, 그 다음 순위는 CIS를 이용한 객실 승무원의 안내방송이고, 그 다음 순위는 녹음된 안내방송이나 비디오 시스템 음성 안내방송이며, 기내 음악은 우선순위가 가장 낮다.

32. 다음 중 유선통신 방식이 아닌 것은? [항공산업기사 2013년 4회]

① Call System
② Flight Interphone System
③ Service Interphone System
④ Automatic Direction Finder

해설 • 유선통신(cable transmission 또는 wire communication)은 전기 또는 광신호로 변환한 정보를 동축 케이블, 광섬유 케이블 등의 통신 선로를 전송매체로 하여 전송하는 방식을 말한다.
• 전송 선로를 이용하므로 외부 교란이나 잡음에 영향을 최소화시킬 수 있으므로 무선통신(radio communication 또는 wireless communication)에 비해 안정된 통신이 가능하다.
• 자동방향탐지기(ADF)는 항법장치의 일종으로 지상 무선국에서 송출된 전파를 수신하여 항공기의 방위를 알아내는 장치로 무선통신을 사용한다. (9장 항법시스템 참고)

정답 **29.** ③ **30.** ② **31.** ② **32.** ④

▶ 필답문제

33. 다음 빈칸을 채우시오.　[항공산업기사 2011년 2회]

주파수 이름	주파수 범위	파장
VLF	3~30 kHz	1,000~100,000 m
①	30~300 kHz	1,000~10,000 m
②	3~30 MHz	10~100 m
③	30~300 MHz	1~10 m

정답 ① LF(장파, Long Frequency)
② HF(단파, High Frequency)
③ VHF(초단파, Very High Frequency)

34. 항공기에서 사용되는 인터폰의 종류 3가지에 대하여 기술하시오.　[항공산업기사 2007년 1회]

정답 ① 플라이트 인터폰 시스템(FIS, Flight Interphone System): 운항 승무원 상호 통화와 각종 통신이나 음성신호를 각 운항 승무원석에 배분하는 통신장치이다.
② 서비스 인터폰 시스템(SIS, Service Interphone System): 비행 중에는 조종실과 객실 승무원석 간의 통화 및 객실 승무원 상호 간의 통신장치이다. 지상 정비ㆍ점검 시는 지상 요원과 조종실 간의 통신장치로도 사용된다.
③ 객실 인터폰 시스템(CIS, Cabin Interphone System): 승무원 상호 간 통신장치(SIS)의 일부로 조종실과 객실 승무원석 및 각자 근무 위치에 있는 객실 승무원 상호 간 연락을 위한 전화(인터폰)장치이다.

Navigation System

09 | 항법시스템

Aircraft
Instrument
System

AIRCRAFT INSTRUMENT SYSTEM

항법(navigation, 航法)이란 항행(航行)이라고도 하며, 항공기가 현재 위치에서 목적지까지 도착하기 위한 방법을 말합니다. 이와 관련된 항공기의 현재 위치(position), 이동거리 및 방위(heading) 등 진로(course)를 설정하기 위한 정보를 알아내는 일체의 기능까지도 포함합니다. 9장에서는 CNS/ATM 중 'N(Navigation)'에 해당하는 항법시스템 중 항공기 운항에 적용되는 무선항법시스템과 위성항법시스템 및 자립항법시스템의 종류와 특성에 대해 알아보겠습니다.

무선항법은 지상에 설치한 지상무선국에서, 위성항법시스템은 위성으로부터 발사된 전파를 수신 받아 발사된 항공기의 위치와 방위를 알아내는 시스템입니다. 외부 장치나 시설 및 시스템에 의존하는 이러한 항법시스템들과는 달리 항공기에 탑재된 독립적인 장치를 통해 항법정보를 구하는 시스템을 자립항법시스템이라고 합니다. 특히 자립항법시스템의 대표적 장치인 관성항법장치(INS)에는 기본적인 센서로 각속도계, 가속도계 및 마그네토미터가 장착되므로, 위치 및 방위정보를 나타내는 항법계기뿐 아니라 항공기의 각속도, 자세각도가 출력되므로 핵심적인 비행정보도 함께 제공하는 매우 중요한 시스템입니다.

9.1 항법

9.1.1 항법방식의 분류

항법방식은 다음과 같이 4가지로 분류합니다.

① **지문항법(pilotage navigation)**: 만약 여러분이 헬리콥터 조종사이고 항법시스템이 고장난 헬리콥터로 인천에서 이륙하여 부산까지 비행한다고 가정하면, 경인고속도로와 경부고속도로를 따라 비행하면 부산까지 도착할 수 있을 겁니다. 이처럼 지문항법은 조종사가 산, 강, 해안선, 철도, 도로 등의 지상 지형, 지물 및 목표물을 참조하여 목적지까지 운항하는 방식입니다.

② **추측항법(dead reckoning navigation)**: 추측항법은 해상이나 사막 등 지상에 참조할 만한 지형, 지물이나 목표물이 없는 경우에, 지도상의 출발지와 도착지를 연결한 선으로, 현재 위치에서 비행경로 및 방위와 거리를 계산하고, 풍향, 풍속을 고려하여 대략적인 위치와 진행방향을 결정하는 방식입니다. 일정 시간이 지난 후에 지도상의 현재 위치를 확인하고 다시 같은 방법을 적용하여 항로를 수정하여 최종 목적지에 도달합니다.

③ 천측항법(celestial navigation): 태양이나 달 또는 특정 항성(fixed star)을 기준으로 방위를 결정하는 방식으로, 주로 장거리 항행에서 사용하며, 우주비행체(space vehicle)인 인공위성 및 우주 탐사선에 사용하는 항법방식입니다.

④ 전자항법(electronic navigation): 지상에 설치된 무선국이나 위성에서 송신되는 전파를 이용하여 항공기에 탑재된 전자시스템으로 현재 위치, 거리, 시간 등을 정확히 측정하여 항행에 이용하는 방식입니다. 현재 항공기나 선박 및 자동차 등 대부분의 이동체에 적용되고 있는 항법방식입니다.

9.1.2 항법시스템의 종류

앞에서 서술한 항법방식 중 우리의 관심대상은 전자항법으로, 항공기에 적용되고 있는 항법시스템의 종류에 대해 세부적으로 알아보겠습니다. 항공기 항법장치의 종류에는 전파항법, 자립항법, 위성항법, 항행보조시설이 있습니다.

 핵심 Point 항법시스템의 종류

① 전파항법시스템(radio navigation system)
   – 무선 원조항법이라고도 하며, 지상무선국에서 발사되는 전파를 수신하여 항공기의 위치를 구하는 방식이다.
② 위성항법시스템(global navigation satellite system)
   – 21,000 km 상공에 떠 있는 항법위성으로부터 전파를 수신하여 위치, 속도, 시간, 방위각을 제공받는 시스템이다.
③ 자립항법시스템(self-contained navigation system)
   – 지상무선국이나 위성 등 외부시스템에 의존하지 않고 항공기에 탑재된 장치만을 이용하여 위치를 계산하는 방식으로, 대표적인 자립항법장치로 관성항법장치(INS)가 있다.

전파항법시스템으로는 [그림 9.1(a)]와 같이 무지향성 무선 표시국(NDB), 초단파 전방향 무선표지(VOR), 거리측정장치(DME) 및 전술항법장치(TACAN) 등이 해당되며, 위성항법시스템은 항법정보의 커버리지가 넓어 정보제공의 광역화가 가능하며, 지구 어느 곳에 있어도 항시 항법정보를 얻을 수 있는 장점이 있습니다. 미국은 최초의 위성항법시스템인 GPS를, 유럽연합(EU)은 갈릴레오(GALILEO) 시스템을, 러시아는 글로나스(GLONASS) 시스템을 구축하여 항법서비스를 제공하고 있으며, 중국은 베이더우(BeiDOU)[1]로 명명한 시스템을 구축하기 위해 계속 항법위성을 쏘아올리고 있으며, 2020년에 시스템이 완성될 예정입니다.

1 '북극성(북두)'의 중국어 표기임.

(a) 전파항법시스템

(b) 자립항법시스템(INS)

(c) 위성항법시스템(GNSS)

[그림 9.1] 항법시스템

항행보조장치(navigational aid system)는 항법시스템 외에 기상 레이다, 전파고도계(LRRA), 고도경보장치(AAS), 비행기록장치(FDR), 음성기록장치(CVR), 공중충돌방지장치(ACAS), 지상충돌경보장치(GPWS) 등 안전한 항공기 운항을 위해 부가적으로 필요한 장치 및 시설들을 말하며 10장 항행보조장치에서 상세히 설명합니다.

9.1.3 방위와 베어링

항법에서는 방위를 좀 더 구체화시켜 기수방위(heading), 국방위(bearing), 상대방위(relative bearing)로 세분합니다. 기수방위는 6.1.3절에서 설명한 항공기의 방위각(heading angle)을 나타내며, 북쪽(자북)을 기준으로 시계방향으로 측정하고 0~360°로 표현합니다. 항법시스템과 장치를 이해하는 데 추가된 베어링과 상대 방위에 대해 알아보겠습니다.

(1) 베어링

항공기의 방위와 방위각은 항공기가 동서남북을 기준으로 어느 방향으로 비행하고 있는지에 대한 방향정보를 알기 위한 개념입니다. [그림 9.2(a)]와 같이 자북(magnetic north)에 대해 현재 항공기 기수방향을 시계방향으로 측정한 각도로, 자북을 기준으로 측정하므로 자방위(MH, Magnetic Heading)를 사용합니다. 그림에서 나타낸 항공기의 방위각은 현재 310°이므로, 기수가 북서쪽을 향하고 비행 중임을 알 수 있습니다. 이에 반해 베어링(bearing)은 [그림 9.2(b)]와 같이 지상무선국과 항공기 사이의 방위를 정의하기 위해 사용합니다.

 베어링(bearing)

① 베어링(MB, Magnetic Bearing)
 – 지상무선국과 항공기를 연결하는 직선(ℓ)이 자북을 기준으로 시계방향으로 이루는 각도를 양(+)의 방향으로 정의한다.
② 상대 베어링(RB, Relative Bearing)
 – 항공기의 진행방향(기수방향)과 직선(ℓ) 사이의 각도를 가리키고, 항공기 기수방향을 기준으로 오른쪽으로 이루는 각도를 양(+)의 방향으로 측정한다.

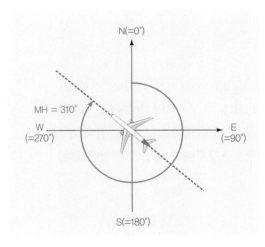

(a) 방위각(MH) (b) 베어링(MB)과 상대 베어링(RB)

[그림 9.2] 방위각과 베어링

베어링은 지상무선국과 항공기를 연결한 직선(ℓ)의 방향에 따라 2가지로 구분합니다.

① **TO** 베어링(TO bearing)[2]은 항공기에서 지상무선국을 향해 연결한 직선이 자북과 이루는 각을 말하며, 앞에서 정의한 베어링과 같은 개념으로 무선국 쪽으로 항공기가 향하고 있음을 나타냅니다.

2 MB(TO)로 표시함.

② **FROM** 베어링(FROM bearing)[3]은 지상무선국에서 항공기를 향해 연결한 직선이 자북과 이루는 각을 말합니다.

3 MB(FROM)으로 표시함.

[그림 9.3(a)]의 항공기에서 지상무선국으로 직선의 (+)방향을 정하고 연결한 후에 자북에 대해 직선이 이루는 각도를 측정하면 TO 베어링은 45°가 됩니다. 반대로 무선국에서 항공기로 연결한 직선을 자북에 대해 측정하면 225°의 방위가 나오며 이를 FROM 베어링이라 합니다. 따라서, TO 베어링과 FROM 베어링은 항상 180° 차가 나게 됩니다. TO 베어링과 FROM 베어링을 쓰는 이유는 항공기가 무선국으로 향하는 비행인지 무선국으로부터 멀어지는 비행인지를 파악하는 것이 첫 번째 목적이며, [그림 9.3(b)]와 같이 항공기가 지상무선국의 어떤 방향에 있는지를 확실히 인지하기 위해서입니다. 예를 들어, 항공기에서 FROM 베어링이 0°에서 180° 사이값으로 측정되면 항공기(A)와 같이 무선국의 오른쪽에 있으며, 180°에서 360° 사이가 되면 항공기(B)처럼 무선국 왼쪽에 있음을 알 수 있습니다.

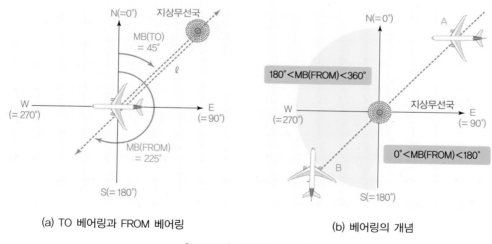

(a) TO 베어링과 FROM 베어링　　　　　(b) 베어링의 개념

[그림 9.3] 베어링(bearing)

(2) 라디얼

라디얼(radial)은 방사 자방위라고 하며, 지상무선국에서 발사되는 전파의 방위각을 말합니다. 라디얼은 결국 무선국에서 항공기를 향해 연결한 직선이 자북과 이루는 방

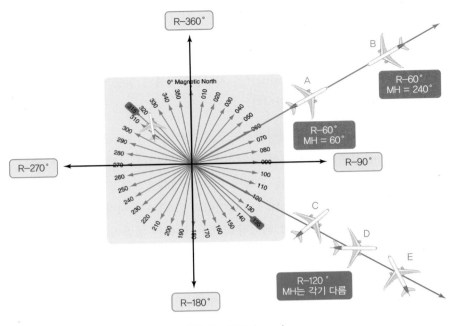

[그림 9.4] 라디얼(radial)

위각이 되므로, 앞의 베어링 중 FROM 베어링[MB(FROM)]과 같은 개념이 됩니다.

한 가지 주의할 점은 라디얼과 항공기의 방위각은 서로 무관하다는 것입니다. [그림 9.4]에서 항공기 A는 라디얼과 방위각이 모두 60°입니다. 이에 반해 항공기 B는 라디얼은 동일하게 60°이지만 방위각은 240°로, 항공기 기수방향이 180° 반대방향으로 비행하는 상태가 됩니다. 아래 항공기 C, D, E도 라디얼은 동일하게 120°이지만 각 항공기의 방위각은 서로 다름을 알 수 있습니다. 따라서, 라디얼과 기수방위각은 서로 별개의 개념임을 꼭 기억하기 바랍니다.

9.2 전파항법시스템

9.2.1 무지향성 무선표지(NDB)

(1) 자동방향탐지기(ADF)

자동방향탐지기(ADF, Automatic Direction Finder)는 1937년부터 민간 항공기에 탑재되어 사용되어 온 역사적으로 가장 오래되고 가장 널리 사용되고 있는 무선항법장

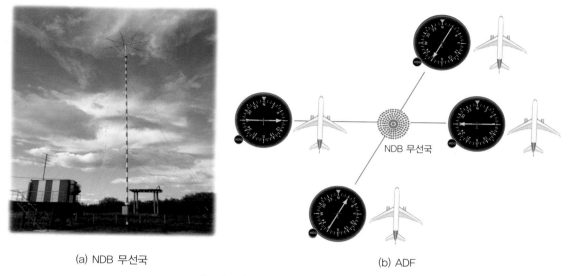

(a) NDB 무선국   (b) ADF

[그림 9.5] NDB 무선국과 호밍장치

치입니다. 자동방향탐지기는 장파(LF)대 또는 중파(MF)대를 이용, 190~1,750 kHz의 반송파를 사용하여 1,020 Hz를 진폭변조한 전파를 사용합니다. [그림 9.5(a)]와 같이 지상에 무선국을 설치하여 전파를 360° 전방향으로 발사하는데, 이 자동방향탐지기의 지상국을 무지향성 무선표지(NDB, Non-Directional radio Beacon)[4]라고 합니다. 항공기에 장착된 ADF는 지상의 NDB 무선국에서 송신되는 전파를 수신하여, 지상무선국의 방향을 알아냅니다. [그림 9.5(b)]와 같이 ADF의 지시 지침이 가리키는 방향이 무선국 방향이 되고, 지침이 가리키는 방향대로 기수방위를 맞추고 비행하면 지상무선국 상공에 도달할 수 있어, ADF를 호밍(homing)장치라고도 합니다.[5]

[4] 선박용 등대와 같이 항공용 무선등대의 역할을 함.

[5] NDB 지상무선국을 homing beacon이라고도 함.

(2) 자동방향탐지기(ADF)의 원리

자동방향탐지기의 원리에 대해 알아보겠습니다.

① 지상의 무지향성 무선표지시설(NDB)은 무지향성의 전파를 360° 전방위 공간으로 발사합니다.

② 항공기에 탑재된 자동방향탐지기(ADF)는 [그림 9.6(a)]와 같이 8자형 지향성을 가진 루프 안테나(loop antenna)와 무지향성의 센스 안테나(sense antenna)로 지상 NDB의 전파를 수신합니다.[6]

③ 예를 들어 항공기 A에 기수 방향으로 루프 안테나를 설치하였다면, 안테나의 지향성은 8자 형태로 그림과 같게 됩니다.

[6] 8.2.4절의 루프 안테나는 수평면에서 8자형 지향성을 가짐.

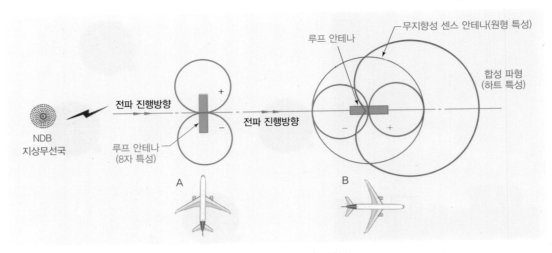

(a) 자동방향탐지기(ADF)의 원리

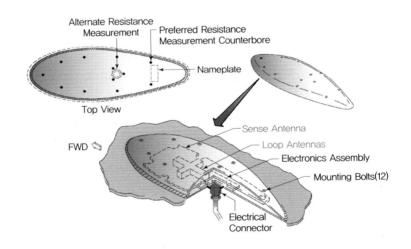

(b) 자동방향탐지기(ADF) 안테나 구조(B737)

[그림 9.6] 자동방향탐지기(ADF)의 원리와 안테나 구조

④ 이제 항공기 A가 기수방위를 돌려 항공기 B처럼 방위각 90°를 가리키게 되면, 루프 안테나에서 수신하는 지상 NDB 무선국의 전파는 수신감도가 최소가 됩니다.

⑤ 루프 안테나에서 수신된 전파 패턴을 동심원의 무지향성을 가진 센스 안테나의 수신 패턴과 합성하면 그림과 같이 하트모양이 됩니다. 따라서, 지상무선국에서 수신되는 전파의 최단 도래 방향에서 수신 감도가 최소가 되므로 지상 NDB 무선국으로의 베어링을 알아낼 수 있습니다.

전파는 직진하는 특성을 갖고 있으므로 전파가 송신되는 방향과 안테나의 방향이 일치해야만 최대 크기의 수신신호를 얻게 됩니다. 일정 방향으로 비행하는 항공기가 최대의 수신 효과를 얻기 위해서는 항공기에 고정된 루프 안테나가 무선국의 방향으로 회전되어야 하지만, 고속으로 비행하는 항공기에서 안테나를 회전시키는 것은 구조적으로 매우 어렵습니다. 따라서, 항공기는 안테나를 회전시키지 않고 기체 외부의 루프 안테나와 같은 전기장을 형성할 수 있는 고정 권선 코일의 고니어미터(goniometer)를 설치하고, 이 고니어미터의 내부 회전자를 회전시켜 기체 외부의 루프 안테나를 회전시키는 것과 같은 효과를 얻게 됩니다. 따라서 항공기에 고정된 루프 안테나는 360° 전방향을 탐지하여 최소 수신 감도가 나오는 지상무선국의 방향을 찾을 수 있습니다. [그림 9.6(b)]는 [그림 8.19]에 나타낸 B737 항공기 중앙 동체 위쪽에 설치된 ADF 안테나의 구조를 보여주고 있습니다.

(3) 자동방향탐지기(ADF)의 종류

일반 민간 항공기의 ADF 수신기는 대부분 디지털 방식을 채택하며, 조종석의 계기 표시부는 [그림 9.7]과 같이 360° 방위가 눈금으로 표시된 컴퍼스 카드(compass card)와 지시침으로 구성되어 있습니다. 자동방향탐지기는 다음과 같이 고정형 ADF와 회전형 ADF로 분류됩니다.

 고정형 ADF와 회전형 ADF

① 고정형 ADF
- 지시침이 가리키는 방향이 지상 NDB 무선국의 방향이며, 지시값은 기수방향을 기준으로 한 상대 베어링(RB)값이다.
② 회전형 ADF
- 지시침이 가리키는 방향이 지상 NDB 무선국의 방향이며, 지시침이 가리키는 값은 자북을 기준으로 한 베어링(MB)값이다.
- 결국 지시침의 화살표 꼬리가 지시하는 값은 지상무선국의 라디얼(R)값이 된다.

---

① 고정형 ADF는 [그림 9.7(a)]와 같이 컴퍼스 카드가 기수방위와 무관하게 고정된 형태로, 지시침이 NDB 지상무선국방위를 지시하고, 지시값은 상대 베어링(RB)값을 나타냅니다. 그림의 고정형 ADF 계기는 현재 13.5(135°)를 가리키고 있으며, 이 방향이 지상 NDB 무선국이 위치하는 방향으로 135°는 상대 베어링(RB)값이 됩니다.

(a) 고정형 ADF   (b) 회전형 ADF

[그림 9.7] 자동방향탐지기(ADF)의 종류

② 회전형 ADF의 컴퍼스 카드는 고정형과 달리 컴퍼스 카드가 기수방위에 따라 회전
합니다. 즉, [그림 9.7(b)]의 컴퍼스 카드는 기수방위 지시계로 현재 항공기의 기수
방위를 지시하고 있습니다(MH = 45°). 또한 회전형 ADF의 지침은 NDB 지상 송
신소를 지시하고, 이때 지시값은 베어링(MB)을 나타내므로 MB = 180°가 됩니다.

고정형 ADF와 회전형 ADF의 차이와 상호 관계를 알아보겠습니다.

① [그림 9.7(a)]에서 나타낸 고정형 ADF는 [그림 9.8(a)]와 같은 비행위치의 항공
기 A의 조종석에 장치된 ADF 계기의 화면입니다. 컴퍼스 카드가 고정되어 있

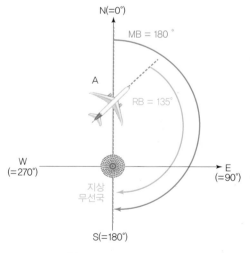

(a) 비행상태 및 조건   (b) ADF 상호관계

[그림 9.8] 자동방향탐지기(ADF)의 상호관계

고, 현재 항공기 방위각이 0°이므로 기수방향에 대한 상대 베어링(RB)이 135°를 가리키고 있습니다.

② 이번에는 같은 항공기에 장착된 회전형 ADF 계기를 살펴보겠습니다. 같은 비행 조건에서 회전형 ADF의 컴퍼스 카드는 [그림 9.7(b)]처럼 기수방위에 따라 회전하여 4.5를 지시하므로 기수방위는 MH = 45°가 되며, 결국 고정형 ADF 지시값에서 기수방위만큼이 더 돌아간 값을 지시하는 것과 같습니다.[7] 이때 지시값은 자북에 대한 방위값이 되므로 지시하고 있는 'S'는 TO 베어링 180°를 나타냅니다.

결론적으로 회전형 ADF의 지시값은 식 (9.1)과 같이 고정형 ADF의 지시값(RB)에 기수방위(MH)를 더한 TO 베어링[MB(TO)]값이 됩니다. 따라서, 고정형 ADF의 지시침은 NDB 지상무선국방위를 상대 베어링값으로 지시하며, 회전형 ADF 지시침은 TO 베어링을 나타내고, 반대편 화살표 꼬리가 가리키는 지시값은 항공기가 위치해 있는 무선국의 라디얼(radial)값이 됩니다(R = 0°).[8]

$$MB(TO) = RB + MH \tag{9.1}$$

예제 9.1

현재 항공기가 지상무선국의 라디얼 330°에 위치하여 비행하고 있다. 항공기에는 기수방위 지시계와 고정형 ADF 계기가 모두 장착되어 있으며, 그림과 같이 지시값을 각각 나타내고 있는 경우 다음 물음에 답하시오.

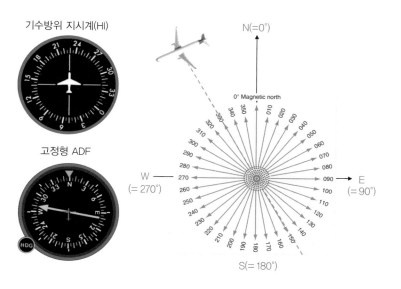

기수방위 지시계(HI)

고정형 ADF

(1) 현재 항공기의 방위각과 상대 베어링값은 얼마인가?

(2) 항공기의 TO 베어링값은 얼마인가?

(3) 항공기의 FROM 베어링값은 얼마인가?

|풀이| (1) 기수방위지시계의 지시값이 23이므로 방위각은 MH = 230°이고, 고정형 ADF의 지시값은 28이므로 상대 베어링값은 RB = 280°이다.

(2) 따라서 TO 베어링은 식 (9.1)에서 150°가 된다.[9]

$$MB(TO) = RB + MH = 280° + 230° = 510°$$
$$\Rightarrow \therefore MB(TO) = 510° - 360° = 150°$$

(3) 마지막으로 FROM 베어링은 TO 베어링과 180° 차이가 나므로 330°가 된다.[10]

$$MB(FROM) = 150° + 180° = 330°$$

9 아래 식에서 360°를 빼는 이유는 0∼360° 사이의 값으로 방위값을 나타내기 위해서임.

10 무선국과 항공기의 위치를 그림으로 그리고, 직선을 연결하여 각도를 계산하면 이해하기 쉬움.

9.2.2 초단파 전방향 무선표지(VOR)

초단파 전방향 무선표지(VOR, VHF Omni-directional Radio Range)는 1949년에 ICAO가 단거리 항법원조시설의 표준으로 지정한 무선 전파항법시설입니다. 명칭이

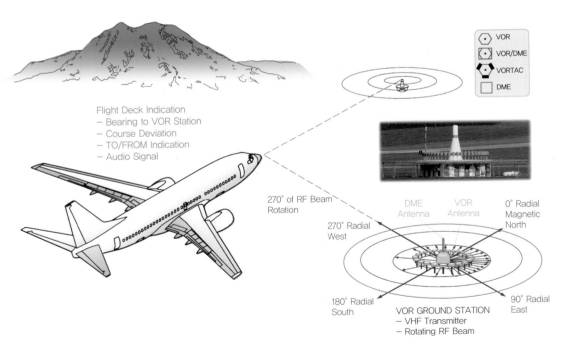

[그림 9.9] 초단파 전방향 무선표지(VOR) 및 항공지도상의 기호

의미하는 바와 같이 **VOR** 무선국은 무선국별로 지정된 초단파(VHF) 대역의 전파를 [그림 9.9]와 같이 360° 전방향으로 발사하여 항행하는 항공기에 방위정보를 알려주는 기능을 합니다.[11]

11 VOR은 항공기의 자북을 기준으로 한 자방위(magnetic heading)를 가리킴.

 초단파 전방향 무선표지(VOR)

- 무선국별로 지정된 초단파(VHF) 대역의 전파를 360° 전방향으로 발사하여 항공기에 방위정보를 알려주는 지상무선국을 말한다.
- 조종사는 탑재된 VOR 계기를 통해 무선국에 대한 항공기 위치 및 항로편차 정보를 얻는다.
- NDB에서 사용하는 장파(LF)나 중파(MF)보다 직진성이 강한 초단파(VHF)를 사용하므로 정밀성과 안정성이 우수하여 1946년에 개발된 이후 현재까지 단거리용 항법시설의 표준방식으로 사용되고 있다.

VOR의 사용 주파수대는 108~117.975 MHz, 채널별 간격은 50 kHz로 200개[12]의 채널을 사용할 수 있지만, 계기착륙장치인 ILS가 40개의 채널을 공용으로 사용하므로 실제로 160개의 채널을 사용할 수 있습니다. 거리 약 100 NM까지 2° 정도의 오차로 무선국의 방위를 제공할 수 있습니다. 일반적으로 **VOR** 무선국은 거리측정장치인 **DME**와 함께 설치하여 운용하며, 거리측정장치의 한 종류인 **TACAN**도 함께 설치하여 사용하기도 합니다. 그림에 나타낸 항공지도상의 기호도 잘 기억해 두기 바랍니다.

12 (117.975 − 108) MHz/50 kHz = 200

(1) 초단파 전방향 무선표지(VOR)의 원리

지상의 **VOR** 무선국(radio station)은 전파를 발사하는 무선등대와 같은 역할을 하며, 자북 0°를 기준으로 시계방향으로 1°씩 증가시키며 전파를 송출하도록 안테나가 설치되어 있습니다. 지상 **VOR** 무선국의 안테나는 30 Hz의 기준 위상신호(reference phase signal)와 가변 위상신호(variable phase signal)를 합성하여 전파를 발사합니다. 기준 위상신호는 자북을 나타내는 기준신호로 위상이 0°로 항상 일정합니다. 이에 반해 가변 위상신호는 발사되는 안테나의 라디얼 방위에 따라서 위상이 변화합니다.

[그림 9.10]과 같이 북쪽 VOR 안테나는 기준 위상신호와 가변 위상신호의 위상차가 0°이므로 두 신호가 정확히 일치하고, 동쪽인 라디얼 90°에 위치한 안테나는 가변 위상신호가 90°만큼 위상이 지연(phase delary)되어 있습니다. 남쪽인 라디얼 180°에 설치된 안테나는 가변 위상신호가 180° 위상이 지연되어 완전히 반대신호가 됨을 그림에서 확인할 수 있습니다.

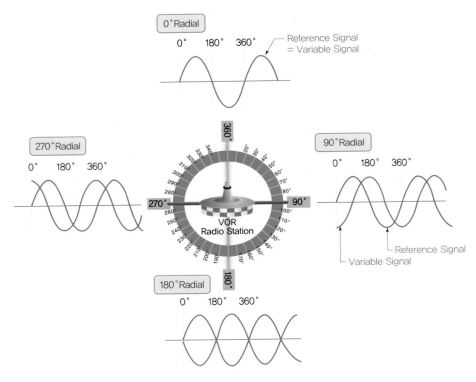

[그림 9.10] 초단파 전방향 무선표지(VOR)의 원리

항공기에 탑재된 VOR 수신기는 이 전파를 수신한 후 2개의 신호를 분리하고, 위상을 비교하여 위상차로 무선전파가 수신되는 방위정보를 VOR 계기에 표시합니다.

(2) VOR 계기

항공기 조종석에 설치되는 VOR 계기의 구성에 대해 알아보겠습니다.

① [그림 9.11]과 같이 VOR 계기의 전방위 선택장치(OBS, Omni-Bearing Selector)는 계기 왼쪽이나 오른쪽 하단에 설치되어 있는 노브(knob)로, VOR 지상무선국을 통과하는 경로를 설정합니다. 즉, 조종사가 원하는 비행경로를 설정하기 위해 OBS 노브를 돌리면 계기의 컴퍼스 카드가 돌아가고, 노랑색 삼각형(▲)으로 표시된 경로지침(course index)이 지시하는 방위각이 조종사가 진행하고자 하는 경로(VOR 무선국의 라디얼)가 됩니다.[13]

② 경로편차 지시계(CDI, Course Deviation Indicator) 지침은 선택한 경로로부터 항공기가 얼마나 벗어나 있는지(항로편차)를 알려줍니다. 계기 가운데의 흰색 동

13 [그림 9.11] VOR 계기에서는 'N'을 가리키므로, 조종사는 VOR 무선국의 0° 라디얼 방향을 경로로 설정한 경우임.

[그림 9.11] 초단파 전방향 무선표지(VOR) 계기

그라미(○)를 항공기의 현재 위치로 생각하면 되고, 노란색 직선의 CDI 지침이 조종사가 설정한 비행경로가 됩니다. 예를 들어, CDI 지침이 오른쪽으로 나타난 다면 항공기는 VOR 무선국으로부터 왼쪽으로 벗어난 경로에 있음을 나타냅니다.

③ 경로편차(항로편차)는 무선국과 항공기의 벗어난 정도를 나타내며, 계기 중앙 왼 쪽과 오른쪽에 각각 5개의 점으로 표시되어 각 점은 2° 간격으로 최대 ±10° 편 차를 지시합니다.

④ TO/FROM 지시계(TO/FROM indicator)는 계기 우측 위아래에 표시됩니다. 현 재 계기는 TO 밑에 흰색 삼각형(△)이 표시되어 있는데, 이는 현재 항공기가 지 상 VOR 무선국을 향하는 접근비행을 하고 있다는 것을 의미합니다. 반대로 흰 색 삼각형(▽)이 아래쪽의 FROM을 지시하면, 항공기가 지상 VOR 무선국으로 부터 이탈하는 비행상태임을 의미합니다.[14] 하지만, VOR 계기의 지시값은 항공 기 기수방위와 무관하므로, TO가 표시된다고 해서 무조건 무선국으로 진입하는 비행상태이고, FROM이 지시된다고 해서 무선국으로부터 멀어지는 비행이라고 판단하면 안 됩니다. 이 상태를 CDI 역감지기능이라고 하는데 다음 절에서 자세 히 설명하겠습니다.

(3) VOR 계기 판독

그러면 몇 가지 비행조건에서 실제 VOR 계기의 지시상태가 어떻게 표시되는지 알 아보겠습니다.[15]

14 VOR 계기에 따라 'TO/FROM'의 문자지 시 없이 삼각형만을 표 시하는 경우도 있음.

15 [예제 2.5]에서 설명한 독일의 Luizmonteiro. com사의 Online Aviation Instrument Simulator를 이용하면 ADF 와 VOR 계기를 이해하 는 데 큰 도움이 됨.

① VOR 진입비행의 경우

[그림 9.12(a)]는 항공기가 VOR 지상국으로 진입하는 비행상태를 나타냅니다. 현재 조종사가 비행하고자 하는 경로는 VOR의 30° 라디얼 방향(코스)이므로, 조종사는 OBS 노브를 돌려 경로지침이 '3'을 가리키도록 합니다.

그림에서 ⓒ, ⓓ 항공기는 설정한 코스와 일치하는 코스를 비행하고 있으며, ⓐ와 ⓑ 항공기는 코스에서 왼쪽으로 벗어난 경우이고, ⓔ와 ⓕ 항공기는 코스에서 오른쪽으로 벗어난 경우입니다.

항공기의 기수방위 지시계(HI, Heading Indicator)와 VOR 계기를 더 확대해서 보겠습니다. [그림 9.12(b)]의 ⓒ, ⓓ 항공기는 설정한 코스 30°와 일직선상에 위치하므로, 기수방위는 서로 다르지만 VOR 계기의 CDI 지침은 설정한 코스와 일치하여 나타납

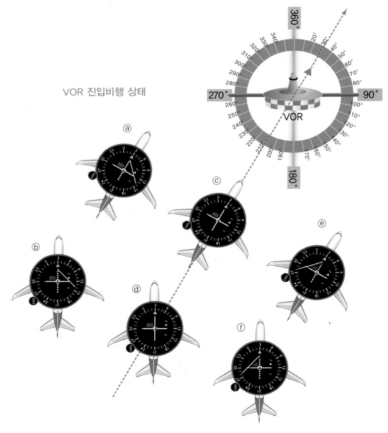

VOR 진입비행 상태

(a) 항공기 위치에 따른 VOR 계기 표시

[그림 9.12] VOR 진입비행 시의 계기 표시 (계속)

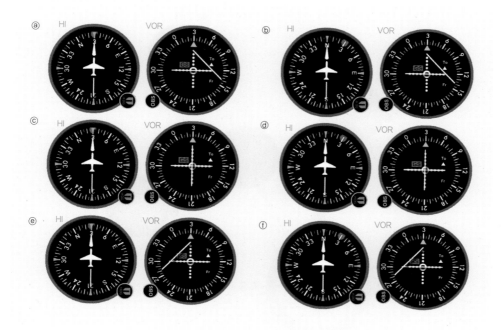

(b) 항공기 위치에 따른 VOR 계기 및 기수방위지시계 표시

[그림 9.12] VOR 진입비행 시의 계기 표시

니다. ⓐ와 ⓑ 항공기는 코스에서 왼쪽으로 벗어난 경우이므로, CDI 지침이 중앙의 항공기 위치기준인 동그라미의 오른쪽으로 나타나게 됩니다. 이에 반해 ⓔ와 ⓕ 항공기는 코스에서 오른쪽으로 벗어난 경우이므로, CDI 지침이 동그라미의 왼쪽으로 나타납니다.

따라서, 중앙의 흰색 동그라미를 항공기의 위치라 생각하고, CDI 지침이 지상 VOR 무선국의 방향이라고 생각하면 VOR 계기를 이해하기가 쉽습니다. VOR 진입비행이므로 모든 항공기의 VOR 계기는 'TO'를 지시하고 있습니다.

② VOR 이탈비행의 경우

이번에는 VOR 무선국으로부터 멀어지는 이탈비행영역을 살펴보겠습니다. [그림 9.13(a)]와 같이 현재 조종사는 앞의 예제와 동일하게 30° 코스로 경로를 설정한 상태입니다.

그림에서 ⓑ와 ⓓ 항공기는 설정한 코스와 일치한 상태이고, ⓐ 항공기는 코스에서 왼쪽으로 벗어난 상태이며, ⓒ 항공기는 코스에서 오른쪽으로 벗어난 경우입니다. 따라서 ⓐ 항공기는 코스에서 왼쪽으로 벗어난 경우이므로, CDI 지침이 중앙의 항공기

VOR 이탈비행 상태

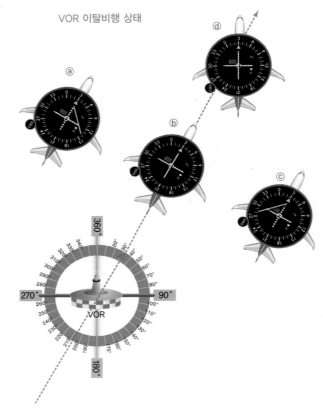

(a) 항공기 위치에 따른 VOR 계기 표시

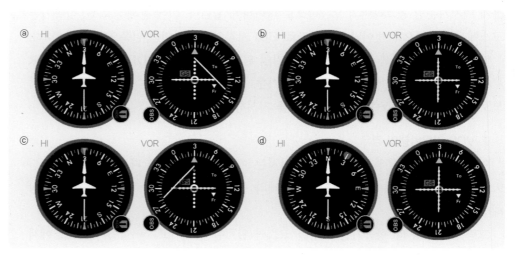

(b) 항공기 위치에 따른 VOR 계기 및 기수방위지시계 표시

[그림 9.13] VOR 이탈비행 시의 계기 표시

위치기준인 동그라미의 오른쪽으로 나타나게 됩니다. VOR 계기 및 기수방위 지시계 (HI)의 표시상태는 앞의 예제와 같은 방식으로 표시되므로 [그림 9.13(a), (b)]에서 확인하기 바랍니다.

한 가지 명확한 차이점은 VOR 무선국에서 이탈하는 비행이므로 이번에는 모든 항공기의 VOR 계기는 'FROM'을 지시하고 있습니다.

③ VOR 경로편차 계산

마지막으로 CDI 경로편차를 알아보겠습니다. [그림 9.14]와 같이 무선국으로부터 A 항공기까지의 코스 직선거리(LOS[16])를 R이라 하고, 코스로부터 벗어난 C항공기를 고려할 때, LOS 코스로부터 C항공기까지의 직선거리를 L이라고 가정해보겠습니다. 두 거리의 관계는 편차각 θ에 의해 식 (9.2)로 유도됩니다. 만약 편차각 θ가 매우 작다면 $L = R \cdot \theta$로 식을 간단하게 만들 수 있습니다.

16 LOS(Line Of Sight) 는 가시거리로 목표물까지의 최단거리를 의미함.

$$\begin{cases} \tan\theta = \dfrac{L}{R} \quad \Rightarrow \quad L = R \cdot \tan\theta \\ L \cong R \cdot \theta \quad (\because \theta \ll 0 \rightarrow \tan\theta \approx 1) \end{cases} \tag{9.2}$$

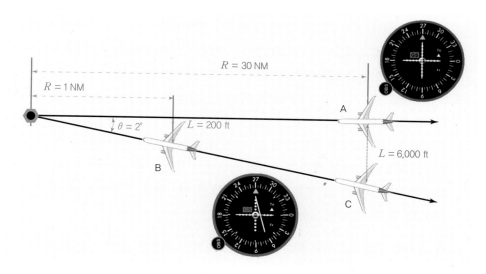

[그림 9.14] VOR 계기의 경로편차 지시

B항공기와 C항공기의 VOR 계기에서 경로편차는 한 도트(dot) 눈금을 지시하고 있으므로, CDI 경로편차는 1 dot = 2°만큼 설정경로에서 벗어나 있습니다. 지상무선국으로부터 1 NM 떨어진 B항공기에 식 (9.2)를 적용하면 약 200 ft가 되며, 30 NM 떨어진 항공기 C의 경우는 약 6,000 ft 정도 설정경로로부터 벗어나 있음을 알 수 있습니다.[17]

17 무선국에서 항공기까지의 거리정보는 거리측정장치(DME)를 통해 NM 단위로 알 수 있음.

$$1\,\mathrm{NM} = 1.85\,\mathrm{km} = 1.85\,\mathrm{km} \times \frac{1{,}000\,\mathrm{m}}{1\,\mathrm{km}} \times \frac{1\,\mathrm{ft}}{0.3048\,\mathrm{m}} = 6{,}076\,\mathrm{ft} \qquad (9.3)$$

$$\begin{cases} \text{B항공기: } L = R\theta = \left(1\,\mathrm{NM} \times \dfrac{6{,}076\,\mathrm{ft}}{1\,\mathrm{NM}}\right) \times \left(2° \times \dfrac{\pi}{180°}\right) = 212\,\mathrm{ft} \approx 200\,\mathrm{ft} \\[2mm] \text{C항공기: } L = R\theta = \left(30\,\mathrm{NM} \times \dfrac{6{,}076\,\mathrm{ft}t}{1\,\mathrm{NM}}\right) \times \left(2° \times \dfrac{\pi}{180°}\right) = 6{,}363\,\mathrm{ft} \approx 6{,}000\,\mathrm{ft} \end{cases} \qquad (9.4)$$

(4) TO/FROM 개념과 CDI 역감지 현상

설정코스와 VOR 계기에서 지시하는 TO/FROM의 개념에 대해 알아보겠습니다. 결론적으로 VOR 계기에서 설정코스로 진입하는 영역에 항공기가 있으면 'TO'를, 설정코스에서 벗어나는 영역이면 'FROM'을 지시합니다.

[그림 9.15]에서 모든 항공기의 조종사는 지상무선국의 라디얼 $R\text{-}30°$를 통과하거나 추종하기 위해 항로를 30° 코스로 설정하고 비행하고 있다고 가정합니다.

① 120~300° 라디얼 사이에 있는 아래쪽 항공기 ⓐ, ⓑ, ⓒ는 모두 그림의 계기-C 와 같이 'TO'를 지시하고 있습니다.

② 위쪽 영역의 항공기 ⓓ, ⓔ, ⓕ는 항공기의 기수방향이 어느 방향이든 계기-D처럼 'FROM'이 지시됩니다. VOR 계기의 'TO' 지시를 무조건 무선국을 향하여 비행하는 방향이라고 생각하면 항공기 ⓑ는 이 개념에 맞지 않습니다.

③ 마찬가지로 항공기 ⓔ도 무선국으로 향하는 기수방향이므로 VOR 계기의 'FROM' 지시와 맞지 않습니다.

④ 따라서 TO/FROM의 개념은 항공기 기수방위와는 전혀 무관합니다.

⑤ 정확한 TO/FROM의 개념은 설정한 코스에 수직인 ±90° 라인[18]을 기준으로 판단해야 하며, 무선국을 향하는 영역은 'TO'가 지시되고 이탈하는 영역은 무조건 'FROM'이 지시됩니다.

VOR 계기를 통한 항공기의 위치결정과 항로편차는 설정한 코스와 기수방위가 비슷한 값을 지시하는 상태에서 판별해야 합니다. 조종사가 VOR 계기를 통해 위치를 판별하는 절차를 보면 제일 먼저 VOR 무선국을 설정하고 해당 무선국의 주파수를 설정합니다. OBS 노브를 돌려 CDI가 중앙이 되도록 맞추고, TO/FROM 지시에 따라 위치와 항로편차를 결정합니다. 이때 TO를 지시하면 CDI 지침의 꼬리가 가리키는 컴퍼스 카드의 값이 항공기가 위치한 VOR 라디얼이 되며, FROM을 지시하면 CDI 지침이 가리키는 값이 항공기가 위치한 VOR 라디얼이 됩니다.

18 [그림 9.15]와 같이 설정코스가 30°인 경우는 코스에 수직인 120~300° 라인이 기준이 됨.

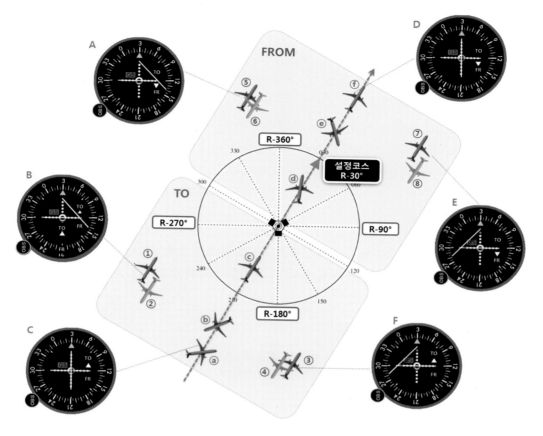

[그림 9.15] TO/FROM 영역과 CDI 역감지기능

 VOR 계기의 TO/FROM 판별

- VOR 계기의 지시는 기수방위각과 무관하므로, TO/FROM 영역 판별 시 기수방위가 설정 코스와 비슷한 값을 지시하는 상태에서 판단해야 한다.
  ➡ 기수방위값이 설정코스에서 ±90° 이상 벗어나면 안 됨.
- 위의 조건이 충족되면 'TO'는 무선국을 향하는 영역이고, 'FROM'은 무선국을 벗어나는 영역임을 나타낸다.

VOR 계기 판독 시에 가장 조심해야 하는 것은 CDI 역감지(CDI reverse sensing) 현상입니다. CDI 역감지 현상을 이해하기 위해 이번에는 ⑤번과 ⑥번 항공기를 비교해 보겠습니다.

① 두 항공기의 위치는 같으므로 VOR 계기는 모두 계기-A처럼 지시하게 됩니다.[19]

② 설정코스 30°와 비슷한 기수방위를 유지한 항공기 ⑤의 조종사는 VOR 계기지시를 통해 설정코스에서 항공기가 왼쪽으로 벗어나 있다는 것을 제대로 알게 되며, VOR 무선국이 항공기 오른쪽 방향에 있기 때문에 계기지시와 무선국에 대한 항로편차 정보가 일치합니다.

③ 하지만 항공기 ⑥의 경우는 똑같이 무선국이 오른쪽에 있다고 계기가 표시되지만, 실제 항공기 진행방향에서는 왼쪽에 무선국이 위치하므로 조종사는 잘못된 (정반대의) 정보를 얻게 됩니다. 이러한 현상을 CDI 역감지 현상이라고 합니다.

④ ①-②, ③-④, ⑦-⑧ 항공기도 모두 같은 위치에서 CDI 역감지 현상이 발생하게 됩니다.

20 설정코스와 ±90° 이상 기수방위각이 차이가 나면 안 됨.

따라서 VOR 계기 판독 시에는 우선 기수방위가 설정코스와 큰 차이가[20] 나지 않도록 한 후 기수방위 지시계와 함께 VOR 계기를 판독해야 합니다.

> **핵심 Point CDI 역감지 현상**
>
> • VOR 계기의 지시는 기수방위각과 무관하므로, TO/FROM 영역과 기수방위에 따라 무선국의 위치 및 항로편차에 대한 잘못된(반대의) 지시결과를 나타내는 현상을 CDI 역감지라고 한다.
> • 이를 방지하기 위해서는 TO/FROM 영역 판별과 같이 기수방위가 설정코스와 비슷한 값을 지시하는 상태에서 VOR 계기를 판독해야 한다.

9.2.3 거리측정장치(DME)

거리측정장치(DME, Distance Measuring Equipment)는 항공기에서 지상무선국까지의 거리를 측정하는 항법장비로, 시계비행(VFR)[21]뿐 아니라 계기비행(IFR)[22] 운용을 위해서 매우 유용한 항법시스템입니다.

21 VFR(Visual Flight Rule)

22 IFR(Instrument Flight Rule)

23 송신기(Transmitter)와 수신기(Responder)의 합성어이며, 항공기 탑재 DME 트랜스폰더를 DME 질문기(DME interrogator)라고도 함.

① [그림 9.16]과 같이 항공기에 탑재된 DME 트랜스폰더(transponder)[23]로부터 질문신호(interrogation pulse)를 받은 지상 DME 무선국의 트랜스폰더는 자동으로 응답신호(reply pulse)를 송신합니다.

② 이 신호를 항공기의 DME 트랜스폰더가 수신하여 항공기와 무선국 간의 전파도달 왕복시간을 측정하면, 항공기와 무선국까지의 거리 정보를 계산할 수 있게 되므로 DME 계기에 표시할 수 있습니다.

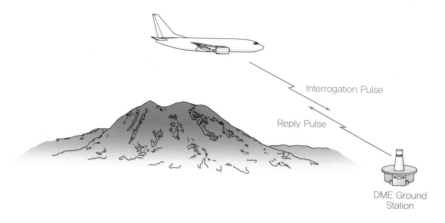

[그림 9.16] 거리측정장치(DME)

이와 같이 전파의 도달시간을 이용하여 거리를 계산하는 방식은 추후 공부할 레이다 (radar) 및 GPS 등의 위성항법 등 전파를 이용한 항법장치 등에도 적용되는 가장 보편적인 통신항법방식이므로 꼭 기억해 두어야 합니다.

DME는 단일 무선국으로 활용되기보다는 VOR 무선국과 함께 설치하여 VOR/DME로 운용하거나, 계기착륙장치(ILS)의 로컬라이저(localizer)나 글라이드 슬로프(glide slope) 등과 함께 설치하여 운용됩니다.[24]

DME는 962~1,213 MHz의 극초단파(UHF) 주파수를 응답신호로 사용하며, 항공기의 DME 질문기(interrogator)는 1,025~1,150 MHz를 사용합니다. 직진성이 강한 주파수 대역의 특성으로 가시거리(line of sight)의 영향을 받지만, 장애물의 영향을 받지 않으면 최대 199 NM까지 측정 가능하며, 측정오차는 0.5 NM 또는 측정거리의 3% 이내로 매우 정밀한 거리측정시스템입니다.

[24] VOR은 방위정보를, DME는 거리정보를 제공하기 때문에 병설하여 사용함.

 거리측정장치(DME)

- UHF대의 주파수를 이용한 전파의 왕복시간을 통해 항공기로부터 지상무선국까지의 거리를 측정하여 표시하는 전파항법장치이다.
- VOR과 함께 국제민간항공기구(ICAO)의 단거리 항법보조시설의 국제표준방식으로 1960년도에 지정되어 현재까지 사용되고 있다.

DME의 거리 측정원리에 대해 알아보겠습니다. 항공기에 장착된 DME 트랜스폰더에서 질문신호를 송출하면, 지상 DME 트랜스폰더에 수신된 전파는 일반적으로 50 μs 지연시간이 경과한 후에 응답신호를 다시 항공기로 송출합니다. 항공기의 DME 트랜

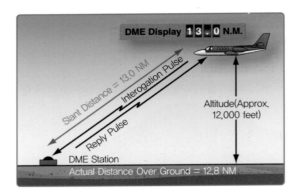

[그림 9.17] DME의 경사거리

스폰더는 지상무선국으로부터 수신한 응답신호의 왕복 소요시간을 측정하여 [NM] 단위의 거리로 환산하고 DME 계기에 거리정보를 표시합니다. 만약 측정시간이 $T\,[\mu s]$라면 식 (9.5)를 통해 거리를 계산할 수 있습니다.

$$L = \frac{(T - 50)\,[\mu s]}{12.35\,[\mu s]}\ [\text{NM}] \tag{9.5}$$

예제 9.2

항공기의 DME 트랜스폰더가 질문신호를 송신하고 응답신호를 수신하는 데 전체 시간 $T\,[\mu s]$가 측정되었다. 다음 물음에 답하시오. (단, 지연시간은 모든 지상무선국에서 $50\,\mu s$라 가정한다.)

(1) 지상 DME 무선국까지의 거리를 구하기 위한 식 (9.5)를 유도하시오.

(2) 시간이 $T = 2{,}500\,\mu s$인 경우에 지상 DME 무선국까지의 거리를 구하시오.

|**풀이**| (1) 이동속도(v)와 걸린 시간(t)을 곱하면 이동거리(L)를 구할 수 있다. 전파의 속도는 빛의 속도($c = 3 \times 10^8$ m/s)이고 측정시간은 $T\,[\mu s]$이므로, 실제 전파의 왕복시간은 지연시간을 제외한 $(T - 50)\,[\mu s]$가 되며, 왕복거리는 DME 거리(L)의 2배가 된다. 시간 T를 계산할 때 $[\mu s]$ 단위를 그대로 쓰고, 계산된 결과가 NM이 되도록 하기 위해 단위변환을 하여 공식을 유도하면 다음과 같다.

$$2L = c \cdot t' = 3 \times 10^8 \left[\frac{\text{m}}{\text{s}}\right] \times \left(\frac{1\,\text{NM}}{1.852 \times 1000\,[\text{m}]}\right) \times (T - 50)\,[\mu s] \cdot \frac{1[\text{s}]}{10^6\,[\mu s]}$$

$$\Rightarrow L = \frac{161{,}987}{2}\left[\frac{\text{NM}}{\text{s}}\right] \times (T - 50)\,[\mu s] \times \frac{1[\text{s}]}{10^6\,[\mu s]} = 0.0809935 \times (T - 50)\,[\mu s]$$

$$\therefore\ L = \frac{(T - 50)\,[\mu s]}{12.346667\,[\mu s]} \cong \frac{(T - 50)\,[\mu s]}{12.35\,[\mu s]}$$

(2) 방금 계산한 식에 $T = 2,500\,\mu s$를 입력하여 계산하면 DME 거리는 다음과 같이 구할 수 있다.

[풀이 1] 식 (9.5)를 이용한다.

$$L = \frac{(T-50)\,[\mu s]}{12.35\,[\mu s]} = \frac{(2,500-50)\,[\mu s]}{12.35\,[\mu s]} = 198.38\,\text{NM} \approx 198.4\,\text{NM}$$

[풀이 2] 상기 (1)의 과정을 이용한다.[25]

$$2L = 3 \times 10^8 \left[\frac{\text{m}}{\text{s}}\right] \times \left(\frac{1\,\text{NM}}{1.852 \times 1000\,[\text{m}]}\right) \times (2,500\,\mu s - 50\,\mu s) \cdot \frac{1\,[\text{s}]}{10^6\,[\mu s]}$$

$$\therefore \quad L = 0.0809935 \times (2,500\,\mu s - 50\,\mu s) = 198.43\,\text{NM} \approx 198.4\,\text{NM}$$

25 식 (9.5)를 암기하여 이용하는 것보다 유도과정을 적용하여 문제를 푸는 것이 현명한 방법임.

DME에서 측정하여 제공하는 거리는 [그림 9.17]과 같이 공중에 있는 항공기와 지상 무선 안테나 사이의 직선경사거리(slant range)가 됩니다. 따라서 실제 항공지도상의 거리는 수평거리이므로 DME의 경사거리는 항상 오차가 존재합니다. 예를 들어, 항공기가 DME 무선국의 안테나 바로 위 6,000 ft(= 약 1 NM) 상공을 통과하는 순간에 실제 거리는 0이지만 DME에서 표시하는 거리는 1 NM을 지시하므로 오차가 발생합니다.

DME 거리정보는 조종석의 독립적인 DME 표시계기를 사용하는 경우보다 [그림 9.18]과 같이 통합전자계기인 주 비행표시장치(PFD, Primary Flight Display) 또는 항법표시장치(ND, Navigation Display) 화면 일부에 DME의 거리정보를 표시합니다.

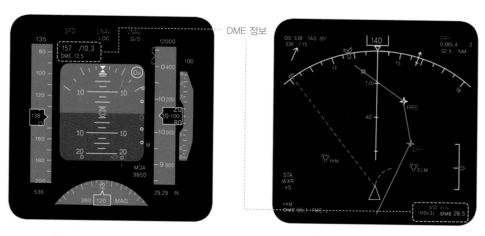

(a) 주 비행표시장치(PFD)　　　　(b) 항법표시장치(ND)

[그림 9.18] DME 거리정보 표시 계기

9.2.4 전술항법장치(TACAN)

전술항법장치(TACAN, TACtical Air Navigation)는 군용 항법장치로 DME와 유사하게 960~1,215 MHz의 극초단파(UHF) 주파수를 사용하며 저출력으로 원거리(약 200 NM)까지 지상무선국의 정보를 제공합니다. TACAN의 거리측정방식은 거리측정 장치인 DME와 같지만, 항공기로부터 질문신호를 수신한 지상 TACAN 무선국은 응답신호를 송신할 때 방위를 측정하여 함께 보내주는 차이점이 있습니다. 항공기에서는 응답신호가 되돌아온 시간을 측정하여 거리를 계산하고, 실려 온 방위정보와 함께 계기에 지시합니다. 따라서 TACAN은 VOR과 DME를 합쳐 놓은 것과 같은 기능을 수행한다고 생각하면 됩니다.

> **핵심 Point** **전술항법장치(TACAN)**
>
> • 군용 항법장치로 DME보다 정밀하며, 항공기의 방위 정보와 거리 정보를 동시에 제공한다.

TACAN은 원래 군용기를 대상으로 1950년대 후반에 개발한 보조 항행시설로, 미국 해군이 함재기 귀함용 장비로 항공모함에 이용하기 위해 개발되었습니다. 민간 항공기는 방위측정 표준방식인 VOR을 TACAN과 병설하여 볼택(VORTAC)으로 사용하기도 합니다. VOR의 방위 정보와 TACAN의 거리측정 자료로부터 DME보다 정밀한 거리 정보를 얻을 수 있으며, 우리나라의 경우는 항공교통량이 많은 간선교차로인 안양 관악산에 VORTAC이 설치되어 있습니다.

[그림 9.19] 전술항법장치(TACAN)

9.2.5 로란(LORAN) 및 오메가(OMEGA)

(1) 로란(LORAN)

로란(LORAN, LOng RAnge Navigation)은 장파(LF)대의 주파수[26]가 낮은 전파를 이용한 선박용 무선항법시설이며 항공 분야에서도 함께 이용하고 있습니다. 원거리에 있는 선박 또는 항공기에서 위치를 알고 있는 송신국에서 발사된 전파를 수신하여 항행위치를 찾아내는 무선항법 보조시설로, 지상시설을 따로 설치하기 어려운 지역에서 사용하므로 주로 해상 항로의 장거리 항법으로 사용합니다. 초기 LORAN-A 시스템은 단파 2 MHz로 운영되었으며, 저주파 로란시스템으로 발전되어 180 kHz의 저주파를 이용하는 LORAN-C 시스템으로 발전되었고, 현재 전 세계에 27개 체인(chain)의 68개 송신국이 운영되고 있습니다.[27]

(2) 오메가 항법

오메가 항법(OMEGA navigation)은 10~14 kHz의 초장파(VLF) 대역 주파수를 사용하며, 2개의 송신국에서 발사된 전파의 위상차를 측정해서 위치를 결정하는 장거리 항법시설입니다.

VOR과 DME는 정밀도는 높지만 사용 주파수가 VHF 대역 이상으로 전파특성상 근거리용 항법시설입니다. 이에 비해 로란과 오메가는 장파(LF)나 초장파(VLF)대의 낮은 주파수를 사용하므로 전파의 도달범위가 넓어 모두 원거리 항법장치로 사용되고 있습니다. 로란은 육상에서 600 NM(1,100 km), 해상에서 1,300 NM(2,400 km)의 커버리지를 가지며, 오메가 항법의 경우는 8개의 지상국으로 지구 전 지역에서 사용이 가능합니다.

(3) 쌍곡선항법(TDOA)

로란 및 오메가는 전파항법 방식 중 모두 쌍곡선항법(hyperbolic navigation) 방식을 사용합니다. 쌍곡선항법은 [그림 9.20]과 같이 정확한 위치를 알고 있는 무선국에서 전파를 발사하고, 항공기나 선박에 장착된 수신기에서 각각의 전파를 수신하여 위치를 알아내는 전파 무선방식으로, 각 항공기나 선박에서는 각 무선국에서 수신한 전파의 도착시간의 차를 이용하여 위치를 계산합니다.

식 (9.6)과 같이 각 무선국에서 도착한 전파 도착시간을 뺀 방정식의 형태가 쌍곡선방정식의 형태를 가지고 이 방정식들을 연립하여 풀면 항공기의 위치 (x, y, z)를 구할 수 있으므로 쌍곡선항법이란 명칭이 붙게 되었습니다.

[26] 1.75, 1.85, 1.9 또는 1.95 MHz를 사용함.

[27] 대한민국은 포항이 주국(master station)이고 광주가 종국(secondary station)으로 27개 체인 중 1개 체인임.

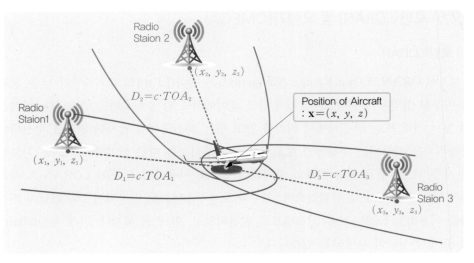

[그림 9.20] TDOA 위치측정방식

$$d_{i,1} = \| \mathbf{x} - \mathbf{x}_i \| - \| \mathbf{x} - \mathbf{x}_1 \|$$
$$= \sqrt{(x - x_i)^2 + (y - y_i)^2 + (z - z_i)^2} - \sqrt{(x - x_1)^2 + (y - y_1)^2 + (z - z_1)^2} \tag{9.6}$$

여기서, $i = 2, 3, \cdots, L$

전파 도착시간의 차를 이용하므로 TDOA(Time Difference of Arrival) 방식이라고
도 하며 송신기와 수신기의 시각동기(time synchronization)가 필요 없다는 장점이 있
습니다. 이에 반해, 다음 절에서 살펴볼 위성항법시스템(GNSS)은 전파의 도착시간을
정확히 알아야 하는 TOA(Time of Arrival) 방식을 적용하므로, 위성과 항공기 모두
정확한 시계가 필요하고 시각동기도 수행되어야 합니다.

9.3 위성항법시스템

위성항법시스템(GNSS, Global Navigation Satellite System)은 인공위성을 이용하여
전 세계적 광역 항법서비스를 제공하는 전파항법시스템입니다.

① 전 세계 어느 위치에 있든 최소 4개의 항법위성으로부터 신호를 수신하면 24시
   간 언제, 어느 곳에서든 자신의 위치를 알 수 있고, 속도 등의 항법정보를 제공
   받을 수 있습니다.
② 3차원 위치로 위도(latitude), 경도(longitude), 고도(altitude)를 제공하거나 또는

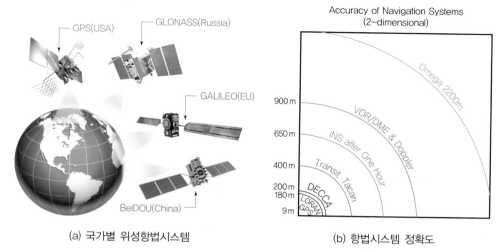

(a) 국가별 위성항법시스템   (b) 항법시스템 정확도

[그림 9.21] 위성항법시스템(GNSS)

지구중심을 기준으로 한 (x, y, z)의 위치를 [m] 단위로 제공합니다.

③ 이외에도 위성항법시스템은 대지속도(ground speed) 및 매우 정확한 시간정보를 함께 제공합니다.[28]

현재 구축되어 서비스가 제공되고 있는 시스템으로는 [그림 9.21(a)]와 같이 미국의 GPS(Global Positioning System), 러시아의 GLONASS(GLObal NAvigation Satellite System), 유럽연합(EU)의 GALILEO[29]가 있으며, 현재 중국은 BeiDOU 시스템을 구축 중입니다. 중국은 2000년 10월에 첫 번째 BeiDOU 위성발사를 시작으로 2018년 11월 현재 42번째 위성을 발사하였고, 2020년 시스템 완성을 목표로 하고 있습니다. 각 나라별 시스템의 특징은 [표 9.1]에 정리하였습니다.

BeiDOU 구축비용으로 총 90억 달러(약 10조 1,500억 원)가 투입되며, 미국의 GPS 운용에도 매년 10억 달러(약 1조 2,000억 원) 정도의 비용이 사용된다고 하니 정말 엄청난 시스템입니다. 현재 항공 및 군용시스템은 물론 우리가 일상생활에서 사용하는 스마트폰에도 GPS가 들어와 있을 만큼 활용도가 높은 시스템이 되었고, 현재는 무료로 신호가 제공되고 있지만 유사시에 신호를 막아버리면 엄청난 혼란이 올 것입니다. 이처럼 천문학적 비용이 들어가는 시스템을 구축하고 운용하는 나라들은 미국과 경쟁할 수 있을 정도의 국력을 가지고 있으며, 독자적인 항법시스템을 통해 관련 서비스와 산업에서 이익을 창출[30]할 목적도 있겠지만 미국의 GPS에 의존하지 않고 유사시에 대비하고자 하는 목적이 가장 크다고 할 수 있습니다.

28 PNT(Position, Navigation and Timing) 시스템이라고 하며, 위치, 항법, 시간에 대한 정확한 표준을 제공하는 국가 인프라 시스템을 말함.

29 이탈리아의 과학자 갈릴레오 갈릴레이의 이름을 따서 명명함.

30 2010년도에 미국 내에서만 GPS 관련으로 창출된 이익이 96억 달러(11조 5,200억 원)라고 함.

[표 9.1] 국가별 위성항법시스템(GNSS) 비교

GNSS	GPS	GLONASS	GALILEO	BeiDOU
Coverage	Global Operating	Global Operating	Operating since 2016 Global by 2020	Regional, global by 2020
Coding	CDMA	FDMA	CDMA	CDMA
Altitude	20,180 km(12,540 mi)	19,130 km(11,890 mi)	23,222 km(14,429 mi)	21,150 km(13,140 mi)
Period	11.97 h(11 h 58 min)	11.26 h(11 h 16 min)	14.08 h(14 h 5 min)	12.63 h(12 h 38 min)
Satellites	31, [21] 24 by design	24 by design 24 operational 1 commissioning 1 in flight tests[20]	26 in orbit 6 to be launched[19]	23 in orbit(Oct 2018) 35 by 2020[18]
Frequency	1.563~1.587 GHz(L1) 1.215~1.2396 GHz(L2) 1.164~1.189 GHz(L5)	1.593~1.610 GHz(G1) 1.237~1.254 GHz(G2) 1.189~1.214 GHz(G3)	1.559~1.592 GHz(E1) 1.164~1.215 GHz(E5a/b) 1.260~1.300 GHz(E6)	1.561098 GHz(B1) 1.589742 GHz(B1-2) 1.20714 GHz(B2) 1.26852 GHz(B3)
Precision	15 m (no DGPS or WAAS)	4.5~7.4 m	1 m(Public) 0.01 m(Encrypted)	10 m(Public) 0.1 m(Encrypted)

1983년부터 세계 최초로 서비스가 시작되었고, 현재도 가장 많은 사용자가 이용하고 있는 미국의 **GPS** 시스템을 기준으로 위성항법시스템을 알아보겠습니다.

9.3.1 GPS 좌표계

GPS 좌표계는 지구상의 어느 한 지점의 위치를 나타내기 위한 기준좌표(reference coordinate system)를 사용하는데, 기준좌표를 정의하기 위해 울퉁불퉁한 지구를 매끈한 수학적인 타원체(reference ellipsoid)로 모델링합니다. 현재는 1984년도에 미국 국방성(DoD)[31]이 군용 및 GPS 사용목적으로 채택한 WGS-84(World Geodetic System-1984) 좌표계[32]를 사용하고 있습니다. 지구 질량중심에 좌표 원점을 놓고 장반경(semi-major axis)은 6,378,137.0 m, 단반경(semi-minor axis)은 6,356,752.3142 m인 타원체 지구를 기준으로 한 좌표계입니다.

3차원의 위치를 표시하는 가장 일반적인 방법은 [그림 9.22]처럼 위도, 경도, 고도의 (ϕ, λ, h)로 표시하는 방식입니다.[33] 경도(longitude)는 λ로 표기하며 그리니치 천문대(Royal Observatory Greenwich)를 지나는 자오면(meridian plane)과 임의의 점의 자오면이 이루는 각을 의미하고, 위도(latitude)는 ϕ로 표기하며 임의의 점에서 타원체에 대한 법선이 적도면과 이루는 각을 가리킵니다. 예를 들어, 인하공업전문대학은 경도 126°, 위도 37°에 위치하고 있습니다.

31 Department of Defense

32 세계지구좌표계 또는 세계측지계라고 함.

33 (x, y, z) [m]로도 표시할 수 있으며 좌표변환을 통해 상호 변환이 가능하며, GPS 수신기에서도 사용자의 선택에 따라 두 종류의 위치정보가 출력됨.

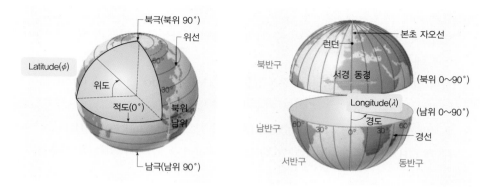

[그림 9.22] 위성항법시스템(GNSS) 좌표계

9.3.2 GPS 개요

GPS는 미국 육·해·공군이 군사목적으로 함께 이용할 수 있도록 1978년에 첫 항법위성을 발사하면서 미국 국방성(DoD)의 주도로 개발하기 시작했습니다.[34] 1983년 미국의 레이건 대통령이 민간부문에 GPS의 무료사용을 허용하였고[35], 이후 광범위하게 사용되고 있습니다.

① [그림 9.23(a)]와 같이 지구 대기권 밖 궤도상에 위치한 24개의 인공위성을 이용하여 전 세계 어디에 있든, 24시간 전천후로 항법서비스를 제공할 수 있으며, 사용자 수의 제한 없이 무제한으로 이용이 가능(one-way system)합니다.

[34] GPS는 개발 초기에 NAVSTAR (NAVigation System with Time And Ranging)라고도 불림.

[35] 1983년 소련 영공에서 격추된 대한항공 007편 사고(269명 사망)를 계기로 GPS를 민간부문에 개방할 것을 공표함.

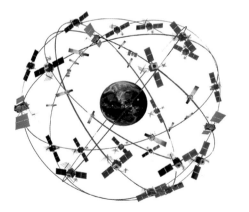

(a) GPS 위성군(6개 궤도면)

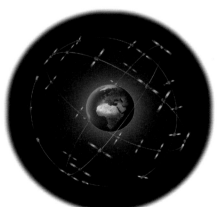

(b) GALILEO 위성군(3개 궤도면)

[그림 9.23] DME 거리정보 표시 계기

② 이를 위해 경도상에 60° 간격으로 6개의 궤도면[36]에 각각 4개씩의 위성이 불규칙적으로 배치되어 있으며, 이 중 21개가 항법에 사용되고, 3개의 위성은 예비용으로 배치되어 있습니다.

③ GPS 위성은 21,000 km 상공의 중고도 궤도(MEO, Middle Earth Orbit)에서 약 12시간(11시간 58분)을 주기로 지구 주위를 돕니다.

④ 통신방식은 코드분할 다중접속(CDMA)[37] 방식으로 L-band 반송파(L1 주파수는 1.575 GHz, L2 주파수는 1.2276 GHz, L5 주파수는 1.1765 GHz)를 이용합니다.

9.3.3 GPS 위치 측정원리와 오차

(1) GPS 위치 측정원리

GPS는 위성에서 수신기까지 전파가 도달하는 시간을 측정하여 3차원 위치를 계산합니다. GPS 위성에는 굉장히 정확한 세슘(Cs) 원자시계(atomic clock) 2대와 루비듐(Rb) 원자시계 2대가 탑재되어 있어서 3차원 위치정보뿐만 아니라 3차원 속도(ground speed)정보와 함께 정확한 시간정보도 제공합니다. 이 원자시계는 아주 정확하여 오차가 3만 6천 년에 1초 정도이며, GPS에서 제공되는 정확한 시간정보는 시각동기(time synchronization)[38]에 사용됩니다.

이제 GPS의 위치 측정원리에 대해 알아보겠습니다. [그림 9.24]와 같이 지구 위에

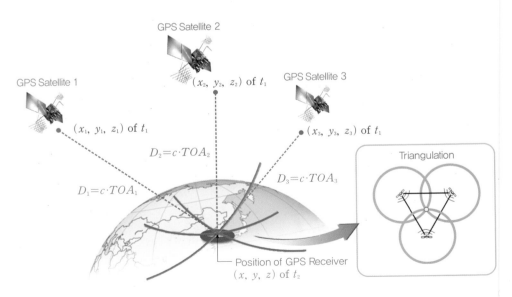

[그림 9.24] GPS의 위치측정원리

서 GPS 안테나와 수신기를 가진 사용자의 위치를 (x, y, z)라고 하고, 각 위성의 위치를 (x_i, y_i, z_i)라고 가정합니다.

① GPS 위성은 위성번호, 위성의 위치, 시간 등이 포함된 정보를 L밴드 반송파에 실어서 시간 t_1초에 전파를 발사합니다. 이 정보는 C/A코드(Course Acquisition code)와 P코드(Precise code)의 2종류가 있으며, C/A코드는 민간 상업용으로 개방되어 있고 P코드는 암호화된 Y코드로 변경하여 미군이나 미국방성의 승인을 받은 경우에만 이용할 수 있습니다.[39]

② 지상의 GPS 안테나와 수신기는 시간 t_2초[40]에 이 전파를 수신하여 위성으로부터 도달하는 데까지 소요된 시간($TOA = t = t_2 - t_1$)을 계산하는데[41], 전파의 속도($c = 30$만 km/s)와 곱하면 위성과 사용자 사이의 거리는 식 (9.7)로 구할 수 있습니다.[42]

③ 식 (9.7)은 원의 방정식(circle equation)으로, 수신기는 위성을 중심으로 반경 D인 원의 어딘가에 위치하게 되며, 전파를 송신하는 위성과 수신하는 지상수신기는 모두 시간이 측정되도록 시계가 있어야 하고 양쪽 시간은 동기화되어야 합니다.

$$\begin{cases} D_1 = c \cdot \Delta t = \sqrt{(x - x_1)^2 + (y - y_1)^2 + (z - z_1)^2} \\ D_2 = c \cdot \Delta t = \sqrt{(x - x_2)^2 + (y - y_2)^2 + (z - z_2)^2} \\ D_3 = c \cdot \Delta t = \sqrt{(x - x_3)^2 + (y - y_3)^2 + (z - z_3)^2} \end{cases} \tag{9.7}$$

④ 식 (9.7)에서 미지수는 GPS 수신기의 위치 (x, y, z)이므로 3개의 방정식을 연립하여 풀면 사용자의 위치좌표 3개를 구할 수 있습니다.

⑤ 이때 GPS의 원자시계는 매우 정확한 반면, 지상 수신기의 시계는 부정확하므로 방정식에는 시간오차(ΔT_e)가 포함됩니다. 이 시계오차까지도 미지수로 고려하면 총 4개의 미지수가 존재하므로, 1개의 위성신호를 추가하여 식 (9.4)와 같이 총 4개의 위성신호를 수신하여 연립방정식을 풀게 됩니다.

$$\begin{cases} D_1 = c \cdot (\Delta t + \Delta T_e) = \sqrt{(x - x_1)^2 + (y - y_1)^2 + (z - z_1)^2} \\ D_2 = c \cdot (\Delta t + \Delta T_e) = \sqrt{(x - x_2)^2 + (y - y_2)^2 + (z - z_2)^2} \\ D_3 = c \cdot (\Delta t + \Delta T_e) = \sqrt{(x - x_3)^2 + (y - y_3)^2 + (z - z_3)^2} \\ D_4 = c \cdot (\Delta t + \Delta T_e) = \sqrt{(x - x_4)^2 + (y - y_4)^2 + (z - z_4)^2} \end{cases} \tag{9.8}$$

39 스마트폰 및 차량 내 비게이션에서는 C/A 코드를 사용하며, P코드는 P(Y)코드라고도 함.

40 GPS에서 출력되는 시간은 그리니치 천문대를 기준으로 한 협정세계시(UTC)를 사용하므로 대한민국은 +9시간을 더해주어야 함.

41 이와 같은 전파항법방식을 TOA(Time of Arrival) 방식이라고 함.

42 이동거리(R) = 속도(c) × 소요시간(Δt)

[그림 9.24]와 같이 수평면에서 본 GPS의 위치 측정원리는 삼각측량법(triangulation)에 근거한 위치측정원리이고, 통신사에서 제공해주는 위치추적 서비스도 핸드폰과 각 지구국의 통신시간을 기반으로 같은 원리를 적용하여 위치를 구하는 방식이 적용됩니다.

식 (9.8)에서 해(위치)를 구하기 위해서는 최소 4개의 방정식이 필요합니다. 최소 4개의 방정식이 필요하다는 의미는 최소 4개 이상의 위성으로부터 신호를 받아야 한다는 것이고, 이러한 이유로 [그림 9.23]과 같이 궤도면에 위성을 배치하면 지구 어느 위치에 있든지 최소 6개의 위성이 관측되므로 GPS 신호를 수신할 수 있습니다.

(2) GPS 위치오차

GPS의 위치 정확도는 어느 정도일까요?

① 우선 군사용 코드(P코드)와 민간용 코드(C/A코드)에 따라 차이가 나고, 수평보다는 수직오차(고도 오차)가 더 큽니다.

② 초기에 GPS 신호를 민간에 개방하면서 GPS 활용에 따른 위험성을 방지하고자 의도적으로 오차를 발생시키는 방법을 사용하였는데, 초기 GPS 신호에는 선택적 허용오차(SA, Selectable Availability)가 포함되어 GPS의 초기 오차는 25~35 m 정도였습니다.[43]

③ 2001년 클린턴 행정부가 SA 오차를 제거하고 서비스를 제공하기 시작하였으며[44], 현재 민간용 GPS의 수평오차는 10 m보다 작으며, 수직오차는 15 m보다 작습니다.[45]

④ 이에 비해 GPS 속도의 정확도는 수십 cm/s로 매우 정확하지만, GPS 속도는 대지속도(GS, Ground Speed)이므로 항공기에서는 바람에 의한 영향 때문에 직접적으로 항공기 속도계를 대신하여 사용하기가 어렵습니다.[46]

[그림 9.25]는 GPS 위치시험 데이터로, 필자가 GPS 안테나와 수신기를 건물 옥상의 한 지점에 고정시켜 설치하고 24시간 이상 위치 데이터를 받은 결과입니다. [그림 9.25(a)]의 결과는 무인기에 사용되는 10만 원대 수신기(스위스 UBLOX)에서 받은 결과이고, [그림 9.25(b)]에 사용된 수신기는 3천만 원대의 고급 수신기(캐나다 Novatel)입니다. 그림에서 좌표 (0, 0)의 위치가 안테나가 설치된 위치이며, UBLOX 수신기는 약 −10~+20 m 정도의 오차를 보이고, Novatel 수신기는 약 ±3 m 이내의 오차를 보임을 알 수 있습니다.[47] 동적으로 움직이지 않고 정지한 상태에서의 정적 시험 결과이므로 항공기와 같이 빠른 속도에서 3차원으로 움직이는 이동체에서는 오차가 더 커지게 됩니다.

43 수평방향보다는 수직방향 쪽 오차가 크므로 고도 오차 쪽이 더 크게 나옴.

44 미국연방항공청(FAA)에서 독립적인 전파항법을 유지하는 것보다 GPS를 함께 이용하면 재정적으로 유리하다는 요청에 의해 2001년 5월 1일부터 SA가 제거됨.

45 GPS만 단독으로 사용하는 경우이고, GLONASS나 GALILEO 신호를 함께 수신하여 위치를 결정하면 신뢰도가 좋아지고 오차는 더 작아짐.

46 2.6.2절 '속도의 종류' 참고

47 Novatel 수신기는 L1, L2 반송파를 모두 수신하여 위치를 측정하는 방식으로 매우 정확함.

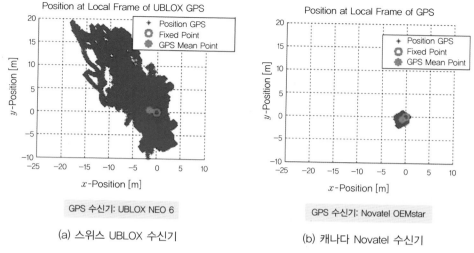

[그림 9.25] GPS 위치오차 시험결과

(a) 스위스 UBLOX 수신기
GPS 수신기: UBLOX NEO 6

(b) 캐나다 Novatel 수신기
GPS 수신기: Novatel OEMstar

GPS 오차의 요인으로는 SA, 시계오차, 궤도오차 및 위성으로부터 수신기까지 전달되면서 발생하는 전리층 오차, 대류권 오차, 다중경로(multipath) 오차 등이 있으며, GPS 위치 정확도에 영향을 미칩니다.[48]

(3) 위성분포에 따른 GPS 오차(DOP)

GPS의 위치오차는 앞에서 언급한 시계오차, 전리층 오차 등으로 구성되며, 수신기의 성능과 전혀 무관하게 위성들의 배치(기하학적 형상)에 따라서도 오차가 발생합니다. 식 (9.8)과 같이 GPS는 수신된 위성신호를 바탕으로 연립 방정식을 풀어 위치를 구하는데, 결국 [그림 9.26]과 같이 여러 원(circle)[49]이 겹치는 점이 위치해가 됩니다.

[그림 9.26(a)]와 같이 위성 분포가 균일한 경우는 [그림 9.26(b)]와 같이 위성이 밀집되어 몰려 있는 경우보다 원의 겹치는 영역이 작아지므로 위치해의 오차가 작아집니다. 이와 같이 위치를 구하기 위해 위성들을 선택할 때 만들어지는 기하학적 형상에 의해서도 GPS의 위치오차는 영향을 받게 되며, 이러한 영향을 나타내는 정량적 수치로 정도 저하율(DOP, Dilution Of Precision)을 사용합니다.

수평면에서의 DOP를 HDOP(Horizontal DOP)라 하고, 수직면에서의 DOP를 VDOP(Vertical DOP)라고 하며, 3차원 위치에 대한 PDOP(Position DOP)를 식으로 나타내면 식 (9.9)와 같습니다.

$$(\text{PDOP})^2 = (\text{HDOP})^2 + (\text{VDOP})^2 \tag{9.9}$$

[48] SA가 제거된 후에는 전리층 오차에 의한 시간지연 오차가 가장 큰 오차요인이 됨.

[49] 식 (9.7), (9.8)은 원의 방정식(equation of circle) 형태임($x^2 + y^2 = R^2$).

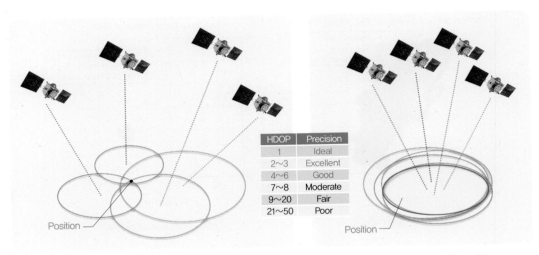

HDOP	Precision
1	Ideal
2~3	Excellent
4~6	Good
7~8	Moderate
9~20	Fair
21~50	Poor

(a) 위성 분포가 균일한 경우   (b) 위성 분포가 밀집된 경우

[그림 9.26] 위성의 분포에 따른 위치오차(DOP)

[그림 9.26]의 표와 같이 DOP는 수치가 작을수록 위치오차가 작음을 나타내며, 가시위성이 많을수록 위치해의 정확도가 올라가기 때문에 DOP의 값은 작아집니다.[50] 따라서, GPS 수신기는 현재 보이는[51] 모든 위성을 사용하여 위치를 구하는 것이 가장 좋지만, 계산량이 너무 많아지고 수신기가 고성능이어야 하므로 적당한 위성 수를 결정하여 위치를 구해야 합니다. GPS 수신기는 현재 신호를 수신할 수 있는 위성들의 여러 가지 조합을 만들고, DOP를 내부적으로 계산하고 비교하여 사용할 위성을 선택하게 됩니다.

9.3.4 위성항법 오차보정시스템

(1) 위성항법 보정기법

GPS의 응용분야는 매우 다양합니다. 항공기, 선박, 자동차의 항법장비뿐 아니라, 토목분야의 정밀측량, 지도제작 등에도 활용되고 있으며, 최근에는 스마트폰에 기본 장치로 탑재되어 일상생활에서도 매우 유용하게 사용되고 있습니다. 따라서 다양한 활용분야에 따라 요구되는 위치 정확도가 달라지는데, GPS의 오차를 제거하여 위치 정확도와 신뢰도를 높이기 위한 다양한 연구가 수행되어 왔습니다.

가장 대표적인 방법은 차분 GPS로 불리는 DGPS(Differential GPS) 방법과 실시간 이동측량 방식인 RTK(Real Time Kinematics)로, 이외에도 여러 알고리즘 기법이 개발되어 있습니다.

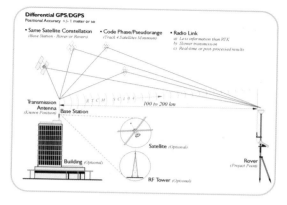

(a) Differential GPS

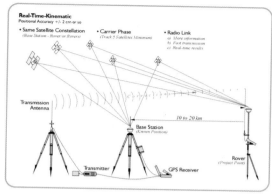

(b) Real Time Kinematics

[그림 9.27] 위성항법 보정기법

① DGPS(Differential GPS)는 위치 정확도 향상을 위해 [그림 9.27(a)]처럼 정확한 위치를 알고 있는 지점(기준국)에 GPS 안테나와 수신기를 설치하고, GPS의 위치 데이터를 정확한 위치와 비교하여 GPS의 시간오차, 궤도오차, 전파지연오차 등 각종 오차를 찾아냅니다. 찾아낸 오차로부터 거리 오차 보정값(range correction)을 산출하여 통신을 통해 주변 GPS 사용자에게 전달하여 오차를 보정하는 방식입니다. DGPS의 위치정밀도는 1~3 m 정도이며, 100~200 km 정도의 커버리지를 갖습니다.

② 실시간 이동 보정 방식인 RTK(Real Time Kinematics)는 [그림 9.27(b)]와 같이 정밀한 위치를 확보한 기준점의 반송파 오차보정값을 이용하여 사용자가 실시간으로 정밀한 위치를 얻을 수 있는 방식이며, 주로 측량 및 측지 분야에서 사용됩니다. RTK의 위치정밀도는 cm급이며, DGPS보다 작은 10~20 km 정도의 커버리지를 갖습니다.

우리나라 해양수산부에서는 [그림 9.28]과 같이 1999년부터 시작하여 현재 전국 17 곳에 DPGS 보정 기준국(reference station)과 17곳의 감시국[52](integrity station)을 설치하여 중파(MF) 라디오 방송을 이용해 보정정보를 실시간으로 송출하고 있으며 주로 선박용 항법에 이용되고 있습니다.[53]

[그림 9.25]의 GPS 위치오차 시험에서 사용하였던 수신기 및 안테나와 수신기의 성능사양을 [그림 9.29]에 나타내었습니다. 캐나다 Novatel사의 수신기로 DGPS 알고리즘을 적용하면 0.4 m, RTK 알고리즘을 사용하면 단일 안테나와 수신기로 최대 1 cm까지 정확한 위치를 구할 수 있습니다.

[52] 기준국으로부터 일정 거리가 떨어진 지점에 설치하여 보정 기준국의 위성오차 보정신호의 상태 및 이상 유무를 감시함.

[53] 국제표준포맷(RTCM SC-104)에 따라 중파(283.5~325 kHz)로 보정정보를 실시간으로 방송함.

[그림 9.28] 해양수산부의 DGPS 시스템

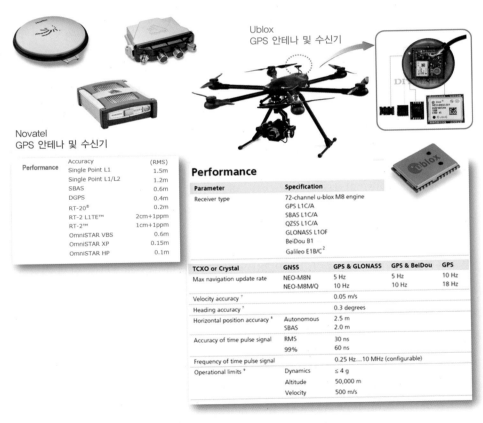

Ublox
GPS 안테나 및 수신기

Novatel
GPS 안테나 및 수신기

Performance	Accuracy	(RMS)
	Single Point L1	1.5m
	Single Point L1/L2	1.2m
	SBAS	0.6m
	DGPS	0.4m
	RT-20®	0.2m
	RT-2 L1TE™	2cm+1ppm
	RT-2™	1cm+1ppm
	OmniSTAR VBS	0.6m
	OmniSTAR XP	0.15m
	OmniSTAR HP	0.1m

Performance

Parameter	Specification
Receiver type	72-channel u-blox M8 engine
	GPS L1C/A
	SBAS L1C/A
	QZSS L1C/A
	GLONASS L1OF
	BeiDou B1
	Galileo E1B/C [2]

TCXO or Crystal	GNSS	GPS & GLONASS	GPS & BeiDou	GPS
Max navigation update rate	NEO-M8N	5 Hz	5 Hz	10 Hz
	NEO-M8M/Q	10 Hz	10 Hz	18 Hz
Velocity accuracy [7]		0.05 m/s		
Heading accuracy [7]		0.3 degrees		
Horizontal position accuracy [8]	Autonomous	2.5 m		
	SBAS	2.0 m		
Accuracy of time pulse signal	RMS	30 ns		
	99%	60 ns		
Frequency of time pulse signal		0.25 Hz...10 MHz (configurable)		
Operational limits [9]	Dynamics	≤ 4 g		
	Altitude	50,000 m		
	Velocity	500 m/s		

[그림 9.29] GPS 수신기 및 안테나

흥미로운 점은 거의 같은 수신기 하드웨어로 **CPU**에 탑재되는 적용 알고리즘만 변경하면 정확도와 성능이 향상되며, 적용 알고리즘이 추가될 때마다 수백~수천만 원 정도의 가격이 올라간다는 것입니다. 항공전자 분야를 굉장한 고부가가치산업으로 말하는 것도 이러한 이유 때문입니다. 또한 무인기용 **UBLOX** 수신기도 **GPS**와 **GLONASS** 및 **BeiDOU**의 신호까지도 함께 수신하여 위치를 제공하며, 최대 10 Hz의 갱신속도를 제공합니다. 1990년도 후반이나 2000년도 초반에 이 정도급의 **GPS** 수신기는 수백~수천만 원대 수신기에서나 가능한 성능이었으니 기술의 발전속도가 정말 놀랍습니다.

(2) 항공용 위성항법보정시스템

DGPS 기법을 항공용 위성항법시스템에 이용하는 항공용 위성항법보정시스템에 대해 알아보겠습니다. **GPS** 자체는 10~15 m의 위치오차를 가지며, 안전성을 최우선으로 하는 항공용으로 이용하기 위해서는 위치정확도의 향상뿐 아니라 신호의 정확성(accuracy), 신뢰성(reliability), 무결성(integrity) 등이 보장되어야 합니다. 즉, **GPS** 신호를 차단하는 재밍(jamming)이나 위조된 **GPS** 신호로 혼란을 일으키는 스푸핑(spoofing) 등에 영향을 받지 않아야 합니다.

항공용 위성항법보정시스템으로 현재 개발되어 설치되고 있는 시스템은 2가지 방식이 있는데, 근거리 오차보정시스템인 **GBAS**(Ground Based Augmentation System)[54]와 광역 오차보정시스템인 **SBAS**(Satellite Based Augmentation System)가 있습니다.

54 '근거리 오차보강시스템', '광역 오차보강시스템'이라고도 함.

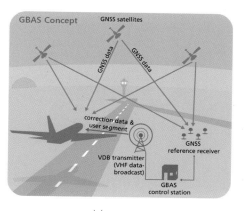

(a) GBAS   (b) SBAS

[그림 9.30] GBAS와 SBAS

① 근거리 오차보정시스템인 GBAS의 초기 명칭은 LAAS(Local Area Augmentation System)입니다. [그림 9.30(a)]와 같이 DGPS 보정정보를 생성하는 보정기준국을 공항에 설치하여 공항 근처에서 비행하는 항공기들에 보정정보를 송신하는 방식으로 위치정밀도를 높입니다.

② 광역 오차보정시스템인 SBAS는 미국에서 제안한 방식으로 초기 명칭은 WAAS (Wide Area Augmentation System)입니다. [그림 9.30(b)]와 같이 지상의 보정기준국에서 계산된 보정정보를 위성으로 올려주고, 위성에서 보정정보를 뿌려주는 방식으로 아주 넓은 영역에 서비스를 제공할 수 있습니다.

광역 위치오차 보정시스템인 SBAS는 [그림 9.31]과 같이 미국의 WAAS[55], 유럽연합(EU)의 EGNOS[56](European Geostationary Navigation Overlay Service), 일본의 MSAS[57](Multi-functional Satellite Augmentation System), 인도의 GAGAN[58](GPS And GEO Augmented Navigation), 러시아의 SDCM(System for Differential Corrections and Monitoring) 등 국가별로 자체적인 광역보정시스템을 구축하고 있습니다.

일본의 MSAS와 비슷한 영역을 서비스하는 경우에는 보정 위성 2~3개로도 충분하므로 대한민국도 2015년부터 한국항공우주연구원 주관으로 국토교통부에서 한국형 SBAS인 KASS(Korea Augmentation Satellite System)[59]를 개발 중에 있습니다. 2022년 하반기에 서비스를 시작할 계획이며, KASS가 구축되면 전용 수신기를 통해 오차 1 m 이하의 매우 정확한 위치정보를 사용할 수 있게 됩니다.

55 미연방항공청(FAA)이 개발한 광역보정시스템으로 2003년 말 개통되었으며, 미국 전역에 25개의 보정기준국이 설치됨.

56 유럽과 아프리카에 총 44개의 보정기준국을 설치함.

57 일본 내 총 4개의 보정기준국을 설치함.

58 'The Sky'란 뜻으로 인도 전역에 8개의 보정기준국을 구축함.

59 일본의 MSAS와 같이 국소적인 커버리지를 갖는 경우는 보정위성 2개 정도로 서비스가 가능함.

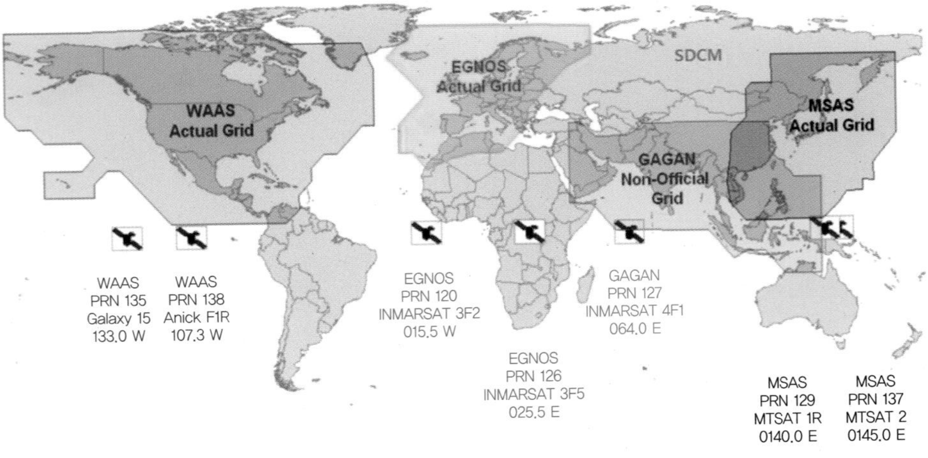

SDCM
EGNOS
Actual Grid
WAAS
Actual Grid
MSAS
Actual Grid
GAGAN
Non-Official
Grid
WAAS
PRN 135
Galaxy 15
133.0 W
WAAS
PRN 138
Anick F1R
107.3 W
EGNOS
PRN 120
INMARSAT 3F2
015.5 W
GAGAN
PRN 127
INMARSAT 4F1
064.0 E
EGNOS
PRN 126
INMARSAT 3F5
025.5 E
MSAS
PRN 129
MTSAT 1R
0140.0 E
MSAS
PRN 137
MTSAT 2
0145.0 E

[그림 9.31] 국가별 광역 위성항법보정시스템(SBAS)

9.4 자립항법시스템

9.4.1 관성항법장치(INS)

지금까지 알아본 전파항법 및 위성항법시스템은 지상무선국이나 인공위성과 같이 외부에서 전파를 송신하는 시스템과 보조시설이 반드시 필요합니다. 자립항법시스템 (self-contained system)은 이러한 외부 시스템이나 시설의 도움 없이 항공기에 장치된 각종 센서를 이용하여 항법정보를 계산하는 방식으로, 날씨, 지형, 전파방해 등의 외부환경에도 강건한 특성을 제공할 수 있는 능동형 항법시스템입니다. INS(Inertial Navigation System)로 부르는 관성항법장치가 자립항법의 대표적인 시스템으로 잘 알려져 있고 항공기의 메인 항법시스템으로 활용되고 있습니다.

관성항법장치는 제2차 세계대전 중 독일의 액체연료 로켓 V2에 사용하기 위해 개발되었으며[60], 그 후 장거리 미사일과 우주 로켓의 궤도 제어장치로 개발되어 성능이 현저하게 향상되었습니다. 민간 항공기용으로는 1969년에 최초로 보잉사의 B-747 항공기부터 장거리용 항법장치로 사용되기 시작하였습니다.

항공 및 전자기술의 발전에 따라 [그림 9.32]와 같이 크기가 점점 소형화되고, 정밀도와 신뢰성이 높아졌으며 가격도 낮아지는 등 실용성에 따른 개량이 계속되어 현재는 무인기 및 드론, 무인자동차 등에도 장착되는 핵심 시스템으로 활용되고 있습니다.

> 60 독일에서 영국이나 프랑스를 미사일로 폭격하기 위해서 정밀하게 위치를 구하는 항법장치로 개발됨.

[그림 9.32] 관성항법장치(INS)

9.4.2 관성항법장치의 원리

관성항법장치(INS)의 원리에 대해 알아보겠습니다. 관성항법장치는 뉴턴(Newton)의 제1법칙인 관성의 법칙과 제2법칙[61]을 이용한 장치입니다. [그림 9.33]과 같이 직선의 한 점(A)에 정지해 있는 물체가 힘을 받아 직선상을 이동하기 시작하면, 물체는 가속

> 61 질량이 m인 물체에 힘(F)이 작용하면 물체는 그 힘에 비례해서 가속도(a)가 생김 ($F = ma$).

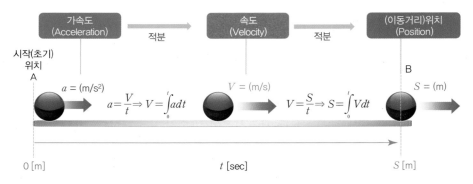

[그림 9.33] 1차원에서의 가속도-속도-거리의 관계

도(acceleration)가 생기게 됩니다. 매 시간(t)마다 물체의 가속도(a)를 측정하여 시간에 대해 적분하면 물체의 속도(V)를 구할 수 있고, 속도를 시간에 대해 다시 한 번 적분하면 그 시간까지의 이동거리(S)를 계산할 수 있게 됩니다. 이 이동거리를 초기 시작점(A)을 기준으로 계속 누적시키면 이동한 위치를 구할 수 있습니다.

위에서 설명한 방식은 1차원의 한 방향만을 가정하고 설명한 것으로, 이 방식을 3차원 공간으로 확장하면 [그림 9.34]에 나타낸 관성항법장치의 원리가 되며, 식으로 유도하면 다음과 같이 항법방정식으로 정리됩니다. 식 (9.10)은 항법방정식 중 위치(P)

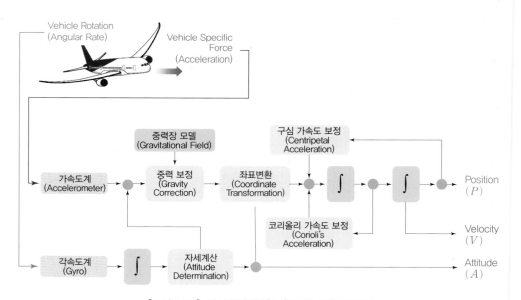

[그림 9.34] 관성항법장치(INS)의 알고리즘 구성도

를 미분한 속도방정식을 나타내고, 식 (9.11)은 속도(V)를 미분한 가속도 방정식이며, 식 (9.12)는 자세계산을 위한 미분방정식입니다.

$$\mathbf{V} = \frac{d\mathbf{P}}{dt}\bigg|_E \tag{9.10}$$

$$\mathbf{A} = \frac{d\mathbf{V}}{dt}\bigg|_E = \mathbf{F} - 2\mathbf{\Omega} \times \mathbf{V} + \mathbf{\Omega} \times \mathbf{\Omega} \times \mathbf{P} + \mathbf{G} \tag{9.11}$$

$$\dot{\mathbf{q}} = \frac{1}{2}\boldsymbol{\omega}\mathbf{q} \tag{9.12}$$

식 (9.11)에서 첫 번째 항은 선형가속도 항으로 가속도계에서 측정되며, 두 번째 항 ($2\mathbf{\Omega} \times \mathbf{V}$)는 코리올리 가속도(Coriolis acceleration)를, 세 번째 항 ($\mathbf{\Omega} \times \mathbf{\Omega} \times \mathbf{P}$)는 구심가속도(Centripetal acceleration)를 나타내며, 마지막 항 $\mathbf{G}$는 항공기에 작용하는 중력가속도를 나타냅니다. 결국 가속도계에서 측정된 항공기의 가속도에는 이 값들이 모두 포함되어 있기 때문에 코리올리 가속도와 구심가속도 및 중력가속도를 제거하여 이동 속도 및 위치에 영향을 주는 항공기의 선형가속도만을 구해야 합니다.

① 항공기는 3차원 공간상에서 움직이므로, 서로 직교하는 세 방향의 가속도를 측정해야 하고, 항공기가 회전하면 자세각이 변화하여 가속도의 방향도 변화하므로 회전상태(각속도)도 측정하여 자세변화(자세각)도 함께 알아내야 합니다.

② 따라서 관성항법장치에는 필수적인 센서로 가속도계(accelerometer)와 자이로 (gyro)가 필요하며, 이 두 센서를 합쳐서 관성측정장치(IMU, Inertial Measurement Unit)라고 합니다.

③ 자이로는 7장에서 공부한 것과 같이 각속도를 측정하는 센서이고, 각속도를 적분하면 각도가 되므로 항공기의 각속도를 측정하여 적분하면 항공기의 자세각 (attitude angle)인 롤각(roll angle), 피치각(pitch angle), 요각(yaw angle)을 구할 수 있습니다.

④ 구해진 자세각을 이용한 좌표변환 행렬[62](coordinate transformation matrix)을 이용하여 가속도를 항공기의 회전방향으로 돌린 후에 적분을 하면 3차원에서 회전하면서 이동하는 항공기의 속도와 위치를 계산할 수 있습니다.

관성항법장치 내의 자이로는 각속도를 측정하여 적분을 통해 정밀하게 자세각을 구할 수 있지만 항공기의 요각을 지구 자북(magnetic north)에 대한 기수방위각으로 변환할 수 없는 단점이 있습니다. 따라서, 지구의 북쪽 방향인 자북을 알아내기 위해 지구자기장을 측정하는 3축 지자기계(magnetometer)가 추가적으로 필요하며, 이를 통해

62 가속도계와 자이로가 장착된 동체좌표계(body coordinate)를 항법좌표계(navigation coordinate)로 변환하는 행렬임.

63 6.3.3절의 마그네토미터를 참조하고, INS 중 자세각 계산기능만을 추출한 장치가 자세 및 방위각 기준장치인 AHRS임.

관성항법장치는 초기 항공기의 기수방위각(initial heading angle)을 계산해냅니다.[63] 이 과정을 초기 정렬(initial alignment)이라고 하며, 초기 요각 정보를 방위각(heading)으로 변환하는 기능뿐 아니라 피치각과 롤각의 초기치도 구해내는 과정입니다. 따라서 관성측정장치(IMU)에는 가속도계, 각속도계 및 지자기계가 모두 포함되며, INS 장치는 전원을 공급받고 가동을 시작하면 초기 정렬 과정을 무조건 수행한 후에 항법 정보를 구하여 출력하게 됩니다.

핵심 Point 관성항법장치(INS)

- 대표적인 자립항법시스템으로, 현재까지 민간 항공기의 장거리 항법장치의 메인장치로 사용되고 있다.
- 관성측정장치(IMU)에서 측정된 가속도(acceleration) 및 각속도(angular rate)를 적분하여 속도(velocity), 위치(position), 자세(attitude) 등 핵심적인 비행정보 및 항법정보를 제공한다.
- 관성측정장치(IMU)는 센서의 개념이고, 관성항법장치(INS)는 적분, 좌표변화 및 필터 등의 수치계산 등 관성항법 알고리즘이 탑재된 개념이다.

9.4.3 관성항법장치의 좌표계

항법시스템에서는 여러 가지 좌표계가 사용됩니다. 식 (9.10), (9.11), (9.12)의 항법방정식은 뉴턴의 법칙이 성립하는 관성좌표계에서 성립되는 법칙으로 [그림 9.35]의 지심좌표계(ECEF, Earth-Centered, Earth-Fixed coordinates)가 사용됩니다.

지심좌표계는 좌표 원점(O)이 지구 중심과 일치하고 지구와 함께 자전하는 좌표계로 λ(경도), ϕ(위도), h(고도) 또는 (x_e, y_e, z_e) [m] 좌표의 사용이 가능합니다. x_e축은 본초 자오선(prime meridian)과 적도가 만나는 점을 지나는 직선이고, z_e축은 북극점을 지나는 직선으로 정의됩니다.

① 지구 표면 근처에서 비행하는 항공기의 위치를 ECEF 좌표계의 (x_e, y_e, z_e) [m]로 나타내면, 6백만 m 정도의 지구 반지름 길이가 포함되므로 항공기의 위치를 나타낼 때 매우 비효율적이며, 지구 북쪽 방향에 대한 위치를 파악하기가 힘들어집니다.

② 따라서 관성항법장치를 포함한 항법시스템에서는 항법좌표계(navigation coordinate)를 사용합니다.[64] 항법좌표계는 [그림 9.35]와 같이 지구표면의 어떤 특정한 지점에 고정된 원점(E)을 정하고 원점에 접하는 수평면에서 동쪽을 x축,

64 지도에서 방향과 거리를 정할 때 북쪽을 기준으로 생각하는 방식을 좌표계로 도입함.

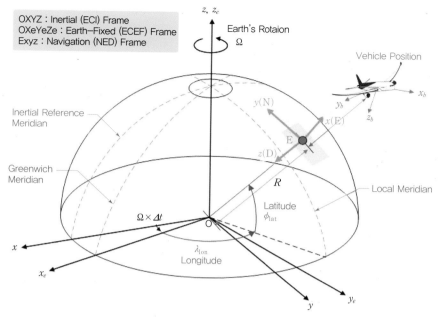

[그림 9.35] 항법시스템의 좌표계

북쪽을 y축으로 정하면, z축은 하늘 위쪽방향으로 정해집니다.

③ 이렇게 정의된 항법좌표계에서 항공기 및 이동체의 위치 및 방위각을 표현하면 우리가 익숙한 지도에서 방향과 거리를 정하는 방법과 같아져 비행체의 방향과 거리를 직관적으로 이해할 수 있게 됩니다.

④ 동쪽(E), 북쪽(N), 위쪽(U)을 3축으로 설정한 항법좌표계를 NEU 좌표계[65]라고 하며, 그림과 같이 고도는 양(+)의 방향이 수직으로 지구 중심을 향하므로 z축을 아랫방향으로 잡으면 NED 좌표계[66]가 됩니다.

7.3.1절에서 설명한 동체 좌표계(body coordinate)는 스트랩다운 관성항법장치에서 INS가 장착되는 좌표계로 사용되며 IMU로부터 측정되는 항공기의 가속도, 각속도는 동체 좌표계에서 측정된 값이 됩니다. 따라서 앞에서 설명한 좌표변환이란 관성항법 알고리즘 계산과정에서 동체 좌표계에서 측정된 IMU의 가속도와 각속도를 ECEF 및 NED 좌표계로 변환하거나 역변환(inverse transformation)하는 것을 의미합니다.

9.4.4 관성항법장치의 종류

(1) 기계식 관성항법장치

기계식 관성항법장치는 초기에 가장 많이 활용되었던 관성항법장치의 형태로 [그림 9.36]과 같이 7장 자이로 계기에서 배웠던 수평유지장치인 짐벌(gimbal)을 내부에 설치하고, 짐벌 위에 3축의 자이로 및 가속도계를 설치합니다. 이 짐벌을 지구 중력방향에 항상 수평을 유지시켜 중력가속도가 제거된 가속도를 측정하고, 이를 적분하여 관성좌표계에서의 위치를 계산하는 방식입니다. 설치된 자이로는 아주 정밀한 자이로로 지구 자전각속도를 측정하여 코리올리 가속도를 계산하고 위치계산 시 사용하게 됩니다.[67] 항상 지구 중력방향에 수평을 유지시키므로 안정화 플랫폼(stable platform) 방식이라고도 합니다.

67 INS용으로 사용되는 각속도계(자이로)는 지구 자전속도를 측정할 수 있을 정도로 굉장히 높은 정밀도를 가져야 함.

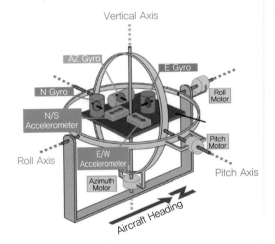

[그림 9.36] 기계식 관성항법장치(stable platform INS)

(2) 스트랩다운 관성항법장치

다음은 스트랩다운 관성항법장치(Strapdown INS)입니다. 자이로 계기에서 공부한 바와 같이 전자기술 발전에 따라, 크기와 무게가 작으면서도 정밀도와 신뢰성이 높은 링 레이저 자이로(RLG), 광섬유 자이로(FOG) 및 가속도계 등의 고정밀 센서가 개발되었습니다. 이에 따라, 기계적으로 복잡하고 정비가 불편한 짐벌이 불필요해졌으며, 알고리즘의 연구개발을 통해 관성측정장치인 IMU가 항공기 동체축에 붙어서 함께 운동해도 관성좌표계에서 위치를 계산할 수 있게 되었습니다.[68] 이 방식의 관성항법장치를 Strapdown INS라 하며, 현대 항공기들은 모두 이 방식의 관성항법장치를 장착

68 측정된 항공기 가속도에서 중력, 코리올리 가속도 등을 제거해주고, 항공기의 회전을 알아내기 위해서 각속도를 측정하므로 Strapdown INS 방식에서는 IMU 센서 자체의 정밀도가 매우 높아야 함.

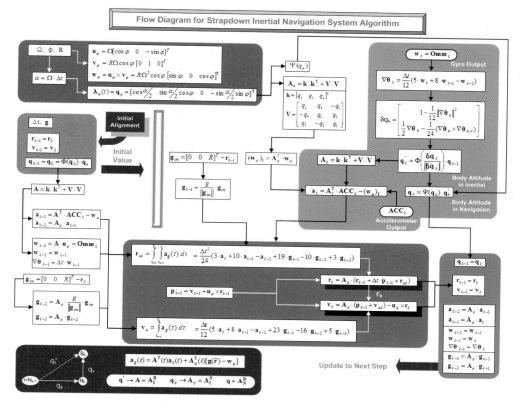

[그림 9.37] Strapdown INS 계산 알고리즘 흐름도

하고 있습니다.

[그림 9.37]은 필자가 연구개발한 경험이 있는 스트랩다운 관성항법시스템의 계산 알고리즘입니다. 앞에서 관성항법장치에 대해 간단히 설명을 드렸지만, 관성항법 알고리즘의 구현은 그리 간단하지가 않습니다. 복잡한 수학적 처리와 좌표변환 등이 요구되고, 칼만필터(Kalman filter) 등을 사용해야 하기 때문에 계산량과 메모리가 많이 요구되므로 고성능의 항법 컴퓨터가 필요합니다.

(3) 복합항법장치

최근 항공기에 사용되는 자립항법시스템은 관성항법장치만 독립적으로 사용되는 것이 아니라, 복합항법장치(hybrid navigation system)가 사용되고 있습니다. 복합항법장치는 위성항법시스템(GPS)과 관성항법시스템(INS)의 장점을 융합한 시스템으로 GPS/INS 시스템이라고도 불리며, 요즘 민간 항공기 및 무인기, 드론 등에도 거의 대부분 GPS/INS 시스템이 탑재되어 사용되고 있습니다.

① INS는 자이로의 편위(drift) 및 바이어스(bias) 등의 영향으로 시간이 지날수록 속도 및 위치오차가 계속 발산하는 단점이 있습니다.

② 이에 반해 GPS는 오차가 INS보다 크지만 10~15 m로 일정 범위 안에 제한되기 때문에 INS의 위치오차 발산을 보정할 수 있습니다.

③ 또한 GPS는 큰 위치오차 및 느린 위치 갱신율(update rate)[69]을 가지고 있으며, 외부의 신호간섭, 재밍 및 스푸핑 등에 의한 신호간섭 및 위성신호의 단절 등 운용 신뢰성이 낮은 단점이 있습니다.

④ 이러한 단점을 INS의 높은 위치 정확도 및 빠른 위치 갱신율[70]로 위성신호의 단절 및 전파방해 시에도 항법정보를 계속 제공할 수 있도록 보완할 수 있습니다.

[그림 9.38]은 필자가 한국항공우주연구원(KARI)[71]에서 근무할 때 연구개발했던 GPS/INS 복합 항법시스템 시제품입니다. 3축의 각속도 측정을 위해 1축 FOG 3개와 3축 가속도계를 장착한 시스템으로, 항법 컴퓨터에 연결됩니다. 항법컴퓨터에는 IMU와 GPS를 연결하고, [그림 9.37]의 알고리즘을 포함하여 개발된 GPS/INS 항법 알고리즘을 탑재시켜 실시간으로 항법해를 계산하여 출력합니다.

차량 조수석에 항법컴퓨터와 IMU 모듈을 장착하고 차량 지붕 위에 GPS 안테나를 설치한 후 한국항공우주연구원의 외곽 순환도로를 주행한 차량시험을 통해 개발시스

69 최근 고성능 GPS 수신기는 최대 20 Hz 정도로 20 Hz마다 새로운 위치를 계산해서 출력함.

70 INS는 수백 Hz의 출력 갱신율을 제공함.

71 Korea Aerospace Research Institute

[그림 9.38] Strapdown INS 시제품 및 시험장면

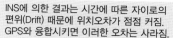

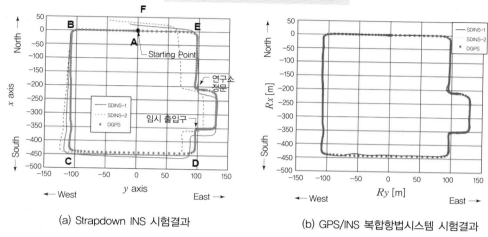

(a) Strapdown INS 시험결과 (b) GPS/INS 복합항법시스템 시험결과

[그림 9.39] Strapdown INS 시험결과

템의 시험평가를 수행하였습니다. [그림 9.39(a)]의 궤적 시험결과에서 빨간색 도트선과 파란색 궤적은 Strapdown INS 알고리즘만을 운용한 결과로, 위성항법보정시스템인 RTK에서 나온 분홍색 결과와 비교를 하였습니다. A 위치에서 출발하여 외곽 순환도로를 일주하는 동안, 보는 바와 같이 시간이 지남에 따라 자이로의 편위나 바이어스 등에 의해 위치가 점차 증가하여 발산하는 것을 확인할 수 있습니다. 이에 반해 [그림 9.39(b)]의 궤적 결과는 GPS/INS 복합 항법시스템을 가동한 결과인데, 두 시스템의 융합을 통해 궤적이 발산이나 오차 없이 출력됨을 확인할 수 있습니다.

9.5 지역항법(RNAV)

항공기가 운항하는 기존의 항공로(airway)는 [그림 9.40(a)]와 같이 지상에 고정된 항행안전시설(NAVAID[72])을 기준으로 방위정보와 거리정보를 측정하여 VOR/DME 또는 VORTAC을 통과하는 항로점(waypoint)을 직선으로 연결한 것입니다. 따라서 항공기 간의 비행거리 간격과 고도차를 통해 항공기의 충돌을 방지하는 이러한 항공로 운영방식은 항공 교통량이 증가하면서 제한된 항공로로 인한 교통 정체 및 목적지까지의 비행경로가 늘어나 경제적으로 비효율적입니다.

72 NAVigational AID

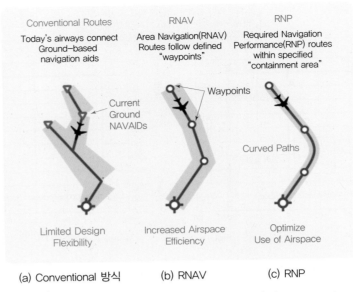

[그림 9.40] 기존 항법과 지역항법(RNAV) 비교

① 기존 항공로의 문제점을 해소하고 공역(airspace)을 보다 효율적으로 이용할 수 있도록 제안된 차세대 방식을 성능기반 항법(PBN, Performance-Based Navigation)이라고 하며, [그림 9.40(b)]의 지역항법(RNAV, aRea NAVigation) 또는 RNP(Required Navigation Performance)로 구성됩니다.

② PBN은 [그림 9.40(b), (c)]와 같이 지상무선국 상공을 의무적으로 통과하지 않고 주어진 항로오차 범위 내에서 항로점(waypoint)을 설정하여 비행거리를 단축시킬 수 있는 방식으로, 이를 위해서는 위성항법 및 관성항법장치 등 보다 정밀한 항법장치가 필수적으로 항공기에 탑재되어야 합니다.

각 비행단계별로 요구되는 성능기반 항법의 성능 요구조건을 [표 9.2]에 나타내었습니다. 예를 들어 'RNAV 1'과 'RNP 1'[73]으로 지정된 성능기반 항법을 비교하면,

① 'RNAV 1'과 'RNP 1'의 2가지 방식 모두 [그림 9.41]과 같이 지정된 항로에서 ±1 NM 이내의 항로오차를 비행시간 중 95% 이상 유지하여야 합니다.[74]

② 'RNP 1'의 경우는 주어진 항로에서 ±2 NM로 벗어나는 항로오차까지 포함하여 총비행시간 중 99.999% 이상이 주어진 항로에서 ±2 NM 이내가 되어야 합니다.

---

[73] RNAV 1, RNP 1에서 숫자 '1'은 항로오차 1 NM을 의미함, 따라서 RNP 4는 항로오차가 4 NM이 됨.

---

[74] 이를 TSE(Total System Error)라 한다.

③ 더불어 'RNP 1'의 경우는 항공기 탑재 시스템에서 항로에 대한 모니터링 (monitoring)과 항로 오차에서 벗어나는 경우에 경고(alerting) 정보를 조종사에게 제공하는 기능이 반드시 구현되어야 합니다.

[표 9.2] 비행단계별 RNP 요구조건

Navigation Spec.	Enroute Oceanic/ Remote Continental	Terminal Enroute Domestic	Approach					Terminal Departure
			Arrival	Initial	Intermediate	Final	Missed	
RNP 1	N/A	N/A	1	1	1	N/A	1	1
RNP 2	2	2	N/A	N/A	N/A	N/A	N/A	N/A
RNP 4	4	N/A	N/A	N/A	N/A	N/A	N/A	N/A
RNP 10	10	N/A	N/A	N/A	N/A	N/A	N/A	N/A
A-RNP	2	2 or 1	1~0.3	1~0.3	1~0.3	N/A	1~0.3	1~0.3
RNP APCH	N/A	N/A	N/A	1	1	N/A	1	N/A
RNP 0.3	N/A	0.3	0.3	0.3	0.3	0.3	0.3	0.3

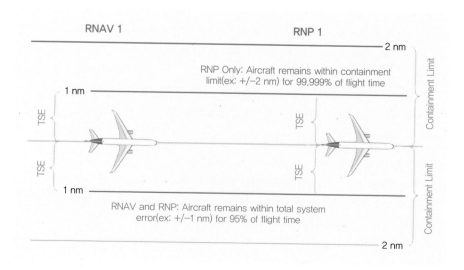

[그림 9.41] RNAV와 RNP 비교

이것만은 꼭 기억하세요!

9.1 항법

① 항법(navigation) = 항행
- 항공기가 현재 위치에서 목적지까지 도착하기 위한 방법을 말함.
- 항공기의 현재 위치(position), 이동거리 및 방위(heading) 등 진로(course)를 설정하기 위한 정보를 알아내는 일체의 기능도 포함함.

② 방위(heading) = 기수방위
- 자북(magnetic north)에 대해 현재 항공기 기수방향을 시계방향으로 측정한 각도
- 자북을 기준으로 측정하므로 자방위(MH, Magnetic Heading)를 사용함.

③ 베어링(MB, Magnetic Bearing)
- 지상무선국과 항공기를 연결하는 직선이 자북을 기준으로 시계방향으로 이루는 각도
- TO 베어링(TO bearing): 항공기에서 지상무선국을 향해 연결한 직선이 자북과 이루는 각도
- FROM 베어링(FROM bearing): 지상무선국에서 항공기를 연결한 직선이 자북과 이루는 각도

④ 상대 베어링(RB, Relative Bearing)
- 항공기의 진행방향(기수방향)과 직선 사이의 각도를 시계방향으로 측정한 각도

⑤ 라디얼(radial) = 방사 자방위: 지상무선국에서 발사되는 전파의 방위각으로 FROM 베어링[MB(FROM)]과 같음.

9.2 전파항법시스템

① 전파항법시스템(radio navigation system): 지상무선국에서 발사되는 전파를 수신하여 위치를 구하는 방식

② 무지향성 무선표지(NDB, Non-Directional radio Beacon)
- 장파(LF)대 또는 중파(MF)대를 이용하여 190~1,750 kHz의 무지향성의 전파를 360° 전방위 공간으로 발사
- 자동방향탐지기(ADF, Automatic Direction Finder) 지침이 가리키는 방향이 무선국 방향이 되며, 호밍(homing) 장치라고도 함.
- 고정형 ADF: 지시침이 가리키는 값은 기수방향을 기준으로 한 상대베어링(RB)값이 됨.
- 회전형 ADF: 기수방위도 지시하며, 지시침이 가리키는 값은 자북을 기준으로 한 베어링(MB)값이 됨.

$$MB(TO) = RB + MH$$

③ 초단파 전방향 무선표지(VOR, VHF Omni-directional Radio Range)
- 초단파(VHF) 대역의 전파를 360° 전방향으로 발사하여 항행하는 항공기에 방위정보를 알려줌.
  - 30 Hz의 기준 위상신호와 해당 안테나 방위각을 위상 지연시킨 가변 위상신호를 합성하여 발사
- CDI 역감지기능(CDI reverse sensing)
  - VOR의 지시는 기수방위각과 무관하므로, TO/FROM 영역과 기수방위에 따라 잘못된 지시결과를 나타내는 현상

④ 거리측정장치(DME, Distance Measuring Equipment)
- 항공기에서 지상무선국까지의 거리를 측정하여 NM 단위로 제공하는 단거리 항법 표준방식임.
- DME 트랜스폰더(transponder)에서 송출된 질문신호에 대한 응답신호가 돌아오는 시간을 측정하여 거리로 환산

⑤ 전술항법장치(TACAN, TACtical Air Navigation)
 · 군용 항법장치로 VOR과 DME를 합쳐 놓은 것과 같이 방위와 거리 정보를 동시에 제공함.
⑥ 로란(LORAN, LOng RAnge Navigation) 및 오메가 항법(OMEGA Navigation)
 · 장파(LF) 및 초장파(VLF)대의 저주파수를 이용한 선박용 무선항법시설로 해상 항로의 장거리 항법으로 사용함.

9.3 위성항법시스템

① 위성항법시스템(GNSS, Global Navigation Satellite System)
 · 인공위성을 이용하여 전 세계적 광역 항법서비스를 제공하는 전파항법시스템으로, 전 세계 어느 위치에 있든
   24시간 항법정보를 제공함.
 · 미국 GPS(Global Positioning System), 러시아 GLONASS(GLObal NAvigation Satellite System), 유럽연
   합(EU) GALILEO, 중국 BeiDOU 시스템이 운용 중이거나 구축 중임.
② GPS(Global Positioning System)
 · 최소 4개의 위성으로부터 신호를 수신하여 전파도달시간(TOA)을 통해 전파 도달거리를 구하고, 삼각측량법
   (triangulation)을 이용하여 위치를 계산함.
③ 위성항법오차보정시스템: DGPS(Differential GPS)와 RTK(Real Time Kinematics) 방식이 대표적 기법임.
④ 항공용 위성항법보정시스템
 · 근거리 오차보정시스템인 GBAS(Ground Based Augmentation System)와 광역 오차보정시스템인
   SBAS(Satellite Based Augmentation System)로 구분됨.

9.4 자립항법시스템

① 자립항법시스템(self-contained navigation system)
 · 지상무선국, 위성 등 외부 시스템에 의존하지 않고 항공기에 탑재된 장치만을 이용하여 위치를 계산하는 방식
② 관성항법장치(INS, Inertial Navigation System)
 · 관성측정장치(IMU, Inertial Measurement Unit): 가속도계, 각속도계 및 마그네토미터로 구성됨.
 · 관성측정장치(IMU)에서 측정된 가속도를 적분하여 속도와 위치를 구하고, 각속도를 적분하여 자세각을 구함.
 · 기계식 관성항법장치: 짐벌(gimbal)을 사용하여 지구 중력방향으로 항상 수평을 유지시켜 위치를 계산함.
 · 스트랩다운 관성항법장치(Strapdown INS): 짐벌 없이 항공기에 직접 IMU를 장착하여 위치를 계산하는 방식
③ 복합항법장치(hybrid navigation system) = GPS/INS 시스템
 · GPS와 INS의 장점을 융합한 시스템으로 상호 간의 단점을 보완하여 보다 정확하고 신뢰성이 높아짐.
 · INS의 위치 발산이 제한되고 GPS의 상대적으로 큰 오차와 느린 응답특성을 보완할 수 있음.

9.5 지역항법(RNAV)

① 지상무선국 상공을 의무적으로 통과하지 않고 주어진 항로오차 범위 내에서 항로점(waypoint)을 설정하여 비행거
   리를 단축시킬 수 있는 차세대 항법방식을 말함.
② 지역항법(RNAV, aRea NAVigation) 또는 RNP(Required Navigation Performance)로 구성됨.

기출문제 및 연습문제

01. 다음 중 항법계기에 속하지 않는 시스템은?

[항공산업기사 2018년 1회]

① INS   ② CVR

③ DME   ④ TACAN

해설 • 전파항법시스템은 지상무선국에 의존하여 항공기의 방위 및 거리 등을 알아내는 시스템으로, VOR, DME, ADF, TACAN, OMEGA, LORAN 등이 있다.
  • 위성항법시스템(GNSS)은 인공위성을 이용하는 전파항법시스템으로 미국의 GPS, 유럽의 GALILEO, 러시아의 GLONASS, 중국의 BeiDOU가 있다.
  • 자립항법시스템은 외부 장치나 지상시설에 의존하지 않고 항공기에 장치된 각종 센서를 이용하여 독자적으로 항법정보를 계산하는 방식으로 관성항법장치(INS)가 있다.
  • 음성기록장치(CVR, Cockpit Voice Recorder)는 조종석의 음성을 저장하는 장치로 항행보조장치이다(10장 항행보조장치 참고).

02. 다음 중 지상원조시설이 필요한 항법장치는?

[항공산업기사 2011년 2회]

① 오메가 항법   ② 도플러 레이더

③ 관성항법장치   ④ 펄스식 전파고도계

해설 • 자립항법시스템은 외부 장치나 지상시설에 의존하지 않는 방식으로 관성항법장치(INS)가 있다.
  • 도플러 레이다와 전파고도계는 탑재장치에서 전파를 발사하고 되돌아오는 전파를 이용하는 방식으로 외부 장치나 시설에 의존하지 않는다.
  • 오메가 항법은 지상에서 전파를 송출하는 지상무선국이 필요하다.

03. 다음 중 무선원조 항법장치가 아닌 것은?

[항공산업기사 2012년 2회]

① Inertial Navigation System
② Automatic Direction System
③ Air Traffic Control System
④ Distance Measuring Equipment System

해설 자립항법시스템은 외부 장치나 지상시설에 의존하지 않고 항공기에 장치된 각종 센서를 이용하여 독자적으로 항법 정보를 계산하는 방식으로 관성항법장치(INS)가 있다.

04. 지상에 설치한 무지향성 무선표지국으로부터 송신되는 전파의 도래 방향을 계기상에 지시하는 것은?

[항공산업기사 2015년 2회]

① 거리측정장치(DME)
② 자동방향탐지기(ADF)
③ 항공교통관제장치(ATC)
④ 전파고도계(Ratio Altimeter)

해설 자동방향탐지기(ADF, Automatic Direction Finder)는 지상의 무지향성 무선표지(NDB, Non-Directional radio Beacon) 무선국에서 송신되는 전파를 수신하여 지상무선국의 방향을 알아내는 시스템이다.

05. 자동방향탐지기(ADF)의 구성요소가 아닌 것은?

[항공산업기사 2014년 2회]

① 전파 자방위 지시계(RMI)
② 무지향성 표시 시설(NDB)
③ 자이로 컴퍼스(Gyro Compass)
④ 루프(Loop), 감도(Sense) 안테나

해설 • 자동방향탐지기(ADF)는 지상의 무지향성 무선표지(NDB) 무선국에서 송신되는 전파를 수신하여 지상무선국의 방향을 알아내는 시스템으로 호밍(homming) 장치라고도 한다.
  • 8자형 지향성을 가진 루프 안테나(loop antenna)와 무지향성의 센스 안테나(sense antenna)로 지상 NDB의 전파를 수신하여 NDB의 방향을 찾아낸다.
  • 무선 자방위 지시계(RMI, Radio Magnetic Indicator)는 자북에 대한 VOR 무선국의 항로편차와 지상 NDB 무선국에 대한 항로편차 및 기수방위각을 동시에 제공하는 전자계기이다. (13장 통합전자계기 참고)

06. 전방향 표지시설(VOR) 주파수의 범위로 가장 적절한 것은?

[항공산업기사 2016년 4회]

① 1.8~108 kHz   ② 18~118 kHz

③ 108~118 MHz   ④ 130~165 MHz

정답 1. ②   2. ①   3. ①   4. ②   5. ③   6. ③

해설 • 초단파 전방향 무선표지(VOR)는 무선국별로 지정된 초단파(VHF) 대역의 전파를 360° 전방향으로 발사하여 항공기에 방위 정보를 알려주는 지상무선국을 말한다.
• VOR의 사용 주파수대는 108~117.975 MHz, 채널별 간격은 50 kHz로 200개의 채널을 사용할 수 있다.

07. VOR국은 전파를 이용하여 방위정보를 항공기에 송신하는데, 이때 VOR국에서 관찰하는 항공기의 방위는? [항공산업기사 2017년 4회]

① 진방위   ② 상대방위
③ 자방위   ④ 기수방위

해설 • VOR은 무선국의 방향을 가리키므로 무선국의 라디얼을 나타낸다.
• 무선국 라디얼은 자북을 기준으로 표시된 값이므로, VOR은 자방위(MH, Magnetic Heading)를 지시한다.
• VOR은 항공기의 자북을 기준으로 한 자방위(MH)를 지시한다.

08. 지상무선국을 중심으로 하여 360도 전방향에 대해 비행방향을 항공기에 지시할 수 있는 기능을 갖추고 있는 항법장치는? [항공산업기사 2018년 1회]

① VOR   ② M/B   ③ LRRA   ④ G/S

해설 • 초단파 전방향 무선표지(VOR)는 무선국별로 지정된 초단파(VHF) 대역의 전파를 360° 전방향으로 발사하여 항공기에 방위정보를 알려주는 지상무선국을 말한다.
• 보기 지문에서 M/B와 G/S는 계기착륙장치(ILS)의 마커 비컨(Marker Beacon)과 글라이드 슬로프(Glide Slope)를, LRRA는 전파고도계(Low Range Radio Altimeter)를 말한다. (10장 항행보조장치 참고)

09. 서로 떨어진 2개의 송신소로부터 동기신호를 수신하고 신호의 시간 차를 측정하여 자기위치를 결정하는 장거리 쌍곡선 무선항법은?

[항공산업기사 2017년 2회]

① VOR   ② ADF
③ TACAN   ④ LORAN C

해설 • 로란 및 오메가는 정확한 위치를 알고 있는 무선국에서 전파를 발사하고, 항공기나 선박에 장착된 수신기에서 각각의 전파를 수신하여 각 무선국에서 수신한 전파의

도착시간의 차를 이용하여 위치를 계산하는 전파항법 방식 중 모두 쌍곡선항법(hyperbolic navigation) 방식을 사용한다.
• 전파도착 시간의 차를 이용하므로 TDOA(Time Difference of Arrival) 방식이라고 한다.

10. 지상에 설치된 송신소나 트랜스폰더를 필요로 하는 항법장치는? [항공산업기사 2014년 4회]

① 거리측정장치(DME)
② 자동방향탐지기(ADF)
③ 2차 감시 레이다(SSR)
④ SELCAL(Selective Calling System)

해설 • 2차 감시 레이다(SSR, Secondary Surveillance Radar)는 지상 송신소와 탑재 트랜스폰더를 필요로 하며 지상 트랜스폰더는 필요하지 않다.
• 거리측정장치(DME, Distance Measuring Equipment)는 항공기에서 지상무선국까지의 거리를 측정하는 항법장비이다.
• 항공기에 탑재된 DME 트랜스폰더(transponder)로부터 질문신호(interrogation pulse)를 받은 지상 DME 무선국의 트랜스폰더는 자동으로 응답신호(reply pulse)를 송신하여 전파도달시간으로부터 거리를 계산한다.
• 자동방향탐지기(ADF)와 SELCAL은 트랜스폰더를 필요로 하지 않는다.

11. 거리측정장치(DME)의 설명 중 틀린 것은?

① DME는 지상국과의 거리를 측정하는 장치이다.
② 송수신된 전파의 도래시간을 측정하여 현재의 위치를 알아낸다.
③ 응답주파수는 962~1,213 MHz이다.
④ 항공기에서 발사된 질문 펄스와 지상국 응답 펄스 간의 도래시간을 계산하여 거리를 측정한다.

해설 • 거리측정장치(DME)는 항공기에서 지상무선국까지의 거리를 측정하는 항법장비이다.
• 항공기에 탑재된 DME 트랜스폰더(transponder)로부터 질문신호(interrogation pulse)를 받은 지상 DME 무선국의 트랜스폰더는 자동으로 응답신호(reply pulse)를 송신하여 전파도달시간으로부터 거리를 계산한다.

정답 7. ③   8. ①   9. ④   10. ①   11. ②

- DME는 962~1,213 MHz의 극초단파(UHF) 주파수를 응답신호로 사용한다.
- 지문 ②에서 DME는 현재의 위치가 아니라 DME 무선국까지의 현재 거리를 알아낸다.

12. 지상의 항행원조시설 없이 항공기의 대지속도, 편류각 및 비행거리를 직접적이고 연속적으로 구하여 장거리를 항행할 수 있게 하는 자립항법장치는? [항공산업기사 2014년 2회]

① 오메가 항법 ② 도플러 레이더
③ 전파고도계 ④ 관성항법장치

해설 자립항법시스템은 외부 장치나 지상시설에 의존하지 않고 항공기에 장치된 각종 센서를 이용하여 독자적으로 항법 정보를 계산하는 방식으로 관성항법장치(INS)가 있다.

13. 다음 중 자장항법장치(independent position determining)가 아닌 장비는? [항공산업기사 2014년 1회]

① VOR ② Weather Radar
③ GPWS ④ Radio Altimeter

해설
- 자립항법시스템(자장항법장치)은 외부 장치나 지상시설에 의존하지 않는 능동 시스템이다.
- VOR은 지상의 VOR 무선국이 반드시 필요한 전파 항법시스템이다.
- 기상 레이다, 전파고도계 및 GPWS(공중충돌 경고장치)는 모두 외부 시스템의 도움 없이 자체적으로 기능을 수행하는 능동시스템이다.

14. 군용 항공기에 지상국과 항공기까지의 거리와 방위를 제공하는 항법장치는? [항공산업기사 2017년 1회]

① DME ② TCAS
③ VOR ④ TACAN

해설 전술항법장치(TACAN, TACtical Air Navigation)는 군용 항법장치로 VOR과 DME를 합쳐 놓은 것과 같이 방위와 거리 정보를 동시에 제공한다.

15. 항법시스템을 자립, 무선, 위성항법시스템으로 분류했을 때 자립항법시스템(self contained system)에 해당하는 장치는? [항공산업기사 2015년 1회]

① LORAN(Long Range Navigation)
② VOR(VHF Omnidirectional Range)
③ GPS(Global Positioning System)
④ INS(Inertial Navigation System)

해설
- 자립항법시스템은 외부 장치나 지상시설에 의존하지 않고 항공기에 장치된 각종 센서를 이용하여 독자적으로 항법 정보를 계산하는 방식이며, 관성항법장치(INS)가 있다.
- GPS는 우주공간의 항법위성이 필요하고, LORAN 및 VOR은 전파를 발사하는 지상무선국이 필요하다.

16. 다른 항법장치와 비교한 관성항법장치의 특징이 아닌 것은? [항공산업기사 2015년 4회]

① 지상보조시설이 필요하다.
② 전문 항법사가 필요하지 않다.
③ 항법데이터를 지속적으로 얻는다.
④ 위치, 방위, 자세 등의 정보를 얻는다.

해설
- INS는 지상시설이 필요없는 자립항법장치이다.
- INS는 각속도계, 가속도계, 지자기계를 이용하여 일정 시간마다 적분을 통해 속도, 위치, 자세, 방위 정보를 계산하므로 연속된 항법데이터를 얻을 수 있다.

17. 위성항법장치를 이용하여 항공기의 위치와 고도를 알기 위해서 최소 몇 개의 위성이 필요한가? [항공산업기사 2011년 1회]

① 2개 ② 3개 ③ 4개 ④ 5개

해설
- 위성항법시스템(GNSS, Global Navigation Satellite System)은 인공위성을 이용하여 전 세계적 광역 항법 서비스를 제공하는 전파항법시스템으로, 전 세계 어느 위치에 있든 24시간 항법정보를 제공할 수 있다.
- GPS는 위성에서 수신기까지 전파가 도달시간을 측정하여 3차원 위치를 계산하며, 4개의 미지수인 사용자의 위치(x, y, z)와 시계오차(ΔT)를 얻기 위해서 최소 4개의 위성으로부터 신호를 받아야 한다.

정답 **12.** ④ **13.** ① **14.** ④ **15.** ④ **16.** ① **17.** ③

18. 위성으로부터 전파를 수신하여 자신의 위치를 알아내는 계통으로서 처음에는 군사 목적으로 이용하였으나 민간 여객기, 자동차용으로도 실용화되어 사용 중인 것은? [항공산업기사 2018년 1회]

① 로란(LORAN)
② 관성항법(INS)
③ 오메가(OMEGA)
④ 위성항법(GPS)

해설 • 위성항법시스템(GNSS)은 인공위성을 이용하여 전 세계적 광역 항법서비스를 제공하는 전파항법시스템으로 전 세계 어느 위치에 있든 24시간 항법정보를 제공할 수 있다.
• 미국의 GPS, 유럽의 GALILEO, 러시아의 GLONASS, 중국의 BeiDOU가 있다.

19. 항공용 위성항법보정시스템 중 공항에 설치하여 공항 근처의 항공기에 보다 정확한 위치를 제공하는 시스템은?

① WAAS
② GBAS
③ SBAS
④ DGPS

해설 • 위성항법시스템(GNSS)의 오차를 제거하여 위치 정확도와 신뢰도를 높이기 위한 항공용 위성항법 보정시스템은 근거리 오차보정시스템인 GBAS(Ground Based Augmentation System)와 광역 오차보정시스템인 SBAS(Satellite Based Augmentation System)가 있다.
• GBAS의 초기 명칭은 LAAS(Local Area Augmentation System)라고 하며, DGPS 보정 기준국을 공항에 설치하여 공항 근처에서 비행하는 항공기들에 보정정보를 송신하는 방식으로 위치 정밀도를 높인다.

20. 항공용 위성항법보정시스템 중 위성을 이용하여 위치 보정신호를 제공하는 광역오차보정시스템은?

① LAAS
② GBAS
③ SBAS
④ DGPS

해설 • 위성항법시스템(GNSS)의 오차를 제거하여 위치 정확도와 신뢰도를 높이기 위한 항공용 위성항법 보정시스템은 근거리 오차보정시스템인 GBAS와 광역 오차보정시스템인 SBAS가 있다.
• 광역 오차보정시스템인 SBAS의 초기 명칭은 WAAS(Wide Area Augmentation System)라고 하며, 지상의 보정 기준국에서 계산된 보정정보를 위성으로 올려주고, 위성에서 보정정보를 뿌려주는 방식으로, 굉장히 넓은 영역에 서비스를 제공할 수 있다.

21. 관성항법장치에서 항공기의 방향, 진행속도 및 위치를 계산하는 것은? [항공산업기사 2011년 2회]

① 가속도계와 로란
② 가속도계와 도플러
③ 자이로와 도플러
④ 자이로와 가속도계

해설 • 관성항법장치(INS)는 측정된 가속도(acceleration) 및 각속도(angular rate)를 적분하여 속도(velocity), 위치(position), 자세(attitude) 등 핵심적인 비행정보 및 항법정보를 제공한다.
• 가속도와 각속도를 측정하기 위해 필수적인 센서로 가속도계(accelerometer)와 자이로(gyro)가 필요하며, 이 두 센서를 합쳐서 관성측정장치(IMU, Inertial Measurement Unit)라고 한다.

22. 관성항법장치(INS)에서 안정대(stable platform) 위에 가속도계를 설치하는 주된 이유는?

[항공산업기사 2011년 1회]

① 지구자전을 보정하기 위하여
② 각가속도도 함께 측정하기 위하여
③ 항공기에서 전해지는 진동을 차단하기 위하여
④ 가속도를 적분하기 위한 기준좌표계를 이용하기 위하여

해설 • 기계식 관성항법장치(stable platform INS)는 수평유지장치인 짐벌(gimbal) 위에 3축의 자이로 및 가속도계를 설치한 INS 방식이다.
• 짐벌을 지구 중력방향에 항상 수평을 유지시켜 중력가속도가 제거된 가속도를 측정하고, 이를 적분하여 관성좌표계에서의 위치를 계산한다.

정답 **18.** ④ **19.** ② **20.** ③ **21.** ④ **22.** ④

23. IMU가 동체에 장착되어 항공기의 운동과 함께 움직이는 방식의 항법장치는?

① Gimball INS
② GBAS
③ Strapdown INS
④ DGPS

해설 • 스트랩다운 관성항법장치(Strapdown INS)는 기계적으로 복잡하고 정비가 불편한 짐벌이 불필요한 방식으로 관성측정장치인 IMU가 항공기 동체축에 붙어서 항공기와 함께 운동해도 관성좌표계에서 위치를 계산할 수 있는 시스템이다.
• 전자기술 발전에 따라, 크기와 무게가 작으면서도 정밀도와 신뢰성이 높은 링 레이저 자이로(RLG), 광섬유 자이로(FOG) 및 가속도계 등의 고정밀 센서가 사용된다.

24. 항공 교통량이 증가하면서 공역을 보다 효율적으로 이용하기 위해 정밀항법장치를 기반으로 항공로를 운영하는 방식과 상관없는 것은?

① PBN
② VORTAC
③ RNAV
④ RNP

해설 • 기존의 항공로(airway)는 VOR/DME 또는 VORTAC을 통과하는 항로점(waypoint)을 직선으로 연결한 항공로를 운영하고 있다.
• 성능기반 항법(PBN, Performance-Based Navigation)은 지상무선국 상공을 의무적으로 통과하지 않고 주어진 항로오차 범위 내에서 항로점(waypoint)을 설정하여 비행거리를 단축시킬 수 있는 방식으로, 지역항법(RNAV, aRea NAVigation) 또는 RNP(Required Navigation Performance)로 구성된다.

▶ **필답문제**

25. DME에 대해 서술하시오.

[항공산업기사 2007년 2회]

정답 • 거리측정장치(DME, Distance Measuring Equipment): 항공기에서 지상무선국까지의 거리를 측정하여 NM 단위로 제공하는 단거리 항법의 표준방식이다.
• DME 트랜스폰더(transponder)에서 송출된 질문신호에 대해 응답신호가 돌아오는 시간을 측정하여 거리로 환산하며, 통상 VOR과 함께 지상에 설치된다.

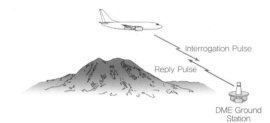

정답 **23.** ③ **24.** ②

CHAPTER

10

Navigational Aid

항행보조장치

Aircraft
Instrument
System

AIRCRAFT INSTRUMENT SYSTEM

항행보조장치[1]는 NAVAID(NAVigational AID)라고 하며, 항공기의 안전한 운항과 조종사의 업무 경감 및 운항 관리의 효율향상을 위한 탑재장치 및 지상 장치와 관련 부가 시설과 시스템 등을 말합니다. 메인 항법, 통신 및 감시 시스템 등을 보조하는 독립적인 특수 기능과 역할을 하며, 위험에 대한 경보장치(warning system)와 사고에 대비한 기록장치(recording system)를 포함합니다. 10장에서는 항행보조장치 중에 기상 레이다(WXR), 전파고도계(RA), 고도경보장치(AAS), 대지접근경보장치(GPWS), 공중충돌방지장치(ACAS), 비행기록장치(FDR), 조종실 음성기록장치(CVR), 착륙유도장치(ILS) 등에 대한 기능과 특성을 알아보고 B737 항공기를 기준으로 시스템 구성을 살펴보겠습니다.

1 더 넓은 의미로 '항행 안전시설'이라고도 함.

10.1 기상 레이다(WXR)

레이다(radar)[2]는 강력한 전자기파를 발사하고 그 전자기파가 대상 물체에서 반사되어 돌아오는 반사파를 수신하여 물체를 식별하거나 물체의 위치, 움직이는 속도 등을 탐지하는 장치입니다. 기상 레이다(WXR, weather radar)는 [그림 10.1]과 같이 구름이나 악천후 지역의 빗방울로 인한 전파반사를 이용하여 강우량 정보와 기상상태를 조종실 계기 중 항법표시장치(ND, Navigation Display)[3] 상에 표시합니다.

빗방울에 반사되기 쉬운 초고주파 대역을 이용하며, C-band 레이다(5.4 GHz, 파장 5.6 cm) 또는 X-band 레이다(9.4 GHz 대역, 파장 3.2 cm)가 사용됩니다.[4] C-band 레이다는 강우에 의한 레이다 전파의 감쇠가 적어 구름 뒤의 배후지역 기상상태를 탐지할

2 RAadio Detection And Ranging

3 통합전자계기 중 항법 관련 정보를 표시하는 장치로 13장에서 설명함.

4 주파수가 높을수록 파장이 짧아지므로 작은 물방울을 감지하기 위해서는 초고주파를 사용함.

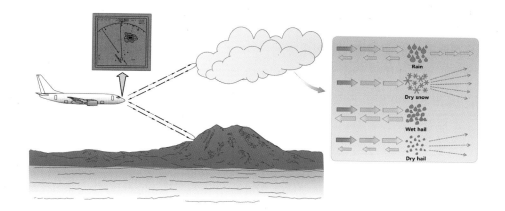

[그림 10.1] 기상 레이다(weather radar)

5 C-band 레이다는 7°, X-band 레이다는 4° 정도임.

6 고도에 따라 풍향과 풍속이 급격히 바뀌는 공기흐름

7 PWS(Predictive WindShear)

수 있는 장점을 가지며, X-band 기상 레이다는 C-band 보다 파장이 짧고 빔폭[5]이 좁아 강우량이 적은 비와 눈 및 밀집된 구름을 보다 정확히 탐지할 수 있습니다.

핵심 Point 기상 레이다(WXR)

- 항로 및 그 주변의 악천후 영역을 야간이나 시계가 나쁜 경우에도 정확히 탐지하고 표시하여 조종사가 이러한 영역을 피해 비행하도록 정보를 제공한다.
- 전방의 기상상태 탐지뿐 아니라 지상 쪽으로 기상 레이다를 틸팅(tilting)시켜 지형, 지물 등의 탐지도 가능하며, 특히 전단풍(windshear)[6] 탐지 기능(PWS)[7]이 있다.

[그림 10.2] 기상 레이다의 평판 안테나

기상 레이다는 [그림 10.2]와 같이 포물선형 안테나(parabolic antenna)보다 예민하며 빔폭(beamwidth)이 매우 좁고 날카로운 지향성(pencil beam 형태의 안테나 패턴)을 갖는 송·수신 공용의 평판형 안테나(flat plate antenna)를 사용합니다. 전방의 넓은 범위를 관측하기 위해 항공기의 전방 동체 벌크헤드(bulkhead) 레이돔(radome)에 장착되며, 좌우로 4초 동안 180°의 주기적인 회전운동을 통해 전방을 탐지하며, 상하 ±15°의 틸팅(tilting)이 가능하여 지상 지형·지물의 탐지도 가능합니다.

기상 레이다에서 측정한 기상상태는 반사파의 세기를 4가지 색으로 처리하여 [그림 10.3]과 같이 항법표시장치(ND)에 표시합니다. 표시하는 색과 기상상태는 다음과 같습니다. 청록색과 초록색은 light weather 상태를 의미하고, 노란색은 medium weather 상태를 빨간색은 heavy weather 상태를 의미합니다. 자홍색(magenta)은 풍속이 5 m/s 이상의 심한 난기류(turbulence)[8] 상태를 나타냅니다.

8 눈이나 비 등의 강우가 아니라도 급작스럽게 움직이는 기류(난기류)의 굴곡에 의해 반사파에서 발생하는 주파수 편위를 이용하여 탐지가 가능함(도플러 효과를 이용).

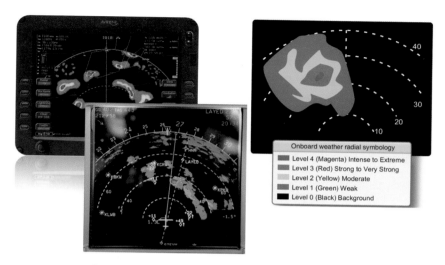

[그림 10.3] 항법표시장치(ND)상의 기상 레이다 정보화면

10.2 전파고도계(RA)

10.2.1 전파고도계의 특성

전파고도계(RA, Radio Altimeter)[9]는 [그림 10.4]와 같이 항공기에서 지표면을 향해 전파를 발사하여 이 전파가 되돌아오기까지의 시간이나 주파수 차를 측정한 뒤 항공기와 지면과의 거리, 즉 절대고도(absolute altitude)[10]를 구하는 장치입니다. 항공기가 공항에 착륙하기 위하여 활주로로 진입하는 비행과 같이 저고도(2,500 ft 이하)에서만 작동합니다.

2장 피토–정압계기에서 배운 항공기의 기압고도계(altimeter)는 고도에 따른 압력을 측정하여 기압고도를 지시하므로, 전파고도계보다 정밀도가 낮아 산악 지대나 안개 속을 비행할 때는 지형·지물과의 충돌 위험성을 내포합니다. 특히, 항공기가 이·착륙 시에 필요한 정보는 활주로 지면과의 정확한 거리이므로, 전파고도계는 이·착륙 비행 단계에서 지면과 항공기 사이의 고도를 측정하기 위하여 이용됩니다.

전파고도계는 펄스식 전파고도계와 FM식 전파고도계로 분류됩니다. 펄스식 전파고도계는 송·수신 전파의 시간차를 이용하여 고도를 계산하며, FM식 전파고도계[11]는 송·수신 주파수의 차이를 이용하여 고도를 계산합니다.

9 LRRA(Low Range Radio Altimeter)라고도 함.

10 지형, 지물을 고도 0 ft로 설정하고 항공기까지의 수직거리를 나타내는 고도

11 FM-CW(Frequency Modulated-Continuous Wave) 전파고도계로 주파수를 주기적으로 변경하면서 전파를 쏴주고, 반사되어 돌아오는 전파의 주파수와 현재 전파의 주파수 차이로 고도를 알아내는 방식임.

핵심 Point 전파고도계(RA)

- 항공기 전방 동체 하부에 설치된 송신 및 수신 안테나를 통해 이·착륙 비행단계(고도 2,500 ft 이하)에서 지면으로부터의 절대고도를 측정한다.

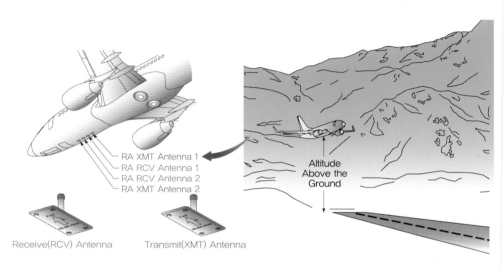

[그림 10.4] 전파고도계(RA)

[그림 10.4]와 같이 B737 항공기는 송신 안테나 1개와 수신 안테나 1개가 RA 송수신장치 1개에 연결되며, 총 2개의 RA 송수신 장치가 EE compartment에 장착되어 있습니다. 전파고도계의 측정범위는 −20~2,500 ft(약 762 m)로, 고도 오차 2% 이내로 저고도를 정밀하게 측정할 수 있습니다.

10.2.2 전파고도계의 측정원리

[그림 10.5]와 같이 송신 전파는 삼각파 형태로 초기 0.005초 동안은 4.25 GHz에서 시작하여 4.35 GHz로 주파수가 증가되면서 발사되고, 이후 0.005초 동안은 다시 4.25 GHz로 주파수가 작아지면서 발사됩니다. 지면에서 반사되는 전파는 $\Delta\tau$초 후에 수신 안테나로 돌아오며, 이 순간 송신파와 반사파는 Δf [Hz]만큼 주파수의 차이가 발생하게 됩니다. 따라서 항공기로부터 지면까지의 고도를 h [ft]라고 하면 전파의 왕복시간은 식 (10.1)로 구할 수 있습니다.

$$\Delta\tau = \frac{2h}{c} \ [\text{sec}] \tag{10.1}$$

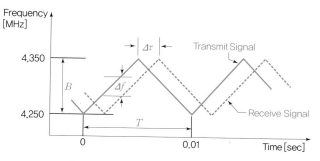

[그림 10.5] 전파고도계(RA) 측정원리

삼각파의 변조 주기는 T [sec]이고, FM 편위폭은 B [Hz][12]이므로 $\Delta\tau$ [sec] 동안 발생하는 f[Hz]는 식 (10.2)로 구할 수 있습니다.

$$\frac{\Delta f}{\Delta\tau} = \frac{B}{T/2} = \frac{2B}{T} \tag{10.2}$$

따라서, 식 (10.1)을 식 (10.2)에 대입하여 고도와 주파수 편위의 관계를 유도하면 식 (10.3)이 됩니다. 주파수 편위 Δf를 전파고도계(RA) 내의 주파수 카운터로 측정하면 고도를 구할 수 있습니다.

$$\Delta f = \frac{2B}{T} \times \Delta\tau = \frac{2B}{T} \times \frac{2h}{c} = \frac{4B}{cT} \times h\,[\text{Hz}] \tag{10.3}$$

전파고도계는 조종석에 절대고도 정보를 제공하는 주된 기능 외에도 자동비행 조종장치(AFCS), 대지접근경보장치(GPWS), 공중충돌방지장치(TCAS) 및 기상 레이다(WXR) 등에 항공기의 고도와 강하율 정보를 제공하는 중요한 장비로 활용됩니다.

예제 10.1

[그림 10.5]에 나타낸 바와 같이 B737 항공기에 사용되는 전파고도계에서 FM 편위폭 $B = 100\,\text{MHz}$이고, FM 변조 반복시간 $T = 0.01\,\text{sec}$이다. 다음 물음에 답하시오. (전파의 속도 $c = 3 \times 10^8\,\text{m/s} = 9.8425 \times 10^8\,\text{ft/s}$이다.)

(1) 항공기 고도 1 ft당 주파수 편위를 구하시오.

(2) 항공기의 고도가 1,500 ft인 경우의 주파수 편위는 얼마인가?

│풀이│ (1) 식 (10.3)에서 $h = 1$ ft인 경우의 주파수 편위는

$$\Delta f = \frac{4 \times (100 \times 10^6\,\text{Hz})}{(9.8425 \times 10^8\,\text{ft/s}) \times 0.01\,\text{s}} \times 1\,\text{ft} = 40.64\,\text{Hz}$$

(2) 따라서, 항공기 고도가 1,500 ft인 경우의 전파고도계에서의 주파수 편위는 61 kHz 가 된다(즉, 61 kHz가 측정되면 고도는 1,500 ft가 표시된다).

$$\Delta f = 40.64\ \text{Hz} \times 1{,}500\ \text{ft} = 60{,}960\ \text{Hz} \approx 61\ \text{kHz}$$

10.3 고도경보장치(AAS)

고도경보장치(AAS, Altitude Alert System)는 운항 중인 항공기에서 조종사에게 현재 고도를 확인시키고, 설정한 고도와의 차를 알려주어 현재 고도를 오인하는 위험을 사전에 방지하는 장치를 말합니다. 조종사가 항공교통관제(ATC)에서 지정된 비행고도를 [그림 10.6]에 나타낸 비행모드 제어 패널(MCP, Mode Control Panel)[13]의 Altitude Selector 노브를 돌려서 입력하고 설정하면, 비행제어컴퓨터(FCC, Flight Control Computer)는 선택 고도(selected altitude)에 접근했을 때나 이탈했을 때 경보등과 경보음을 사용하여 조종사에게 주의를 줍니다.

고도경보장치는 고도가 높은 운항 상태에서만 작동하고 저고도에서는 불필요하므로, 착륙장치와 플랩을 내렸을 때, 플랩이 내려가고 있을 때, 자동조종장치에 의해 계기착륙장치(ILS)의 로컬라이저 및 글라이드 슬로프 신호가 포착된 경우에는 작동하지 않습니다.

13 Autopilot, Flight Director의 실행 및 비행제어모드 선택 등을 제어하는 패널로 조종석 중앙 상단에 위치함.

> **핵심 Point 고도경보장치(AAS)**
>
> • 항공기에 입력된 설정고도에서 벗어난 ±300~±900 ft 사이에서 조종사에게 경보를 주어 현재 고도를 확인하도록 하고, 고도 오인으로 인한 위험을 방지하는 장치이다.
> • 저고도에서는 작동하지 않고 높은 고도에서만 작동한다.

선택 고도는 [그림 10.6]과 같이 통합전자계기의 주 비행표시장치(PFD) 오른쪽 고도 표시계 상단에 자홍색으로 표시되며, 피토-정압계기의 현재 고도값은 중앙에 흰색으로 표시됩니다.[14] 고도경보장치는 기압고도계에서 측정된 현재 고도값과 입력한 선택 고도값의 차이 정도에 따라 고도경보를 시각적·청각적으로 다음과 같이 발생시킵니다.

14 선택 고도와 현재 고도의 단위는 ft를 사용하며, 바로 위에는 m단위의 고도값이 각각 표시됨.

① 선택 고도에서 ±300 ft 이내의 비행 시는 정상상태로 고도경보가 발생하지 않습니다.

② [그림 10.7]과 같이 설정된 선택 고도로 접근해 들어가는 비행구간에서는,

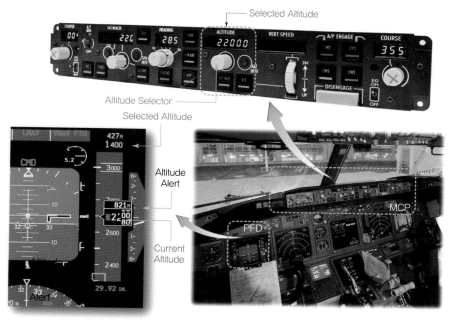

[그림 10.6] 비행모드 제어 패널(MCP)과 Altitude Alert (B737)

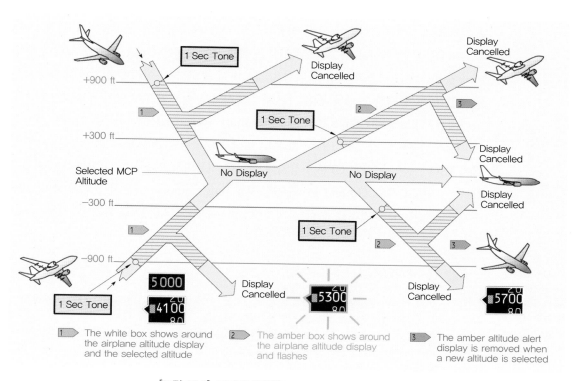

[그림 10.7] 고도경보장치(Altitude Alert System)(B737)

선택 고도의 ±300~±900 ft 범위가 되면 고도경보가 발생합니다. 선택 고도와 현재 고도 지시값 외곽에 흰색 박스가 표시되며, 특히 현재 고도 지시값의 흰색 박스는 테두리가 굵게 변합니다.

③ 설정고도에서 벗어나는 2⟩ 비행구간에서는 현재 고도 지시값의 흰색 박스 테두리가 굵은 주황색(amber)으로 변하며 깜박입니다.

고도경보는 엔진지시/승무원 경고장치인 EICAS(Engine Indication and Crew Alerting System)[15] 표시창에 주황색으로 표시되며, 주황색의 경보등(caution light)이 켜지고, 진입이나 이탈 시 1초 동안 음성경보(aural warning)가 울려 조종사에게 알려줍니다.

10.4 대지접근경보장치(GPWS)

10.4.1 GPWS의 특성

항공기 사고(accident) 중 CFIT(Controlled Flight Into Terrain) 사고는 비행 중인 항공기의 탑재장치 및 계통이 모두 정상적으로 작동하는 상태에서 항공기가 지형, 장애물, 수면 등과 충돌하는 사고를 말합니다. 대개 조종사들은 CFIT 사고가 일어나기 전까지 장애물이나 지형과의 충돌 위험을 감지하지 못하므로, 이러한 상황에서 조종사에게 충돌 위험에 대한 경보를 주어 사전에 충돌사고를 방지할 필요성이 제기되었습니다.

대지접근경보장치(GPWS, Ground Proximity Warning System)[16]는 이러한 목적으로 개발된 충돌방지장치로, 1974년도부터 미국 연방항공청(FAA)은 대형 가스터빈 항공기에 TSO[17] 승인을 받은 GPWS 장치의 장착을 의무화하였습니다. GPWS의 대지접근 경보컴퓨터(GPWC, Ground Proximity Warning Computer)는 기상 레이다(WXR), 전파고도계(RA), 대기자료 통합 관성기준장치(ADIRS, Air Data Inertial Reference

---

핵심 Point 대지접근경보장치(GPWS)

- 현재 항공기 대부분에 장착되어 항공기와 지형, 지물 및 지표면과의 충돌경보를 조종사에게 주어 사고를 방지하는 중요한 경보장치로 사용된다.
- 항공기의 속도, 고도, 자세각, 강하율, 착륙장치의 위치 등 비행정보를 종합하여, 이륙(take-off), 순항(cruise), 진입(approach), 하강(descent)과 착륙(landing) 등 각 비행단계에서 필요한 지상접근 및 충돌위험 경보를 제공한다.

System), 비행관리컴퓨터(FMC, Flight Management Computer) 등과 연결되어 다양한 종류의 비행정보를 입력받아 충돌 가능성을 분석하고 판단합니다.

EGPWS(Enhanced GPWS)는 GPWS를 개량한 장치로, 가장 큰 차이점은 전 세계 항로의 디지털 지형정보와 3,500 ft 이상의 길이를 가진 공항 활주로의 지형정보를 데이터 베이스로 저장해 놓았기 때문에, 항공기의 위치를 데이터 베이스의 지형정보와 비교하여 충돌 및 경보 조건을 판단할 수 있으므로 정확성이 향상된 경보기능을 제공할 수 있다는 것입니다.[18] 지형정보 및 충돌정보는 [그림 10.8]과 같이 조종석의 항법표시장치(ND)의 기상 레이다 화면상에 거리와 모양을 그래픽으로 표현하여 시각적으로 제공합니다.

18 Terrain Awareness 기능

[그림 10.8] EGPWS 컴퓨터 장치 및 표시화면

10.4.2 GPWS의 경보모드

대지접근경보장치는 지면 위 2,450 ft(약 750 m) 이내 고도에서만 작동하며, [표 10.1]과 같이 항공기와 지형의 상대적인 관계에 따라 모드(mode) 1에서 7까지 작동기능이 분류되고 이에 따라 제공되는 음성경보도 달라집니다.

① 모드-1은 [그림 10.9(a)]와 같이 하강률이 과도한 비행상태(excessive descent rate)에서 동작하며, 초기 음성경보 메시지는 "Sink Rate, Sink Rate"로 과도한 하강률임을 알려주고, 고도가 계속 낮아지면서 하강률이 증가하면 "Pull Up, Pull Up"이라는 음성으로 조종사에게 회피 지시를 내립니다. 주 비행표시장치(PFD)의 자세계기 아래에도 "Pull Up"이 자홍색으로 표시됩니다.

② 모드-2는 [그림 10.9(b)]처럼 지형 접근율이 과도한 상황(excessive terrain closure rate)에서 작동하며, "Terrain, Terrain" 음성경보가 먼저 울리고 난 후, 접근이 계

[표 10.1] GPWS의 경보모드

Mode		Aural Warning Message	
Mode-1	Excessive descent rate (하강률 과도)	"Sink Rate, Sink Rate"	"Pull Up, Pull Up"[19]
Mode-2	Excessive terrain closure rate (지형접근율 과도)	"Terrain, Terrain"	"Pull Up"
Mode-3	Descent after take-off (이륙 후 고도 감소 과도)	"Don't Sink"	"Too Low Terrain"
Mode-4	Inadvertent proximity to terrain (지형과의 간격 부족)	"Too Low Gear" @low speed	"Too Low Terrain" @high speed
		"Too Low Flap" @low speed	"Too Low Terrain" @high speed
Mode-5	Descent below ILS glide slope (글라이드 슬로프 이하로 하강)	"Glide Slope"	
Mode-6	Altitude callout (착륙 진입 시 전파고도 정보 제공)	Callouts of Radio Altitude	"Bank Angle, Bank Angle"
Mode-7	Reactive Windshear detection [전단풍(윈드쉬어) 검출 기능]	"Windshear, Windshear"	

19 GPWS에 따라 "Whoop, Whoop, Pull Up, Pull Up"의 음성경보가 나오기도 함.

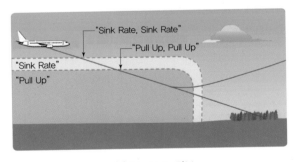

(a) Mode-1 경보

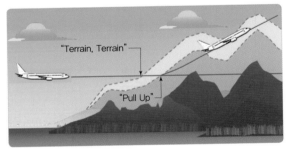

(b) Mode-2 경보

[그림 10.9] 대지접근경보장치(GPWS) Mode-1과 Mode-2 (B737)

20 모드-2는 착륙형상 (플랩을 30° 이상 내리고, 착륙장치를 내린 형상)의 플랩 위치 및 글라이드 슬로프 편차(2 dot)에 따라 2A와 2B로 구분됨.

속되면 "Pull Up" 음성경보가 울립니다.[20]

③ 모드-3는 [그림 10.10]과 같이 이륙 후나 복행(go-around) 시에 전파고도값이 1,500 ft 이하일 때 작동합니다. 항공기가 착륙형상이 아닌 상태에서 고도감소가 과도한 상태가 되면 모드-3A 상태로 "Don't Sink"라는 음성경보가 작동하며, 지면과의 최소 간격(minimum terrain clearance)이 충분치 않으면 모드-3B 상태

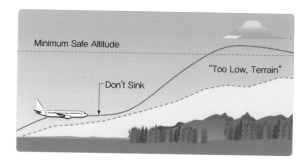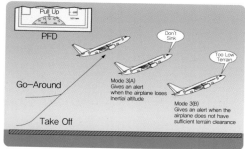

[그림 10.10] 대지접근경보장치(GPWS) Mode-3 (B737)

로 "Too Low Terrain"이라는 음성경보가 울리고 PFD 자세계기 아래에 "Pull Up"이 자홍색으로 표시됩니다.

④ 모드-4는 착륙형상이 아닌 경우에 지상에 과도하게 접근할 때 작동하며, [그림 10.11]과 같이 모드-4A와 모드-4B 경로로 구분됩니다. 모드-4A는 착륙장치가 올라간 저속 비행상태에서 지형, 지물과의 고도가 가까워지면 "Too Low Gear"라는 음성경보가 울리고, 항공기의 속도가 190 kts 이상으로 빨라지면 "Too Low Terrain"의 음성경보로 변경됩니다. 모드-4B는 플랩이 착륙형상이 아닌 저속 비행상태에서 지형, 지물과의 고도가 가까워지면 "Too Low Flap"이라는 음성경보가 울리고, 항공기의 속도가 159 kts 이상으로 빨라지면 "Too Low Terrain"의 음성경보로 변경됩니다.

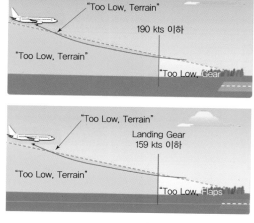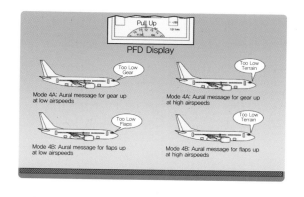

[그림 10.11] 대지접근경보장치(GPWS) Mode-4 (B737)

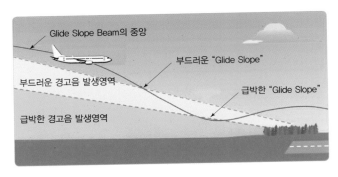

[그림 10.12] 대지접근경보장치(GPWS) Mode-5(B737)

⑤ 모드-5는 항공기가 착륙장치를 내린 착륙형상의 비행상태에서 계기착륙장치(ILS)의 3° 글라이드 슬로프보다 아래로 하강하는 경우에 "Glide Slope"라는 음성경보 메시지가 울립니다. 1,000 ft 이하에서 작동하며 [그림 10.12]와 같이 1.3 dot 이상 벗어나는 경우에는 부드러운 경고음이 발생하고, 2.0 dot 이상 벗어나면 급격한 경고음이 발생합니다.

⑥ 모드-6은 [그림 10.13]과 같이 항공기가 착륙을 위해 착륙장치를 내리고 활주로로 진입하고 있는 비행상태에서, 조종사에게 전파고도계(RA)에서 측정된 고도값을 음성으로 제공합니다. 전파고도계가 작동하는 2,500 ft부터 고도값이 불려지고, 특히 결심고도(DH, Decision Height)를 통과할 때는 "Minimums, Minimums" 하고 음성경보가 울립니다. 만약 30~130 ft 고도에서 뱅크각이 10°가 넘어가거나, 130 ft 이상 고도에서 뱅크각이 35°, 40°, 45°가 되면 "Bank Angle, Bank Angle"이란 음성경보가 울립니다.

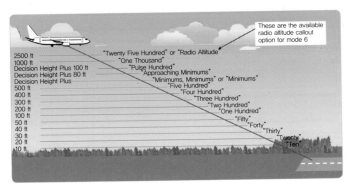

[그림 10.13] 대지접근경보장치(GPWS) Mode-6 (B737)

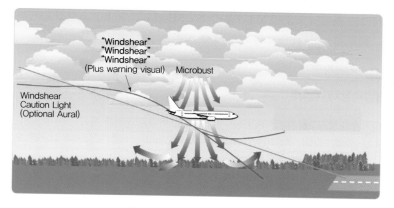

PFD

[그림 10.14] 대지접근경보장치(GPWS) Mode-7 (B737)

⑦ 마지막으로 모드-7은 [그림 10.14]와 같이 전파고도 1,000 ft 이하에서 이륙 또는 최종 접근하는 동안 전단풍[21]을 감지하면 "Windshear, Windshear" 하고 음성경보가 울립니다. 특히 이·착륙 비행단계의 항공기가 전단풍을 만나면 고도를 회복할 시간적 여유가 없어 굉장히 위험한 상황을 초래하게 되므로 주의가 필요합니다.

21 Windshear라고 하며, 고도에 따른 풍향과 풍속이 급격히 바뀌는 공기흐름으로, 특히 연직 하방으로 부는 순간돌풍을 microburst라고 함.

10.5 공중충돌방지장치(TCAS)

[그림 10.15]는 이 페이지의 원고를 쓰고 있는 2018년 12월 29일 오후 1시 15분 현재 대한민국 상공의 항공교통량을 보여주고 있습니다. 세계 항공데이터 업체인 OAG(Official Airline Guide)에서 2017년 3월부터 2018년 2월까지 조사한 결과에 따르면, 세계에서 가장 붐비는 항로는 하루 평균 178편이 오가는 서울-제주 노선이라고 합니다. 이처럼 항공교통량이 증가함에 따라 항공기와 항공기 간의 공중충돌 위험성이 매우 높아진 상태로, 항공기의 공중충돌사고는 엄청난 인명피해를 발생시키므로 이를 방지하기 위한 공중충돌방지장치가 이용됩니다. 공중충돌방지장치의 ICAO 공식명칭은 ACAS(Airborne Collision Avoidance System)로 미국에서 개발한 TCAS(Traffic alert and Collision Avoidance System)가 대표적으로 사용되기 때문에 TCAS가 공중충돌방지장치의 대명사처럼 통용되고 있습니다. 국제민

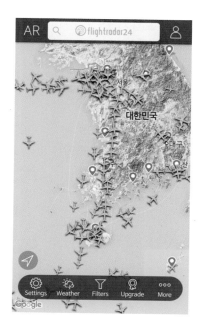

[그림 10.15] 항공교통량
(2018. 12. 29. 13:15)

22 Maximum Take-Off Weight

간항공기구(ICAO)에서는 최대이륙중량(MTOW)[22] 5,700 kg(12,500 lb) 초과 또는 승객 19인 초과 비행기는 의무적으로 TCAS를 1기 이상 장착하도록 의무화하고 있습니다.

> **핵심 Point 공중충돌방지장치(TCAS)**
>
> - TCAS는 지상기반의 항공교통관제(ATC)와는 독립적으로 탑재된 장비를 통해 주변 항공기의 거리(range), 상대방위(RB, Relative Bearing) 및 고도(altitude)를 분석하여 접근경보(TA) 및 회피권고(RA)를 내리는 공중충돌방지장치이다.
> - 탑재된 ATC 트랜스폰더(ATC Transponder)를 통해 주변 항공기에 지속적인 운항정보를 요청하며[23], 제공된 정보를 통해 충돌정보를 제공한다.

23 1초에 1번씩 모드 A(고유 식별부호 요청), 모드 C(고도 요청), 모드 S(데이터 링크) 질문신호를 송출함(11.2.3절 참조).

10.5.1 수직분리기준 축소(RVSM)

같은 항로(airway)[24]상에는 여러 대의 항공기가 운항하기 때문에 공중충돌을 방지하기 위해서 수평방향[25]과 수직방향[26]으로 항공기 간의 간격을 분리하고 있습니다. 국제민간항공기구(ICAO)는 2005년부터 FL[27]290(29,000 ft)~FL410(41,000 ft)에서 항공기 간 수직 안전거리 간격을 기존 2,000 ft에서 1,000 ft로 축소하여 운영하고 있습니다.

24 일반적으로 폭 10 NM(약 18 km), 최저높이 8,000 ft(약 2.4 km)로 구성됨.

25 수평으로는 레이다로부터 40 NM 이내에서는 3 NM, 40 NM 이상에서는 5 NM의 수평분리 간격을 적용함.

26 통상적으로 동쪽과 북쪽방향으로 비행 시는 홀수 고도를 배정하고, 서쪽과 남쪽방향으로 비행 시는 짝수 고도를 배정함.

27 Flight Level(비행고도)의 약자로 100 ft의 단위를 생략한 고도 표기임.

① 기존 2,000 ft의 분리 간격을 CVSM(Conventional Vertical Separation Minimum)이라고 하며 FL290 이하에서는 계속 CVSM이 적용됩니다.

② 신규 1,000 ft의 수직분리 간격을 RVSM(Reduced Vertical Separation Minimum

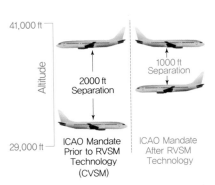

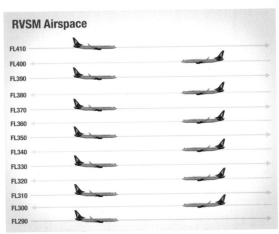

[그림 10.16] 수직분리 간격(CVSM과 RVSM)

or Minima)이라고 하며, 항공기 항법장비 및 안전장비의 정밀도 및 정확도가 향상되어 가능하게 되었습니다.

[그림 10.16]과 같이 RVSM을 적용하면 왕복 4차선에서 왕복 8차선으로 차선이 늘어나는 것과 같이, 비행이 가능한 고도가 현행 7개에서 13개로 거의 2배가 늘어나 항공교통량도 2배를 소화시킬 수 있으므로 효율적인 공역 활용과 공역 수용능력을 증대시킬 수 있습니다.

10.5.2 TCAS의 동작원리

TCAS는 항공기에 장착된 항공교통관제 트랜스폰더(ATC transponder)를 통해 주변 항공기와 통신을 수행합니다. [그림 10.17]과 같이 ATC 트랜스폰더(질문기)[28]에서 1,030 MHz의 질문신호(interrogation signal)를 발신하면 주변 항공기에 탑재된 항공교통관제 트랜스폰더가 질문신호를 수신한 후 자동으로 1,090 MHz의 응답신호(response signal)를 송출합니다.[29]

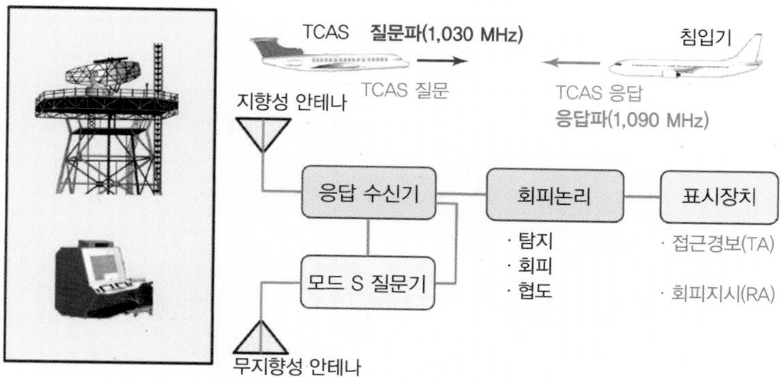

TCAS 질문파(1,030 MHz) 침입기
지향성 안테나 TCAS 질문 TCAS 응답 응답파(1,090 MHz)
응답 수신기 — 회피논리 — 표시장치
· 탐지 · 접근경보(TA)
· 회피 · 회피지시(RA)
· 협도
모드 S 질문기
무지향성 안테나

[그림 10.17] TCAS 동작원리

[그림 10.18]의 TCAS 컴퓨터는 질문신호(모드 A, 모드 C, 모드 S)에 따라 상대 항공기에서 송출된 응답신호에 포함된 고도(altitude) 정보와 항공기 식별부호를 추출해내고[30], 신호의 왕복 도달시간을 통해 상대 항공기와의 거리(range)와 상대 방위(relative bearing)[31]를 계산합니다. 이 정보를 기반으로 TCAS 컴퓨터는 상대 항공기[32]와의 최근접점(CPA)[33], 접근율 및 충돌 예상시간을 기준으로 2개의 구역을 설정하는데, [그림 10.19]와 같이 주의구역(CA)과 경보구역(WA)으로 나뉩니다.

28 질문신호를 송출할 때를 질문기(interrogator)라고 부름.

29 ATC 트랜스폰더는 TCAS뿐만 아니라 11장에서 공부할 감시시스템에서도 사용되며, 지상의 2차 감시레이다(SSR)의 질문신호에도 동일하게 응답함.

30 모드 A 질문신호에는 식별부호를, 모드 C 질문신호에는 고도를 응답함. 모드 S 질문신호에는 데이터 링크를 통해 보다 정확한 정보를 주고 받을 수 있음.

31 TCAS는 상대 항공기의 상대 방위를 알아내기 위해 지향성 안테나를 장착하여 사용함.

32 칩입기(intruder)라고도 함.

33 Closest Point of Approach(CPA)

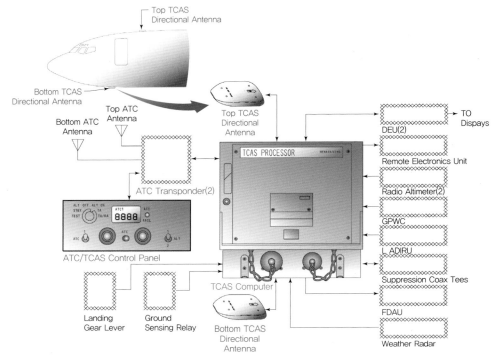

[그림 10.18] TCAS 구성도(B737)

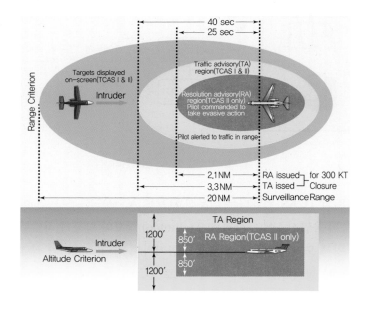

[그림 10.19] TCAS 주의구역(CA)과 경보구역(WA)

① 주의구역(CA, Caution Area)은 상대 항공기가 계속 접근할 때 약 35~45초 후
　에 충돌위험이 있는 지역입니다.
② 경보구역(WA, Warning Area)은 약 20~30초 후에 두 항공기가 충돌할 수 있
　는 지역입니다.

10.5.3 TCAS 경보와 권고

TCAS는 주의구역(CA)과 경보구역(WA)에서 각각 접근경보(TA)를 내리고, 충돌을
회피하기 위한 회피권고(RA)를 조종사에게 제공하며, [그림 10.20(a)]와 같이 다기능
시현장치(MFD) 또는 항법표시장치(ND) 화면에 주변 항공기에 대한 관련 정보를 제
공합니다.

 Point **TCAS의 접근경보(TA)와 회피권고(RA)**

① 접근경보(TA, Traffic Alert)
　– 주의구역(CA)에서는 접근경보가 내려진다.
　– 상대 항공기가 약 0.4 NM 내에 있는지, 또는 이 거리 내로 들어오기까지의 예상시간이
　　약 35~45초 이하인지를 판단한다.
② 회피권고(RA, Resolution Advisory)
　– 경보구역(WA)에서는 회피권고가 내려진다.
　– 상대 항공기가 약 0.3 NM 내에 있는지, 또는 이 거리 내로 들어오기까지의 예상시간이
　　약 20~30초 이하인지를 판정한다.

(a) MFD의 TCAS 정보 화면

[그림 10.20] TCAS 회피권고(RA) 및 표시 (계속)

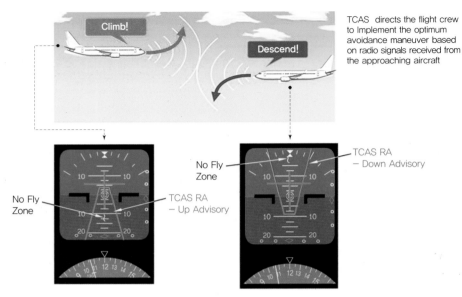

TCAS directs the flight crew to Implement the optimum avoidance maneuver based on radio signals received from the approaching aircraft

(b) PFD의 TCAS 회피권고(RA) 및 표시화면

[그림 10.20] TCAS 회피권고(RA) 및 표시

회피권고 발생 시에 회피 방향은 침입 항공기와 ATC 트랜스폰더의 질문과 응답에 의하여 회피 방향 정보를 교환하여 상호 간의 회피 방향이 같지 않도록 조정됩니다. 회피권고(RA)는 [그림 10.20(b)]와 같이 주 비행표시장치(PFD)에 표시되어 조종사에게 시각적으로 제공되며, 음성 안내로도 제공됩니다. 이때 조종사는 회피권고에 따라 상승 또는 하강비행을 하여 충돌을 회피해야 합니다.[34]

34 수직면에서 상승과 하강 비행을 통해 회피하는 방식으로 수직 회피권고(VRA, Vertical RA)라고 함.

10.5.4 TCAS의 종류

TCAS는 개발단계에 따라 다음과 같이 3가지 종류로 구분됩니다.

① TCAS-I은 회피권고(RA)는 제공하지 않고, 상대 항공기의 거리, 방위정보 및 접근경보(TA)만 제공합니다. TCAS-I에 사용되는 ATC 트랜스폰더는 자신이 질문신호나 응답신호를 내보내지 않고 주변 항공기의 신호만을 수신하는 수동적 기능을 합니다. 즉, 주변 항공기가 TCAS 질문신호에 대한 응답신호를 내보내는 경우, 이 응답신호들만을 수신하고 능동적으로 질문신호를 송출하지 않습니다. 주로 GA(General Aviation)급 소형 항공기에 장착되어 사용됩니다.

② TCAS-II는 거리, 방위정보, 상대 항공기의 식별부호 및 접근경보(TA)와 더불어

수직면 회피권고(VRA)를 제공합니다. ATC 트랜스폰더 중 모드 C(Mode-C)나 모드 S(Mode S) 트랜스폰더[35]를 장착해야 TCAS-II의 기능을 수행할 수 있습니다. TCAS-II는 중대형 여객기에 장착되어 사용됩니다.

③ 마지막으로 TCAS-III는 위치정보 및 접근경보(TA)와 수직 회피권고(VRA)뿐 아니라 수평면에서의 회피권고(HRA, Horizontal RA)까지도 제공하는 발전된 공중충돌 경보장치입니다.[36]

35 ATC 트랜스폰더의 모드 C, 모드 S에 대해서는 11장 감시시스템에서 자세히 설명함.

36 차세대 감시시스템으로 자동항행감시장치(ADS-B)가 개발되면서 TCAS-III는 개발이 중단됨.

10.5.5 TCAS와 관제지시의 우선권

여러분이 항공기 조종사이고 현재 비행 상황에서 TCAS의 회피권고(RA)와 항공교통관제사(air traffic controller)의 회피지시가 상반된다면 어떤 지시를 따르겠습니까? 2002년 7월 1일 발생한 독일 남부 위버링엔(Überlingen) 상공 공중충돌사고를 계기로 TCAS와 관제사 지시가 혼선이 발생할 경우에 TCAS 지시를 우선하게 됩니다. 그럼 위버링엔 공중충돌사고의 과정을 살펴보겠습니다.

사고 당일 [그림 10.21]에 나타낸 러시아의 바시키르 항공 2937편 여객기[37]는 수학여행을 가는 초등학생 57명을 포함하여 총 69명의 승객을 태우고 모스크바에서 스페인 바르셀로나로 향하고 있었습니다. 이때 상대편 항공기인 DHL 611편 화물기[38]는 이탈리아 베르가모 국제공항에서 벨기에 브뤼셀로 비행 중이었습니다.

[그림 10.22]에 나타낸 비행항로처럼, 독일과 스위스 접경지역을 지나가면서 스위스 관제사인 페터 닐센(Peter Nielsen)의 실수로 두 항공기는 모두 같은 고도인 36,000 ft에서 점차 근접하게 됩니다. 뒤늦게 충돌위험을 알아챈 페터 닐센은 바시키르 항공 2937편에게 35,000 ft로 고도하강을 지시합니다. 두 항공기의 TCAS는 충돌 위험성

37 투폴레프 Tu-154M 기종으로 항공기 등록부호는 RA-85816임.

38 보잉 757-23AP 기종으로 항공기 등록부호는 A9C-DHL임.

(a) DHL 611편(사고발생 7일 전의 사진)   (b) 바시키르 항공 2937편(사고발생 3개월 전의 사진)

[그림 10.21] 위버링엔 공중충돌사고 항공기(출처: Airliners.net)

[그림 10.22] 위버링엔 공중충돌사고(출처: National Geographic Channel)

을 감지하고 회피권고(RA)를 내리는데, 바시키르 항공기의 TCAS는 'Climb(상승)'을, DHL 화물기의 TCAS는 'Descent(하강)'의 회피권고(RA)를 내립니다.

서로 상충된 회피지시를 받은 바시키르 항공의 러시아 조종사들은 관제사의 지시를 따르기로 결정하고 항공기를 하강시켰으며, DHL 화물기는 TCAS의 회피권고를 따라 하강하면서 두 항공기는 밤 11시 35분 52초에 34,890 ft에서 충돌하여 탑승객 전원이 사망하고 맙니다.[39] 이 사고 이후 ICAO와 FAA는 TCAS 지시를 우선하도록 규정을 통일하게 됩니다.

2014년 8월 13일에도 유사한 사고가 발생할 뻔했습니다. 김해국제공항을 출발하여 일본 나리타 국제공항으로 향하던 에어부산 여객기가 나리타 공항 관제센터의 지시를 따르며 하강하던 도중 TCAS의 회피 권고를 받고 상승하였습니다. 당시 맞은편 6 km 지점에서 일본 국적 여객기가 상승 중이었는데, 만약 에어부산의 기장이 TCAS 경보를 무시하고 회피 조작을 하지 않았더라면 자칫 대형 참사가 발생할 수 있었습니다.

39 DHL기는 바시키르 2937편의 바로 아래를 지나가면서 수직꼬리날개로 2937편의 동체를 반으로 갈랐고, 그 충격으로 DHL기의 수직꼬리날개가 떨어져 나가게 됨.

10.6 비행기록장치(FDR)

미국 연방항공청(FAA)에 의해 1958년 7월부터 12,500 lb 이상, 25,000 ft 이상을 비행하는 민간항공기에는 비행기록장치(FDR, Flight Data Recorder)의 장착이 의무

(a) Steel-foil 방식 FDR

(b) Magnetic tape 비행기록장치(FDR)[40]

40 2000년 추락한 Alaska Airlines 261편의 비행기록장치임.

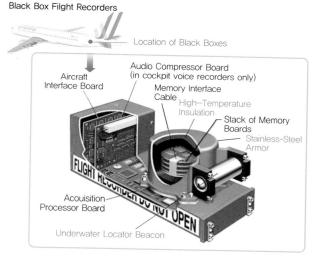

(c) Digital FDR

(d) FDR 개발자(호주 Dr. David Warren)

[그림 10.23] 비행기록장치(FDR)

화되었습니다. [그림 10.23]과 같이 초기에는 금속 판막(steel-foil)에 데이터를 투사(tracing)시키거나 magnetic tape에 비행데이터를 기록하는 아날로그 방식이 사용되었으나, 현재는 반도체 플래시 메모리(solid state)를 저장장치로 이용한 디지털 비행기록장치(DFDR, Digital FDR)를 사용합니다.

41 항공기 추락사고 후 수색을 통해 겨우 찾아낸 FDR이 화재과정에서 불타서 검은색인 것을 본 기자가 "Wonderful black box"라고 기술하면서 블랙박스로 불리게 됨.

 비행기록장치(FDR)

- 블랙박스(black box)[41]라고 부르는 장치로, 항공기 운항 중 발생한 사고의 원인 규명 및 분석을 위해 각종 운항 데이터를 기록하여 저장하는 장치다.

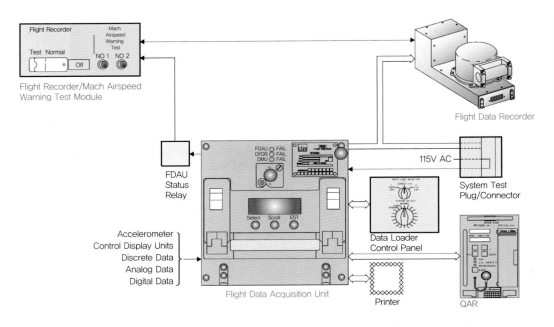

[그림 10.24] 비행기록장치(FDR) 구성도와 QAR(B737)

비행기록장치(FDR)에 기록된 운항 데이터 및 비행자료는 기본적으로 사고조사 과정에서 사고원인을 찾아내기 위한 핵심정보로 사용되기도 하지만, [그림 10.24]의 B737 항공기의 시스템 구성도와 같이 FDR과 비슷한 기능을 하는 신속 접속용 운항기록장치(QAR, Quick Access Recorder)에도 저장되어 비행 완료 후 기체 및 엔진의 상태 점검 및 분석에 활용됩니다.[42] 대부분의 항공 운항사들은 표준 운항체계나 경제적인 운항관리 및 각종 시스템의 분석 등 비행안전보장 프로그램(FOQA, Flight Operation Quality Assurance)의 중요한 도구로 QAR을 이용하고 있습니다.[43]

FDR의 요구조건에 대해 알아보겠습니다. FDR에는 항공기의 속도, 고도, 자세, 방위각 등 수백에서 수천 개의 비행 파라미터들이 저장되고 사고 후에도 데이터가 보존되어야 하므로 다음과 같은 엄격한 요구조건이 만족되어야 합니다.

① 비행 중에는 비행자료 저장이 정지되지 않고 계속 기록되어야 합니다.
② 사고 시 손상될 확률이 낮고, 추락 등 외부 충격에도 저장된 데이터가 손상되지 않도록 기체 후방에 장착하는 것이 일반적입니다.
③ 현재시간을 기준으로 최종 25시간의 비행자료를 기록하고, 1,100℃의 열에서도 30분간 견뎌야 하며, 260℃에서는 10시간을 견딜 수 있어야 합니다.

④ 충격조건은 최대 3,400 G에서도 정상 작동하도록 제작해야 합니다.

⑤ 항공기가 해저로 추락한 경우라도 위치를 탐지할 수 있도록 수중위치표식장치인 ULD(Under water Locating Device)가 내장되어 있어야 합니다. 수중위치표식장치는 37.5 kHz의 저주파를 사용하며, 수면으로부터 수신이 가능한 거리가 약 6 km에 이릅니다.

⑥ 외관은 쉽게 눈에 띄어 회수할 수 있도록 오렌지색 또는 주황색으로 표시합니다.

10.7 조종실 음성기록장치(CVR)

조종실 음성기록장치(CVR, Cockpit Voice Recorder)는 항공기 추락 시 혹은 기타 중대 사고 시 원인 규명을 위하여 조종실에서 승무원 간에 나눈 대화나 관제기관과의 교신내용, 헤드셋이나 스피커를 통해 전해지는 항행 및 관제시설 식별 신호음, 각종 항공기시스템의 경보음 등을 최종 30분간 이상[44], 4채널로 녹음하여 저장하는 기록장치입니다. CVR은 사고 후에 무의미한 주변 소리가 저장되면서 중요한 사고 음성 정보가 지워지지 않도록 비행 중에는 엔진에 연결되어 구동되는 발전기에서 직접 작동전원을 공급받습니다.

[44] B737, B777 기종은 120분의 최종 음성 데이터가 기록됨.

 핵심 Point 조종실 음성기록장치(CVR)

- 항공기 운항 중에 발생되는 각종 음성정보를 기록하는 장치로, 비상시에 FDR과 함께 사고 원인 분석 등에 이용된다.

[그림 10.25]에 나타낸 것처럼 조종실 음성기록장치(CVR)는 FDR과 외형이 비슷하며, 수중위치표식장치(ULD)도 동일하게 설치되어 있습니다. FDR과 CVR은 추락하거나 화재가 발생해도 저장된 데이터가 보존되어야 하므로, 그림과 같이 음성이 저장되는 반도체 메모리를 서멀 블록(thermal block)으로 두껍게 감싼 후, 절연물질을 입히고 철 재질로 외부를 감싸 보호합니다.

최근에는 FDR과 CVR을 합쳐 1개의 장치인 CVFDR 형태도 개발되어 있으며, 주로 항공기 후방 동체에 장착됩니다. [그림 10.26]은 비즈니스 제트기인 Gulfstream G-650에 장착되는 미국 Universal Avionics사의 CVFDR 장치를 보여주고 있습니다.

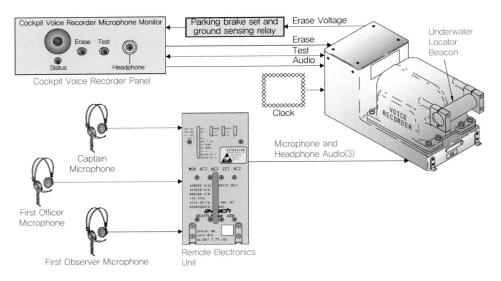

[그림 10.25] 음성기록장치(CVR) 구성도(B737)

[그림 10.26] 조종실 음성 및 비행기록장치(CVFDR)

10.8 비상위치발신기(ELT)

비상위치발신기(ELT, Emergency Locator Transmitter)는 초단파(VHF) 대역의 주파수를 사용하여 항공기의 충돌, 추락 등 조난 상태에서 항공기의 위치를 알리는 비상신호를 발신합니다. 민간 항공기는 121.5 MHz를 사용하고, 군용 항공기는 243.0 MHz를 사용하며, 최신 ELT 장치들은 406 MHz의 주파수를 사용합니다. 출력은 300 mW 정도이고 자체적으로 리튬 배터리를 장착하고 있어 48시간 동안 신호발신이 가능합니다.

 비상위치발신기(ELT)

• 충돌이나 불시착 및 추락 등으로 인해 항공기의 속도에 큰 변화가 감지될 때 자동으로 비상신호를 발신하여 항공기의 조난 위치를 알려주는 장치이다.

[그림 10.27]과 같이 항공기 동체 후방[45]의 객실 천장 패널에 장착하며, ELT 제어패널의 스위치를 사용하여 수동 작동도 가능합니다. 비상위치발신기에는 위성 송신기가

[45] FDR, CVR, ELT 는 모두 동체 후방에 설치되므로, 추락 시 충격이 가장 작은 위치임 (항공기 탑승 시에 좌석 위치를 선정할 때 반드시 참고해야 함~^^).

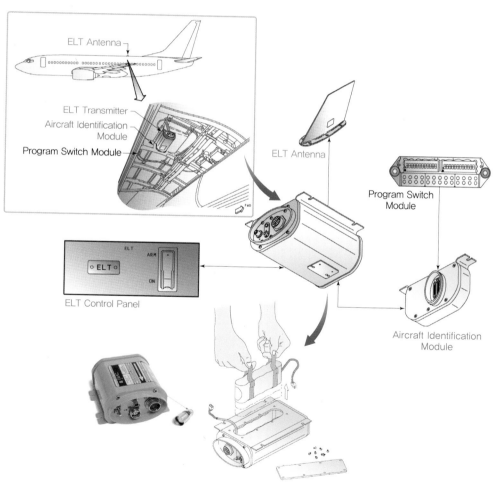

[그림 10.27] 비상위치발신기(ELT)

46 ELT 시리얼 번호, 국가코드, 항공기의 24-bit 고유주소 등의 디지털 정보가 포함됨.

47 미국, 러시아, 프랑스 등이 참여한 COSPAS-SARSAT이라는 범세계적 재난구조 위성이 동통신망을 이용함.

48 하늘의 5/8(63%) 정도가 구름으로 가려져 있을 때 지면에서 구름 하단까지의 고도를 말함.

장착되어 있어, 50초 간격으로 기존 121.5 MHz 또는 243.0 MHz의 비상신호를 끄고 극초단파 대역(UHF)의 406 MHz 조난 비컨 신호(beacon signal)[46]를 0.44초 동안 발신합니다. 발신된 전파를 위성에서 수신하면 다시 지상으로 전파를 재전송하여 2 km 오차 내에서 위치를 찾아낼 수 있도록 합니다.[47]

10.9 착륙유도장치(ILS)

착륙유도장치(landing guidance system)는 착륙하기 위해 접근(approach) 중인 항공기가 안전하게 활주로에 진입하여 착륙할 수 있도록 지상에서 유도신호를 송출하여 진입경로와 각도를 제공하는 시스템입니다. 야간이나 안개, 구름, 강우 등 낮은 운고(ceiling)[48] 등으로 인해 시계가 나쁜 저(低)시정 기상상태에서도 항공기가 안전하게 활주로에 진입하고 착륙할 수 있도록 항공기를 유도하는 항행보조장치입니다.

군용 시스템으로는 [그림 10.28(a)]와 같이 정밀진입 레이다(PAR, Precision Approach Radar)가 사용되고 있으며, 전시에 대비하여 이동이 가능한 형태로 제작됩니다. 민간 시스템으로는 [그림 10.28(b)]와 같은 계기착륙장치(ILS, Instrument Landing System)가 가장 대표적인 시스템입니다. 현재 주도적으로 이용되고 있는 ILS의 단점을 보완한 차세대 착륙시스템으로는 마이크로파 착륙장치인 MLS(Microwave Landing System)와 9.3절에서 살펴본 위성항법보정시스템인 DGPS(Differential GPS) 방식의 광역 오차보정시스템(SBAS)과 근거리 오차보정시스템(GBAS) 등도 착륙유도장치로 분류됩니다.

(a) 정밀진입 레이다(PAR)

(b) 계기착륙장치(ILS)

[그림 10.28] 착륙유도장치

10.9.1 착륙 등급

국제민간항공기구(ICAO)에서 지정한 착륙 카테고리(landing category)는 운고와 시정(ground visibility) 조건에 따라서 [표 10.2]와 같이 CAT-I, CAT-II, CAT-III의 세 등급으로 분류됩니다.

[표 10.2] ICAO 착륙 등급

Category	System minima	Decision Height	RVR Requirement
CAT-I	> 200 ft (60 m)	Not less than 200 ft	Not less than 550 m or ground visibility no less than 800 m
CAT-II	> 100 ft (30 m)	Less than 200 ft, but not less than 100 ft	Not less than 350 m
CAT-III A	> 50 ft (15 m)	Less than 100 ft or no DH	Not less than 200 m
CAT-III B	< 50 ft (15 m)	Less than 50 ft or no DH	Not less than 50 m
CAT-III C	0 ft	No DH	None

① CAT-I 등급은 결심고도 60 m 이상, 활주로 가시거리 550 m 이상 또는 활주로 시정이 800 m 이상의 조건에서 착륙할 수 있습니다.

② CAT-II 등급은 결심고도 30 m 이상, 활주로 가시거리 350 m 이상 또는 활주로 시정 350 m 이상의 조건에서도 착륙할 수 있습니다.

③ CAT-III 등급은 다시 3등급으로 나뉘는데, CAT-III A 등급은 결심고도 15 m 이상, 활주로 가시거리 200 m 이상, CAT-III B 등급은 결심고도 15 m 미만, 활주로 가시거리 50 m 이상에서 이착륙이 가능하고, CAT-III C 등급은 활주로 시정이 0 m인 상태에서 이착륙 및 지상 활주가 가능합니다.

결심고도(DH, Decision Height)는 계기비행(IFR) 상태에서 접근절차상 하강할 수 있는 최저고도를 말하며, 이 고도 이전에 조종사는 착륙할지 아니면 복행(go-around)할지의 최종결정을 내려야 합니다. 활주로 가시거리(RVR, Runway Visual Range)는 활주로에 설치된 계측기 장비로 측정한 거리이며, 시정(ground visibility)은 RVR 장비가 없어 기상대에서 육안으로 측정한 최대 가시거리를 나타냅니다.

우리나라의 김포공항과 김해공항은 CAT-II 등급이며, 인천공항은 CAT-III B 등급으로 세계 최고등급의 국제공항입니다.[49]

[49] 현재 최고수준인 CAT-III C 등급은 전 세계적으로 해당 공항이 존재하지 않기 때문에 CAT-III B 등급이 최고등급 공항임.

10.9.2 계기착륙장치(ILS)

계기착륙장치(ILS, Instrument Landing System)는 1950년 ICAO에서 지정한 정밀
진입용 착륙보조시설의 국제표준으로, 항공기를 정밀 진입시키기 위한 무선지원 항행
보조시설입니다. 구름, 안개, 비 등의 시정이 좋지 않은 악기상 조건하에서도 안전하고
정확하게 활주로 중심 연장선을 따라 진입하고, 착륙을 유도하는 가장 중요한 착륙유
도장치입니다. 계기착륙장치로부터 제공되는 유도전파에 따른 수평 및 수직편차가 조
종석 계기에 표시되므로, 조종사는 접근진입 경로에서 벗어나지 않도록 조종하여 항공
기를 안전하게 하강시켜 착륙시킬 수 있습니다.

> **핵심 Point 계기착륙장치(ILS)**
>
> ILS는 로컬라이저, 글라이드 슬로프, 마커 비컨으로 구성되어 있다.
> ① 로컬라이저(LOC, Localizer)
> – 수평면상의 정밀접근 유도신호를 제공하여, 활주로 중심선을 맞추도록 유도한다.
> ② 글라이드 슬로프(G/S, Glide Slope)[50]
> – 수직면상의 정밀접근 유도신호를 제공하여, 착륙각도인 3° 활공각을 제공한다.
> ③ 마커 비컨(MKR 또는 M/B, Marker Beacon)
> – 활주로까지의 거리를 표시한다.

50 글라이드 패스(G/P,
Glide Path)라고도 함.

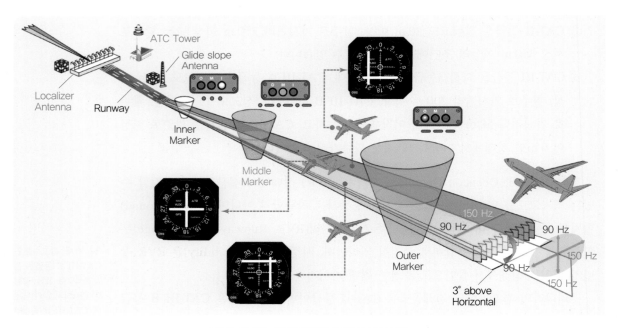

[그림 10.29] 계기착륙장치(ILS)의 지상설비

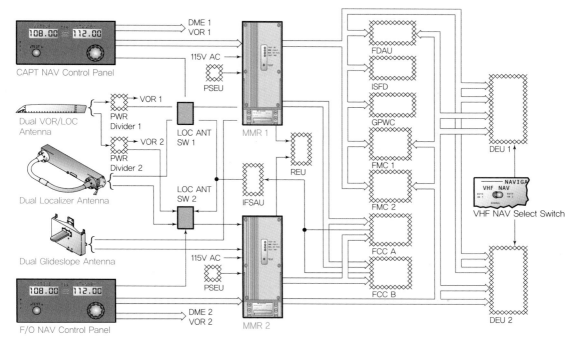

[그림 10.30] 계기착륙장치(ILS) 구성도-항공기 탑재시스템(B737)

계기착륙장치(ILS)는 지상설비와 항공기 탑재장비로 구성됩니다.

① 지상설비는 [그림 10.29]와 같이 유도신호 전파를 발사하기 위한 무선국과 안테나로 구성됩니다.

② 항공기 탑재장비는 [그림 10.30, 10.31]처럼 항공기 노즈(nose)의 기상 레이다 상하에 로컬라이저 안테나(localizer antenna)와 글라이드 슬로프 안테나(glide slope antenna)가 설치되고, 수직꼬리날개 상단부에 VOR/LOC 안테나[51]가 설치됩니다.

로컬라이저 수신기, 글라이드 슬로프 수신기는 [그림 10.30]과 같이 MMR(Multi-Mode Receiver) 장치 내에 위치하며, 2개의 MMR 장치가 EE Compartment 랙에 장착되어 있습니다. 로컬라이저 안테나는 이중(dual)으로 구성되어 있기 때문에 로컬라이저 안테나 스위치(LOC ANT SW)를 통해 각각 MMR 장치에 연결됩니다.

(1) 로컬라이저(LOC)

로컬라이저(LOC, Localizer)는 활주로에 접근하는 항공기에 활주로 중심선에 대한 유도신호를 제공하는 지상시설로, LOC 지상 안테나와 송신기로 구성됩니다. LOC 안

51 VOR과 로컬라이저는 VHF대의 같은 주파수대를 사용하므로 함께 사용함.

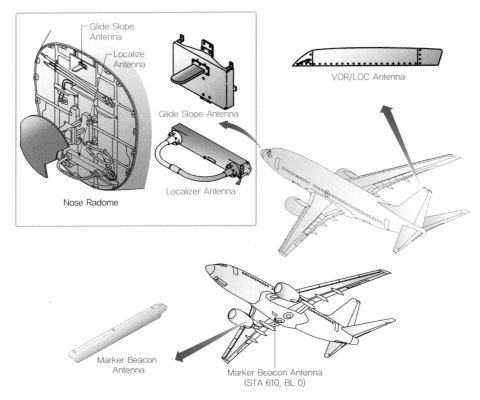

[그림 10.31] 계기착륙장치(ILS) 항공기 탑재 안테나(B737)

52 캐리어 안테나는
90 Hz, 150 Hz 전파를
모두 (+)위상으로 변조
하고, 왼쪽 편의 사이드
밴드 안테나는 (+)위상
의 150 Hz와 (−)위상
의 90 Hz를 교차하여
변조함(오른편 사이드
밴드 안테나는 반대임).

테나는 [그림 10.29]와 같이 일반적으로 항공기 접근 방향 활주로 반대편에 위치하며 11개의 다이폴(dipole) 타입의 캐리어(carrier) 안테나와 사이드 밴드(side band) 안테나를 통해 90 Hz와 150 Hz의 진폭을 변조한 전파를 발사합니다.[52]

항공기가 접근해 들어오는 방향으로 유도신호를 발사하는데, 이를 정상적인 전면 접근로(front course)라 하고, 반대방향의 후면 접근로(back course)로도 전파를 발사(back beam)합니다. 후면 접근로의 사용은 ATC의 인가를 받지 않는 한 사용해서는 안 됩니다.

53 VOR과 같은 주파수대
(108~117.975 MHz)
를 50 kHz 채널 간격으
로 사용함.

 로컬라이저(LOC)

- 로컬라이저 송신기는 VHF 108.10~111.95 MHz 대역[53]의 40개 채널 중 하나를 사용한다.
- 로컬라이저 안테나는 [그림 10.32]와 같이 항공기를 바라보면서 오른쪽 편으로 90 Hz 변조파를, 왼쪽 편으로 150 Hz의 변조파를 강하게 발사하여 중심선에 대한 전파의 강약을 통해 벗어난 수평편차를 제공한다.

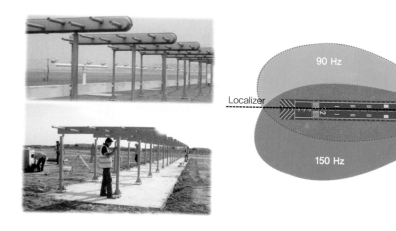

[그림 10.32] 지상 로컬라이저 안테나 및 방사패턴

로컬라이저 안테나에서 발사되는 전파의 출력은 약 35 W이며, [그림 10.33]과 같이 10 NM까지는 좌우로 35°까지, 18 NM까지는 활주로 중앙선을 기준으로 좌우 10°까지 송출됩니다.[54] 신호 중앙 3~6° 영역은 최대 거리 25 NM까지 신호가 도달하지만 유도신호의 좌우 범위가 좁기 때문에 결국 ILS는 1개의 착륙 접근로만 제공하게 됩니다.

[54] 이와 같은 수신패턴을 유지하기 위해 공항 근처의 활주로 중심선 좌우 10° 이내에는 장애물이 있어서는 안 됨.

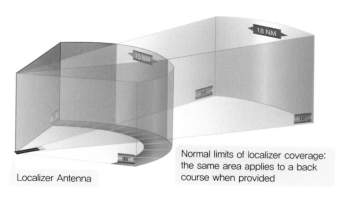

[그림 10.33] 로컬라이저 안테나의 전파방사 형태

항공기의 LOC 계기는 로컬라이저 지상 송신기에서 송출되는 전파를 수신하여 90 Hz와 150 Hz의 변조도 차이(DDM, Difference in Depth Modulation)를 비교하여 활주로 중심선에서 벗어난 정도(활주로 중심선에서 벗어난 수평편차)를 표시합니다. 예를 들어, [그림 10.34]의 항공기 B는 활주로 중심선에서 우측으로 벗어나 있어 로컬라이저의 90 Hz 변조성분이 150 Hz보다 크게 측정되므로 계기의 CDI 지침은 왼쪽으로 지시하게 되며, 조종사에게 활주로가 진행방향의 왼쪽에 있음을 알려줍니다.[55]

[55] VOR 계기와 마찬가지로 CDI 지침이 활주로를, 중앙의 동그라미가 항공기의 위치를 나타냄.

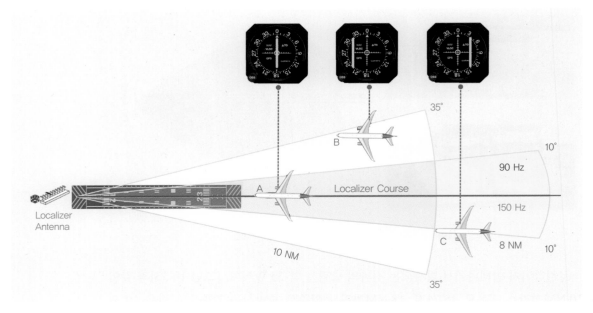

[그림 10.34] 로컬라이저에 의한 ILS 계기 지시

(2) 글라이드 슬로프(G/S)

계기착륙장치의 두 번째 구성요소인 글라이드 슬로프(G/S, Glide Slope)는 활주로에 착륙하기 위하여 진입 중인 항공기에 가장 안전한 착륙각도인 2~4°의 활공각[56] 유도정보를 제공하는 시설로 지상 안테나와 송신기로 구성됩니다.

G/S 지상 안테나는 [그림 10.29]와 같이 항공기 진입방향의 활주로 앞단에서 안쪽 방향으로 750~1,250 ft(229~381 m) 위치에, 활주로 중심선으로부터는 400~600 ft (122~183 m) 옆으로 떨어진 위치에 설치되어야 합니다.

> **핵심 Point 글라이드 슬로프(G/S)**
>
> • 글라이드 슬로프 안테나는 극초단파(UHF) 대역의 328.6~335.4 MHz의 주파수를 사용한다.[57]
> • G/S 안테나는 [그림 10.35]와 같이 활공각 코스 중심선에서 위쪽은 90 Hz 변조파를, 아래쪽은 150 Hz의 변조파를 강하게 발사하여 벗어난 수직편차를 제공한다.

G/S 안테나에서 발사되는 전파는 상하 1.4°의 빔폭으로 약 12 W의 출력으로 송출되어 전파도달거리가 10 NM이며, 착지점에서는 그 높이가 2~3 ft 정도가 됩니다. 로

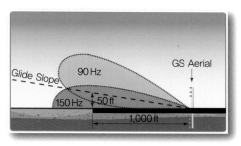

[그림 10.35] 지상 글라이드 슬로프 안테나 및 방사패턴

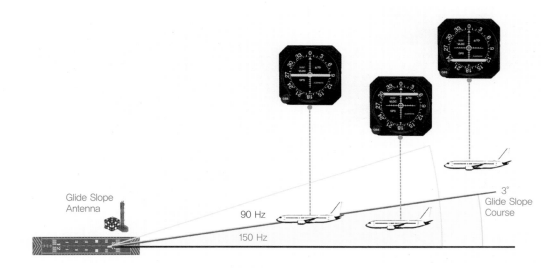

[그림 10.36] 글라이드 슬로프에 의한 ILS 계기 지시

컬라이저(LOC)에 적용된 방식과 동일하게 항공기의 탑재 G/S 안테나와 수신기는 [그림 10.36]과 같이 90 Hz와 150 Hz의 변조도 차이를 비교하여 항공기가 3° 활공각 에서 어느 방향으로 어느 정도(수직 편차) 벗어났는지를 알려줍니다.

(3) 마커 비컨(MKR 또는 M/B)

마커 비컨(MKR 또는 M/B, Marker Beacon)은 착륙 중인 항공기에 활주로까지 남은 거리정보를 제공하기 위해 [그림 10.37]과 같이 지향성이 강한 역원추형의 전파를 특정 지점의 상공에 수직으로 발사하여 이 지점을 지나는 항공기가 전파를 수신하면 조종석 의 지시등이 점등되고, 신호음 등으로 그 지점의 상공을 통과하고 있음을 알려줍니다.

마커 비컨(MKR 또는 M/B)

- 마커 비컨은 외측 마커(OM, Outer Marker) 비컨과 중앙 마커(MM, Middle Marker) 비컨 및 내측 마커(IM, Inner Marker) 비컨의 3가지로 구분된다.
- 활주로 끝단부터 지정된 거리에 각각 설치하며, 활주로까지의 거리정보를 제공한다.

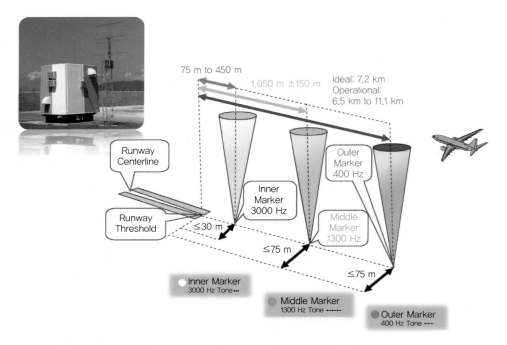

[그림 10.37] 마커 비컨(Marker Beacon)

마커 비컨은 75 MHz의 초단파대(VHF) 전파를 반송파로 사용하여 전파장애에 대한 영향을 감소시키고, 정밀도를 높이기 위하여 외측 마커는 400 Hz, 중앙 마커는 1,300 Hz, 외측 마커는 3,000 Hz로 변조합니다.

① 외측 마커 비컨은 OM(Outer Marker)으로 표시하며 활주로 진입단에서 6.5~11 km 되는 지점에 설치하고, 400 Hz로 변조되는 전파를 발사합니다. 외측 마커를 지나면 조종사는 초당 2회씩 모스 신호 대시음을 들을 수 있으며, 조종석 계기에는 'OM' 청색등이 켜집니다.

② 중앙 마커 비컨은 MM(Middle Marker)으로 표시하며, 활주로 진입단에서 약 1,050 m 전방 코스상에 설치하며, 1,300 Hz로 변조되는 전파를 발사합니다.

조종사는 초당 2회씩 모스 신호의 대시음과 도트음을 연속으로 들을 수 있으며, 조종석 계기에는 'MM' 주황색등이 켜집니다.

③ 내측 마커 비컨은 IM(Inner Marker)으로 표시하며, 활주로 진입단에서 75~450 m 사이에 설치합니다. 3,000 Hz로 변조되는 전파를 발사하며, 조종사는 초당 6회씩 모스 신호의 도트음을 들을 수 있으며, 조종석 계기에는 'IM' 하얀색등이 켜집니다.

(4) ILS 정보의 표시

ILS의 LOC 및 G/S의 수평 및 수직 편차 정보를 지시하는 계기는 [그림 10.38]과 같이 VOR 계기와 수평자세지시계(HSI[58]) 정보를 지시하는 전자계기가 독립적으로 사용됩니다.

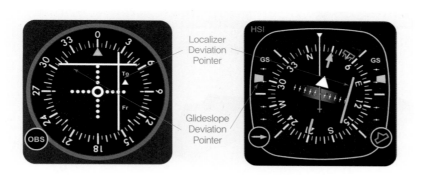

[그림 10.38] ILS 지시계기(VOR, HSI)

통합전자계기(IDU[59])로 구현된 조종석을 갖춘 항공기에서는 [그림 10.39]와 같이 주 비행표시장치(PFD)의 ADI[60] 표시부와 항법표시장치(ND)에 LOC, G/S의 편차정보[61] 및 DME의 거리정보와 MKR의 비컨 정보를 표시해줍니다.

마커 비컨의 지시는 PFD의 ADI 표시부 오른쪽 상단부에 [그림 10.40]처럼 시각정보로 표시되며, 각 마커 비컨을 지나면서 울리는 해당 도트음과 대시음은 스피커를 통해 청각정보로 조종사에게 제공됩니다.

10.9.3 마이크로파 착륙장치(MLS)

계기착륙장치인 ILS는 다음과 같은 단점이 있습니다.

① ILS 안테나 전면영역의 장애물 제한지역이 넓고 평탄지역이 넓어야 하므로[62] 구축비용이 많이 소요되고 지형적으로 설치조건이 까다롭습니다.

---

58 Horizontal Situation Indicator로 VOR 계기가 발전하여 ILS 및 기수방위 지시계가 통합된 전자계기임.

59 Integrated Display Unit

60 비행자세지시계(ADI, Attitude Direction Indicator)라고 하며 자세계와 ILS 정보를 함께 표시하는 전자계기임.

61 분홍색 직선은 활주로를 나타내므로 로컬라이저 편차가 되고, 마름모 심벌로 G/S의 수직편차를 가리킴.

62 ILS용 전파의 특성상 빔폭이 좁고 장애물 등의 전파반사로 인한 간섭과 왜곡현상이 심해, 전파의 질이 저하되기 때문에 이러한 영향성을 줄이기 위해 평탄지역이 넓어야 함.

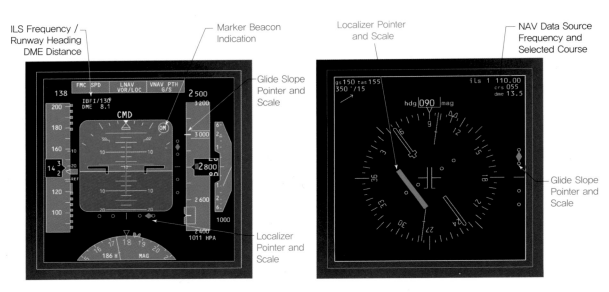

[그림 10.39] ILS 지시계기(PFD, ND)

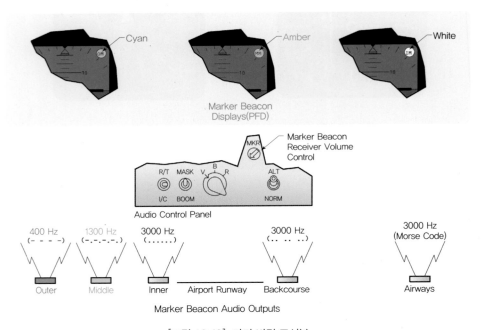

[그림 10.40] 마커 비컨 표시부

63 1개의 착륙접근 비
행로만 제공되므로 착
륙 대기 중인 항공기들
이 일렬로 늘어서서 대
기해야 함.

② 사용 채널이 40개로 동시에 처리할 수 있는 용량이 작으며, 또한 방위각이 3~6°
로 좁고 활공각이 2~4°로 고정되어 있기 때문에 곡선 진입이나 고각도 진입이
불가능하여 항공교통량 증가 시 처리 용량에 한계가 생깁니다.[63]

③ 고정익 항공기 이외의 회전익이나 단거리이착륙(STOL[64]) 항공기의 경우는 착륙
   절차가 정립되어 있지 않아 활용도가 떨어집니다.

64 Short-Take-Off
and Landing

마이크로파 착륙장치(MLS, Microwave Landing System)는 이러한 계기착륙장치
(ILS)의 단점을 극복하기 위해 1972년부터 차세대 착륙 유도시스템으로 개발이 진행
되었습니다. MLS는 센티미터파(SHF) 5 GHz 대역[65]의 전파를 이용하여 방위각, 고저
각 등의 착륙유도신호를 제공합니다.

65 5.031~5.090 GHz

MLS는 [그림 10.41]과 같이 방위각, 고저각, 정밀 DME, 후방 방위각 시설로 구성
되며, 좌우의 방위각 전파와 상하의 고저각 전파의 수신 시간 차를 통해 현재 항공기
의 각도를 찾아내는 방법을 적용합니다.[66]

66 Time Referenced
Scanning Beam
(TRSB)이라고 함.

① 방위각(AZ, Azimuth) 안테나는 ILS의 로컬라이저(LOC)와 유사하나 [그림
   10.42]와 같이 20~30 NM까지 ±40°로 유도신호를 제공하므로 그 운용영역은
   훨씬 넓습니다.

② 고저각(EL, Elevation) 안테나는 ILS의 글라이드 슬로프(G/S)와 유사한 기능을
   제공하는 장치로 0.9~20° 범위의 활공각 유도신호를 제공합니다.

③ 정밀 DME[67]는 ILS의 마커 비컨(MKR) 대신에 기존 DME의 정밀도 600 ft를
   100 ft로 향상시킨 DME/P를 이용합니다.

67 DME/P(Precision
Distance Measuring
Equipment)

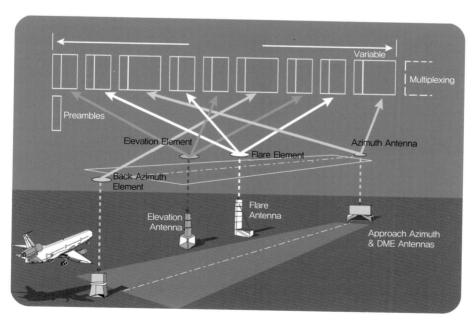

[그림 10.41] 마이크로파 착륙장치(MLS) 구성도

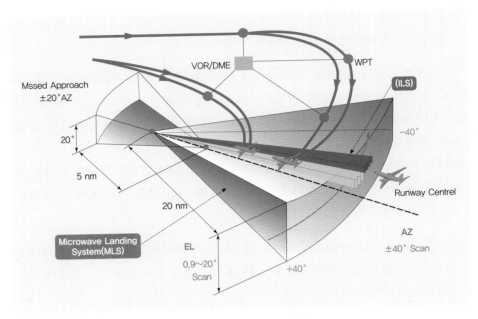

[그림 10.42] MLS와 ILS의 비교

68 후방 접근로는 5 NM
까지 ±20° 방위각에
15°까지 고저각 유도신
호를 제공함.

④ 후방 방위각 안테나(BAZ, Back Azimuth)는 ILS의 후방 접근 영역(back course) 대신에 사용하는 장치입니다.[68]

[그림 10.42]는 ILS와 MLS의 커버리지를 비교한 그림으로 MLS의 곡선진입(curved approach) 영역 등의 장점을 잘 보여주고 있습니다. ILS와 비교하여 MLS가 가진 장점은 다음과 같습니다.

> **핵심 Point ILS 대비 마이크로파 착륙장치(MLS)의 장점**
>
> - ILS의 착륙접근 진입로는 단 1개인 데 비해 MLS는 진입영역이 넓고, 곡선진입이 가능하여 다수의 접근로를 운용하여 대기시간 감소, 처리능력 향상 등 효율성을 높일 수 있다.
> - ILS는 VHF, UHF 대역의 전파를 사용하므로 건물, 지형 등의 반사 영향을 받기 쉬우나, MLS는 마이크로파 주파수 대역(5 GHz)을 사용하므로 건물, 전방지형의 영향을 적게 받아 설치조건이 대폭 완화된다.
> - ILS의 운용주파수 채널 수가 40채널인 데 비해, MLS는 채널 수가 200채널로 증가하여 간섭문제가 경감되며, 공항수용능력이 증대된다.
> - 풍향, 풍속 등 진입 착륙을 위한 기상 상황이나 각종 정보를 제공할 수 있는 데이터 링크가 가능하여 착륙관제의 안전도가 높아진다.

MLS는 ILS에 비해 장점이 많지만 다수의 정밀안테나와 시설들을 설치해야 하므로 구축비용이 높은 단점이 있습니다. 이에 비해 위성항법보정시스템(DGPS)인 GBAS는 상대적으로 설치요건이 간단하고, 구축비용이 저렴하며 정밀도가 높기 때문에 차세대 착륙유도시스템으로 MLS보다 유리한 입장입니다.

이것만은 꼭 기억하세요!

10.1 기상 레이다(WXR, Weather Radar)

① 항로 및 그 주변의 악천후 영역을 야간이나 시계가 나쁜 경우에도 정확히 탐지하고 표시하여 조종사가 이러한 영역을 피해 비행하도록 정보를 제공하는 항행보조장치임.

② 빗방울에 반사되기 쉬운 초고주파 대역을 이용하며, C-band 레이다(5.4 GHz, 파장 5.6 cm) 또는 X-band 레이다(9.4 GHz 대역, 파장 3.2 cm)가 사용됨.

10.2 전파고도계(RA, Radio Altimeter)

① 항공기에서 지표면을 향해 전파를 발사하여 이 전파가 되돌아오기까지의 시간이나 주파수 차를 측정한 뒤 항공기와 지면과의 거리(절대고도, absolute altitude)를 구하는 항행보조장치임.

② 측정범위는 −20∼2,500 ft(약 762 m)이며, 고도 오차 2% 이내로 저고도를 정밀하게 측정할 수 있음.

10.3 고도경보장치(AAS, Altitude Alert System)

① 항공기에 입력된 설정고도에서 벗어나면(±300∼±900 ft) 조종사에게 경보를 주어 현재 고도를 확인하게 하고, 고도 오인으로 인한 위험을 방지하는 장치임.

② 고도가 높은 운항 상태에서만 작동하므로 저고도에서는 작동하지 않음.

10.4 대지접근경보장치(GPWS, Ground Proximity Warning System)

① 현재 항공기 대부분에 장착되어 항공기와 지형, 지물 및 지표면과의 충돌경보를 조종사에게 제공하여 사고를 방지하는 중요한 경보장치로 사용됨 ➡ 1974년도부터 의무적으로 장착됨.

② 항공기의 속도, 고도, 자세각, 강하율, 착륙장치의 위치 등 비행정보를 종합하여 이륙(take-off), 순항(cruise), 진입 (approach), 하강(descent)과 착륙(landing) 등 각 비행단계에서 필요한 지상접근 경보를 제공함
　➡ 7가지 모드(mode)로 작동함.

③ 대지접근경보장치는 지면 위 2,450 ft(약 750 m) 이내의 저고도에서만 작동하며 전단풍(windshear) 경보기능이 있음.

10.5 공중충돌방지장치(TCAS, Traffic alert and Collision Avoidance System)

① ACAS(Airborne Collision Avoidance System)이라고 하며, 미국에서 개발한 시스템은 TCAS임.

② 지상기반의 항공교통관제(ATC)와는 독립적으로 탑재된 장비를 통해 주변 항공기의 거리(range), 상대 방위(RB, Relative Bearing) 및 고도(altitude)를 분석하여 접근경보(TA) 및 충돌회피(RA) 지시를 내리는 공중충돌방지 장치임.

　• 접근경보(TA, Traffic Alert): 주의구역(CA)에서의 경보
　　− 상대 항공기가 약 0.4 NM 내에 있는지, 또는 약 35∼45초 이후에 이 거리 내로 들어오는지를 판단함.
　• 회피권고(RA, Resolution Advisory): 경보구역(WA)에서의 경보
　　− 항공기가 약 0.3 NM 내에 있는지, 또는 약 20∼30초 이후에 이 거리 내로 들어오는지를 판단함.

③ 탑재된 ATC 트랜스폰더(ATC Transponder)를 통해 주변 항공기에 지속적으로 운항정보를 요청하며, 제공된 정

보를 통해 충돌정보를 제공함.

- 1,030 MHz의 질문신호(interrogation signal)를 발신, 자동으로 1,090 MHz의 응답신호(response signal)를 송출
- 질문신호(모드 A, 모드 C, 모드 S)에 따라 상대 항공기에서 송출된 응답신호에 포함된 고도(altitude) 정보와 항공기 식별부호를 추출해내고, 신호의 왕복 도달시간을 통해 상대 항공기와의 거리(range)와 상대 방위(relative bearing)를 계산함.

④ TCAS-I : 회피권고(RA)는 제공하지 않고 접근경보(TA)만 제공함.

⑤ TCAS-II : 거리, 방위 정보, 상대 항공기의 식별부호 및 접근경보(TA)와 더불어 수직면 회피권고(VRA)를 제공함.

10.6 비행기록장치(FDR, Flight Data Recorder)

① 블랙박스(black box)라고 부르는 장치로, 항공기 운항 중 발생한 사고의 원인 규명 및 분석을 위해 각종 운항 데이터를 기록하여 저장하는 장치임.

- 현재시간을 기준으로 최종 25시간의 비행자료를 기록, 1,100°의 열에서도 30분간 견뎌야 하며, 260°에서는 10시간을 견딜 수 있어야 함.
- 충격조건은 최대 3,400 G에서도 정상작동해야 하며, 해저로 추락한 경우라도 위치를 탐지할 수 있도록 수중위치표식장치인 ULD(Under water Locating Device)가 내장되어 있음.

10.7 조종실 음성기록장치(CVR, Cockpit Voice Recorder)

① 조종실에서 승무원 간의 대화나 관제기관과의 교신내용, 헤드셋이나 스피커를 통해 전해지는 항행 및 관제 시설 식별 신호음, 각종 항공기시스템의 경보음 등을 최종 30분 이상, 4채널로 녹음하여 저장하는 장치임.

② FDR과 CVR을 합쳐 1개의 장치인 CVFDR 형태도 개발되어 사용 중임.

10.8 비상위치발신기(ELT, Emergency Locator Transmitter)

① VHF 대역의 주파수를 사용하여 항공기의 충돌, 추락 등 조난 상태에서 항공기의 위치를 알리는 신호를 발신함.

② 출력은 300 mW 정도이고 자체적으로 리튬 배터리를 장착하고 있어 48시간 동안 신호발신이 가능함.

10.9 착륙유도장치(ILS, Instrument Landing System)

① 계기착륙장치(ILS, Instrument Landing System)

- 로컬라이저(LOC, Localizer) : 수평면상의 정밀접근 유도신호를 제공하여 활주로 중심선을 맞추도록 유도함.
- 글라이드 슬로프(G/S, Glide Slope) : 수직면상의 정밀접근 유도신호를 제공하여, 착륙각도인 3° 활공각을 제공함.
- 마커 비컨(MKR 또는 M/B, Marker Beacon) : 활주로까지의 거리를 표시함.

② 마이크로파 착륙장치(MLS, Microwave Landing System)

- 방위각(AZ, Azimuth) 안테나, 고저각(EL, Elevation) 안테나, 정밀 DME(DME/P), 후방 방위각 안테나(BAZ, Back Azimuth)로 구성됨.
- 진입영역이 넓고, 곡선진입이 가능하여 다수의 접근로를 운용하여 대기시간 감소, 처리능력 향상 등 효율성을 높일 수 있음.

▶ 기출문제 및 연습문제

01. 기상 레이다(weather radar)에 대한 설명으로 틀린 것은? [항공산업기사 2018년 4회]

① 반사파의 강함은 강우 또는 구름 속의 물방울 밀도에 반비례한다.
② 청천 난기류 지역은 기상 레이다에서 감지하지 못한다.
③ 영상은 반사파의 강약을 밝음 또는 색으로 구별한다.
④ 전파의 직진성, 등속성으로부터 물체의 방향과 거리를 알 수 있다.

해설 • 기상 레이다(WXR, weather radar)는 구름이나 악천후 지역의 빗방울로 인한 전파반사를 이용하여 강우량 정보와 기상상태를 조종실 계기 중 항법표시장치(ND, Navigation Display)상에 표시한다.
• 전방의 기상상태 탐지뿐 아니라 지상 쪽으로 레이다를 틸팅시켜 지형, 지물 등의 탐지도 가능하다.
• 도플러효과를 이용하여 눈이나 비뿐만 아니라 급작스러운 난기류도 탐지가 가능하다.

02. 기상 레이다(weather radar)의 본래 목적인 구름이나 비의 상태를 보기 위한 안테나 패턴(antenna patten)은? [항공산업기사 2011년 4회]

① pencil beam
② tilt angle beam
③ control beam
④ cosecant square beam

해설 기상 레이다는 포물선형 안테나(parabolic antenna)보다 예민하며 빔폭(beamwidth)이 매우 좁고 날카로운 지향성을 가지는(pencil beam 형태의 안테나 패턴) 송·수신 공용의 평판형 안테나(flat plate antenna)를 사용한다.

03. 기상 레이다의 안테나 주파수 band는?

① S band
② D band
③ X band
④ T band

해설 기상 레이다(WXR)는 빗방울에 반사되기 쉬운 초고주파 대역을 이용하며, C-band 레이다(5.4 GHz, 파장 5.6cm) 또는 X-band 레이다(9.4GHz 대역, 파장 3.2cm)가 사용된다.

04. 단거리 전파고도계(LRRA)에 대한 설명으로 옳은 것은? [항공산업기사 2014년 2회]

① 기압고도계이다.
② 고고도 측정에 사용된다.
③ 평균 해수면 고도를 지시한다.
④ 전파고도계로 항공기가 착륙할 때 사용된다.

해설 • 전파고도계(RA, Radio Altimeter)는 항공기에서 지표면을 향해 전파를 발사하여 이 전파가 되돌아오기까지의 시간이나 주파수 차를 측정한 뒤 항공기와 지면과의 거리, 즉 절대고도(absolute altitude)를 구한다.
• LRRA(Low Range Radio Altimeter)라고도 하며, 착륙 비행단계에서 2,500 ft(약 762 m) 미만의 저고도 측정에 사용된다.

05. 전파고도계(radio altimeter)에 대한 설명으로 틀린 것은? [항공산업기사 2010년 4회, 2012년 2회]

① 전파고도계는 지형과 항공기의 수직거리를 나타낸다.
② 항공기 착륙에 이용하는 전파고도계의 측정범위는 0~2,500 ft 정도이다.
③ 절대고도계라고도 하며, 높은 고도용의 FM형과 낮은 고도용의 펄스형이 있다.
④ 항공기에서 지표를 향해 전파를 발사하여, 그 반사파가 되돌아올 때까지의 시간을 측정하여 고도를 표시한다.

해설 • 전파고도계(RA)는 항공기에서 지표면을 향해 전파를 발사하여 이 전파가 되돌아오기까지의 시간이나 주파수 차를 측정한 뒤 항공기와 지면과의 거리, 즉 절대고도(absolute altitude)를 구한다.

정답 1. ② 2. ① 3. ③ 4. ④ 5. ③

- LRRA(Low Range Radio Altimeter)라고도 하며, 착륙 비행단계에서 2,500 ft 미만의 저고도 측정에 사용된다.
- 펄스식과 FM식으로 구분되며 모두 저고도 측정용이다.

06. LRRA(Low Range Radio Altimeter)의 고도 계산은?

① 송신된 Pulse가 지면에 반사되어 수신될 때까지의 진폭 차를 이용

② 송신된 Pulse가 지면에 반사되어 수신될 때까지의 위상차를 이용

③ 송신된 주파수가 지면에 반사되어 수신될 때에 송신되는 주파수와의 주파수 차이를 이용

④ 송신된 주파수의 Doppler 효과를 이용하여 수신된 주파수를 이용

해설 전파고도계(RA)는 LRRA(Low Range Radio Altimeter)라고도 하며, 펄스식은 시간 차를 측정하고, FM식은 주파수 차를 이용하여 고도를 계산한다.

07. 저고도용 FM방식이 이용되는 전파고도계의 거리 측정 범위는?

① 0~2,500 ft   ② 0~5,000 ft

③ 0~30,000 ft   ④ 0~50,000 ft

해설 전파고도계(RA)는 LRRA(Low Range Radio Altimeter)라고도 하며, 착륙 비행단계에서 2,500 ft 미만의 저고도 측정에 사용된다.

08. 운항 중 목표 고도로 설정한 고도에 진입하거나 벗어났을 때 경보를 냄으로써 조종사의 실수를 방지하기 위한 장치는?   [항공산업기사 2015년 1회]

① SELCAL

② Radio Altimeter

③ Altitude Alert System

④ Air Traffic Control

해설 고도경보장치(AAS, Altitude Alert System)는 운항 중인 항공기에서 조종사에게 현재 고도를 확인시키고, 설정한 고도와의 차를 알려주어서 설정 고도에서 벗어나는 위험을 사전에 방지하는 항행보조장치이다.

09. 항공기에서 고도경보장치(altitude alert system)의 주된 목적은?   [항공산업기사 2018년 2회]

① 지정된 비행고도를 충실히 유지하기 위하여

② 착륙장치를 내릴 수 있는 고도를 지시하기 위하여

③ 고양력장치를 펼치기 위한 고도를 지시하기 위하여

④ 항공기가 상승 시 설정된 고도에 진입된 것을 지시하기 위하여

해설 고도경보장치(AAS)는 운항 중인 항공기에서 조종사에게 현재 고도를 확인시키고, 설정한 고도와의 차를 알려주어서 설정 고도에서 벗어나는 위험을 사전에 방지하는 항행보조장치이다.

10. 항공기가 하강하다가 위험한 상태에 도달하였을 때 작동되는 장비는?   [항공산업기사 2013년 4회]

① INS   ② Weather Rader

③ GPWS   ④ Radio Altimeter

해설
- 대지접근경보장치(GPWS, Ground Proximity Warning System)는 항공기 대부분에 장착되어 항공기와 지형, 지물 및 지표면과의 충돌경보를 조종사에게 제공하여 사고를 방지하는 중요한 경보장치로 사용된다.
- 항공기의 속도, 고도, 자세각, 강하율, 착륙장치의 위치 등 비행정보를 종합하여, 이륙(take-off), 순항(cruise), 진입(approach), 하강(descent)과 착륙(landing) 등 각 비행단계에서 필요한 지상접근 경보를 제공한다.

11. 항공기가 산악 또는 지면과 충돌하는 것을 방지하는 장치는?   [항공산업기사 2017년 4회]

① Air Traffic Control System

② Inertial Navigation System

③ Distance Measuring Equipment

④ Ground Proximity Warning System

해설 대지접근경보장치(GPWS)는 항공기 대부분에 장착되어 항공기와 지형, 지물 및 지표면과의 충돌경보를 조종사에게 제공하여 사고를 방지하는 중요한 경보장치로 사용된다.

정답 6. ③   7. ①   8. ③   9. ①   10. ③   11. ④

12. 다음 중 공중충돌 경보장치는?

[항공산업기사 2012년 2회]

① ATC   ② TCAS

③ ADC   ④ 기상 레이다

해설 공중충돌방지장치(TCAS, Traffic alert and Collision Avoidance System)는 지상기반의 항공교통관제(ATC)와는 독립적으로 탑재된 장비를 통해 주변 항공기의 거리(range), 상대방위(RB, Relative Bearing) 및 고도(altitude)를 분석하여 접근경보(TA) 및 충돌회피(RA) 지시를 내린다.

13. TCAS와 ACAS의 공통점으로 옳은 것은?

[항공산업기사 2012년 1회]

① 항공관제시스템이다.

② 항공기 호출시스템이다.

③ 항공기 충돌방지 시스템이다.

④ 기상상태를 알려주는 시스템이다.

해설
- 공중충돌방지장치(TCAS)는 지상기반의 항공교통관제(ATC)와는 독립적으로 탑재된 항공교통관제 트랜스폰더(ATC Transponder)를 통해 주변 항공기의 거리(range), 상대방위(RB, Relative Bearing) 및 고도(altitude)를 분석하여 접근경보(TA) 및 충돌회피(RA) 지시를 내린다.
- ICAO에서 지정한 공중충돌방지장치의 공식명칭은 ACAS(Airborne Collision Avoidance System)이다.

14. 항공기 충돌방지장치(TCAS)에서 침입하는 항공기의 고도를 알려주는 것은?

① SELCAL   ② 레이다

③ VOR/DME   ④ ATC Transponder

해설 공중충돌방지장치(TCAS)는 지상기반의 항공교통관제(ATC)와는 독립적으로 탑재된 항공교통관제 트랜스폰더(ATC Transponder)를 통해 주변 항공기의 거리(range), 상대방위(RB, Relative Bearing) 및 고도(altitude)를 분석하여 접근경보(TA) 및 충돌회피(RA) 지시를 내린다.

15. 비행기록장치(DFDR, Digital Flight Data Recorder) 또는 조종실 음성기록장치(CVR, Cockpit Voice Recorder)에 장착된 수중위치표식장치(ULD, Under Water Locating Device)의 성능에 대한 설명으로 틀린 것은?

[항공산업기사 2016년 1회]

① 비행에 필수적인 변수가 기록된다.

② 물속에 있을 때만 작동이 가능하다.

③ 매초마다 37.5 kHz로 Pulse tone 신호를 송신한다.

④ 최소 3개월 이상 작동되도록 설계가 되어 있다.

해설
- 비행기록장치(FDR, Flight Data Recorder)는 블랙박스(black box)라고 부르는 장치로, 항공기 운항 중 발생한 사고의 원인 규명 및 분석을 위해 각종 운항 데이터를 기록하여 저장하는 장치다.
- 항공기가 해저로 추락한 경우라도 위치를 탐지할 수 있도록 수중위치표식장치인 ULD(Under water Locating Device)가 내장되어 있으며, 37.5 kHz의 저주파를 사용하며, 배터리를 사용하므로 일정시간(30일) 이후에는 작동을 멈춘다.

16. 항공기 사고원인 규명 또는 사고 대비를 위한 장치가 아닌 것은?

[항공산업기사 2010년 4회]

① CVR   ② GPS

③ ELT   ④ DFDR

해설
- 비행기록장치(FDR) 및 조종실 음성기록장치(CVR, Cockpit Voice Recorder)는 사고 원인 규명 및 분석 등에 사용된다.
- 비상위치발신기(ELT)는 항공기의 조난 위치를 알려주는 장치이다.

17. 항공기에 장착된 고정용 ELT(Emergency Locator Transmitter)가 송신조건이 되었을 때 송신되는 주파수가 아닌 것은?

[항공산업기사 2014년 4회]

① 121.5 MHz   ② 203.0 MHz

③ 243.0 MHz   ④ 406.0 MHz

해설
- 비상위치발신기(ELT, Emergency Locator Transmitter)는 충돌이나 불시착 및 추락 등으로 인해 항공

정답   **12.** ②   **13.** ③   **14.** ④   **15.** ④   **16.** ②   **17.** ②

기의 속도에 큰 변화가 감지될 때 자동으로 비상신호를 발신하여 항공기의 조난 위치를 알려주는 장치이다.
- 초단파(VHF) 대역의 주파수를 사용하여 민간 항공기는 121.5 MHz를, 군용 항공기는 243.0 MHz를 사용하며 최신 ELT 장치들은 406 MHz의 주파수를 사용한다.

18. 항공기의 조난 위치를 알리고자 구난 전파를 발신하는 비상 송신기는 지정된 주파수로 몇 시간 동안 구조신호를 계속 보낼 수 있도록 되어 있는가?

[항공산업기사 2011년 4회]

① 48시간 　　② 24시간
③ 15시간 　　④ 8시간

해설 · 비상위치발신기(ELT)는 항공기의 조난 위치를 알려주는 장치이다.
· ELT는 초단파(VHF) 대역의 주파수를 이용하며 출력은 300 mW 정도이고 리튬 배터리를 장착하고 있어 48시간 동안 신호발신이 가능하다.

19. 다음 중 계기착륙장치(ILS)와 관계가 없는 것은?

[항공산업기사 2014년 2회]

① 로컬라이저(localiizer)
② 전 방향 표시장치(VOR)
③ 마커 비컨(maker beacon)
④ 글라이드 슬로프(glide slope)

해설 계기착륙장치(ILS, Instrument Landing System)는 정밀 진입용 착륙보조시설의 국제표준으로 로컬라이저(LOC), 글라이드 슬로프(G/S), 마커 비컨(MKR)으로 구성되어 있다.

20. 마커 비컨(marker beacon)의 이너마커(inner marker)의 주파수와 등(light)색은?

[항공산업기사 2014년 4회]

① 400 Hz, 황색 　　② 3,000 Hz, 황색
③ 400 Hz, 백색 　　④ 3,000 Hz, 백색

해설 · 외측 마커(OM, Outer Marker) 비컨: 활주로 진입단으로부터 6.5~11 km에 설치, 400 Hz 변조파 발사, 청색등이 켜진다.

· 중앙 마커(MM, Middle Marker) 비컨: 활주로 진입단으로부터 약 1,050 m에 설치, 1,300 Hz 변조파 발사, 주황색등이 켜진다.
· 내측 마커(IM, Inner Marker) 비컨: 활주로 진입단에서 75~450 m 사이에 설치, 3,000 Hz 변조파 발사, 하얀색등이 켜진다.

21. 활주로에 접근하는 비행기에 활주로 중심선을 제공해주는 지상시설은?

[항공산업기사 2015년 1회, 2017년 1회]

① VOR 　　② Glide Slope
③ Localizer 　　④ Marker Beacon

해설 로컬라이저(LOC, Localizer)는 활주로에 접근하는 항공기에 활주로 중심선에 대한 유도신호를 제공해 주는 지상 ILS 시설로, LOC 지상 안테나와 송신기로 구성된다.

22. 착륙 및 유도 보조장치와 가장 거리가 먼 것은?

[항공산업기사 2013년 1회, 2016년 1회]

① 마커 비컨 　　② 관성항법장치
③ 로컬라이저 　　④ 글라이드 슬로프

해설 계기착륙장치(ILS)는 정밀 진입용 착륙보조시설의 국제표준으로 로컬라이저, 글라이드 슬로프, 마커 비컨으로 구성되어 있다.

23. 활주로 진입로 상공을 통과하고 있다는 것을 조종사에게 알리기 위한 지상장치는?

[항공산업기사 2010년 2회, 2016년 4회]

① 로컬라이저(localizer)
② 마커 비컨(marker beacon)
③ 대지접근경보장치(GPWS)
④ 글라이드 슬로프(glide slope)

해설 · 마커 비컨(MKR, Marker Beacon)은 활주로까지의 거리정보를 제공하기 위해, 특정 지점의 상공에 수직으로 전파를 발사하여 그 지점의 상공을 통과하고 있음을 알려준다.
· 외측 마커(OM, Outer Marker) 비컨, 중앙 마커(MM, Middle Marker) 비컨, 내측 마커(IM, Inner Marker) 비컨으로 구성된다.

정답 **18.** ① **19.** ② **20.** ④ **21.** ③ **22.** ② **23.** ②

24. 계기착륙장치(instrument landing system)에서 활공각 정보를 알려주는 장치는?

① 로컬라이저(localizer)
② 마커 비컨(marker beacon)
③ 글라이드 슬로프(glide slope)
④ 거리측정장치(distance measuring equipment)

해설 • 글라이드 슬로프(G/S, Glide Slope)는 활주로에 착륙하기 위하여 진입 중인 항공기에 2~4°의 활공각 정보를 제공하는 ILS 장치이다.
• G/S 지상 안테나는 항공기 진입방향의 활주로 앞단 옆쪽에 설치하며 코스 중심선에서 위쪽은 90 Hz 변조파를, 아래쪽은 150 Hz의 변조파를 강하게 발사하여 벗어난 편차를 제공한다.

25. 계기착륙장치인 로컬라이저(localizer)에 대한 설명으로 틀린 것은? [항공산업기사 2018년 1회]

① 수신기에서 90 Hz, 150 Hz 변조파 감도를 비교하여 진행방향을 알아낸다.
② 로컬라이저의 위치는 활주로의 진입단 반대쪽에 있다.
③ 활주로에 대하여 적절한 수직 방향의 각도유지를 수행하는 장치이다.
④ 활주로에 접근하는 항공기에 활주로 중심선을 제공하는 지상시설이다.

해설 • 계기착륙장치(ILS)는 정밀 진입용 착륙보조시설의 국제표준으로 로컬라이저, 글라이드 슬로프, 마커 비컨으로 구성되어 있다.
• LOC 안테나는 항공기 접근 방향 활주로의 반대편에 위치하며, 안테나에서 항공기를 바라보면서 활주로 중심선 오른쪽 편으로 90 Hz, 왼쪽 편으로 150 Hz의 변조파를 발사하여 편차를 제공한다.

26. 글라이드 슬로프(glide slope)의 주파수는 어떻게 선택하는가? [항공산업기사 2011년 1회]

① VOR 주파수 선택 시 자동 선택됨
② DME 주파수 선택 시 자동 선택됨

③ VHF 주파수 선택 시 자동 선택됨
④ LOC 주파수 선택 시 자동 선택됨

해설 VOR과 로컬라이저는 VHF대의 같은 주파수대를 사용하므로 함께 사용하며, VHF 항법용 수신장치에서 ILS 주파수를 선택할 때 자동으로 설정된다.

27. 그림과 같이 활주로에 비행기가 착륙하고 있다면 지상 로컬라이저(localizer) 안테나의 일반적인 위치로 가장 적당한 곳은?

[항공산업기사 2013년 2회]

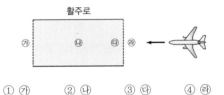

① ㉮ ② ㉯ ③ ㉰ ④ ㉱

해설 LOC 안테나는 항공기 접근 방향 활주로의 반대편에 위치하며, 안테나에서 항공기를 바라보면서 활주로 중심선 오른쪽 편으로 90 Hz, 왼쪽 편으로 150 Hz의 변조파를 발사하여 활주로 중심선에서 벗어난 편차를 제공한다.

28. 계기착륙장치(instrument landing system)에 대한 설명으로 틀린 것은? [항공산업기사 2013년 4회]

① 계기착륙장치의 지상설비는 로컬라이저, 글라이드 슬로프, 마커 비컨으로 구성된다.
② 항공기가 글라이드 슬로프 위쪽에 위치하고 있을 때는 지시기의 지침은 아래로 흔들린다.
③ 항공기가 로컬라이저 코스의 좌측에 위치하고 있을 때는 지시기의 지침은 좌로 움직인다.
④ 로컬라이저 코스와 글라이드 슬로프는 90 Hz와 150 Hz로 변조한 전파로 만들어지고 항공기 수신기로 양쪽의 변조도를 비교하여 코스 중심을 구한다.

해설 • 계기착륙장치(ILS)는 정밀 진입용 착륙보조시설의 국제표준으로 로컬라이저, 글라이드 슬로프, 마커 비컨으로 구성되어 있다.

정답 24. ③ 25. ③ 26. ④ 27. ① 28. ③

• LOC 안테나는 항공기 접근 방향 활주로 반대편에 위치하며, 안테나에서 항공기를 바라보면서 활주로 중심선 오른쪽 편으로 90 Hz, 왼쪽 편으로 150 Hz의 변조파를 발사하여 편차를 제공한다.

• 편차 정보를 제공하는 ILS 계기의 지시침은 활주로를 의미하므로 항공기가 로컬라이저 왼쪽에 위치하면 지시침은 오른쪽에 표시된다.

▶ 필답문제

29. 다음과 같이 항공기 착륙 시 사용되는 7가지의 경고모드가 있다. 각각의 경고모드를 알려주는 장치의 명칭을 기술하시오. [항공산업기사 2009년 4회]

> • 모드-1 : 강하율이 크다.
> • 모드-2 : 지표 접근율이 크다.
> • 모드-3 : 이륙 후의 고도 감소가 크다.
> • 모드-4 : 착륙은 하지 않았으나 고도가 부족하다.
> • 모드-5 : 글라이드 슬로프의 밑에 편이가 지나치다.
> • 모드-6 : 전파고도의 음성(call out) 기능
> • 모드-7 : 돌풍(windshear)의 검출 기능

정답 대지접근경보장치(GPWS, Ground Proximity Warning System)

30. GPWS(Ground Proximity Warning System)에 대해 기술하시오. [항공산업기사 2007년 4회]

정답 대지접근경보장치(GPWS, Ground Proximity Warning System)는 항공기의 안전운항을 위한 항행보조장치로 현재 항공기 대부분에 장착되어 항공기와 지형, 지물 및 지표면과의 충돌경보를 조종사에게 제공하여 사고를 방지하는 중요한 경보장치로 사용된다.

31. 항공기 계기착륙장치 ILS 지상시설 종류 3가지를 기술하시오.
[항공산업기사 2011년 2회, 2014년 1회, 2016년 2회]

정답 ① 로컬라이저(Localizer)
② 글라이드 슬로프(Glide Slope)
③ 마커 비컨(Marker Beacon)

32. 다음 계기착륙장치를 설명하시오.
[항공산업기사 2013년 2회, 2015년 2회, 2018년 4회]

> 가. 로컬라이저
> 나. 글라이드 슬로프
> 다. 마커 비컨

정답 ① 로컬라이저(LOC, Localizer): 수평면상의 정밀접근 유도신호를 제공하여, 활주로 중심선을 맞추도록 유도한다.
② 글라이드 슬로프(G/S, Glide Slope): 수직면상의 정밀접근 유도신호를 제공하여, 착륙각도인 3° 활공각을 제공한다.
③ 마커 비컨(MKR, Marker Beacon): 활주로까지의 거리를 표시한다.

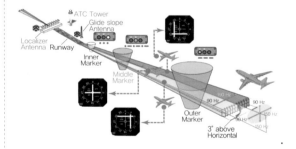

33. 현재 사용 중인 계기착륙장치(ILS)에 비해 마이크로파 착륙장치(MLS)가 가지는 장점 3가지를 서술하시오. [항공산업기사 2005년 1회, 2013년 2회]

정답 다음 설명 중 3가지를 기술
① ILS의 착륙접근 진입로는 단 1개인 데 비해 MLS는 진입영역이 넓고, 곡선진입이 가능하여 다수의 접근로를 운용할 수 있다.

② ILS는 VHF, UHF 대역의 전파를 사용하므로 건물, 지형 등의 반사 영향을 받기 쉬우나, MLS는 마이크로파 주파수 대역(5 GHz)을 사용하므로 건물, 전방 지형의 영향을 적게 받아 설치조건이 대폭 완화된다.

③ ILS의 운용주파수 채널 수가 40채널인 데 비해, MLS는 채널 수가 200채널로 증가하여 간섭문제가 경감되며, 공항수용능력이 증대된다.

④ 풍향, 풍속 등 진입 착륙을 위한 기상상황이나 각종 정보를 제공할 수 있는 데이터 링크가 가능하여 착륙관제의 안전도가 높아진다.

Aircraft
Instrument
System

AIRCRAFT INSTRUMENT SYSTEM

항공기가 안전하고 효율적으로 운항하기 위해서 항공기를 식별하고 항공기의 운항을 통제하는 항공교통관제(ATC) 업무가 수행되는데, 이때 지상의 관제센터는 감시시스템을 통해 항공기를 식별하고 항공기의 위치 및 방위를 파악합니다. 현재 운영되고 있는 감시시스템은 지상에 설치된 레이다를 기반으로 하고 있으며, 증가되는 항공교통량을 수용하고 보다 정확하고 신뢰성 있는 감시데이터를 제공하기 위해 국제민간항공기구(ICAO)에서는 차세대 감시시스템인 자동항행감시장치(ADS-B)를 개발 중에 있습니다.

11장에서는 CNS/ATM 중 마지막 'S(Surveillance)'에 해당하는 감시시스템의 종류와 특성에 대해 알아보고, 감시시스템에서 중요한 기능을 수행하는 항공교통관제 트랜스폰더와 작동 모드에 대해서도 알아보겠습니다.

11.1 항공교통관제

11.1.1 항공교통관제 업무

1986년에 일일평균 263대에 불과했던 우리나라의 항공교통량[1]은 2000년에 일일평균 861대로 약 3배 이상 급증하였고, 2016년에는 연간 73만 8천여 대로 일 2,000대를 넘어서기 시작하여 2018년도에는 80만 5천여 대로 일 2,204대를 기록하여 세계 평균보다 높은 항공교통량 증가세를 보이고 있습니다.[2] 따라서 육상교통에서 원활하고 안전한 교통흐름을 위해 차량들을 통제하는 것처럼, 항공기도 안전하고 질서정연하게 운항할 수 있도록 항공교통흐름의 조절과 항공기 간의 충돌을 방지하기 위한 [그림 11.1]과 같은 항공교통업무(Air Traffic Service)가 필수적으로 수행되어야 합니다.

> **항공교통업무(Air Traffic Service)의 분류 및 목적**
>
> - 항공기의 안전한 운항을 위하여 항공교통업무는 다음 3가지 업무로 구분하여 수행된다.[3]
>   ① 항공교통관제업무(Air Traffic Control Service)
>   – 항공기 간의 충돌방지
>   – 항공기와 장애물 간의 충돌방지
>   – 항공교통흐름의 질서유지 및 촉진
>   ② 비행정보업무(Flight Information Service)
>   – 항공기의 안전하고 효율적인 운항을 위하여 필요한 조언 및 정보의 제공
>   – 비행계획 관리, 레이다 위치추적 및 비행조언, 영공통과 비행허가
>   ③ 경보업무(Alert Service)
>   – 수색구조를 필요로 하는 항공기에 대한 관계기관에 정보 제공 및 지원

[1] 우리나라 항공로(airway)를 운항한 항공기 중 지역관제소(ACC, Area Control Center)에서 관제한 항공기 대수로 산출함.

[2] 최근 5년간 우리나라의 항공교통량은 연 6.9% 증가하여 세계 교통량 평균 증가치 5.6%보다 높은 증가율을 보임.

[3] 항공안전법 제83조(항공교통업무의 제공 등)에 따른 항공안전법 시행규칙 제228조(항공교통업무의 목적 등)에 명시되어 있음.

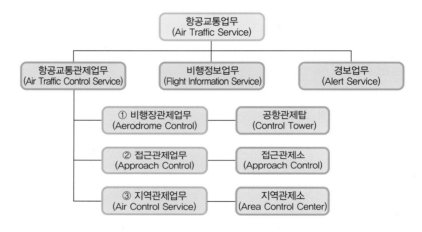

[그림 11.1] 항공교통업무(Air Traffic Service)

이 중 항공교통관제업무(Air Traffic Control Service)는 다음과 같이 3가지 업무로 분류되며, 관제탑(control tower), 접근관제소(approach control) 및 지역관제소(area control center)의 항공교통 관제사(air traffic controller)가 항공기의 조종사에게 내리는 각종 지시와 승인을 통해 항공기 간의 분리(separation), 레이다 유도(radar vectoring), 항공교통관제허가발부(air traffic control clearance issuance) 등의 업무를 수행합니다.

① 비행장관제업무(Aerodrome Control Service)

공항 내에 위치한 관제탑(control tower)에서 비행장을 기준으로 3~5 NM까지 수행되는 관제업무입니다. 공항 내에서 이·착륙하는 항공기의 순서와 항공기 간의 안전거리를 지정하고, 공항이동 지역 내 계류장(ramp)에서의 항공기 지상유도 및 차량의 이동을 통제하여 지상 및 공중에서의 충돌을 방지합니다.

② **접근관제업무(Approach Control Service)**

접근관제소[4]에서 업무를 수행하며 비행장을 출발하거나 접근하는 접근관제구역(terminal control area)[5] 내에서 수행되는 관제업무입니다. 레이다로 항공기를 추적하여 항공기의 위치나 고도, 속도 등을 관찰하여 유도 · 분리하고, 지역관제소 및 관제탑에 항공기 관제권을 인수 · 인계하는 업무를 수행합니다.

4 교통량이 가장 많은 서울, 김해, 제주 접근관제소 및 군산, 오산, 해미, 포항, 사천, 강릉, 원주, 중원, 예천, 광주, 대구의 14개 접근관제소(AC, Approach Control)가 있음.

5 비행장 기준으로 약 40~50 NM 이내의 관제구역

③ **지역관제업무(Area Control Service)**[6]

비행장 및 접근관제구역을 제외한 모든 관제구역에서 수행되는 관제업무로 지역관제소(ACC, Area Control Center)에서 수행됩니다. 항공교통관제를 허가 발부하고 항로관제업무 제공 및 각 접근관제소 및 인접국 ACC에 항공기 관제권을 이양합니다. 우리나라는 대구에 위치한 국토교통부 항공교통본부(Air Traffic Management Office) 산하의 인천 ACC(인천항공교통관제소)와 대구 ACC에서 수행합니다.

6 주로 18,000 ft 이상의 항공로(airway)를 관제하므로 '항로관제업무'라고도 함.

11.1.2 공역의 분류

앞 절에서 설명한 항공교통관제업무, 비행정보업무 및 경보업무는 국제민간항공기구(ICAO)에서 각 나라별로 할당한 관제공역(controlled airspace)에서 업무가 수행되며, 이 비행공역을 비행정보구역(FIR, Flight Information Region)[7]이라고 합니다.

인천 비행정보구역(인천 FIR)은 [그림 11.2]와 같이 약 43만 km^2의 면적으로[8] 인접

7 우리나라는 인천 FIR이라고 함.

8 인천 FIR은 홍콩의 비행정보구역과 면적이 비슷하고, 중국 및 일본의 비행정보구역 면적의 1/20 수준으로 매우 협소함.

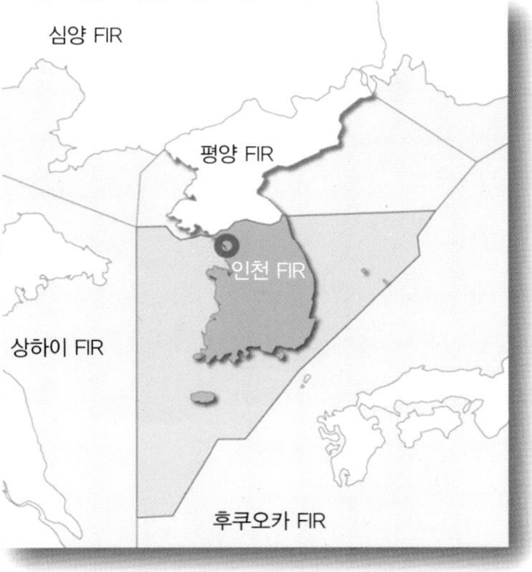

[그림 11.2] 인천 비행정보구역(FIR)

국 비행정보구역으로 후쿠오카·상해·평양 비행정보구역과 접해 있으며, 지역관제업무·비행정보업무·경보업무 등에 관하여 상호 협조체제를 구축하고 있습니다.

> **핵심 Point** **인천 비행정보구역(FIR)**
>
> - 비행정보구역(FIR)은 국가별 영토 및 항행지원 능력을 감안하여 ICAO의 조정에 의하여 각 가맹국에 할당되어 비행정보 업무 및 조난 항공기에 대한 경보 업무를 제공하기 위하여 담당하고 있는 영공 및 공해의 상공을 말한다.
> - 인천 FIR은 11개의 국제항공로, 37개의 국내 항공로 및 특수 사용공역으로 구성된다.
> - 인천 FIR은 12개의 섹터(sector)로 나누어지며, 서쪽 7개의 섹터는 인천 ACC에서, 동쪽 5개 섹터는 대구 ACC에서 관할한다.

비행정보구역(FIR)은 [그림 11.3]과 같이 제공되는 항공교통업무에 따라 6개의 공역 등급을 구분하며, 관제기관에서 항공교통관제가 실시되는 관제공역은 A, B, C, D, E등급 공역이며, 관제가 이루어지지 않는 비관제공역(uncontrolled airspace)은 G등급 공역입니다.

① A등급(Class A) 공역

A등급 공역은 평균해수면 고도(MSL[9]) 18,000 ft[10]에서 비행고도(FL[11]) 600 이하

[9] Mean Sea Level로 바다 표면을 고도 0 ft로 설정한 고도로 2.4절의 진고도(true altitude)를 나타냄.

[10] 우리나라는 20,000 ft MSL로 지정되어 있음.

[11] FL(Flight Level)은 100 ft의 단위를 생략한 고도 표기임.

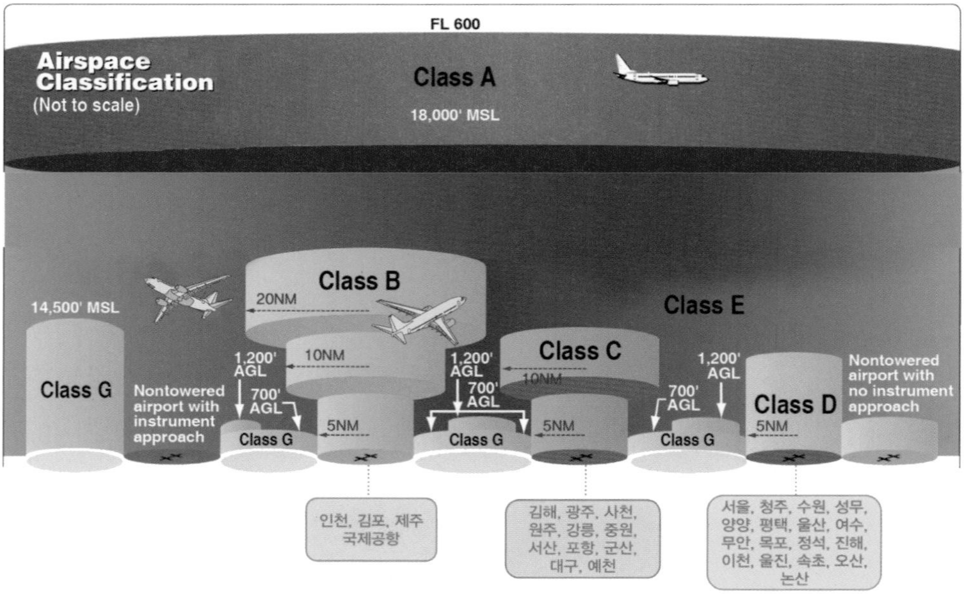

[그림 11.3] 공역의 분류 및 등급(Airspace Classification)

의 항공로(airway)로, 항공기는 시계비행(VFR)[12]이 허용되지 않고 계기비행(IFR)[13]만 허용됩니다.

② B등급(Class B) 공역

B등급 공역은 항공기 운항이나 승객수송이 많은 주요 공항을 중심으로 설정됩니다.[14] 비행장 반경에 따라 최대 10,000 ft MSL까지 고도한계를 가지므로 [그림 11.3]과 같이 컵을 뒤집어 놓은 듯한 3개의 원통형 역계단식 고도층을 갖습니다.

- 반경 5 NM 이내: 지표면에서 10,000 ft MSL까지의 영역
- 반경 5~10 NM 이내: 1,000 ft AGL[15]~10,000 ft MSL까지의 영역
- 반경 10~20 NM 이내: 4,000 ft[16] AGL~10,000 ft MSL까지의 영역

③ C 등급(Class C) 공역

C등급 공역은 주요 공항을 중심으로 고도 4,000 ft AGL까지의 고도영역을 가집니다.[17] 비행장 반경에 따라 [그림 11.3]과 같이 2개의 원통형 고도층을 갖습니다.

- 반경 5 NM 이내: 지표면에서 4,000 ft AGL까지의 영역
- 반경 5~10 NM 이내: 1,200 ft AGL~4,000 ft AGL까지의 영역[18]

④ D등급(Class D) 공역

D등급 공역은 주요 공항을 중심으로 반경 5 NM 이내에서 상한고도 4,000 ft[19] AGL 이하의 1개의 원통형 고도영역을 가집니다.[20]

⑤ E등급(Class E) 공역

E등급 공역은 A, B, C, D 등급 공역 이외의 관제공역으로 관제탑이 운영되지 않는 공항 주변 공역을 포함하여, A등급 공역이 시작하는 18,000 ft MSL 고도까지의 공역으로 접근관제가 주로 수행됩니다. E등급 공역의 하한고도는 A, B, C, D, G 등급 고도의 상한고도가 됩니다.

⑥ G등급(Class G) 공역

G등급 공역은 A, B, C, D, E등급의 관제공역을 제외한 비관제공역으로 항공기 조종사는 관제기관의 도움 없이 스스로 FAA의 규정을 준수하여 비행해야 합니다. G등급 공역은 지표면으로부터 최대 상한고도는 700 ft AGL, 1,200 ft AGL, 14,500 ft MSL의 3가지로 구분됩니다.

공역에 대한 분류가 좀 복잡합니다. [표 11.1]에 위에서 설명한 내용을 정리하였으니 참고하기 바랍니다.

---

12 조종사가 직접 눈으로 지형, 지물 및 주변 항공기를 인식하고 비행하는 방식임.

13 항공기에 장착된 계기를 통해 항공관제의 지시에 따라 비행하는 방식임.

14 우리나라는 인천, 김포, 제주 국제공항이 B등급 공역으로 지정되어 있음.

15 Above Ground Level의 약자. 지형이나 지표면을 고도 0 ft로 설정한 고도로 2.4절의 절대고도(Absolute Altitude)를 나타냄.

16 우리나라는 5,000 ft AGL로 지정되어 있음.

17 우리나라는 김해, 광주, 사천, 원주, 강릉, 중원, 서산, 포항, 군산, 대구, 예천 공항이 C등급 공역으로 지정되어 있음.

18 우리나라는 1,000~5,000 ft AGL로 지정되어 있음.

19 우리나라는 5,000 ft AGL로 지정되어 있음.

20 우리나라는 서울, 청주, 수원, 성무, 양양, 평택, 울산, 여수, 무안, 목포, 정석, 진해, 이천, 울진, 속초, 오산, 논산 공항이 D등급 공역으로 지정되어 있음.

[표 11.1] 공역의 분류

구분		내용	비고
관제공역 (controlled airspace)	A등급 (Class A)	모든 항공기가 계기비행(IFR)을 해야 하는 공역	
	B등급 (Class B)	계기비행(IFR) 및 시계비행(VFR)을 하는 항공기가 비행 가능하고, 모든 항공기에 분리를 포함한 항공교통관제업무가 제공되는 공역	규모가 큰 국제공항: 인천, 김포, 제주(3곳)
	C등급 (Class C)	모든 항공기에 관제업무가 제공되나, 시계비행을 하는 항공기 간에는 교통정보만 제공되는 공역	소규모 국제공항: 김해, 광주, 사천, 대구, 강릉, 중원, 서산, 원주, 예천, 군산, 포항(11곳)
	D등급 (Class D)	모든 항공기에 관제업무가 제공되나, 계기비행(IFR)을 하는 항공기와 시계비행을 하는 항공기 및 시계비행(VFR)을 하는 항공기 간에는 교통정보만 제공되는 공역	국내공항: 양양, 서울, 청주, 수원, 성무, 평택, 울산, 여수, 목포, 춘천, 정석, 진해, 이천, 논산(14곳)
	E등급 (Class E)	계기비행(IFR)을 하는 항공기에는 항공교통관제업무가 제공되고, 시계비행(VFR)을 하는 항공기에는 비행정보업무만 제공되는 공역	관제탑이 없는 공항
비관제공역 (uncontrolled airspace)	G등급 (Class G)	모든 항공기에 비행정보업무만 제공되는 공역	

 항공교통관제업무와 공역

- 항공교통관제업무는 비행장관제업무(Aerodrome Control Service), 접근관제업무(Approach Control Service) 및 지역관제업무(Area Control Service)의 3가지로 구분된다.
- 비행장관제업무는 관제탑을 통해 B, C, D 등급의 공역에서 수행되며, 접근관제업무는 E등급 공역에서, 지역관제업무는 A등급 공역에서 수행된다.
- G등급 공역은 비관제공역으로 관제업무가 제공되지 않는다.

[그림 11.4]는 항공교통관제 레이다 표지시스템인 ATCRBS(ATC Radar Beacon System)의 화면을 보여주고 있습니다. 관제사가 보고 있는 화면으로 관제할 대상 항공기들의 기수방향, 현재고도와 관제지시 고도 및 2차 감시 레이다의 코드번호 등이 표시되어 있습니다.

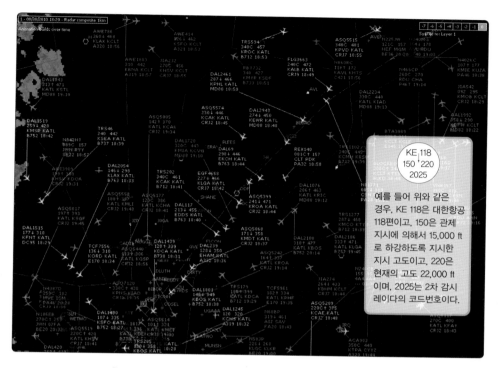

예를 들어 위와 같은 경우, KE 118은 대한항공 118편이고, 150은 관제 지시에 의해서 15,000 ft 로 하강하도록 지시한 지시 고도이고, 220은 현재의 고도 22,000 ft 이며, 2025는 2차 감시 레이다의 코드번호이다.

[그림 11.4] 항공교통 레이다 표지시스템(ATCRBS) 화면(예)

11.2 감시시스템

항공교통 관제시스템에서 감시시스템은 항공기의 거리, 위치 및 방위를 탐지하고 감시하는 감시 레이다(surveillance radar) 시스템으로, HF 및 VHF 음성통신을 통한 관제업무를 수행합니다. 감시시스템은 지상에 설치된 레이다를 기반으로 운영하며, 1차 감시 레이다(PSR, Primary Surveillance Radar), 2차 감시 레이다(SSR, Secondary Surveillance Radar) 및 지면이동감시 레이다(SMR, Surface Movement Radar)로 구성되어 있습니다.

11.2.1 1차 감시 레이다(PSR)

1차 감시 레이다(PSR)는 [그림 11.5]와 같이 레이다의 지향성 안테나에서 발사된 전파(radio wave)가 목표물에 부딪힌 후 되돌아오는 반사파를 수신하고 검파하여, 전파의 왕복시간으로 목표물까지의 거리를 알아내고, 360° 회전하는 안테나의 회전각도의

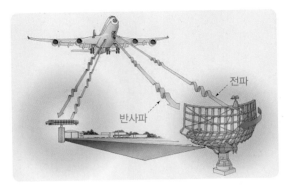

[그림 11.5] 1차 감시 레이다(PSR)

지향특성을 통해 목표물의 방위를 측정하여 관제 화면에 표시합니다.

1차 감시 레이다는 [그림 11.6]과 같이 항공로상의 항공기를 탐지하기 위한 항공로 감시 레이다(ARSR)와 공항에 설치된 공항 감시 레이다(ASR)로 구분됩니다.

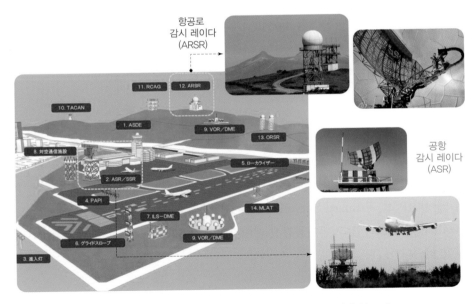

[그림 11.6] 항공로 감시 레이다(ARSR)와 공항 감시 레이다(ASR)

1차 감시 레이다(PSR)

① 항공로 감시 레이다(ARSR, Air Route Surveillance Radar)
　– 항공로(airway)를 감시할 수 있도록 공항 근처 산꼭대기에 설치하는 장거리 레이다이다.
　– 반경 200 NM, 고도 80,000 ft 정도의 탐지거리를 갖고, 1~2 GHz의 L-밴드(L-band) 주파수를 사용한다.
② 공항 감시 레이다(ASR, Airport Surveillance Radar)
　– 공항 주변 항공기의 진입 및 출발 관제를 위한 단거리 레이다로, 공항 내 건물 상부에 설치한다.
　– 공항을 중심으로 반경 100 NM, 고도 25,000 ft 정도의 탐지거리를 갖고, 2~4 GHz의 S-밴드(S-band) 주파수를 사용한다.

11.2.2 2차 감시 레이다(SSR)

1차 감시 레이다는 [그림 11.7]과 같이 레이다의 반사파를 이용하여 항공기의 위치[21]와 방위만을 얻게 되므로, 관제 화면에 표시되는 표적(target)이 어떤 관제 대상 항공기인지를 파악할 수 없는 단점이 있습니다. 이러한 단점을 보완하기 위해 2차 감시 레이다를 설치하여 다수의 표적 중 특정 항공기를 식별하고, 대상 항공기의 고도 정보까지 신속하고 정확하게 얻게 됩니다.

　2차 감시 레이다(SSR)는 [그림 11.7]과 같이 질문기에서 질문신호(interrogation)를 발사하고, 항공기에 장착된 ATC 트랜스폰더가 응답신호에 정보를 실어 응답하는 방식으로, 제2차 세계대전 중에 미국에서 개발된 적후방 식별장치(IFF, Identification Friend or Foe)가 민간 항공분야에 적용된 방식입니다. 2차 감시 레이다(SSR)는 1957년에 ICAO에 의해 표준방식으로 채택되어 사용되고 있습니다.

　2차 감시 레이다(SSR)는 [그림 11.8]과 같이 공항 내에 독립적으로 설치하거나, 1차 감시 레이다의 상부에 함께 설치되어 한 쌍으로 운용됩니다.

> 21 레이다 반사파에 의해 전파가 도달하는 시간 차이를 통해 항공기의 거리정보만을 표시함.

 2차 감시 레이다(SSR)

• 2차 감시 레이다의 질문기인 인터로게이터(Interrogator)가 360° 회전하면서 질문신호를 안테나를 통해 발사하면, 이 신호를 수신한 항공기의 ATC Transponder(항공교통관제 트랜스폰더)가 질문신호에 대응하는 응답신호를 반송하는 시스템이다.
• 2차 감시 레이다에 사용되는 ATC Transponder는 공중충돌방지장치인 TCAS에도 함께 사용된다.

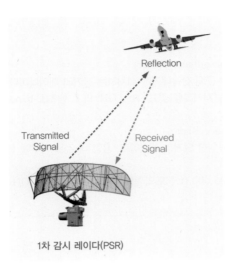
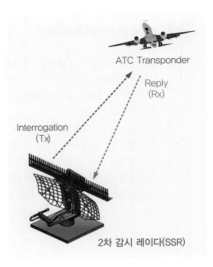

1차 감시 레이다(PSR)

2차 감시 레이다(SSR)

[그림 11.7] 1차 감시 레이다(PSR)와 2차 감시 레이다(SSR)

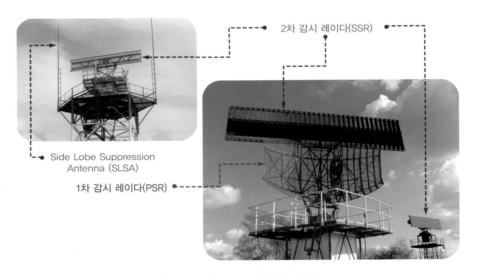

[그림 11.8] 2차 감시 레이다(SSR)

11.2.3 항공교통관제 트랜스폰더

지상의 2차 감시 레이다(SSR)는 [그림 11.9]와 같이 360° 회전하는 질문기 안테나 (Interrogator antenna)를 통해 1,030 MHz 펄스파를 질문파로 발사하고, 항공기에 탑재된 항공교통관제 트랜스폰더는 질문신호에 응답하여 1,090 MHz의 응답펄스 신호를 반송합니다. 그림과 같이 감시시스템에 사용되는 같은 항공교통관제 트랜스폰더는

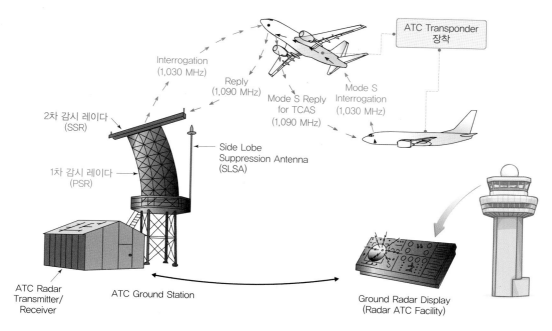

[그림 11.9] 2차 감시 레이다(SSR)와 ATC Transponder

10.5절에서 설명한 공중충돌방지장치인 TCAS에서도 함께 사용된다는 것을 꼭 기억하기 바랍니다.

 항공교통관제 트랜스폰더(ATC Transponder)

- 2차 감시 레이다 및 공중충돌방지장치인 TCAS에 함께 사용되며, 2차 감시 레이다 및 상대 항공기의 질문신호에 대응하는 응답신호를 반송하는 송·수신 장치이다.
- 모드 A 질문신호에는 식별부호로, 모드 C 질문신호에는 고도[22]를 응답한다

[그림 11.10]에 나타낸 구성도와 같이 조종사는 조종석에 설치된 ATC/TCAS 제어 패널을 통해 관제사에게서 지정 받은 식별코드(identification code)[23] 4자리를 입력합니다. ATC 트랜스폰더는 질문신호에 자동으로 응답하여 입력된 식별코드를 송신하므로, 관제사는 이 정보를 통해 특정 항공기를 구별할 수 있게 됩니다. 식별코드는 4자리로 0000~7777까지 입력이 가능합니다.[24] 식별코드의 몇 가지 예를 보면, 시계비행(VFR)상태에서는 '1200'을 입력하고, 항공기가 피랍(hijacking)된 상황이면 '7500'을, 통신문제(radio failure)가 발생하면 '7600'을, 이외의 항공기 비상상황에는 '7700'

[22] ATC Transponder 에서 응답 시 사용하는 고도는 표준대기 29.92 inHg를 고도 0 ft로 사용하는 기압(압력)고도 (pressure altitude)임.

[23] Squawk code라고 도 함.

[24] 각 자리에 0~7의 8 개의 숫자가 올 수 있으 므로 $8 \times 8 \times 8 \times 8 = 4,096$개의 식별부호를 사용할 수 있음.

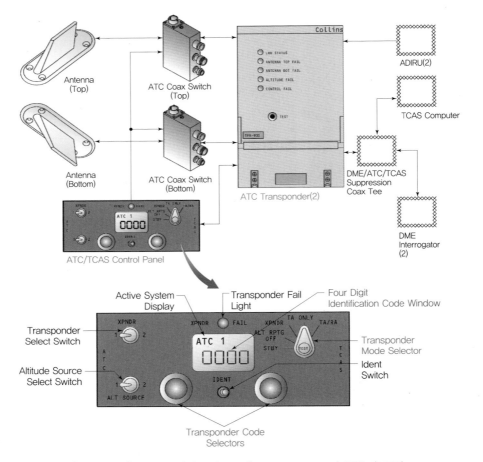

[그림 11.10] 항공교통관제 트랜스폰더(ATC Transponder) 구성도(B737)

을 입력합니다.

[그림 11.11]은 소형 항공기에 사용되는 ATC 트랜스폰더를 보여주고 있습니다. 조종석에는 식별코드 입력을 위한 제어패널과 고도정보를 얻기 위한 별도의 고도계(altitude encoder)가 함께 장치되어 사용되는데, [그림 11.10]의 B737 구성도에서도 ATC 트랜스폰더로 고도정보를 입력하기 위해 ADIRU(Air Data Inertial Reference Unit)가 연결되어 있습니다. ATC 트랜스폰더에 고도정보[25]가 입력되는 이유는 TCAS 및 SSR의 모드 C 질문펄스에는 고도정보를 응답해야 하기 때문입니다. 다음 절에서 질문펄스와 응답펄스에 대해 자세히 알아보겠습니다.

25 고도의 종류 중 '압력고도(pressure altitude)'를 응답함.

[그림 11.11] 소형 항공기용 항공교통관제 트랜스폰더(ATC Transponder)

(1) SSR 질문펄스(모드펄스)

2차 감시 레이다에서 항공기로 발사되는 질문펄스에 대해 알아보겠습니다. 질문펄스는 모드펄스(mode pulse)라고 하며, 질문 모드는 모드 1, 모드 2, 모드 A, 모드 B, 모드 C, 모드 D, 모드 S로 총 7종류로 구분됩니다. 이 중 현재 사용되고 있는 것은 모드 A와 C이며 모드 S는 모드 A와 C가 가진 단점을 보완하기 위해 차세대 시스템 구현 시 사용되는 모드로 다음 절에서 설명하겠습니다.

 SSR의 질문펄스(모드펄스)

① 모드 A(Mode A)는 군과 민간에서 공통으로 사용하며, 항공기의 식별코드를 얻기 위한 질문신호이다.
② 모드 C(Mode C)는 민간 항공기에 사용하며, 항공기의 고도정보를 얻기 위한 질문신호이다.

① 질문펄스는 3펄스 방식을 사용하는데, [그림 11.12]와 같이 $0.8\,\mu s$ 펄스폭을 가진 P_1, P_2, P_3 펄스로 구성됩니다.
② P_1과 P_3 펄스는 2차 감시 레이다의 질문기 안테나에서 발사되며, P_1과 P_3 펄스 사이의 시간 차는 모드 A의 경우는 $8\,\mu s$[26], 모드 C의 경우는 $21\,\mu s$입니다.
③ 사이드 로브 억제 펄스(side lobe suppression pulse) P_2는 질문펄스 P_1보다 $2\,\mu s$ 지연된 다음 SLS(Side Lobe Suppression) 안테나에서 발사됩니다.
④ 항공기의 ATC 트랜스폰더는 이 질문펄스를 수신하여 각 펄스 사이의 시간 차를 확인하고, P_1, P_3 펄스의 강도가 P_2보다 강할 때만 질문으로 판단하여 응답합니다.

---

[26] $8\,\mu s = 8 \times 10^{-6}$ sec

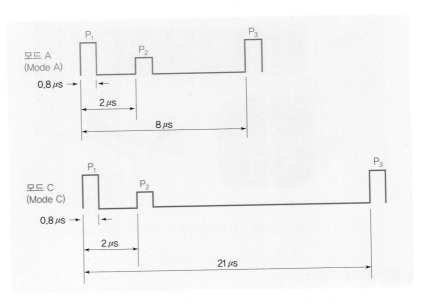

[그림 11.12] 2차 감시 레이다(SSR)의 질문펄스

(2) ATC Transponder 응답펄스(코드펄스)

SSR의 질문펄스에 대한 응답펄스는 코드펄스(code pulse)라고도 하며, ATC Transponder의 코드펄스는 [그림 11.13]과 같이 2개의 프레이밍 펄스(framing pulse)와 1개의 식별 펄스(identification pulse) 및 12개의 정보 펄스(information pulse)로 구성되어 있습니다.

① 프레이밍 펄스는 2차 감시 레이다(SSR)가 응답을 해독할 때 기준이 되는 펄스

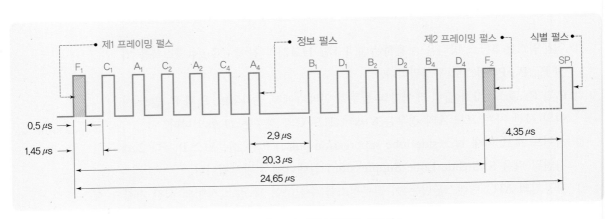

[그림 11.13] ATC 트랜스폰더의 코드펄스

로, 프레이밍 펄스 F_1과 F_2 사이는 20.3 μs의 시간 간격을 가지며, F_2 펄스 다음 4.35 μs 후에 마지막 식별 펄스가 옵니다.

② 펄스 1개의 폭은 0.5 μs이며, 프레이밍 펄스 F_1과 F_2 사이에 12개의 정보 펄스 '$A_4A_2A_1$', '$B_4B_2B_1$', '$C_4C_2C_1$', '$D_4D_2D_1$'을 삽입합니다.

③ 여기서, 'A'는 1,000의 단위를, 'B'는 100의 단위를, 'C'는 10의 단위를, 'D'는 1의 단위를 지시하는데, 각각 2진수 3비트(bit)를 의미합니다.

ATC 트랜스폰더는 [그림 11.12]의 SSR 질문펄스를 수신하면 모드 A에 대해서는 식별코드를, 모드 C에 대해서는 항공기의 고도값[27]을 응답하게 되며, 12개의 정보 펄스에 해당 값(식별코드 또는 고도)을 코드화하여 코드펄스를 만들어 응답합니다.

 Point ATC Transponder의 응답펄스(코드펄스)

- 모드 A의 질문펄스를 수신하면 ATC 트랜스폰더는 자기 항공기에 할당되어 입력된 식별코드로 응답한다.
- 모드 C의 질문펄스를 수신하면 ATC 트랜스폰더는 자기 항공기의 고도를 응답한다.

예를 들어, ATC 트랜스폰더에 입력된 식별코드가 '1234'이고 모드 A 질문펄스가 수신되는 경우를 가정하면, 응답펄스의 $A_1-B_2-C_1-C_2-D_4$ 펄스는 '1'로 설정되고 나머지 펄스는 '0'으로 설정되어 [그림 11.14]와 같은 응답펄스를 만들어 발사하게 됩니다.

① $A_4A_2A_1$은 2진수 3비트로 1000의 자리 십진수 '1'을 지시: $A_4A_2A_1 = 001_{(2)} = 1$[28]
② $B_4B_2B_1$은 2진수 3비트로 100의 자리 십진수 '2'를 지시: $B_4B_2B_1 = 010_{(2)} = 2$[29]

27 현재 항공기 고도계에 설정된 고도계 보정에 관계없이 '압력고도(pressure altitude)'를 사용함.

28 2진수 $001_{(2)} = 0 \times 2^2 + 0 \times 2^1 + 1 \times 2^0 = 1$

29 2진수 $010_{(2)} = 0 \times 2^2 + 1 \times 2^1 + 0 \times 2^0 = 2$

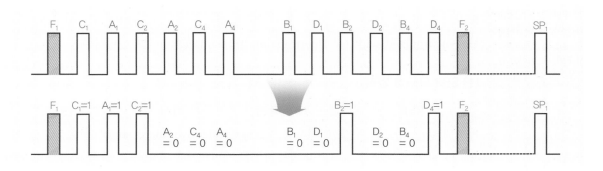

[그림 11.14] ATC 트랜스폰더의 코드펄스(예)(식별코드가 1234인 경우)

^{30} 2진수 $011_{(2)} =$
$0 \times 2^2 + 1 \times 2^1 + 1 \times 2^0$
$= 3$

^{31} 2진수 $100_{(2)} =$
$1 \times 2^2 + 0 \times 2^1 + 0 \times 2^0$
$= 4$

③ $C_4C_2C_1$은 2진수 3비트로 10의 자리 십진수 '3'을 지시: $C_4C_2C_1 = 011_{(2)} = 3$[30]

④ $D_4D_2D_1$은 2진수 3비트로 1의 자리 십진수 '4'를 지시: $D_4D_2D_1 = 100_{(2)} = 4$[31]

11.2.4 SSR 모드 S (Mode S)

모드 S(Mode S)는 2차 감시 레이다(SSR)의 운용 시 나타나는 모드 A와 C의 단점을 보완하기 위해 1970년대 미국에서 개발되었고, 같은 형식의 시스템이 각국에서 제안되어 1981년 ICAO 회의에서 SSR Mode S로 명칭이 통일되었습니다.

SSR의 도입은 PSR의 단점을 보완하여 모드 A와 모드 C의 질문펄스를 통해 개별 항공기를 식별하고 고도 정보를 추가로 얻음으로써 관제업무를 대폭적으로 경감시키고 보다 정확한 관제를 할 수 있는 기능을 제공합니다. 하지만 1,030 MHz의 단일 주파수 질문펄스에 1,090 MHz의 단일 응답펄스를 사용하는 근본적인 기능의 한계로 인해 계속적으로 폭증하는 항공교통량[32]을 감당하기에는 다음과 같은 여러 가지 문제점이 있습니다.

① 항공기 여러 대의 동시 응답에 의한 신호 혼신(synchronous garbling)과 간섭 (interference) 문제 발생
② 인근 공항의 여러 SSR 중첩 관제영역에서 발행하는 타 SSR 지상국에 대한 응답(unintended FRUIT)
③ SSR과 TCAS 질문펄스에 대한 불필요한 많은 질문과 응답(over interrogation)
④ 간섭 문제로 인한 방위각 측정 오차 발생(azimuth inaccuracy)
⑤ 신호 반사 문제로 인한 허상(ghost) 발생[33]
⑥ 식별코드의 포화(aircraft identification code limitation) 문제 발생

특히 공항들이 근접해 있어 SSR이 중첩되어 운용되는 경계지역[34]에서 타 공항의 SSR에 대한 불필요한 응답신호가 수신되는 현상을 프루이트(FRUIT, False Replies Unsynchronized with the Interrogation Transmissions)라고 합니다.

(1) SSR 모드 S 방식

이러한 SSR 모드 A와 모드 C의 문제를 극복하기 위해 새로 제안된 SSR 모드 S는 데이터 통신 기능을 부가한 '선택적 어드레싱(selective addressing)' 기법을 도입하여 관제권 내에서 비행하는 다수의 항공기들을 개별적으로 호출하고, 호출된 개별 항공기와 1 대 1의 질문과 응답을 통해 감시기능을 수행하는 방식입니다.

SSR 모드 S가 수행되기 위해서는 항공기에 모드 S를 지원하는 ATC 트랜스폰더가 장착되어야 하며, 다음과 같은 순서로 수행됩니다.

① 개별 항공기의 호출을 위해 현재 관제권 내에서 비행하는 모든 항공기를 탐지하고 이 중에서 모드 S 트랜스폰더를 탑재한 항공기를 찾아내야 합니다.

② 이를 위해 [그림 11.15]와 같이 SSR 모드 S 질문기는 전기 호출(All-Call)과 개별 호출(Roll-Call)을 40~150 Hz로 주기적으로 수행합니다.

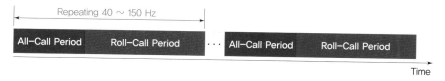

[그림 11.15] SSR 모드 S 질문펄스 주기

③ 전기 호출(All-Call)을 통해 모든 항공기에 질문펄스를 보내고, 이 질문펄스에 대해서 항공기의 모드 A, 모드 C 및 모드 S 트랜스폰더는 응답을 합니다.

④ 이 중 모드 S 트랜스폰더의 응답펄스에는 항공기의 개별 고유 어드레스(address) 번호와 고도 정보가 포함되므로 이를 통해 개별 항공기를 파악하고, 질문에 대한 응답시간 차를 이용하여 거리를 구하고, 질문기 안테나의 회전 방위각을 통해 항공기의 방위를 구합니다.[35]

⑤ 파악된 개별 어드레스를 이용하여 각각의 모드 S 트랜스폰더 항공기에 개별 호출(Roll-Call)을 하고, 되돌아오는 응답펄스를 통해 개별 항공기의 위치 및 감시 데이터를 수신합니다.

⑥ 한 번 개별 호출에 응답한 항공기의 모드 S 트랜스폰더는 모드 A/C나 타 항공기의 모드 S 질문 및 전기 호출에 응답하지 않도록 응답정지(Lock-Out) 상태로 설정됩니다.

이와 같이 개별 항공기와의 1:1 호출이 완료된 이후부터는 각각의 개별 항공기에 개별 질문펄스를 보내고, 개별 항공기들은 이 질문펄스에만 응답하므로 지상에서는 정확한 감시데이터를 얻고 혼신과 간섭 등의 문제가 해결되어 감시기능이 향상됩니다.[36] SSR 모드 S의 주요 특징은 다음과 같습니다.

35 거리측정 오차는 37 m, 방위각 오차는 0.1° 정도임.

36 혼신방지는 100% 가능함.

37 어드레스는 24 bit
이므로 $2^{24} = 16,777,216$
개의 고유 숫자를 지정할
수 있음.

38 기본적으로 56 bit
또는 112 bit의 데이터
를 주고 받을 수 있음.

> **핵심 Point SSR 모드 S**
>
> - 기존 SSR 모드 A의 12 bit 식별코드를 24 bit로 확장하여 최대 160만 개의 특정 대상 항공기에 대해 160만 개의 개별 어드레스[37]를 부여하여 지정한다.
> - 지정된 항공기를 개별적으로 호출하여 질문과 응답펄스를 송·수신함으로써 불필요한 혼선과 간섭을 방지한다.
> - 지정된 항공기와 데이터[38] 통신을 통해 정확한 감시데이터를 주고 받음으로써 감시기능이 향상되고 관제업무의 음성통신 업무량이 저감된다.

(2) SSR 모드 S의 질문펄스

SSR 모드 S는 All-Call 호출 시 모든 항공기를 호출하기 위하여 [그림 11.16]과 같이 기존의 모드 A/C의 1,030 MHz P_1, P_2, P_3 펄스 뒤에 1.6 μs 펄스폭을 가지는 P_4 펄스를 추가하여 발사합니다.[39] 이러한 방식을 통해 모드 A/C 트랜스폰더와의 호환성을 가지게 되므로 모드 S 트랜스폰더는 물론, 모드 A/C 트랜스폰더를 장착한 항공기도 모두 응답을 할 수 있습니다.

39 P_2 펄스는 사이드
로브 안테나에서 발사
되며 control pulse라
고도 함.

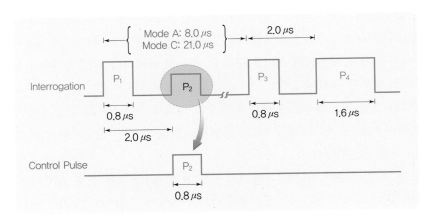

[그림 11.16] SSR 모드 S의 All-Call 질문펄스

All-Call 호출 시에 모드 S 트랜스폰더를 장착한 항공기는 ICAO에서 지정한 고유의 24 bit 어드레스를 응답신호에 포함시켜 내려보내므로, 지상의 SSR 모드 S 질문기는 개별 항공기의 고유 어드레스를 알아내게 됩니다. 개별 어드레스가 파악된 모드 S 장착 항공기에는 Roll-Call 호출을 통해 [그림 11.17]과 같이 2개의 프리앰블(preamble) 펄스 P_1, P_2 및 data block으로 구성된 질문펄스를 발사합니다. 이 질문펄스에는 모드 S 트랜스폰더만 응답하므로 모드 A/C를 장착한 항공기는 응답하지 않습니다.

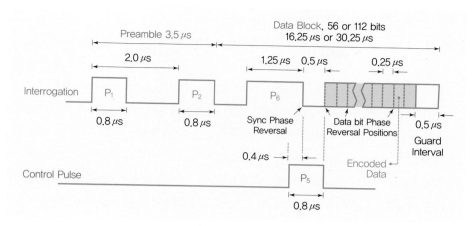

[그림 11.17] SSR 모드 S의 Roll-Call 질문펄스

Roll-Call 질문펄스의 data block은 1.25 μs의 P_6 펄스 뒤에 56 bit나 112 bit의 encoded data가 위치하게 되며, 앞뒤에 0.85 μs의 시간간격(guard interval)이 추가되어, 56 bit의 경우에는 16.25 μs[40], 112 bit의 경우에는 30.25 μs[41]의 시간폭을 가지도록 구성됩니다. 개별 항공기의 고유 어드레스 번호는 이 data block의 맨 끝 부분 24 bit 영역에 들어가게 됩니다.

(3) SSR 모드 S의 응답펄스

SSR 모드 S의 응답펄스는 [그림 11.18]과 같이 4개의 프리앰블 펄스와 data block으로 구성되며, 1,090 MHz를 사용합니다. Data block은 질문펄스와 같이 56 bit나 112 bit의 encoded data로 구성되며, 1 bit당 1 μs가 할당되어 56 μs 또는 112 μs가 소요됩니다. 그림에서 나타낸 것처럼 1 bit는 0.5 μs의 2개 펄스로 이루어지는데, '01'의 펄스는 '0'을 나타내고 '10'의 펄스는 '1'을 나타내는 변조방식을 사용합니다.[42]

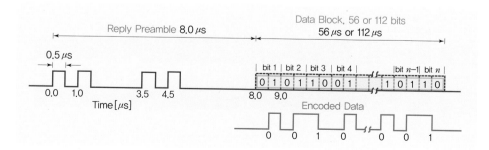

[그림 11.18] SSR 모드 S의 응답펄스

40 1 bit의 데이터 펄스폭이 0.25 μs이므로 1.25 μs(P_6) + 0.5 μs + (56 bit × 0.25 μs) + 0.5 μs = 16.25 μs 가 됨.

41 1 bit의 데이터 펄스폭이 0.25 μs이므로 1.25 μs(P_6) + 0.5 μs + (112 bit × 0.25 μs) + 0.5 μs = 30.25 μs 가 됨.

42 PPM(Pulse Position Modulation) 방식이라고 함.

(4) SSR 모드 S의 데이터 메시지

　[그림 11.17]과 [그림 11.18]의 56 bit 또는 112 bit 데이터 메시지(message)는 [그림 11.19]와 같이 구성되며, 각 질문과 응답펄스의 길이는 같습니다. 개별 대상 항공기의 위치(거리 및 방위)를 갱신하기 위한 Surveillance 질문과 Surveillance 응답은 [그림 11.19(a)]와 같이 56 bit로 구성되며, COMM-A 질문에 대한 COMM-B 응답은 [그림 11.19(b)]와 같이 112 bit로, COMM-A 질문에 대한 COMM-B 응답은 [그림 11.19(c)]와 같이 112 bit로 구성됩니다. 모든 데이터 메시지의 마지막 24 bit는 개별 항공기의 고유 어드레스와 패리티(parity)가 입력되어 1:1의 데이터 통신을 확인할 수 있습니다.

　모드 S 기술을 적용하면 포착된 모드 S 항공기에 24 bit 길이의 고유 어드레스를 부여할 수 있고, 이를 통해 지상국과 모드 S가 장착된 각 항공기에 개별 질문이 가능하게 되어 1:1의 데이터 링크(data link)를 구성할 수 있으므로 개별적인 통신채널을 통

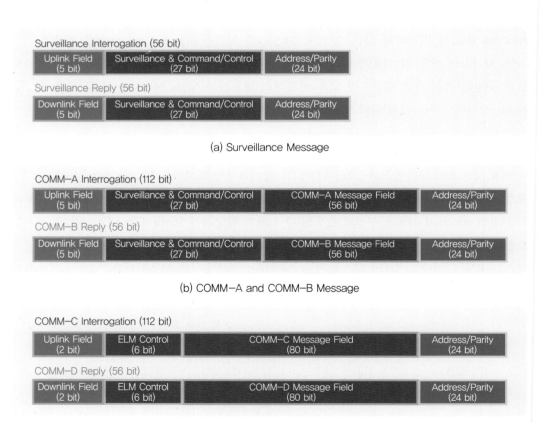

(a) Surveillance Message

(b) COMM-A and COMM-B Message

(c) COMM-C and COMM-D Message

[그림 11.19] SSR 모드 S의 데이터 메시지

해 감시시스템에 필요한 항공기의 위치, 고도 및 식별코드 등의 정보를 송·수신할 수 있습니다.

모드 S의 장점은 기존 SSR 트랜스폰더의 변형 없이 사용이 가능하여 모드 A/C와도 호환이 된다는 것입니다. 또한 디지털 데이터 정보가 많아지는 경우에는 COMM-C와 COMM-D의 메시지 필드를 16개까지 결합시켜 1,280 bit[43]로 확장하는 ELM(Extended Length Message) 방식을 적용할 수 있습니다.

[43] 16×80 bit = 1,280 bit

[표 11.2]에 모드 S 질문 및 응답펄스에서 사용하는 Uplink와 Downlink 필드의 코드 종류를 나타내었는데, 모드 S 트랜스폰더는 공중충돌방지장치(TCAS)에서도 사용되므로 TCAS에 사용 코드(00000, 10000)가 존재함을 확인할 수 있습니다.

[표 11.2] SSR 모드 S의 데이터 메시지의 Uplink 및 Downlink 구분

Uplink 구분	Downlink 구분	내용
00000	00000	Short air-air surveillance (TCAS)
00100	00100	Surveillance, altitude interrogation
00101	00101	Surveillance, Mode A identity interrogation
01011	01011	Mode S only All-Call
10000	10000	Long air-air surveillance (TCAS)
–	10001	extended squitter
–	10010	TIS-B
10100	10100	COMM-A including altitude interrogation COMM-B including altitude reply
10101	10101	COMM-A including Mode A identity interrogation COMM-B including altitude reply
–	10110	military use
11	11	COMM-C interrogation (extended length message) COMM-D reply (extended length message)

11.3 자동항행감시장치(ADS-B)

자동항행감시장치(ADS-B, Automatic Dependant Surveillance-Broadcast)는 '자동종속 감시-방송장치'라고도 하며, 기존의 감시시스템인 레이다 기반의 PSR, SSR, SMR 에 의존하던 감시기능을 1:1의 데이터 링크(data link)를 이용해 구현한 차세대 시스템입니다.

기존의 항공교통관제(ATC)는 레이다에 의한 거리 및 방위를 계산하므로 정확도가 상대적으로 낮고, 항공기 식별코드와 고도 정보만 수신되며, 혼신과 간섭문제가 발생하고 레이다가 설치된 ATC 지상국에서만 수신이 가능하다는 단점이 있습니다. 또한 항공기와 관제사 간에 음성통신을 통해 관제지시와 승인이 이루어지므로, 레이다 통달거리에서 벗어난 대양 항공로에서는 HF 장거리 통신의 단점으로 인해 통신감도가 떨어지게 되며, 조종사가 수동으로 30분 또는 1시간 간격의 위치보고에 의존하므로 감시 정밀도가 떨어지고 항공교통량 증가에 따른 운항지연 및 교통량 수용력이 크게 떨어집니다.

① 이에 반해, 자동항행감시장치인 ADS-B는 SSR 모드 S나 VHF 데이터 링크와 같이 개별 항공기와의 1:1 데이터 링크(data link)를 이용해 정보를 공유하는 방식입니다.

② 위성항법시스템(GNSS)을 통한 항공기의 정확한 3차원 위치(position) 정보 및 탑재 항행장치에서 수집한 속도, 기수 방위각, 고도 및 항공기 식별코드 등의 부가적인 정보를 개별 항공기에서 방송을 통해 송출하므로, 지상 어디든 수신 지상국이 존재하면 송출된 정보를 수신할 수 있고 항공이동통신망(ATN, Aeronautical Telecommunication Network)[44]을 통해 항공교통관제센터(ATC) 등 감시정보를 필요로 하는 곳으로 전달하여 정보를 공유합니다.

③ 따라서, ADS-B는 [그림 11.20]과 같이 디지털 데이터 통신과 위성항법시스템을 기반으로 보다 정확한 감시 정밀도를 제공하고, HF 통신을 SATCOM으로 대체

44 VHF 데이터 링크, HF 데이터 링크, SSR 모드 S, AMSS 등의 서로 다른 데이터 통신망을 통합하여 정보를 공유할 수 있는 하나의 네트워크망을 구성하는 시스템

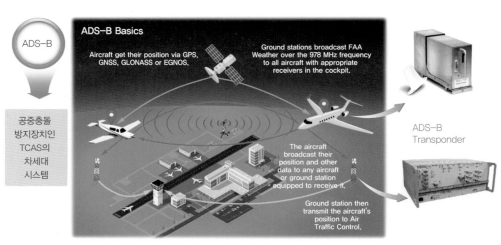

[그림 11.20] 자동항행감시장치(ADS-B)

하여 시스템 안정성을 향상시키므로 항공기 분리기준의 축소를 통해 항공교통량을 확대 수용할 수 있는 장점이 있습니다.

④ 또한 ADS-B는 지상감시시스템뿐 아니라 그 근처를 비행 중인 항공기들과도 정보를 송·수신할 수 있으므로 국제민간항공기구는 TCAS를 대체할 차세대 공중충돌방지장치로 ADS-B를 추진하고 있습니다.[45]

45 10.5절의 TCAS-III 시스템 개발이 중단된 중요 이유임.

11.4 차세대 항행안전시스템(CNS/ATM)

현재 사용 중인 통신, 항법 및 감시시스템(CNS)은 대부분 아날로그 시스템과 지상시설을 기반으로 낙후된 기술이 적용되고 있어 항공 운송량 및 교통량의 증가에 따른 운항 효율성 및 안정성, 성능이 한계에 도달한 상황입니다. 특히 항공교통량이 급격히 증가하고 있는 동북 아시아와 유럽 지역이 매우 심각합니다.

통신시스템의 경우는 HF 및 VHF 대역의 아날로그 음성통신을 사용하므로 통신의 정확성 및 안전성이 떨어지고 주파수 부족으로 용량상의 한계에 도달하였습니다. 항법시스템과 감시시스템도 대부분이 전파항법을 기반으로 전파의 직진성에 의한 통달 거리 제한 및 원격지 및 대양, 산악 및 장애물 지역에서는 탐지가 곤란하여 정밀도가 떨어지며 연속적인 감시가 불가능한 문제점이 나타나고 있습니다. 더욱이 1950~60년대에 설비된 지상시설의 노후화로 유지보수에 많은 비용이 드는 문제점도 함께 발생하고 있습니다.

1983년에 국제민간항공기구(ICAO)는 FANS(Future Air Navigation System, 미래항행시스템) 특별위원회를 구성하여 기존 시스템의 문제점을 해결하기 위한 새로운 항행시스템의 개념을 연구하기 시작하여 1991년 제10차 항공항행회의에서 FANS 개념을 21세기 표준항행시스템으로 채택하고, 2025년을 목표로 전환계획을 발표합니다.

증가하는 항공교통량을 수용하고 보다 안전하고 경제적인 운항여건을 마련하기 위해서는 항법(항행)시스템뿐 아니라 통신, 감시 및 항공교통관제 분야가 동시에 향상되어야 하므로 FANS의 개념은 "CNS/ATM"이란 용어로 확대되었습니다.

CNS/ATM은 [그림 11.21]과 같이 새로운 디지털 데이터 통신(digital data communication)과 위성항법시스템(GNSS) 기술을 적용하여 음성통신을 데이터 통신으로 전환하고 기존 시스템의 정밀도를 개선합니다. 또한 분리된 개별 시스템 정보를 항공이동통신망(ATN)을 통해 전세계적인 단일 통신망으로 구축하여 정보를 통합하고 네트워크화하여 연속적이고 안정된 항행정보를 제공합니다.

- 디지털 데이터 통신과 위성항법시스템을 적용하여 기존 항행시스템을 차세대 시스템으로 전환하는 개념을 총칭한다.
  ① 통신(Communication)시스템: 기존 무선 음성통신에서 유무선 데이터 통신으로 전환한다.
  ② 항법(Navigation)시스템: 기존 전파항법에서 GNSS로 전환한다.
  ③ 감시(Surveillance)시스템: 기존 레이다 기반에서 ADS-B 시스템으로 전환한다.

구분	현재	차세대
통신(C)	무선음성통신(HF/VHF)	유+무선 데이터통신(VDL)
항법(N)	무선신호를 이용한 항로 및 공항 위치정보 제공(전파항법 기반)	위성신호(GPS)를 이용한 항로 및 공항위치정보 제공(GNSS 기반)
감시(S)	지상장비의 무선신호를 이용한 항공기 위치감시(RADAR)	항공기 탑재장비 신호를 이용한 항공기 위치감시(ADS-B)

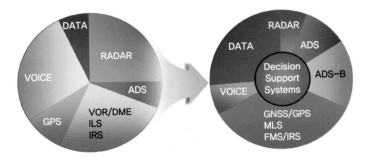

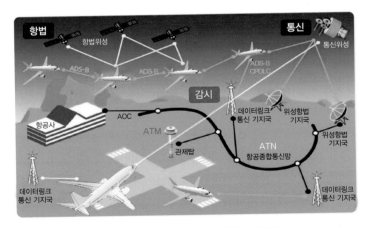

[그림 11.21] CNS/ATM 전환 및 구성도

CHAPTER SUMMARY

이것만은 꼭 기억하세요!

11.1 항공교통관제

① 항공교통업무(Air Traffic Service)는 항공기의 안전한 운항을 위하여 다음 3가지 업무로 구분됨.
- 항공교통관제업무, 비행정보업무, 경보업무
② 항공교통관제업무(Air Traffic Control Service)
- 항공기 간의 충돌방지, 항공기와 장애물 간의 충돌방지 및 항공교통 흐름의 질서유지 및 촉진
- 비행장관제업무, 접근관제업무, 지역관제업무로 구분됨.
③ 공역(airspace): ICAO에서 각 나라별로 할당한 관제공역으로 비행정보구역(FIR, Flight Information Region)이라고 함.

11.2 감시시스템

① 1차 감시 레이다(PSR, Primary Surveillance Radar)
- 레이다의 반사파를 이용하여 항공기의 위치(거리)와 방위만을 얻게 됨 ➡ 항공기 식별 불가능
- 항공기 탐지를 위한 항공로 감시 레이다(ARSR)와 공항에 설치된 공항 감시 레이다(ASR)로 구분됨.
② 2차 감시 레이다(SSR, Secondary Surveillance Radar)
- 질문기에서 질문신호(interrogation)를 발사하고, 항공기에 장착된 ATC 트랜스폰더가 응답신호에 정보를 실어 응답하는 방식
- 1,030 MHz 펄스파를 질문파로 발사하고, ATC 트랜스폰더는 1,090 MHz의 응답펄스 신호를 송신함.
③ 항공교통관제 트랜스폰더(ATC Transponder)
- 2차 감시 레이다 및 공중충돌방지장치(TCAS)에 함께 사용되며, 2차 감시 레이다 및 상대 항공기의 질문신호에 대응하는 응답신호를 반송하는 시스템임.
- 모드 A(Mode A) 질문신호에는 식별부호로, 모드 C(Mode C) 질문신호에는 고도를 응답함.
④ SSR 모드 S(Mode S) 방식
- 지정된 항공기를 개별적으로 호출하여 질문과 응답펄스를 송수신함으로써 불필요한 혼선과 간섭을 방지함.
- 지정된 항공기와 데이터 통신을 통해 정확한 감시데이터를 주고 받음으로써 감시기능이 향상되고 관제업무의 음성통신 업무량이 저감됨.

11.3 자동항행감시장치(ADS-B, Automatic Dependant Surveillance-Broadcast)

- 자동종속 감시-방송장치라고도 하며, 기존의 감시시스템인 레이다 기반의 PSR, SSR, SMR에 의존하던 감시기능을 1:1의 데이터 링크(data link)를 이용해 구현한 차세대 시스템

11.4 차세대 항행안전시스템(CNS/ATM)

디지털 데이터 통신과 위성항법시스템을 적용하여 기존 항행시스템을 차세대 시스템으로 전환하는 개념을 총칭
- 통신(Communication)시스템: 기존 무선 음성통신에서 유무선 데이터 통신으로 전환
- 항법(Navigation)시스템: 기존 전파항법에서 GNSS로 전환
- 감시(Surveillance)시스템: 기존 레이다 기반에서 ADS-B 시스템으로 전환

기출문제 및 연습문제

01. 다음 중 감시시스템에 속하지 않는 장치는?

① SSR
② HS
③ ASR
④ ARSR

해설 • 감시시스템은 지상에 설치된 레이다를 기반으로 운영하며, 1차 감시 레이다(PSR, Primary Surveillance Radar), 2차 감시 레이다(SSR, Secondary Surveillance Radar) 및 지면이동 감시 레이다(SMR, Surface Movement Radar)로 구성된다.
• 1차 감시 레이다는 항공로(airway)상의 항공기를 탐지하기 위한 항공로 감시 레이다(ARSR)와 공항에 설치된 공항 감시 레이다(ASR)로 구분된다.

02. 1차 감시 레이다에 대한 설명으로 옳은 것은?

[항공산업기사 2017년 2회]

① 전파를 수신만하는 레이다이다.
② 전파를 송신만하는 레이다이다.
③ 송신한 전파가 물체(항공기)에 반사되어 되돌아오는 전파를 감지하는 방식이다.
④ 송신한 전파가 물체(항공기)에 닿으면 항공기는 이 전파를 수신하여 필요한 정보를 추가한 후 다시 송신하는 방식이다.

해설 1차 감시 레이다(PSR, Primary Surveillance Radar)는 발사된 전파가 되돌아오는 반사파를 수신하여 왕복시간에 의한 거리 및 360° 회전하는 안테나의 회전각도 지향특성을 통해 방위를 측정한다.

03. SSR에 대한 설명으로 틀린 것은?

① 항공교통관제 트랜스폰더를 사용한다.
② 질문기의 주파수는 1,030 MHz이고, 응답파의 주파수는 1,090 MHz를 사용한다.
③ 송신한 전파가 물체(항공기)에 반사되어 되돌아오는 전파를 감지하는 방식이다.
④ 송신한 전파가 물체(항공기)에 닿으면 항공기는 이 전파를 수신하여 필요한 정보를 추가한 후 다시 송신하는 방식이다.

해설 • 1차 감시 레이다(PSR)는 발사된 전파가 되돌아오는 반사파를 수신하여 왕복시간에 의한 거리 및 360° 회전하는 안테나의 회전각도 지향특성을 통해 방위를 측정한다.
• 항공교통관제 트랜스폰더(ATC Transponder)는 2차 감시 레이다 및 공중충돌방지장치인 TCAS에 함께 사용되며, 2차 감시 레이다 및 상대 항공기의 질문신호에 대응하는 응답신호를 반송하는 송·수신 장치이다.

04. 20 해리(nautical mile) 떨어진 물체를 레이다가 감지하는 데 걸리는 시간은 약 몇 s인가?

[항공산업기사 2011년 2회]

① 247
② 124
③ 12
④ 6

해설 • 해리(Nautical Mile)는 지구둘레를 360 등분하고 그것을 다시 60 등분한 거리로 1 NM=1.852 km이다. 따라서 20 해리는 20 NM(Nautical Mile)이므로 m 단위로 환산하면,

$$S = 20\,\text{NM} \times \frac{1{,}852\,\text{m}}{1\,\text{NM}} = 37{,}040\,\text{m}$$

• 이동거리(S) = 이동속도(V)×시간(t)이고, 전파의 속도는 빛의 속도인 $c = 3 \times 10^8$ m/s이므로 이동시간(t)은 다음과 같이 구한다.

$$S = c \times t \;\Rightarrow\; t = \frac{S}{c} = \frac{37{,}040\,\text{m}}{3 \times 10^8\,\text{m/s}}$$
$$= 0.0001235\,\text{sec} = 123.5\,\mu s$$

• 전파가 반사되어 돌아오는 시간은 왕복시간이므로 $2 \times 123.5\,\mu s = 247\,\mu s$가 된다.

05. 2차 감시 레이다의 모드 A 질문을 통해 얻는 정보는?

① 고도
② 식별부호
③ 거리
④ 방위

해설 2차 감시 레이다(SSR)의 항공교통관제 트랜스폰더(ATC Transponder)는 모드 A 질문신호에는 식별부호로, 모드 C 질문신호에는 기입고도(압력고도)를 응답한다.

정답 1. ② 2. ③ 3. ③ 4. ① 5. ②

06. 지상 관제사가 항공교통관제(ATC, Air Traffic Control)를 통해서 얻는 정보로 옳은 것은?

[항공산업기사 2011년 4회, 2016년 1회]

① 편명 및 하강률
② 고도 및 거리
③ 위치 및 하강률
④ 상승률 또는 하강률

해설 • 항공교통관제업무(Air Traffic Control Service)는 항공기의 충돌방지 및 항공교통 흐름의 질서유지 및 촉진을 위한 업무이다.
• 이를 위해 레이다 기반의 감시시스템을 운용하여 항공기의 편명, 위치(고도 및 거리), 방위 정보를 지상 관제기관에서 수집한다.

07. 공중충돌방지장치(TCAS)와 감시시스템에서 함께 사용하는 탑재장치는? [항공산업기사 2013년 1회]

① SELCAL
② 레이다
③ VOR/DME
④ ATC Transponder

해설 항공교통관제 트랜스폰더(ATC Transponder)는 2차 감시 레이다 및 공중충돌방지장치인 TCAS에 함께 사용된다.

08. 항공교통관제(ATC) 트랜스폰더에서 Mode C의 질문에 대해 항공기가 응답하는 비행고도는?

① 진고도
② 절대고도
③ 기압고도
④ 객실고도

해설 • 항공교통관제 트랜스폰더(ATC Transponder)는 2차 감시 레이다 및 공중충돌방지장치인 TCAS에 함께 사용되며, 2차 감시 레이다 및 상대 항공기의 질문신호에 대응하는 응답신호를 반송하는 송·수신 장치이다.
• 모드 A 질문신호에는 식별부호로, 모드 C 질문신호에는 기압고도(압력고도)로 응답한다.

09. SSR 모드 S에 대한 설명 중 틀린 것은?

① 모드 A와 모드 C의 문제를 극복하기 위한 방식이다.
② 개별 항공기를 호출하는 방식을 사용한다.
③ 관제업무 중 음성통신 업무량이 저감된다.
④ ATC Transponder가 불필요하다.

해설 • SSR 모드 A와 모드 C의 문제점을 극복하기 위해 새로 제안된 방식이 SSR 모드 S이다.
• 모드 S는 데이터 통신 기능을 부가한 선택적 어드레싱(selective addressing) 기법을 도입하여 개별 항공기와 1 대 1의 개별호출(질문과 응답)을 통해 감시기능을 수행하는 방식이다.
• 지정된 항공기와 데이터 통신을 통해 정확한 감시데이터를 주고받음으로써 감시기능이 향상되고 관제업무의 음성통신 업무량이 저감된다.
• SSR 모드 S가 수행되기 위해서는 항공기에 모드 S를 지원하는 ATC 트랜스폰더가 장착되어야 한다.

10. 인접한 공항에 설치된 2차 감시 레이다 시스템에서 나타날 수 있는 문제점이 아닌 것은?

① 프루이트(FRUIT) 현상이 발생한다.
② 관제업무 중 음성통신 업무량이 저감된다.
③ 불필요한 많은 질문과 응답이 발생한다.
④ 간섭문제로 방위각 측정오차가 발생한다.

해설 2차 감시 레이다는 다음과 같은 문제점이 나타날 수 있다.
• 항공기 여러 대의 동시 응답에 의한 신호 혼신(synchronous garbling)과 간섭(interference) 문제 발생
• 인근 공항의 여러 SSR 중첩 관제영역에서 발생하는 타 SSR 지상국에 대한 응답(unintended FRUIT)
• SSR과 TCAS 질문펄스에 대한 불필요한 많은 질문과 응답(over interrogation)
• 간섭 문제로 인한 방위각 측정 오차 발생(azimuth inaccuracy)
• 신호 반사 문제로 인한 허상(ghost) 발생
• 식별코드의 포화(aircraft identification code limitation) 문제 발생.

정답 6. ② 7. ④ 8. ③ 9. ④ 10. ②

11. 차세대 항행안전시스템(CNS/ATM) 감시시스템
이 아닌 것은?

① 감시−2차 감시 레이다(SSR)

② ATM−항공이동통신망(ATN)

③ 항법−위성항법시스템(GNSS)

④ 통신−디지털 데이터 통신

해설 • CNS/ATM은 디지털 데이터 통신(digital data com-
munication)과 위성항법시스템(GNSS) 기술을 적용
하여 음성통신을 데이터 통신으로 전환한다.

• 분리된 개별 시스템의 정보를 항공이동통신망(ATN)을
통해 전세계적인 단일 통신망으로 구축하여 정보를 통
합하고 네트워크화하여 연속적이고 안정된 항행정보를
제공하는 차세대 시스템이다.

12. 레이다 기반의 PSR, SSR, SMR에 의존하던 감
시기능을 1:1의 데이터 링크(data link)를 이용
해 구현한 차세대 시스템은?

① ACAS   ② ADS-B

③ GNSS   ④ ARSR

해설 • 자동항행감시장치(ADS-B, Automatic Dependant
Surveillance-Broadcast)는 자동종속 감시-방송장치
라고도 한다.

• 기존의 감시시스템인 레이다 기반의 PSR, SSR, SMR
에 의존하던 감시기능을 1:1의 데이터 링크(data link)
를 이용해 구현한 차세대 감시시스템이다.

정답 **11.** ① **12.** ②

CHAPTER
12 | Automatic Flight Control System
자동비행조종시스템

Aircraft
Instrument
System

AIRCRAFT INSTRUMENT SYSTEM

항공기를 조종할 때 조종사는 항공기의 속도, 고도 및 롤, 피치, 요 자세각 등을 비행계기로부터 인지하면서 엘리베이터, 러더, 에일러론 및 추력을 조종간으로 직접 변화시켜 조종하는 수동조종(manual flight)방식을 기본적으로 사용합니다. 항공전자기술의 발전에 따라 항공계기들이 전자계기로 발전하고, 컴퓨터 기술과 제어이론(control theory)이 접목되면서 비행제어컴퓨터가 항공기를 조종하는 자동비행조종시스템(AFCS, Automatic Flight Control System)이 발전하여 적용되고 있습니다.[1] 또한 자동비행조종시스템은 사람이 타지 않고 자율적으로 비행하는 무인기(UAV, Unmanned Air Vehicle)나 멀티콥터 형태의 드론(drone)을 가능토록 하는 핵심 기술로 활용되고 있습니다.

12장에서는 자동조종시스템의 기본이 되는 비행동역학 분야의 항공기 운동방정식과 동안정성에 대해 알아보고, 비행제어의 기본 원리와 분류 및 자동비행조종시스템 구성에 대해 살펴보겠습니다.

[1] 유인기에서는 오토파일럿(autopilot)이라고 부르는 시스템임.

12.1 비행동역학

항공역학(aerodynamics)이나 비행성능(flight performance)은 정적 평형(static equilibrium) 상태인 항공기를 대상으로 항공기의 기본 비행원리와 성능을 이해하는 이론이며, 비행동역학(flight dynamics)은 실제 항공기의 비행상태 변화와 조종입력에 대한 반응 및 항공기의 동적 특성(dynamic characteristics)을 시간에 대해 다루는 이론입니다. 비행동역학은 현재 항공정비사를 준비하는 전문대학의 교과과정에서는 다루지 않는 분야이지만 자동비행조종시스템을 이해하기 위해 필수적인 분야로, 자동제어이론(automatic control theory)을 적용하기 위해 대상 항공기를 수학적 운동방정식으로 구현하고 운동특성을 파악하여 자동조종시스템을 설계하는 데 활용됩니다.

12.1.1 항공기의 비행 안정성

(1) 정안정성

비행 안정성은 정안정성(static stability)과 동안정성(dynamic stability)으로 분류됩니다. 정안정성은 초기 평형상태(equilibrium state)[2]에서 외력이 작용한 경우, 교란된 상태에서 초기 평형상태로 되돌아가는 경향성으로 판단합니다. 즉, 수평비행이나 선회비행, 상승비행 등의 비행상태에서 항공기의 양력(lift), 항력(drag), 추력(thrust), 중력(gravity) 등 힘의 평형이 이루어진 정적 상태에서의 안정성을 말합니다. 정안정성

[2] 힘과 모멘트의 합이 0인 상태로 트림(trim)이라고도 함.

은 시간을 고려하지 않고, 임의의 시간에 평형을 이룬 항공기의 안정성을 고려합니다.

① [그림 12.1]과 같이 오목한 곡면에 정지해 있는 공을 건드리면 이 공은 좌우로 이동했다가 다시 원상태로 돌아옵니다. 이를 정적으로 안정(positive static stable)하다고 합니다.

② 반면에 오른쪽 그림과 같이 볼록한 곡면에 위치한 공을 건드리면 이 공은 초기상태로 돌아오지 못하고 바깥쪽으로 흘러가 버립니다. 이 경우를 정적으로 불안정(negative static stable[3])하다고 합니다.

③ 중앙의 그림과 같이 평면에 위치한 공의 경우는 외란에 대해 이전과는 다른 상태로 변화되어 다시 평형을 유지하게 되므로 이를 정적인 중립(neutral static stable) 상태라고 합니다.

3 Static unstable하다고 함.

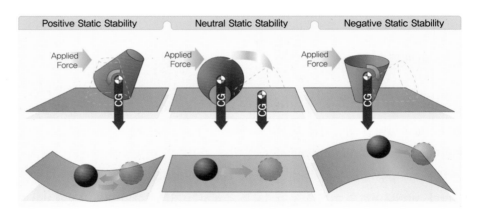

[그림 12.1] 정안정성(static stability)

정안정성의 개념이 항공기의 정적 안정성에는 어떻게 적용되는지 살펴보겠습니다.

① 항공기의 정안정성 중에서 세로 안정성(longitudinal stability)은 기수가 들리는 (+)받음각(α)에 대한 안정성입니다. 외란에 의해 항공기 기수가 들리면 (−)의 복원 피칭 모멘트가 발생하여 기수를 숙여야 초기의 평형상태로 돌아오게 되어 항공기는 안정하게 됩니다. 따라서 세로 안정성에는 항공기의 수평꼬리날개(horizontal tail)가 가장 큰 역할을 하고, 공력 미계수인 $C_{M_\alpha} < 0$[4]이 되어야 세로 안정성이 보장됩니다.

② 방향 안정성(directional stability)은 외란에 의해 항공기의 (+)옆미끄럼각(sideslip angle)이 발생하거나 증가하면, 이를 줄여 초기 평형상태로 돌아오는 안정성입니다. 이를 위해서 증가된 옆미끄럼각을 줄여야 하므로 항공기의 요잉 모멘트가 (+)

4 받음각(α) 변화에 대한 피칭모멘트(M) 변화량을 $\frac{dM}{d\alpha} \equiv M_\alpha$로 정의하며 단위를 갖는 차원 미계수(dimensional derivative)가 됨. 단위를 없앤 무차원(non-dimensional) 미계수는 $\frac{M_\alpha}{qSc} \equiv C_{M_\alpha}$로 표기함.

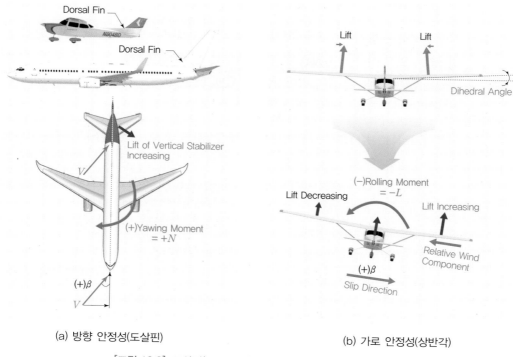

(a) 방향 안정성(도살핀) (b) 가로 안정성(상반각)

[그림 12.2] 도살핀(dorsal fin)과 상반각(dihedral angle) 효과

로 발생해야 하므로 공력 미계수 $C_{N_\beta} > 0$이 되어야 하고, 수직꼬리날개(vertical tail)가 가장 큰 역할을 합니다. 수직꼬리날개만으로 방향 안정성이 부족하면 일반적으로 [그림 12.2(a)]와 같이 도살핀(dorsal fin)이나 벤트럴핀(ventral fin)을 부착하여 항공기의 방향 안정성을 증가시킵니다.

③ 항공기의 가로 안정성(lateral stability)은 외란에 의해 항공기의 (+)옆미끄럼각이 발생하면 커플링(coupling)된 항공기의 롤 자세가 증가하므로, 이를 줄여 다시 초기 상태로 돌아오는 안정성을 말합니다. 이를 위해 (+)옆미끄럼각(β)에 대해 롤링 모멘트는 (−)로 발생해야 하므로 공력 미계수 $C_{l_\beta} < 0$이어야 합니다. 가로 안정성을 증가시키기 위해 일반적으로 [그림 12.2(b)]와 같이 항공기 날개에 상반각(dihedral angle)을 주게 됩니다. 항공기는 (+)롤운동에 의해 (+)옆미끄럼각이 발생하므로, 오른쪽 날개에 들어오는 상대 바람의 속도가 왼쪽 날개보다 커지게 됩니다. 따라서 오른쪽 날개에서의 양력이 왼쪽 날개보다 더 커지므로 무게 중심에 대한 롤링 모멘트는 (−)로 발생하여 초기 상태로 다시 되돌아오게 됩니다. 이러한 항공기의 운동특성을 상반각 효과(dihedral effect)라고 합니다.

(2) 동안정성

동안정성은 항공기가 외부 교란(external disturbance) 등에 의해 평형상태를 벗어난 경우, 일정 시간(t)이 지난 후 다시 평형상태로 되돌아오는 경향성으로 판단합니다. 동안정성은 [그림 12.1]의 공이 외부 교란에 대해 초기 위치에서 벗어난 후 되돌아오는지 벗어나는지를 시간에 대한 움직임으로 보는 것과 같습니다.

① [그림 12.3(a)]의 그래프를 보면 평형상태에 있던 어떤 물체가 외부 교란에 의해 평형상태에서 벗어나면 시간이 지남에 따라 진동하면서 진폭(amplitude)이 줄어들어 다시 초기 상태로 돌아오게 됩니다. 이 경우를 동적으로 안정(positive dynamic stable)하다고 합니다.

② [그림 12.3(b)]의 물체는 계속 진동을 하며 진폭이 일정하게 유지되므로 동적으로 중립(neutral dynamic stable)이라고 합니다.

③ [그림 12.3(c)]의 물체는 시간이 지남에 따라 진폭이 점점 커져 발산(divergence)하게 되므로 동적으로 불안정(negative dynamic stable)합니다.

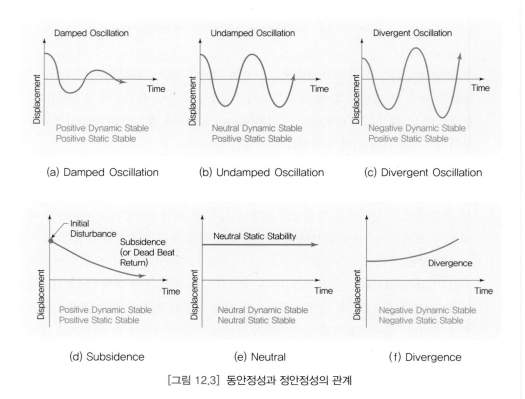

[그림 12.3] 동안정성과 정안정성의 관계

[그림 12.3(d), (e), (f)]는 위의 ①~③과 같은 현상을 나타내지만 진동 없이 수렴하거나 발산하는 형태입니다. 그렇다면 어떤 경우에 진동이 있고, 어떤 경우에는 진동 없이 수렴하거나 발산할까요? 또 수렴하는 경우에는 얼마나 시간이 지나서 초기 상태로 돌아오게 될까요? 이 모든 특성을 결정하는 것은 그 물체가 가진 고유의 특성으로, 비행동역학에서는 항공기를 수학적으로 모델링하고 이를 해석하여 물체의 고유 주파수(natural frequency)와 감쇠계수(damping coefficient)를 찾아내어 이 특성을 알아낼 수 있습니다.

[그림 12.3(b)]와 [그림 12.3(c)]의 물체의 응답을 비교해 보면, 두 물체 모두 정적으로 안정하거나 중립상태이지만, 시간에 대해서는 발산하거나 중립상태이므로 동적으로 안정하지는 못한 상태입니다.[5] 반면에 [그림 12.3(a)]와 [그림 12.3(d)]는 동적으로 안정하거나 중립상태이므로 정적으로도 안정하고 중립상태가 유지됩니다. 따라서 정안정성과 동안정성은 다음과 같은 관계를 갖습니다.

핵심 Point 정안정성과 동안정성의 관계

- 일반적으로 정적 안정성은 동적 안정성을 보장하지 못한다.
- 반면에 동적으로 안정한 경우는 정적으로도 안정하다.

5 항공역학을 적용하여 정적으로 안정하다고 입증된 항공기가 동적으로는 불안정할 수 있으므로, 비행동역학에 의한 동적 안정성을 해석해 보아야 함. 비행동역학이 필요한 하나의 대표 사례임.

12.1.2 항공기의 운동방정식

(1) 6자유도 비선형 운동방정식

항공기의 비행운동을 표현하기 위해서 사용되는 항공기의 3축 운동 좌표계는 7.3.1절의 자이로계기에서 정의한 동체 좌표계(body coordinate)를 사용하며, [그림 12.4]와 같이 항공기는 동체 좌표계 3축을 기준으로 병진운동(translational motion)과 회전운동(rotational motion)을 일으킵니다. 일반적으로 고정익 항공기는 엘리베이터[6](elevator, δ_e), 러더[7](rudder, δ_r), 에일러론[8](aileron, δ_a)과 엔진 추력(thrust, δ_T) 등 4개의 조종입력을 통해 3축에 대한 항공기의 힘(X, Y, Z)과 모멘트(L, M, N)를 발생시키고 [표 12.1]에 정리한 속도, 위치, 각속도, 자세의 총 12개의 상태변수[9]를 변화시키게 됩니다.

항공기의 동적인 운동을 표현하기 위해 항공기 운동방정식(equation of motion)을 수식으로 표현할 수 있으며, 뉴턴의 제2법칙(Newton's 2nd law)과 모멘텀 보존법칙(momentum conservation law)을 적용하여 유도하고 모델링(modeling)할 수 있습니다.[10]

6 '승강키'라고도 함.

7 '방향타'라고도 함.

8 '도움날개'라고도 함.

9 속도 = $[u, v, w]$, 각속도 = $[p, q, r]$, 자세각 = $[\phi, \theta, \psi]$, 위치 = $[x, y, z]$

10 항공기의 운동방정식은 직선운동 3개와 회전운동 3개가 독립적으로 이루어지므로, 6-자유도(DOF, Degree Of Freedom) 비선형(nonlinear) 운동방정식이라고 함.

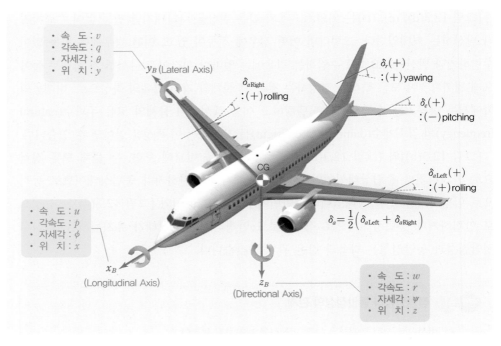

[그림 12.4] 항공기의 동체 좌표계 및 상태변수

[표 12.1] 항공기의 상태변수 및 입력변수

Dynamic Motion	동체 좌표계		Translational Motion		Rotational Motion		Control Input	Force	Moment
			Velocity	Position	Angular rate	Attitude			
가로운동 (옆놀이) (Lateral motion)	세로축(종축) (Longitudinal axis) (Roll axis)	x_B	u	x	p	ϕ (Roll)	도움날개 δ_a (Aileron)	X	L
세로운동 (키놀이) (Longitudinal motion)	가로축(횡축) (Lateral axis) (Pitch axis)	y_B	v	y	q	θ (Pitch)	승강키 δ_e (Elevator)	Y	M
방향운동 (빗놀이) (Directional motion)	방향축 (Directional axis) (Yaw axis)	z_B	w	z	r	ψ (Yaw)	방향타 δ_r (Rudder)	Z	N

항공기의 운동방정식은 총 12개의 미분방정식으로 구성되는데, 식 (12.1)과 같이 3개의 힘 운동방정식, 식 (12.2)의 모멘트 운동방정식, 식 (12.3)의 자세 방정식 및 식 (12.4)의 항법방정식으로 구성됩니다. 이 미분방정식에 12개 상태변수의 초기조건 (initial condition)을 정해 주고, 시간에 대해서 조종입력 4개값(엘리베이터, 에일러론, 러더, 추력)을 입력하면서 계속 적분해서 풀면, 항공기의 운동을 나타내는 12개의 상태변수를 매 시간마다 구할 수 있게 되어 항공기가 조종입력에 대해 어떻게 운동하는지를 알 수 있으며, 동안정성 해석도 가능하게 됩니다.[11]

$$m(\dot{u} + qw - rv) = X$$
$$m(\dot{v} + ru - pw) = Y \qquad (12.1)$$
$$m(\dot{w} + pv - qu) = Z$$

$$I_x \dot{p} - I_{xz}\dot{r} + (I_z - I_y)qr - I_{xz}pq = L$$
$$I_y \dot{q} + (I_x - I_z)pr + I_{xz}(p^2 - r^2) = M \qquad (12.2)$$
$$I_z \dot{r} - I_{xz}\dot{p} + (I_y - I_x)pq + I_{xz}qr = N$$

$$\dot{\phi} = p + q \cdot \sin\phi \cdot \tan\theta + r \cdot \cos\phi \cdot \tan\theta$$
$$\dot{\theta} = q \cdot \cos\phi - r \cdot \sin\phi \qquad (12.3)$$
$$\dot{\psi} = (q \cdot \sin\phi + r \cdot \cos\phi) \cdot \sec\theta$$

$$\dot{x} = u\cos\theta\cos\psi + v(\sin\phi\sin\theta\cos\psi - \cos\phi\sin\psi)$$
$$\qquad + w(\sin\phi\sin\psi + \cos\phi\sin\theta\cos\psi)$$
$$\dot{y} = u\cos\theta\sin\psi + v(\cos\phi\cos\psi + \sin\phi\sin\theta\sin\psi) \qquad (12.4)$$
$$\qquad + w(\cos\phi\sin\theta\sin\psi - \sin\phi\cos\psi)$$
$$\dot{z} = -u\sin\theta + v(\sin\phi\cos\theta) + w(\cos\phi\cos\theta)$$

(2) 운동의 분리 및 선형 운동방정식

식 (12.3)~(12.4)로 표현된 항공기의 비선형 운동방정식은 12개의 상태변수가 함께 얽혀서(coupling) 발생하고 서로 영향을 주므로 매우 복잡하고 이해가 쉽지 않습니다. 따라서 일반적으로 비선형 운동방정식을 선형 운동방정식(linear equation of motion) 으로 선형화(linearization)하게 되는데, 가로축에 대한 세로운동[12]과 세로축 및 방향축에 대한 가로운동[13] 및 방향운동[14]으로 분리(decoupling)하여 운동특성 및 해석을 수행하고 자동조종시스템의 제어기도 이처럼 분리한 상태에서 각각 설계합니다.

[11] B747, F-16, F-22 및 Cessna 172 등 일반적인 고정익 항공기는 비슷한 운동방정식을 사용하며, 각 항공기의 운동특성은 힘(X, Y, Z) 과 모멘트(L, M, N)항에 반영됨.

[12] '종운동(縱運動)'이라고도 하며, 피치운동 (pitching motion)을 가리킴.

[13] '횡운동(橫運動)'이라고도 하며, 롤운동 (rolling motion)을 말함.

[14] 요운동(yawing motion)을 가리킴.

> ### 핵심 Point 항공기 운동의 분리
>
> ① 세로운동(종운동, Longitudinal Motion)
>   – 가로축(횡축, lateral axis) y_B에 대한 항공기의 피치운동[15]을 말하며, 가장 영향력이 큰 조종입력은 엘리베이터(δ_e)이다.
> ② 가로운동(횡운동, Lateral Motion)
>   – 세로축(종축, longitudinal axis) x_B에 대한 항공기의 롤운동[16]을 말하며, 가장 영향력이 큰 조종입력은 에일러론(δ_a)이다.
> ③ 방향운동(Directional Motion)
>   – 방향축(directional axis) z_B에 대한 항공기의 요운동[17]을 말하며, 가장 영향력이 큰 조종입력은 러더(δ_r)이다.

[그림 12.5]에서 좌선회[18]를 위해 조종사가 왼쪽 날개의 에일러론은 위로, 오른쪽 날개의 에일러론은 아래로 변위시키면, 선회 방향과 반대 방향으로 (+)요잉 모멘트(yawing moment)가 발생하여 기수가 오른쪽으로 돌아가게 됩니다.

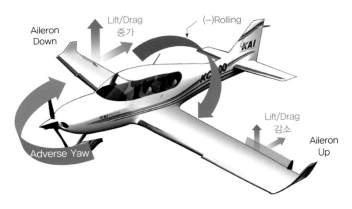

[그림 12.5] 항공기의 역요(adverse yaw) 현상

이러한 항공기의 반응특성을 역요(adverse yaw)라고 하는데, 오른쪽 날개는 에일러론이 내려가 날개의 양력이 증가함과 동시에 유도항력(induced drag)이 함께 증가하고, 왼쪽 날개는 반대로 양력과 항력이 감소하게 되면서, 왼쪽과 오른쪽 날개의 항력 차에 의한 요잉 모멘트에 의해 역요가 발생합니다. 이처럼 에일러론에 의한 롤운동(가로운동)은 항상 요운동(방향운동)과 커플링되어 발생하므로, 가로운동과 방향운동은 분리할 수 없고 함께 고려해야 합니다.

① 선형화시킨 항공기의 세로운동방정식은 최종적으로 식 (12.5)와 같고, 식에는 세로운동(피칭운동)을 일으키는 주도적인 조종입력인 엘리베이터(δ_e)와 추력(δ_T)만 포함되어 있으며, 비행상태변수도 영향을 가장 많이 받는 수평속도 u, 수직속도 w와 피치 각속도 q 및 피치각 θ만이 식에 포함되어 있어 세로운동을 표현합니다.

$$\begin{bmatrix} \dot{u} \\ \dot{w} \\ \dot{q} \\ \dot{\theta} \end{bmatrix} = \begin{bmatrix} X_u & X_w & -g\cos\theta_0 & 0 \\ Z_u & Z_w & u_0 & 0 \\ M_u' & M_w' & M_q' & 0 \\ 0 & 0 & 1 & 0 \end{bmatrix} \begin{bmatrix} u \\ w \\ q \\ \theta \end{bmatrix} + \begin{bmatrix} X_{\delta_e} & X_{\delta_T} \\ Z_{\delta_e} & Z_{\delta_T} \\ M_{\delta_e}' & M_{\delta_T}' \\ 0 & 0 \end{bmatrix} \begin{bmatrix} \delta_e \\ \delta_T \end{bmatrix} \tag{12.5}$$

여기서, $M_u' = (M_u + M_{\dot{w}}Z_u)$, $M_w' = (M_w + M_{\dot{w}}Z_w)$, $M_q'(M_q + M_{\dot{w}}u_0)$

$\quad M_{\delta_e}' = (M_{\delta_e} + M_{\dot{w}}Z_{\delta_e})$, $M_{\delta_T}'(M_{\delta_T} + M_{\dot{w}}Z_{\delta_T})$

② 마찬가지로 선형화된 가로 및 방향운동방정식은 식 (12.6)과 같습니다. 가로 및 방향운동에 영향을 미치는 조종입력 에일러론(δ_a)과 러더(δ_r)만 포함되어 있으며, 비행상태변수도 영향을 가장 많이 받는 y축 방향속도 v와 롤 각속도 p, 요 각속도 r 및 롤각 ϕ와 요각 ψ가 식에 포함되어 있어 가로 및 방향운동만을 표현합니다.

$$\begin{bmatrix} \dot{v} \\ \dot{p} \\ \dot{r} \\ \dot{\phi} \\ \dot{\psi} \end{bmatrix} = \begin{bmatrix} Y_v & Y_p & (Y_r - u_0) & g\sin\theta_0 & 0 \\ L_v & L_p & L_r & 0 & 0 \\ N_v & N_p & N_r & 0 & 0 \\ 0 & 1 & \tan\theta_0 & 0 & 0 \\ 0 & 0 & \sec\theta_0 & 0 & 0 \end{bmatrix} \begin{bmatrix} v \\ p \\ r \\ \phi \\ \psi \end{bmatrix} + \begin{bmatrix} 0 & Y_{\delta_r} \\ L_{\delta_a} & L_{\delta_r} \\ N_{\delta_a} & N_{\delta_r} \\ 0 & 0 \\ 0 & 0 \end{bmatrix} \begin{bmatrix} \delta_a \\ \delta_r \end{bmatrix} \tag{12.6}$$

식 (12.5)와 (12.6)에서 빨간색 점선으로 표시한 행렬들의 구성요소를 공력 미계수(aerodynamic derivatives)[19]라고 하는데, 이 공력 미계수값에 따라 개별 항공기의 운동특성이 반영됩니다.

예를 들어, 식 (12.5)에서 M_q라는 미계수는 피치 각속도(q)에 대한 피칭 모멘트(M)값을 나눈 계수로, 세로운동에 대한 피치 안정성을 판가름하는 계수입니다.[20] B747 여객기의 경우는 약 -23.9의 값을, F-16 전투기의 경우는 -3.5 정도의 값을 가지므로, B747 여객기가 훨씬 안정성이 높음을 알 수 있습니다. 따라서 B747과 F-16을 위의 선형방정식으로 만들어보면 이 공력 미계수값들이 다른 값을 갖게 되며, 이에 따라 빠르고 느린 운동특성의 차이가 반영되게 됩니다.

양력계수(C_L), 항력계수(C_D) 등도 하나의 공력 미계수이며, 외형 형상 및 엔진성능에 따라 달라짐. 수식이나 비행시험 등 여러 가지 방법으로 이를 구할 수 있음.

[20] 만약 기수가 들려 피치 각속도가 (+)가 되면 (−)피칭 모멘트가 발생해야 기수가 반대방향으로 내려와서 안정하게 되므로, M_q는 (−)부호를 가지며, 값이 클수록 안정하게 됨.

12.1.3 항공기의 고유 비행운동특성

항공기의 운동방정식을 세로운동과 가로운동 및 방향운동으로 분리할 수 있는 것은 항공기가 가지고 있는 태생적인 고유한 비행운동특성 때문입니다. 사람도 운동능력이 좋은 사람, 행동이 느린 사람 등 고유한 특성이 제각각인 것처럼 모든 물체도 자체적으로 가지고 있는 고유특성이 다릅니다. 항공기와 같이 동적으로 움직이는 시스템은 운동방정식의 해석을 통해 고유 특성모드를 찾아낼 수 있으며[21], 이를 고유 진동수(natural frequency)와 감쇠계수(damping coefficient)를 통해 표현합니다.

(1) 세로운동 고유모드

항공기의 고유 비행운동특성 중 세로운동은 2가지 진동모드로 구성됩니다.

① 첫 번째는 장주기 모드(phugoid mode)[22]로, 항공기가 가진 낮은 감쇠계수와 낮은 고유 진동수로 인해서 [그림 12.6(a)]처럼 외부에서 교란이 입력되면 30에서 50초 이상의 긴 주기로 속도와 고도 변화가 교차하면서[23] 느리게 진동하는 운동특성입니다. 장주기 운동 중에 항공기의 받음각(AOA, Angle-Of-Attack)은 거의 변화가 없습니다.

② 두 번째는 [그림 12.6(b)]의 단주기 모드(short period)로, 항공기가 가진 높은 감쇠계수와 높은 고유 진동수로 인해서 외부교란에 의해 발생한 피치각(또는 받음각)이 초기 평형상태로 1~2초 내에 바로 돌아오는 특성입니다.

B747 항공기는 크기가 크고, 중량이 무겁기 때문에 전투기인 F-16보다 태생적으로 느리게 운동하는 고유특성이 더 강합니다. 따라서 장주기와 단주기 모드에서 F-16보다 진동시간이 더 걸리고, 주기가 크게 나타납니다. 고도 및 속도 등의 비행조건에 따라 다르지만 B747 항공기의 장주기 모드 주기(T_p)는 약 400~600초 정도이며, F-16의 경우는 약 60~90초 정도입니다.

(2) 가로운동 및 방향운동 고유모드

항공기의 가로운동 및 방향운동은 총 3가지의 고유모드로 구성됩니다.

① 첫 번째는 롤 모드(roll mode)입니다. 롤 모드는 [그림 12.7(a)]와 같이 롤운동 시 일정한 크기의 롤 각속도(p)로 진동 없이 빠르게 수렴하는 모드로, 외부 교란에 의해 롤운동이 일어나면 항공기는 수렴해 들어간 롤 각속도에 의해 반대 방향의 복원 롤 모멘트를 가지게 되고 초기 상태로 돌아오게 됩니다.[24]

21 특성방정식(characteristics equation)의 해(solution)인 고유치(eigenvalue)라는 것을 구하면 고유모드와 특성을 파악할 수 있음.

22 Long period mode 라고도 함.

23 운동에너지(속도)와 위치에너지(고도)가 서로 교차하며 발생하는 현상으로 받음각의 변화가 거의 없고, 매우 느리기 때문에 조종사가 알아차리기 힘듦.

24 내려가는 날개는 받음각이 증가하여 양력이 커지고, 올라가는 날개는 반대로 양력이 감소하므로 반대방향의 복원 롤링 모멘트가 발생하는데, 이를 상반각 효과(dihedral effect)라고 함.

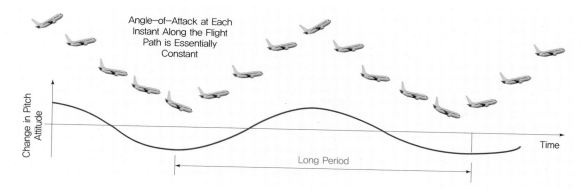

(a) 장주기 모드(phugoid mode)

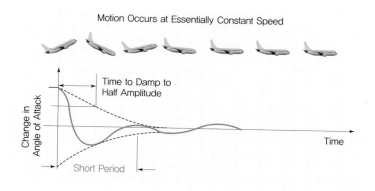

(b) 단주기 모드(short period mode)

[그림 12.6] 세로운동 고유모드

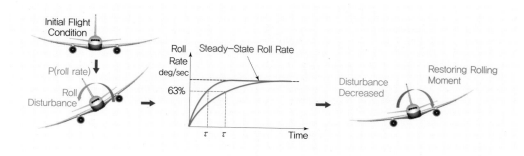

(a) 롤 모드(roll mode)

[그림 12.7] 가로운동 및 방향운동 고유모드 (계속)

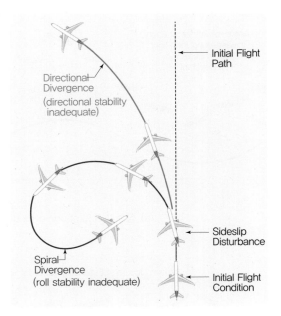

(b) 나선 모드(spiral mode)

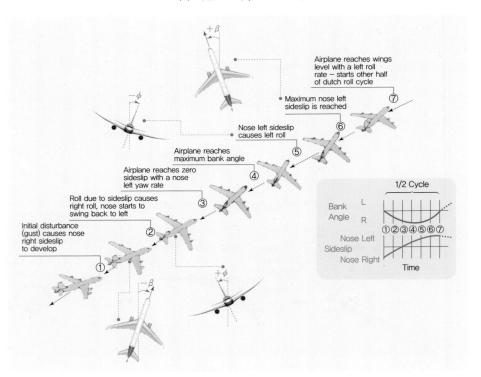

(c) 더치-롤 모드(dutch-roll mode)

[그림 12.7] 가로운동 및 방향운동 고유모드

② 두 번째는 나선형 모드(spiral mode)로 [그림 12.7(b)]와 같이 외부에서 옆미끄
럼각이나 롤 자세각 쪽에 교란이 들어오면 나선형으로 서서히 발산하며 하강하
는 비행특성을 나타내는 불안정한 모드입니다. 진폭이 수렴되지 않고 계속 발산
하기 때문에 조종사가 회복조작을 하지 않고 그대로 놓아두면 비행 중 가장 위
험한 상태인 스핀운동(spin)으로 진행되어 위험한 상황을 초래할 수 있습니다.

③ 세 번째 모드는 더치-롤 모드(dutch-roll mode)입니다. 더치-롤 모드는 [그림
12.7(c)]와 같이 항공기의 롤운동과 요운동이 커플링(coupling)되어 함께 나타
나는 진동모드입니다. 즉, 롤운동이 요운동을 일으키고, 이에 의해 발생한 요운
동이 다시 롤운동을 일으키게 되는데, 오리가 걸어가는 것처럼 뒤뚱뒤뚱 비행하
는 상태가 됩니다.

12.2 비행제어

12.2.1 제어의 개념

(1) 제어시스템

자동비행조종시스템(AFCS)은 비행동역학을 바탕으로 자동제어이론(control theory)
을 적용한 시스템으로, 자동제어에서 제어하고자 하는 대상 시스템(system)[25]은 항공
기, 자동차, 선박, 기차, 모터 등 제어하고자 하는 대상체를 말합니다.

[25] 프로세스(process)
또는 플랜트(plant)라
고도 함.

① 개루프(open loop) 시스템은 [그림 12.8(a)]와 같이 조종입력(control input)에 대

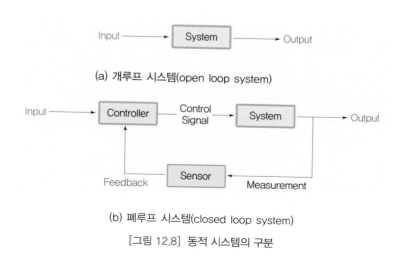

(a) 개루프 시스템(open loop system)

(b) 폐루프 시스템(closed loop system)

[그림 12.8] 동적 시스템의 구분

해 시스템이 가진 응답특성이 그대로 출력(output)되는 시스템이며, 항공기의 경우는 조종사가 직접 조종하는 수동조종(manual control)이라고 생각하면 됩니다.

② 폐루프(closed loop) 시스템은 [그림 12.8(b)]와 같이 원하는 시스템의 명령 기준값(reference input)을 입력하고, 이를 추종하기 위해 센서(sensor)로 대상 시스템의 상태 및 출력을 측정한 다음 이를 궤환(feedback)시켜 제어기(controller)가 입출력 오차(error)를 계속 줄여나가도록 하는 시스템으로, 궤환 시스템(feedback system)이라고도 합니다.[26]

26 제어시스템은 컴퓨터가 조종하므로 조종사의 눈과 감각을 대체하기 위해 비행속도, 자세값, 각속도 등의 상태값을 센서를 통해 측정하여 궤환(feedback)시켜야 함.

(2) 제어기

제어기(controller)를 이해하기 위해 현재 트림(평형)상태인 항공기의 피치각이 $\theta = 0°$인 상태에서 [그림 12.9]의 피치각 제어기(pitch controller)를 적용하여 제어 과정을 살펴보겠습니다. 조종사는 자동조종시스템의 피치각 제어기를 작동시키고 조종간을 통해 $\theta_{ref} = 15°$의 제어명령을 입력하고 제어이득(control gain)은 $K = 0.2$로 가정합니다.[27]

27 수동조종의 조종간(control stick) 입력은 엘리베이터의 변위각으로 대응되지만, 피치각 제어기가 작동하면 조종간 변위는 피치각 명령값으로 대응됨.

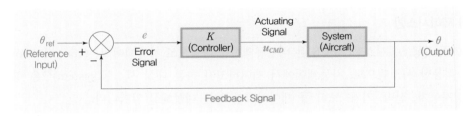

[그림 12.9] 피치각 제어기

① [그림 12.10]의 ⓐ상태에서 현재 피치각 $\theta = 0°$이고 명령값은 $\theta_{ref} = 15°$이므로 피치각 오차(error)는 $e = (\theta_{ref} - \theta) = 15°$가 되며, 제어이득을 곱하면 제어명령 $u_{CMD} = K \times e = 0.2 \times 15° = 3.0°$가 됩니다. 비행제어컴퓨터(FCC, Flight Control Computer)는 엘리베이터 조종면을 움직이는 서보 액추에이터로 이 제어명령을 전송하여 엘리베이터를 3° 위로 움직여 항공기의 피치(기수)가 들리도록 합니다. 이를 통해 항공기의 피치각은 $\theta = 3°$로 변환됩니다.

② 이제 항공기의 피치각은 [그림 12.10]의 ⓑ상태가 되어 오차는 $e = 15° - 3° = 12°$가 되며, 비행제어컴퓨터(FCC)는 같은 방식으로 제어명령 $u_{CMD} = K \times e = 0.2 \times (15° - 3°) = 2.4°$를 계산하고, 서보 액추에이터로 제어명령을 전송하여 엘리베이터를 2.4° 더 위로 움직입니다. 따라서 항공기의 피치(기수)는 계속 위로 들리

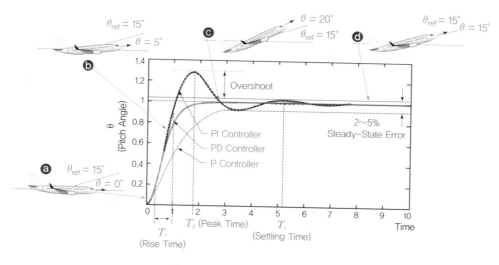

[그림 12.10] 피치각 제어기 응답

게 되며, 제어기는 피치각이 명령값 15°가 될 때까지 이 과정을 계속 반복합니다.

③ 만약 피치각이 $\theta = 20°$가 되어 명령값보다 큰 ⓒ상태가 되면, 제어명령은 u_{CMD} $= K \times e = 0.2 \times (15° - 20°) = -1°$가 계산되어 엘리베이터를 반대 방향인 아래로 1° 움직여 항공기의 피치각을 숙이도록 제어기가 작동합니다.

④ 제어기는 상기 ②와 ③의 과정을 반복하면서 최종적으로 피치각이 명령값과 같은 $\theta = 15°$가 되도록 작동하며, ⓓ상태와 같이 명령값에 도달하면 제어명령 $u_{CMD} = K \times e = 0.2 \times (15° - 15°) = 0°$가 되어 엘리베이터는 더 이상 작동하지 않게 됩니다.

제어기는 위와 같이 목적으로 하는 명령값과 현재 상태값의 차이인 오차(e)에 K와 같이 일정 값을 곱하게 되는데, 이 제어기를 비례제어기(proportional controller)라고 하며, 오차를 적분하여 사용하는 제어기를 적분제어기(integral controller), 오차를 미분하여 사용하는 제어기를 미분제어기(differentiating controller)라고 합니다. 식 (12.7)과 같이 각각의 오차에 곱해지는 상수값(K)을 제어이득(control gain)이라고 하며 이러한 방식의 제어기를 PID 제어기(PID controller)라고 합니다.

$$u_{CMD} = K_P \cdot e + K_I \cdot \int e \, dt + K_D \cdot \frac{de}{dt} \tag{12.7}$$

> ### 핵심 Point PID 제어기의 종류와 특성
>
> ① 비례(P)제어기: 명령값과 현재 출력값의 차이인 오차(error)가 0이 되도록 제어한다.
> ② 적분(I)제어기: 오차를 누적하여 정상상태(steady state) 오차를 제거할 수 있다.
> ③ 미분(D)제어기: 과도응답을 좋게 만들어 명령을 빠르게 추종한다.
>
> • 일반적으로 비례/적분/미분(PID, Proportional / Integral / Differentiating) 제어기를 혼합하여 요구되는 성능이 충족되도록 제어기를 구현한다.

28 명령값을 얼마나 빨리 따라가는지를 나타내는 과도응답(transient response) 특성을 정의하는 변수 중의 하나임.

29 요구되는 제어기 성능을 맞추기 위한 제어이득 K_P, K_I, K_D를 결정해야 하는데, 이 과정을 gain tuning이라고 함.

[그림 12.10]과 같이 명령값을 넘어서는 초과응답(overshoot), 목표치의 10%에서 90% 값을 따라가는 데 걸리는 상승시간(rise time)[28] 및 정상상태 오차(steady-state error)와 정상상태에 도달할 때까지 걸리는 정착시간(settling time) 등의 요구조건에 따라 P, I, D 제어기를 단독으로 사용할 수도 있고, 2개 이상의 제어기를 적절히 혼합하여 PI 제어기, PD 제어기, PID 제어기를 적용하게 됩니다.[29]

12.2.2 비행조종계통

(1) 기계식 비행조종장치

비행조종계통(flight control system)은 기계식 조종장치와 전자식 조종장치로 구분되며, 기계식 조종장치(mechanical flight control system)는 [그림 12.11(a)]와 같이 케이블(cable), 벨 크랭크(bell crank), 풀리(pulley), 푸시로드(push rod) 및 턴버클(turnbuckle)과 같은 기계식 링키지를 이용하여 조종사가 작동한 조종간의 변위를 조

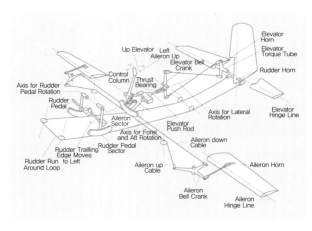

(a) 기계식 조종장치

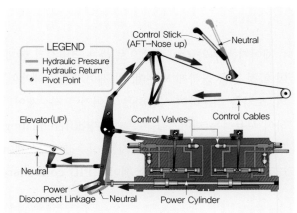

(b) 기계식 유압 조종장치

[그림 12.11] 비행조종계통(flight control system)

종면에 직접 전달하여 항공기를 조종하는 방식입니다.[30] 점차 항공기가 대형화되고, 항
공기의 속도가 빨라짐에 따라 조종사의 힘만으로는 조종면을 움직일 수 없는 한계점에
이르게 되어 유압 작동기(hydraulic actuator)를 조종면에 연결하여 조종면을 구동하
는 [그림 12.11(b)]의 기계식 유압조종장치(hydromechanical flight control system)
로 발전하게 됩니다.

30 속도가 낮은 소형 항
공기나 글라이더에 사용
되는 방식임.

　[그림 12.12]는 GA급 4인승 소형 항공기인 미국 Cirrus사의 SR-22의 기계식 엘리
베이터, 러더 및 에일러론 조종계통을, [그림 12.13]은 B737 여객기의 기계식 유압 조
종계통의 구성을 보여주고 있습니다.

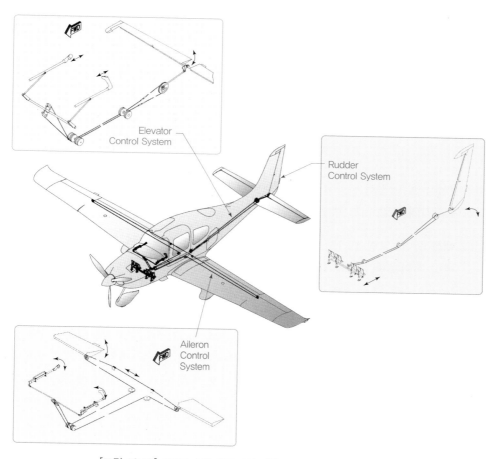

[그림 12.12] GA급 소형 항공기의 비행조종계통(Cirrus SR-22)

B737 항공기의 비행조종계통은 조종간(control wheel)[31]과 러더 페달(rudder pedal)
을 통해 조종입력을 받아들이며, 기계식 조종 케이블(control cable)을 통해 러더,

31 엘리베이터와 에일
러론의 조종입력장치임.
전투기의 경우는 wheel
타입이 아닌 stick 형태
를 주로 사용함.

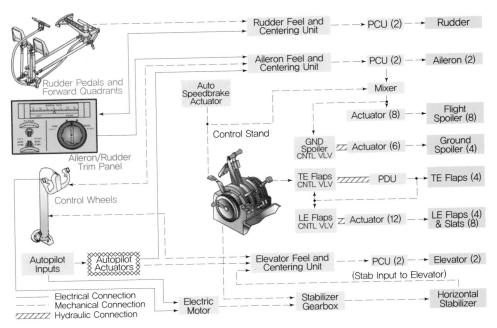

[그림 12.13] B737의 비행조종계통

엘리베이터 및 에일러론 유압제어장치(PCU, Power Control Unit)에 조종입력을 전달하여 각각의 유압 서보 액추에이터를 움직여 조종면을 가동시킵니다.

① 예를 들어 [그림 12.13]의 B737 항공기의 조종계통 중 에일러론 조종계통을 자세히 살펴보면, [그림 12.14]와 같이 조종 케이블을 통해 전달된 조종간 변위는 에일러론 조종 쿼드런트(aileron control quadrant)와 에일러론 입력 샤프트(aileron input shaft)를 통해 에일러론 유압제어장치(aileron PCU)로 전달됩니다.

② 유압제어장치(PCU)는 조종입력에 따른 서보 유압 액추에이터의 입출력 유압을 제어하여 액추에이터를 가동시키며, 액추에이터에 연결된 에일러론 동체 쿼드런트(aileron body quadrant)와 조종 케이블을 통해 날개에 설치된 에일러론 쿼드런트(aileron wing quadrant)로 전달되어 에일러론을 작동시키는 메커니즘으로 구성되어 있습니다.

B737 항공기의 엘리베이터 조종계통과 러더 조종계통은 각각 [그림 12.15], [그림 12.16]과 같으며, 에일러론 조종계통과 마찬가지로 기계식 조종 케이블을 통해 엘리베이터 유압제어장치(PCU)를 제어하여 엘리베이터 조종면을 작동시키는 기계식 유압 조종계통으로 이루어져 있습니다.

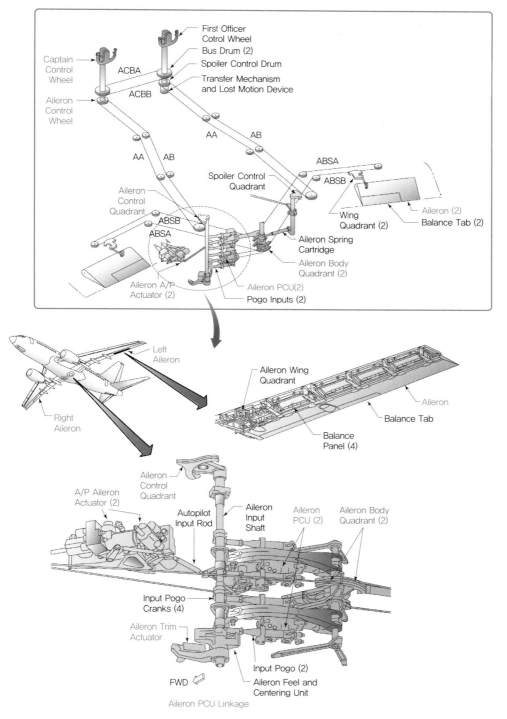

[그림 12.14] B737의 에일러론(Aileron) 조종계통

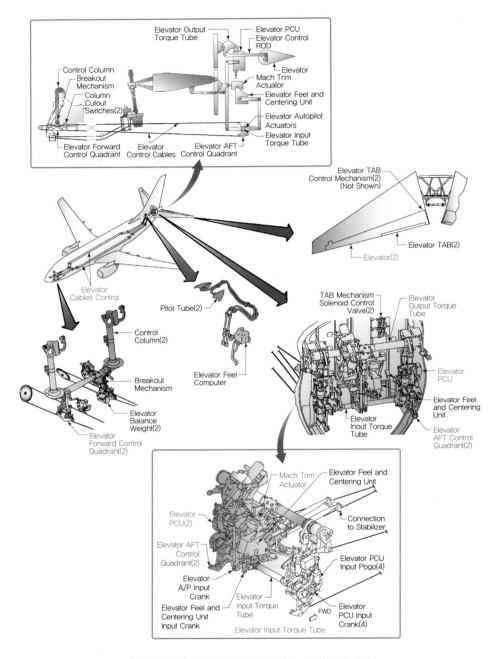

[그림 12.15] B737의 엘리베이터(Elevator) 조종계통

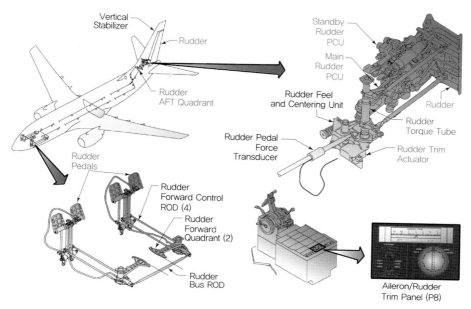

[그림 12.16] B737의 러더(Rudder) 조종계통

(2) 전자식 비행조종장치(FBW)

현재 거의 대부분의 항공기 비행조종계통은 항공전자 및 컴퓨터 기술의 발전에 따라 보다 정밀하고 안전한 비행을 위해 전자식 조종장치인 FBW(Fly-By-Wire) 시스템이 적용되고 있습니다. F-16, F-18 군용기를 거쳐 A320, B767, B777에 이르기까지 현재 대부분의 항공기가 채용하고 있는 조종계통 방식입니다.

① [그림 12.17]과 같이 기존의 기계식 조종계통을 전기·전자 및 컴퓨터 시스템과 유압작동기(hydraulic actuator) 또는 전기식 작동기(electronic actuator)로 대체하여 전기신호로 조종하는 시스템입니다.

② 조종사의 조종간 입력은 전기신호로 변경되어 비행제어컴퓨터로 입력되고, 비행제어컴퓨터는 자동조종시스템 알고리즘이 작동하여 조종간 입력명령을 계산합니다.

③ 이 조종명령은 각 조종면에 장착된 유압작동기나 전기식 서보모터에 명령으로 입력되어 조종면을 작동시키게 됩니다.

플라이-바이-와이어(FBW) 시스템의 장점은 다음과 같습니다.

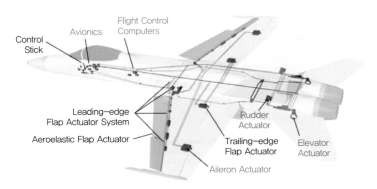

[그림 12.17] 전자식 비행조종계통(FBW) (F-18 Hornet)

 FBW 비행조종장치의 장점

① 정밀한 컴퓨터, 전자시스템을 기반으로 자동제어기술이 적용되어 종래의 항공기에서는 불가능했던 안정성과 조종성을 제공한다.
② 3중, 4중의 다중화 구조(redundancy)로 비행제어시스템을 설계할 수 있게 되어 신뢰성이 증대된다.
③ 비행제어에 관련된 많은 사항들이 비행제어컴퓨터(FCC)에 탑재되는 소프트웨어로 처리되므로 항공기 자동화, 안정성, 고장 대처 및 성능 향상이 가능하다.
④ 기존 항공기의 성능 향상을 위한 추가 혹은 변경사항에 대해 하드웨어의 수정 없이 소프트웨어 수정으로 처리할 수 있다.

32 주변의 전자기 신호 및 잡음에 의해 다른 전자기기의 오작동을 일으키는 현상을 말함.

33 EMI에 견디는 내성을 전자기파 적합성(EMC, Electro Magnetic Compatibility)이라고 함.

최근에는 전기 신호선을 광섬유 케이블(fiber optic cable)로 전환한 플라이-바이-라이트(FBL, Fly-By-Light) 시스템이 개발되어 사용되고 있으며, FBW 시스템의 단점인 전기 신호선의 잡음(noise)이 없어져 전자기 간섭(EMI, Electro Magnetic Interference)[32]에 강한 특성을 가집니다.[33]

12.3 자동비행조종시스템 제어기

12.3.1 자동비행조종시스템의 기능

자동비행조종시스템(AFCS, Automatic Flight Control System)은 항공기의 안정성 및 성능 향상, 조종사의 업무경감을 통한 운항 효율성 증대를 위해 센서, 항법장치, 작동기(servo actuator), 비행제어컴퓨터(FCC) 등의 항공전자 하드웨어를 이용하고, 자동유도(guidance) 및 제어(control) 법칙 등의 제어 알고리즘을 통해 항공기를 제어하는 조종시스템 전체를 말합니다. 민간 항공기에서는 오토파일럿(autopilot)이라는 용어로 잘 알려져 있습니다.

자동비행조종시스템의 주요 기능은 크게 안정성 증대 기능, 자동제어 기능, 유도제어 기능으로 구분할 수 있습니다.

 자동비행조종시스템(AFCS)의 기능

① 안정성 증대(Stability Augmentation) 기능: 항공기가 가진 본연의 비행 안정성을 인위적으로 높이거나 불안정한 비행특성을 제거하여 보다 안정된 비행을 가능케 한다.
② 자동제어(Automatic Control) 기능: 제어기를 통해 조종사가 입력한 자세, 속도, 고도 및 방위각을 자동으로 유지하거나 추종하는 기능이다.
③ 유도제어(Guidance Control) 기능: 자동제어 기능과 안정성 증대 기능을 기반으로 목적지까지의 자동비행경로 추종, 자동 이·착륙(auto take-off, auto landing), VOR 추종, ILS 추종 등 항행에 관련된 자동비행기능을 제공한다.

12.3.2 자동비행조종시스템의 제어기 구성

각 AFCS의 기능을 구현하기 위한 세부적인 자동비행조종시스템의 비행제어기를 [표 12.2]에 정리하였습니다.

[표 12.2] 자동비행조종시스템의 제어기 구성

기능 구분		제어기 구분
안정성 증대 기능	안정성 증대 시스템 (SAS, Stability Augmentation System)	피치댐퍼(Pitch Damper)
		롤댐퍼(Roll Damper)
		요댐퍼(Yaw Damper)
자동제어 기능	조종성 증대 시스템 (CAS, Control Augmentation System)	피치 자세 제어기(Pitch Attitude Controller)
		롤 자세 제어기(Roll Attitude Controller)
		방위각 제어기(Heading Controller)
		속도 제어기(Air Speed Controller)
유도제어 기능	유도제어 시스템 (Guidance Control System)	고도 제어기(Altitude Controller)
		비행경로 추종 제어기(Flight Path Tracking)
		VOR 추종 제어기
		ILS 추종 제어기

(1) 안정성 증대 기능(SAS)

안정성 증대 기능은 사스(SAS, Stability Augmentation System)라고 불리는 안정성 증대장치 및 제어기에 의해 작동되며, 항공기의 세로운동과 가로운동 및 방향운동 동안정성을 인위적으로 증대시키는 기능을 합니다.

SAS는 일부 조종계통의 고장 시에도 정상적으로 작동하는 다른 조종면들을 이용하여 항공기의 안정적인 비행을 유지할 수 있으며[34], 불안정성을 초래하는 비행영역에 진입하지 못하게 하는 등 다양한 안정성 기능을 합니다. 예를 들어, 최근 전투기들은 기동성(agility)과 조종성(controllability)을 극대화하기 위해 항공기 자체의 안정성을 일부러 불안정하게[35] 설계하여 제작합니다. 이러한 불안정한 항공기를 조종하는 조종사는 작은 교란에도 발산하거나 불안정하게 움직이는 항공기의 움직임을 막기 위해 한시도 조종간에서 손을 떼지 못하고 계속 조종간을 움직여 항공기를 조종해야 하므로 무척 애를 먹게 됩니다. 이러한 경우에 자동비행조종장치의 안정성 증대 기능은 조종사가 신경을 쓰지 않아도 항공기를 안정하게 만들어 주는 기능을 합니다.

또 하나의 예는 고속 제트항공기의 경우 초음속 비행을 위해 마하수(mach number)가 1.0을 넘으면, 마하-턱(mach-tuck)이 발생하여 기수가 급격히 내려가는 현상[36]이 발생하는데, 이러한 경우에도 안정성 증대장치는 항공기의 안정성을 받쳐줍니다.

항공기 개발 시 충족시켜야 하는 안정성 규정은 각 항공기의 중량 및 비행임무조건에 따라 달라지는데, 주로 감쇠계수(damping ratio)와 고유주파수(natural frequency)로 판단하게 됩니다. 따라서 안정성 증대 시스템인 SAS는 비행체의 각속도를 측정하고 피드백(feedback)시켜, 각속도에 비례하는 감쇠계수에 영향을 주는 공력 모멘트 및 해당 동안정 미계수를 변화시킴으로써 댐핑효과를 크게 하여 항공기의 안정성을 증대시키게 됩니다.

SAS는 일반적으로 세로운동의 피치댐퍼(pitch damper)와 가로운동 및 방향운동의 요댐퍼(yaw damper) 및 롤댐퍼(roll damper)로 이루어집니다.

① 피치댐퍼(Pitch SAS)는 항공기 고유운동모드 중 단주기 모드의 비행성 및 안정성 향상을 목적으로 사용되는데, [그림 12.18]의 제어기 블록 다이어그램(block diagram)과 같이 피치 각속도(q)를 피드백시켜 엘리베이터의 변위량을 증가시킵니다. 피치댐퍼는 장주기 모드의 고유진동수 및 감쇠비를 거의 변화시키지 않고, 단주기 모드의 감쇠계수를 대폭적으로 증가시킵니다.

② 롤댐퍼(roll damper)와 요댐퍼(yaw damper)는 [그림 12.18]의 피치댐퍼와 같은 구조를 가지며, 피치 각속도(q) 대신에 롤 각속도(p)를 에일러론으로 피드백

34 예를 들어, 러더가 고장난 경우 에일러론과 엘리베이터를 이용하여 러더의 조종기능을 함께 수행할 수 있음.

35 항공기가 불안정해지는 정적 여유(static margin)를 가지도록 함.

36 Tuck-under 현상이라고 함.

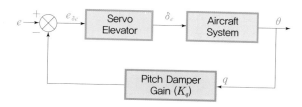

[그림 12.18] 안정성 증대 시스템의 구성(피치댐퍼의 블록 다이어그램)

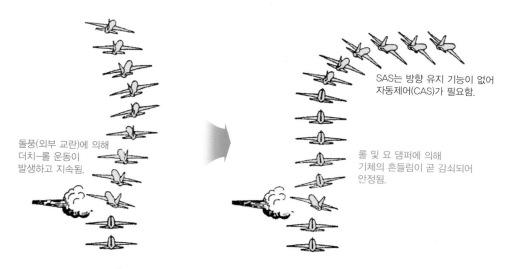

[그림 12.19] 안정성 증대 시스템의 기능예(롤댐퍼 및 요댐퍼)

시키고, 요 각속도(r)는 러더로 피드백시켜 구현합니다. 롤댐퍼와 요댐퍼는 [그림 12.19]와 같이 항공기의 고유운동특성 모드 중 롤 모드와 더치–롤 모드의 커플링 현상을 저감시켜 항공기의 가로운동 및 방향운동 비행성 및 안정성 향상을 목적으로 사용됩니다.

(2) 자동제어 기능(CAS)

SAS는 항공기의 세로, 가로 및 방향 안정성을 증대시키지만 피치각, 롤각, 요각 등을 유지하거나 명령을 추종(tracking)하는 제어기능을 수행하지 못합니다. 원치 않는 외부 교란에 의해 항공기의 자세각이 변화될 때 자동적으로 피치각, 롤각 및 요각 등을 유지하거나, 조종사의 제어명령이 입력되는 경우는 입력명령을 추종하여 따라가기 위해서는 자동조종기능이 추가되어야 합니다.[37]

자동제어기능은 조종성 증대 시스템인 카스(CAS, Control Augmentation System)

37 피치, 롤 자세 제어기 및 속도, 고도, 방위각 제어기는 입력되는 명령값을 따라가는 추종(tracking)기능과 입력명령값을 변경하지 않으면 현재 입력명령값을 유지하는 유지(hold)기능이 함께 수행됨.

라고 불리는 자동제어기를 통해 구현되며, 일반적으로 SAS는 CAS의 내부 루프(inner loop)로 포함되어 함께 사용되므로 안정성–조종성 증대 시스템(SCAS)이라고 불립니다. CAS는 일반적으로 롤 및 피치 자세 제어기와 속도, 고도, 방위각 제어기로 구성되며, 속도/고도/방위각 제어기는 롤/피치 자세 제어기를 내부 루프(inner loop)로 포함하여 외부 루프(outer loop)를 구성하는 다중구조를 적용합니다.

① 피치 자세 제어기(pitch attitude controller)는 [그림 12.9]와 같이 피치각 명령 θ_{ref}를 명령입력으로 사용하고, 항공기의 상태값인 피치각(θ)만을 피드백시키면 항공기의 감쇠특성이 작아지므로 안정성이 떨어지게 됩니다. 따라서 [그림 12.20] 과 같이 피치 각속도(q)를 피드백시키는 피치댐퍼를 내부 루프로 사용하여 제어 기능과 함께 안정성을 높입니다.

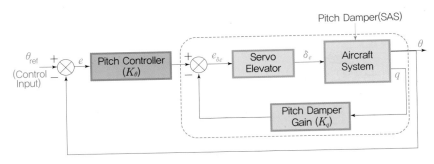

[그림 12.20] 조종성 증대 시스템의 구성(피치 자세 제어기의 블록 다이어그램)

② 롤 자세 제어기(roll attitude controller)도 피치 자세 제어기와 비슷한 구조이며, [그림 12.20]에서 피치각(θ)과 피치 각속도(q) 대신에 롤각(ϕ)과 롤 각속도(p)를 사용하여 각도 피드백은 외부 루프로, 각속도 피드백은 내부 루프로 사용합니다.

③ 고도 제어기(altitude controller)는 일반적으로 엘리베이터를 이용한 고도 제어 방식을 적용합니다. 고도 피드백만의 단일 루프는 불안정성이 증가하므로, [그림 12.21]과 같이 피치 자세 제어기를 내부 루프로 가지는 다중구조를 적용합니다.[38]

④ 속도 제어기(air speed controller)는 [그림 12.22]처럼 일반적으로 엔진 스로틀 (throttle)을 이용한 속도제어방식을 적용합니다. 오토 스로틀(auto-throttle)이라고 부르는 자동추력조절장치 또는 자동속도조절장치가 이 자동조종제어기입니다.

⑤ 마지막으로 방위각 제어기(heading controller)는 항공기가 원하는 비행방향을 향하도록 입력된 방위각 명령을 추종하는 제어기로, 항공기의 선회방향 조종은 롤운동을 통해 수행하므로 일반적으로 [그림 12.23]과 같이 자세 제어기를 내부

38 소형 항공기의 경우는 대형기와 달리 속도 제어기에서 엘리베이터를 고도제어에서는 엔진 스로틀을 주 조종입력으로 사용하는 경우도 있음.

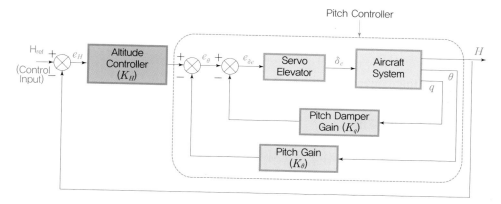

[그림 12.21] 조종성 증대 시스템의 구성(고도 제어기의 블록 다이어그램)

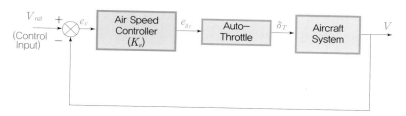

[그림 12.22] 조종성 증대 시스템의 구성(속도 제어기의 블록 다이어그램)

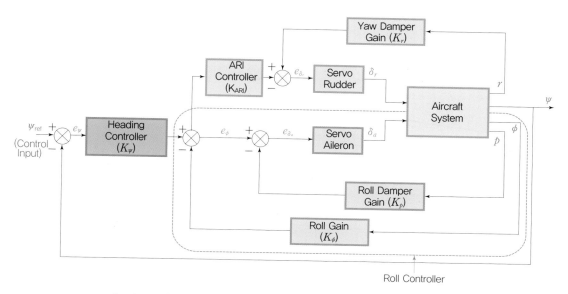

[그림 12.23] 조종성 증대 시스템의 구성(방위각 제어기의 블록 다이어그램)

루프로 사용합니다. 이때 더치-롤 특성으로 인해 선회방향과 반대방향으로 돌아가는 기수를 선회방향으로 맞추기 위해(adverse yaw를 제거하기 위해) 에일러론 사용 시 러더가 자동으로 연동되어 작동하도록 해주는 ARI(Aileron-Rudder Interconnect) 제어기가 추가되어 사용됩니다.

(3) 유도제어 기능

자동비행조종시스템의 유도제어(guidance control) 기능은 안정성 증대 기능과 속도, 고도 및 방위각 자동제어 기능을 기반으로 자동제어 기능에서 사용하는 여러 제어기를 조합하여 함께 사용함으로써 항행에 필요로 하는 유도제어 기능을 구현합니다.

일반적으로 가시선(LOS, Line-Of-Sight) 유도제어 방식을 적용하는데, [그림 12.24]에 나타낸 것처럼 현재 항공기 위치에서 목표 항로점(waypoint)까지 직선을 긋고 현재 항공기의 기수방위각(ψ_{av})을 얼마나 돌려야 목표점(ψ_{LOS})으로 비행할 수 있는지를 비행제어컴퓨터에서 계산합니다. 이와 같이 계산된 방위각 명령을 [그림 12.23]의 방위각 제어기 명령으로 입력시키고 방위각 제어기를 작동시킵니다. 그림 오른쪽의 시뮬레이션 응답 결과에서 항공기가 초기 위치와 기수방위각에서 목표 항로점으로 기수를 돌려 비행해 들어가는 것을 확인할 수 있습니다.

이동 중 요구되는 속도 및 고도 명령은 [그림 12.21]과 [그림 12.22]의 고도 및 속도 제어기에 입력하여 항공기를 제어하게 됩니다. 유도제어기능은 VOR 모드에서는

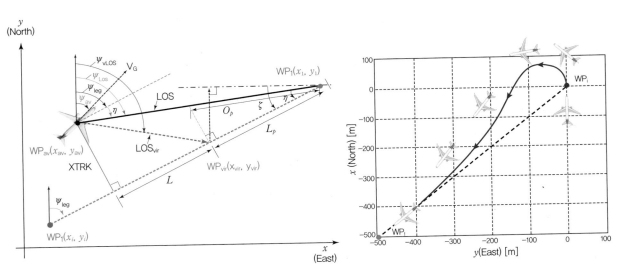

[그림 12.24] 자동유도시스템의 구성

설정된 항로를 따라가기 위해 VOR에서 제공되는 방위정보를 피드백시켜 방위각 제어기의 입력으로 이용하며, ILS 모드에서는 글라이드 슬로프나 로컬라이저에서 제공되는 수평 및 수직 트랙(track) 기준선을 따라가도록 방위각 제어기를 작동시킵니다.

12.4 자동비행조종시스템의 구성

자동비행조종시스템은 센서부, 비행제어컴퓨터, 서보(액추에이터), 비행모드 제어부(명령입력부), 표시부로 구성됩니다.

핵심 Point 자동비행조종시스템(AFCS)의 구성

① 센서부(sensor): 자동제어기 작동을 위한 비행상태정보 및 항행정보를 제공한다.
 – 속도, 고도값을 얻기 위한 대기자료 컴퓨터(ADC, Air Data Computer)
 – 각속도, 자세 정보를 얻기 위한 GPS/INS 항법센서, 자세 및 방위각 기준장치(AHRS)
 – 엔진정보를 위한 엔진계기 및 VOR/DME, ILS, CDI 등
② 비행제어컴퓨터(FCC): 비행정보를 통합하여 자동비행조종시스템의 제어명령을 계산하고 서보 액추에이터로 명령을 전송한다.
③ 서보(액추에이터, actuator): FCC 명령에 따라 각 조종면을 구동한다.
④ 비행모드 제어부(명령 입력부)[39]: 조종사가 자동비행조종시스템의 비행모드를 설정하고 명령값을 입력하여 비행제어컴퓨터로 전달한다.
⑤ 표시부: 주 비행정보표시장치(PFD)와 항법표시장치(ND) 등의 조종석 대화면 지시기를 통해 자동비행조종시스템의 작동 비행모드 및 해당 정보를 도시하거나 표시한다.

12.4.1 소형 항공기의 자동비행조종시스템

[그림 12.25]는 GA급 소형 항공기용 자동비행조종시스템(autopilot)의 구성을 보여주고 있습니다. 비행제어컴퓨터를 중심으로 비행모드 입력 및 각종 비행정보를 얻는 계기 및 센서들이 연결되고, 계산된 자동비행 제어명령을 각 조종면의 서보로 전달합니다.

소형 항공기의 비행조종계통은 일반적으로 [그림 12.11(a)]와 같이 기계식 조종장치로 구성되므로 캡스턴(capstan)이라고 불리는 장치에 조종면 구동을 위한 케이블을 감고, 서보모터는 클러치(clutch)를 통해 조종면 구동부와 연결되어 있습니다. 수동 비행시에는 클러치가 떨어지게 되어, 조종사의 조종입력이 케이블을 통해 조종면으로 직접 전달되며, 오토파일럿을 인가시키면 클러치가 붙게 되어 비행제어컴퓨터의 제어명령에 의한 서보모터의 작동변위가 케이블로 전달되어 조종면을 움직이도록 작동합니다.

39 중대형 여객기에서는 10.3절에서 설명한 MCP(Mode Control Panel)를 사용함.
 Autopilot, Flight Director의 실행 및 비행제어모드 선택 등을 제어하는 패널로 조종석 중앙 상단에 위치함.

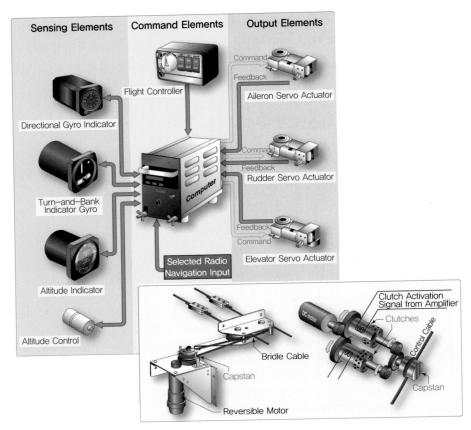

[그림 12.25] 자동비행조종시스템의 구성(소형 항공기용 오토파일럿)

12.4.2 중대형 항공기의 자동비행조종시스템

(1) 자동비행조종시스템의 구성

B737 항공기를 기준으로 중대형 항공기의 자동비행조종시스템(AFCS) 구성을 알아보겠습니다. B737 항공기의 전체 시스템 구성은 [그림 12.26]과 같으며, 자동비행조종시스템의 고장에 대비하도록 비행제어컴퓨터(FCC)를 2대 장착하는 이중화(dual redundancy) 구조를 채택합니다.[40]

중대형기의 경우는 소형기 시스템과 달리 요댐퍼 시스템이 독립적으로 분리된 구조입니다. 따라서 [그림 12.27]과 같이 요댐퍼 시스템의 인가 및 명령 입력은 [그림 12.26]의 MCP에서 수행되지 않고 조종석의 비행제어패널(FCP, Flight Control Panel)에서 수행되며, 요댐퍼 작동을 위한 제어명령 계산 및 처리는 비행제어컴퓨터(FCC)가 아닌

40 B777과 B747의 경우는 비행제어컴퓨터 3개가 사용되어 3중화(triple redundancy) 구조로 구성됨.

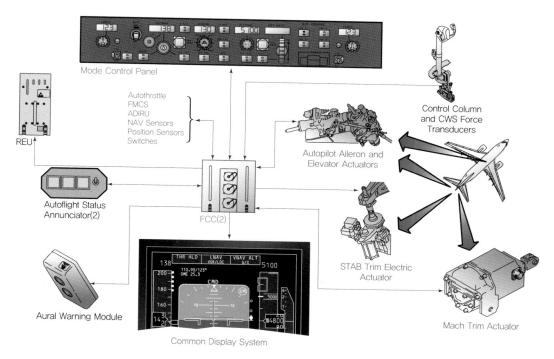

Mode Control Panel

Autothrottle
FMCS
ADIRU
NAV Sensors
Position Sensors
Switches

REU

Control Column
and CWS Force
Transducers

Autopilot Aileron and
Elevator Actuators

Autoflight Status
Annunciator(2)

FCC(2)

STAB Trim Electric
Actuator

Aural Warning Module

Common Display System

Mach Trim Actuator

[그림 12.26] B737의 자동비행조종시스템 구성

실속관리 및 요댐퍼 컴퓨터(SMYDC, Stall Management Yaw Damper Computer)에서 수행됩니다. SMYDC에서 계산된 러더 액추에이터의 명령은 러더의 유압제어장치(PCU)로 전송되어 러더를 작동시킵니다.

(2) 자동비행조종시스템 모드 선택

B737의 자동비행조종시스템은 [그림 12.26]의 구성도와 같이 비행제어컴퓨터(FCC)를 중심으로 제어모드의 인가 및 명령값을 입력하기 위한 [그림 12.28]의 MCP(Mode Control Panel)와 제어명령 계산용 비행상태 정보를 얻기 위한 ADIRU(Air Data Inertial Reference Unit)[41], 조종면 변위센서(position sensor)[42] 및 유도제어용 항로 정보를 얻기 위한 FMCS(Flight Management Computer System)와 연결되어 있습니다.

비행제어컴퓨터는 이러한 다양한 정보를 취합하여 제어모드 설정에 따른 해당 제어기를 수행하여 자동비행 제어명령을 산출하고, 오토파일럿 액추에이터(autopilot actuator)로 전달하며, 오토파일럿 액추에이터는 러더, 엘리베이터 및 에일러론의 유압제어장치(PCU)를 제어하여 기존 비행조종계통을 통해 각 조종면을 움직이게 됩니다.

41 일반적으로 대기자료컴퓨터(ADC, Air Data Computer)에서 속도와 고도를 계산하며, INS에서 자세와 항법정보를 계산함. ADIRU는 ADC와 관성항법장치(INS)를 통합한 장치임.

42 LVDT(Linear Variable Differential Transformer), RVDT(Rotary Variable Differntial Transformer) 및 3.3절의 원격지시계기인 싱크로(synchro) 계기가 사용됨.

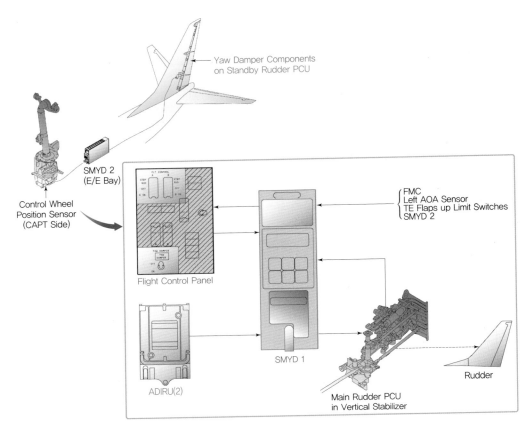

[그림 12.27] B737 자동비행조종시스템의 요댐퍼 시스템

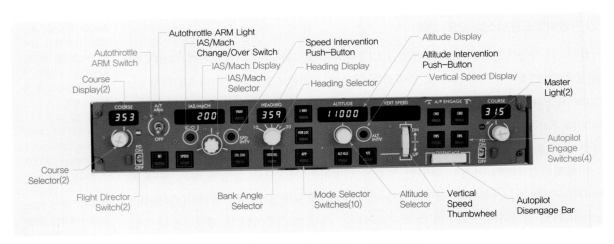

[그림 12.28] B737 자동비행조종시스템의 MCP

앞의 12.2.2절에서 설명한 [그림 12.14]와 [그림 12.15]의 비행조종계통 구성도를 보면, 에일러론과 엘리베이터의 PCU 옆에 오토파일럿 액추에이터가 위치하고 액추에이터의 input rod가 aileron input shaft 및 elevator input torque tube를 통해 조종간의 수동 조종입력을 대체하여 PCU를 제어함을 확인할 수 있습니다. 이는 [그림 12.13]의 비행조종계통 구성도에서도 조종간(control wheel) 아래쪽의 오토파일럿 입력이 오토파일럿 액추에이터를 거쳐 각 조종면의 PCU로 입력되는 것으로도 확인할 수 있습니다.

자동비행조종시스템은 크게 CWS(Control Wheel Steering) 모드와 CMD(Command) 모드로 분류됩니다.[43]

① CWS 모드에서는 [표 12.2]의 자동비행조종시스템의 제어기 중 피치 및 롤 자세 제어기가 인가되어 조종사가 조종간(control wheel)에 가하는 조종력을 조종간 아래에 장착된 force transducer가 측정하여 피치각 및 롤 자세각 명령으로 사용합니다.

② CMD 모드는 이륙, 순항, 상승, 착륙 등의 비행형상(flight configuration)에 따라 조종사가 설정하는 비행모드별로 속도, 고도 및 방위각 제어기와 자동유도제어기가 함께 작동됩니다.

중대형 자동비행조종시스템의 각 비행모드는 [표 12.3]에 정리하였습니다.

(3) 자동비행조종시스템 모드 표시

자동비행조종시스템의 인가된 제어모드 상태는 [그림 12.29]와 같이 조종석의 CDS(Common Display System)의 통합전자계기인 주 비행표시장치(PFD, Primary Flight Display)의 상단에 표시됩니다.

(4) 플라이트 디렉터(FD)

[그림 12.28]의 MCP 왼쪽 하단 및 오른쪽 하단을 보면 'F/D'라고 쓰여진 토글 스위치(toggle switch)가 있습니다. 이 스위치를 통해 플라이트 디렉터(FD, Flight Director)를 인가하면 [그림 12.29]의 PFD 중앙 비행자세지시계(ADI, Attitude Direction Indicator) 화면부에 십자형의 FD command bar가 표시됩니다. FD command bar는 [그림 12.30(a), (b)]와 같이 비행계기 제작사에 따라 십자형태의 Cross-bar와 V-bar의 2가지 형태로 표시합니다.

플라이트 디렉터(FD)는 [그림 12.31]과 같이 자동비행조종장치의 롤과 피치 자세 명령값을 조종사에게 표시해주는 장치로, 다음과 같이 2가지 조건에서 다른 기능을 합니다.

43 [그림 12.28] MCP의 Autopilot Engage Switch를 통해 선택함.

[표 12.3] 중·대형기 자동비행조종시스템의 비행모드

구분	기능 구분	비행모드	기능
요축	안정성 증대 기능	요댐퍼	역요를 방지하고 요안정성을 증가시켜 더치–롤 방지 및 균형선회를 제어한다.
피치축 (VNAV)	자동제어 기능 (CWS 모드)	피치 자세 유지	A/P 인가 시 날개가 수평이 되도록 피치각을 변화시키고 유지한다.
		피치 자세 제어 (VNA/PTH)	인가 시 조종사가 설정하는 입력 피치 명령값으로 피치 자세를 추종한다.
		피치 CWS	조종사가 조종간을 밀고 당기는 힘에 따라 피치 자세를 제어한다.[44]
		고도 유지(ALT HOLD)	인가 시 현재 고도를 유지한다.
	유도제어 기능 (CMD 모드)	대기속도 제어 (VNAV/SPD/IAS)	인가 시 현재 속도를 유지하며, 조종사가 설정하는 비행속도를 추종한다.
		마하수 제어 (VNAV/SPD/MACH)	인가 시 현재 마하수를 유지하며, 조종사가 설정하는 마하수를 추종한다.
		수직속도 제어(V/S)[45]	조종사가 설정하는 상승 및 하강 속도를 추종한다.
		고도 제어(ALT SEL)[46]	조종사가 설정하는 고도를 추종한다.
		ILS	글라이드 슬로프 빔을 포착하고 이를 추종하도록 고도 강하를 제어한다.
		착륙복행 (G/A[47])	추력을 최대로 밀어 속도를 높이고, 피치 자세를 올려 고도가 상승하도록 제어한다.
		자동착륙 (LAND)	200 ft 고도 이하에서도 작동하여 항공기를 플레어(flare)시키고 활주로에 착지시킨다.[48]
롤축 (LNAV)	자동제어 기능 (CWS 모드)	롤 자세 유지	A/P 인가 시 날개가 수평이 되도록 롤각을 변화시키고 유지한다.
		롤 자세 제어	인가 시 조종사가 설정하는 입력 롤 명령값으로 롤 자세를 추종한다.
		롤 CWS	조종사가 조종간을 왼쪽/오른쪽으로 움직이는 힘에 따라 롤 자세를 제어한다.[49]
		기수방위 유지 (HDG HOLD)	인가 시 현재 기수방위각을 유지한다.
	유도제어 기능 (CMD 모드)	기수방위 설정 (HDG SEL)	조종사가 설정하는 방위각을 추종한다.
		VOR/LOC	VOR 전파를 포착하여 조종사가 입력한 코스값을 추종하도록 제어한다. ILS의 로컬라이저 전파를 포착하여 이를 추종하도록 제어한다.
		INS(R-NAV)	조종사가 설정한 항로점이나 코스를 추종하도록 제어한다.
		자동착륙 (LAND)	200 ft 고도 이하에서도 작동하여 항공기가 활주로에 착지하도록 가로방향을 제어한다.

44 이때 조종간 입력 변위는 조종면(엘리베이터)의 변위에 대응되지 않고 피치각 명령으로 대응됨.

45 Vertical Speed

46 Select

47 Go Around

48 일반적으로 고도 200 ft 이하에서는 지형, 지물에 의한 ILS의 전파 혼란 및 간섭 영향을 미연에 방지하기 위해 조종사가 직접 조종하여 착륙시킴.

49 이때 조종간 입력 변위는 조종면(에일러론)의 변위에 대응되지 않고 피치각 명령으로 대응됨.

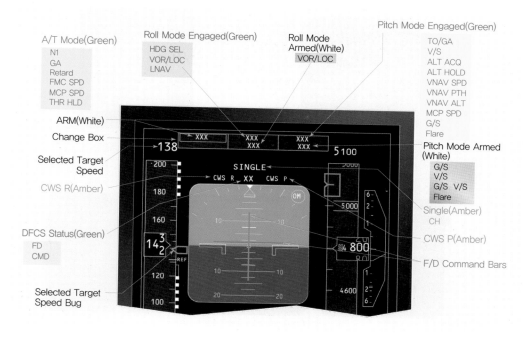

[그림 12.29] B737 자동비행조종시스템의 계기화면

① A/P[50]는 해제(Off)한 상태에서 FD만 인가(On)하는 경우

- [표 12.3]의 비행모드 중에 롤과 피치 자세 제어 및 유지 또는 CWS 제어기가 작동하고, PFD의 ADI에 FD command bar가 화면에 나타난다.
- 조종사는 조종간을 조작하여 [그림 12.30(c)]처럼 FD command bar가 중앙에 오도록 맞추면, 자동비행 자세제어기의 명령 자세각도를 추종할 수 있다.[51]

② A/P와 FD를 함께 인가(On)하는 경우

- 자동비행조종시스템에서 현재 인가된 비행모드를 수행하기 위해 비행제어컴퓨터에서 계산된 롤 및 피치 제어명령값을 화면에 표시한다.
- FD command bar가 중앙에서 벗어나면 자동비행조종시스템에 문제가 발생한 상황으로 조종사에게 자동비행조종시스템의 기능감시기능을 제공한다.

초기 자동비행조종시스템이 발전하기 이전에는 FD 컴퓨터를 따로 설치하여 독립적인 시스템으로 운용하였으나, 현재는 자동비행조종시스템이 FD에서 필요로 하는 제어기의 일부 기능인 롤 및 피치 자세제어기의 기능을 모두 포함하여 수행하므로, [그림 12.30]과 같이 비행제어컴퓨터(FCC)에서 FD command bar 정보를 함께 산출[52]하여 사용합니다.

50 Autopilot(자동비행조종시스템)

51 비행 자세 제어명령값은 비행제어컴퓨터에서 계산하고, 서보 액추에이터 명령은 내보내지 않는 상태가 되므로 제어명령을 추종하는 조종면 구동은 조종사가 수행하는 반자동 방식임.

52 [그림 12.29]에서 비행제어컴퓨터(FCC)는 DEU(Display Electronics Unit)를 통해 CDS(Common Display System)의 PFD로 FD command bar 표시정보를 제공함.

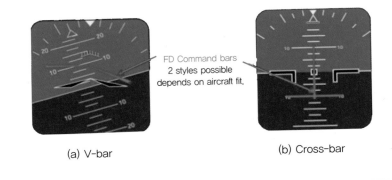

(a) V-bar

(b) Cross-bar

FD Command bars
2 styles possible
depends on aircraft fit.

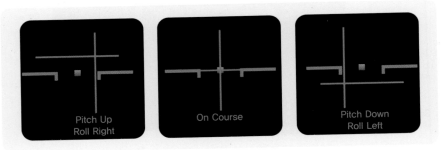

Pitch Up
Roll Right

On Course

Pitch Down
Roll Left

(c) 비행상태에 따른 FD command bar 표시

[그림 12.30] 플라이트 디렉터(FD) 표시

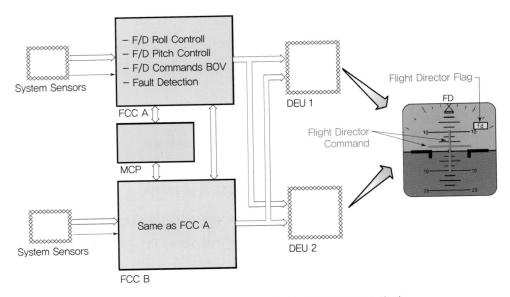

[그림 12.31] B737 자동비행조종시스템의 플라이트 디렉터(FD)

CHAPTER SUMMARY

이것만은 꼭 기억하세요!

12.1 비행동역학

① 정안정성(static stability): 초기 평형상태(equilibrium state)에서 외력이 작용한 경우 교란된 상태에서 초기 평형상태로 되돌아가는 경향성으로 판단함.

- 세로 안정성(longitudinal stability): 수평꼬리날개(horizontal tail)가 가장 큰 역할을 하고, 공력 미계수인 $C_{M_\alpha} < 0$이어야 함.
- 방향 안정성(directional stability): $C_{N_\beta} > 0$이 되어야 하고, 수직꼬리날개(vertical tail)가 가장 큰 역할을 함. 수직꼬리날개만으로 방향 안정성이 부족하면 도살핀(dorsal fin)을 부착하여 방향 안정성을 증가시킴.
- 가로 안정성(lateral stability): $C_{l_\beta} < 0$이어야 하며, 날개에 상반각(dihedral angle)을 주어 상반각 효과(dihedral effect)를 이용함.

② 동안정성(dynamic stability): 항공기가 외부교란 등에 의해 평형상태를 벗어난 경우 다시 평형상태로 되돌아오는 경향성을 시간(t)에 대해서 판단함.

- 정적 안정성은 동적 안정성을 보증하지 못하며, 동적으로 안정한 경우는 정적으로도 안정함.

③ 항공기의 운동방정식과 좌표계

Dynamic Motion	동체 좌표계		Translational Motion		Rotational Motion		Control Input	안정성
			Velocity	Position	Angular Rate	Attitude		
가로운동 (옆놀이) (Lateral motion)	세로축(종축) (Longitudinal axis) (Roll axis)	x_B	u	x	p	롤각 ϕ (Roll)	도움날개 δ_a (Aileron)	가로 안정성
세로운동 (키놀이) (Longitudinal motion)	가로축(횡축) (Lateral axis) (Pitch axis)	y_B	v	y	q	피치각 θ (Pitch)	승강키 δ_e (Elevator)	세로 안정성
방향운동 (빗놀이) (Directional motion)	방향축 (Directional axis) (Yaw axis)	z_B	w	z	r	요각 ψ (Yaw)	방향타 δ_r (Rudder)	방향 안정성

④ 항공기의 고유 비행운동특성

- 종축의 세로운동과 횡축 및 방향축에 대한 가로운동 및 방향운동으로 분리(decoupling)하여 운동특성을 해석함.
- 세로운동 고유모드: 장주기 모드(phugoid mode), 단주기 모드(short period)
- 가로운동 고유모드: 롤 모드(roll mode), 나선형 모드(spiral mode), 더치-롤 모드(dutch-roll mode)

12.2 비행제어

① 개루프(open loop) 시스템: 조종입력(control input)에 대해 시스템 응답특성이 그대로 출력(output)되는 시스템

② 폐루프(closed loop) 시스템 = 궤환시스템(feedback system): 명령값(reference input)을 추종하기 위해 대상 시스템의 상태 및 출력을 궤환(feedback)시켜 입출력 오차(error)를 제어기(controller)가 계속 줄여 나가도록 하는 시스템

③ PID(Proportional/Integral/Differentiating) 제어기의 종류와 특성
   - 비례(P)제어기: 명령값과 현재 출력값의 차이인 오차(error)가 0이 되도록 제어함.
   - 적분(I)제어기: 오차를 누적하여 정상상태(steady state) 오차를 제거할 수 있음.
   - 미분(D)제어기: 과도응답을 좋게 만들어 명령을 빠르게 추종하도록 함.
④ 기계식 비행조종장치(mechanical flight control system): 기계식 링키지를 이용하여 조종사가 작동한 조종간의 변위를 조종면에 직접 전달하여 항공기를 조종하는 방식
⑤ 전자식 비행조종장치(FBW, Fly-By-Wire): 기계식 조종계통을 전기·전자 및 컴퓨터 시스템과 유압작동기 (hydraulic actuator) 또는 전기식 작동기(electronic actuator)로 대체하여 전기신호로 조종하는 시스템

12.3 자동비행조종시스템 제어기
① 자동비행조종시스템(AFCS, Automatic Flight Control System)의 기능
   - 안정성 증대(Stability Augmentation) 기능: 항공기가 가진 본연의 비행 안정성을 인위적으로 높이거나 불안 정한 비행특성을 제거하는 기능
   - 자동제어(Automatic Control) 기능: 제어기를 통해 조종사가 입력한 속도, 고도 및 방위각을 자동으로 유지하 거나 추종하는 기능
   - 유도제어(Guidance Control) 기능: 자동제어기능과 안정성 증대 기능을 기반으로 자동비행경로 추종, 자동 이·착륙, VOR 추종, ILS 추종 등 항행에 관련된 자동비행기능을 제공

12.4 자동비행조종시스템의 구성
① 자동비행조종시스템(AFCS)의 구성
   - 센서부(sensor), 비행제어컴퓨터(FCC), 비행모드 제어부(명령입력부), 표시부로 구성됨.
② 소형 항공기의 자동비행조종시스템
   - 캡스턴(capstan)이라고 불리는 장치에 조종면을 구동하기 위한 케이블을 감고, 서보모터는 클러치(clutch)를 통 해 조종면 구동부와 연결됨.
③ 중대형 항공기의 자동비행조종시스템
   - 비행제어컴퓨터(FCC)를 중심으로 제어모드의 인가 및 명령값을 입력하기 위한 MCP(Mode Control Panel)와 비행상태 정보를 얻기 위해 ADIRU(Air Data Inertial Reference Unit), 조종면 변위센서(position sensor) 및 항로 정보를 얻기 위해 FMCS(Flight Management Computer System)와 연결됨.
   - 비행제어컴퓨터의 제어기에서 자동비행 제어명령을 산출하여 오토파일럿 액추에이터(autopilot actuator)로 전달하 며, 오토파일럿 액추에이터는 러더, 엘리베이터 및 에일러론의 유압제어장치(PCU)를 제어하여 조종면을 작동시킴.
④ 플라이트 디렉터(FD)
   - 자동비행조종장치의 롤과 피치 자세 명령값을 조종사에게 표시해주는 장치로, PFD 화면에 FD command bar 가 나타남.

기출문제 및 연습문제

01. 비행기가 트림(trim) 상태로 비행한다는 것은 비행기 무게중심 주위의 모멘트가 어떤 상태인 경우인가? [항공산업기사 2013년 4회]

① "부(−)"인 경우 　② "정(+)"인 경우
③ "영(0)"인 경우 　④ "정(+)"과 "영(0)"인 경우

해설　trim이란 힘(force)과 모멘트(moment)의 합이 0인 상태로 평형상태(equilibrium)라고도 한다.

02. 비행기가 평형상태에서 이탈된 후, 평형상태와 이탈상태를 반복하면서 그 변화의 진폭이 시간의 경과에 따라 발산하는 경우를 가장 옳게 설명한 것은? [항공산업기사 2018년 1회]

① 정적으로 안정하고, 동적으로는 불안정하다.
② 정적으로 안정하고, 동적으로도 안정하다.
③ 정적으로 불안정하고, 동적으로는 안정하다.
④ 정적으로 불안정하고, 동적으로도 불안정하다.

해설　평형상태에서 이탈하여 다시 평형으로 돌아오는 형태의 운동을 하므로 정적으로는 안정하지만 진폭이 시간이 지남에 따라 발산하고 있으므로 동적으로는 불안정하다.

03. 정적 안정과 동적 안정의 관계에 대한 설명으로 가장 옳은 것은? [항공산업기사 2010년 1회]

① 동적 안정이 (+)이면 정적 안정은 반드시 (+)이다.
② 동적 안정이 (−)이면 정적 안정은 반드시 (−)이다.
③ 정적 안정이 (+)이면 동적 안정은 반드시 (−)이다.
④ 정적 안정이 (−)이면 동적 안정은 반드시 (+)이다.

해설　동적 안정성이 있으면(동적 안정이 +) 정적 안정성이 보장되지만(정적 안정 +), 정적 안정성은 반드시 동적 안정성을 보장하지 않는다.

04. 항공기의 동적 안정성이 양(+)인 상태에서의 설명으로 옳은 것은? [항공산업기사 2015년 1회]

① 운동의 주기가 시간에 따라 일정하다.
② 운동의 주기가 시간에 따라 점차 감소한다.
③ 운동의 진폭이 시간에 따라 점차 감소한다.
④ 운동의 고유진동수가 시간에 따라 점차 감소한다.

해설　평형상태에 있던 어떤 물체가 외부 교란에 의해 평형상태에서 벗어나면 시간이 지남에 따라 진동하면서 진폭이 줄어들어 다시 초기 상태로 돌아오는 상태를 동적으로 안정(positive dynamic stable)하다고 한다.

05. 그림과 같은 비행특성을 갖는 비행기의 안정특성은? [항공산업기사 2016년 2회]

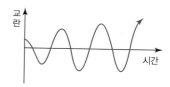

① 정적 안정, 동적 안정
② 정적 안정, 동적 불안정
③ 정적 불안정, 동적 안정
④ 정적 불안정, 동적 불안정

해설　그래프를 보면 진폭은 시간이 지날수록 커지지만(동적 불안정) 교란이 원래의 상태로 되돌아갔다 멀어졌다를 반복하는 것을 볼 수 있는데, 그래프 마지막 지점에서 다시 원래 상태로 돌아갈 것이기 때문에 정적 안정으로 볼 수 있다.

06. 다음 중 정적 중립을 나타낸 것은? [항공산업기사 2018년 2회]

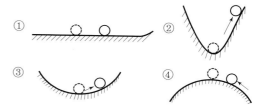

정답　**1.** ③ **2.** ① **3.** ① **4.** ③ **5.** ② **6.** ①

평형을 이룬 상태에서 외란에 의해 다른 상태로 변화되어 다시 평형을 유지하게 되면 이를 정적인 중립(neutral static stable)상태라고 한다.

07. 평형상태를 벗어난 비행기가 이동된 위치에서 새로운 평형상태가 되는 경우를 무엇이라고 하는가?

[항공산업기사 2016년 1회]

① 동적 안정(dynamic stability)
② 정적 안정(positive static stability)
③ 정적 중립(neutral static stability)
④ 정적 불안정(negative static stability)

평형을 이룬 상태에서 외란에 의해 다른 상태로 변화되어 다시 평형을 유지하게 되면 이를 정적인 중립(neutral static stable)상태라고 한다.

08. 항공기가 세로 안정성이 있다는 것은 다음 중 어느 경우에 해당하는가? [항공산업기사 2011년 4회]

① 받음각이 증가함에 따라 키놀이 모멘트값이 부(−)의 값을 갖는다.
② 받음각이 증가함에 따라 빗놀이 모멘트값이 정(+)의 값을 갖는다.
③ 받음각이 증가함에 따라 빗놀이 모멘트값이 부(−)의 값을 갖는다.
④ 받음각이 증가함에 따라 옆놀이 모멘트값이 정(+)의 값을 갖는다.

받음각이 증가하면 양력이 증가되어 기수가 상승하려고 한다. 이때 키놀이 모멘트(pitching moment)가 (−)값을 가진다면 기수를 내리는 힘이 발생하고 두 모멘트는 상쇄되어 기수는 수평을 이룰 수 있다. 이를 세로 안정성이 있다고 말한다.

09. 비행기가 음속에 가까운 속도로 비행 시 속도를 증가시킬수록 기수가 내려가려는 현상은?

[항공산업기사 2014년 1회]

① 피치업(pitch up)
② 턱 언더(tuck under)
③ 딥실속(deep stall)
④ 역빗놀이(adverse yaw)

고속 제트항공기의 경우 초음속 비행을 위해 마하수(mach number)가 1.0을 넘으면, 마하-턱(mach-tuck)이 발생하여 기수가 급격히 내려가는 tuck-under 현상이 발생한다.

10. 비행기의 세로 안정을 좋게 하기 위한 방법이 아닌 것은?

[항공산업기사 2014년 1회, 2017년 1회, 2018년 4회]

① 수직꼬리날개의 면적을 증가시킨다.
② 수평꼬리날개 부피계수를 증가시킨다.
③ 무게 중심이 날개의 공기역학적 중심 앞에 위치하도록 한다.
④ 무게 중심에 관한 피칭 모멘트가 받음각이 증가함에 따라 음(−)의 값을 갖도록 한다.

• 항공기의 세로운동은 피치운동(키놀이, pitching motion)이며, 세로 안정성에 영향을 주는 날개는 수평꼬리날개이고, 조종면은 엘리베이터(승강키, elevator)가 사용된다.
• 항공기의 방향운동은 요운동(빗놀이, yawing motion)이며, 방향 안정성에 영향을 주는 날개는 수직꼬리날개이고, 조종면은 러더(방향타, rudder)가 사용된다.
• 항공기의 가로운동은 롤운동(옆놀이, rolling motion)이고, 가로 안정성에 영향을 주는 요소는 주 날개의 상반각이며, 조종면은 에일러론(도움날개, aileron)이 사용된다.

운동	동체 좌표계	조종면	안정성	자세각
가로운동 (옆놀이) (Lateral motion)	세로축 (Longitudinal axis)	도움날개 (Aileron)	가로 안정성	롤 (Roll)
세로운동 (키놀이) (Longitudinal motion)	가로축 (Lateral axis)	승강키 (Elevator)	세로 안정성	피치 (Pitch)
방향운동 (빗놀이) (Directional motion)	방향축 (Yaw axis)	방향타 (Rudder)	방향 안정성	요 (Yaw)

정답 **7.** ③ **8.** ① **9.** ② **10.** ①

11. 항공기가 세로 안정하다는 것은 어떤 것에 대해서 안정하다는 의미인가? [항공산업기사 2015년 1회]

① 롤링(rolling)

② 피칭(pitching)

③ 요잉(yawing)과 피칭(pitching)

④ 롤링(rolling)과 피칭(pitching)

해설 항공기의 세로운동은 피치운동(키놀이, pitching motion)이며, 세로 안정성에 영향을 주는 날개는 수평꼬리날개이고, 조종면은 엘리베이터(승강키, elevator)가 사용된다.

12. 고정익 항공기의 도살핀(dorsal fin)과 벤트럴핀(ventral fin)의 기능에 대한 설명으로 틀린 것은? [항공산업기사 2014년 1회]

① 더치롤 특성을 저해시킬 수 있다.

② 큰 받음각에서 요댐핑(yaw damping)을 증가시키는 데 효과적이다.

③ 나선발산(sprial divergence) 시의 비행특성에 영향을 준다.

④ 프로펠러에서 발생하는 나선 후류의 영향을 줄이는 역할을 한다.

해설 도살핀(dorsal fin)과 벤트럴핀(ventral fin)은 모두 방향 안정에 도움을 주는 장치이다. 도살핀은 동체와 수직꼬리날개 연결부위에, 벤트럴핀은 동체 밑부분에 설치된다.

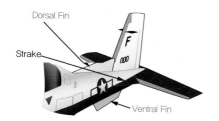

13. 항공기에 장착된 도살핀(dorsal fin)이 손상되었을 때 발생되는 현상은?

[항공산업기사 2012년 2회, 2014년 2회]

① 방향 안정성 증가 ② 동적 세로 안정 감소

③ 방향 안정성 감소 ④ 정적 세로 안정 증가

해설 도살핀은 방향 안정성을 증가시켜주기 때문에 도살핀이 손상되었다면 방향 안정성이 감소된다.

14. 다음 중 항공기의 가로 안정성을 높이는 데 일반적으로 가장 기여도가 높은 것은?

[항공산업기사 2014년 2회]

① 수직꼬리날개 ② 주 날개의 상반각

③ 수평꼬리날개 ④ 주 날개의 후퇴각

해설 상반각(쳐든각, dihedral angle)은 항공기의 가로 안정(세로축)에 크게 도움을 준다.

15. 비행기의 방향 안정에 일차적으로 영향을 주는 것은? [항공산업기사 2015년 1회]

① 수평꼬리날개 ② 플랩

③ 수직꼬리날개 ④ 날개의 쳐든각

해설 항공기의 방향운동은 요운동(빗놀이, yawing motion)이며, 방향 안정성에 영향을 주는 날개는 수직꼬리날개이고, 조종면은 러더(방향타, rudder)가 사용된다.

16. 비행기가 장주기 운동을 할 때 변화가 거의 없는 요소는? [항공산업기사 2016년 1회]

① 받음각 ② 비행속도

③ 키놀이 자세 ④ 비행고도

해설 • 항공기의 고유 비행운동특성 중 장주기 모드(phugoid mode)는 낮은 감쇠계수와 낮은 고유 진동수로 인해서 외부 교란이 입력되면 30에서 50초 이상의 긴 주기로 속도와 고도 변화가 교차하면서 느리게 진동하는 운동 특성이다.

• 받음각의 변화가 거의 없고, 매우 느리기 때문에 조종사가 알아차리기 힘들다.

정답 11. ② 12. ④ 13. ③ 14. ② 15. ③ 16. ①

17. 비행기의 가로축(lateral axis)을 중심으로 한 피치운동(pitching)을 조종하는 데 주로 사용되는 조종면은? [항공산업기사 2016년 1회]

① 플랩(flap)
② 방향키(rudder)
③ 도움날개(aileron)
④ 승강키(elevator)

해설 가로축(lateral axis)에 대한 세로운동은 피치운동(키놀이, pitching motion)이며, 세로 안정성에 영향을 주는 날개는 수평꼬리날개이고, 조종면은 엘리베이터(승강키, elevator)가 사용된다.

18. 비행기가 날개를 내리거나 올려 비행기의 전후축(세로축: longitudinal axis)을 중심으로 움직이는 것과 관련된 모멘트는? [항공산업기사 2017년 4회]

① 옆놀이 모멘트(rolling moment)
② 빗놀이 모멘트(yawing moment)
③ 키놀이 모멘트(pitching moment)
④ 방향 모멘트(directional moment)

해설 항공기의 가로운동은 롤운동(옆놀이, rolling motion)이고, 가로 안정성에 영향을 주는 요소는 주 날개의 상반각이며, 조종면은 에일러론(도움날개, aileron)이 사용된다.

19. 고속 항공기에서 방향키 조작으로 빗놀이와 동시에 옆놀이 운동이 함께 일어나는 것처럼 비행기 좌표축에서 어떤 한 축 주위에 교란을 줄 때 다른 축 주위에도 교란이 생기는 현상을 무엇이라 하는가? [항공산업기사 2010년 2회]

① 실속
② 스핀운동
③ 커플링 효과
④ 자동회전

해설
• 에일러론에 의한 롤운동(옆놀이, 가로운동)은 항상 요운동(빗놀이, 방향운동)과 커플링(coupling)되어 발생하므로, 가로운동과 방향운동은 분리할 수 없고 함께 고려해야 한다.
• 역요(adverse yaw), 더치롤(dutch roll) 특성 등이 대표적인 커플링 효과이다.

20. 비행기가 옆미끄럼 상태에 들어갔을 때의 설명으로 옳은 것은? [항공산업기사 2012년 2회]

① 수직꼬리날개의 받음각에는 변화가 없다.
② 수평꼬리날개의 옆미끄럼힘이 발생한다.
③ 무게 중심에 대한 빗놀이 모멘트가 발생한다.
④ 비행기의 기수를 상대풍과 반대방향으로 이동시키려는 힘이 발생한다.

해설 옆미끄럼각이 생기면 무게 중심에 대한 요잉 모멘트(빗놀이 모멘트)가 발생하고 왼쪽과 오른쪽 날개의 상대속도 차이로 인해 롤링 모멘트(옆놀이 모멘트)가 동시에 발생하는 커플링 효과가 나타난다.

21. 비행기에 옆놀이 모멘트(rolling moment)를 주는 조종면은? [항공산업기사 2010년 2회]

① 승강키
② 도움날개
③ 방향키
④ 고양력장치

해설 항공기의 가로운동은 롤운동(옆놀이, rolling motion)이고, 가로 안정성에 영향을 주는 요소는 주 날개의 상반각이며, 조종면은 에일러론(도움날개, aileron)이 사용된다.

22. 더치롤(dutch roll)에 대한 설명으로 옳은 것은? [항공산업기사 2016년 1회]

① 가로 진동과 방향 진동이 결합된 것이다.
② 조종성을 개선하므로 매우 바람직한 현상이다.
③ 대개 정적으로는 안정하지만 동적으로는 불안정하다.
④ 나선 불안정(spiral divergence) 상태를 말한다.

해설 더치-롤 모드는 항공기의 롤운동과 요운동이 커플링(coupling)되어 함께 나타나는 진동모드이다.

23. 항공기의 승강키 조작은 어떤 축에 대한 운동을 하는가? [항공산업기사 2011년 4회]

① 세로축
② 가로축
③ 방향축
④ 수직축

해설 승강키(엘리베이터)에 의해 항공기는 가로축(lateral axis)에 대한 피치운동(키놀이, pitching motion)이 발생하며,

정답 17. ④ 18. ① 19. ③ 20. ③ 21. ② 22. ① 23. ②

가로운동은 세로축(longitudinal axis)에 대한 롤운동(옆놀이, rolling motion)을, 방향운동은 방향축(directional axis)에 대한 요운동(빗놀이, yawing motion)을 말한다.

24. 다음 중 세로 안정성이 안정인 조건은? (단, 비행기가 nose down 시 음의 피칭 모멘트가 발생되며, C_m은 피칭모멘트계수, α는 받음각이다.)

[항공산업기사 2017년 2회]

① $\dfrac{dC_m}{d\alpha} = 0$ 　　② $\dfrac{dC_m}{d\alpha} \neq 0$

③ $\dfrac{dC_m}{d\alpha} > 0$ 　　④ $\dfrac{dC_m}{d\alpha} < 0$

해설 항공기의 정안정성 중에서 세로 안정성(longitudinal stability)은 기수가 들리는 (+)받음각(α)에 대해 (−)의 복원 피칭 모멘트가 발생해야 초기 평형상태로 돌아오므로 수평꼬리날개(horizontal tail)가 가장 큰 역할을 하고 공력 미계수인 $C_{m_\alpha}\left(\triangleq \dfrac{dC_m}{d\alpha}\right) < 0$이어야 한다.

25. 다음 중 방향 안정성이 양(+)인 경우는? (단, β: 옆미끄럼각, C_n: 빗놀이 모멘트계수이다.)

[항공산업기사 2017년 4회]

① $\dfrac{dC_n}{d\beta} = 0$ 　　② $\dfrac{dC_n}{d\beta} \neq 0$

③ $\dfrac{dC_n}{d\beta} > 0$ 　　④ $\dfrac{dC_n}{d\beta} < 0$

해설 방향 안정성(directional stability)은 (+)옆미끄럼각(sideslip angle)이 발생한 경우 옆미끄럼각을 줄이기 위해 요잉 모멘트가 (+)로 발생해야 하므로 $C_{n_\beta}\left(\triangleq \dfrac{dC_n}{d\beta}\right) > 0$이 되어야 한다.

26. 비행기의 동적 안정성이 (+)인 비행상태에 대한 설명으로 옳은 것은? [항공산업기사 2018년 2회]

① 진동수가 점차 감소한다.
② 진동수가 점차 증가한다.
③ 진폭이 점차로 증가한다.
④ 진폭이 점차로 감소한다.

해설 동적 안정성이 (+)라는 것은 동적으로 안정하다는 의미이므로 시간이 지남에 따라 항공기의 진동(진폭)이 점점 감소하여 원래의 상태로 되돌아온다는 뜻이다.

27. 항공기의 조종성과 안정성에 대한 설명으로 옳은 것은? [항공산업기사 2017년 1회]

① 전투기는 안정성이 커야 한다.
② 안정성이 커지면 조종성이 나빠진다.
③ 조종성이란 평형상태로 되돌아오는 정도를 의미한다.
④ 여객기의 경우 비행성능을 좋게 하기 위해 조종성에 중점을 두어 설계해야 한다.

해설 안정성과 조종성은 상충되는 성질을 가지므로 안정성이 좋아지면 조종성은 나빠지고, 안정성이 나빠지면 조종성은 좋아진다.

28. 항공기를 오른쪽으로 선회시킬 경우 가해주어야 할 힘은? [단, 오른쪽 방향을 양(+)으로 한다.]

[항공산업기사 2013년 1회, 2018년 2회]

① 양(+) 피칭 모멘트
② 음(−) 롤링 모멘트
③ 제로(0) 롤링 모멘트
④ 양(+) 롤링 모멘트

해설 • 항공기 동체 좌표계의 x축(세로축, longitudinal axis)을 기준으로 한 회전운동을 롤운동(옆놀이, 가로운동, rolling motion)이라 한다.
• x축을 기준으로 (+)롤링 모멘트는 오른손 법칙에 의해 오른쪽 날개가 아래로 내려가는 방향이므로 항공기는 우선회를 한다.

29. 다음 중 양(+)의 가로 안정성(lateral stability)에 기여하는 요소로 거리가 먼 것은?

[항공산업기사 2018년 4회]

① 저익(low wing)
② 상반각(dihedral angle)
③ 후퇴각(sweep back angle)
④ 수직꼬리날개(vertical tail)

정답 24. ④　25. ③　26. ④　27. ②　28. ④　29. ①

해설 저익(low wing)은 날개를 동체 하부에 장착하여 안정성(가로 안정)보다 조종성을 크게 하기 위한 방식이고, 주 날개의 상반각(쳐든각, dihedral angle)과 후퇴각(sweep angle)은 가로 안정성을 높이는 방법이다.

30. 조종간이나 방향키 페달의 움직임을 전기적인 신호로 변환하고 컴퓨터에 입력 후 전기, 유압식 작동기를 통해 조종계통을 작동하는 조종방식은?

[항공산업기사 2017년 1회]

① power control system
② automatic pilot system
③ fly-by-wire system
④ push pull rod control system

해설 현재 거의 대부분의 항공기 비행조종계통에 채용되고 있는 전자식 조종장치인 FBW(Fly-By-Wire) 시스템은 기계식 조종계통을 전기, 전자 및 컴퓨터 시스템과 유압작동기 또는 전기식 작동기(서보모터)로 대체하여 전기신호로 조종하는 시스템이다.

31. 자동조종장치를 구성하는 장치 중 현재의 자세와 변화율을 측정하는 센서의 역할을 하는 것이 아닌 것은?

[항공산업기사 2015년 4회]

① 서보장치
② 수직 자이로
③ 고도센서
④ VOR/ILS 신호

해설
• 자동비행조종시스템(AFCS, Automatic Flight Control System)은 센서, 항법장치, 작동기, 비행제어컴퓨터 (FCC, Flight Control Computer) 등의 항공전자 하드웨어를 이용하고, 자동유도(guidance) 및 제어 (control)법칙 등의 제어 알고리즘을 통해 항공기를 제어하는 조종시스템 전체를 말한다.
• 항공기를 제어, 유도하기 위해서는 항공기의 비행정보 및 항법정보를 필요로 하고, 항공기의 자세와 각속도(자세 변화율)를 측정하기 위해 자이로가 사용된다.

32. 자동조종항법장치에서 위치정보를 받아 자동적으로 항공기를 조종하여 목적지까지 비행시키는 기능은?

[항공산업기사 2014년 4회]

① 유도기능
② 조종기능
③ 안정화 기능
④ 방향탐지기능

해설
• 자동비행조종시스템(AFCS)의 주요 기능은 안정성 증대 기능, 자동제어 기능, 유도제어 기능으로 구분된다.
• 유도제어(guidance control) 기능은 자동제어 기능과 안정성 증대 기능을 기반으로 목적지까지의 자동 비행 경로 추종, 자동 이/착륙(auto take-off, auto landing), VOR 추종, ILS 추종 등 항행에 관련된 자동비행기능을 제공한다.

33. 자동비행조종장치에서 오토파일럿(autopilot)을 연동(engage)하기 전에 필요한 조건이 아닌 것은?

[항공산업기사 2016년 2회]

① 이륙 후 연동한다.
② 충분한 조정(trim)을 취한 뒤 연동한다.
③ 항공기의 기수가 진북(true north)을 향한 후에 연동한다.
④ 항공기 자세(roll, pitch)가 있는 한계 내에서 연동한다.

해설
• Autopilot을 연동하기 위해서는 이륙 후 충분한 조정을 한 뒤 연동하고, 항공기 자세가 있는 한계 내에서 인가한다.
• Autopilot의 주요 기능은 안정성 증대 기능, 자동제어 기능, 유도제어 기능으로 구분되며, 제어기능 중에 방위각 유지 및 제어기능이 있어 항공기 기수를 항상 진북으로 맞추고 인가할 필요가 없다.

34. 자동비행조종장치의 롤과 피치 자세 명령값을 cross-bar 형태로 PFD 화면에 표시해주는 장치는?

① GPWS
② FD
③ FCC
④ ADIRU

해설
• 플라이트 디렉터(FD)는 자동비행조종장치의 롤과 피치 자세 명령값을 조종사에게 표시해주는 장치이다.
• MCP(Model Control Panel)의 'F/D' 스위치를 통해 인가하면 PFD 중앙 비행자세지시계(ADI, Attitude Direction Indicator) 화면부에 십자형의 FD command bar(또는 V-bar)가 표시된다.

35. 자동비행조종장치의 구성요소가 아닌 것은?

① Servo Motor　　② SMR

③ FCC　　④ ADIRU

<u>해설</u> 자동비행조종시스템(AFCS, Automatic Flight Control System)은 센서, 항법장치(INS, ARS, ADIRU 등), 작동기(servo motor 등), 비행제어컴퓨터(FCC) 등의 항공전자 하드웨어로 구성된다.

▶ 필답문제

36. 조종간을 다음과 같이 움직일 때 항공기의 움직임을 기술하시오.　　[항공산업기사 2012년 2회]

① 앞으로 밀 때

② 뒤로 당길 때

③ 좌측으로 움직일 때

④ 우측으로 움직일 때

<u>정답</u> ① 기수(피치, pitch)가 숙여지고 하강 비행을 시작한다.

② 기수(피치, pitch)가 들리고 상승 비행을 시작한다.

③ 좌선회를 시작한다.

④ 우선회를 시작한다.

37. 항공기 자동비행조종장치(AFCS)의 Yaw Damper의 3가지 기능을 기술하시오.

[항공산업기사 2007년 4회, 2011년 4회]

<u>정답</u> ① 더치롤(dutch-roll) 방지

② 균형선회(turn coordination)

③ 방향 안정성(directional stability) 향상

38. AFCS 자동비행제어장치(autopilot flight control system) 기능 세 가지를 기술하시오.

[항공산업기사 2017년 2회]

<u>정답</u> ① 안정성 증대(Stability Augmentation) 기능: 항공기가 가진 본연의 비행 안정성을 인위적으로 높이거나 불안정한 비행특성을 제거한다.

② 자동제어(Automatic Control) 기능: 제어기를 통해 조종사가 입력한 속도, 고도 및 방위각을 자동으로 유지하거나 추종하는 기능이다.

③ 유도제어(Guidance Control) 기능: 자동제어 기능과 안정성 증대 기능을 기반으로 자동 비행경로 추종, 자동 이·착륙(auto take-off, auto landing), VOR 추종, ILS 추종 등 항행에 관련된 자동비행 기능을 제공한다.

39. B-777, A-320, F-16 등 최신 항공기는 조종간과 조종면의 연결장치를 조종 케이블이 아닌 전기도선으로 연결하여 여기에 각종 감지기와 작동장치 및 컴퓨터를 장착하여 조종사의 조종능력을 향상시키는 조종장치를 어떤 시스템이라 하는가?

[항공산업기사 2007년 2회]

<u>정답</u> 전자식 비행조종장치(FBW system, Fly-By-Wire system)

<u>정답</u> **35.** ②

Aircraft
Instrument
System

AIRCRAFT INSTRUMENT SYSTEM

마지막 13장에서는 전자계기(electronic instrument)와 통합전자계기(integrated electronic instrument)[1]에 대해 살펴보겠습니다. 전자계기는 단순히 화면만을 디지털 디스플레이 화면으로 변경하는 것을 의미하는 것이 아니라, 독립된 계기의 정보를 타 장치나 시스템으로 전송할 수 있는 디지털 방식을 채택한 시스템을 의미합니다. 초기에 사용된 독립적인 아날로그(analog) 계기는 항공전자·제어·IT 기술의 발전을 통해 디지털(digital) 계기로 점차 발전하여 비행 및 항행 정보를 통합하고 보다 효율적으로 조종사에게 제공하게 됩니다. 이러한 전자계기로 비행자세 지시계(ADI), 수평자세 지시계(HSI) 및 무선자기 지시계(RMI)의 구성과 특징을 먼저 살펴본 후에 소형 항공기 및 중대형 항공기에 적용되는 통합전자계기를 알아보겠습니다.

1 집합계기 또는 종합전자계기라고도 함.

13.1 전자계기 개요

1장~7장에서 서술한 아날로그 방식의 독립적 비행계기는 아날로그 신호처리 방식의 한계로 인해 정보의 정밀화 및 타 시스템이나 장치로 정보를 전송하는 집약화에 물리적인 한계가 있었습니다. 이에 반해 전자·IT 기술 발전에 따른 디지털 신호처리 방식은 보다 정확하고 신뢰성 있는 정보를 통합하여 제공할 수 있는 기술환경을 마련하게 되었고, 고해상도의 디지털 디스플레이 기술과 접목되어 독립된 여러 장치나 계기의 정보를 통합하여 정확하고 다양한 비행정보와 항법정보를 넓은 화면에 효율적으로 제공할 수 있게 되었습니다.

예를 들어, [그림 13.1]에 나타낸 미국 Garmin사의 G-1000 시스템은 소형 항공기 및 비즈니스 제트기에 사용되는 대표적인 통합식 전자계기입니다. AHRS, ADC, 지자기계, 엔진관련 센서 등의 디지털 방식 전자계기와 GPS, 통신 트랜스폰더, ILS 등의 통신 및 항법계기 등과 연동하여 다양한 정보를 Integrated Avionics Unit에서 취합하고, 비행모드 선택에 따라 주 비행표시장치(PFD, Primary Flight Display) 및 다기능시현기(MFD, Multi-Function Display)에 표시합니다. 이러한 통합식 전자계기는 조종석에 장착되는 수많은 계기의 판독성 및 가독성 향상과 더불어 다양한 비행정보를 통합하여 조종사에게 제공함으로써 비행 안정성과 업무 효율성을 향상시킬 수 있게 됩니다.

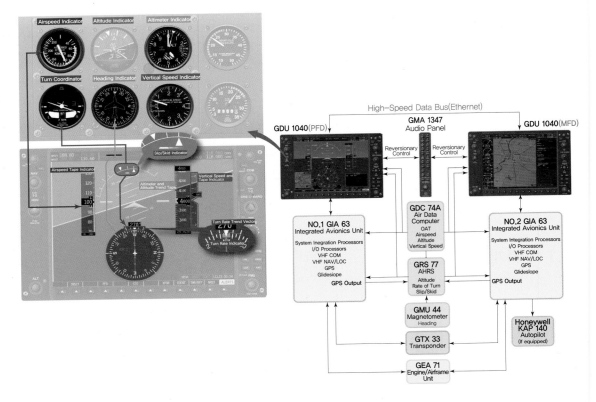

[그림 13.1] 소형 항공기용 통합전자계기(미국 Garmin사의 G-1000 시스템)

13.2 전자계기-비행자세 지시계(ADI)

비행자세 지시계(ADI, Attitude Direction Indicator)는 자이로 계기 중 자세계(attitude indicator)[2]가 발전하여 롤 및 피치 자세각 표시뿐 아니라 자동비행조종시스템(AFCS)의 제어명령과 ILS의 편차정보까지 함께 표시해주는 전자계기입니다.

비행자세 지시계(ADI)는 [그림 13.2]와 같이 디지털 디스플레이방식의 전자식 비행자세 지시계(EADI, Electronic ADI)로 발전하여 하나의 독립된 전자계기로 사용되기도 하며, 중대형 항공기에서는 통합전자계기의 주 비행표시장치(PFD)에 통합되어 관련 정보가 표시됩니다.

비행자세 지시계의 주요 기능을 정리하면 다음과 같습니다.

2 7.3.3절의 아날로그 자세계는 내부에 수직 자이로(vertical gyro)를 장착하여 항공기의 롤, 피치 자세각을 표시함.

비행자세 지시계(ADI)

- ADI = Attitude Indicator + FD Command bar + ILS 계기
① 자세계와 같이 항공기의 롤(roll)/피치(pitch) 자세각 정보를 제공하고, 경사계(slip indicator)를 통해 선회비행상태(균형, 내활, 외활)를 표시한다.
② 자동비행조종시스템인 플라이트 디렉터(FD)의 롤/피치 조종명령을 표시한다.[3]
③ 자동비행조종시스템의 ILS 모드 선택 시 PFD에 ILS 수평/수직 편차를 제공한다.

[3] FD만 인가되면 FD command bar를 추종하는 조종상태가 되며, FD와 Autopilot이 모두 인가되면 Autopilot의 자동조종 비행상태를 감시하는 상태가 됨.

디지털 디스플레이방식의 Electronic ADI(EADI)로 발전하여 통합전자계기인 PFD로 통합

[그림 13.2] 비행자세 지시계(ADI)의 발전

[그림 13.3] 전자식 비행자세 지시계(EADI) 화면 구성

[그림 13.3]은 EADI의 화면 표시부를 보여주고 있으며, 주 기능은 다음과 같습니다.

4 [그림 7.22] 참조

① 7.3.3절의 일반 자세계와 동일하게 롤과 피치 자세각을 기본적으로 표시합니다.[4]
② 12.4.2절(자동비행조종시스템)의 플라이트 디렉터(FD) 롤/피치 제어명령인 FD command bar가 함께 표시됩니다.[5]

5 [그림 12.29] 참조

③ 10.9.2절의 계기착륙장치인 ILS의 유도전파를 포착하는 비행모드에서는 글라이드 슬로프(G/S) 및 로컬라이저(LOC)의 편차도 함께 표시해 주어, 조종사에게 자세 및 항행에 필요한 정보를 통합하여 제공합니다.

비행자세 지시계 화면 중앙에 위치한 인공 수평선 바(artificial horizon bar)와 항공기 심벌(aircraft symbol)은 항공기의 상승 및 하강비행상태를 표시하며, 롤 및 피치 자세각 표시스케일 및 지침은 7.3.3절의 '자세계'의 화면과 같은 구성을 갖습니다.

13.3 전자계기-수평자세 지시계(HSI)

수평자세 지시계(HSI, Horizontal Situation Indicator)는 VOR 계기(VOR Indicator), ILS 계기 및 기수방위 지시계(heading indicator)의 기능과 관련 정보를 통합하여 제공할 수 있는 항법전자계기입니다.

9.2.2절에서 서술한 기존 VOR 계기는 지상 VOR 무선국에 대한 항로편차만 제공하고, 기수방위정보를 제공하지 않아서 기수방위 지시계가 별도로 필요하였습니다. 이에 반해 수평자세 지시계(HSI)는 항공기의 위치와 조종사가 선정한 항로의 상관관계를 시각적으로 확인할 수 있으며, 기수방위정보를 함께 제공하므로 VOR 계기에서 나타나는 CDI 역감지 현상을 자동적으로 방지합니다. 즉 선택한 항로에 대한 항공기의 상대위치를 정확히 제공하기 때문에 혼동 가능성에 대한 문제점을 해결할 수 있습니다.

 수평자세 지시계(HSI)

- HSI = VOR 계기 + Heading Indicator + ILS 계기
① VOR 계기와 같이 지상 VOR 무선국에 대한 항로편차를 지시한다.
② 기수방위 지시계의 기수 방위각 정보를 제공한다.
③ ILS 모드 선택 시 ND에 글라이드 슬로프 및 로컬라이저의 수평/수직 편차를 제공한다.

디지털 디스플레이방식의 Electronic HSI(EHSI)로 발전하여 항법표시장치(ND)로 통합

Analog 독립 HSI　　　Electronic HSI　　　ND에 병합

[그림 13.4] 수평자세 지시계(HSI)의 발전

[그림 13.4]와 같이 아날로그 방식의 독립 HSI 계기는 전자식 수평자세 지시계 (EHSI, Electronic HSI)로 발전하여 중대형 항공기에서는 통합전자계기인 항법표시 장치(ND)로 통합됩니다.

[그림 13.5]의 전자식 수평자세 지시계(EHSI)의 화면 표시부를 통해 EHSI의 구성 과 기능에 대해 알아보겠습니다.

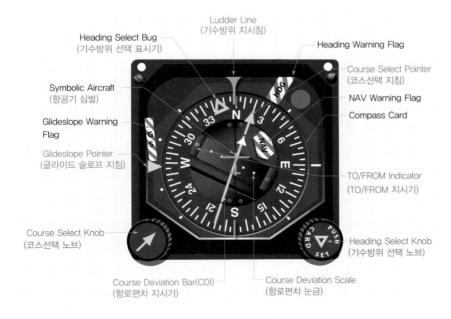

Heading Select Bug
(기수방위 선택 표시기)

Ludder Line
(기수방위 지시침)

Heading Warning Flag

Symbolic Aircraft
(항공기 심벌)

Course Select Pointer
(코스선택 지침)

NAV Warning Flag

Compass Card

Glideslope Warning
Flag

Glideslope Pointer
(글라이드 슬로프 지침)

TO/FROM Indicator
(TO/FROM 지시기)

Course Select Knob
(코스선택 노브)

Heading Select Knob
(기수방위 선택 노브)

Course Deviation Bar(CDI)
(항로편차 지시기)

Course Deviation Scale
(항로편차 눈금)

[그림 13.5] 전자식 수평자세 지시계(EHSI) 화면 구성

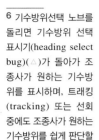

6 기수방위선택 노브를 돌리면 기수방위 선택 표시기(heading select bug)(△)가 돌아가 조종사가 원하는 기수방위를 표시하며, 트래킹(tracking) 또는 선회 중에도 조종사가 원하는 기수방위를 쉽게 판단할 수 있는 참고값이 됨.

7 노란색 삼각형 화살표(▲)는 조종사가 선택한 항로의 radial을 가리키고, 반대편 꼬리는 역항로 지시침(reciprocal course pointer)에 의해서 역radial을 가리킴.

8 삼각표가 코스선택 지침 화살표를 향하고 있을 때는 TO를 가리키고, 삼각표가 코스선택 지침 화살표의 반대방향을 향하고 있을 때는 FROM을 가리킴.

① 기수방위 기준선(lubber line)은 계기 상단에 고정된 기준선으로, 컴퍼스 카드가 돌아가면서 표시되는 기수방위(heading) 숫자를 읽는 기준이 됩니다. 계기 오른쪽 하단에 있는 기수방위선택 노브(Heading Select Knob)를 돌려 조종사가 원하는 기수방위를 선택할 수 있습니다.[6]

② 코스선택 지침(항로 화살표, course select point)은 계기 왼쪽 하단의 진로 선택 노브(Course Select Knob)를 돌려 조종사가 원하는 항로(코스)를 컴퍼스 카드상에 표시하는 용도로 사용하며, VOR의 OBS(Omni-Bearing Selector)와 같은 기능을 합니다.[7]

③ 항로편차 지시기(CDB, Course Deviation Bar)는 조종사가 선택한 항로에 대한 항공기의 위치정보를 제공하며, VOR 계기의 CDI(Course Deviation Indicator)와 같은 기능을 합니다. 예를 들어 CDB가 항공기 심벌의 왼쪽에 있으면, 현재 항공기는 지정 항로에서 오른쪽으로 벗어나 있음을 의미합니다. 항로에서 벗어난 정도는 좌우의 도트(dots)로 측정하고, 도트당 2도(2°/dot)의 편차를 나타냅니다. CDB는 계기착륙장치(ILS) 모드를 선택하면 로컬라이저(LOC)의 수평편차를 지시합니다.

④ TO/FROM 지시기(TO/FROM indicator)는 VOR 계기의 TO/FROM 지시기와 동일하게 흰색 삼각표(△)로 표시됩니다.[8]

⑤ 중앙에 그려진 항공기 심벌(symbolic aircraft)은 항공기의 위치를 표시하며, 조종사가 선택한 항로에 대한 항공기의 위치를 판단하는 기준으로 사용됩니다.

⑥ 글라이드 슬로프 지침(glide slope pointer)은 계기착륙장치(ILS)의 글라이드 슬로프 유도 전파를 포착하면 지정된 활공각에 대해 위아래로 벗어난 수직 편차정보를 제공합니다. 포인터(pointer)가 중앙을 기준으로 아래쪽에 있으면 항공기가 글라이드 슬로프(G/S)보다 높음을 의미하며, 하강이 필요함을 나타냅니다.

⑦ 'G/S' 플래그는 글라이드 슬로프 경고 플래그(G/S warning flag)라고 하며, 수신되는 글라이드 슬로프(G/S)의 유도전파가 신뢰할 수 없을 때 표시됩니다. 'HDG' 플래그와 'NAV' 플래그도 해당 기능에 문제가 있을 때 계기 화면에 나타납니다.

예제를 통해 수평자세 지시계를 판독하고, 수평자세 지시계에 따른 항공기의 위치를 알아보겠습니다.

예제 13.1

현재 항공기는 지상의 VOR 무선국 신호를 포착하여 비행 중이며, HSI가 아래 그림과 같이 지시하고 있을 때 계기 지시를 판독하고 다음 물음에 답하시오.

(1) 현재 항공기의 기수방위각은 몇 deg인가?

(2) 조종사가 현재 OBS 노브로 선택한 항로값은 몇 deg이며, TO/FROM 중 어떤 상태를 지시하는가?

(3) 항공기는 현재 선택한 항로에서 왼쪽과 오른쪽 중 어느 방향에 있으며, VOR 무선국의 라디얼 선상 몇 deg에 위치하는가?

(4) VOR 무선국 중심의 4분면에 항공기 위치를 그리시오.

┃풀이┃ HSI를 이용하여 방향을 결정하는 방법은 기본적으로 VOR 계기와 같다. HSI의 지시상태를 판독하면,

(1) 흰색의 기수방위 기준선(lubber line)이 지시하는 컴퍼스 카드값이 '14'이므로, 항공기 기수방위는 MH = 140°이다.

(2) 코스선택 지침(course select point)인 노란색 화살표(▲)가 지시하는 값이 '35'이므로 선택 항로는 MB = 350° 라디얼이다.[9] 코스선택 지침의 반대쪽 방향으로 TO/FROM 지시 흰색 화살표가 나타나므로 TO/FROM 지시기는 FROM을 지시하고 있다.[10]

(3) 중앙의 노란색 항로 편차 지시기(CDB, Course Deviation Bar)가 350° 라디얼(R-350) 오른쪽으로 5도트(dot), 즉 5 dot × 2°/dot = 10° 벗어나 있기 때문에 항공기는 VOR 무선국의 340° 라디얼선상(R-340)에서 350° 라디얼을 향하여 접근 중에 있다.

(4) VOR 무선국 중심의 4분면에 항공기 위치를 도시하면 다음 그림과 같다.

9 정확하게는 TO 베어링, MB(TO)를 의미함.

10 VOR 계기라면 현재 선택코스와 90° 이상 벗어난 기수방위로 인해 CDI 역감지 현상이 나타나 TO를 지시하게 됨.

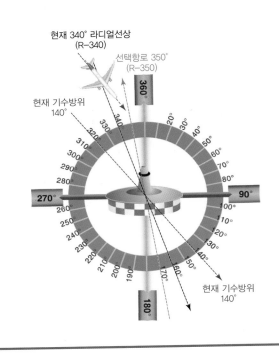

현재 340° 라디얼선상
(R-340)

선택항로 350°
(R-350)

현재 기수방위
140°

현재 기수방위
140°

예제 13.2

현재 항공기는 ILS 모드로 글라이드 슬로프와 로컬라이저 신호를 포착하여 접근 중이다.
HSI가 아래 그림과 같이 지시하고 있을 때 계기 지시를 판독하고 다음 물음에 답하시오.
(단, 활주로는 자북 0° 방향이다.)

(1) 현재 항공기의 기수방위각은 몇 deg인가?

(2) 조종사가 현재 OBS 노브로 선택한 항로값은 몇 deg이며, TO/FROM 중 어떤 상태
를 지시하는가?

(3) 항공기는 현재 글라이드 슬로프와 로컬라이저 신호에 의해 어느 위치에 있는지 그리
시오.

|**풀이**| HSI를 이용하여 방향을 결정하는 방법은 기본적으로 ILS 계기와 같으며, HSI 의 지시상태를 판독하면,

(1) 흰색의 기수방위 기준선(lubber line)이 지시하는 컴퍼스 카드값이 '2'이므로, 항공기 기수방위는 MH = 20°이다.

(2) 코스선택 지침(course select point)인 노란색 화살표(▲)가 지시하는 값이 '35'이므로 선택 항로는 MH = 350° 라디얼이다. 코스선택 지침과 같은 방향으로 TO/FROM 지시 흰색 화살표가 나타나므로, TO/FROM 지시기는 TO를 가리키고 있다.

(3) 중앙의 노란색 항로 편차 지시기(CDB, Course Deviation Bar)는 로컬라이저(LOC) 유도신호가 오른쪽에 있음을 나타내므로 현재 항공기 오른쪽에 활주로 중심선이 위치한다. 또한 계기 왼쪽과 오른쪽 상단에 글라이드 슬로프(G/S) 편차가 지시되므로 항공기는 활공각 3°보다 아래에서 접근 중에 있다. 따라서 항공기 위치를 도시하면 다음 그림과 같다.

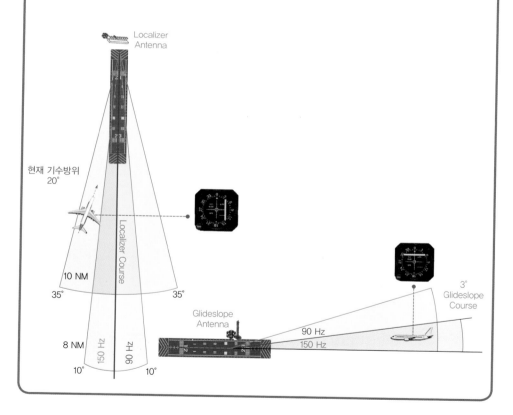

13.4 전자계기-무선자기 지시계(RMI)

무선자기 지시계(RMI, Radio Magnetic Indicator)는 자북에 대한 VOR 무선국의 항로편차와 9.2.1절의 무지향성 무선표지(NDB) 지상국에 대한 항로편차(ADF) 및 항공기의 기수방위각 정보를 동시에 제공하는 항법 전자계기입니다.

 무선자기 지시계(RMI)

- RMI = VOR 계기(CDI) + 자동방향탐지기(ADF) + 자기 컴퍼스(Magnetic Compass)
① [그림 13.6]과 같이 2개의 지침을 사용하여 NDB와 VOR에 대한 항로편차를 지시한다.
  - No. 1 지시침(single-needle pointer): 얇은 지침으로 ADF와 같이 지상 NDB 무선국의 방향을 지시한다.
  - No. 2 지시침(double-needle pointer): 굵은 지침으로 지상 VOR 무선국의 방향을 지시한다.
② 기능선택 스위치로 각 지시침의 ADF와 VOR 지시를 변경할 수 있다.

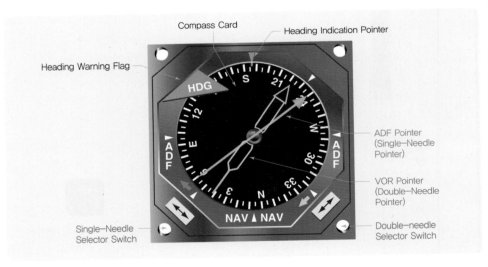

[그림 13.6] 무선자기 지시계(RMI) 화면 구성

11 [그림 13.6] 왼쪽 아래의 녹색 화살표가 'ADF'를 가리키고 있음.

12 [그림 13.6] 오른쪽 아래의 노란색 화살표가 'NAV'를 가리키고 있음.

13 [그림 13.6] 왼쪽 아래의 녹색 화살표가 'NAV'를 가리키게 됨.

RMI 계기의 왼쪽과 오른쪽 아래에는 기능선택 스위치가 있으며, ADF와 VOR을 선별적으로 선택하여 활용할 수 있습니다. RMI의 기본설정은 No. 1 지시침이 ADF를[11], No. 2 지시침이 VOR을[12] 가리키는 상태이며, 만약 RMI에서 2개의 VOR 신호를 수신하고 싶다면 왼쪽 기능선택 스위치를 눌러서 'ADF'에서 'VOR'로 전환시킵니다.[13] 반대로 2개의 ADF 장비로 활용하려면 우측에 있는 기능선택 스위치를 눌러 'VOR'에서 'ADF'로

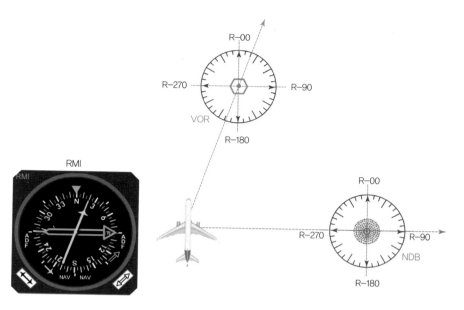

[그림 13.7] 무선자기 지시계(RMI) 지시

전환시키면 두 개의 지상 NDB 신호를 수신할 수 있습니다. 예를 들어 [그림 13.7]의 항공기의 RMI는 No. 1 지시침이 VOR을, No. 2 지시침이 NDB를 지시하는 상태입니다. [그림 13.7]을 통해 무선자기 지시계의 VOR/ADF 방향 결정에 대해 알아보겠습니다.

① RMI의 컴퍼스 카드는 항공기 기수방위각에 따라 회전하므로 계기 상부의 기수방위 지시침이 지시하는 방위각이 기수방위(MH, Magnetic Heading)가 됩니다. 따라서, RMI 계기는 현재 0° 방위각을 지시하고 있습니다.

② RMI의 ADF 기능은 9.2.1절의 항법계기에서 알아본 회전형 ADF 계기와 같으며, 식 (13.1)을 통해 TO 베어링[MB(TO)][14]과 상대 베어링(RB, Relative Bearing)[15]의 관계를 알 수 있습니다.

$$MB(TO) = RB + MH \qquad (13.1)$$

③ 현재 RMI 계기의 No. 2 지침은 ADF 지침으로 지상 NDB 송신소를 지시하고 있으며, 화살표의 머리가 지시하는 값이 자방위 MB(TO) = 90°가 됩니다.

④ ADF 지시침의 꼬리는 항공기가 위치해 있는 무선국의 라디얼(radial)선상이므로 화살표 꼬리가 가리키는 270°가 NDB 무선국의 라디얼 270°(R-270)임을 그림에서 확인할 수 있습니다. 현재 기수방위각이 0°이므로 식 (13.1)을 통해 상대 베어링 RB = MB(TO) = 90°가 됩니다.

14 TO 베어링[TO bearing, MB(TO)]은 항공기에서 지상무선국을 향해 연결한 직선이 자북과 이루는 각도를 말함.

15 상대 베어링(RB, Relative Bearing)은 항공기의 진행방향(기수방향)과 무선국까지 연결한 직선 사이의 각도를 말함.

RMI의 VOR 기능은 9.2.2절에서 알아본 VOR 계기의 CDI와 달리 회전형 ADF 계기와 동일한 방식으로 지시하게 됨을 주의해야 합니다.[16]

16 9.2.2절의 VOR 계기는 기수방위와 상관없는 고정형이므로, CDI 화살표가 가리키는 값이 상대 베어링(RB)값이 됨.

⑤ 즉, [그림 13.7]의 RMI 계기의 No. 1 지시침은 VOR 송신소를 지시하고 있으며, 화살표의 머리가 지시하는 값이 자방위 MB(TO) = 90°가 됩니다.

⑥ 마찬가지로 VOR 지시침의 꼬리가 항공기가 위치해 있는 VOR 무선국의 라디얼이 되므로, 화살표의 꼬리가 가리키는 200°가 VOR 무선국의 라디얼 200°(R-200)임을 그림에서 확인할 수 있습니다.

13.5 통합전자계기

13.5.1 통합전자계기의 구성

통합전자계기(integrated electronic instrument)의 구성은 항공기 제작사인 보잉(Boeing)사나 에어버스(Airbus)사에 따라 각기 다르며, 같은 제작사라도 기종별로 조금씩 차이가 있습니다.

일반적으로 통합전자계기는 중대형 항공기의 경우에 [그림 13.8(a)]와 같이 비행정보를 표시하는 주 비행표시장치(PFD, Primary Flight Display)와 항법정보를 표시하는 항법표시장치(ND, Navigation Display), 엔진지시 및 각 서브계통(subsystem)의 상태를 표시하는 엔진지시 및 승무원 경고장치(EICAS, Engine Indication and Crew Alerting System)로 구성됩니다. B737 항공기를 기준으로 각 표시장치는 주 조종사[17] 석과 부조종사[18]석 계기 패널(instrument panel)에 총 6개의 8 inch 컬러 LCD 디스플레이[19](DU, Display Unit)가 장착되어 사용되며, 무게는 8.2 kg 정도입니다.

17 CAPT(Captain)

18 F/O(First Officer)

19 보잉사에서는 DU (Display Unit)라는 장치명을 사용함.

[그림 13.8(b)]와 같이 소형 항공기의 통합전자계기는 PFD와 다기능시현장치(MFD, Multi-Function Display)로 구성됩니다. 일반적으로 PFD와 MFD를 합쳐 전자식 비행계기장치(EFIS, Electronic Flight Instrument System)라 하는데, 중대형 항공기의 경우는 소형 항공기의 MFD 기능을 분리하여 ND와 EICAS로 구현하므로 EFIS는 PFD, ND 및 EICAS까지를 모두 포함하는 개념으로 사용해도 무리가 없습니다.

(1) Boeing의 통합전자계기 구성

[그림 13.9]는 보잉사의 B737 항공기의 조종석 계기판을 보여주고 있으며, 다음과 같이 구성됩니다.

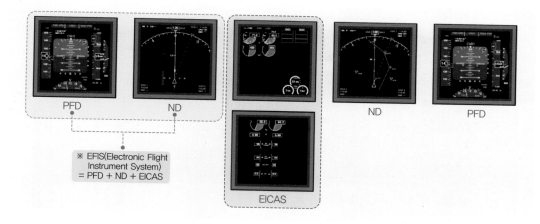

(a) 중대형 항공기의 통합전자계기 구성

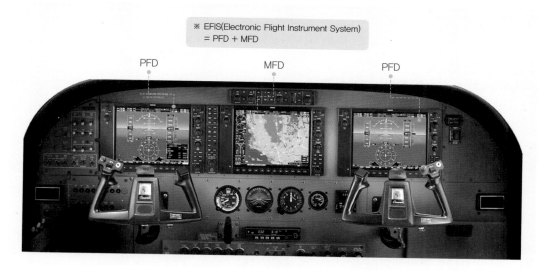

(b) 소형기 및 비즈니스 제트기의 통합전자계기 구성

[그림 13.8] 소형기 및 중대형 항공기의 통합전자계기 구성

 Boeing사의 통합전자계기(IDS)

- 보잉사의 통합전자계기 시스템은 IDS(Integrated Display System)라고 한다.
  ① PFD, ND 및 EICAS로 구성된다.
  ② PFD와 ND는 주 조종사 및 부조종사 계기 패널에 각각 장착된다.
  ③ 엔진지시/승무원 경고장치(EICAS)는 상하 2개의 디스플레이 장치로 이루어지며, 위쪽을 Main EICAS, 아래쪽을 Auxiliary EICAS라 한다.

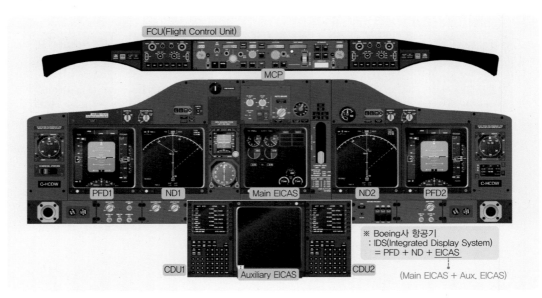

[그림 13.9] B737의 통합전자계기(IDS) 구성

(2) Airbus의 통합전자계기 구성

[그림 13.10]은 에어버스사의 A320 항공기의 조종석 계기판을 보여주고 있으며, 에어버스사의 통합전자계기는 다음과 같이 구성됩니다.

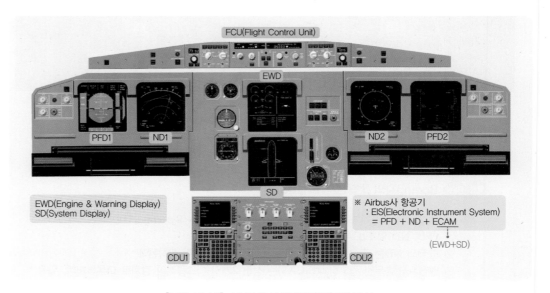

[그림 13.10] A320의 통합전자계기(EIS) 구성

Airbus사의 통합전자계기(EIS)

- 에어버스사의 통합전자계기 시스템은 EIS(Electronic Instrument System)라고 한다.
  ① PFD, ND 및 ECAM[20]으로 구성된다.
  ② PFD와 ND는 주 조종사 및 부조종사 계기 패널에 각각 장착된다.
  ③ 전자식 중앙 항공기 감시장치(ECAM)는 상하 2개의 디스플레이 장치로 이루어지며, 위쪽을 EWD[21], 아래쪽을 SD[22]라 한다.

[20] ECAM(Electronic Centralized Airplane Monitoring)

[21] EWD(Engine and Warning Display)

[22] SD(System Display)

전자식 중앙 항공기 감시장치(ECAM)는 보잉사의 EICAS와 같은 기능을 수행하며, 엔진계기의 상태정보와 경고 메시지는 위쪽 시현장치인 EWD에 표시되고, 각 서브계통의 상태정보는 아래쪽 시현장치인 SD에 표시됩니다.

13.5.2 주 비행표시장치(PFD)

통합전자계기를 구성하는 각 장치에 대해 알아보겠습니다.

먼저 주 비행표시장치(PFD)는 전자식 비행자세 지시계인 EADI를 중앙에 놓고 디지털화된 속도계, 기압고도계, 전파고도계, 승강계, 기수방위 지시계 등을 통합하고, 자동비행조종시스템(AFCS)의 비행 모드와 ILS 관련 정보를 함께 표시하여 조종사에게 효율적인 비행정보를 제공하는 통합전자계기입니다. [그림 13.11(a)]는 소형 항공기용 PFD를 나타내고 있으며, [그림 13.11(b)]는 중대형 항공기의 PFD 화면을 나타냅니다.

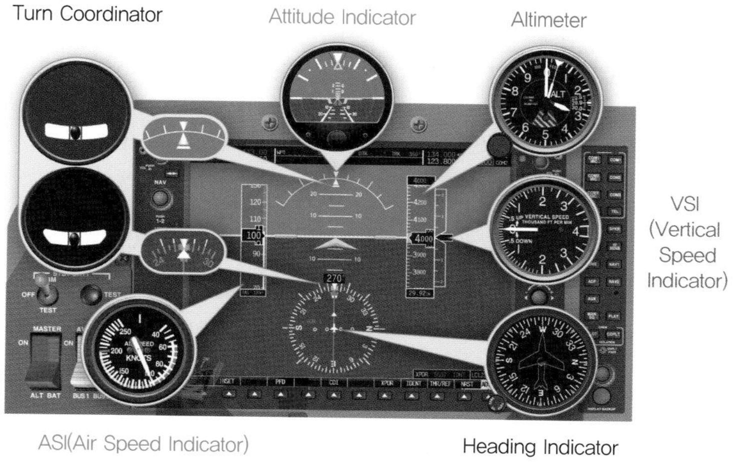

(a) 소형 항공기의 PFD 화면 구성

[그림 13.11] 주 비행표시장치(PFD) (계속)

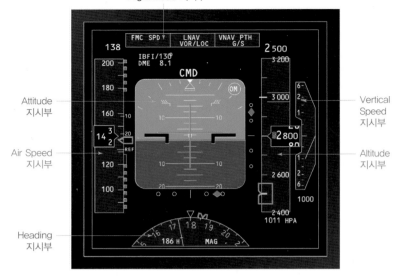

Flight Mode 지시부

Attitude
지시부

Air Speed
지시부

Heading
지시부

Vertical
Speed
지시부

Altitude
지시부

(b) 중대형 항공기의 PFD 화면 구성

[그림 13.11] 주 비행표시장치(PFD)

그림과 같이 PFD는 항공기 조종에 필요한 핵심적인 비행계기를 통합하여 비행정보를 제공하므로 소형 항공기와 중대형 항공기의 PFD 화면 구성은 거의 비슷합니다.

 주 비행표시장치(PFD)

① Attitude 지시부: PFD 화면 중앙부에 롤, 피치 자세를 표시하는 전자식 비행자세 지시계(EADI)가 위치한다.
② Air Speed 지시부: PFD 화면 왼쪽에 bar 형태로 비행속도를 표시한다.
③ Altitude 지시부: PFD 화면 오른쪽에 bar 형태로 기압고도 및 수직속도를 표시한다.
④ Heading 지시부: PFD 화면 아래쪽에 기수방위각 정보를 표시한다.
⑤ Flight Mode 지시부: PFD 화면 위쪽에는 자동비행조종장치(AFCS)에서 인가한 비행모드가 표시된다.

① PFD 화면 중앙의 Attitude 지시부는 [그림 13.12]와 같이 전자식 비행자세 지시계(EADI)가 표시되며, 자동비행조종시스템의 플라이트 디렉터(FD)가 인가되는 경우에는 FD command bar가 화면에 나타납니다.
② ILS 모드에서는 [그림 13.13]처럼 글라이드 슬로프와 로컬라이저의 수평, 수직

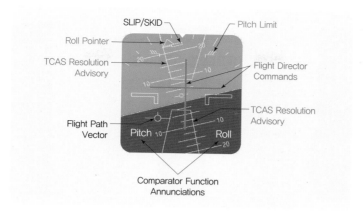

[그림 13.12] PFD의 Attitude 표시부

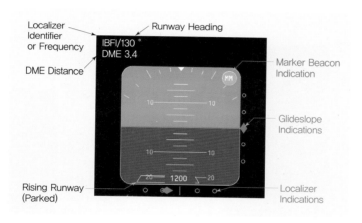

[그림 13.13] ILS 비행모드에서의 Attitude 지시부

편차가 오른쪽과 아래쪽에 ◆기호로 표시됩니다.

③ [그림 13.14]는 **PFD** 화면의 왼쪽에 표시되는 **Air Speed** 지시부로, 중앙에 현재 비행속도를 표시하고, 비행모드에 따른 각종 비행속도를 표시합니다.

④ **PFD** 화면의 오른쪽에 표시되는 **Altitude** 지시부에는 [그림 13.15]와 같이 현재 고도값이 중앙에 표시되며, 제일 위쪽에는 선택 고도값이 표시됩니다. **Altitude** 지시부 오른쪽에는 상승률과 하강률 정보를 나타내는 **Vertical Speed** 지시부가 위치합니다.

⑤ 2,500 ft 이하 고도에서 전파고도계(**RA**)가 작동하면 **PFD** 오른쪽 상단 화면이나 **EADI** 아래 화면에 [그림 13.16]과 같이 전파고도값이 표시됩니다.[23]

23 1,000~2,500 ft에서는 디지털 숫자로 표시되며, 1,000 ft 이하에서는 원형 아날로그 방식으로 표시됨.

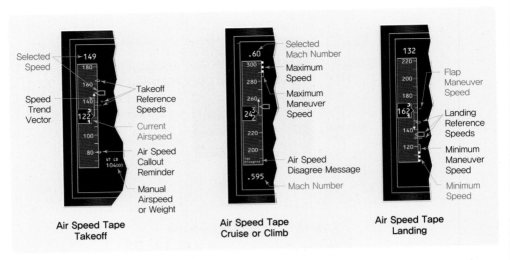

[그림 13.14] PFD의 Airspeed 표시부

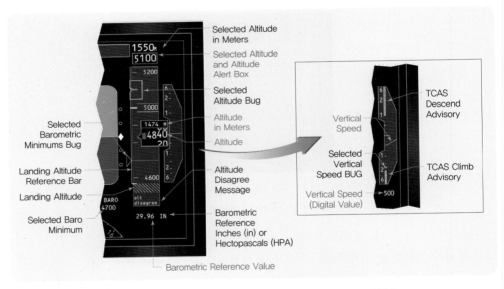

[그림 13.15] PFD의 Altitude 지시부와 Vertical Speed 지시부

⑥ PFD 화면 제일 아래쪽에는 [그림 13.17]과 같이 기수방위 지시계가 위치하며, 10.4절의 대지접근경보장치(GPWS[24])의 전단풍(windshear) 경고등과 같은 각종 경보정보도 표시됩니다.

⑦ PFD 제일 위쪽 박스에는 [그림 13.18]과 같이 자동비행조종시스템(AFCS)의 인가에 따른 비행모드 정보가 표시되며, 박스 왼쪽 아래에는 DME 설정 주파수 및 거리 등이 표시됩니다.

[24] Ground Proximity Warning System

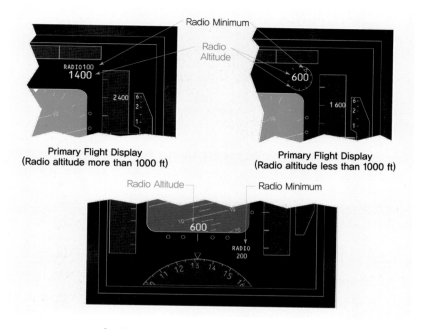

[그림 13.16] 전파 고도계 표시 Altitude 지시부

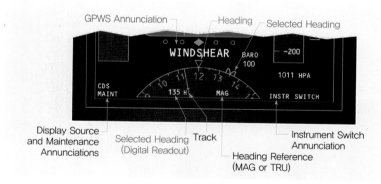

[그림 13.17] PFD의 Heading 지시부

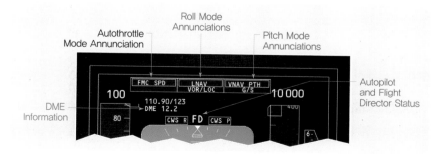

[그림 13.18] PFD의 Flight Mode 지시부

13.5.3 항법표시장치(ND)

항법표시장치(ND, Navigation Display)는 항법 및 항행에 필요한 여러 가지 정보를 나타내는 통합표시장치로 사용됩니다.

> **핵심 Point 항법표시장치(ND)**
>
> - 전자식 수평자세 지시계(EHSI)를 기본으로 항공기의 현재 위치, 기수 방위, 비행 방향, 비행 설정 코스, 비행 통과 지점까지의 거리, 소요 시간의 계산과 지시 등에 관한 항법 및 항행정보를 표시한다.
> - 4가지 모드로 구성되며, 화면 전환을 통해 필요한 정보를 도시한다.

ND는 [그림 13.19]와 같이 비행계획모드(Plan mode), 지도모드(Map mode), VOR 모드, 접근모드(Approach mode)의 4가지 화면모드로 구성되어 있으며, 각 모드는 다시 하위모드로 구성되어 있어, 조종사의 선택에 따라 필요한 모드로 화면을 전환해 해당 정보를 도시합니다.

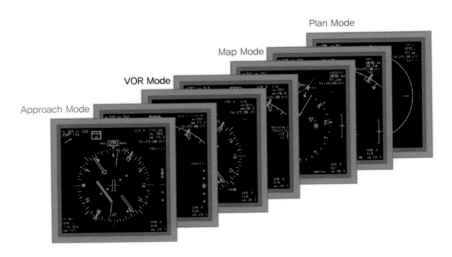

[그림 13.19] 항법표시장치(ND)

각각의 모드에서 표시되는 정보는 다음과 같습니다.

① 지도모드(Map mode)는 [그림 13.20]과 같이 상세한 항공지도(aerial chart)상에 항공기의 현재 위치 및 비행 설정 코스, 항로점(waypoint) 등의 항행상태 정보를 표기해 주며, 대지접근경보장치(GPWS), 공중충돌방지장치(TCAS[25]) 등의 항행

25 Traffic alert and Collision Avoidance System

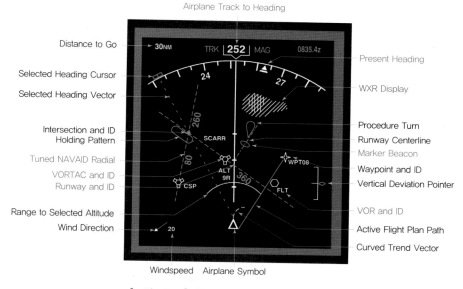

[그림 13.20] 항법표시장치(ND)의 Map mode

보조장치에서 제공되는 항행정보를 통합하여 표시합니다. 또한 [그림 13.21]과
같이 선택한 서브모드에 따라 공항지도, 지형지물과의 수직 단면지도 등 상세한
디지털 지도 정보가 제공됩니다.

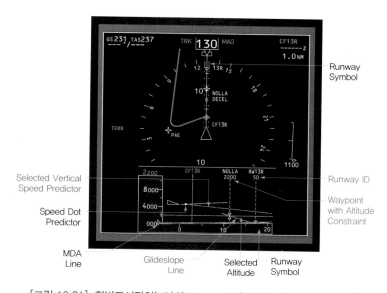

[그림 13.21] 항법표시장치(ND)의 Map mode(Vertical Situation Display)

② 비행계획모드(Plan mode)는 [그림 13.22]와 같이 조종사가 입력한 항로점 등 전체 비행계획지도를 표기해 주며, 전체 비행구간 및 각각의 비행구역에서 현재 항공기의 위치를 표시해 줍니다. 설정된 모든 항법보조장치의 정보를 함께 도시하며, 목표 항로점까지의 남은 거리 및 도착예정시간 등 항행관련 정보 등도 함께 제공합니다.

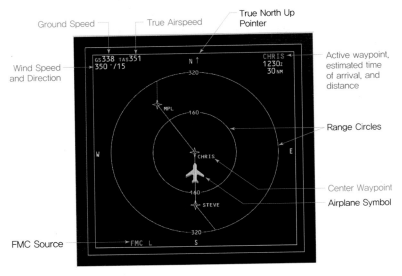

[그림 13.22] 항법표시장치(ND)의 Plan mode

③ VOR 모드(VOR mode)는 [그림 13.23]과 같이 전자식 수평방향 지시계(EHSI)가 표시되어 VOR, NDB 등의 지상 무선항법시설과의 항로편차 및 항공기의 기수방위각, 무선국 방향 등을 표시해 주는 모드입니다.

④ 접근모드(Approach mode)는 [그림 13.24]와 같이 계기착륙장치(ILS) 관련 항행 정보를 도시하여 G/S(글라이드 슬로프) 및 LC(로컬라이저)의 수평/수직 편차를 제공하고, 착륙 공항 활주로 방향 정보 등을 함께 제공합니다.

각 화면모드는 2가지 형태로 선택하여 사용이 가능합니다. Centered mode는 [그림 13.22], [그림 13.23]과 같이 항공기를 화면 중심에 두고 정보를 도시하는 방식이며, Expanded mode는 [그림 13.20], [그림 13.24]와 같이 항공기 진행방향 전방 영역을 도시하는 방식입니다.

또한 ND의 서브모드에는 [그림 10.3]에서 나타낸 기상 레이다(WXR)의 탐지 정보를 표시하여 조종사에게 비행지역의 강우량 정보 등 기상상태를 제공하는 기능이 포함됩니다.

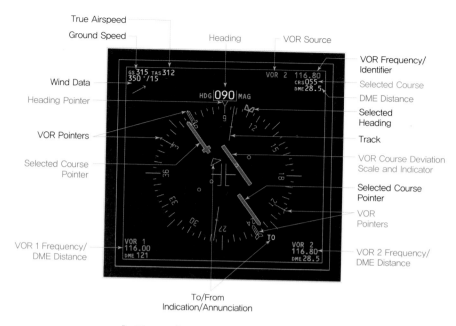

[그림 13.23] 항법표시장치(ND)의 VOR mode

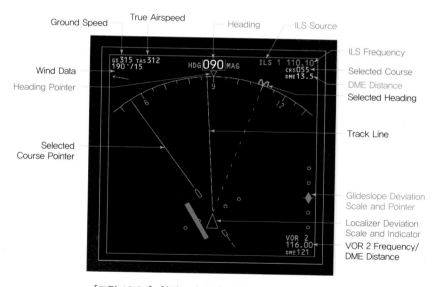

[그림 13.24] 항법표시장치(ND)의 Approach mode

13.5.4 엔진지시 및 승무원 경고장치(EICAS)

엔진지시 및 승무원 경고장치(EICAS, Engine Indication and Crew Alerting System)는 엔진과 각 계통의 이상 유무를 감시하고 현재 상태 및 운용 정보를 제공하는 통합계기로, Airbus사는 전자식 중앙 항공기 감시장치(ECAM, Electronic Centralized Airplane Monitoring)라는 장치명을 사용합니다.

 핵심 Point 엔진지시 및 승무원 경고장치(EICAS)

- 엔진 각 부위의 작동상태를 측정하여 정보를 제공하는 엔진계기의 기능과 전기계통, 여압계통, 유압계통, 연료계통 등 각 계통을 감시하고, 비정상 작동이나 고장 상태가 발생하였을 때 조종사에게 경고를 전달한다.
- EICAS는 2개의 화면으로 구성된다.

EICAS는 2개의 화면으로 구성되는데, 상부 디스플레이를 Main EICAS, 하부 디스플레이를 Auxiliary EICAS라 합니다.[26] 조종석 중앙부에 설치되어 2명의 조종사가 정보를 공유할 수 있도록 합니다.

① Main EICAS 화면에서는 [그림 13.25]와 같이 엔진의 작동상태를 감시할 수 있

> [26] Airbus사 ECAM은 상부 디스플레이 EWD와 하부 디스플레이 SD로 구성됨.

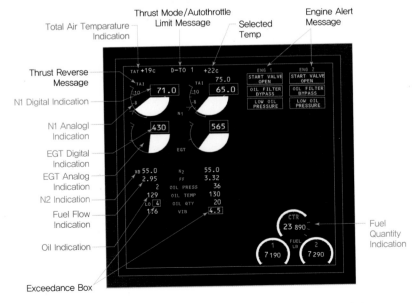

[그림 13.25] Main EICAS의 Primary Engine Display 화면

는 주요 파라미터인 진대기온도(TAT), 엔진압력비(EPR[27]), N1 및 N2 회전수, 연료유량(fuel flow), 엔진배기가스온도(EGT), 연료량(fuel quantity), 윤활유 압력(oil pressure) 및 윤활유 온도(oil temperature) 등의 정보를 제공하고, 경고 및 주의를 요하는 주요 결함 상태를 조종사에게 제공합니다.[28]

② 하부 디스플레이인 Auxiliary EICAS 화면은 [그림 13.26]과 같이 2차 엔진 파라미터인 N2 회전수, 윤활유 압력 및 온도를 지시하거나[29], [그림 13.27]과 같이 각 세부계통에 관련된 상태정보 및 주의/경고를 요하는 주요 결함 상태를 지시합니다.[30] 세부계통에는 유압계통, 연료계통, 전기계통, 착륙장치계통, 여압계통, 냉난방계통 등이 포함되며, 플랩 및 엘리베이터, 러더 등 비행조종계통의 조종면 변위정보도 표시할 수 있습니다.

27 Engine Pressure Ratio

28 Primary Engine Display라고 함.

29 Secondary Engine Display라고 함.
30 System Display라고 하며, 주 조종사 및 부조종사 계기패널에 설치된 Display Select Panel을 통해 전환이 가능함.

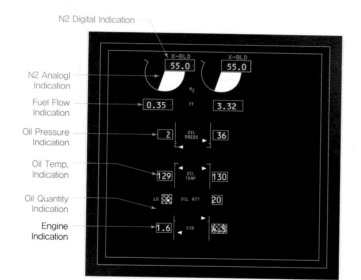

[그림 13.26] Auxiliary EICAS의 Secondary Engine Display 화면

Auxiliary EICAS 화면의 System Display는 [그림 13.27]과 같이 관련 계통의 구성도가 그래픽으로 표시되고, 주의 및 결함상태는 녹색, 주황, 빨간색 등의 색깔로 구별되어, 조종사가 직관적으로 인지할 수 있도록 표시됩니다.

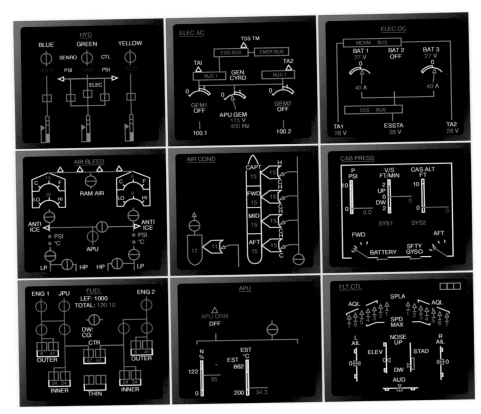

[그림 13.27] Auxiliary EICAS의 System Display 화면

13.6 기타 통합전자계기시스템

13.6.1 대기자료 컴퓨터(ADC)

항공기의 고성능화에 따라 비행속도 및 고도 운용범위가 확장되어 2장에서 설명한 속도와 고도 및 대기온도 계산이 점차 복잡해지고, 자동비행조종시스템(AFCS)이 일반적인 항공기의 운용시스템으로 적용됨에 따라 대기자료의 높은 정확도와 정밀도가 요구됩니다. 따라서 대기자료 시스템(ADS, Air Data System)은 [그림 13.28]의 대기자료 컴퓨터(ADC, Air Data Computer)를 활용하여 기압고도(PA), 절대고도(AA), 진고도(TA), 교정대기속도(CAS) 및 진대기속도(TAS), 진대기온도(TAT) 및 전체 온도, 마하수 등의 정확한 대기자료값을 계산하고 처리하는 시스템입니다. B737 항공기의 경우는 대기자료 컴퓨터(ADC)와 항공기의 자세 및 위치 정보를 제공하는 관성

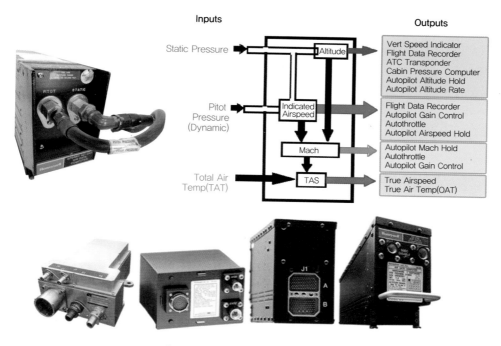

[그림 13.28] 대기자료 컴퓨터(ADC)

항법장치(INS)가 통합된 ADIRU(Air Data Inertial Reference Unit)가 사용됩니다.

13.6.2 전방시현장치(HUD)

전방시현장치(HUD, Head-Up Display)는 [그림 13.29(a)]와 같이 조종사가 고개를 숙여 조종석의 계기를 보지 않고도 전방을 주시한 상태에서 핵심적인 비행계기정보를 볼 수 있도록 전방시선(forward field of view) 높이 및 방향에 설치한 투명시현장치입니다. 전자기술과 광학기술의 접목을 통해 구현되며 군용기에서 처음 사용되었으나, 최근에는 민간 항공기 및 자동차에서도 사용되고 있는 대표적인 Spin-Off[31] 기술 적용 장치입니다. 특히 전투기 등의 경우는 헬멧에 시현장치를 결합한 [그림 13.29(b)]의 HMD(Helmet-Mounted Display)[32] 장치가 적용되며 HMD도 일종의 HUD 장치입니다.

[그림 13.30]은 B737 항공기의 HUD 시스템 구성으로 HUD control panel을 통해 시현계기 화면을 이륙, 착륙 및 상승 비행형상에 따라 변경하며, HUD 컴퓨터와 HUD DEU(Drive Electronics Unit)를 통해 조종사 시야 전방의 HUD 컴바이너(HUD combiner) 투명거울에 비행계기를 녹색이나 적색으로 시현합니다.

31 군사용 기술이 민간용 기술로 파생되는 것을 말하며, 반대 개념은 Spin-On임.

32 Head-Mounted Display라고도 함.

(a) HUD(B737)　　　　　　　　　　　　　(b) HMD

[그림 13.29] 전방시현장치(HUD)

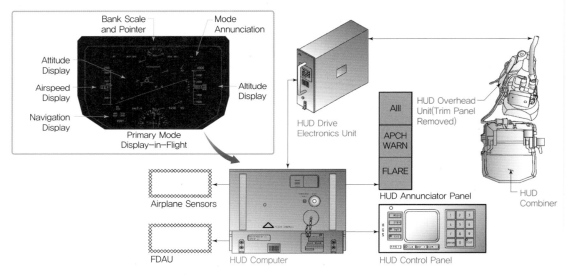

[그림 13.30] 전방시현장치(HUD) 구성(B737)

13.6.3 비행관리시스템(FMS)

(1) 비행관리시스템의 구성

33 보잉사는 FMCS
(Flight Management
Computer System)라
는 명칭을 사용함.

비행관리시스템(FMS, Flight Management System)[33]은 항공기 운항항로를 설정하고, 비행 중 운항상태를 종합하여 관리하는 시스템입니다. 비행관리시스템(FMS)을 사용하면, 안전하고 효율적인 최적운항 상태를 유지하여 연료절감 등 경제성을 향상시킬 수 있으며, 항공기 운항 시 항공기 운항항로를 비행 전에 설정하고 항공기의 성능 자료를 기반으로 항공자료를 산출하여 조종사의 비행 업무로드를 경감시켜 운항 안전성과 업무 효율성을 극대화할 수 있습니다. 이를 위해 PFD, ND 등의 통합전자계기와 ADIRU, ADC 등 항공기에 탑재되는 거의 모든 항공전자(avionics) 장치와 시스템이 연결되어 정보가 통합되고, 자동비행조종시스템(AFCS)과 연계되어 설정된 운항항로를 따라 자동비행을 수행하고 비행 중 관련 정보를 수집·처리·도시합니다.

B737 항공기의 FMS 구성은 [그림 13.31]과 같으며, FMS 정보를 통합하고 관련 기능을 수행하는 컴퓨터인 비행관리컴퓨터(FMC, Flight Management Computer) 2대가 장착되며[34], Autopilot 모드 설정 및 기능을 활성화(engage)하는 FCU(Flight Control Unit)가 연결됩니다. 조종사가 설정할 운항항로 정보를 입력하고, 입력 정보를 도시하는 입출력장치인 CDU(Control Display Unit)가 [그림 13.9]와 같이 조종석 중앙

[34] 조종석 하부공간인 EE compartment에 설치됨.

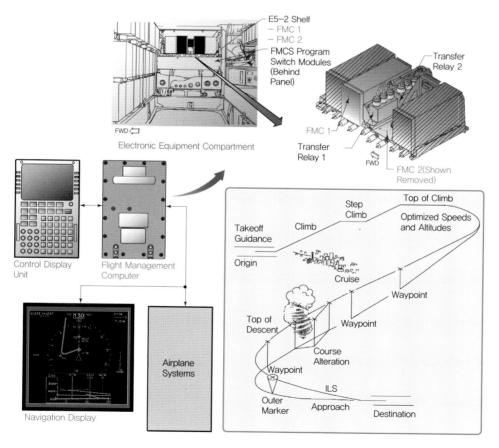

[그림 13.31] 비행관리시스템(FMS)의 구성(B737)

하단에 2대가 설치되어 있고, 자동비행조종시스템(AFCS)과 연동되어 엔진자동제어 (Auto-Throttle) 기능을 담당하는 FADEC(Full Authority Digital Engine Control) 장치가 필수적으로 사용됩니다.

 비행관리시스템(FMS)의 구성

① FMC(Flight Management Computer): FMS 정보통합 및 기능 수행 컴퓨터
② FCU(Flight Control Unit): Autopilot 모드 설정 및 기능 인가(engage)
③ CDU(Control Display Unit): 운항항로 설정 입력 및 정보 도시
④ FADEC(Full Authority Digital Engine Control): Auto-Throttle(엔진자동제어) 기능 수행

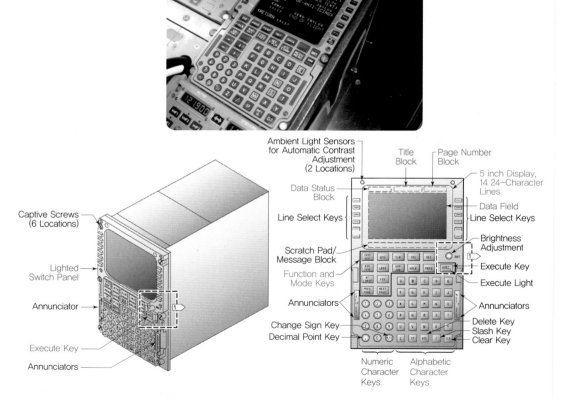

[그림 13.32] FMS 및 BIT 입출력장치 CDU(B737)

(2) FMS의 정비관리기능

FMS는 운항관리기능과 더불어 항공기 정비용 컴퓨터시스템으로 운용됩니다. 운항 중인 항공기 각 계통의 결함정보를 수집하고 지시하며, 지상 점검 및 정비작업 시에는 조종석에서 각 계통의 자체고장진단(BIT, Built In Test)[35]을 수행하여 각 계통의 이상 유무를 점검할 수 있습니다. 최신 항공전자장치들은 이 기능을 모두 제공하고 있기 때문에 정비작업이 용이하고, 정비 효율성이 증대되며, 정비시간이 단축되고, 운항정시율을 향상시키는 데 크게 기여하고 있습니다.

자체고장진단장치(BITE, Built In Test Equipment)는 별도의 장치가 아니라, 비행관리시스템의 FMC가 이 기능을 함께 수행하며, 점검기능 수행과 점검결과를 출력하기 위한 입출력장치는 [그림 13.32]와 같이 조종석 하단에 설치된 CDU가 동일하게 사용된다는 것을 기억하기 바랍니다.

35 각 하부계통이나 장치들에 장착된 컴퓨터가 이상이나 결함이 없는지를 자체적으로 검사하는 기능을 말함.

이것만은 꼭 기억하세요!

13.1 전자계기 개요

① 디지털 신호처리정보방식과 고해상도의 디지털 디스플레이 기술을 적용하여 독립 계기의 정보를 통합하여 제공하는 디지털계기를 말함.

② 정보의 판독성과 가독성이 향상되고, 비행 안정성과 조종업무의 효율성이 향상됨.

13.2 전자계기-비행자세 지시계(ADI, Attitude Direction Indicator)

① ADI = Attitude Indicator + FD Command bar + ILS 계기

- 자이로 계기 중 자세계(attitude indicator)가 발전된 전자계기임.
- 자세계와 같이 항공기의 롤(roll)/피치(pitch) 자세각 정보를 제공함.
- 자동비행조종시스템인 플라이트 디렉터(FD)의 롤/피치 조종명령을 표시함.
- 자동비행조종시스템의 ILS 모드 선택 시 PFD에 ILS 수평/수직 편차를 제공함.

② 디지털 디스플레이방식의 전자식 비행자세 지시계(EADI, Electronic ADI)로 발전하여 중대형 항공기에서는 통합전자계기의 주 비행표시장치인 PFD에 통합됨.

13.3 전자계기-수평자세 지시계(HSI, Horizontal Situation Indicator)

① HSI = VOR 계기 + Heading Indicator + ILS 계기

- VOR 계기와 같이 지상 VOR 무선국에 대한 항로편차를 지시함.
- 기수방위 지시계의 기수 방위각 정보를 제공함.
- ILS 모드 선택 시 ND에 글라이드 슬로프 및 로컬라이저의 수평/수직 편차를 제공함.

② 전자식 수평자세 지시계(EHSI, Electronic HIS)로 발전하여 중대형 항공기에서는 통합전자계기인 항법표시장치(ND)로 통합됨.

13.4 전자계기-무선자기 지시계(RMI, Radio Magnetic Indicator)

① RMI = VOR 계기(CDI) + 자동방향탐지기(ADF) + 자기 컴퍼스(Magnetic Compass)

- 2개의 지침을 사용하여 NDB와 VOR에 대한 항로편차를 지시
- No. 1 지시침(single-needle pointer): 얇은 지침으로 ADF와 같이 지상 NDB 무선국의 방향을 가리킴.
- No. 2 지시침(double-needle pointer): 굵은 지침으로 지상 VOR 무선국의 방향을 가리킴.

② 기능선택 스위치로 각 지시침이 ADF와 VOR을 가리키도록 변경할 수 있음.

13.5 통합전자계기

① 소형 항공기의 통합전자계기(integrated electronic instrument) 구성

- 주 비행표시장치(PFD, Primary Flight Display) + 다기능 시현장치(MFD, Multi-Function Display)로 구성됨.

② 보잉사의 통합전자계기 = IDS(Integrated Display System)

- IDS = PFD + ND + EICAS(Engine Indication and Crew Alerting System)
- PFD와 ND는 주 조종사 및 부조종사 계기패널에 각각 장착됨.
- 엔진지시/승무원 경고장치(EICAS)는 상하 2개의 디스플레이장치로 이루어짐(Main EICAS + Auxiliary EICAS).

③ 에어버스사의 통합전자계기 = EIS(Electronic Instrument System)

- EIS = PFD + ND + ECAM(Electronic Centralized Airplane Monitoring)
- PFD와 ND는 주 조종사 및 부조종사 계기 패널에 각각 장착됨.
- 전자식 중앙 항공기 감시장치(ECAM)는 상하 2개의 디스플레이장치로 이루어짐(EWD + SD).
- EWD(Engine and Warning Display), SD(System Display)

13.6 통합전자계기시스템

① 대기자료 시스템(ADS, Air Data System)

- 기압고도, 절대고도, 진고도, 교정대기속도(CAS) 및 진대기속도(TAS), 진대기온도(TAT) 및 전체 온도, 마하수 등을 제공하는 장치
- 대기자료 컴퓨터(ADC, Air Data Computer)를 활용하여 대기자료를 계산하고 처리함.

② 전방시현장치(HUD, Head-Up Display)

- 조종사가 계기를 보지 않고 전방을 주시한 상태에서 핵심적인 비행계기정보를 볼 수 있도록 전방 시선(forward field of view) 높이 및 방향에 설치한 투명시현장치
- 전자기술과 광학기술의 접목을 통해 구현함.
- 전투기 등의 경우는 헬멧에 시현장치를 결합한 HMD(Helmet-Mounted Display) 장치가 적용됨.

③ 비행관리시스템(FMS, Flight Management System)

- 항공기 운항항로를 설정하고, 비행 중 운항상태를 종합하여 관리하는 시스템
- PFD, ND 등의 통합전자계기와 자동비행조종시스템(AFCS) 및 ADIRU, ADC 등 거의 모든 항공전자(avionics) 장치와 시스템이 연결되고 통합됨.

④ 비행관리시스템(FMS)의 구성

- FMC(Flight Management Computer): FMS 정보통합 및 기능 수행 컴퓨터
- FCU(Flight Control Unit): Autopilot 모드 설정 및 기능 인가(engage)
- CDU(Control Display Unit): 운항항로 설정 입력 및 정보 도시
- FADEC(Full Authority Digital Engine Control): Auto-Throttle(엔진자동제어) 기능 수행

⑤ FMS의 정비관리기능

- FMS는 운항관리기능과 더불어 항공기 정비용 컴퓨터시스템으로 운용됨.
- 각 계통의 자체고장진단(BIT, Built In Test)을 하여 각 계통의 이상 유무를 점검함.
- FMC가 기능을 수행하며, 점검기능 수행과 점검결과를 출력하기 위한 입출력장치는 CDU가 동일하게 사용됨.

기출문제 및 연습문제

01. 비행자세 지시계(ADI)에 대한 설명으로 틀린 것은?

[항공산업기사 2012년 1회]

① 현재의 항공기 비행자세를 지시해 준다.

② 미리 설정된 모드로 비행하기 위한 명령장치(FD)의 일부이다.

③ 희망하는 코스로 조작하여 항공기의 위치를 수정한다.

④ INS에서 받은 자방위 및 VOR/ILS 수신장치에서 받은 비행코스와의 관계를 그림으로 표시한다.

해설 • 비행자세 지시계(ADI, Attitude Director Indicator)는 자이로 계기 중 자세계(attitude indicator)가 발전된 전자계기이다.
• 자세계와 같이 항공기의 롤(roll)/피치(pitch) 자세각 정보를 제공하고, 경사계(slip indicator)를 통해 선회비행상태(균형, 내활, 외활)를 표시한다.
• 자동비행조종시스템인 플라이트 디렉터(FD)의 롤·피치 조종명령을 표시하며, ILS 모드 선택 시 PFD에 ILS 수평/수직 편차를 제공한다.
• 보기 ④번은 수평자세 지시계(HSI, Horizontal Situation Indicator)에 대한 설명이다.

02. 자세계(Attitude Director Indicator: ADI)가 지시하는 4가지 요소는? [항공산업기사 2013년 4회]

① 하강(flight down)자세, 피치(pitch)자세, 요(yaw)변화율, 미끄러짐(slip)

② 롤(roll)자세, 선회(left & right turn)자세, 요(yaw)변화율, 미끄러짐(slip)

③ 롤(roll)자세, 피치(pitch)자세, 기수방위(heading)자세, 미끄러짐(slip)

④ 롤(roll)자세, 피치(pitch)자세, 요(yaw)변화율, 미끄러짐(slip)

해설 • 비행자세 지시계(ADI)는 자세계(attitude indicator)가 발전된 전자계기로 항공기의 롤(roll)/피치(pitch) 자세각 정보를 제공하고, 경사계(slip indicator)를 통해 선

회비행상태(균형, 내활, 외활)를 표시한다.
• 자동비행조종시스템인 플라이트 디렉터(FD)의 롤·피치 조종명령을 표시하며, ILS 모드 선택 시 PFD에 ILS 수평/수직 편차를 제공한다.

※ ADI의 기본제공 정보 중 요변화율은 표시되지 않으며 기수방위는 수평자세 지시계(HSI)에 표시된다. 따라서 보기 지문과 같이 주어지면 정답이 없다.

03. RMI(Radio Magnetic Indicator)가 지시하는 것은? [항공산업기사 2013년 2회]

① 비행고도   ② VOR 거리

③ 비행코스의 단위   ④ VOR 방위

해설 무선자기 지시계(RMI, Radio Magnetic Indicator)는 자북에 대한 VOR 무선국의 항로편차와 지상의 무지향성 무선표지(NDB)에 대한 항로편차(ADF) 및 항공기의 기수방위각(heading) 정보를 동시에 제공하는 항법 전자계기이다.

04. RMI에 관한 다음 기술 중 틀린 것은?

① RMI에서는 기수방위 및 비행코스와의 관계가 표시된다.

② RMI에는 기수방위와 VOR 무선방위가 표시된다.

③ 2침식의 RMI는 동축 2침식 구조이다.

④ 2침식의 RMI의 경우에도 각각의 지침은 VOR 또는 ADF로 바꾸어 사용할 수 있다.

해설 • 무선자기 지시계(RMI)는 자북에 대한 VOR 무선국의 항로편차와 지상의 무지향성 무선표지(NDB)에 대한 항로편차(ADF) 및 자기 컴퍼스의 기수방위각(heading) 정보를 동시에 제공하는 항법전자계기이다.
• RMI의 VOR/ADF 지침은 비행코스가 아니라 지상 무선국의 방향을 가리킨다.

05. 수평상태 지시계(HSI)가 지시하지 않는 것은?

[항공산업기사 2016년 2회]

① 비행고도   ② DME 거리

③ 기수방위 지시   ④ 비행코스와의 관계지시

정답 1. ④   2. 정답 없음   3. ④   4. ①   5. ①

해설 수평자세 지시계(HSI, Horizontal Situation Indicator)는 하나의 계기에 VOR 계기(VOR Indicator), ILS 계기 및 기수방위 지시계(heading indicator)의 기능과 관련 정보를 통합하여 제공할 수 있는 항법전자계기이다.

06. 다음 중 HSI에 관한 설명으로 옳은 것은?

① HSI는 기수방위와 ADF 무선방위가 회화적으로 표시된다.

② Deviation bar는 VOR 또는 LOC 코스와의 관계를 표시한다.

③ Deviation bar는 착륙 진입할 때에 글라이드 슬로프와의 관계를 표시할 수도 있다.

④ Deviation bar는 수신국과 수신 지점이 확정된 경우에는 일정한 표시로 된다.

해설 • 수평자세 지시계(HSI)는 VOR 계기(VOR Indicator), ILS 계기 및 기수방위 지시계(heading indicator)의 기능과 관련 정보를 통합하여 제공할 수 있는 항법전자계기이다.
• HSI는 ADF가 아닌 VOR 계기정보를 표시하며, CDI Deviation bar는 VOR 무선국과의 항로편차를 나타내고, ILS 모드에서는 로컬라이저의 편차를 나타낸다.
• 글라이드 슬로프와의 편차를 나타내는 것은 Glide slope pointer이다.

07. 종합전자계기에서 항공기의 착륙 결심고도가 표시되는 곳은? [항공산업기사 2015년 2회]

① Navigation Display

② Control Display Unit

③ Primary Flight Display

④ Flight Control Computer

해설 • 통합전자계기(integrated electronic instrument)는 일반적으로 비행정보를 표시하는 주 비행표시장치(PFD, Primary Flight Display)와 항법정보를 표시하는 항법표시장치(ND, Navigation Display) 및 엔진지시 및 각 서브계통(subsystem)의 상태를 표시하는 엔진지시/승무원 경고장치(EICAS, Engine Indication and Crew Alerting System)로 구성된다.
• 주 비행표시장치(PFD)는 전자식 비행자세 지시계인 EADI를 중앙에 놓고 디지털화된 속도계, 기압고도계,

전파고도계, 승강계, 기수방위 지시계 등을 통합하고, 자동비행조종시스템(AFCS)의 비행 모드와 ILS 관련 정보를 함께 표시한다.

08. PFD에 관한 설명으로 틀린 것은?

① PFD는 기체의 자세, 속도, 고도, 상승속도 등을 집약화하여 컬러 LCD상에 표시한다.

② PFD는 초기의 전자식 통합계기인 EHSI에 다른 계기의 표시기능을 부가하여 성능을 향상시킨다.

③ PFD의 표시정보는 IRU, FMC, ADC 등의 정보를 데이터 처리용의 유닛을 통해서 얻고 있다.

④ PFD의 표시는 운항상 상당히 중요한 것이고, 표시장치 고장 시에는 ND용 표시장치로 바꾸어 준다.

해설 • 주 비행표시장치(PFD)는 전자식 비행자세 지시계인 EADI를 중앙에 놓고 디지털화된 속도계, 기압고도계, 전파고도계, 승강계, 기수방위 지시계 등을 통합하고, 자동비행조종시스템(AFCS)의 비행모드와 ILS 관련 정보를 함께 표시한다.
• EHSI를 기본으로 기능을 부가한 디스플레이는 ND이다.

09. FD(Flight Director)를 바르게 설명한 것은?

① 희망하는 방위, 고도, course에 항공기를 유도하기 위한 명령을 나타낸다.

② 안정화 기능을 갖고 있다.

③ throttle lever를 자동적으로 조정하여 조종사가 설정한 속도를 유지시켜 준다.

④ 고도경보장치를 갖고 있다.

해설 • 플라이트 디렉터(FD)는 자동비행조종장치의 롤과 피치 자세 명령값을 조종사에게 표시해주는 장치이다.
• MCP(Model Control Panel)의 'F/D' 스위치를 통해 인가하면 PFD 중앙 비행자세 지시계(ADI, Attitude Direction Indicator) 화면부에 십자형의 FD command bar(또는 V-bar)가 표시된다.

정답 **6.** ② **7.** ③ **8.** ② **9.** ①

10. 다음 중 종합계기 PFD에서 지시되지 않는 것은?

[항공산업기사 2017년 2회]

① 승강속도　　　　　② 날씨정보
③ 비행자세　　　　　④ 기압고도

해설 주 비행표시장치(PFD)는 전자식 비행자세 지시계인 EADI를 중앙에 놓고 디지털화된 속도계, 기압고도계, 전파고도계, 승강계, 기수방위 지시계 등을 통합하고, 자동비행조종시스템(AFCS)의 비행모드와 ILS 관련 정보를 함께 표시한다.

11. ND(Navigation Display)에 나타나지 않는 정보는?

① DME Data
② Ground Speed
③ Radio Altitude
④ Wind Speed/Direction

해설 항법표시장치(ND, Navigation Display)는 전자식 수평 자세 지시계(EHSI)를 기본으로 항공기의 현재 위치, 기수 방위, 비행 방향, 비행 설정 코스, 비행 통과 지점까지의 거리, 소요 시간의 계산과 지시 등에 관한 항법 및 항행정보를 표시한다.

12. EICAS(Engine Indication and Crew Alerting System)의 기능이 아닌 것은?

[항공산업기사 2010년 1회]

① Engine Parameter를 지시한다.
② 항공기의 각 System을 감시한다.
③ Engine 출력을 설정할 수 있다.
④ System의 이상상태 발생을 지시한다.

해설 엔진지시 및 승무원 경고장치(EICAS, Engine Indication and Crew Alerting System)는 엔진 각 부위의 작동상태를 측정하여 정보를 제공하는 엔진계기의 기능과 전기계통, 여압계통, 유압계통, 연료계통 등 각 계통을 감시하고, 비정상 작동이나 고장 상태가 발생하였을 때 조종사에게 경고를 전달한다.

13. 고휘도 음극선관과 컴바이너(combiner)라고 부르는 특수한 거울을 사용하여 1차적인 비행정보를 조종사의 시선 방향에서 바로 볼 수 있도록 만든 장치는?

[항공산업기사 2015년 4회]

① PFD　　　　　② ND
③ MFD　　　　　④ HUD

해설 • 전방시현장치(HUD, Head-Up Display)는 조종사가 고개를 숙여 조종석의 계기를 보지 않고도 전방을 주시한 상태에서 핵심적인 비행계기 정보를 볼 수 있도록 전방 시선높이 및 방향에 설치한 투명시현장치이다.
• 조종사 시야 전방의 HUD 컴바이너(HUD combiner)라고 부르는 투명거울에 비행계기를 녹색이나 적색으로 시현한다.

14. 항공기 운항항로를 설정하고, 비행 중 운항상태를 종합하여 관리하는 시스템은?

① FMS　　　　　② ACAS
③ AFCS　　　　　④ FADEC

해설 • 비행관리시스템(FMS, Flight Management System)은 항공기 운항항로를 설정하고, 비행 중 운항상태를 종합하여 관리하는 시스템이다.
• 안전하고 효율적인 최적 운항상태를 유지하여 연료절감 등 경제성을 향상시킬 수 있으며, 조종사의 비행업무로드를 경감시켜 운항 안전성과 업무 효율성을 극대화할 수 있다.

15. 항공기 정비용 컴퓨터시스템에서 항공기 각 계통의 결함정보를 수집하고 지시하며, 지상 점검 및 정비작업 시에는 조종석에서 각 계통의 자체 고장진단(BIT)을 수행하는 장치는?

① FCC　　　　　② CDU
③ FMC　　　　　④ FADEC

해설 자체고장진단장치(BITE, Built In Test Equipment)는 별도의 장치가 아니라, 비행관리시스템(FMS)의 FMC(Flight Management Computer)가 기능을 함께 수행하며, 점검기능 수행과 점검결과를 출력하기 위한 입출력장치는 CDU가 동일하게 사용된다.

▶ 필답문제

16. FMS(비행관리장치: Flight Management System)
의 기능 3가지를 기술하시오.

[항공산업기사 2011년 1회, 2016년 4회]

정답 (다음 중 3가지를 기술)
① 성능관리기능
② 운항관리기능
③ 항법유도기능
④ 추력관리기능
⑤ 정비관리기능(자체고장진단 기능)

참고문헌

[01] Federal Aviation Administration, *Airplane Flying Handbook*, FAA-H-8083-3A, U.S. Department of Transportation, 2004.

[02] Federal Aviation Administration, *Advanced Avionics Handbook*, FAA-H-8083-6, U.S. Department of Transportation, 2009.

[03] Federal Aviation Administration, *Instrument Flying Handbook*, FAA-H-8083-15, U.S. Department of Transportation, 2012.

[04] Federal Aviation Administration, *Instrument Flying Handbook*, FAA-H-8083-15B, U.S. Department of Transportation, 2012.

[05] Federal Aviation Administration, *Pilot's Handbook of Aeronautical Knowledge*, FAA-H-8083-25A, U.S. Department of Transportation, 2008.

[06] Federal Aviation Administration, *Aviation Maintenance Technician Handbook-General*, FAA-H-8083-30, U.S. Department of Transportation, 2018.

[07] Federal Aviation Administration, *Aviation Maintenance Technician Handbook-Airframe*, FAA-H-8083-31, U.S. Department of Transportation, 2012.

[08] Federal Aviation Administration, *Aviation Maintenance Technician Handbook-Powerplant*, FAA-H-8083-32, U.S. Department of Transportation, 2012.

[09] Boeing, *A737-600/700/800/900 Aircraft Maintenance Manual*, Boeing Company, 2015.

[10] Donald. H. Middleton, *Avionic System*, Longman Scientific & Technical, 1989.

[11] Robert C. Nelson, *Flight Stability and Automatic Control*, McGraw-Hill Companies, Inc., 1998.

[12] Brian L. Stevens and Frank L. Lewis, *Aircraft Control and Simulation*, John Wiley & Sons, Inc., 1992.

[13] Geroge M. Siouris, *Aerospace Avionics Systems*, Academic Press, Inc., 1993.

[14] D. H. Titterton and J. L. Weston, *Strapdown Inertial Navigation Technology*, Peter Peregrinus Ltd., 1997.

[15] Gene F. Franklin, J. David Powell, and Abbas Emami-Naeini, *Feedback Control of Dynamic Systems*, Addison-Wesley Publishing Company, 1994.

[16] Jay A. Farrell and Matthew Barth, *The Global Positioning System an Inertial Navigation*, McGraw-Hill Companies, Inc., 1999.

[17] 이상종, 항공전기전자, 성안당, 2019.

[18] 김응묵, 최신 항공전자장치, 세화출판사, 1993.

[19] 윤선주, 항공역학, 성안당, 2016.

[20] 한국항공우주학회, 항공우주학개론, 경문사, 2006.

[21] 조옥찬, 윤용현, 최신 비행역학, 경문사, 2005.

[22] 김병수 외 4인 공저, 비행동역학 및 제어, 경문사, 2004.

[23] 윤흥의 외 6인, 항공계기 및 전자장치, 태영문화사, 2012.

[24] 현승엽, 전기전자통신공학 개론, 생능출판사, 2017.

[25] 이강희, 조종사 교범, 비행연구원, 2000.

[26] 날틀, 항공산업기사 필기+실기, 성안당, 2019.

[27] 박재홍, 노영재, 항공정비사 문제/해설, 일진사, 2019.

[28] 이상종, 이장호, 이대성, "지상관측법 및 DGPS 기법을 활용한 이/착륙 성능 비행시험 비교", 항공우주학회지, 제37권 제9호, 2009.

[29] 이상종, 박정호, 장재원, 박일경, 김근택, 성기정, "최대공산 추정법을 이용한 항공기 동안정성 비행시험", 항공우주기술, 제9권 제2호, 2010.

[30] 이상종, 이장호, 이대성, "통합 최적화 프로그램을 이용한 횡운동 SCAS 제어기 설계", 항공우주학회지, 제40권 제4호, 2012.

[31] 이상종, 최형식, 성기정, "유무인 겸용 비행체의 자동비행조종시스템 개발", 항공우주학회지, 제42권 제11호, 2014.

[32] Naver 지식백과 홈페이지, http://terms.naver.com/

[33] Wikipedia 홈페이지, http://en.wikipedia.org/

[34] 미국 연방항공청(FAA) 홈페이지, https://www.faa.gov/regulations_policies/handbooks_manuals/

항공계기시스템

2019. 9. 3. 초 판 1쇄 발행
2023. 3. 15. 초 판 3쇄 발행

지은이 │ 이상종
펴낸이 │ 이종춘
펴낸곳 │ BM ㈜도서출판 **성안당**

주소 │ 04032 서울시 마포구 양화로 127 첨단빌딩 3층(출판기획 F
　　　 10881 경기도 파주시 문발로 112 파주 출판 문화도시(제2
전화 │ 02) 3142-0036
　　　 031) 950-6300
팩스 │ 031) 955-0510
등록 │ 1973. 2. 1. 제406-2005-000046호
출판사 홈페이지 │ **www.cyber.co.kr**
ISBN │ 978-89-315-3775-8 (93550)
정가 │ 32,000원

이 책을 만든 사람들
책임 │ 최옥현
진행 │ 이희영
교정·교열 │ 이희영
본문 디자인 │ 파워기획
표지 디자인 │ 임흥순
홍보 │ 김계향, 유미나, 이준영, 정단비
국제부 │ 이선민, 조혜란
마케팅 │ 구본철, 차정욱, 오영일, 나진호, 강호묵
마케팅 지원 │ 장상범
제작 │ 김유석